河南省“十四五”普通高等教育规划教材

现代控制理论

主　编　付主木
参　编　陶发展　司鹏举

机械工业出版社

本书是针对高等院校理工科高年级学生编写的控制系统基础理论教科书。本书全面系统地论述了控制系统状态空间分析的基本方法及状态空间综合的基本理论与方法，包括：控制系统的状态空间描述，控制系统状态方程的解，线性控制系统的能控性和能观测性，控制系统的稳定性分析，状态反馈、输出反馈、极点配置与状态观测器设计，以及最优控制等基本内容。另外，为了加强实践环节的教学，将 MATLAB 语言的知识穿插到各章内容中，以利于培养学生利用计算机解决实际问题的能力。各章列举了大量实际应用例题，强调了基本理论的工程实际应用。

本书可作为高等院校自动化、电气工程及其自动化、智能工程、人工智能等专业本科生的教材，也可供相关专业研究生、科研人员以及从事控制工程的技术人员参考。

图书在版编目（CIP）数据

现代控制理论/付主木主编. —北京：机械工业出版社，2024.4
河南省“十四五”普通高等教育规划教材
ISBN 978-7-111-75393-3

Ⅰ. ①现…　Ⅱ. ①付…　Ⅲ. ①现代控制理论－高等学校－教材　Ⅳ. ①O231

中国国家版本馆 CIP 数据核字（2024）第 058068 号

机械工业出版社（北京市百万庄大街22号　邮政编码100037）
策划编辑：张振霞　　责任编辑：张振霞
责任校对：张爱妮　宋　安　　封面设计：马若濛
责任印制：邓　博
北京盛通印刷股份有限公司印刷
2024年6月第1版第1次印刷
184mm×260mm・18.5印张・454千字
标准书号：ISBN 978-7-111-75393-3
定价：59.00 元

电话服务
客服电话：010-88361066
010-88379833
010-68326294

网络服务
机　工　官　网：www.cmpbook.com
机　工　官　博：weibo.com/cmp1952
金　书　网：www.golden-book.com
机工教育服务网：www.cmpedu.com

前　言

随着科学技术日新月异的进步和发展，“现代控制理论”不仅是传统自动化类专业的课程，也是现今高校智能工程（包括智能控制、智能制造、智能装备等）、人工智能专业必修的重要基础理论课程之一。根据教学大纲的要求，“现代控制理论”课程的目的不仅是使学生获得现代控制理论的基础知识，掌握控制系统的状态空间分析方法，熟悉控制系统的综合与设计方法，为学生学习后续课程以及日后深入学习其他相关内容打下扎实的基础，而且也将本课程的核心思想“变换”传授给学生，引导学生合理处理好现实世界的各种复杂问题。

本书从工程应用实际出发，阐述现代数学与控制理论的基本概念和方法。全书内容共分 7 章，结构贯穿一条主线，具体包括控制系统的状态空间描述（数学模型），控制系统状态方程的解，线性控制系统的能控性和能观测性，控制系统的稳定性分析（基本性质分析），状态反馈、输出反馈、极点配置与状态观测器设计（系统的综合与设计），以及最优控制等基本内容。

本书主编从事控制理论系列课程的教学工作近 20 年，潜心研究了控制理论课程的教材内容和教学方法，具有丰富的经验。在本书撰写过程中，编者充分考虑了学生的学习过程、教师的教学过程，充分兼顾了教与学两方面的特点，以增强教学过程中的可操作性，突出状态空间中控制理论与工程实践问题的紧密结合，注重学生分析问题和解决问题能力的培养。为适应新时期高等教育人才培养工作的需要，加强实践环节的教学，本书将 MATLAB 语言的知识穿插到各章内容中，以利于培养学生利用计算机解决实际问题的能力。本书结构清晰，便于学生从整体上掌握现代控制理论的基本概念和方法；注重物理概念，弱化数学推证，论证与实例相结合，内容阐述循序渐进，有利于学生运用理论知识解决工程实际问题。

本书由付主木任主编，陶发展和司鹏举任参编。具体编写分工：付主木编写第 3~6 章，陶发展编写第 1、7 章，司鹏举编写第 2 章。全书由付主木完成统稿并校改全书。

本书的出版得到以下项目的资助：国家自然科学基金（项目编号：62371182、62301212）；河南省“十四五”普通高等教育规划教材立项项目（批准号：教高〔2020〕469 号）；教育部高等教育司产学研合作协同育人项目“面向创新性人才培养的实践基地建设”（项目编号：202002288056）；河南省高等教育教学改革研究与实践项目（学位与研究生教育）“地方院校信息类研究生创新能力培养模式研究与实践”（项目编号：2021SJGLX141Y）。在此一并向国家自然科学基金委、教育部高等教育司和河南省教育厅致谢。

在本书撰写过程中还参考了一些同行专家的论著和教材，在此向相关作者表示衷心的感谢。

由于编者水平有限，书中难免有不足之处，敬请读者批评指正，以便修订时改进。读者在使用本书的过程中有其他意见或建议，也可向编者提出。

编者

2023 年 5 月

目　录

第 1 章 绪论

随着科学技术的发展，自动控制理论变得越来越重要。它已经被广泛地应用于工农业生产、交通运输、国防建设、航空航天及科研等各个领域，而且在经济学、生物学和医学领域也受到了极大的重视。它对于促进科学技术的迅速发展和繁荣起着极其重要的作用。目前，自动控制技术已经渗透到各学科领域，成为促进当代生产发展和科学技术进步的重要因素。同时，科学技术的进步反过来也深深地影响着自动控制理论本身，使它有了很大的突破和飞跃。

1.1 控制理论的发展过程

控制理论是一门技术学科，它按照被控对象和环境的特性，通过能动地采集和运用信息，施加控制作用而使系统在变化或不确定的条件下保持或达到预定的功能。

人类使用自动装置的历史可以追溯到古代。早在 3000 年前，中国就已经发明了用来自动计时的“铜壶滴漏”装置；根据可靠的历史记载，中国在公元前 2 世纪就发明了用来模拟天体运动和研究天体运动规律的“浑天仪”；“指南车”在中国已有 2100 年以上的历史。此后一直到 18 世纪工业革命开始之前，仅偶尔出现一些自动装置，如中国的水运仪象台、欧洲古老的钟表机构以及水力和风力磨坊的速度调节装置等。在 1788 年英国发明家詹姆斯 · 瓦特制造蒸汽离心调速器之后的一个半世纪中，人们开始大量采用各种自动调节装置来解决生产和军事中的简单控制问题，同时还开始研究调节器的稳定性等理论问题，但尚未形成统一的理论。1868 年，英国物理学家、数学家詹姆斯 · 克拉克 · 麦克斯韦首先解释了瓦特速度控制系统中出现的不稳定现象，指出振荡现象的出现与系统导出的一个代数方程根的分布形态有密切关系，开辟了用数学方法研究控制系统中运动现象的途径。英国数学家爱德华 · 劳斯和德国数学家阿道夫 · 赫尔维茨推进了麦克斯韦的工作，分别在 1877 年和 1895 年独立建立了直接根据代数方程的系数判别系统稳定性的准则。直到 20 世纪中期，科学家们把自动控制技术在工程实践中的一些规律加以总结提高，进而以此去指导和推进工程实践，形成所谓的自动控制理论，并作为一门独立的学科而存在和发展。

控制理论经过长期的发展已逐步形成了一些完整的理论，而控制技术的进步依赖于控制

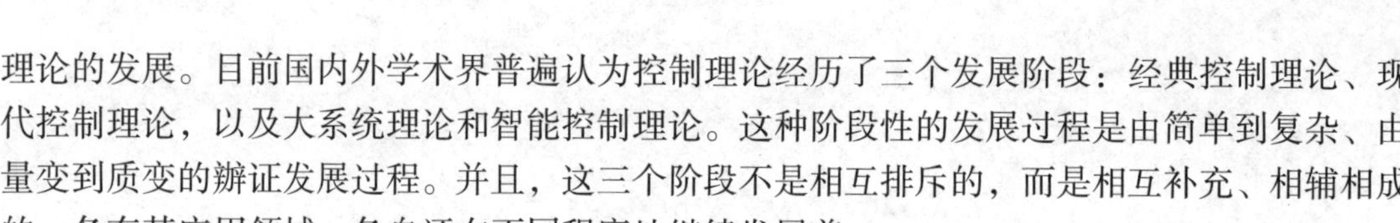
理论的发展。目前国内外学术界普遍认为控制理论经历了三个发展阶段：经典控制理论、现代控制理论，以及大系统理论和智能控制理论。这种阶段性的发展过程是由简单到复杂、由量变到质变的辨证发展过程。并且，这三个阶段不是相互排斥的，而是相互补充、相辅相成的，各有其应用领域，各自还在不同程度地继续发展着。

1.1.1　经典控制理论阶段

自动控制的思想发源很早，但它发展成为一门独立的学科是在20世纪40年代。远在控制理论形成之前，就有蒸汽机的飞轮调速器、鱼雷的航向控制系统、航海罗经的稳定器、放大电路的镇定器等自动化系统和装置出现，这些都是不自觉地应用了反馈控制概念而构成自动控制器件和系统的成功例子。但是在控制理论尚未形成的漫长岁月中，由于缺乏正确理论的指导，控制系统出现了不稳定等问题，使得系统无法正常工作。

20世纪40年代，很多科学家致力于这方面的研究，他们的工作为控制理论作为一门独立学科的诞生奠定了基础。1948年，美国的诺伯特·维纳（Norbert Wiener）发表了著名的《控制论》，1949年，自动控制原理的第一本教材《伺服机原理》出版，标志着经典控制理论的形成。同年，美国科学家沃尔特·理查德·埃文斯（Walter Richard Evans）提出了根轨迹法，进一步充实了经典控制理论。1954年，中国著名科学家钱学森出版了《工程控制论》，为控制理论的工程应用做出了卓越贡献。

20世纪四五十年代，经典控制理论的发展与应用使全世界的科学技术水平得到了快速的提高，当时在工业、农业、交通、国防等国民经济领域几乎都热衷于采用自动控制技术。

经典控制理论主要是以单输入单输出线性定常系统作为主要研究对象，以传递函数作为系统的基本数学描述，以频率法和根轨迹法作为分析和综合系统的主要方法。其基本内容是研究系统的稳定性，在给定输入下进行系统的分析和在指定指标下进行系统的综合，它可以解决相当大范围的控制问题，但在其发展和应用过程中，逐步显现出它的局限性。

由于经典控制理论所研究的控制系统的分析与设计是建立在某种近似和试探的基础上的，因此控制对象一般是单输入单输出、线性定常系统；对于多输入多输出系统、时变系统、非线性系统等则无能为力。随着生产技术水平的不断提高，这种局限性越来越不能满足现代控制工程所提出的更新、更高的要求。

1.1.2　现代控制理论阶段

20世纪50年代末和60年代初，控制理论又进入了一个迅猛发展时期。由于导弹制导、数控技术、核能技术、空间技术发展的需要和电子计算机技术的成熟，控制理论发展到了一个新的阶段，产生了现代控制理论。

1956年，苏联科学家列夫·庞特里亚金提出极大值原理，并于1961年发表了论著《最优过程的数学理论》。1956年，美国科学家理查德·贝尔曼（Richard Bellman）发表了《动态规划理论在控制过程中的应用》，1957年，贝尔曼的《动态规划》一书正式出版。1960年，美籍匈牙利数学家鲁道夫·埃米尔·卡尔曼（Rudolf Emil Kalman）发表了《控制系统的一般理论》等论文，引入状态空间法分析系统，提出可控性、可观测性、最佳调节器和卡尔曼滤波等概念，从而奠定了现代控制理论的基础。此外，1892年，俄国李雅普诺夫提出的判别系统稳定性的方法也被广泛应用于现代控制理论。

现代控制理论和经典控制理论相比，不论在数学模型上、应用范围上、研究方法上都有很大不同。现代控制理论是建立在状态空间上的一种分析方法，所谓状态空间法，本质上是一种时域分析方法，它不仅描述系统的外部特性，而且揭示了系统的内部状态性能。现代控制理论分析和综合系统的目标是在揭示其内在规律的基础上，实现系统在某种意义上的最优比，同时使控制系统的结构不再限于单纯的闭环形式。它的数学模型主要是状态方程，控制系统的分析与设计是精确的；控制对象可以是单输入单输出控制系统，也可以是多输入多输出控制系统，可以是线性定常控制系统，也可以是非线性时变控制系统，可以是连续控制系统，也可以是离散或数字控制系统。因此，现代控制理论的应用范围更加广泛，主要的控制策略有极点配置、状态反馈、输出反馈等。由于现代控制理论的分析与设计方法的精确性，现代控制可以得到最优控制，但这些控制策略大多是建立在已知系统的基础之上的。严格来说，大部分控制系统是一个完全未知或部分未知系统，这里包括系统本身参数未知、系统状态未知两个方面，同时被控制对象还受外界干扰、环境变化等因素的影响。

能控性、能观测性概念的提出，庞特里亚金极值原理和卡尔曼滤波为现代控制理论产生的三大标志。

1.1.3 大系统理论和智能控制理论阶段

20 世纪 60 年代末，控制理论进入了一个多样化发展的时期。它不仅涉及系统辨识和建模、统计估计和滤波、最优控制、鲁棒控制、自适应控制、智能控制及控制系统 CAD 等理论和方法，同时，它在社会经济、环境生态、组织管理等决策活动，生物医学中的诊断及控制，信号处理、软计算等邻近学科相交叉中又形成了许多新的研究分支。

例如，20 世纪 70 年代以来形成的大系统理论主要用来解决大型工程和社会经济系统中信息处理、可靠性控制等综合优化的设计问题。这是控制理论向广度和深度发展的结果。

大系统是指规模庞大、结构复杂、变量众多的信息与控制系统。它的研究对象、研究方法已超出了原有控制理论的范畴，并在运筹学、信息论、统计数学、管理科学等更广泛的范畴中与控制理论有机地结合起来。

智能控制是一种能更好地模仿人类智能的非传统控制方法，是针对控制系统（被控对象、环境、目标、任务）的不确定性和复杂性产生的、不依赖于或不完全依赖于控制对象的数学模型，以知识、经验为基础。人工智能技术与空间技术、原子能技术并列为 20 世纪三大科技成就，这些技术的发展促进了自动控制理论向智能控制方向发展。智能控制突破了传统控制中要求对象有明确的数学描述和控制目标是可以数量化的限制，采用的理论方法主要来自自动控制理论、人工智能、模糊集、神经网络和运筹学等学科分支，内容包括最优控制、自适应控制、鲁棒控制、神经网络控制、模糊控制、仿人控制、H_∞ 控制等；其控制对象可以是已知系统，也可以是未知系统，大多数的控制策略不仅能抑制外界干扰、环境变化、参数变化的影响，而且能有效地消除模型化误差的影响。

尽管大系统理论和智能控制理论目前尚处在不断完善和发展的过程中，但已受到广泛的关注，并开始得到一些应用。

1.1.4 经典控制理论与现代控制理论的联系与比较

经典控制理论与现代控制理论是在自动化学科发展的历史中形成的两种不同的对控制系

统分析和综合的方法。经典控制理论适用于单输入单输出（单变量）线性定常系统；现代控制理论适用于多输入多输出（多变量）、线性或非线性、定常或时变系统。

经典控制理论以表达系统外部输入输出关系的传递函数作为主要的动态数学模型，以根轨迹和伯德（Bode）图为主要工具，以系统输出对特定输入响应的“稳”“快”“准”性能为研究重点，常借助图表分析设计系统。综合方法主要为输出反馈和期望频率特性校正（包括在主反馈回路内部的串联校正、反馈校正，和在主反馈回路以外的前置校正、干扰补偿校正），而校正装置由能实现典型控制规律的调节器（如 PI、PD、PID）构成，所设计的系统能保证输出稳定，且具有满意的“稳”“快”“准”性能，但并非某种意义上的最优控制系统。

现代控制理论的状态空间法本质上是时域方法，以揭示系统内部状态与外部输入输出关系的状态空间表达式为动态数学模型，以状态空间分析法为主要工具，以在多种约束条件下寻找使系统某个性能指标泛函取极值的最优控制律为研究重点，借助计算机分析设计系统。综合方法主要为状态反馈、极点配置、各种综合目标的最优化，所设计的系统能运行在接近某种意义下的最优状态。

表 1.1 从几个方面给出了经典控制理论与现代控制理论的区别。

表 1.1　经典控制理论与现代控制理论的区别

区别内容	经典控制理论	现代控制理论
产生年代	20 世纪 40~60 年代	20 世纪 60 年代开始，20 世纪 60 年代中期成熟
研究的对象	单输入单输出（SISO）线性、定常系统	可以研究多输入多输出（MIMO）时变、非线性系统
数学模型	微分方程、传递函数；由一元 n 阶微分方程在零初始条件下取拉普拉斯变换得到传递函数	状态空间表达式；由 n 元一阶微分方程组用矩阵理论建立状态空间表达式，可以同时考虑初始条件的影响
主要研究方法	主要是频域法，还有时域法、根轨迹法；研究系统的外部（输入输出）特性	主要是时域分析法（状态空间分析法）；研究系统的内部（包括外部）特性
研究的主要内容	系统的分析和综合（稳定性）主要是稳定性，以及对给定输入的性能指标	完成实际系统所要求的某种最优化问题
主要控制装置	自动控制器	计算机

虽然现代控制理论与经典控制理论在方法和思路上显著不同，但是这两种理论均基于描述动态系统的数学模型，是有内在联系的。经典控制理论以拉普拉斯变换为主要数学工具，采用传递函数这一描述动力学系统运动的外部模型；现代控制理论的状态空间法以矩阵论为主要数学工具，采用状态空间表达式这一描述动力学系统运动的内部模型，而描述动力学系统运动的微分方程则是联系传递函数和状态空间表达式的桥梁。

1.2　现代控制理论的主要内容

现代控制理论的主要内容包括下列几个方面。

1.2.1　线性系统的一般理论

线性系统的一般理论是现代控制理论的基础。这部分内容包括系统状态空间表达式的建立和状态方程的求解，系统的能控性和能观测性分析，系统的稳定性分析，状态反馈和极点配置、状态观测器设计等。这是现代控制理论中最基础的部分。

1.2.2　系统辨识

所谓系统辨识，就是如何通过测得的系统的输入输出数据建立系统的数学模型。由于大量的工程控制问题的复杂性，控制对象的数学模型很难由解析的方法直接建立，而主要是通过实验数据来估算得到。当模型的结构及其参数都未知，需要同时确定两者时称为系统辨识问题。所谓模型结构，主要指模型的阶次、控制延迟时间等。求出系统数学模型的主要目的是用它来求解最优控制律，所以数学模型不仅在工程问题中起到重要的作用，而且已被广泛地应用到控制以外的各个领域，如社会经济系统中，用来进行经济预测、建设规划、决策分析和政策分析，所以系统辨识工作有着广泛的实用意义。

1.2.3　最优控制

最优控制是现代控制理论的重要组成部分。现代控制理论和经典控制理论之间的一个重要差别表现在控制设计的优良指标上。在经典控制理论中，工程设计的主要目标是系统的稳定性问题，是一个自动控制系统能够正常工作的最基本要求。对于一个自动控制系统的设计和构成，自然会提出一定的技术要求（指标），如系统必须是稳定的，在典型的输入作用下稳态误差要小（或者等于零），调节过程的时间不能太长以及被控变量（系统输出）不能在调节过程中超调（Overshooting）太多等。如果选用经典控制理论中的PID控制器来控制，则控制器的比例、积分和微分的三个系数可以有很多种组合，都能达到相同的技术要求指标。然而在有些自动控制系统中，提出的技术要求就更高了。例如，对于经常需要起动、反转的大型电力拖动的卷扬机、轧钢机等而言，希望大型电动机的起动、反转或制动所需的时间越短越好（电动机拖动最速控制系统）；对于航天飞行器，则希望同样的飞行所消耗的燃料越少越好（最省燃料的航天器飞行控制系统）。在这一类的自动控制系统中，对于控制都有一定的技术指标，但与以往不同的是要通过设计控制作用来使这个技术指标达到极值（极大或极小）。这样的控制称为最优控制（Optimal Control），它的控制作用的变化规律是唯一的。其在工业上的应用例子还有，如化学工业的过程控制中，选择一个被控反应塔（釜）的温度的控制规律和相应的原料配比使化工反应过程的产量最多。

在经典控制理论中所采用的最普遍的调节方式是引入输出量的反馈，通过给定量与输出量的偏差进行控制，从而达到输出调节的目的。例如，人们要控制一个电炉的温度为1000℃，如果测量温度值高于1000℃，则随即降低输入电压，反之则升高输入电压。按这种调节方式，如果某一时刻温度低于1000℃，但由于热惯性的作用，温度还在继续升高，可能并不需要增加电压就会在短时间内按给定值上升到1000℃，如果这时再升高电压，反而会导致超调。最优控制的设计思想则不仅把控制作用看作是输出值的函数，而且还要考虑系统反应的发展趋势。好像一只聪明的猎狗在追捕野兔时不是被动地紧随其后，而是不断地判断野兔的未来位置，并向着未来位置扑去，这样能够更有效地捕捉到目标。如果控制对象的动态过程是用一个常微分方程来描述的，根据方程解的唯一性条件，未来的运动就可以唯一地确定下来。这个初始条件就是该时刻系统的“状态”，因而最优控制不再是输出值的反馈，而是状态变量的反馈，即控制作用是状态变量的函数。

最优控制器的设计要应用庞特里亚金的极大值原理（Maximum Principle）和贝尔曼的动态规划（Dynamic Programming）等方法。

1.2.4 自适应控制

所谓自适应控制，就是在控制对象的特性和系统运行的环境不完全确定的条件下，寻求适当的控制规律，使达到的性能指标尽可能地接近和保持最优。这里有两种情况，一种情况是系统本身的数学模型是不确定的，如施加自适应控制，称为确定性自适应系统；另一种情况，不仅被控对象的数学模型不确定，而且系统还工作在随机干扰的环境之下，这种情况下的自适应控制称为随机自适应控制系统。当随机扰动和测量噪声都比较小时，对于参数未知的控制，可以近似按确定性自适应控制问题来处理。

最优控制所要解决的问题是在被控对象的数学模型已知的条件下寻求最优控制规律。自适应控制所要解决的问题也是寻求最优控制律，不同的是，自适应控制所依据的数学模型由于先验知识缺少，需要在系统运行过程中去提取有关模型的信息，使模型逐渐完善。具体地说，自适应控制可以根据对象的输入输出数据，不断地辨识模型的结构和参数，即进行在线辨识，随着生产过程的不断进行，通过在线辨识，模型会变得越来越准确，越来越接近于实际。由于模型在不断改进，从而使控制系统具有一定的自适应能力。

当被控对象的内部结构和参数以及外部的环境特性和扰动存在不确定时，自适应控制系统自身能在线测量和处理有关信息，在线相应地修改控制器的结构和参数，以保持系统所要求的最佳性能。自适应控制的两大基本类型是模型参考自适应和自校正控制。近期自适应理论的发展包括广义预测控制、万用镇定器机理、鲁棒稳定的自适应系统以及引入人工智能技术的自适应控制等。

1.2.5 最优滤波

为了实现最优控制，要进行状态反馈。但状态量与输出量不同，在许多情况下状态量并不是都能全部可测取的，这样就产生了如何从输出量来估计状态量的问题。对于没有随机干扰的确定性系统，可由状态观测器来实现系统的状态重构；在有随机干扰的情况下，如何从被随机噪声干扰的输出中来获得状态变量，就变成了最优滤波或最优估计问题。

最优估计的早期工作是维纳在20世纪40年代完成的，称为维纳滤波器。它是对平稳随机过程按均方意义为最优的估计器。维纳滤波器的局限性在于只适用于平稳过程，并且要求知道过程的较多统计资料，因此这些滤波器的适用范围窄且要求计算机具有很大的存储容量。卡尔曼在1916年提出的最优估计理论有效地克服了上述维纳滤波器的局限性，它仅以有限时间的数据作为计算的依据，只要求较少的统计资料，不要求信号和噪声的平稳性，计算过程简单而直接，它的递推计算的特点，特别适合于在数字计算机上计算。

1.2.6 鲁棒控制

对于一个存在不确定性情况的控制系统，如果能使系统仍保持预期的性能，使模型的不确定性和外干扰造成的系统的性能改变是可以接受的，则称该控制系统是稳健的，有很强的适应能力，又常简单地称这个控制系统为鲁棒控制系统。鲁棒控制在控制中越来越受到人们的重视。所谓鲁棒性，粗略地讲就是指系统对不确定性的强健程度。这里所说的不确定性并不是一无所知或变幻莫测，而是指对系统的某些部分了解不全面，只知道片段的不完整的信息。通俗地说，鲁棒控制问题就是如何将这些已知的不完整信息利用到系统设计中。事实上，早在精度控制理论中，鲁棒性问题就已经引起人们的重视。就稳定性而言，使系统频率特性具有足够的稳定裕度，就是为了保证稳定性不受到不确定性的破坏。不过直至现代控制理论发展的后期，对鲁棒控制问题的研究还停留在定性分析的程度。从20世纪80年代起，在现代控制理论的框架上迅速发展起来的鲁棒控制，就已经开始在建立数学模型和设计控制器的过程中积极地考虑不确定性，并对其影响给出定量的结论。

1.2.7 非线性系统理论

非线性系统理论主要研究非线性系统状态的运动规律和改变这些规律的可能性与实施方法，建立和揭示系统结构、参数、行为和性能之间的关系，主要包括能控性、能观测性、稳定性、线性化、解耦以及反馈控制、状态估计等理论。

非线性系统理论的研究对象是非线性现象，它反映出非线性系统运动本质的一类现象，如频率对振幅的依赖性、多值响应和跳跃谐振、分谐波振荡、自激振荡、频率插足、异步抑制、分岔和混沌等，这些不能采用线性系统的理论来解释。非线性系统的一个最重要的特性是不能采用叠加原理来进行分析，这就决定了在研究上的复杂性。20世纪70年代中期以来，由微分几何理论得出的某些方法为分析某些类型的非线性系统提供了有力的理论工具，但至今还没有一种通用的方法可用来处理所有类型的非线性系统。

1.3 本课程的基本任务

“现代控制理论”是自动化专业（本科）的一门重要的专业基础课。学习这门课程的目的在于掌握现代控制理论的基本理论和基本方法，以便进行系统分析和综合；同时，为进一步学习更深入的现代控制理论打下扎实的基础。所谓系统分析，就是指在规定的条件下，对数学模型已知的系统性能进行分析。系统分析包括定量分析和定性分析。定量分析是通过系统对某输入信号的响应来分析系统性能的。定性分析是研究系统的能控性、能观测性、稳定性和关联性等的结构特性。对系统结构特性的分析既是揭示系统特性本身，也是研究系统综合的需要。所谓系统综合，就是基于被控对象的数学模型和希望的瞬态、稳态、抗干扰等性能，选择合适的控制方法，形成一个完整的系统，实现并达到希望的系统性能。

因此，系统综合是一个与系统分析相反的命题。系统综合也可以说是系统设计，不过是一个理论层面的设计，与工程实际的设计有差别。对于工程实际设计来说，不仅要解决理论上的设计，还要进行可实现性设计，包括确定控制线路类型、选择元器件和参数等。综合方法基于系统分析，故系统分析是十分重要的。

综上所述，本书的基本任务有两个：第一，用有效和简单可行的方法导出主要结果，得到有关系统分析和综合的方法；第二，使读者能够应用本书导出的结果去分析和综合具体的控制系统。

第 2 章

控制系统的状态空间描述

控制系统的数学模型，是用于描述系统动态行为的数学表达式。在经典控制理论中，对于一个线性定常动态系统，是用一个高阶微分方程或传递函数加以描述的。它们将某个单变量作为输出，直接和输入联系起来，建立一个一对一的模型，系统的动态特性仅仅由这个单输出对给定输入的响应来表征。实际上，系统除了这个输出变量之外，还包含其他若干变量，它们之间（包含输出变量）是相互独立的，对于给定输入的响应如何，也是不易相互导出的，必须重新建立一对一的模型，逐一解出。由此可见，单一的高阶微分方程是不能完全揭示系统内全部运动状态的。我们把这种输入输出描述的数学模型称为系统的外部描述，内部若干变量在建模的中间过程被当作中间变量消掉了。

现代控制理论是建立在状态变量基础上的理论，采用状态空间分析法。系统的动态特征是由状态变量构成的一阶微分方程组来描述的，其中包含了系统全部的独立变量。在计算机上求解一阶微分方程组比求解与之相应的高阶微分方程要容易得多，而且能同时给出系统的全部独立变量的响应，因而能同时确定系统的全部内部运动状态。此外，在求解过程中，还可以方便地考虑初始条件产生的影响。因此，状态空间法弥补了经典控制理论的局限，进一步揭示了动态系统内部状态的运动规律。

状态空间分析法不仅适用于单输入单输出系统，也适用于多输多输出系统，系统可以是线性的或非线性的，也可以是定常的或时变的。所以，状态空间分析法适用范围广，且数学模型由于采用了矩阵和状态向量的形式使格式简单统一，从而可以方便地利用数字计算机进行运算和求解，因此具有极大的优越性。

2.1 状态空间表达式

2.1.1 状态、状态变量和状态空间

现以图 2.1 所示的 *RLC* 电路为例，引出状态、状态变量和状态空间表达式。R、L、C 分别为电路的电阻、电感和电容。电压 $u(t)$ 为电路的输入量，电容上的电压 $u_C(t)$ 为电路的输出量。由电路理论可知，回路中的电流 $i(t)$ 和电容上电压 $u_C(t)$ 的变化规律满足

下式：

$$\begin{cases} L\dfrac{\mathrm{d}i(t)}{\mathrm{d}t}+Ri(t)+u_C(t)=u(t) \\ \dfrac{1}{C}\int i(t)\,\mathrm{d}t=u_C(t) \end{cases} \tag{2.1}$$

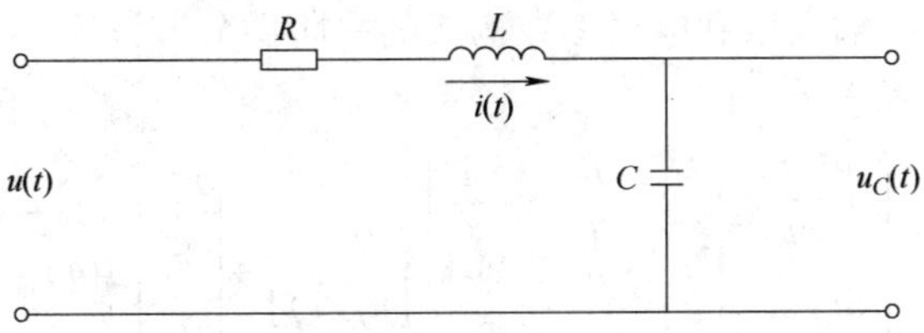

图 2.1　*RLC* 电路

求解式（2.1），出现两个积分常数。它们由初始条件

$$\begin{cases} i(t)\big|_{t=t_0}=i(t_0) \\ u_C(t)\big|_{t=t_0}=u_C(t_0) \end{cases} \tag{2.2}$$

来确定。也就是说，要知道 $i(t)$ 和 $u_C(t)$ 的变化规律，必须在知道初始值 $i(t_0)$、$u_C(t_0)$ 以及电路在 $t \geqslant t_0$ 时的输入量 $u(t)$ 的情况下，求解微分方程组（2.1）。因此，$i_L(t)$ 和 $u_C(t)$ 就可以表征这个电路的行为。若将 $i(t)$ 和 $u_C(t)$ 视为一组信息量，则这样一组信息量就称为状态。这组信息量中的每一个变量均是该电路的状态变量。

状态变量：系统的状态变量就是能够完整确定系统状态的最小一组变量。如果知道这些变量在任意初始时刻 t_0 的值以及 $t \geqslant t_0$ 时的系统输入，则能完整地确定系统在时刻 t 的状态。这里所说的“完整”是指系统所有可能的运行情况都能表示出来；所谓“最小”即是指变量的个数最少，对于图 2.1 所示电路来说，选择 $i(t)$、$u_C(t)$ 这两个变量作为状态变量就够了。若再增加一个变量，如电流 $i(t)$ 的变化量 $\mathrm{d}i/\mathrm{d}t$，对完整地确定电路的运行情况来说没有必要；若去掉一个变量，如 $i(t)$，只选 $u_C(t)$ 一个变量作为状态变量，又不能完整地确定系统的全部运行情况。

状态空间：以选择的一组状态变量为坐标轴而构成的正交空间，称为状态空间。对于图 2.1 所示电路，选择了 $i(t)$、$u_C(t)$ 为状态变量，由 $i(t)$、$u_C(t)$ 为坐标轴构成的正交空间如图 2.2 所示（实际上是一个状态平面）。

系统在任意时刻的状态可以用状态空间中的一个点来表示。如 t_1 时刻的状态，在状态空间中表示为点 $M(i(t_1),\ u_C(t_1))$。状态空间中状态转移的轨线称为状态轨线，它表征系统运动的行为或形态。

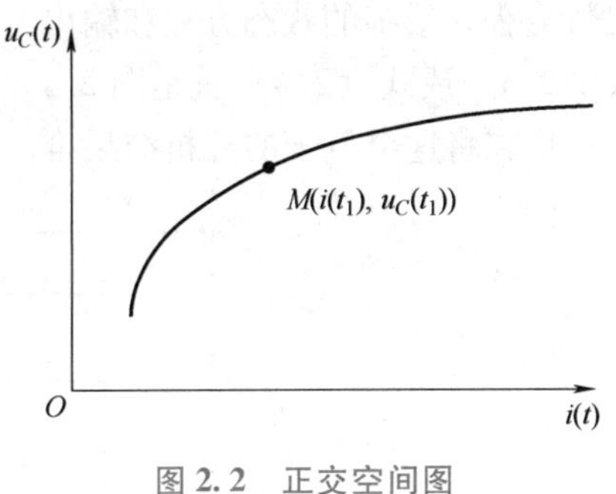

图 2.2　正交空间图

2.1.2　状态空间表达式

描述系统输入量、输出量和状态变量之间关系的方程组称为系统的状态空间表达式。针对图 2.1 的电路，式（2.1）可改写为

$$\begin{cases}\dfrac{\mathrm{d}i(t)}{\mathrm{d}t}=-\dfrac{R}{L}i(t)-\dfrac{u_C(t)}{L}+\dfrac{u(t)}{L}\\ \dfrac{\mathrm{d}u_C(t)}{\mathrm{d}t}=\dfrac{1}{C}i(t)\end{cases}$$

这个方程组描述了系统状态变量和输入量之间的关系，称为电路的状态方程。换句话说，状态方程就是由状态变量、输入量和电路参数构成的一阶微分方程组。为了书写简便，统一处理，采用向量、矩阵形式表示，即

$$\begin{bmatrix}\dfrac{\mathrm{d}i(t)}{\mathrm{d}t}\\ \dfrac{\mathrm{d}u_C(t)}{\mathrm{d}t}\end{bmatrix}=\begin{bmatrix}-\dfrac{R}{L} & -\dfrac{1}{L}\\ \dfrac{1}{C} & 0\end{bmatrix}\begin{bmatrix}i(t)\\ u_C(t)\end{bmatrix}+\begin{bmatrix}\dfrac{1}{L}\\ 0\end{bmatrix}u(t) \tag{2.3a}$$

若将电容电压 u_C 作为电路的输出量，则

$$u_C(t)=[0\quad 1]\begin{bmatrix}i(t)\\ u_C(t)\end{bmatrix} \tag{2.3b}$$

这是联系状态变量和输出量之间关系的方程，称为电路的输出方程或观测方程。

如果令 $\boldsymbol{x}=\begin{bmatrix}i(t)\\ u_C(t)\end{bmatrix}$，$u=u(t)$，$y=u_C(t)$，$\boldsymbol{A}=\begin{bmatrix}-\dfrac{R}{L} & -\dfrac{1}{L}\\ \dfrac{1}{C} & 0\end{bmatrix}$，$\boldsymbol{B}=\begin{bmatrix}\dfrac{1}{L}\\ 0\end{bmatrix}$，$\boldsymbol{C}=[0\quad 1]$，则式（2.3）可改写为

$$\begin{cases}\dot{\boldsymbol{x}}=\boldsymbol{A}\boldsymbol{x}+\boldsymbol{B}u\\ y=\boldsymbol{C}\boldsymbol{x}\end{cases} \tag{2.4}$$

式中，$\boldsymbol{x}$ 为二维的状态向量；u 为标量输入；y 为标量输出；$\boldsymbol{A}$ 为 2×2 系统矩阵；$\boldsymbol{B}$ 为 2×1 输入矩阵；$\boldsymbol{C}$ 为 1×2 输出矩阵。

如果将电路视为一个系统，则状态方程是描述系统状态变量和输入量之间动力学特性的方程，是矩阵微分方程；而输出方程是描述系统输出量和状态变量之间的变换关系，是矩阵代数方程。系统的状态方程和输出方程合称为状态空间表达式或系统动态方程或系统方程，式（2.3）或式（2.4）就是图 2.1 所示系统的状态空间表达式。

现在将这个例子的分析结果推广到一般情况，如图 2.3 所示。

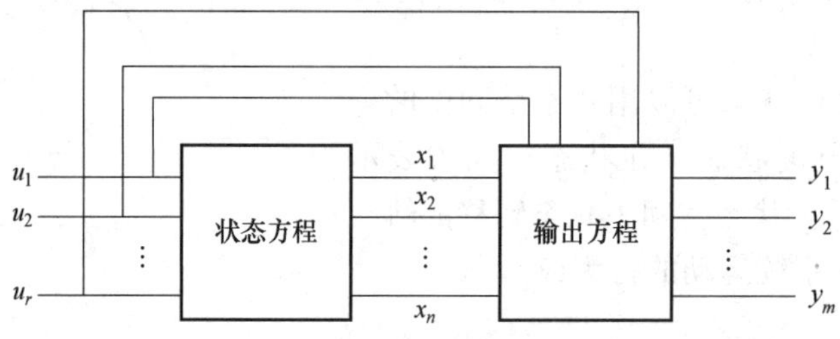

图 2.3　系统结构示意图

$\boldsymbol{x}$ 为 n 维状态向量，$\boldsymbol{u}$ 为 r 维输入向量，$\boldsymbol{y}$ 为 m 维输出向量，即

$$\boldsymbol{x}(t)=\begin{bmatrix}x_1(t)\\x_2(t)\\\vdots\\x_n(t)\end{bmatrix},\text{ 简记成 }\boldsymbol{x}=\begin{bmatrix}x_1\\x_2\\\vdots\\x_n\end{bmatrix}$$

$$\boldsymbol{u}(t)=\begin{bmatrix}u_1(t)\\u_2(t)\\\vdots\\u_r(t)\end{bmatrix},\text{ 简记成 }\boldsymbol{u}=\begin{bmatrix}u_1\\u_2\\\vdots\\u_r\end{bmatrix}$$

$$\boldsymbol{y}(t)=\begin{bmatrix}y_1(t)\\y_2(t)\\\vdots\\y_m(t)\end{bmatrix},\text{ 简记成 }\boldsymbol{y}=\begin{bmatrix}y_1\\y_2\\\vdots\\y_m\end{bmatrix}$$

则系统状态空间表达式为

$$\begin{cases}\dot{\boldsymbol{x}}=\boldsymbol{Ax}+\boldsymbol{Bu}\\\boldsymbol{y}=\boldsymbol{Cx}+\boldsymbol{Du}\end{cases}\tag{2.5}$$

式中，$\boldsymbol{A}$ 为 $n\times n$ 系统矩阵；$\boldsymbol{B}$ 为 $n\times r$ 输入矩阵；$\boldsymbol{C}$ 为 $m\times n$ 输出矩阵；$\boldsymbol{D}$ 为 $m\times r$ 直接传输矩阵，即

$$\boldsymbol{A}=\begin{bmatrix}a_{11}&a_{12}&\cdots&a_{1n}\\a_{21}&a_{22}&\cdots&a_{2n}\\\vdots&\vdots&&\vdots\\a_{n1}&a_{n2}&\cdots&a_{nn}\end{bmatrix}_{n\times n}\quad\boldsymbol{B}=\begin{bmatrix}b_{11}&b_{12}&\cdots&b_{1r}\\b_{21}&b_{22}&\cdots&b_{2r}\\\vdots&\vdots&&\vdots\\b_{n1}&b_{n2}&\cdots&b_{nr}\end{bmatrix}_{n\times r}$$

$$\boldsymbol{C}=\begin{bmatrix}c_{11}&c_{12}&\cdots&c_{1n}\\c_{21}&c_{22}&\cdots&c_{2n}\\\vdots&\vdots&&\vdots\\c_{m1}&c_{m2}&\cdots&c_{mn}\end{bmatrix}_{m\times n}\quad\boldsymbol{D}=\begin{bmatrix}d_{11}&d_{12}&\cdots&d_{1r}\\d_{21}&d_{22}&\cdots&d_{2r}\\\vdots&\vdots&&\vdots\\d_{m1}&d_{m2}&\cdots&d_{mr}\end{bmatrix}_{m\times r}$$

由于式（2.5）是多输入多输出（MIMO）系统，故为多变量系统。如果是单输入单输出（SISO）系统，则称为单变量系统，此时系统状态空间表达式可表示成

$$\begin{cases}\dot{\boldsymbol{x}}=\boldsymbol{Ax}+\boldsymbol{B}u\\y=\boldsymbol{Cx}+\boldsymbol{D}u\end{cases}\tag{2.6}$$

若式（2.5）或式（2.6）中的矩阵 $\boldsymbol{A}$、$\boldsymbol{B}$、$\boldsymbol{C}$、$\boldsymbol{D}$ 的诸元素是实常数时，则称这样的系统为线性定常系统或线性时不变系统。如果这些元素是时间 t 的函数，即

$$\begin{cases}\dot{\boldsymbol{x}}=\boldsymbol{A}(t)\boldsymbol{x}+\boldsymbol{B}(t)\boldsymbol{u}\\\boldsymbol{y}=\boldsymbol{C}(t)\boldsymbol{x}+\boldsymbol{D}(t)\boldsymbol{u}\end{cases}\tag{2.7}$$

式中，$\boldsymbol{x}$、$\boldsymbol{u}$、$\boldsymbol{y}$ 分别为 n、r、m 维的状态向量、输入向量和输出向量；$\boldsymbol{A}(t)$、$\boldsymbol{B}(t)$、$\boldsymbol{C}(t)$ 和 $\boldsymbol{D}(t)$ 为满足矩阵加（减）法、乘法运算的矩阵，即 $\boldsymbol{A}(t)$ 为 $n\times n$ 矩阵，$\boldsymbol{B}(t)$ 为 $n\times r$ 矩阵，$\boldsymbol{C}(t)$ 为 $m\times n$ 矩阵，$\boldsymbol{D}(t)$ 为 $m\times r$ 矩阵。则称系统为线性时变系统。

2.1.3 状态变量的选取

状态变量的选取可以视所研究的问题性质和输入特性而定。从便于检测和控制角度考虑，可以选择能测量到的物理量为状态变量；也可以选择那些为了分析、研究需要但不能测量到的量为状态变量。当无特殊要求时，对于一个物理系统而言，通常可以选择系统中能够反映独立储能元件状态的特征量作为状态变量。例如，电路中电容两端的电压、流过电感的电流、机械系统中的速度和位置（转角）均可作为系统的状态变量。

状态变量选取的非唯一性。同一个系统可以选取不同的变量作为状态变量。如图 2.1 所示的电路，经过简单的推导，可得到电路的微分方程为

$$\frac{\mathrm{d}^2 u_C}{\mathrm{d}t^2}+\frac{R}{L}\frac{\mathrm{d}u_C}{\mathrm{d}t}+\frac{1}{LC}u_C=\frac{1}{LC}u \tag{2.8}$$

如果选取电容上的电压 u_C 和 u_C 随时间变化率 $\mathrm{d}u_C/\mathrm{d}t$ 作为状态变量，则有

$$\begin{cases} x_1=u_C \\ \dot{x}_1=\dot{u}_C=x_2 \\ \dot{x}_2=\ddot{u}_C=-\dfrac{1}{LC}x_1-\dfrac{R}{L}x_2+\dfrac{1}{LC}u \end{cases} \tag{2.9}$$

记成向量、矩阵形式为

$$\begin{bmatrix}\dot{x}_1\\ \dot{x}_2\end{bmatrix}=\begin{bmatrix}0 & 1\\ -\dfrac{1}{LC} & -\dfrac{R}{L}\end{bmatrix}\begin{bmatrix}x_1\\ x_2\end{bmatrix}+\begin{bmatrix}0\\ \dfrac{1}{LC}\end{bmatrix}u \tag{2.10a}$$

选取 u_C 作为电路的输出量，则有

$$y=\begin{bmatrix}1 & 0\end{bmatrix}\begin{bmatrix}x_1\\ x_2\end{bmatrix} \tag{2.10b}$$

式（2.10）也是 2.1.2 节所研究过的电路的系统方程，显然它与式（2.3）形式不同。也就是说，状态变量的选取是非唯一的。状态变量选取的不同，系统方程也不同，不过总可以利用“矩阵代数”中换基底的方法互相转换。

系统状态变量的数目是唯一的。它等于系统微分方程的阶数（延迟元件除外）。

2.1.4 状态空间表达式的系统结构图和模拟结构图

1. 状态空间表达式的系统结构图和信号流图

对于线性系统，状态空间表达式通过向量矩阵方程可表示成式（2.5）的简单形式，该形式可用结构图的方式方便地表示出来，它形象地表明了系统输入量、输出量和系统状态变量之间的传递关系。图 2.4 为线性时变系统结构图，图中箭头表示通道中传递的是矢量信号。

仿照经典控制理论中的信号流图，状态空间表达式也可以用信号流图表示，图 2.5 是该系统的信号流图。

由上述的系统结构图、信号流图可清楚地看出，它们既表示了输入量与系统内部状态变量的因果关系，又反映了内部状态变量对输出量的影响，所以状态空间表达式是对系统的一种完全描述。

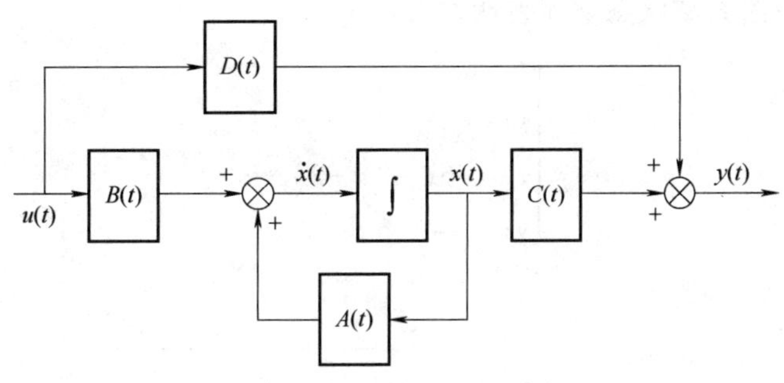

图 2.4　线性时变系统结构图

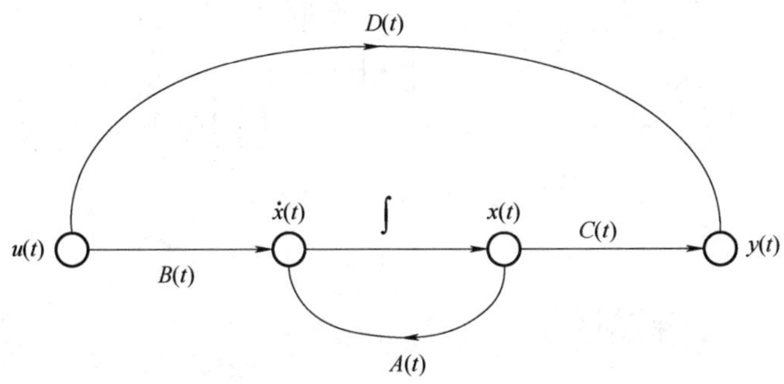

图 2.5　线性时变系统的信号流图

2. 状态空间表达式的模拟结构图

在状态空间分析法中，常以模拟结构图来表示系统各状态变量之间的关系，其来源出自模拟计算机的模拟结构图，这种图为系统提供了一种物理图像，有助于加深对状态空间概念的理解。模拟结构图又称为状态变量图。

所谓模拟结构图，是指由加法器、积分器和放大器构成的图形。加法器、积分器和放大器的常用符号如图 2.6 所示。

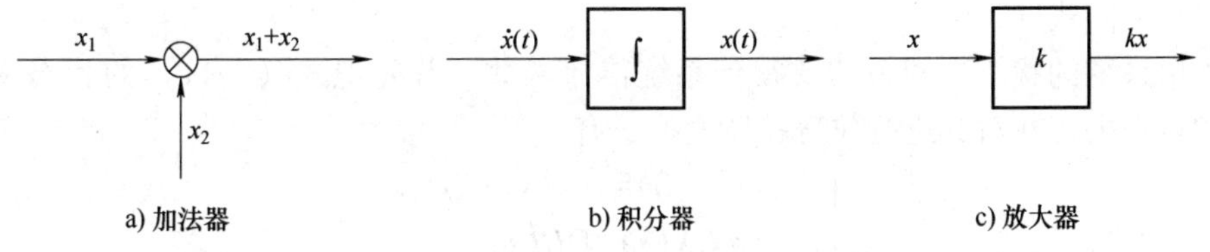

图 2.6　模拟结构图

模拟结构图的绘制步骤：在适当的位置上画出积分器，它的数目等于状态变量数，每个积分器的输出表示对应的状态变量，根据状态方程和输出方程画上加法器和放大器，最后用直线把这些元件连接起来，并用箭头表示信号的传递方向。

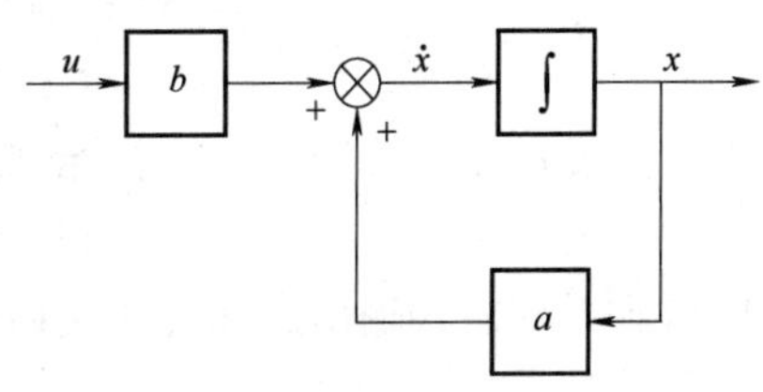

图 2.7　一阶系统的模拟结构图

例 2.1　设一阶系统状态方程为 $\dot{x}=ax+bu$，则其模拟结构图如图 2.7 所示。

例 2.2　设有三阶系统状态空间表达式为

$$\begin{cases}\dot{x}_1=x_2\\ \dot{x}_2=x_3\\ \dot{x}_3=-6x_1-3x_2-2x_3+u\\ y=x_1+x_3\end{cases}$$

则其模拟结构图如图 2.8 所示。

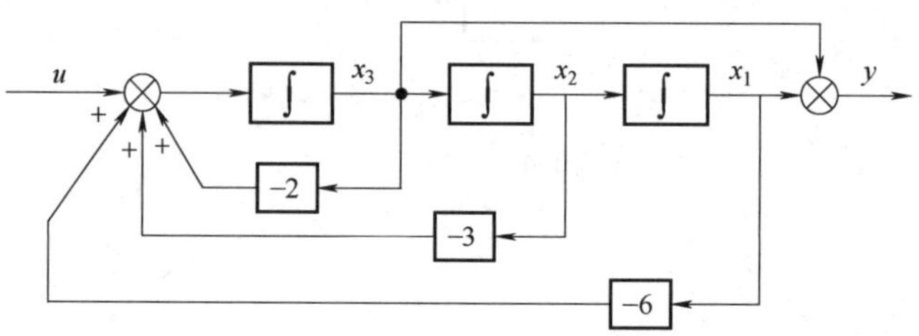

图 2.8　三阶系统的模拟结构图

2.2　传递函数与传递函数阵

前面已经讲到数学模型具有两种模式，一种是输入输出模式的数学模型，它包括微分方程和传递函数；另一种是状态变量模式的数学模型，即状态空间表达式，又称为动态方程。同一系统的两种不同模式的数学模型之间存在着内在的联系，并且可以互相转换。

2.2.1　单输入单输出系统

单输入单输出线性定常系统的状态空间表达式为

$$\begin{cases}\dot{\boldsymbol{x}}=\boldsymbol{Ax}+\boldsymbol{B}u\\ y=\boldsymbol{Cx}+\boldsymbol{D}u\end{cases}\tag{2.11}$$

式中符号意义同式（2.6）。

为了由系统的状态空间表达式得到系统传递函数，首先把式（2.11）的状态变量模式转换到频域中去，并对其进行拉普拉斯变换，有

$$\begin{cases}s\boldsymbol{X}(s)-x(0)=\boldsymbol{AX}(s)+\boldsymbol{B}U(s)\\ Y(s)=\boldsymbol{CX}(s)+\boldsymbol{D}U(s)\end{cases}$$

经整理得

$$\begin{cases}\boldsymbol{X}(s)=(s\boldsymbol{I}-\boldsymbol{A})^{-1}[x(0)+\boldsymbol{B}U(s)]\\ Y(s)=\boldsymbol{C}(s\boldsymbol{I}-\boldsymbol{A})^{-1}[x(0)+\boldsymbol{B}U(s)]+\boldsymbol{D}U(s)\end{cases}$$

式中 $\boldsymbol{I}$ 代表 $n\times n$ 单位矩阵。令初始状态 $x(0)=0$，解上式可得

$$Y(s)=[\boldsymbol{C}(s\boldsymbol{I}-\boldsymbol{A})^{-1}\boldsymbol{B}+\boldsymbol{D}]U(s)$$

可以得到系统输入输出之间的传递函数：

$$g(s)=\frac{Y(s)}{U(s)}=\boldsymbol{C}(s\boldsymbol{I}-\boldsymbol{A})^{-1}\boldsymbol{B}+\boldsymbol{D}\tag{2.12}$$

若 $\boldsymbol{D}=0$，则有

$$g(s)=\frac{\boldsymbol{C}\mathrm{adj}(s\boldsymbol{I}-\boldsymbol{A})\boldsymbol{B}}{|s\boldsymbol{I}-\boldsymbol{A}|} \tag{2.13}$$

式中 $\mathrm{adj}(s\boldsymbol{I}-\boldsymbol{A})$ 表示特征矩阵（$s\boldsymbol{I}-\boldsymbol{A}$）的伴随矩阵。

式（2.12）与古典控制理论中的

$$g(s)=\frac{\boldsymbol{N}(s)}{\boldsymbol{D}(s)}=\frac{b_n s^n+b_{n-1}s^{n-1}+\cdots+b_1 s+b_0}{s^n+a_{n-1}s^{n-1}+\cdots+a_1 s+a_0} \tag{2.14}$$

比较，可得如下结论：

1）系统矩阵 $\boldsymbol{A}$ 的特征多项式等同于传递函数的分母多项式。

2）传递函数的极点就是系统矩阵 $\boldsymbol{A}$ 的特征值。

3）多项式 $\boldsymbol{C}\mathrm{adj}(s\boldsymbol{I}-\boldsymbol{A})\boldsymbol{B}$ 与 $\boldsymbol{D}\,|s\boldsymbol{I}-\boldsymbol{A}|$ 之和即为传递函数的分子多项式 $\boldsymbol{N}(s)$。

4）由于状态变量选择的不同，因此同一系统的状态空间描述是不唯一的，但从表征系统状态空间描述的不同的 $\boldsymbol{A}$、$\boldsymbol{B}$、$\boldsymbol{C}$ 和 $\boldsymbol{D}$ 变换到表征系统输入输出描述的传递函数 $g(s)$ 是唯一的。如图 2.1 中，同一 *RLC* 电路，选择不同的状态变量可得到两个不同的状态空间表达式（2.3）和式（2.10），所求得的传递函数却是相同的。

由此可见，对于同一系统，尽管系统的状态变量和状态空间描述是不同的，但最终由式（2.13）计算出的系统传递函数是相同的，这称为传递函数的不变性。

2.2.2　多输入多输出系统

对于多输入多输出（MIMO）线性定常系统，可以扩充传递函数的概念，运用传递函数矩阵来研究。设系统有 r 个输入和 m 个输出，如图 2.9 所示。

定义第 i 个输出 y_i 和第 j 个输入 u_j 之间的传递函数为

$$g_{ij}(s)=\frac{Y_i(s)}{U_j(s)}\quad(i=1,2,\cdots,m,j=1,2,\cdots,r) \tag{2.15}$$

式中，$Y_i(s)$ 是输出 $y_i(t)$ 的拉普拉斯变换；$U_j(s)$ 是输入 $u_j(t)$ 的拉普拉斯变换。需要指出的是，这样定义表示除了第 j 个输入外，其余输入都是假定为零。因为线性系统满足叠加原理，所以当 U_1，U_2，…，U_r 都加入时，第 i 个输出的拉普拉斯变换为

图 2.9　多输入多输出系统示意图

$$Y_i(s)=g_{i1}U_1(s)+g_{i2}U_2(s)+\cdots+g_{ir}(s)U_r(s) \tag{2.16}$$

取 $i=1,\cdots,m$，将上式展开并写成矩阵形式，有

$$\boldsymbol{Y}(s)=\boldsymbol{G}(s)\boldsymbol{U}(s) \tag{2.17}$$

式中

$$\boldsymbol{Y}(s)=\begin{bmatrix}Y_1(s)\\Y_2(s)\\\vdots\\Y_m(s)\end{bmatrix},\ \boldsymbol{U}(s)=\begin{bmatrix}U_1(s)\\U_2(s)\\\vdots\\U_r(s)\end{bmatrix},\ \boldsymbol{G}(s)=\begin{bmatrix}g_{11}(s)&g_{12}(s)&\cdots&g_{1r}(s)\\g_{21}(s)&g_{22}(s)&\cdots&g_{2r}(s)\\\vdots&\vdots&&\vdots\\g_{m1}(s)&g_{m2}(s)&\cdots&g_{mr}(s)\end{bmatrix}$$

矩阵 $\boldsymbol{G}(s)$ 称为传递函数矩阵，显然 $\boldsymbol{G}(s)$ 是 $m\times r$ 的一个有理分式矩阵，其元素由各个

传递函数 $g_{ij}(s)$ 构成。因此 $\boldsymbol{G}(s)$ 反映了输入向量 $\boldsymbol{U}(s)$ 与输出向量 $\boldsymbol{Y}(s)$ 之间的传递关系。

多输入多输出线性定常系统的状态空间表达式为

$$\begin{cases}\dot{\boldsymbol{x}}=\boldsymbol{A}\boldsymbol{x}+\boldsymbol{B}\boldsymbol{u}\\ \boldsymbol{y}=\boldsymbol{C}\boldsymbol{x}+\boldsymbol{D}\boldsymbol{u}\end{cases} \tag{2.18}$$

式中，$\boldsymbol{u}$ 和 $\boldsymbol{y}$ 分别为 r 维输入向量和 m 维输出向量；$\boldsymbol{A}$ 为 $n\times n$ 方阵；$\boldsymbol{B}$ 为 $n\times r$ 阵；$\boldsymbol{C}$ 为 $m\times n$ 阵；$\boldsymbol{D}$ 为 $m\times r$ 阵。与单输入单输出系统一样，可推导出其传递函数矩阵为

$$\boldsymbol{G}(s)=\boldsymbol{C}[s\boldsymbol{I}-\boldsymbol{A}]^{-1}\boldsymbol{B}+\boldsymbol{D}=\frac{\boldsymbol{C}\mathrm{adj}(s\boldsymbol{I}-\boldsymbol{A})\boldsymbol{B}+\boldsymbol{D}\,|s\boldsymbol{I}-\boldsymbol{A}|}{|s\boldsymbol{I}-\boldsymbol{A}|} \tag{2.19}$$

若 $\boldsymbol{D}=0$，式（2.19）的形式与式（2.13）完全相同，实际上传递函数只是传递函数矩阵的一种特例。

2.2.3 组合系统的传递函数阵

实际的控制系统往往是由多个子系统联结而成。由这些子系统通过串联、并联或是反馈联结而组成的系统称为组合系统。组合系统的传递函数阵可以从子系统的状态空间表达式出发，按照子系统的联结方式来建立整个系统的传递函数阵。

1. 并联联结

考虑两个子系统 Σ_1 和 Σ_2，其状态空间表达式和传递函数矩阵分别为

$$\begin{cases}\dot{\boldsymbol{x}}_i=\boldsymbol{A}_i\boldsymbol{x}_i+\boldsymbol{B}_i\boldsymbol{u}_i\\ \boldsymbol{y}_i=\boldsymbol{C}_i\boldsymbol{x}_i+\boldsymbol{D}_i\boldsymbol{u}_i\end{cases}\quad(i=1,2) \tag{2.20}$$

和

$$\boldsymbol{G}_i(s)=\boldsymbol{C}_i(s\boldsymbol{I}-\boldsymbol{A}_i)^{-1}\boldsymbol{B}_i+\boldsymbol{D}_i\quad(i=1,2) \tag{2.21}$$

将其并联联结组成组合系统 Σ_p，如图 2.10 所示。Σ_1 系统的状态向量的维数是 n_1，Σ_2 系统的状态向量的维数是 n_2。

不难看出，两个子系统可以实现并联联结，子系统在输入维数和输出维数上满足关系式

$$\begin{cases}\dim(\boldsymbol{u}_1)=\dim(\boldsymbol{u}_2)\\ \dim(\boldsymbol{y}_1)=\dim(\boldsymbol{y}_2)\end{cases} \tag{2.22}$$

式中，dim(·) 表示向量的维数。

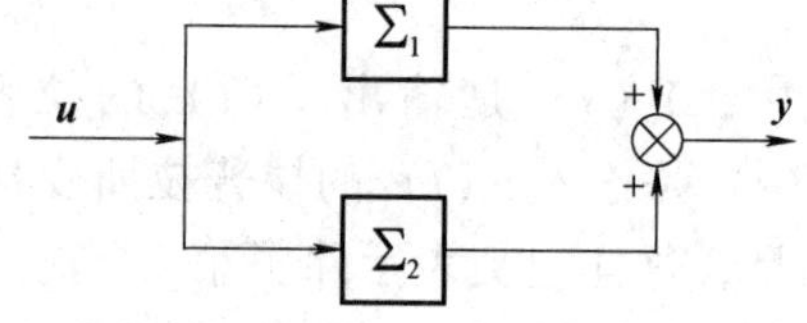

图 2.10 并联联结的组合系统 Σ_p

并联组合系统在变量关系上的特征为

$$\begin{cases}\boldsymbol{u}=\boldsymbol{u}_1=\boldsymbol{u}_2\\ \boldsymbol{y}=\boldsymbol{y}_1+\boldsymbol{y}_2\end{cases} \tag{2.23}$$

于是组合系统 Σ_p 的状态空间表达式可表示为

$$\begin{cases}\begin{bmatrix}\dot{\boldsymbol{x}}_1\\ \dot{\boldsymbol{x}}_2\end{bmatrix}=\begin{bmatrix}\boldsymbol{A}_1 & 0\\ 0 & \boldsymbol{A}_2\end{bmatrix}\begin{bmatrix}\boldsymbol{x}_1\\ \boldsymbol{x}_2\end{bmatrix}+\begin{bmatrix}\boldsymbol{B}_1\\ \boldsymbol{B}_2\end{bmatrix}\boldsymbol{u}\\ \boldsymbol{y}=[\boldsymbol{C}_1\quad \boldsymbol{C}_2]\begin{bmatrix}\boldsymbol{x}_1\\ \boldsymbol{x}_2\end{bmatrix}+(\boldsymbol{D}_1+\boldsymbol{D}_2)\boldsymbol{u}\end{cases} \tag{2.24}$$

显然，组合系统的状态向量 $\boldsymbol{x}=[\boldsymbol{x}_1\quad \boldsymbol{x}_2]^{\mathrm{T}}$ 是两个子系统状态向量的合成，它的维数是 n_1+n_2（在数学上称向量 $\boldsymbol{x}$ 是 $\boldsymbol{x}_1$ 和 $\boldsymbol{x}_2$ 的直接和）。

其传递函数阵为

$$
\begin{aligned}
\boldsymbol{G}(s) &= \boldsymbol{C}(s\boldsymbol{I}-\boldsymbol{A})^{-1}\boldsymbol{B}+\boldsymbol{D} \\
&= [\boldsymbol{C}_1 \quad \boldsymbol{C}_2]\begin{bmatrix} (s\boldsymbol{I}-\boldsymbol{A}_1)^{-1} & 0 \\ 0 & (s\boldsymbol{I}-\boldsymbol{A}_2)^{-1} \end{bmatrix}\begin{bmatrix} \boldsymbol{B}_1 \\ \boldsymbol{B}_2 \end{bmatrix}+\boldsymbol{D}_1+\boldsymbol{D}_2 \\
&= \boldsymbol{C}_1(s\boldsymbol{I}-\boldsymbol{A}_1)^{-1}\boldsymbol{B}_1+\boldsymbol{D}_1+\boldsymbol{C}_2(s\boldsymbol{I}-\boldsymbol{A}_2)^{-1}\boldsymbol{B}_2+\boldsymbol{D}_2=\boldsymbol{G}_1(s)+\boldsymbol{G}_2(s)
\end{aligned} \tag{2.25}
$$

结论 2.1　两个子系统并联时，组合系统的传递函数矩阵等于各子系统传递函数矩阵之和。

现推广讨论由 N 个子系统并联构成的组合系统，则通过与上述相类同的推导，可得出 Σ_p 的状态空间表达式为

$$
\begin{cases}
\begin{bmatrix} \dot{\boldsymbol{x}}_1 \\ \vdots \\ \dot{\boldsymbol{x}}_N \end{bmatrix} = \begin{bmatrix} \boldsymbol{A}_1 & & 0 \\ & \ddots & \\ 0 & & \boldsymbol{A}_N \end{bmatrix}\begin{bmatrix} \boldsymbol{x}_1 \\ \vdots \\ \boldsymbol{x}_N \end{bmatrix}+\begin{bmatrix} \boldsymbol{B}_1 \\ \vdots \\ \boldsymbol{B}_N \end{bmatrix}\boldsymbol{u} \\
\boldsymbol{y} = [\boldsymbol{C}_1 \quad \cdots \quad \boldsymbol{C}_N]\begin{bmatrix} \boldsymbol{x}_1 \\ \vdots \\ \boldsymbol{x}_N \end{bmatrix}+(\boldsymbol{D}_1+\cdots+\boldsymbol{D}_N)\boldsymbol{u}
\end{cases} \tag{2.26}
$$

进一步，表示子系统的传递函数矩阵为

$$
\boldsymbol{G}_i(s)=\boldsymbol{C}_i(s\boldsymbol{I}-\boldsymbol{A}_i)^{-1}+\boldsymbol{D}_i \quad (i=1,\cdots,N) \tag{2.27}
$$

那么，利用并联组合系统在变量关系上的特征 $\boldsymbol{u}_1=\boldsymbol{u}_2=\cdots=\boldsymbol{u}_N$ 和 $\boldsymbol{y}=\boldsymbol{y}_1+\boldsymbol{y}_2+\cdots+\boldsymbol{y}_N$，就可以导出并联组合系统 Σ_p 的传递函数矩阵为

$$
\begin{aligned}
\boldsymbol{G}(s) &= \left\{ s\begin{bmatrix} \boldsymbol{I}_1 & & \\ & \ddots & \\ & & \boldsymbol{I}_N \end{bmatrix} - \begin{bmatrix} \boldsymbol{A}_1 & & \\ & \ddots & \\ & & \boldsymbol{A}_N \end{bmatrix} \right\}^{-1}\begin{bmatrix} \boldsymbol{B}_1 \\ \vdots \\ \boldsymbol{B}_N \end{bmatrix}+(\boldsymbol{D}_1+\cdots+\boldsymbol{D}_N) \\
&= \boldsymbol{C}_1(s\boldsymbol{I}_1-\boldsymbol{A}_1)^{-1}\boldsymbol{B}_1+\boldsymbol{D}_1+\cdots+\boldsymbol{C}_N(s\boldsymbol{I}_N-\boldsymbol{A}_N)^{-1}\boldsymbol{B}_N+\boldsymbol{D}_N \\
&= \sum_{i=1}^{N}\boldsymbol{G}_i(s)
\end{aligned} \tag{2.28}
$$

结论 2.2　N 个子系统并联时，组合系统的传递函数矩阵等于 N 个子系统传递函数矩阵之和。

2. 串联联结

串联是组合系统中另一类重要且简单的组合方式。考虑两个子系统 Σ_1 和 Σ_2 的状态空间表达式仍为式（2.20），经串联联结构成的组合系统 Σ_T 如图 2.11 所示。

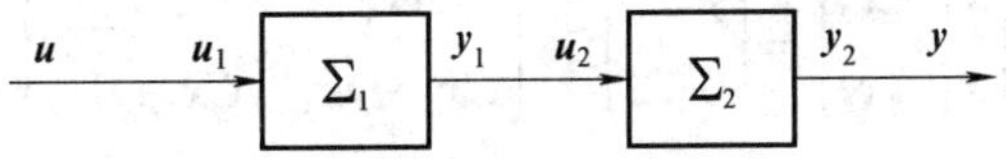

图 2.11　串联联结的组合系统 Σ_T

不难看出，两个子系统可以实现串联联结的条件是，子系统在输入维数和输出维数上应满足关系式

$$
\dim(\boldsymbol{y}_1)=\dim(\boldsymbol{u}_2) \tag{2.29}
$$

式中，dim(·) 表示向量的维数。

串联组合系统在变量关系上的特征为

$$\begin{cases}\boldsymbol{u}=\boldsymbol{u}_1\\ \boldsymbol{u}_2=\boldsymbol{y}_1\\ \boldsymbol{y}_2=\boldsymbol{y}\end{cases} \tag{2.30}$$

在此基础上可导出串联组合系统的状态空间表达式为

$$\dot{\boldsymbol{x}}_1=\boldsymbol{A}_1\boldsymbol{x}_1+\boldsymbol{B}_1\boldsymbol{u}_1=\boldsymbol{A}_1\boldsymbol{x}_1+\boldsymbol{B}_1\boldsymbol{u} \tag{2.31}$$

$$\begin{aligned}\dot{\boldsymbol{x}}_2&=\boldsymbol{A}_2\boldsymbol{x}_2+\boldsymbol{B}_2\boldsymbol{u}_2=\boldsymbol{A}_2\boldsymbol{x}_2+\boldsymbol{B}_2\boldsymbol{y}_1\\&=\boldsymbol{A}_2\boldsymbol{x}_2+\boldsymbol{B}_2(\boldsymbol{C}_1\boldsymbol{x}_1+\boldsymbol{D}_1\boldsymbol{u})\\&=\boldsymbol{B}_2\boldsymbol{C}_1\boldsymbol{x}_1+\boldsymbol{A}_2\boldsymbol{x}_2+\boldsymbol{B}_2\boldsymbol{D}_1\boldsymbol{u}\end{aligned} \tag{2.32}$$

$$\begin{aligned}\boldsymbol{y}&=\boldsymbol{y}_2=\boldsymbol{C}_2\boldsymbol{x}_2+\boldsymbol{D}_2\boldsymbol{u}_2=\boldsymbol{C}_2\boldsymbol{x}_2+\boldsymbol{D}_2\boldsymbol{y}_1\\&=\boldsymbol{C}_2\boldsymbol{x}_2+\boldsymbol{D}_2(\boldsymbol{C}_1\boldsymbol{x}_1+\boldsymbol{D}_1\boldsymbol{u})\\&=\boldsymbol{D}_2\boldsymbol{C}_1\boldsymbol{x}_1+\boldsymbol{C}_2\boldsymbol{x}_2+\boldsymbol{D}_2\boldsymbol{D}_1\boldsymbol{u}\end{aligned} \tag{2.33}$$

写成矩阵形式为

$$\begin{cases}\begin{bmatrix}\dot{\boldsymbol{x}}_1\\ \dot{\boldsymbol{x}}_2\end{bmatrix}=\begin{bmatrix}\boldsymbol{A}_1 & 0\\ \boldsymbol{B}_2\boldsymbol{C}_1 & \boldsymbol{A}_2\end{bmatrix}\begin{bmatrix}\boldsymbol{x}_1\\ \boldsymbol{x}_2\end{bmatrix}+\begin{bmatrix}\boldsymbol{B}_1\\ \boldsymbol{B}_2\boldsymbol{D}_1\end{bmatrix}\boldsymbol{u}\\ \boldsymbol{y}=[\boldsymbol{D}_2\boldsymbol{C}_1\quad \boldsymbol{C}_2]\begin{bmatrix}\boldsymbol{x}_1\\ \boldsymbol{x}_2\end{bmatrix}+\boldsymbol{D}_2\boldsymbol{D}_1\boldsymbol{u}\end{cases} \tag{2.34}$$

类似地，也可导出由 N 个子系统顺序串联构成的组合系统的状态空间表达式，但其形式相当复杂。因此，不再对此类情形进行讨论。

对于两个串联子系统，可求得对应组合系统的传递函数矩阵为

$$\begin{aligned}\boldsymbol{G}(s)&=[\boldsymbol{D}_2\boldsymbol{C}_1\quad \boldsymbol{C}_2]\begin{bmatrix}s\boldsymbol{I}_1-\boldsymbol{A}_1 & 0\\ -\boldsymbol{B}_2\boldsymbol{C}_1 & s\boldsymbol{I}_2-\boldsymbol{A}_2\end{bmatrix}^{-1}\begin{bmatrix}\boldsymbol{B}_1\\ \boldsymbol{B}_2\boldsymbol{D}_1\end{bmatrix}+\boldsymbol{D}_2\boldsymbol{D}_1\\&=[\boldsymbol{D}_2\boldsymbol{C}_1\quad \boldsymbol{C}_2]\begin{bmatrix}(s\boldsymbol{I}_1-\boldsymbol{A}_1)^{-1} & 0\\ (s\boldsymbol{I}_2-\boldsymbol{A}_2)^{-1}\boldsymbol{B}_2\boldsymbol{C}_1(s\boldsymbol{I}_1-\boldsymbol{A}_1)^{-1} & (s\boldsymbol{I}_2-\boldsymbol{A}_2)^{-1}\end{bmatrix}\begin{bmatrix}\boldsymbol{B}_1\\ \boldsymbol{B}_2\boldsymbol{D}_1\end{bmatrix}+\boldsymbol{D}_2\boldsymbol{D}_1\\&=[\boldsymbol{C}_2(s\boldsymbol{I}_2-\boldsymbol{A}_2)^{-1}\boldsymbol{B}_2+\boldsymbol{D}_2][\boldsymbol{C}_1(s\boldsymbol{I}_1-\boldsymbol{A}_1)^{-1}\boldsymbol{B}_1+\boldsymbol{D}_1]\\&=\boldsymbol{G}_2(s)\boldsymbol{G}_1(s)\end{aligned} \tag{2.35}$$

结论 2.3 两个子系统串联时，组合系统的传递函数矩阵等于后一子系统的传递函数矩阵乘以前一子系统的传递函数矩阵。应注意传递函数矩阵相乘时，先后次序不能颠倒。

注 2.1 上述结论的推导过程中用到了：

$$\begin{bmatrix}\boldsymbol{A} & 0\\ \boldsymbol{C} & \boldsymbol{D}\end{bmatrix}\begin{bmatrix}\boldsymbol{x}_1 & \boldsymbol{x}_2\\ \boldsymbol{x}_3 & \boldsymbol{x}_4\end{bmatrix}=\begin{bmatrix}\boldsymbol{I} & 0\\ 0 & \boldsymbol{I}\end{bmatrix}\Rightarrow\begin{bmatrix}\boldsymbol{A}\boldsymbol{x}_1 & \boldsymbol{A}\boldsymbol{x}_2\\ \boldsymbol{C}\boldsymbol{x}_1+\boldsymbol{D}\boldsymbol{x}_3 & \boldsymbol{C}\boldsymbol{x}_2+\boldsymbol{D}\boldsymbol{x}_4\end{bmatrix}=\begin{bmatrix}\boldsymbol{I} & 0\\ 0 & \boldsymbol{I}\end{bmatrix}$$

$$\Rightarrow\begin{bmatrix}\boldsymbol{x}_1 & \boldsymbol{x}_2\\ \boldsymbol{x}_3 & \boldsymbol{x}_4\end{bmatrix}=\begin{bmatrix}\boldsymbol{A}^{-1} & 0\\ -\boldsymbol{D}^{-1}\boldsymbol{C}\boldsymbol{A}^{-1} & \boldsymbol{D}^{-1}\end{bmatrix}$$

进而推广讨论由 N 个子系统串联构成的组合系统，利用

$$\boldsymbol{u}=\boldsymbol{u}_1,\quad \boldsymbol{u}_2=\boldsymbol{y}_1,\cdots,\boldsymbol{u}_N=\boldsymbol{y}_{N-1},\quad \boldsymbol{y}_N=\boldsymbol{y} \tag{2.36}$$

又可导出串联组合系统的传递函数矩阵为

$$\boldsymbol{G}(s)=\boldsymbol{G}_N(s)\boldsymbol{G}_{N-1}(s)\cdots\boldsymbol{G}_1(s) \tag{2.37}$$

式中，子系统的传递函数矩阵 $\boldsymbol{G}_i(s)$ 由式（2.27）给出。

3. 反馈联结

反馈组合系统是最为重要的一类控制系统。这里只考虑输出反馈联结组合系统，由两个子系统 Σ_1 和 Σ_2 构成的输出反馈联结的组合系统 Σ_F，如图 2.12 所示。

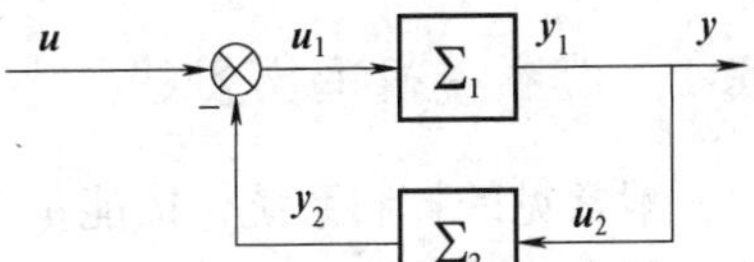

图 2.12　子系统的反馈联结组合系统 Σ_F

其状态空间表达式和传递函数矩阵为

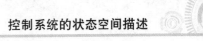

$$\begin{cases}\dot{\boldsymbol{x}}_i=\boldsymbol{A}_i\boldsymbol{x}_i+\boldsymbol{B}_i\boldsymbol{u}_i\\ \boldsymbol{y}_i=\boldsymbol{C}_i\boldsymbol{x}_i\end{cases}\quad (i=1,2) \tag{2.38}$$

$$\boldsymbol{G}_i(s)=\boldsymbol{C}_i(s\boldsymbol{I}-\boldsymbol{A}_i)^{-1}\boldsymbol{B}_i+\boldsymbol{D}_i\quad (i=1,2) \tag{2.39}$$

不难看出，两个子系统可以实现反馈联结的条件是，子系统在输入维数和输出维数上应满足关系式

$$\begin{cases}\dim(\boldsymbol{u}_1)=\dim(\boldsymbol{y}_2),\\ \dim(\boldsymbol{u}_2)=\dim(\boldsymbol{y}_1)\end{cases} \tag{2.40}$$

式中，dim(·) 表示向量的维数。

输出反馈组合系统在变量关系上的特征为

$$\begin{cases}\boldsymbol{u}_1=\boldsymbol{u}-\boldsymbol{y}_2,\\ \boldsymbol{y}_1=\boldsymbol{y}=\boldsymbol{u}_2\end{cases} \tag{2.41}$$

不失一般性，令 $\boldsymbol{D}_1=\boldsymbol{D}_2=0$，则组合系统 Σ_F 的状态空间表达式为

$$\begin{cases}\dot{\boldsymbol{x}}_1=\boldsymbol{A}_1\boldsymbol{x}_1+\boldsymbol{B}_1(\boldsymbol{u}-\boldsymbol{y}_2)=\boldsymbol{A}_1\boldsymbol{x}_1-\boldsymbol{B}_1\boldsymbol{C}_2\boldsymbol{x}_2+\boldsymbol{B}_1\boldsymbol{u}\\ \dot{\boldsymbol{x}}_2=\boldsymbol{A}_2\boldsymbol{x}_2+\boldsymbol{B}_2\boldsymbol{u}_2=\boldsymbol{A}_2\boldsymbol{x}_2+\boldsymbol{B}_2\boldsymbol{y}=\boldsymbol{A}_2\boldsymbol{x}_2+\boldsymbol{B}_2\boldsymbol{C}_1\boldsymbol{x}_1\\ \boldsymbol{y}=\boldsymbol{C}_1\boldsymbol{x}_1\end{cases} \tag{2.42}$$

写成矩阵形式为

$$\begin{bmatrix}\dot{\boldsymbol{x}}_1\\ \dot{\boldsymbol{x}}_2\end{bmatrix}=\begin{bmatrix}\boldsymbol{A}_1 & -\boldsymbol{B}_1\boldsymbol{C}_2\\ \boldsymbol{B}_2\boldsymbol{C}_1 & \boldsymbol{A}_2\end{bmatrix}\begin{bmatrix}\boldsymbol{x}_1\\ \boldsymbol{x}_2\end{bmatrix}+\begin{bmatrix}\boldsymbol{B}_1\\ 0\end{bmatrix}\boldsymbol{u},\ \boldsymbol{y}=[\boldsymbol{C}_1\quad 0]\begin{bmatrix}\boldsymbol{x}_1\\ \boldsymbol{x}_2\end{bmatrix} \tag{2.43}$$

则输出反馈联结组合系统 Σ_F 的传递函数矩阵为

$$\begin{aligned}\boldsymbol{G}(s)&=[\boldsymbol{C}_1\quad 0]\begin{bmatrix}s\boldsymbol{I}-\boldsymbol{A}_1 & \boldsymbol{B}_1\boldsymbol{C}_2\\ -\boldsymbol{B}_2\boldsymbol{C}_1 & s\boldsymbol{I}-\boldsymbol{A}_2\end{bmatrix}^{-1}\begin{bmatrix}\boldsymbol{B}_1\\ 0\end{bmatrix}\\ &=\boldsymbol{G}_1(s)[\boldsymbol{I}+\boldsymbol{G}_2(s)\boldsymbol{G}_1(s)]^{-1}\\ &=[\boldsymbol{I}+\boldsymbol{G}_2(s)\boldsymbol{G}_1(s)]^{-1}\boldsymbol{G}_1(s)\end{aligned} \tag{2.44}$$

式中，$\boldsymbol{G}_1(s)$ 和 $\boldsymbol{G}_2(s)$ 分别为 Σ_1 和 Σ_2 的传递函数矩阵。

这里又遇到分块矩阵求逆的问题，读者可以自己证明下列关系式

$$\boldsymbol{G}(s)=\boldsymbol{G}_1(s)-\boldsymbol{G}(s)\boldsymbol{G}_2(s)\boldsymbol{G}_1(s) \tag{2.45}$$

式中，$\boldsymbol{G}_1(s)=\boldsymbol{C}_1(s\boldsymbol{I}-\boldsymbol{A}_1)^{-1}\boldsymbol{B}_1$，$\boldsymbol{G}_2(s)=\boldsymbol{C}_2(s\boldsymbol{I}-\boldsymbol{A}_2)^{-1}\boldsymbol{B}_2$。

假设 $|\boldsymbol{I}+\boldsymbol{G}_1(s)\boldsymbol{G}_2(s)|\neq 0$，$|\boldsymbol{I}+\boldsymbol{G}_2(s)\boldsymbol{G}_1(s)|\neq 0$，则根据式（2.45）即可得到式（2.44）。

2.3　系统状态空间表达式的建立

用状态空间分析系统时，首先要建立给定系统的状态空间表达式。状态空间表达式的建立比较复杂，常用的方法有四种：一是直接从系统的物理或化学的机理出发进行推导；二是

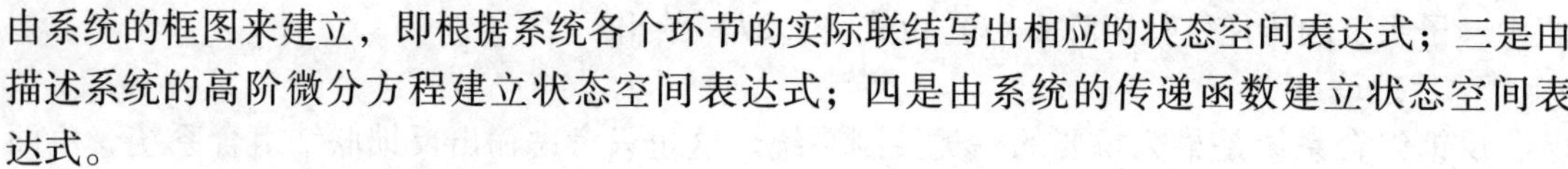

由系统的框图来建立，即根据系统各个环节的实际联结写出相应的状态空间表达式；三是由描述系统的高阶微分方程建立状态空间表达式；四是由系统的传递函数建立状态空间表达式。

2.3.1 从系统机理出发建立状态空间表达式

一般常见的控制系统，按能量属性可分为电气、机械、机电、气动液压、热力等系统。根据其物理规律，如基尔霍夫定律、牛顿定律、能量守恒定律等，即可建立系统的状态空间表达式。当指定系统的输出时，很容易写出系统的输出方程。

例 2.3 如图 2.13 所示 *RLC* 网络，试列写以电容两端的电压为输出的状态空间表达式。

解：根据基尔霍夫定律列写电路方程

$$\begin{cases} i_L=\left(u-L\dfrac{\mathrm{d}i_L}{\mathrm{d}t}\right)\dfrac{1}{R_1}+C\dfrac{\mathrm{d}u_C}{\mathrm{d}t} \\ L\dfrac{\mathrm{d}i_L}{\mathrm{d}t}+u_C+C\dfrac{\mathrm{d}u_C}{\mathrm{d}t}R_2=u \end{cases}$$

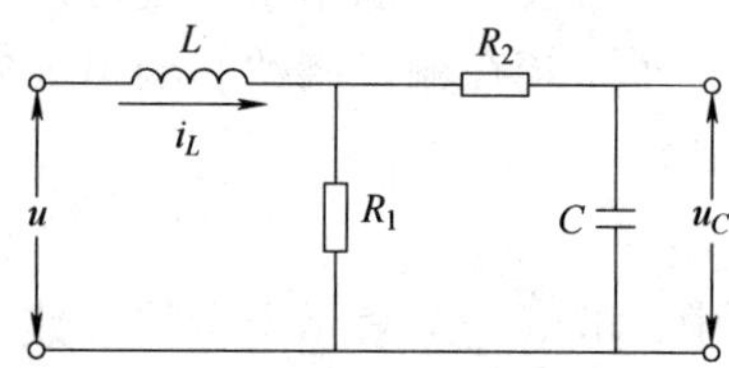

图 2.13 例 2.3 的 *RLC* 网络图

整理得

$$\begin{cases} \dfrac{\mathrm{d}i_L}{\mathrm{d}t}=\dfrac{u}{L}-\dfrac{i_L}{L}\left(\dfrac{R_1R_2}{R_1+R_2}\right)-\dfrac{u_C}{L}\dfrac{R_1}{R_1+R_2} \\ \dfrac{\mathrm{d}u_C}{\mathrm{d}t}=\dfrac{R_1}{C(R_1+R_2)}i_L-\dfrac{1}{C(R_1+R_2)}u_C \end{cases}$$

考虑到系统两个变量 i_L、u_C 是独立的，故可以确定为系统的状态变量，即令 $x_1=i_L$，$x_2=u_C$，将 x_1、x_2 代入上式可得状态方程为

$$\begin{cases} \dfrac{\mathrm{d}x_1}{\mathrm{d}t}=-\dfrac{1}{L}\left(\dfrac{R_1R_2}{R_1+R_2}\right)x_1-\dfrac{R_1}{R_1+R_2}\dfrac{x_2}{L}+\dfrac{u}{L} \\ \dfrac{\mathrm{d}x_2}{\mathrm{d}t}=\dfrac{R_1}{C(R_1+R_2)}x_1-\dfrac{1}{C(R_1+R_2)}x_2 \end{cases}$$

输出方程为

$$y=u_C=x_2$$

写成矩阵形式为

$$\begin{cases} \begin{bmatrix}\dot{x}_1\\ \dot{x}_2\end{bmatrix}=\begin{bmatrix}-\dfrac{1}{L}\dfrac{R_1R_2}{R_1+R_2} & -\dfrac{R_1}{L(R_1+R_2)} \\ \dfrac{R_1}{C(R_1+R_2)} & -\dfrac{1}{C(R_1+R_2)}\end{bmatrix}\begin{bmatrix}x_1\\ x_2\end{bmatrix}+\begin{bmatrix}\dfrac{1}{L}\\ 0\end{bmatrix}u \\ y=\begin{bmatrix}0 & 1\end{bmatrix}\begin{bmatrix}x_1\\ x_2\end{bmatrix} \end{cases}$$

例 2.4 在图 2.14 所示的机械运动模型中，M_1、M_2 为质量块（同时也为质量），K_1、K_2 为弹簧的弹性系数，B_1、B_2 是阻尼器，列写出在外力 f 作用下，以质量块 M_1 和 M_2 的位移 y_1 和 y_2 为输出的状态空间表达式。

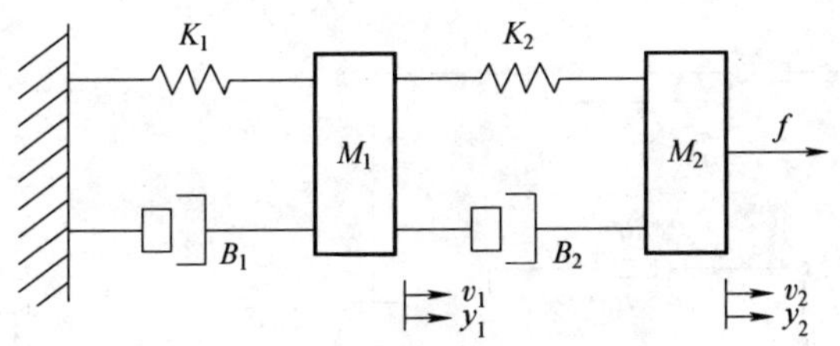

图 2.14　机械运动模型图

解：弹簧和质量块是储能元件，故弹簧的伸长度 y_1、y_2 和质量块的速度 v_1、v_2 可以选作状态变量。由图 2.14 可以直接看出，它们是相互独立的，令 $x_1=y_1$，$x_2=y_2$，$x_3=v_1=\dfrac{\mathrm{d}y_1}{\mathrm{d}t}$，$x_4=v_2=\dfrac{\mathrm{d}y_2}{\mathrm{d}t}$。

根据牛顿定律，对于 M_1，有

$$M_1\frac{\mathrm{d}v_1}{\mathrm{d}t}=K_2(y_2-y_1)+B_2\left(\frac{\mathrm{d}y_2}{\mathrm{d}t}-\frac{\mathrm{d}y_1}{\mathrm{d}t}\right)-K_1y_1-B_1\frac{\mathrm{d}y_1}{\mathrm{d}t}$$

对于 M_2，有

$$M_2\frac{\mathrm{d}v_2}{\mathrm{d}t}=f-K_2(y_2-y_1)-B_2\left(\frac{\mathrm{d}y_2}{\mathrm{d}t}-\frac{\mathrm{d}y_1}{\mathrm{d}t}\right)$$

将 $x_1=y_1$，$x_2=y_2$，$x_3=\dfrac{\mathrm{d}y_1}{\mathrm{d}t}$，$x_4=\dfrac{\mathrm{d}y_2}{\mathrm{d}t}$及 $u=f$ 代入上述两式，经整理可得，系统状态方程为

$$\begin{cases}\dot{x}_1=x_3\\ \dot{x}_2=x_4\\ \dot{x}_3=-\dfrac{1}{M_1}(K_1+K_2)x_1+\dfrac{K_2}{M_1}x_2-\dfrac{1}{M_1}(B_1+B_2)x_3+\dfrac{B_2}{M_1}x_4\\ \dot{x}_4=\dfrac{K_2}{M_2}x_1-\dfrac{K_2}{M_2}x_2+\dfrac{B_2}{M_2}x_3-\dfrac{B_2}{M_2}x_4+\dfrac{1}{M_2}f\end{cases}$$

写成矩阵形式为

$$\begin{bmatrix}\dot{x}_1\\ \dot{x}_2\\ \dot{x}_3\\ \dot{x}_4\end{bmatrix}=\begin{bmatrix}0 & 0 & 1 & 0\\ 0 & 0 & 0 & 1\\ -\dfrac{1}{M_1}(K_1+K_2) & \dfrac{K_2}{M_1} & -\dfrac{1}{M_1}(B_1+B_2) & \dfrac{B_2}{M_1}\\ \dfrac{K_2}{M_2} & -\dfrac{K_2}{M_2} & \dfrac{B_2}{M_2} & -\dfrac{B_2}{M_2}\end{bmatrix}\begin{bmatrix}x_1\\ x_2\\ x_3\\ x_4\end{bmatrix}+\begin{bmatrix}0\\ 0\\ 0\\ \dfrac{1}{M_2}\end{bmatrix}f$$

指定 x_1、x_2 为输出，则输出方程为

$$\begin{bmatrix}y_1\\ y_2\end{bmatrix}=\begin{bmatrix}1 & 0 & 0 & 0\\ 0 & 1 & 0 & 0\end{bmatrix}\begin{bmatrix}x_1\\ x_2\\ x_3\\ x_4\end{bmatrix}$$

例 2.5　如图 2.15 所示为他励电动机原理图，试求电枢电压控制的他励电动机的状态空间表达式。

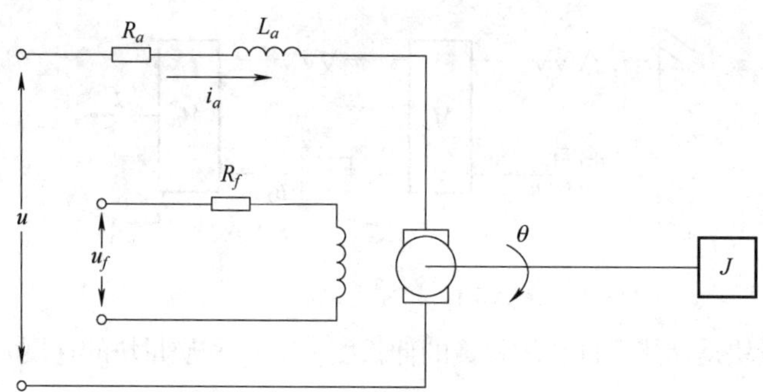

图 2. 15　他励电动机原理图

解：本例包括电气系统及机械系统。假设选择 3 个状态变量，电动机转轴角 θ、转速 $\dot{\theta}$ 及电枢电流 i_a，令 $x_1=\theta$，$x_2=\dot{\theta}$，$x_3=i_a$，根据该系统的物理规律列写运动方程。

由电压定律得

$$u=R_a i_a+L_a\frac{\mathrm{d}i_a}{\mathrm{d}t}+C_e\frac{\mathrm{d}\theta}{\mathrm{d}t}$$

由机械转矩平衡定律得

$$C_m i_a=J\frac{\mathrm{d}^2\theta}{\mathrm{d}t^2}+f\frac{\mathrm{d}\theta}{\mathrm{d}t}$$

此外还有

$$\frac{\mathrm{d}\theta}{\mathrm{d}t}=\dot{\theta}$$

式中，C_e和 C_m 是电动机电动势常数和电磁转矩常数；f 为黏滞摩擦系数。将上述 3 个公式加以整理并代入状态变量，即可得系统状态方程为

$$\begin{cases}\dot{x}_1=x_2\\ \dot{x}_2=-\dfrac{f}{J}x_2+\dfrac{C_m}{J}x_3\\ \dot{x}_3=-\dfrac{C_e}{L_a}x_2-\dfrac{R_a}{L_a}x_3+\dfrac{u}{L_a}\end{cases}$$

系统的输出方程为

$$y=\theta=x_1$$

写成矩阵形式为

$$\begin{cases}\begin{bmatrix}\dot{x}_1\\ \dot{x}_2\\ \dot{x}_3\end{bmatrix}=\begin{bmatrix}0 & 1 & 0\\ 0 & -\dfrac{f}{J} & \dfrac{C_m}{J}\\ 0 & -\dfrac{C_e}{L_a} & -\dfrac{R_a}{L_a}\end{bmatrix}\begin{bmatrix}x_1\\ x_2\\ x_3\end{bmatrix}+\begin{bmatrix}0\\ 0\\ \dfrac{1}{L_a}\end{bmatrix}u\\ y=\begin{bmatrix}1 & 0 & 0\end{bmatrix}\begin{bmatrix}x_1\\ x_2\\ x_3\end{bmatrix}\end{cases}$$

由以上例子可归纳出由系统机理出发建立状态空间表达式的一般步骤如下：确定系统的输入变量和输出变量；根据系统内部信号所遵循的机理或物理、化学定律，列写出描述系统动态特性的微分方程；选择状态变量，把微分方程转化为含状态变量的一阶微分方程组，得到状态方程；按照输出变量是状态变量的线性组合，写出向量代数方程，即输出方程；表示成向量-矩阵方程的形式。

2.3.2　从系统框图求状态空间表达式

从系统框图求状态空间表达式时，首先将系统的各个环节转换成相应的模拟结构图，并把每个积分器的输出选作一个状态变量 x_i，其输入便是相应的 $\dot{x}_i$；然后，由模拟结构图直接写出系统的状态方程和输出方程。

例 2.6　系统框图如图 2.16 所示。输入为 u，输出为 y，试求其状态空间表达式。

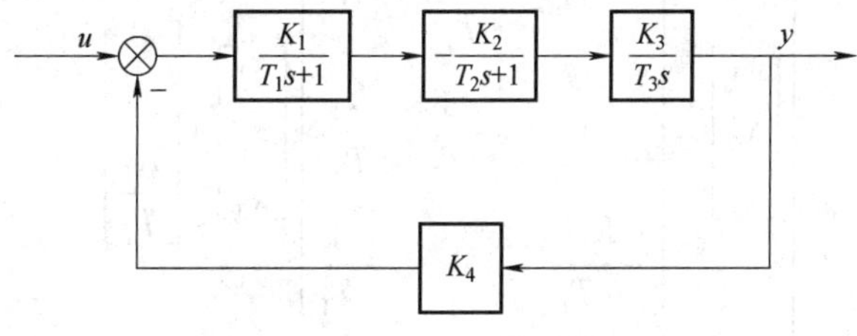

图 2.16　例 2.6 系统框图

解：对于惯性环节

$$\frac{K}{Ts+1}=\frac{C(s)}{R(s)}$$

有

$$\frac{C(s)}{R(s)}=\frac{\frac{K}{T}}{s+\frac{1}{T}}=\frac{b}{s+a}$$

或

$$sC(s)+aC(s)=bR(s)$$

取拉普拉斯反变换并设初值为零得

$$\dot{c}(t)=-ac(t)+br(t)$$

所以惯性环节的模拟结构图如图 2.17 所示，所对应的系统模拟结构图如图 2.18 所示。

从图 2.18 可知

$$\begin{cases}\dot{x}_1=\dfrac{K_3}{T_3}x_2\\[2mm]\dot{x}_2=-\dfrac{1}{T_2}x_2+\dfrac{K_2}{T_2}x_3\\[2mm]\dot{x}_3=-\dfrac{1}{T_1}x_3-\dfrac{K_1K_4}{T_1}x_1+\dfrac{K_1}{T_1}u\\[2mm]y=x_1\end{cases}$$

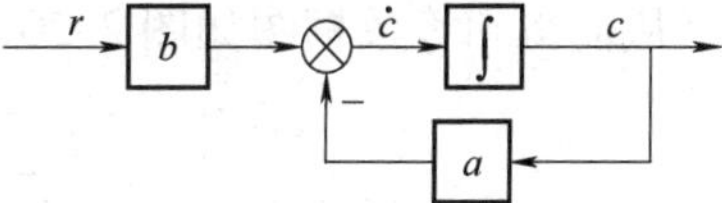

图 2.17　惯性环节的模拟结构图

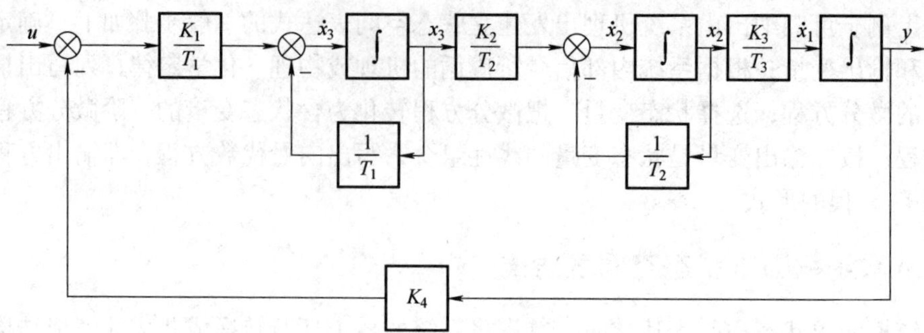

图 2.18　例 2.6 系统的模拟结构图

将状态空间表达式写成矩阵形式为

$$
\begin{cases}
\begin{bmatrix}\dot{x}_1\\ \dot{x}_2\\ \dot{x}_3\end{bmatrix}=\begin{bmatrix}0 & \dfrac{K_3}{T_3} & 0\\ 0 & -\dfrac{1}{T_2} & \dfrac{K_2}{T_2}\\ -\dfrac{K_1K_4}{T_1} & 0 & -\dfrac{1}{T_1}\end{bmatrix}\begin{bmatrix}x_1\\ x_2\\ x_3\end{bmatrix}+\begin{bmatrix}0\\ 0\\ \dfrac{K_1}{T_1}\end{bmatrix}u\\
y=\begin{bmatrix}1 & 0 & 0\end{bmatrix}\begin{bmatrix}x_1\\ x_2\\ x_3\end{bmatrix}
\end{cases}
$$

对于含有零点的环节，可将其展开成部分分式，从而得到等效框图，再得出模拟结构图，从而得到系统的状态空间表达式。

例 2.7　求图 2.19 所示系统的状态空间表达式。

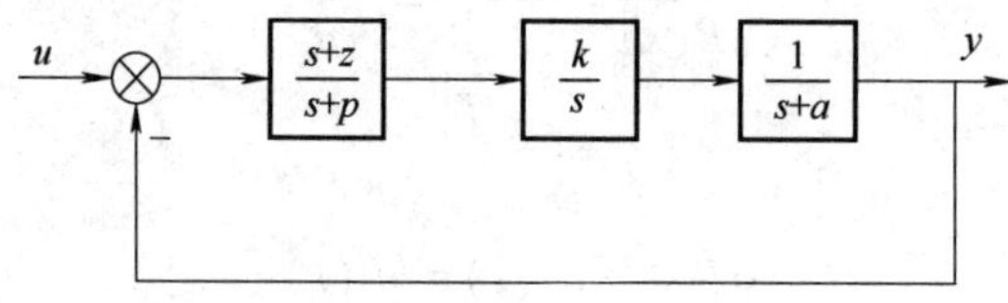

图 2.19　例 2.7 系统框图

解：这是一个含有零点的系统，应先将带零点的环节展开成部分分式，即

$$
\frac{s+z}{s+p}=1+\frac{z-p}{s+p}
$$

从而得到等效框图如图 2.20 所示。

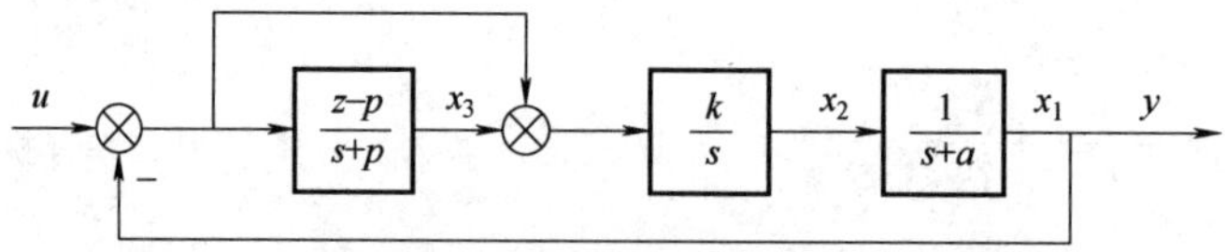

图 2.20　例 2.7 系统等效框图

再画出系统的模拟结构图如图 2.21 所示。

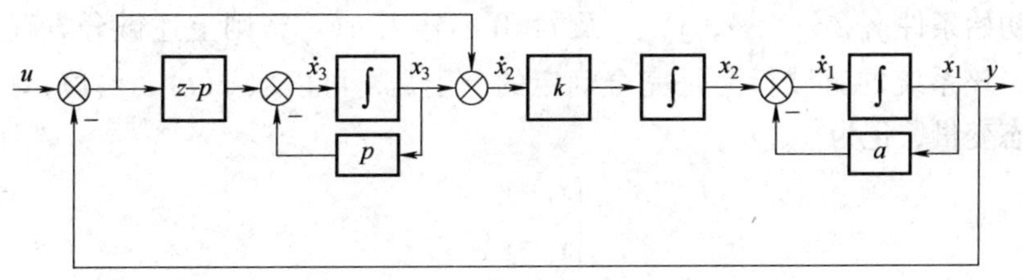

图 2.21　例 2.7 系统模拟结构图

由图可写出

$$\begin{cases}\dot{x}_1=-ax_1+x_2\\ \dot{x}_2=-kx_1+kx_3+ku\\ \dot{x}_3=(p-z)x_1-px_3+(z-p)u\\ y=x_1\end{cases}$$

从而可得状态空间表达式的矩阵形式为

$$\begin{cases}\begin{bmatrix}\dot{x}_1\\ \dot{x}_2\\ \dot{x}_3\end{bmatrix}=\begin{bmatrix}-a & 1 & 0\\ -k & 0 & k\\ p-z & 0 & -p\end{bmatrix}\begin{bmatrix}x_1\\ x_2\\ x_3\end{bmatrix}+\begin{bmatrix}0\\ k\\ z-p\end{bmatrix}u\\ y=[1\quad 0\quad 0]\begin{bmatrix}x_1\\ x_2\\ x_3\end{bmatrix}\end{cases}$$

2.3.3　根据系统微分方程建立状态空间表达式

在经典控制理论中，系统的输入输出关系常采用微分方程或传递函数来描述，如何根据系统的输入输出关系建立系统状态空间表达式，是现代控制理论中的基本问题之一。将高阶微分方程转换为状态空间表达式时应保持原系统输入输出关系不变，且这种变换方式并不是唯一的。

设描述系统输入输出关系的 n 阶微分方程为

$$y^{(n)}+a_{n-1}y^{(n-1)}+\cdots+a_1\dot{y}+a_0y=b_mu^{(m)}+b_{m-1}u^{(m-1)}+\cdots+b_1\dot{u}+b_0u\quad(m\leqslant n)\tag{2.46}$$

式中，y 为输出流；u 为输入流；$a_i(i=0,1,2,\cdots,n-1)$ 和 $b_j(j=0,1,2,\cdots,m)$ 均为系统的参数。

由前文可知系统的状态空间表达式为

$$\begin{cases}\dot{\boldsymbol{x}}=\boldsymbol{Ax}+\boldsymbol{Bu}\\ \boldsymbol{y}=\boldsymbol{Cx}+\boldsymbol{Du}\end{cases}\tag{2.47}$$

式中，$\boldsymbol{x}$ 为 $n\times1$ 维状态向量；$\boldsymbol{y}$ 为 $m\times1$ 维输出向量；$\boldsymbol{u}$ 为 $r\times1$ 维输入向量；$\boldsymbol{A}$ 为 $n\times n$ 系统矩阵；$\boldsymbol{B}$ 为 $n\times r$ 输入矩阵；$\boldsymbol{C}$ 为 $m\times n$ 输出矩阵；$\boldsymbol{D}$ 为 $m\times r$ 直接传输矩阵。

可见，要将微分方程变换为状态空间表达式的关键问题，一是如何选择系统的状态变量，二是怎样由微分方程系数确定矩阵 $\boldsymbol{A}$、$\boldsymbol{B}$、$\boldsymbol{C}$、$\boldsymbol{D}$。下面根据系统微分方程中是否含有输入函数导数项，分两种情况讨论。

1. 微分方程中不含输入函数导数项

当输入函数中不含导数项时，系统微分方程形式为

$$y^{(n)}+a_{n-1}y^{(n-1)}+\cdots+a_1\dot{y}+a_0y=b_0u\tag{2.48}$$

若给定初始条件 y_0，$\dot{y}_0$，…，$y_0^{(n-1)}$ 及 $t\geqslant 0$ 的输入 $u(t)$，则上述微分方程的解是唯一的，或者说，该系统的时域行为是完全确定的，于是，可以取 $y(t)$，$\dot{y}(t)$，…，$y^{(n-1)}(t)$ 个变量为状态变量，记为

$$\begin{cases} x_1 = y \\ x_2 = \dot{y} \\ \quad\vdots \\ x_n = y^{(n-1)} \end{cases}$$

为了得到每个状态变量的一阶导数表达式，将上式两边对时间求导，有

$$\begin{cases} \dot{x}_1 = \dot{y} \\ \dot{x}_2 = \ddot{y} \\ \quad\vdots \\ \dot{x}_n = y^{(n)} \end{cases}$$

表示成

$$\begin{cases} \dot{x}_1 = x_2 \\ \dot{x}_2 = x_3 \\ \quad\vdots \\ \dot{x}_n = -a_{n-1}x_n - a_{n-2}x_{n-1} - \ldots - a_2x_3 - a_1x_2 - a_0x_1 + b_0u \end{cases}$$

写成矩阵形式为

$$\begin{cases} \begin{bmatrix} \dot{x}_1 \\ \dot{x}_2 \\ \vdots \\ \dot{x}_{n-1} \\ \dot{x}_n \end{bmatrix} = \begin{bmatrix} 0 & 1 & 0 & 0 & \cdots & 0 \\ 0 & 0 & 1 & 0 & \cdots & 0 \\ \vdots & \vdots & \vdots & \vdots & & \vdots \\ 0 & 0 & 0 & 0 & \cdots & 1 \\ -a_0 & -a_1 & -a_2 & -a_3 & \cdots & -a_{n-1} \end{bmatrix} \begin{bmatrix} x_1 \\ x_2 \\ \vdots \\ x_{n-1} \\ x_n \end{bmatrix} + \begin{bmatrix} 0 \\ 0 \\ \vdots \\ 0 \\ b_0 \end{bmatrix} u \\ y = \begin{bmatrix} 1 & 0 & 0 & \cdots & 0 \end{bmatrix} \begin{bmatrix} x_1 \\ x_2 \\ \vdots \\ x_n \end{bmatrix} \end{cases} \tag{2.49}$$

系统的模拟结构图如图 2.22 所示。

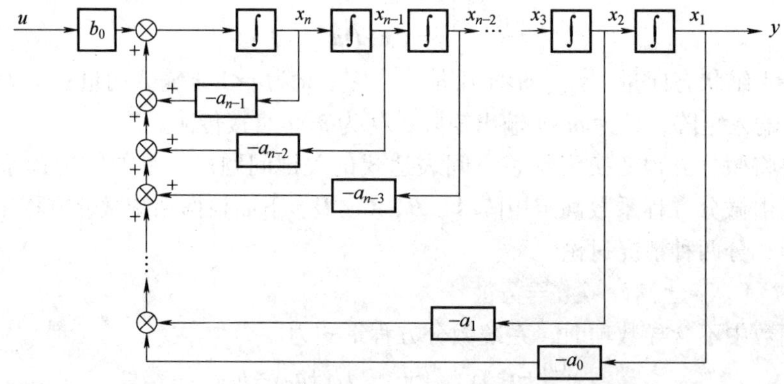

图 2.22　状态空间表达式（2.49）的模拟结构图

顺便指出，当系统矩阵 **A** 具有式（2.49）的形式时，称为友矩阵。友矩阵的特点是主对角线上方的元素均为 1，最后一行元素可取任意值，而其余元素均为零。

例 2.8　设系统输入输出微分方程为 $\dddot{y}+2\ddot{y}-4\dot{y}+3y=5u$，求其状态空间表达式。

解：选取状态向量

$$\begin{cases}x_1=y\\x_2=\dot{y}=\dot{x}_1\\x_3=\ddot{y}=\dot{x}_2\end{cases}$$

由微分方程得

$$\begin{cases}\dot{x}_1=x_2\\\dot{x}_2=x_3\\\dot{x}_3=-3x_1+4x_2-2x_3+5u\end{cases}$$

系统输出方程为

$$y=x_1$$

最后写成矩阵形式，则系统的状态空间表达式为

$$\begin{cases}\begin{bmatrix}\dot{x}_1\\\dot{x}_2\\\dot{x}_3\end{bmatrix}=\begin{bmatrix}0&1&0\\0&0&1\\-3&4&-2\end{bmatrix}\begin{bmatrix}x_1\\x_2\\x_3\end{bmatrix}+\begin{bmatrix}0\\0\\5\end{bmatrix}u\\y=\begin{bmatrix}1&0&0\end{bmatrix}\begin{bmatrix}x_1\\x_2\\x_3\end{bmatrix}\end{cases}$$

系统的模拟结构图如图 2.23 所示。

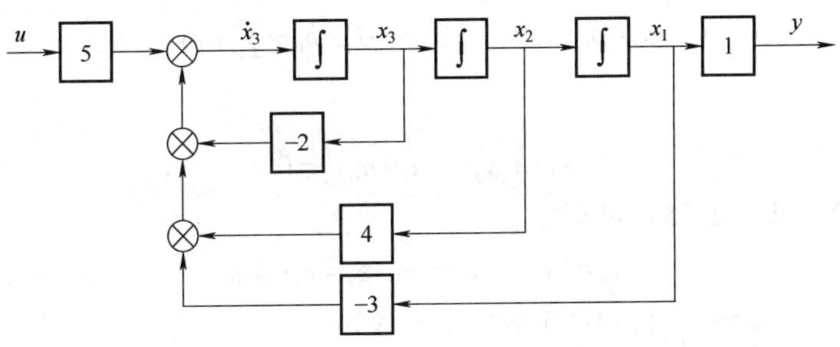

图 2.23　例 2.8 系统模拟结构图

2. 微分方程中含有输入函数导数项

(1) 待定系数法

当输入函数包含导数项时，首先考察三阶系统，其微分方程为

$$\dddot{y}+a_2\ddot{y}+a_1\dot{y}+a_0y=b_3\dddot{u}+b_2\ddot{u}+b_1\dot{u}+b_0u \tag{2.50}$$

在这种情况下，不能选用 $y(t)$，$\dot{y}(t)$，…，$y^{(n-1)}(t)$ 作为系统的状态变量，因为式（2.50）中包含有输入信号 u 的导数项，它可能导致系统在状态空间中的运动出现无穷

大的跳变，方程解的存在性和唯一性被破坏。因此，通常选用输出 y 和输入 u 以及它们的各阶导数组成状态变量。

选择状态变量为

$$\begin{cases} x_1 = y - \beta_0 u \\ x_2 = \dot{x}_1 - \beta_1 u = \dot{y} - \beta_0 \dot{u} - \beta_1 u \\ x_3 = \dot{x}_2 - \beta_2 u = \ddot{y} - \beta_0 \ddot{u} - \beta_1 \dot{u} - \beta_2 u \end{cases} \tag{2.51}$$

再引入一个中间变量 x_4，且

$$x_4 = \dddot{y} - \beta_0 \dddot{u} - \beta_1 \ddot{u} - \beta_2 \dot{u} - \beta_3 u = \dot{x}_3 - \beta_3 u \tag{2.52}$$

式（2.51）和式（2.52）中的 β_i 为待定的系数，整理可得到

$$\begin{cases} y = x_1 + \beta_0 u \\ \dot{y} = x_2 + \beta_0 \dot{u} + \beta_1 u \\ \ddot{y} = x_3 + \beta_0 \ddot{u} + \beta_1 \dot{u} + \beta_2 u \\ \dddot{y} = x_4 + \beta_0 \dddot{u} + \beta_1 \ddot{u} + \beta_2 \dot{u} + \beta_3 u \end{cases} \tag{2.53}$$

将式（2.53）代入式（2.50）后可得到

$$\begin{aligned} &(x_4 + a_2 x_3 + a_1 x_2 + a_0 x_1) + \beta_0 \dddot{u} + (\beta_1 + a_2 \beta_0) \ddot{u} + \\ &(\beta_2 + a_2 \beta_1 + \beta_0) \dot{u} + (\beta_3 + a_2 \beta_2 + a_1 \beta_1 + a_0 \beta_0) u \\ &= b_3 \dddot{u} + b_2 \ddot{u} + b_1 \dot{u} + b_0 u \end{aligned}$$

上式两边同次幂项的系数应该相等，于是可以求得待定系数为

$$\begin{cases} \beta_0 = b_3 \\ \beta_1 = b_2 - a_2 \beta_0 \\ \beta_2 = b_1 - a_1 \beta_0 - a_2 \beta_1 \\ \beta_3 = b_0 - a_0 \beta_0 - a_1 \beta_1 - a_2 \beta_2 = b_0 - \sum\limits_{i=0}^{n-1} a_i \beta_i \end{cases} \tag{2.54}$$

和

$$x_4 + a_2 x_3 + a_1 x_2 + a_0 x_1 = 0 \tag{2.55}$$

考虑到式（2.52），式（2.55）可写成

$$x_4 = -a_0 x_1 - a_1 x_2 - a_2 x_3 = \dot{x}_3 - \beta_3 u \tag{2.56}$$

由式（2.51）和式（2.56），得到系统的状态方程为

$$\begin{cases} \dot{x}_1 = x_2 + \beta_1 u \\ \dot{x}_2 = x_3 + \beta_2 u \\ \dot{x}_3 = -a_0 x_1 - a_1 x_2 - a_2 x_3 + \beta_3 u \end{cases}$$

写成矩阵形式为

$$\dot{x} = \begin{bmatrix} \dot{x}_1 \\ \dot{x}_2 \\ \dot{x}_3 \end{bmatrix} = \begin{bmatrix} 0 & 1 & 0 \\ 0 & 0 & 1 \\ -a_0 & -a_1 & -a_2 \end{bmatrix} \begin{bmatrix} x_1 \\ x_2 \\ x_3 \end{bmatrix} + \begin{bmatrix} \beta_1 \\ \beta_2 \\ \beta_3 \end{bmatrix} u = \boldsymbol{A}\boldsymbol{x} + \boldsymbol{B}u \tag{2.57}$$

系统输出方程为

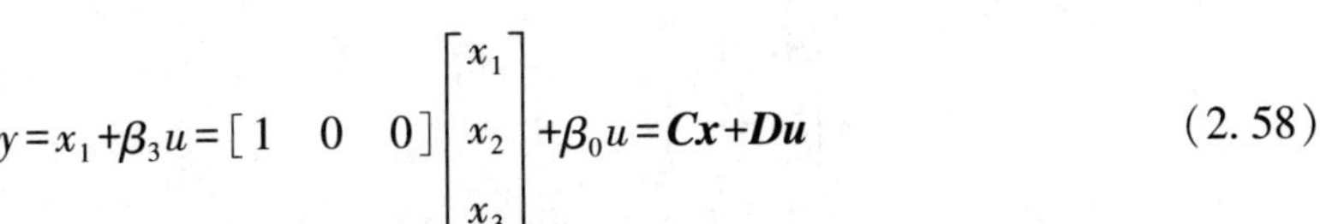

$$y=x_1+\beta_3 u=\begin{bmatrix}1 & 0 & 0\end{bmatrix}\begin{bmatrix}x_1\\x_2\\x_3\end{bmatrix}+\beta_0 u=\boldsymbol{C}\boldsymbol{x}+\boldsymbol{D}u \tag{2.58}$$

系统模拟结构图如图 2.24 所示。

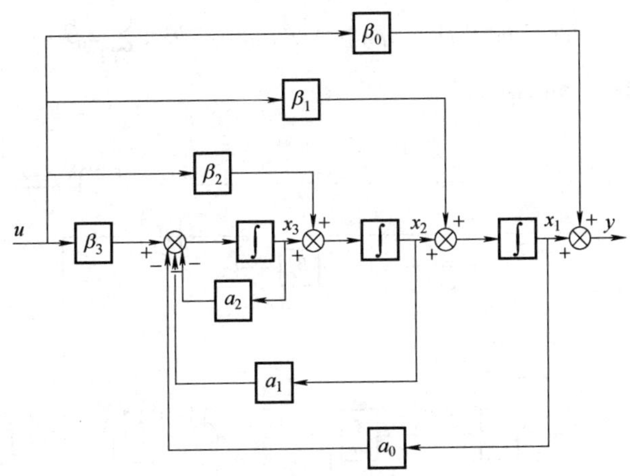

图 2.24　系统模拟结构图

一般情况下，系统输入和输出关系由如下 n 阶微分方程描述：

$$\begin{aligned}&y^{(n)}+a_{n-1}y^{(n-1)}+a_{n-2}y^{(n-2)}+\cdots+a_2\ddot{y}+a_1\dot{y}+a_0 y\\&=b_0u^{(n)}+b_{n-1}u^{(n-1)}+\cdots+b_2\ddot{u}+b_1\dot{u}+b_0u\end{aligned} \tag{2.59}$$

类似式（2.51）选取 n 个状态变量为

$$\begin{cases}x_1=y-\beta_0 u\\x_2=\dot{x}_1-\beta_1 u\\x_3=\dot{x}_2-\beta_2 u\\\quad\vdots\\x_n=\dot{x}_{n-1}-\beta_{n-1}u\end{cases} \tag{2.60}$$

则系统状态空间表达式为

$$\begin{cases}\begin{bmatrix}\dot{x}_1\\\dot{x}_2\\\vdots\\\dot{x}_n\end{bmatrix}=\begin{bmatrix}0 & 1 & 0 & 0 & \cdots & 0\\0 & 0 & 1 & 0 & \cdots & 0\\\vdots & \vdots & \vdots & \vdots & & \vdots\\0 & 0 & 0 & 0 & \cdots & 1\\-a_0 & -a_1 & -a_2 & -a_3 & \cdots & -a_{n-1}\end{bmatrix}\begin{bmatrix}x_1\\x_2\\\vdots\\x_n\end{bmatrix}+\begin{bmatrix}\beta_1\\\beta_2\\\vdots\\\beta_{n-1}\\\beta_n\end{bmatrix}u\\y=\begin{bmatrix}1 & 0 & \cdots & 0\end{bmatrix}\begin{bmatrix}x_1\\\vdots\\x_n\end{bmatrix}+\beta_0 u\end{cases} \tag{2.61}$$

式中

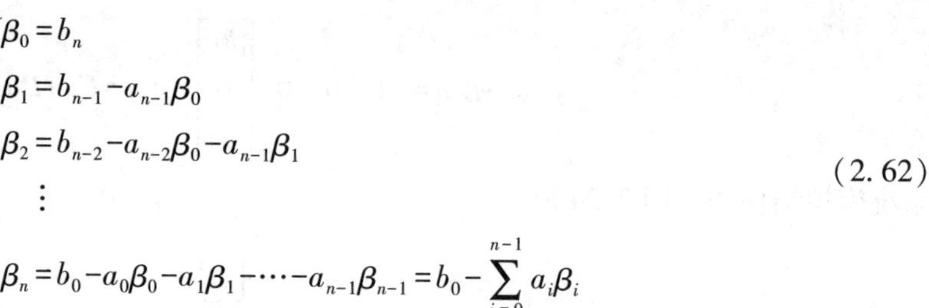

$$\begin{cases}\beta_0 = b_n \\ \beta_1 = b_{n-1} - a_{n-1}\beta_0 \\ \beta_2 = b_{n-2} - a_{n-2}\beta_0 - a_{n-1}\beta_1 \\ \quad\vdots \\ \beta_n = b_0 - a_0\beta_0 - a_1\beta_1 - \cdots - a_{n-1}\beta_{n-1} = b_0 - \sum_{i=0}^{n-1} a_i\beta_i \end{cases} \tag{2.62}$$

系统的模拟结构图如图 2.25 所示。

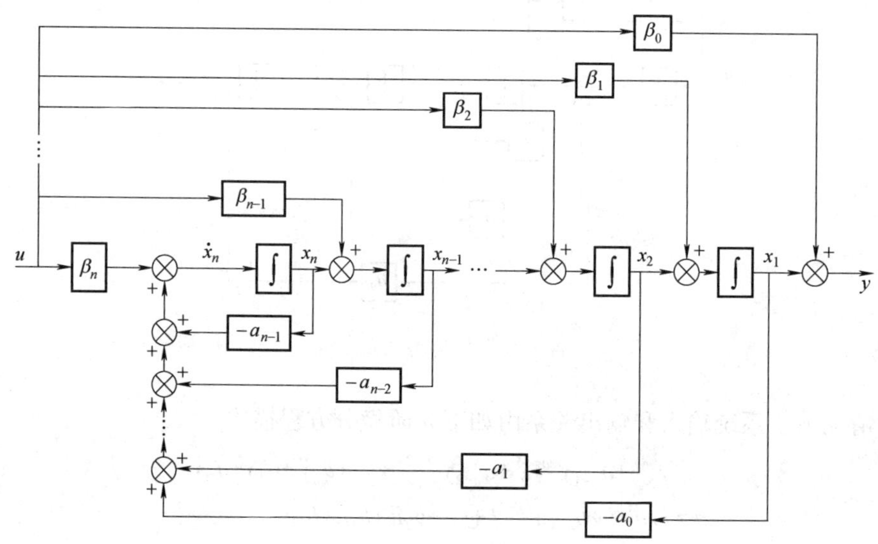

图 2.25 系统模拟结构图

(2) 辅助变量法

不失一般性，设系统的 n 阶微分方程为

$$y^{(n)} + a_{n-1}y^{(n-1)} + \cdots + a_1\dot{y} + a_0 y = b_{n-1}u^{(n-1)} + \cdots + b_1\dot{u} + b_0 u \tag{2.63}$$

对式 (2.63) 进行拉普拉斯变换，得到其传递函数为

$$\frac{Y(s)}{U(s)} = \frac{b_{n-1}s^{n-1} + b_{n-2}s^{n-2} + \cdots + b_1 s + b_0}{s^n + a_{n-1}s^{n-1} + \cdots + a_1 s + a_0}$$

引入辅助变量 $Z(s)$ 为

$$Z(s) = U(s)\frac{1}{s^n + a_{n-1}s^{n-1} + \cdots + a_1 s + a_0} \tag{2.64}$$

则

$$Y(s) = Z(s)(b_{n-1}s^{n-1} + b_{n-2}s^{n-2} + \cdots + b_1 s + b_0) \tag{2.65}$$

在零初始条件下，分别对式 (2.64) 和式 (2.65) 进行拉普拉斯反变换，返回到微分方程形式，有

$$z^{(n)} + a_{n-1}z^{(n-1)} + \cdots + a_1\dot{z} + a_0 z = u$$

以及

$$b_{n-1}z^{(n-1)}+\cdots+b_1\dot{z}+b_0z=y$$

选择状态变量为

$$\begin{cases}x_1=z\\ \dot{x}_1=x_2=\dot{z}\\ \dot{x}_2=x_3=\ddot{z}\\ \quad\vdots\\ \dot{x}_{n-1}=x_n=z^{(n-1)}\\ \dot{x}_n=z^{(n)}=-a_0x_1-a_1x_2-\cdots-a_{n-1}x_n+u\end{cases}$$

输出方程为

$$y=b_{n-1}z^{(n-1)}+\cdots+b_1\dot{z}+b_0z=b_0x_1+b_1x_2+\cdots+b_{n-1}x_n$$

写成矩阵形式为

$$\begin{cases}\begin{bmatrix}\dot{x}_1\\ \dot{x}_2\\ \vdots\\ \dot{x}_n\end{bmatrix}=\begin{bmatrix}0&1&0&0&\cdots&0\\ 0&0&1&0&\cdots&0\\ \vdots&\vdots&\vdots&\vdots&&\vdots\\ 0&0&0&0&\cdots&1\\ -a_0&-a_1&-a_2&-a_3&\cdots&-a_{n-1}\end{bmatrix}\begin{bmatrix}x_1\\ x_2\\ \vdots\\ x_n\end{bmatrix}+\begin{bmatrix}0\\ 0\\ \vdots\\ 0\\ 1\end{bmatrix}u\\ y=[b_0\quad b_1\quad\cdots\quad b_{n-1}]\begin{bmatrix}x_1\\ \vdots\\ x_n\end{bmatrix}\end{cases}\tag{2.66}$$

注 2.2　如果输入项的导数阶次和输出项导数阶次相同，则建立状态空间表达式 $\begin{cases}\dot{\boldsymbol{x}}=\boldsymbol{A}\boldsymbol{x}+\boldsymbol{B}u\\ y=\boldsymbol{C}\boldsymbol{x}+Du\end{cases}$ 时，D 存在，且 $D=\lim\limits_{s\to\infty}\dfrac{Y(s)}{R(s)}=\dfrac{b_ns^n+\cdots+b_1s+b_0}{a_ns^n+\cdots+a_1s+a_0}=\dfrac{b_n}{a_n}$，则 $\dfrac{Y(s)}{R(s)}=D+\dfrac{b'_{n-1}s^{n-1}+\cdots+b'_1s+b'_0}{s^n+a'_{n-1}s^{n-1}+\cdots+a'_1s+a'_0}$。

例 2.9　已知描述系统的输入和输出关系的微分方程为

$$\dddot{y}+18\ddot{y}+192\dot{y}+640y=160\dot{u}+640u$$

试求系统的状态空间表达式。

解：(1) 待定系数法

参照式 (2.60)，选取 3 个状态变量为

$$\begin{cases}x_1=y-\beta_0u\\ x_2=\dot{x}_1-\beta_1u\\ x_3=\dot{x}_2-\beta_2u\end{cases}$$

其中，β_i 由式 (2.62) 确定为

$$\begin{cases}\beta_0=b_n=b_3=0\\ \beta_1=b_{n-1}-a_{n-1}\beta_0=b_2-a_2\beta_0=0\\ \beta_2=b_1-a_1\beta_0-a_0\beta_1=260-194\times0-540\times0=260\\ \beta_3=b_0-a_0\beta_0-a_1\beta_1-a_2\beta_2=540-18\times260=-4140\end{cases}$$

于是系统状态空间表达式为

$$\begin{cases}\begin{bmatrix}\dot{x}_1\\ \dot{x}_2\\ \dot{x}_3\end{bmatrix}=\begin{bmatrix}0 & 1 & 0\\ 0 & 0 & 1\\ -640 & -192 & -18\end{bmatrix}\begin{bmatrix}x_1\\ x_2\\ x_3\end{bmatrix}+\begin{bmatrix}0\\ 160\\ -2240\end{bmatrix}u\\ y=\begin{bmatrix}1 & 0 & 0\end{bmatrix}\begin{bmatrix}x_1\\ x_2\\ x_3\end{bmatrix}\end{cases}$$

系统模拟结构图如图 2.26 所示。

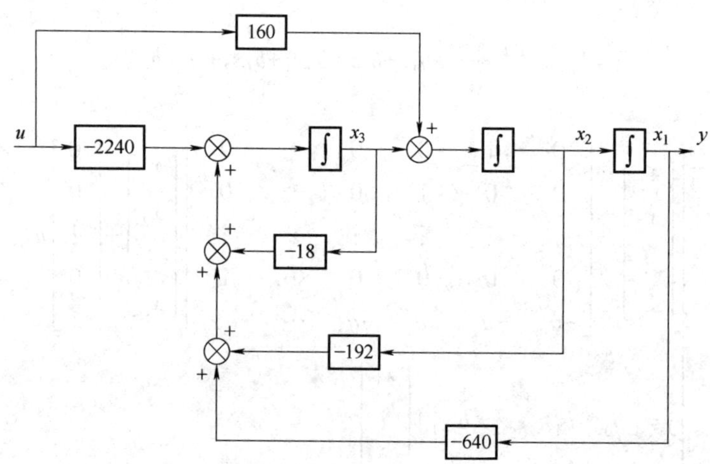

图 2.26　系统模拟结构图

（2）辅助变量法

引入辅助变量 z 后有

$$\dddot{z}+18\ddot{z}+192\dot{z}+640z=u$$
$$y=160\dot{z}+640z$$

选取状态变量为

$$\begin{cases}x_1=z\\ x_2=\dot{z}=\dot{x}_1\\ x_3=\ddot{z}=\dot{x}_2\end{cases}$$

于是系统的状态空间表达式为

$$\begin{cases}\begin{bmatrix}\dot{x}_1\\ \dot{x}_2\\ \dot{x}_3\end{bmatrix}=\begin{bmatrix}0 & 1 & 0\\ 0 & 0 & 1\\ -640 & -192 & -18\end{bmatrix}\begin{bmatrix}x_1\\ x_2\\ x_3\end{bmatrix}+\begin{bmatrix}0\\ 0\\ 1\end{bmatrix}u\\ y=\begin{bmatrix}640 & 160 & 0\end{bmatrix}\begin{bmatrix}x_1\\ x_2\\ x_3\end{bmatrix}\end{cases}$$

通过本节的学习可知，由微分方程求状态空间表达式时，选取状态变量必须考虑输入信号的性质。因此，把微分方程分为含有 u 的导数项与不含有 u 的导数项两种情况，为了保证状态方程中不含 u 的导数项，状态变量选取方法是不同的，而这两种情况下的状态方程中矩阵 $\boldsymbol{A}$ 是一样的，只是矩阵 $\boldsymbol{B}$ 的元素不同。

2.3.4　由系统传递函数求状态空间表达式

与微分方程一样，系统的传递函数也是经典控制理论中用于描述系统的一种常用的数学模型。从传递函数建立系统状态空间表达式的方法之一是把传递函数转化为微分方程，再用前面介绍的方法求得状态空间表达式。当然，也可以由传递函数直接推导出系统的状态空间表达式。这里介绍三种简单的方法：直接分解法、串联分解法和并联分解法。

1. 直接分解法

对于实际的物理系统，传递函数分子多项式的阶次小于或等于分母多项式的阶次。设 n 阶单输入单输出线性定常系统传递函数为

$$\bar{G}(s)=\frac{\bar{Y}(s)}{\bar{U}(s)}=\frac{\bar{b}_m s^m+\bar{b}_{m-1}s^{m-1}+\cdots+\bar{b}_1 s+\bar{b}_0}{s^n+a_{n-1}s^{n-1}+\cdots+a_1 s+a_0}\quad (m\leqslant n) \tag{2.67}$$

当 $m=n$ 时，有

$$\bar{G}(s)=\frac{b_{n-1}s^{n-1}+\cdots+b_1 s+b_0}{s^n+a_{n-1}s^{n-1}+\cdots+a_1 s+a_0}+\bar{b}_n=G(s)+\bar{b}_n \tag{2.68}$$

其中

$$G(s)=\frac{Y(s)}{U(s)}=\frac{b_{n-1}s^{n-1}+\cdots+b_1 s+b_0}{s^n+a_{n-1}s^{n-1}+\cdots+a_1 s+a_0} \tag{2.69}$$

令中间变量为

$$Z(s)=U(s)\frac{1}{s^n+a_{n-1}s^{n-1}+\cdots+a_1 s+a_0} \tag{2.70}$$

则输出为

$$Y(s)=(b_{n-1}s^{n-1}+\cdots+b_1 s+b_0)Z(s) \tag{2.71}$$

分别对式（2.70）和式（2.71）进行拉普拉斯反变换，有

$$\begin{cases}u(t)=a_0 z(t)+a_1\dot{z}(t)+\cdots+a_{n-1}z^{(n-1)}(t)+z^{(n)}(t)\\ y(t)=b_0 z(t)+b_1\dot{z}(t)+\cdots+b_{n-1}z^{(n-1)}(t)\end{cases}$$

选择 $z(t)$，$\dot{z}(t)$，…，$z^{(n)}(t)$ 分别用状态 x_1，x_2，…，x_n 表示，则式（2.68）的状态空间表达式为

$$\begin{cases}\begin{bmatrix}\dot{x}_1\\ \dot{x}_2\\ \vdots\\ \dot{x}_n\end{bmatrix}=\begin{bmatrix}0 & 1 & \cdots & 0\\ \vdots & \vdots & & \vdots\\ 0 & 0 & \cdots & 1\\ -a_0 & -a_1 & \cdots & -a_{n-1}\end{bmatrix}\begin{bmatrix}x_1\\ x_2\\ \vdots\\ x_n\end{bmatrix}+\begin{bmatrix}0\\ \vdots\\ 0\\ 1\end{bmatrix}u\\ y=[b_0\quad b_1\quad\cdots\quad b_{n-1}][x_1\quad x_2\quad\cdots\quad x_n]^{\mathrm{T}}+\bar{b}_n u\end{cases} \tag{2.72}$$

2. 串联分解法

串联分解法适用于传递函数已被分解为因式相乘的形式，如

$$G(s)=\frac{b_1(s-z_1)(s-z_2)\cdots(s-z_{n-1})}{(s-p_1)(s-p_2)\cdots(s-p_n)} \tag{2.73}$$

式中，p_1，p_2，…，p_n 和 z_1，z_2，…，z_{n-1}分别为系统的零点和极点。

下面以一个三阶传递函数为例予以说明，设

$$G(s)=\frac{Y(s)}{U(s)}=\frac{b_1(s-z_2)(s-z_3)}{(s-p_1)(s-p_2)(s-p_3)}=\frac{b_1}{(s-p_1)}\frac{(s-z_2)(s-z_3)}{(s-p_2)(s-p_3)} \tag{2.74}$$

其中

$$\frac{s-z}{s-p}=\frac{s-p+p-z}{s-p}=1+\frac{p-z}{s-p}=1+(p-z)\frac{\frac{1}{s}}{1-\frac{1}{s}p} \tag{2.75}$$

显然这个系统可以看作 3 个一阶系统串联而成。选择各个积分器的输出作为系统的状态变量 x_1，x_2，x_3，则系统的状态空间表达式为

$$\begin{bmatrix}\dot{x}_1\\ \dot{x}_2\\ \dot{x}_3\end{bmatrix}=\begin{bmatrix}p_1 & 0 & 0\\ 1 & p_2 & 0\\ 1 & p_2-z_2 & p_3\end{bmatrix}\begin{bmatrix}x_1\\ x_2\\ x_3\end{bmatrix}+\begin{bmatrix}b_1\\ 0\\ 0\end{bmatrix}u \tag{2.76}$$

$$y=\begin{bmatrix}1 & p_2-z_2 & p_3-z_3\end{bmatrix}\begin{bmatrix}x_1\\ x_2\\ x_3\end{bmatrix} \tag{2.77}$$

例 2.10　采用串联分解法求传递函数 $G(s)=\dfrac{Y(s)}{U(s)}=\dfrac{2s+6}{s^3+4s^2+5s+2}$的状态空间表达式。

解：首先进行因式分解，得到

$$G(s)=\frac{Y(s)}{U(s)}=2\times\frac{s+3}{(s+1)(s+1)(s+2)}=2\times\frac{s+3}{(s+1)}\frac{1}{(s+1)}\frac{1}{(s+2)}$$

然后画出模拟结构图如图 2.27 所示。

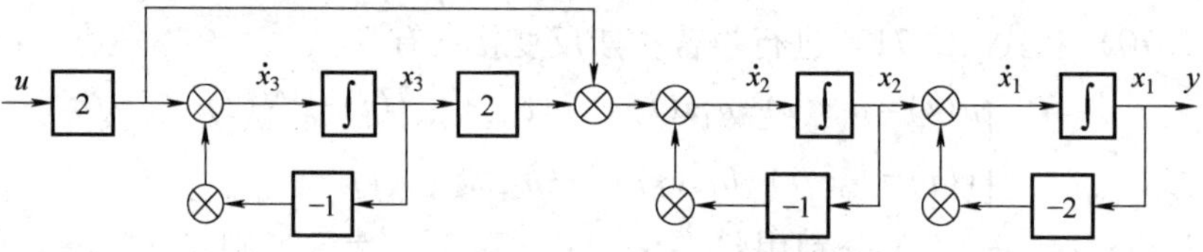

图 2.27　例 2.10 系统模拟结构图

最后，写出状态空间表达式为

$$\begin{bmatrix}\dot{x}_1\\ \dot{x}_2\\ \dot{x}_3\end{bmatrix}=\begin{bmatrix}-2 & 1 & 0\\ 0 & -1 & 2\\ 0 & 0 & -1\end{bmatrix}\begin{bmatrix}x_1\\ x_2\\ x_3\end{bmatrix}+\begin{bmatrix}0\\ 2\\ 2\end{bmatrix}u,\quad y=\begin{bmatrix}1 & 0 & 0\end{bmatrix}\begin{bmatrix}x_1\\ x_2\\ x_3\end{bmatrix}$$

说明：根据 3 个子系统分配的位置不同，可以写出不同的状态空间表达式。

3. 并联分解法

把传递函数展开成部分分式也是求取状态空间表达式的常用方法，现分两种情况讨论。

（1）传递函数的极点两两相异的情况

假设传递函数为

$$G(s)=\frac{Y(s)}{U(s)}=\frac{N(s)}{D(s)} \tag{2.78}$$

式中，$Y(s)$ 为系统输出；$U(s)$ 为系统输入；$N(s)$ 为分子多项式；$D(s)$ 为分母多项式，$D(s)$ 可以分解为 $D(s)=(s-p_1)(s-p_2)\cdots(s-p_n)$。

在 $p_i(i=1,2,\cdots,n)$ 互不相同的情况下，传递函数可以展开为

$$\begin{aligned}G(s)=N(s)/D(s)&=\frac{N(s)}{(s-p_1)(s-p_2)\cdots(s-p_n)}\\&=\frac{c_1}{(s-p_1)}+\frac{c_2}{(s-p_2)}+\cdots+\frac{c_n}{(s-p_n)}\end{aligned} \tag{2.79}$$

式中

$$c_i=\lim_{x\to p_i}(s-p_i)G(s)\quad(i=1,2,\cdots,n) \tag{2.80}$$

所以有

$$Y(s)=\frac{c_1}{(s-p_1)}U(s)+\frac{c_2}{(s-p_2)}U(s)+\cdots+\frac{c_n}{(s-p_n)}U(s) \tag{2.81}$$

选择状态变量的拉普拉斯变换式为

$$X_i(s)=\frac{1}{(s-p_i)}U(s)\quad(i=1,2,\cdots,n) \tag{2.82}$$

将式（2.82）整理并进行拉普拉斯反变换，可得状态方程为

$$\dot{x}_i(t)=p_ix_i(t)+u(t)\quad(i=1,2,\cdots,n) \tag{2.83}$$

再将式（2.83）代入式（2.81），有

$$Y(s)=c_1X_1(s)+c_2X_2(s)+\cdots+c_nX_n(s) \tag{2.84}$$

对式（2.84）整理并进行拉普拉斯反变换，可得输出方程为

$$y(t)=c_1x_1(t)+c_2x_2(t)+\cdots+c_nx_n(t) \tag{2.85}$$

将状态方程式（2.83）和输出方程式（2.85）写成向量方程形式，得系统的状态空间表达式为

$$\begin{cases}\begin{bmatrix}\dot{x}_1\\ \dot{x}_2\\ \vdots\\ \dot{x}_n\end{bmatrix}=\begin{bmatrix}p_1 & 0 & \cdots & 0\\ 0 & p_2 & \cdots & \vdots\\ \vdots & \vdots & & 0\\ 0 & 0 & \cdots & p_n\end{bmatrix}\begin{bmatrix}x_1\\ x_2\\ \vdots\\ x_n\end{bmatrix}+\begin{bmatrix}1\\ \vdots\\ 1\\ 1\end{bmatrix}u\\ y=\begin{bmatrix}c_1 & c_2 & \cdots & c_n\end{bmatrix}\begin{bmatrix}x_1\\ x_2\\ \vdots\\ x_n\end{bmatrix}\end{cases} \tag{2.86}$$

（2）传递函数有重极点的情况

为简单起见，先只设有一个重根 p_1，个数为 r，则其传递函数的部分展开式为

$$G(s)=\frac{c_{11}}{(s-p_1)^r}+\frac{c_{12}}{(s-p_1)^{r-1}}+\cdots+\frac{c_{1r}}{(s-p_1)}+\frac{c_{r+1}}{(s-p_{r+1})}+\cdots+\frac{c_n}{(s-p_n)} \tag{2.87}$$

式中，单极点对应的系数 $c_i(i=r+1,\cdots,n)$ 仍按照式（2.80）计算，而 r 重极点对应的系数 $c_{1j}(j=1,2,\cdots,r)$ 则按下式计算

$$c_{1j}=\frac{1}{(j-1)!}\lim_{s\to p_1}\frac{\mathrm{d}^{j-1}}{\mathrm{d}s^{j-1}}\{(s-p_1)^r G(s)\} \quad (j=1,2,\cdots,r) \tag{2.88}$$

选择状态变量的拉普拉斯变换为

$$\begin{cases} X_1(s)=U(s)/(s-p_1)^r \\ X_2(s)=U(s)/(s-p_1)^{r-1} \\ \quad\vdots \\ X_r(s)=U(s)/(s-p_1) \\ X_{r+1}(s)=U(s)/(s-p_{r+1}) \\ \quad\vdots \\ X_n(s)=U(s)/(s-p_n) \end{cases} \tag{2.89}$$

由此可得

$$\begin{cases} X_1(s)=X_2(s)/(s-p_1) \\ X_2(s)=X_3(s)/(s-p_1) \\ \quad\vdots \\ X_{r-1}(s)=X_r(s)/(s-p_1) \\ X_r(s)=U(s)/(s-p_1) \\ X_{r+1}(s)=U(s)/(s-p_{r+1}) \\ \quad\vdots \\ X_n(s)=U(s)/(s-p_n) \end{cases} \tag{2.90}$$

将以上各式转化为状态变量的一阶方程组，则状态方程为

$$\begin{cases} \dot{x}_1=p_1x_1+x_2 \\ \dot{x}_2=p_1x_2+x_3 \\ \quad\vdots \\ \dot{x}_r=p_1x_r+u \\ \dot{x}_{r+1}=p_{r+1}x_{r+1}+u \\ \quad\vdots \\ \dot{x}_n=p_nx_n+u \end{cases} \tag{2.91}$$

输出方程的拉普拉斯变换为

$$Y(s)=c_{11}X_1(s)+c_{12}X_2(s)+\cdots+c_{1r}X_r(s)+c_{r+1}X_{r+1}(s)+\cdots+c_nX_n(s) \tag{2.92}$$

对式（2.92）进行拉普拉斯反变换，可得输出方程为

$$y(t)=c_{11}x_1(t)+c_{12}x_2(t)+\cdots+c_{1r}x_r(t)+c_{r+1}x_{r+1}(t)+\cdots+c_nx_n(t) \tag{2.93}$$

将状态方程式（2.91）和输出方程式（2.93）写成向量方程形式，可得系统的状态空间表达式为

$$
\begin{cases}
\begin{bmatrix} \dot{x}_1 \\ \dot{x}_2 \\ \vdots \\ \dot{x}_r \\ \dot{x}_{r+1} \\ \vdots \\ \dot{x}_n \end{bmatrix} = \begin{bmatrix} p_1 & 1 & & & & & \\ & p_1 & \ddots & & & & \\ & & \ddots & 1 & & & \\ & & & p_1 & 0 & & \\ & & & & p_{r+1} & \ddots & \\ & & & & & \ddots & 0 \\ & & & & & & p_n \end{bmatrix} \begin{bmatrix} x_1 \\ x_2 \\ \vdots \\ x_r \\ x_{r+1} \\ \vdots \\ x_n \end{bmatrix} + \begin{bmatrix} 0 \\ 0 \\ \vdots \\ 1 \\ 1 \\ \vdots \\ 1 \end{bmatrix} u \\
y = \begin{bmatrix} c_{11} & c_{12} & \cdots & c_{1r} & c_{r+1} & \cdots & c_n \end{bmatrix} \begin{bmatrix} x_1 \\ x_2 \\ \vdots \\ x_r \\ x_{r+1} \\ \vdots \\ x_n \end{bmatrix}
\end{cases} \tag{2.94}
$$

例 2.11　设 $G(s)=\dfrac{Y(s)}{U(s)}=\dfrac{6}{s^3+6s^2+11s+6}$，试求其状态空间表达式。

解：因式分解得 $G(s)=\dfrac{Y(s)}{U(s)}=\dfrac{6}{(s+1)(s+2)(s+3)}$，故求得系数 c 为

$$c_1=\lim_{s\to-1}G(s)(s+1)=\lim_{s\to-1}\frac{6}{(s+1)(s+2)(s+3)}(s+1)=3$$

$$c_2=\lim_{s\to-2}G(s)(s+2)=\lim_{s\to-2}\frac{6}{(s+1)(s+2)(s+3)}(s+2)=-6$$

$$c_3=\lim_{s\to-3}G(s)(s+3)=\lim_{s\to-3}\frac{6}{(s+1)(s+2)(s+3)}(s+3)=3$$

其状态空间表达式为

$$
\begin{cases}
\begin{bmatrix} \dot{x}_1 \\ \dot{x}_2 \\ \dot{x}_3 \end{bmatrix} = \begin{bmatrix} -1 & 0 & 0 \\ 0 & -2 & 0 \\ 0 & 0 & -3 \end{bmatrix} \begin{bmatrix} x_1 \\ x_2 \\ x_3 \end{bmatrix} + \begin{bmatrix} 1 \\ 1 \\ 1 \end{bmatrix} u \\
y = \begin{bmatrix} 3 & -6 & 3 \end{bmatrix} \begin{bmatrix} x_1 \\ x_2 \\ x_3 \end{bmatrix}
\end{cases}
$$

2.4　线性变换

在建立系统的状态空间模型时，由于状态变量选择的非唯一性，因此可以得到不同形式的状态空间表达式。那么，描述同一系统的不同状态变量之间有什么关系？同一系统的不同形式的状态空间表达式是否可以相互转换？是否能得到系统状态空间表达式的标准形？本节

将对以上问题进行详细的解释，只限于讨论线性定常系统。

2.4.1 系统状态的线性变换

如果$\boldsymbol{x}=[x_1 \quad x_2 \quad \cdots \quad x_n]^{\mathrm{T}}$是一组由$n$个状态变量构成的$n$维状态向量，则$x_1$，$x_2$，…，$x_n$的线性组合$\bar{x}_1$，$\bar{x}_2$，…，$\bar{x}_n$也完全可以作为一组新的状态变量，构成新的状态向量$\bar{\boldsymbol{x}}$，只要这种组合是一一对应的关系，即这两组状态变量之间存在着非奇异线性变换关系，即

$$\boldsymbol{x}=\boldsymbol{P}\bar{\boldsymbol{x}} \tag{2.95a}$$

或

$$\bar{\boldsymbol{x}}=\boldsymbol{P}^{-1}\boldsymbol{x} \tag{2.95b}$$

式中，$\boldsymbol{P}$是$n\times n$非奇异变换矩阵，为

$$\boldsymbol{P}=\begin{bmatrix} p_{11} & p_{12} & \cdots & p_{1n} \\ p_{21} & p_{22} & \cdots & p_{2n} \\ \vdots & \vdots & & \vdots \\ p_{n1} & p_{n2} & \cdots & p_{nn} \end{bmatrix} \tag{2.96}$$

于是有

$$\begin{cases} x_1=p_{11}\bar{x}_1+p_{12}\bar{x}_2+\cdots+p_{1n}\bar{x}_n \\ x_2=p_{21}\bar{x}_1+p_{22}\bar{x}_2+\cdots+p_{2n}\bar{x}_n \\ \qquad\vdots \\ x_n=p_{n1}\bar{x}_1+p_{22}\bar{x}_2+\cdots+p_{nn}\bar{x}_n \end{cases} \tag{2.97}$$

这种唯一的对应关系，说明了尽管状态变量选取不同，所得的状态空间表达式也不同，但状态向量$\boldsymbol{x}$和$\bar{\boldsymbol{x}}$都是对同一系统动态行为的描述。

状态向量$\boldsymbol{x}$和$\bar{\boldsymbol{x}}$之间的这种变换，称为状态的线性变换或等价变换，实质上是状态空间的基底变换。

下面讨论状态线性变换后，其状态空间表达式的变化。设线性定常系统的状态空间表达式为

$$\begin{cases} \dot{\boldsymbol{x}}=\boldsymbol{A}\boldsymbol{x}+\boldsymbol{B}u \\ y=\boldsymbol{C}\boldsymbol{x}+\boldsymbol{D}u \end{cases} \tag{2.98}$$

现另取一状态向量$\bar{\boldsymbol{x}}$，它与原状态向量$\boldsymbol{x}$之间满足式（2.95），则其所对应的状态空间表达式为

$$\begin{cases} \dot{\bar{\boldsymbol{x}}}=\boldsymbol{P}^{-1}\boldsymbol{A}\boldsymbol{P}\bar{\boldsymbol{x}}+\boldsymbol{P}^{-1}\boldsymbol{B}u \\ y=\boldsymbol{C}\boldsymbol{P}\bar{\boldsymbol{x}}+\boldsymbol{D}u \end{cases} \tag{2.99}$$

若将以上两式表示为

$$\begin{cases} \dot{\bar{\boldsymbol{x}}}=\bar{\boldsymbol{A}}\bar{\boldsymbol{x}}+\bar{\boldsymbol{B}}u \\ y=\bar{\boldsymbol{C}}\bar{\boldsymbol{x}}+\bar{\boldsymbol{D}}u \end{cases} \tag{2.100}$$

则得出对应关系为

$$\begin{cases} \bar{\boldsymbol{A}}=\boldsymbol{P}^{-1}\boldsymbol{A}\boldsymbol{P} \\ \bar{\boldsymbol{B}}=\boldsymbol{P}^{-1}\boldsymbol{B} \\ \bar{\boldsymbol{C}}=\boldsymbol{C}\boldsymbol{P} \\ \bar{\boldsymbol{D}}=\boldsymbol{D} \end{cases} \tag{2.101}$$

例 2.12　设系统的状态空间表达式为

$$\begin{cases}\begin{bmatrix}\dot{x}_1\\ \dot{x}_2\end{bmatrix}=\begin{bmatrix}0 & 1\\ -2 & -3\end{bmatrix}\begin{bmatrix}x_1\\ x_2\end{bmatrix}+\begin{bmatrix}0\\ 1\end{bmatrix}u\\ y=[6\quad 0]\begin{bmatrix}x_1\\ x_2\end{bmatrix}\end{cases}$$

分别取变换矩阵 $\boldsymbol{P}=\begin{bmatrix}0 & \dfrac{1}{2}\\ \dfrac{1}{2} & -\dfrac{3}{2}\end{bmatrix}$ 和 $\boldsymbol{P}=\begin{bmatrix}1 & 1\\ -1 & -2\end{bmatrix}$，试求在变换下系统的状态空间表达式。

解：(1) 若取变换矩阵 $\boldsymbol{P}=\begin{bmatrix}0 & \dfrac{1}{2}\\ \dfrac{1}{2} & -\dfrac{3}{2}\end{bmatrix}$，得到 $\boldsymbol{P}^{-1}=\begin{bmatrix}6 & 2\\ 2 & 0\end{bmatrix}$

则新的状态变量为 $\bar{\boldsymbol{x}}=\boldsymbol{P}^{-1}\boldsymbol{x}=\begin{bmatrix}6 & 2\\ 2 & 0\end{bmatrix}\begin{bmatrix}x_1\\ x_2\end{bmatrix}=\begin{bmatrix}6x_1+2x_2\\ 2x_1\end{bmatrix}$

在如此选定的状态变量的情况下，新的状态空间表达式为

$$\begin{cases}\dot{\bar{\boldsymbol{x}}}=\begin{bmatrix}6 & 2\\ 2 & 0\end{bmatrix}\begin{bmatrix}0 & -1\\ -2 & -3\end{bmatrix}\begin{bmatrix}0 & \dfrac{1}{2}\\ \dfrac{1}{2} & -\dfrac{3}{2}\end{bmatrix}\bar{\boldsymbol{x}}+\begin{bmatrix}6 & 2\\ 2 & 0\end{bmatrix}\begin{bmatrix}0\\ 1\end{bmatrix}u=\begin{bmatrix}0 & -2\\ 1 & -3\end{bmatrix}\bar{\boldsymbol{x}}+\begin{bmatrix}2\\ 0\end{bmatrix}u\\ y=[6\quad 0]\begin{bmatrix}0 & \dfrac{1}{2}\\ \dfrac{1}{2} & -\dfrac{3}{2}\end{bmatrix}\bar{\boldsymbol{x}}=[0\quad 3]\bar{\boldsymbol{x}}\end{cases}$$

(2) 若另外选取变换矩阵 $\boldsymbol{P}=\begin{bmatrix}1 & 1\\ -1 & -2\end{bmatrix}$，则有

$$\boldsymbol{P}^{-1}=\begin{bmatrix}2 & 1\\ -1 & -1\end{bmatrix},\ \bar{\boldsymbol{x}}=\boldsymbol{P}^{-1}\boldsymbol{x}=\begin{bmatrix}2 & 1\\ -1 & -1\end{bmatrix}\boldsymbol{x}$$

新的状态向量 $\bar{\boldsymbol{x}}$ 所描述的状态空间表达式为

$$\begin{cases}\dot{\bar{\boldsymbol{x}}}=\begin{bmatrix}2 & 1\\ -1 & -1\end{bmatrix}\begin{bmatrix}0 & 1\\ -2 & -3\end{bmatrix}\begin{bmatrix}1 & 1\\ -1 & -2\end{bmatrix}\bar{\boldsymbol{x}}+\begin{bmatrix}2 & 1\\ -1 & -1\end{bmatrix}\begin{bmatrix}0\\ 1\end{bmatrix}u=\begin{bmatrix}-1 & 0\\ 0 & -2\end{bmatrix}\bar{\boldsymbol{x}}+\begin{bmatrix}1\\ -1\end{bmatrix}u\\ y=[6\quad 0]\begin{bmatrix}1 & 1\\ -1 & -9\end{bmatrix}\bar{\boldsymbol{x}}=[6\quad 6]\bar{\boldsymbol{x}}\end{cases}$$

这样便得到一个对角形的系统矩阵 $\bar{\boldsymbol{A}}$，使状态变量之间的耦合解除，为研究系统的状态解耦问题提供了一个途径。

本节只限于讨论线性定常系统的线性变换。线性定常系统的系统矩阵 $\boldsymbol{A}$ 的特征值是表征系统动力学特性的一个重要参量。系统的状态方程可通过适当的非奇异线性变换转化为由特征值表征的标准形。并且，当特征值为两两相异时，标准形具有对角线标准形的形式（如例 2.12）；而特征值为非互异时，标准形一般为约当标准形。在后面的章节中将可看

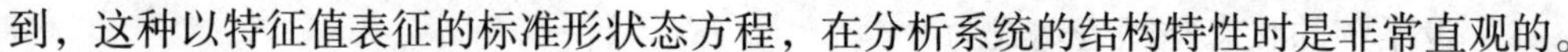

到，这种以特征值表征的标准形状态方程，在分析系统的结构特性时是非常直观的。

2.4.2 线性变换的基本性质

1. 线性变换不改变系统的特征值

将系统方程式（2.98）重写如下：

$$\begin{cases}\dot{\boldsymbol{x}}=\boldsymbol{A}\boldsymbol{x}+\boldsymbol{B}u\\ y=\boldsymbol{C}\boldsymbol{x}+\boldsymbol{D}u\end{cases}\tag{2.102}$$

系统的特征多项式为

$$\Delta(\lambda)=|\lambda\boldsymbol{I}-\boldsymbol{A}|=\lambda^n+a_{n-1}\lambda^{n-1}+\cdots+a_2\lambda^2+a_1\lambda+a_0\tag{2.103}$$

它是一个首项系数为 1 的 n 次多项式（首一多项式）。而

$$\Delta(\lambda)=|\lambda\boldsymbol{I}-\boldsymbol{A}|=\lambda^n+a_{n-1}\lambda^{n-1}+\cdots+a_2\lambda^2+a_1\lambda+a_0=\prod_{i=1}^{n}(\lambda-\lambda_i)=0\tag{2.104}$$

称为 $\boldsymbol{A}$ 的特征方程或系统的特征方程。特征方程的根 λ_i 称为 $\boldsymbol{A}$ 的特征值或系统的特征值。

现在求式（2.102），经线性变换后系统等价方程式（2.100）的特征值为

$$\begin{aligned}\bar{\Delta}(\lambda)&=|\lambda\boldsymbol{I}-\bar{\boldsymbol{A}}|=|\lambda\boldsymbol{I}-\boldsymbol{P}^{-1}\boldsymbol{A}\boldsymbol{P}|\\&=|\lambda\boldsymbol{P}^{-1}\boldsymbol{P}-\boldsymbol{P}^{-1}\boldsymbol{A}\boldsymbol{P}|=|\boldsymbol{P}^{-1}\lambda\boldsymbol{P}-\boldsymbol{P}^{-1}\boldsymbol{A}\boldsymbol{P}|\\&=|\boldsymbol{P}^{-1}||\lambda\boldsymbol{I}-\boldsymbol{A}||\boldsymbol{P}|=|\lambda\boldsymbol{I}-\boldsymbol{A}|=0\end{aligned}\tag{2.105}$$

可见，经过线性变换，其系统特征值是不变的。或者说，等价系统的矩阵 $\boldsymbol{A}$ 和 $\bar{\boldsymbol{A}}$ 是相似矩阵，即它们有相同的特征值。

2. 线性变换不改变系统的传递函数矩阵

在式（2.102）中，$\boldsymbol{D}=0$ 时的传递函数矩阵为

$$\boldsymbol{G}_{yu}(s)=\boldsymbol{C}[s\boldsymbol{I}-\boldsymbol{A}]^{-1}\boldsymbol{B}\tag{2.106}$$

而式（2.100）的传递函数矩阵为

$$\begin{aligned}\bar{\boldsymbol{G}}_{yu}(s)&=\bar{\boldsymbol{C}}[s\boldsymbol{I}-\bar{\boldsymbol{A}}]^{-1}\bar{\boldsymbol{B}}\\&=\boldsymbol{C}\boldsymbol{P}[s\boldsymbol{I}-\boldsymbol{P}^{-1}\boldsymbol{A}\boldsymbol{P}]^{-1}\boldsymbol{P}^{-1}\boldsymbol{B}\\&=\boldsymbol{C}\boldsymbol{P}[\boldsymbol{P}^{-1}(s\boldsymbol{I}-\boldsymbol{A})\boldsymbol{P}]^{-1}\boldsymbol{P}^{-1}\boldsymbol{B}\\&=\boldsymbol{C}\boldsymbol{P}\boldsymbol{P}^{-1}[s\boldsymbol{I}-\boldsymbol{A}]^{-1}\boldsymbol{P}\boldsymbol{P}^{-1}\boldsymbol{B}\\&=\boldsymbol{C}[s\boldsymbol{I}-\boldsymbol{A}]^{-1}\boldsymbol{B}=\boldsymbol{G}_{yu}(s)\end{aligned}\tag{2.107}$$

可见，经过线性变换，其系统的传递函数矩阵是不改变的。

2.4.3 化系统矩阵 A 为标准形

2.3.4 节讨论对传递函数的状态实现方法，是按系统特征值进行部分分式展开的，当 n 个特征值互异时，可得到对角标准形实现；当特征值有重值时，则得到的是约当标准形实现。对于用状态方程建立的系统模型，也可以按照特征值的情况，选择合适的变换矩阵 $\boldsymbol{P}$，使系统矩阵 $\boldsymbol{A}$ 变换为对角标准形和约当标准形。

1. 化系统矩阵 A 为对角标准形

定理 2.1 对于线性定常系统，若 $\boldsymbol{A}$ 的特征值 λ_1，λ_2，…，λ_n 互不相同，则必存在一个非奇异矩阵 $\boldsymbol{P}$，通过线性变换，使 $\boldsymbol{A}$ 阵化为对角标准形

$$\bar{A}=P^{-1}AP=\begin{bmatrix}\lambda_1 & & & \\ & \lambda_2 & & \\ & & \ddots & \\ & & & \lambda_n\end{bmatrix}$$

并且，变换矩阵

$$P=\begin{bmatrix}p_{11} & p_{12} & \cdots & p_{1n}\\ p_{21} & p_{22} & \cdots & p_{2n}\\ \vdots & \vdots & & \vdots\\ p_{n1} & p_{n2} & \cdots & p_{nn}\end{bmatrix}=[\,P_1\quad P_2\quad \cdots\quad P_n\,]$$

式中，列向量 P_1，P_2，…，P_n 分别为 A 对应于 λ_1，λ_2，…，λ_n 的特征向量。

证明：若齐次线性方程组

$$(\lambda I-A)x=0$$

的特征值 λ_1，λ_2，…，λ_n 互异，则对应的 n 个特征解向量 $P_i(i=1,2,\cdots,n)$ 线性无关，且都满足方程

$$(\lambda_i I-A)P_i=0$$

于是有

$$AP_i=\lambda_i P_i\quad (i=1,2,\cdots,n) \tag{2.108}$$

因此，有下式成立

$$A[\,P_1\quad P_2\quad \cdots\quad P_n\,]=[\,\lambda_1 P_1\quad \lambda_2 P_2\quad \cdots\quad \lambda_n P_n\,]$$

即

$$AP=[\,P_1\quad P_2\quad \cdots\quad P_n\,]\begin{bmatrix}\lambda_1 & & & \\ & \lambda_2 & & \\ & & \ddots & \\ & & & \lambda_n\end{bmatrix}=P\begin{bmatrix}\lambda_1 & & & \\ & \lambda_2 & & \\ & & \ddots & \\ & & & \lambda_n\end{bmatrix}$$

将上式左乘 P^{-1}，可得

$$\bar{A}=P^{-1}AP=\begin{bmatrix}\lambda_1 & & & \\ & \lambda_2 & & \\ & & \ddots & \\ & & & \lambda_n\end{bmatrix}$$

可以看出，A 阵化为对角标准形 $\bar{A}$ 之后，在状态方程 $\dot{\bar{x}}=\bar{A}\bar{x}+\bar{B}u$ 中，每个方程的 $\dot{\bar{x}}_i$ 只与其自身的状态变量 $\bar{x}_i$ 有关，而与其他状态变量的耦合关系已被解除，称为“状态解耦”。这也是研究多变量系统的重要方法之一。

例 2.13　试将状态方程

$$\dot{x}=\begin{bmatrix}1 & 2\\ 2 & -2\end{bmatrix}x+\begin{bmatrix}1\\ 2\end{bmatrix}u$$

变换为对角标准形。

解：(1) 首先求系统的特征值，由下式

$$\Delta(\lambda)=|\lambda \boldsymbol{I}-\boldsymbol{A}|=\begin{vmatrix}\lambda-1 & -2\\ -2 & \lambda+2\end{vmatrix}=\lambda^2+\lambda-6=0$$

求得 $\lambda_1=2$，$\lambda_2=-3$。

（2）求变换矩阵 $\boldsymbol{P}$

当 $\lambda_1=2$ 时，对应的特征向量记为 $\boldsymbol{P}_1=\begin{bmatrix}p_{11}\\ p_{21}\end{bmatrix}$，则有 $(\lambda_1\boldsymbol{I}-\boldsymbol{A})\boldsymbol{P}_1=0$，即

$$\begin{bmatrix}1 & -2\\ -2 & 4\end{bmatrix}\begin{bmatrix}p_{11}\\ p_{21}\end{bmatrix}=0$$

对特征矩阵作行初等变换，可得

$$\begin{bmatrix}1 & -2\\ 0 & 0\end{bmatrix}\begin{bmatrix}p_{11}\\ p_{21}\end{bmatrix}=0$$

解得 $p_{11}=2p_{21}$，取 $p_{11}=2$，则有 $\boldsymbol{P}_1=\begin{bmatrix}2\\ 1\end{bmatrix}$。

同理，特征值 $\lambda_2=-3$ 所对应的特征向量记为 $\boldsymbol{P}_2=\begin{bmatrix}p_{12}\\ p_{22}\end{bmatrix}$，则有 $(\lambda_2\boldsymbol{I}-\boldsymbol{A})\boldsymbol{P}_2=0$。即

$$\begin{bmatrix}-4 & -1\\ -2 & -1\end{bmatrix}\begin{bmatrix}p_{12}\\ p_{22}\end{bmatrix}=0$$

对特征矩阵作行初等变换，可得

$$\begin{bmatrix}-2 & -1\\ 0 & 0\end{bmatrix}\begin{bmatrix}p_{12}\\ p_{22}\end{bmatrix}=0$$

解得 $p_{22}=-2p_{12}$，取 $p_{22}=-2$，则有 $\boldsymbol{P}_2=\begin{bmatrix}1\\ -2\end{bmatrix}$。变换阵为

$$\boldsymbol{P}=[\boldsymbol{P}_1\quad \boldsymbol{P}_2]=\begin{bmatrix}2 & 1\\ 1 & -2\end{bmatrix},\ \boldsymbol{P}^{-1}=\begin{bmatrix}0.4 & 0.2\\ 0.2 & -0.4\end{bmatrix}$$

（3）写出变换后的状态方程

$$\bar{\boldsymbol{A}}=\boldsymbol{P}^{-1}\boldsymbol{A}\boldsymbol{P}=\begin{bmatrix}2 & 0\\ 0 & -3\end{bmatrix},\ \bar{\boldsymbol{B}}=\boldsymbol{P}^{-1}\boldsymbol{B}=\begin{bmatrix}0.8\\ -0.6\end{bmatrix}$$

$$\dot{\bar{\boldsymbol{x}}}=\begin{bmatrix}2 & 0\\ 0 & -3\end{bmatrix}\bar{\boldsymbol{x}}+\begin{bmatrix}0.8\\ -0.6\end{bmatrix}u$$

通过求解特征向量的方法得到变换矩阵 $\boldsymbol{P}$，对任何形式的系统矩阵 $\boldsymbol{A}$ 都是适用的。但随着系统维数的增加，计算特征向量的难度会增加。若系统矩阵 $\boldsymbol{A}$ 具有友矩阵的标准形，变换阵可直接由以下定理得到。

定理 2.2 对于线性定常系统，若矩阵 $\boldsymbol{A}$ 为友矩阵的形式，即

$$\boldsymbol{A}=\begin{bmatrix}0 & 1 & 0 & \cdots & 0\\ 0 & 0 & 1 & \cdots & 0\\ \vdots & \vdots & \vdots & & \vdots\\ 0 & 0 & 0 & \cdots & 1\\ -a_0 & -a_1 & -a_2 & \cdots & -a_{n-1}\end{bmatrix}\tag{2.109}$$

其特征多项式为

$$\Delta(\lambda)=|\lambda \boldsymbol{I}-\boldsymbol{A}|=\lambda^{n}+a_{n-1}\lambda^{n-1}+\cdots+a_{1}\lambda+a_{0}$$

并且 $\boldsymbol{A}$ 的特征值 λ_1，λ_2，…，λ_n 互异，则使 $\boldsymbol{A}$ 化为对角线标准形的变换阵为

$$\boldsymbol{P}=\begin{bmatrix} 1 & 1 & \cdots & 1 \\ \lambda_1 & \lambda_2 & \cdots & \lambda_n \\ \lambda_1^2 & \lambda_2^2 & \cdots & \lambda_n^2 \\ \vdots & \vdots & & \vdots \\ \lambda_1^{n-1} & \lambda_2^{n-1} & \cdots & \lambda_n^{n-1} \end{bmatrix} \tag{2.110}$$

式（2.110）称为范德蒙（Vandermonde）矩阵。

证明：设对应于特征值 λ_i 的特征向量为

$$\boldsymbol{P}_i=\begin{bmatrix} p_{1i} \\ p_{2i} \\ \vdots \\ p_{ni} \end{bmatrix} \quad (i=1,2,\cdots,n)$$

应满足

$$(\lambda_i \boldsymbol{I}-\boldsymbol{A})\boldsymbol{P}_i=0$$

当 $\boldsymbol{A}$ 阵为式（2.109）形式的友矩阵时，则有

$$\begin{bmatrix} \lambda_i & -1 & 0 & \cdots & 0 \\ 0 & \lambda_i & -1 & \cdots & 0 \\ \vdots & \vdots & \vdots & & \vdots \\ 0 & 0 & 0 & \cdots & -1 \\ a_0 & a_1 & a_2 & \cdots & \lambda_i+a_{n-1} \end{bmatrix}\begin{bmatrix} p_{1i} \\ p_{2i} \\ \vdots \\ p_{n-1i} \\ p_{ni} \end{bmatrix}=0$$

展开为

$$\begin{cases} \lambda_i p_{1i}-p_{2i}=0 \\ \lambda_i p_{2i}-p_{3i}=0 \\ \qquad \vdots \\ \lambda_i p_{n-1i}-p_{ni}=0 \\ a_0 p_{1i}+a_1 p_{2i}+\cdots+(\lambda_i+a_{n-1})p_{ni}=0 \end{cases}$$

令 $p_{1i}=1$，则有

$$\begin{cases} p_{2i}=\lambda_i \\ p_{3i}=\lambda_i^2 \\ \quad \vdots \\ p_{ni}=\lambda_i^{n-1} \end{cases}$$

于是可得

$$\boldsymbol{P}_i=\begin{bmatrix}1\\ \lambda_i\\ \lambda_i^2\\ \vdots\\ \lambda_i^{n-1}\end{bmatrix}\quad (i=1,2,\cdots,n)$$

由于 λ_1，λ_2，…，λ_n 互异，则对应的 n 个特征向量线性独立，可得变换阵为

$$\boldsymbol{P}=[\boldsymbol{P}_1\quad \boldsymbol{P}_2\quad \cdots\quad \boldsymbol{P}_n]\begin{bmatrix}1 & 1 & \cdots & 1\\ \lambda_1 & \lambda_2 & \cdots & \lambda_n\\ \lambda_1^2 & \lambda_2^2 & \cdots & \lambda_n^2\\ \vdots & \vdots & & \vdots\\ \lambda_1^{n-1} & \lambda_2^{n-1} & \cdots & \lambda_n^{n-1}\end{bmatrix}$$

即为范德蒙矩阵。

例 2.14 系统状态空间表达式为

$$\begin{cases}\begin{bmatrix}\dot{x}_1\\ \dot{x}_2\\ \dot{x}_3\end{bmatrix}=\begin{bmatrix}0 & 1 & 0\\ 0 & 0 & 1\\ -6 & -11 & -6\end{bmatrix}\begin{bmatrix}x_1\\ x_2\\ x_3\end{bmatrix}+\begin{bmatrix}0\\ 0\\ 6\end{bmatrix}u\\ y=[1\quad 0\quad 0]\begin{bmatrix}x_1\\ x_2\\ x_3\end{bmatrix}\end{cases}$$

试变换为对角标准形。

解：系统特征方程为

$$\Delta(\lambda)=|\lambda\boldsymbol{I}-\boldsymbol{A}|=\begin{vmatrix}\lambda & -1 & 0\\ 0 & \lambda & -1\\ 6 & 11 & \lambda+6\end{vmatrix}=(\lambda+1)(\lambda+2)(\lambda+3)=0$$

特征值为：$\lambda_1=-1$，$\lambda_2=-2$，$\lambda_3=-3$。

系统矩阵 $\boldsymbol{A}$ 为友矩阵，则变换阵 $\boldsymbol{P}$ 可取范德蒙矩阵，即

$$\boldsymbol{P}=\begin{bmatrix}1 & 1 & 1\\ \lambda_1 & \lambda_2 & \lambda_3\\ \lambda_1^2 & \lambda_2^2 & \lambda_3^2\end{bmatrix}=\begin{bmatrix}1 & 1 & 1\\ -1 & -2 & -3\\ 1 & 4 & 9\end{bmatrix},\boldsymbol{P}^{-1}=\begin{bmatrix}3 & 2.5 & 0.5\\ -3 & -4 & -1\\ 1 & 1.5 & 0.5\end{bmatrix}$$

$$\overline{\boldsymbol{A}}=\boldsymbol{P}^{-1}\boldsymbol{A}\boldsymbol{P}=\begin{bmatrix}3 & 2.5 & 0.5\\ -3 & -4 & -1\\ 1 & 1.5 & 0.5\end{bmatrix}\begin{bmatrix}0 & 1 & 0\\ 0 & 0 & 1\\ -6 & -11 & -6\end{bmatrix}\begin{bmatrix}1 & 1 & 1\\ -1 & -2 & -3\\ 1 & 4 & 9\end{bmatrix}=\begin{bmatrix}-1 & 0 & 0\\ 0 & -2 & 0\\ 0 & 0 & -3\end{bmatrix}$$

$$\overline{\boldsymbol{B}}=\boldsymbol{P}^{-1}\boldsymbol{B}=\begin{bmatrix}3 & 2.5 & 0.5\\ -3 & -4 & -1\\ 1 & 1.5 & 0.5\end{bmatrix}\begin{bmatrix}0\\ 0\\ 6\end{bmatrix}=\begin{bmatrix}3\\ -6\\ 3\end{bmatrix}$$

$$\bar{\boldsymbol{C}}=\boldsymbol{CP}=[1\quad 0\quad 0]\begin{bmatrix}1 & 1 & 1\\ -1 & -2 & -3\\ 1 & 4 & 9\end{bmatrix}=[1\quad 1\quad 1]$$

经线性变换后的系统状态空间表达式为

$$\begin{cases}\begin{bmatrix}\dot{\bar{x}}_1\\ \dot{\bar{x}}_2\\ \dot{\bar{x}}_3\end{bmatrix}=\begin{bmatrix}-1 & 0 & 0\\ 0 & -2 & 0\\ 0 & 0 & -3\end{bmatrix}\begin{bmatrix}\bar{x}_1\\ \bar{x}_2\\ \bar{x}_3\end{bmatrix}+\begin{bmatrix}3\\ -6\\ 3\end{bmatrix}u\\ y=[1\quad 1\quad 1]\begin{bmatrix}\bar{x}_1\\ \bar{x}_2\\ \bar{x}_3\end{bmatrix}\end{cases}$$

应当指出，在由式（2.108）求特征向量 $\boldsymbol{P}_i$ 时，得到的解向量不是唯一的，而只是一组线性无关的解。这样，由特征向量 $\boldsymbol{P}_i$ 组成的矩阵 $\boldsymbol{P}$ 也是不唯一的。不过变换后的对角标准形 $\bar{\boldsymbol{A}}$ 阵除对角线元素排列次序可能不一样外，结果是一致的。但是，变换后的其他系数矩阵 $\bar{\boldsymbol{B}}$ 和 $\bar{\boldsymbol{C}}$ 是不唯一的。

另外，不可避免的是，系统的特征值会出现复数。显然也可以用上述方法把系统矩阵 $\boldsymbol{A}$ 化为对角形，但是当矩阵中带有复数时，计算会很不方便，因为计算出的特征向量也将出现复数向量，变换结果中的 $\bar{\boldsymbol{A}}$ 也是复数矩阵。同理，$\bar{\boldsymbol{B}}$ 和 $\bar{\boldsymbol{C}}$ 也是复数矩阵，后面计算矩阵指数 $e^{\bar{A}t}$ 会更麻烦。此外，带有复数矩阵的状态空间表达式，绘制系统相应的模拟结构图也会出现麻烦，复数信号的物理意义不清晰。因此，在状态变换中，希望系统矩阵中不要出现复数。那么，怎样才能做到既化成规范形又不出现复数呢？此时，我们可以利用特征向量求矩阵 $\boldsymbol{P}$ 的方法，但放弃化复数特征值为对角线标准形，而将其化成以特征值实部、虚部为元素的另一种规范形，称之为模态规范形。

由于复数特征值都是共轭出现的，若将每一对共轭特征值的实部和虚部分开，使其数值分别出现在变换后的 $\bar{\boldsymbol{A}}$ 阵元素中，则同样保留了特征值，且变换阵也不再出现复数。它同以特征值为对角线元素的对角线标准形一样，在系统的分析中会带来很多方便。

为便于讨论，设 $\boldsymbol{A}$ 为二阶矩阵，具有共轭特征值 $\lambda_1=\sigma+j\omega$，$\lambda_2=\sigma-j\omega$。根据特征向量的定义有

$$(\sigma+j\omega)\boldsymbol{P}_1=\boldsymbol{AP}_1 \tag{2.111}$$

由于 $\lambda_1=\sigma+j\omega$ 为复数，则对应的解向量 $\boldsymbol{P}_1$ 也是复数形式，设 $\boldsymbol{P}_1=\boldsymbol{q}_1+j\boldsymbol{q}_2$，其中 $\boldsymbol{q}_1$、$\boldsymbol{q}_2$ 分别是根据复数向量 $\boldsymbol{P}_1$ 的实部和虚部写出的两个实数向量。

于是式（2.111）可写成

$$(\sigma+j\omega)(\boldsymbol{q}_1+j\boldsymbol{q}_2)=\boldsymbol{A}(\boldsymbol{q}_1+j\boldsymbol{q}_2)$$

令实部、虚部分别相等，得

$$\begin{cases}\sigma\boldsymbol{q}_1-\omega\boldsymbol{q}_2=\boldsymbol{Aq}_1\\ \omega\boldsymbol{q}_1+\sigma\boldsymbol{q}_2=\boldsymbol{Aq}_2\end{cases}$$

将两式合并成矩阵方程为

$$[\boldsymbol{q}_1\quad \boldsymbol{q}_2]\begin{bmatrix}\sigma & \omega\\ -\omega & \sigma\end{bmatrix}=\boldsymbol{A}[\boldsymbol{q}_1\quad \boldsymbol{q}_2] \tag{2.112}$$

这时已把特征值和特征向量中的复数转换成实数形式表示，若取变换后的矩阵为特征值分解形式为

$$\bar{A}=\begin{bmatrix}\sigma & \omega\\ -\omega & \sigma\end{bmatrix}$$

则根据式（2.112）可知，相应的变换矩阵为

$$\boldsymbol{Q}=[\boldsymbol{q}_1\quad \boldsymbol{q}_2] \tag{2.113}$$

因此，将具有共轭复数特征值的 $\boldsymbol{A}$ 阵通过变换阵 $\boldsymbol{Q}$，就可化为另一种对应特征值实部和虚部的模态规范形 $\bar{\boldsymbol{A}}$，即

$$\bar{\boldsymbol{A}}=\boldsymbol{Q}^{-1}\boldsymbol{A}\boldsymbol{Q}=\begin{bmatrix}\sigma & \omega\\ -\omega & \sigma\end{bmatrix} \tag{2.114}$$

其中变换阵中的两个列向量是由特征值 λ_1 所对应的复数特征向量 $\boldsymbol{P}_1$ 的实部和虚部构成的两个独立实数列向量。

例 2.15　已知矩阵

$$\boldsymbol{A}=\begin{bmatrix}-2 & 1\\ -17 & -4\end{bmatrix}$$

试将矩阵 $\boldsymbol{A}$ 变换为模态规范形。

解：（1）求 $\boldsymbol{A}$ 的特征值

$$\Delta(\lambda)=|\lambda\boldsymbol{I}-\boldsymbol{A}|=\begin{vmatrix}\lambda+2 & -1\\ 17 & \lambda+4\end{vmatrix}=\lambda^2+6\lambda+25=0$$

得 $\lambda_1=-3+\mathrm{j}4$，$\lambda_2=-3-\mathrm{j}4$。

（2）求 $\boldsymbol{A}$ 的特征向量

对应于 λ_1 的特征向量可求得为

$$(\lambda_1\boldsymbol{I}-\boldsymbol{A})\boldsymbol{P}_1=\begin{bmatrix}-1+\mathrm{j}4 & -1\\ 17 & 1+\mathrm{j}4\end{bmatrix}\begin{bmatrix}p_{11}\\ p_{21}\end{bmatrix}=0$$

解出

$$\boldsymbol{P}_1=\begin{bmatrix}p_{11}\\ p_{21}\end{bmatrix}=\begin{bmatrix}1\\ -1+\mathrm{j}4\end{bmatrix}=\begin{bmatrix}1\\ -1\end{bmatrix}+\mathrm{j}\begin{bmatrix}0\\ 4\end{bmatrix}$$

因此，由式（2.113）可得出变换矩阵为

$$\boldsymbol{Q}=[q_1\quad q_2]=\begin{bmatrix}1 & 0\\ -1 & 4\end{bmatrix},\ \boldsymbol{Q}^{-1}=\begin{bmatrix}1 & 0\\ 0.25 & 0.25\end{bmatrix}$$

（3）化 $\boldsymbol{A}$ 为模态规范形

$$\bar{\boldsymbol{A}}=\boldsymbol{Q}^{-1}\boldsymbol{A}\boldsymbol{Q}=\begin{bmatrix}1 & 0\\ 0.25 & 0.25\end{bmatrix}\begin{bmatrix}-2 & 1\\ -17 & -4\end{bmatrix}\begin{bmatrix}1 & 0\\ -1 & 4\end{bmatrix}=\begin{bmatrix}-3 & 4\\ -4 & -3\end{bmatrix}$$

该矩阵也可直接按式（2.114）写出。

2. 化系统矩阵 A 为约当标准形

当 $n\times n$ 的 $\boldsymbol{A}$ 阵有重特征值时，一般来说，此时 $\boldsymbol{A}$ 的线性独立的特征向量个数小于它的阶数 n。对于这种情况，$\boldsymbol{A}$ 阵一般是不能化为对角标准形的，只能化为约当（Jordan）标准形。只有在特殊情况下，当重特征值对应的独立特征向量个数等于它的重数时，$\boldsymbol{A}$ 阵才能化

为对角标准形。

一般情况下，约当标准形的结构可分为 3 个层次。第一层结构是约当形的阵结构，对应于互异特征值，当 n 阶系统有 l 个互异特征值时，则必存在一个变换矩阵 $\boldsymbol{Q}$，使得

$$\boldsymbol{J}=\boldsymbol{Q}^{-1}\boldsymbol{A}\boldsymbol{Q}=\begin{bmatrix}\boldsymbol{J}_1 & & & \\ & \boldsymbol{J}_2 & & \\ & & \ddots & \\ & & & \boldsymbol{J}_l\end{bmatrix} \tag{2.115}$$

其中，$\boldsymbol{J}_i(i=1,2,\cdots,l)$ 为 l 个约当块，每个约当块与一个互异特征值相对应。块的维数（阶数）与每个特征值的重数相对应，各块维数之和等于 n。

第二层结构是约当块的块结构，对应于每个互异特征值存在的独立特征向量个数。若当某个 m 重特征值对应 σ 个（$\sigma<m$）独立特征向量时，则相应的约当块分解为

$$\boldsymbol{J}_i=\begin{bmatrix}\boldsymbol{J}_{i1} & & & \\ & \boldsymbol{J}_{i2} & & \\ & & \ddots & \\ & & & \boldsymbol{J}_{i\sigma}\end{bmatrix} \tag{2.116}$$

式中，$\boldsymbol{J}_{ij}(j=1,2,\cdots,\sigma)$ 为 σ 个约当子块，各子块的阶数之和等于 m。

第三层结构是约当子块的结构，也是最底层结构，表示约当子块具有的基本形式，即

$$\boldsymbol{J}_{ij}=\begin{bmatrix}\lambda_i & 1 & & \\ & \lambda_i & \ddots & \\ & & \ddots & 1 \\ & & & \lambda_i\end{bmatrix} \tag{2.117}$$

式中，λ_i 是相应的重特征值，一般情况下，一个 m 阶约当块 $\boldsymbol{J}_i$ 中，子块的阶数互不相同，需要分析判断，各子块阶次之和为 m，各子块主对角线上元素均为重特征值 λ_i。

设 $\boldsymbol{A}$ 阵是 5×5 阶方阵，其特征值为 λ_1、λ_1、λ_1、λ_4 和 λ_5，其中 λ_1 为三重特征值，对应了两个独立的特征向量。按照上述三层结构原则，必存在变换矩阵 $\boldsymbol{Q}$，使得

$$\boldsymbol{J}=\boldsymbol{Q}^{-1}\boldsymbol{A}\boldsymbol{Q}=\begin{bmatrix}\boldsymbol{J}_1 & & \\ & \boldsymbol{J}_2 & \\ & & \boldsymbol{J}_3\end{bmatrix}=\left[\begin{array}{cc:c:c}\boldsymbol{J}_{11} & & & \\ & \boldsymbol{J}_{12} & & \\ \hdashline & & \boldsymbol{J}_2 & \\ \hdashline & & & \boldsymbol{J}_3\end{array}\right]=\left[\begin{array}{cc:c:c:c}\lambda_1 & 1 & & & \\ & \lambda_1 & & & \\ \hdashline & & \lambda_1 & & \\ \hdashline & & & \lambda_4 & \\ \hdashline & & & & \lambda_5\end{array}\right]$$

其中，$\boldsymbol{J}_1$ 是由三重特征值 λ_1 形成的，由于存在两个独立特征向量，故该约当块内有两个子块 $\boldsymbol{J}_{11}$ 和 $\boldsymbol{J}_{12}$；$\boldsymbol{J}_{11}$ 是二阶的，$\boldsymbol{J}_{12}$ 是一阶的；$\boldsymbol{J}_2$ 和 $\boldsymbol{J}_3$ 两个约当块是由单特征值 λ_4 和 λ_5 构成的。

对于特殊情况，若三重特征值 λ_1 对应了三个独立的特征向量，则 $\boldsymbol{J}_1$ 中有 3 个子块与其对应，每个子块为一阶，实际上，这时约当标准形已成为对角标准形。

例 2.16　已知系统矩阵

$$\boldsymbol{A}=\begin{bmatrix}1 & 0 & -1 \\ 0 & 1 & 0 \\ 0 & 0 & 2\end{bmatrix}$$

试化 $\boldsymbol{A}$ 为约当标准形。

解：(1) 求特征值

$$\Delta(\lambda)=|\lambda\boldsymbol{I}-\boldsymbol{A}|=\begin{vmatrix}\lambda-1 & 0 & 1\\0 & \lambda-1 & 0\\0 & 0 & \lambda-2\end{vmatrix}=(\lambda-1)^2(\lambda-2)=0$$

得 $\lambda_1=\lambda_2=1$，$\lambda_3=2$。

(2) 求变换阵 $\boldsymbol{Q}$

当 $\lambda_{1,2}=1$ 时，由方程

$$(\lambda_1\boldsymbol{I}-\boldsymbol{A})\boldsymbol{Q}_1=\begin{bmatrix}0 & 0 & 1\\0 & 0 & 0\\0 & 0 & -1\end{bmatrix}\begin{bmatrix}\boldsymbol{q}_{11}\\\boldsymbol{q}_{21}\\\boldsymbol{q}_{31}\end{bmatrix}=0$$

可得 $q_{31}=0$，q_{11} 和 q_{21} 可取任意值。

令 $q_{11}=1$，$q_{21}=0$ 及 $q_{11}=0$，$q_{21}=1$ 可得两组线性无关解，故得到两个独立特征向量

$$\boldsymbol{Q}_1=\begin{bmatrix}1\\0\\0\end{bmatrix},\quad \boldsymbol{Q}_2=\begin{bmatrix}0\\1\\0\end{bmatrix}$$

同样，再由 $\lambda_3=2$，$(\lambda_3\boldsymbol{I}-\boldsymbol{A})\boldsymbol{Q}_3=0$，得 $\boldsymbol{Q}_3=\begin{bmatrix}-1\\0\\1\end{bmatrix}$

显然，$\boldsymbol{Q}_1$、$\boldsymbol{Q}_2$、$\boldsymbol{Q}_3$ 是线性无关的特征向量，则非奇异变换阵为

$$\boldsymbol{Q}=\begin{bmatrix}1 & 0 & -1\\0 & 1 & 0\\0 & 0 & 1\end{bmatrix},\quad \boldsymbol{Q}^{-1}=\begin{bmatrix}1 & 0 & 1\\0 & 1 & 0\\0 & 0 & 1\end{bmatrix}$$

(3) 化为对角标准形

$$\bar{\boldsymbol{A}}=\boldsymbol{Q}^{-1}\boldsymbol{A}\boldsymbol{Q}=\begin{bmatrix}1 & 0 & 1\\0 & 1 & 0\\0 & 0 & 1\end{bmatrix}\begin{bmatrix}1 & 0 & -1\\0 & 1 & 0\\0 & 0 & 2\end{bmatrix}\begin{bmatrix}1 & 0 & -1\\0 & 1 & 0\\0 & 0 & 1\end{bmatrix}=\begin{bmatrix}1 & & \\ & 1 & \\ & & 2\end{bmatrix}$$

由以上讨论可知，化约当标准形的关键是要解决下列两个问题：第一，如何确定对应每个特征值的约当块的子块数和每个子块的阶数；第二，如何构造变换矩阵 $\boldsymbol{Q}$。

在第一个问题中，每个约当块含子块的个数与相应重特征值求得的独立特征向量个数相等。按照特征向量的定义，设矩阵 $\boldsymbol{A}$ 的重特征值为 λ_i，则由式

$$(\lambda_i\boldsymbol{I}-\boldsymbol{A})\boldsymbol{Q}_i=0$$

可得线性独立的特征向量的个数为 σ，即为该特征值对应的约当块所含的子块数。σ 的确定可直接由下式计算

$$\sigma=n-\mathrm{rank}(\lambda_i\boldsymbol{I}-\boldsymbol{A}) \tag{2.118}$$

对于每个子块的阶数，讨论起来较麻烦，放到后面举例讨论。

在第二个问题中，关于如何构造变换阵 $\boldsymbol{Q}$ 的问题，要结合约当标准形的具体结构讨论，比较复杂。下面先讨论一种最简单的情况，然后举例说明一般情况下如何构造变换矩阵 $\boldsymbol{Q}$。

定理 2.3　若 $\boldsymbol{A}$ 阵具有重特征值，且对应于每个互异的特征值，只存在一个独立的特征向量，则必存在一个非奇异阵 $\boldsymbol{Q}$，使 $\boldsymbol{A}$ 阵化为约当标准形，即

$$\boldsymbol{J}=\begin{bmatrix} \boldsymbol{J}_1 & & & \\ & \boldsymbol{J}_2 & & \\ & & \ddots & \\ & & & \boldsymbol{J}_l \end{bmatrix} \tag{2.119}$$

式中，$\boldsymbol{J}_i(i=1,2,\cdots,l)$ 为约当块，均具有约当子块的基本形式，即

$$\boldsymbol{J}_i=\begin{bmatrix} \lambda_i & 1 & & \\ & \lambda_i & \ddots & \\ & & \ddots & 1 \\ & & & \lambda_i \end{bmatrix} \tag{2.120}$$

下面以 5 阶系统为例，证明变换矩阵 $\boldsymbol{Q}$ 是存在的。设 $\boldsymbol{A}$ 阵为 5×5 阶方阵，其特征值为 λ_1、λ_1、λ_1 和 λ_4、λ_5，其中 λ_1 为三重特征值，但仅对应一个独立特征向量，若变换矩阵为

$$\boldsymbol{Q}=[\boldsymbol{Q}_1 \quad \boldsymbol{Q}_2 \quad \boldsymbol{Q}_3 \quad \boldsymbol{Q}_4 \quad \boldsymbol{Q}_5]$$

使

$$\boldsymbol{J}=\boldsymbol{Q}^{-1}\boldsymbol{A}\boldsymbol{Q}$$

则有

$$\boldsymbol{Q}\boldsymbol{J}=\boldsymbol{A}\boldsymbol{Q}$$

即

$$[\boldsymbol{Q}_1 \quad \boldsymbol{Q}_2 \quad \boldsymbol{Q}_3 \quad \boldsymbol{Q}_4 \quad \boldsymbol{Q}_5]\left[\begin{array}{ccc:c:c} \lambda_1 & 1 & 0 & 0 & 0 \\ 0 & \lambda_1 & 1 & 0 & 0 \\ 0 & 0 & \lambda_1 & 0 & 0 \\ \hdashline 0 & 0 & 0 & \lambda_4 & 0 \\ \hdashline 0 & 0 & 0 & 0 & \lambda_5 \end{array}\right]=\boldsymbol{A}[\boldsymbol{Q}_1 \quad \boldsymbol{Q}_2 \quad \boldsymbol{Q}_3 \quad \boldsymbol{Q}_4 \quad \boldsymbol{Q}_5]$$

将上式展开，可得方程组为

$$\begin{cases} \lambda_1\boldsymbol{Q}_1=\boldsymbol{A}\boldsymbol{Q}_1 \\ \boldsymbol{Q}_1+\lambda_1\boldsymbol{Q}_2=\boldsymbol{A}\boldsymbol{Q}_2 \\ \boldsymbol{Q}_2+\lambda_1\boldsymbol{Q}_3=\boldsymbol{A}\boldsymbol{Q}_3 \\ \lambda_4\boldsymbol{Q}_4=\boldsymbol{A}\boldsymbol{Q}_4 \\ \lambda_5\boldsymbol{Q}_5=\boldsymbol{A}\boldsymbol{Q}_5 \end{cases}$$

方程组可改写成

$$\begin{cases} (\lambda_1\boldsymbol{I}-\boldsymbol{A})\boldsymbol{Q}_1=0 \\ (\lambda_1\boldsymbol{I}-\boldsymbol{A})\boldsymbol{Q}_2=-\boldsymbol{Q}_1 \\ (\lambda_1\boldsymbol{I}-\boldsymbol{A})\boldsymbol{Q}_3=-\boldsymbol{Q}_2 \\ (\lambda_4\boldsymbol{I}-\boldsymbol{A})\boldsymbol{Q}_4=0 \\ (\lambda_5\boldsymbol{I}-\boldsymbol{A})\boldsymbol{Q}_5=0 \end{cases} \tag{2.121}$$

解式（2.121），即可得到变换矩阵为

$$Q=[Q_1\quad Q_2\quad Q_3\quad Q_4\quad Q_5]$$

其中，$\boldsymbol{Q}_1$、$\boldsymbol{Q}_4$ 和 $\boldsymbol{Q}_5$ 是独立的特征向量，而 $\boldsymbol{Q}_2$ 和 $\boldsymbol{Q}_3$ 是由相重特征值 λ_1 构成的辅助特征向量，有时也称其为广义的特征向量，只要求出 $\boldsymbol{Q}_1$ 后，$\boldsymbol{Q}_2$ 和 $\boldsymbol{Q}_3$ 就可以相继求出。该方法可以推广到更高阶且多个重特征值的情况。

例 2.17　已知系统矩阵

$$\boldsymbol{A}=\begin{bmatrix}0 & 6 & -5\\1 & 0 & 2\\3 & 2 & 4\end{bmatrix}$$

试化 $\boldsymbol{A}$ 为约当标准形。

解：求特征值：

$$\Delta(\lambda)=|\lambda\boldsymbol{I}-\boldsymbol{A}|=\begin{vmatrix}\lambda & -6 & 5\\-1 & \lambda & -2\\-3 & -2 & \lambda-4\end{vmatrix}=(\lambda-1)^2(\lambda-2)=0$$

得 $\lambda_1=\lambda_2=1$，$\lambda_3=2$。将 $\lambda_1=1$ 代入 $(\lambda_1\boldsymbol{I}-\boldsymbol{A})\boldsymbol{Q}_1=0$ 得

$$\begin{bmatrix}1 & -6 & 5\\-1 & 1 & -2\\-3 & -2 & -3\end{bmatrix}\begin{bmatrix}q_{11}\\q_{21}\\q_{31}\end{bmatrix}=0$$

对特征矩阵作行初等变换，可得

$$\begin{bmatrix}1 & -6 & 5\\0 & -5 & 3\\0 & 0 & 0\end{bmatrix}\begin{bmatrix}q_{11}\\q_{21}\\q_{31}\end{bmatrix}=0$$

任取 $q_{31}=-5$，求得 $q_{21}=-3$，$q_{11}=7$，可得

$$\boldsymbol{Q}_1=\begin{bmatrix}7\\-3\\-5\end{bmatrix}$$

再将 $\boldsymbol{Q}_1$ 代入下式，求出广义特征向量 $\boldsymbol{Q}_2$，有

$$(\lambda_2\boldsymbol{I}-\boldsymbol{A})\boldsymbol{Q}_2=-\boldsymbol{Q}_1$$

$$\begin{bmatrix}1 & -6 & 5\\-1 & 1 & -2\\-3 & -2 & -3\end{bmatrix}\begin{bmatrix}q_{12}\\q_{22}\\q_{32}\end{bmatrix}=\begin{bmatrix}-7\\3\\5\end{bmatrix}$$

同理，由初等变换可得

$$\boldsymbol{Q}_2=\begin{bmatrix}0.6\\-0.4\\-2\end{bmatrix}$$

将 $\lambda_3=2$ 代入 $(\lambda_3\boldsymbol{I}-\boldsymbol{A})\boldsymbol{Q}_3=0$ 中，于是

$$\begin{bmatrix}2 & -6 & 5\\-1 & 2 & -2\\-3 & -2 & -2\end{bmatrix}\begin{bmatrix}q_{13}\\q_{23}\\q_{33}\end{bmatrix}=0$$

任取 $q_{33}=-2$，求得 $q_{23}=-1$，$q_{13}=2$，可得

$$\boldsymbol{Q}_3=\begin{bmatrix}2\\-1\\-2\end{bmatrix}$$

变换矩阵为

$$\boldsymbol{Q}=[\boldsymbol{Q}_1\quad \boldsymbol{Q}_2\quad \boldsymbol{Q}_3]=\begin{bmatrix}7 & 0.6 & 2\\-3 & -0.4 & -1\\-5 & -2 & -2\end{bmatrix},\ \boldsymbol{Q}^{-1}=\begin{bmatrix}1.2 & 2.8 & -0.2\\1 & 4 & -1\\-4 & -11 & 1\end{bmatrix}$$

所以，$\boldsymbol{A}$ 的约当标准形为

$$\boldsymbol{J}=\boldsymbol{Q}^{-1}\boldsymbol{A}\boldsymbol{Q}=\left[\begin{array}{cc:c}1 & 1 & 0\\0 & 1 & 0\\ \hdashline 0 & 0 & 2\end{array}\right]$$

定理 2.4　若 $\boldsymbol{A}$ 阵具有重特征值，且为如下友矩阵的形式

$$\boldsymbol{A}=\begin{bmatrix}0 & 1 & 0 & \cdots & 0\\0 & 0 & 1 & \cdots & 0\\\vdots & \vdots & \vdots & & 1\\0 & 0 & 0 & \cdots & 1\\-a_0 & -a_1 & -a_2 & \cdots & -a_{n-1}\end{bmatrix}$$

且特征值 λ_1 是 m 重根，λ_2，λ_3，…，λ_l是两两相异的，则化为约当标准形的变换矩阵 $\boldsymbol{Q}$ 为以下形式的范德蒙矩阵

$$\boldsymbol{Q}=\begin{bmatrix}1 & 0 & 0 & \cdots & 0 & 1 & \cdots & 1\\\lambda_1 & 1 & 0 & \cdots & 0 & \lambda_2 & & \lambda_1\\\lambda_1^2 & 2\lambda_1 & 1 & \cdots & 0 & \lambda_2^2 & & \lambda_l^2\\\lambda_1^3 & 3\lambda_1^2 & 3\lambda_1 & \cdots & 0 & \lambda_2^3 & & \lambda_1^3\\\vdots & \vdots & \vdots & \vdots & \vdots & \vdots & & \\\lambda_1^{n-1} & (n-1)\lambda_1^{n-2} & \dfrac{(n-1)(n-2)}{2}\lambda_1^{n-3} & \cdots & \dfrac{(n-1)(n-2)\cdots(n-m+1)}{(m-1)!}\lambda_1^{n-m} & \lambda_2^{n-1} & \cdots & \lambda_l^{n-1}\end{bmatrix}\tag{2.122}$$

值得指出的是，对于友矩阵的形式，肯定有以下结果：

$$\sigma=n-\mathrm{rank}(\lambda_i\boldsymbol{I}-\boldsymbol{A})=1$$

即每个特征值仅对应一个特征向量，化成的约当标准形一定是不含子块的最简形式。

式（2.122）的结果可根据式（2.121）推出，而式（2.122）所表示的变换矩阵 $\boldsymbol{Q}$ 可记为

$$\begin{aligned}\boldsymbol{Q}&=[\boldsymbol{Q}_{11}\quad \boldsymbol{Q}_{12}\quad \boldsymbol{Q}_{13}\quad \cdots\quad \boldsymbol{Q}_{1m}\ \vdots\ \boldsymbol{Q}_{21}\quad \cdots]\\&=\left[\begin{array}{c:c:c:c:c:c}\boldsymbol{Q}_{11} & \dfrac{\mathrm{d}\boldsymbol{Q}_{11}}{\mathrm{d}\lambda_1} & \dfrac{1}{2!}\dfrac{\mathrm{d}^2\boldsymbol{Q}_{11}}{\mathrm{d}\lambda_1^2} & \cdots & \dfrac{1}{(m-1)!}\dfrac{\mathrm{d}^{m-1}\boldsymbol{Q}_{11}}{\mathrm{d}\lambda_1^{m-1}} & \boldsymbol{Q}_{21}\quad\cdots\end{array}\right]\end{aligned}\tag{2.123}$$

式中，λ_1 是 $\boldsymbol{A}$ 的 m 重特征值，其他特征值按重数类推。

例 2.18　已知系统矩阵

$$A=\begin{bmatrix}0 & 1 & 0\\0 & 0 & 1\\-1 & -3 & -3\end{bmatrix}$$

试化 A 为约当标准形。

解：求特征值：

$$\Delta(\lambda)=|\lambda I-A|=\begin{vmatrix}\lambda & -1 & 0\\0 & \lambda & -1\\1 & 3 & \lambda+3\end{vmatrix}=(\lambda+1)^3=0$$

得 $\lambda_1=\lambda_2=\lambda_3=-1$。

按式（2.123）取 Q 阵为

$$Q=[Q_1\quad Q_2\quad Q_3]=\left[\begin{array}{c:c:c}Q_1 & \dfrac{dQ_1}{d\lambda_1} & \dfrac{1}{2!}\dfrac{d^2Q_1}{d\lambda_1^2}\end{array}\right]=\begin{bmatrix}1 & 0 & 0\\\lambda_1 & 1 & 0\\\lambda_1^2 & 2\lambda_1 & 1\end{bmatrix}=\begin{bmatrix}1 & 0 & 0\\-1 & 1 & 0\\1 & -2 & 1\end{bmatrix}$$

$$Q^{-1}=\begin{bmatrix}1 & 0 & 0\\1 & 1 & 0\\1 & 2 & 1\end{bmatrix}$$

所以，A 的约当标准形为

$$J=Q^{-1}AQ=\begin{bmatrix}1 & 0 & 0\\1 & 1 & 0\\1 & 2 & 1\end{bmatrix}\begin{bmatrix}0 & 1 & 0\\0 & 0 & 1\\-1 & -3 & -3\end{bmatrix}\begin{bmatrix}1 & 0 & 0\\-1 & 1 & 0\\1 & -2 & 1\end{bmatrix}=\begin{bmatrix}-1 & 1 & 0\\0 & -1 & 1\\0 & 0 & -1\end{bmatrix}$$

根据式（2.121）求解特征向量及广义特征向量来得到变换矩阵 Q 的方法，原则上可以推广到约当块中含有子块的矩阵中，当重特征值对应的独立特征向量多于一个时，则会出现子块。如前所述，子块的个数容易确定，对于各子块的阶数，由式（2.121）导出的广义特征向量个数来定。下面以 6 阶系统为例，讨论子块数量的确定。

例 2.19　已知矩阵

$$A=\left[\begin{array}{ccc:cc:c}2 & -1 & 0 & 0 & 0 & 0\\0 & 2 & -1 & 0 & 0 & 0\\0 & 0 & 2 & 0 & 0 & 0\\\hdashline 0 & 0 & 0 & 3 & -0.5 & 0\\0 & 0 & 0 & 2 & 1 & 0\\\hdashline 0 & 0 & 0 & 0 & 0 & 2\end{array}\right]=\begin{bmatrix}A_1 & & \\ & A_2 & \\ & & A_3\end{bmatrix}$$

试化 A 为约当标准形。

解：（1）先求 A 的特征值

因为 A 为对角分块矩阵，所以特征多项式可按分块矩阵求出，即

$$\Delta(\lambda)=|\lambda I-A|=|\lambda I_3-A_1||\lambda I_2-A_2||\lambda I_3-A_3|=(\lambda-2)^6$$

特征值 $\lambda=2$ 为 6 重特征值。

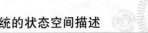

（2）确定约当标准形的结构

根据式（2.118）可知，特征值 $\lambda=2$ 所对应的独立特征向量数为

$$\sigma=n-\mathrm{rank}(2\boldsymbol{I}-\boldsymbol{A})=6-\mathrm{rank}\left[\begin{array}{ccc:cc:c}0&1&0&0&0&0\\0&0&1&0&0&0\\0&0&0&0&0&0\\\hdashline 0&0&0&-1&0.5&0\\0&0&0&-2&1&0\\\hdashline 0&0&0&0&0&0\end{array}\right]=6-3=3$$

所以，由 $\boldsymbol{A}$ 化成约当标准形 $\boldsymbol{J}$ 的结构为 3 个子块。

（3）求特征向量

将 $\lambda=2$ 代入 $(2\boldsymbol{I}-\boldsymbol{A})\boldsymbol{Q}=0$，可以求出以下 3 个线性无关的特征向量为

$$\boldsymbol{Q}_{11}=\begin{bmatrix}1\\0\\0\\0\\0\\0\end{bmatrix},\ \boldsymbol{Q}_{21}=\begin{bmatrix}0\\0\\0\\1\\2\\0\end{bmatrix},\ \boldsymbol{Q}_{31}=\begin{bmatrix}0\\0\\0\\0\\0\\1\end{bmatrix}$$

设变换矩阵对应的约当子块也分为 3 块，即

$$\boldsymbol{Q}=[\boldsymbol{Q}_1 \ \vdots\ \boldsymbol{Q}_2 \ \vdots\ \boldsymbol{Q}_3]$$

将以上求出的 3 个独立特征向量 $\boldsymbol{Q}_{11}$、$\boldsymbol{Q}_{21}$、$\boldsymbol{Q}_{31}$ 分别作为变换矩阵 $\boldsymbol{Q}$ 中各子块的第一个列向量，然后由广义特征向量的递推公式，求出每个变换矩块存在的广义特征向量，再与各子块中第 1 列向量共同构成变换矩阵子块。

将 $\boldsymbol{Q}_{11}$ 代入式 $(2\boldsymbol{I}-\boldsymbol{A})\boldsymbol{Q}_{12}=-\boldsymbol{Q}_{11}$，可以推出

$$\boldsymbol{Q}_{12}=\begin{bmatrix}0\\-1\\0\\0\\0\\0\end{bmatrix}$$

再由式 $(2\boldsymbol{I}-\boldsymbol{A})\boldsymbol{Q}_{13}=-\boldsymbol{Q}_{12}$ 推出

$$\boldsymbol{Q}_{13}=\begin{bmatrix}0\\0\\1\\0\\0\\0\end{bmatrix}$$

继续往下类推，$\boldsymbol{Q}_{14}$ 无解，由此可知，变换矩阵中 $\boldsymbol{Q}_1$ 含有 3 个列向量，故第一个约当子

块阶数等于 3。

同理，将 $\boldsymbol{Q}_{21}$代入式 $(2\boldsymbol{I}-\boldsymbol{A})\boldsymbol{Q}_{22}=-\boldsymbol{Q}_{21}$，可以推出

$$\boldsymbol{Q}_{22}=\begin{bmatrix}0\\0\\0\\3\\4\\0\end{bmatrix}$$

往下类推，$\boldsymbol{Q}_{23}$无解，则变换阵中 $\boldsymbol{Q}_2$ 仅含 2 个列向量，说明第二个约当子块是二阶的。显然第三块约当子块为一阶的，若尝试用 $(2\boldsymbol{I}-\boldsymbol{A})\boldsymbol{Q}_{32}=-\boldsymbol{Q}_{31}$递推，则 $\boldsymbol{Q}_{32}$无解。

由以上求出的 6 个线性无关列向量按顺序组成变换矩阵为

$$[\boldsymbol{Q}_{11}\quad \boldsymbol{Q}_{12}\quad \boldsymbol{Q}_{13}\ \vdots\ \boldsymbol{Q}_{21}\quad \boldsymbol{Q}_{22}\ \vdots\ \boldsymbol{Q}_{31}]=\left[\begin{array}{ccc:cc:c}1&0&0&&&\\0&-1&0&&&\\0&0&1&&&\\\hdashline &&&1&3&\\&&&2&4&\\\hdashline &&&&&1\end{array}\right]$$

按分块对角阵求逆，得

$$\boldsymbol{Q}^{-1}=\left[\begin{array}{ccc:cc:c}1&0&0&&&\\0&-1&0&&&\\0&0&1&&&\\\hdashline &&&-2&1.5&\\&&&1&-0.5&\\\hdashline &&&&&1\end{array}\right]$$

(4) 求 $\boldsymbol{A}$ 阵的约当标准形 $\boldsymbol{J}=\boldsymbol{Q}^{-1}\boldsymbol{A}\boldsymbol{Q}$

可按分块矩阵的乘法规则进行，其中

$$\boldsymbol{J}_1=\boldsymbol{Q}_1^{-1}\boldsymbol{A}_1\boldsymbol{Q}_1=\begin{bmatrix}1&0&0\\0&-1&0\\0&0&1\end{bmatrix}\begin{bmatrix}2&-1&0\\0&2&-1\\0&0&2\end{bmatrix}\begin{bmatrix}1&0&0\\0&-1&0\\0&0&1\end{bmatrix}=\begin{bmatrix}2&1&0\\0&2&1\\0&0&2\end{bmatrix}$$

$$\boldsymbol{J}_2=\boldsymbol{Q}_2^{-1}\boldsymbol{A}_2\boldsymbol{Q}_2=\begin{bmatrix}-2&1.5\\1&-0.5\end{bmatrix}\begin{bmatrix}3&-0.5\\2&1\end{bmatrix}\begin{bmatrix}1&3\\2&4\end{bmatrix}=\begin{bmatrix}2&1\\0&2\end{bmatrix}$$

$$\boldsymbol{J}_3=\boldsymbol{Q}_3^{-1}\boldsymbol{A}_3\boldsymbol{Q}_3=[1][2][1]=[2]$$

$$\boldsymbol{J}=\begin{bmatrix}\boldsymbol{J}_1&&\\&\boldsymbol{J}_2&\\&&\boldsymbol{J}_3\end{bmatrix}=\left[\begin{array}{ccc:cc:c}2&1&0&&&\\0&2&1&&&\\0&0&2&&&\\\hdashline &&&2&1&\\&&&0&2&\\\hdashline &&&&&2\end{array}\right]$$

实际上，若确定了各子块的阶数结构，则约当标准形可直接写出。

同理，在分解约当块的过程中，也会遇到共轭复数的特征值，这时，可以将一对共轭复数特征值单独作为一个约当块来进行分解，直接利用前一节处理共轭复数特征值的方法即可。通过以下例子进行说明。

例 2.20　已知系统矩阵

$$\boldsymbol{A}=\begin{bmatrix}0 & 1 & 0\\ 0 & 0 & 1\\ -2 & -4 & -3\end{bmatrix}$$

试化 $\boldsymbol{A}$ 为特征值模态规范形。

解：(1) 求特征值

$$|\lambda\boldsymbol{I}-\boldsymbol{A}|=\begin{vmatrix}\lambda & -1 & 0\\ 0 & \lambda & -1\\ 2 & 4 & \lambda+3\end{vmatrix}=(\lambda+1)(\lambda^2+2\lambda+2)=0$$

得 $\lambda_1=-1$，$\lambda_{2,3}=-1\pm \mathrm{j}$。

(2) 求特征向量

将 $\lambda_1=-1$ 代入 $(\lambda_1\boldsymbol{I}-\boldsymbol{A})\boldsymbol{Q}_1=0$，有

$$\begin{bmatrix}-1 & -1 & 0\\ 0 & -1 & -1\\ 2 & 4 & 2\end{bmatrix}\begin{bmatrix}q_{11}\\ q_{21}\\ q_{31}\end{bmatrix}=0$$

对特征矩阵作行初等变换，可得

$$\begin{bmatrix}-1 & -1 & 0\\ 0 & -1 & -1\\ 0 & 0 & 0\end{bmatrix}\begin{bmatrix}q_{11}\\ q_{21}\\ q_{31}\end{bmatrix}=0$$

任取 $q_{11}=1$，则有 $q_{21}=-1$，$q_{31}=1$，即

$$\boldsymbol{Q}_1=\begin{bmatrix}1\\ -1\\ 1\end{bmatrix}$$

再将 $\lambda_2=-1+\mathrm{j}$ 代入 $(\lambda_2\boldsymbol{I}-\boldsymbol{A})\boldsymbol{Q}_2=0$，有

$$\begin{bmatrix}-1+\mathrm{j} & -1 & 0\\ 0 & -1+\mathrm{j} & -1\\ 2 & 4 & 2+\mathrm{j}\end{bmatrix}\begin{bmatrix}q_{12}\\ q_{22}\\ q_{32}\end{bmatrix}=0$$

对特征矩阵作行初等变换，得

$$\begin{bmatrix}-1+\mathrm{j} & -1 & 0\\ 0 & -1+\mathrm{j} & -1\\ 0 & 0 & 0\end{bmatrix}\begin{bmatrix}q_{12}\\ q_{22}\\ q_{32}\end{bmatrix}=0$$

任取 $q_{12}=1$，则得 $q_{22}=-1+\mathrm{j}$，$q_{32}=-2\mathrm{j}$，即

$$Q_2=\begin{bmatrix}1\\-1+\mathrm{j}\\-2\mathrm{j}\end{bmatrix}=\begin{bmatrix}1\\-1\\0\end{bmatrix}+\mathrm{j}\begin{bmatrix}0\\1\\-2\end{bmatrix}=\boldsymbol{q}_2+\mathrm{j}\boldsymbol{q}_3$$

因此，由式（2.113）可得变换矩阵为

$$\boldsymbol{Q}=[\boldsymbol{Q}_1\quad \boldsymbol{q}_2\quad \boldsymbol{q}_3]=\begin{bmatrix}1&1&0\\-1&-1&1\\1&0&-2\end{bmatrix}$$

$$\boldsymbol{Q}^{-1}=\begin{bmatrix}2&2&1\\-1&-2&-1\\1&1&0\end{bmatrix}$$

所以，$\boldsymbol{A}$ 阵的模态规范形为

$$\boldsymbol{J}=\boldsymbol{Q}^{-1}\boldsymbol{A}\boldsymbol{Q}=\begin{bmatrix}2&2&1\\-1&-2&-1\\1&1&0\end{bmatrix}\begin{bmatrix}0&1&0\\0&0&1\\-2&-4&-3\end{bmatrix}\begin{bmatrix}1&1&0\\-1&-1&1\\1&0&-2\end{bmatrix}$$

$$=\left[\begin{array}{c:cc}-1&0&0\\\hdashline 0&-1&1\\0&-1&-1\end{array}\right]=\left[\begin{array}{c:cc}\lambda_1&0&0\\\hdashline 0&\sigma&\omega\\0&-\omega&\sigma\end{array}\right]$$

2.5 离散时间系统的状态空间表达式

离散时间系统与连续时间系统的区别是，在连续系统中，系统各处的信号都是时间 t 的连续函数；而在离散系统中，系统至少有一处或多处的信号是离散的，它可以是脉冲序列或数字序列。

在古典控制理论中，离散时间系统通常由高阶差分方程来描述输入变量和输出变量采样值之间的特性关系，如

$$\begin{aligned}&y(k+n)+a_{n-1}y(k+n-1)+\cdots+a_1y(k+1)+a_0y(k)\\&=b_nu(k+n)+b_{n-1}u(k+n-1)+\cdots+b_1u(k+1)+b_0u(k)\end{aligned}\tag{2.124}$$

式中，k 表示第 k 个采样时刻。也可以用 z 变换法，将输入输出关系用脉冲传递函数来表示为

$$\frac{Y(z)}{U(z)}=\frac{b_nz^n+b_{n-1}z^{n-1}+\cdots+b_1z+b_0}{z^n+a_{n-1}z^{n-1}+\cdots+a_1z+a_0}\tag{2.125}$$

在现代控制理论中，对离散系统进行状态空间分析需要建立状态空间离散系统表达式，本节将讨论它的形式和建立方法。

2.5.1 将差分方程化为状态空间表达式

把差分方程化为状态空间表达式的过程和将微分方程化为状态空间表达式的过程类同。

1. 差分方程中不包含输入函数的差分的情况

这类方程具有如下形式：

$$y(k+n)+a_{n-1}y(k+n-1)+\cdots+a_1y(k+1)+a_0y(k)=b_0u(k)\quad(k=0,1,2,\cdots)\tag{2.126}$$

1）选择状态变量

$$\begin{cases}x_1(k)=y(k)\\x_2(k)=y(k+1)\\x_3(k)=y(k+2)\\\quad\vdots\\x_n(k)=y(k+n-1)\end{cases}\tag{2.127}$$

2）把高阶差分方程化为一阶差分方程组

$$\begin{cases}x_1(k+1)=y(k+1)=x_2(k)\\x_2(k+1)=y(k+2)=x_3(k)\\\quad\vdots\\x_{n-1}(k+1)=y(k+n-1)=x_n(k)\\x_n(k+1)=y(k+n)\\\qquad=-a_0y(k)-a_1y(k+1)-\cdots-a_{n-1}y(k+n-1)+b_0u(k)\\\qquad=-a_0x_1(k)-a_1x_2(k)-\cdots-a_{n-1}x_n(k)+b_0u(k)\\y(k)=x_1(k)\end{cases}\tag{2.128}$$

3）将式（2.128）写成向量方程形式，即

$$\begin{cases}\boldsymbol{x}(k+1)=\boldsymbol{G}\boldsymbol{x}(k)+\boldsymbol{H}\boldsymbol{u}(k)\\\boldsymbol{y}(k)=\boldsymbol{C}\boldsymbol{x}(k)\end{cases}\tag{2.129}$$

式中，$\boldsymbol{G}$ 为系统矩阵；$\boldsymbol{H}$ 为控制矩阵；$\boldsymbol{C}$ 为输出矩阵，且分别为

$$\boldsymbol{G}=\begin{bmatrix}0&1&0&\cdots&0\\0&0&1&\cdots&0\\\vdots&\vdots&\vdots&&\vdots\\0&0&0&\cdots&1\\-a_0&-a_1&-a_2&\cdots&-a_{n-1}\end{bmatrix},\quad\boldsymbol{H}=\begin{bmatrix}0\\\vdots\\0\\b_0\end{bmatrix},\quad\boldsymbol{C}=[1\quad0\quad\cdots\quad0]$$

2. 差分方程中包含输入函数的差分的情况

此时差分方程为

$$\begin{aligned}&y(k+n)+a_{n-1}y(k+n-1)+\cdots+a_1y(k+1)+a_0y(k)\\&=b_nu(k+n)+b_{n-1}u(k+n-1)\cdots+b_1u(k+1)+b_0u(k)\end{aligned}\tag{2.130}$$

仿照连续时间函数取拉氏变换的方法，对式（2.130）两边在零初始条件下取 z 变换，根据 z 变换的法则并考虑初始条件，得到

$$\begin{aligned}&z^ny(z)+a_{n-1}z^{n-1}y(z)+\cdots+a_1zy(z)+a_0y(z)\\&=b_nz^nu(z)+b_{n-1}z^{n-1}u(z)+\cdots+b_1zu(z)+b_0u(z)\end{aligned}\tag{2.131}$$

由此得脉冲传递函数为

$$\begin{aligned}g(z)&=\frac{Y(z)}{U(z)}=\frac{b_nz^n+b_{n-1}z^{n-1}+\cdots+b_1z+b_0}{z^n+a_{n-1}z^{n-1}+\cdots+a_1z+a_0}\\&=b_n+\frac{\beta_{n-1}z^{n-1}+\beta_{n-2}z^{n-2}+\cdots+\beta_1z+\beta_0}{z^n+a_{n-1}z^{n-1}+\cdots+a_1z+a_0}\end{aligned}\tag{2.132}$$

由式（2. 132）可知，连续系统状态空间表达式的建立方法完全适用于离散系统。现令中间变量 $Q(z)$ 为

$$Q(z)=\frac{1}{z^n+a_{n-1}z^{n-1}+\cdots+a_1z+a_0}U(z) \tag{2.133}$$

并进行 z 反变换得到

$$Q(k+n)+a_{n-1}Q(k+n-1)+\cdots+a_1Q(k+1)+a_0Q(k)=u(k) \tag{2.134}$$

若选状态变量

$$\begin{cases}x_1(k)=Q(k)\\x_2(k)=Q(k+1)=x_1(k+1)\\x_3(k)=Q(k+2)=x_2(k+1)\\\quad\vdots\\x_n(k)=Q(k+n-1)=x_{n-1}(k+1)\end{cases} \tag{2.135}$$

则式（2. 134）可写成

$$x_n(k+1)=Q(k+n)=-a_{n-1}x_n(k)-\cdots-a_1x_2(k)-a_0x_1(k)+u(k) \tag{2.136}$$

而将状态变量代入式（2. 132）进行 z 反变换，有

$$y(k)=\beta_0x_1(k)+\beta_1x_2(k)+\cdots+\beta_{n-1}x_n(k)+b_nu(k) \tag{2.137}$$

于是可得离散系统状态空间表达式为

$$\begin{bmatrix}x_1(k+1)\\x_2(k+1)\\\vdots\\x_{n-1}(k+1)\\x_n(k+1)\end{bmatrix}=\begin{bmatrix}0&1&0&\cdots&0\\0&0&1&\cdots&0\\\vdots&\vdots&\vdots&&\vdots\\0&0&0&\cdots&1\\-a_0&-a_1&-a_2&\cdots&-a_{n-1}\end{bmatrix}\begin{bmatrix}x_1(k)\\x_2(k)\\\vdots\\x_{n-1}(k)\\x_n(k)\end{bmatrix}+\begin{bmatrix}0\\0\\\vdots\\0\\1\end{bmatrix}u(k) \tag{2.138}$$

$$y(k)=[\beta_0\quad\beta_1\quad\cdots\quad\beta_{n-1}]\begin{bmatrix}x_1(k)\\x_2(k)\\\vdots\\x_n(k)\end{bmatrix}+b_nu(k) \tag{2.139}$$

也可简化为

$$\begin{cases}\boldsymbol{x}(k+1)=\boldsymbol{G}\boldsymbol{x}(k)+\boldsymbol{H}u(k)\\y(k)=\boldsymbol{C}\boldsymbol{x}(k)+\boldsymbol{D}u(k)\end{cases} \tag{2.140}$$

式中，$\boldsymbol{G}$、$\boldsymbol{H}$、$\boldsymbol{C}$、$\boldsymbol{D}$ 所具有的形式与连续系统能控标准形对应相同，在此则为离散系统的能控标准形。从式（2. 140）也可看出离散系统的状态方程描述了（$k+1$）采样时刻的状态与 k 采样时刻的状态及输入量之间的关系。

例 2. 21　设某线性离散系统的差分方程为

$$y(k+2)+y(k+1)+0.16y(k)=u(k+1)+2u(k)$$

试写出系统的状态空间表达式。

解：先作 z 变换得

$$\frac{Y(z)}{U(z)}=\frac{z+2}{z^2+z+0.16}$$

由此可得 $n=2$，$a_0=0.16$，$a_1=1$，$\beta_0=2$，$\beta_1=1$，于是状态空间表达式为

$$\begin{cases}\begin{bmatrix}x_1(k+1)\\x_2(k+2)\end{bmatrix}=\begin{bmatrix}0 & 1\\-0.16 & -1\end{bmatrix}\begin{bmatrix}x_1(k)\\x_2(k)\end{bmatrix}+\begin{bmatrix}0\\1\end{bmatrix}u(k)\\ y(k)=\begin{bmatrix}2 & 1\end{bmatrix}\begin{bmatrix}x_1(k)\\x_2(k)\end{bmatrix}\end{cases}$$

对于多变量离散系统，状态空间表达式为

$$\begin{cases}\boldsymbol{x}(k+1)=\boldsymbol{G}\boldsymbol{x}(k)+\boldsymbol{H}u(k)\\ y(k)=\boldsymbol{C}\boldsymbol{x}(k)+\boldsymbol{D}u(k)\end{cases} \tag{2.141}$$

式中，$\boldsymbol{G}$、$\boldsymbol{H}$、$\boldsymbol{C}$、$\boldsymbol{D}$ 为相应维数的矩阵。

与连续系统一样，离散系统状态空间表达式的结构图如图 2.28 所示。图中 Z^{-1}代表单位延迟器，其输入为（$k+1$）T 时刻的状态，输出为延迟一个采样周期 kT 时刻的状态。

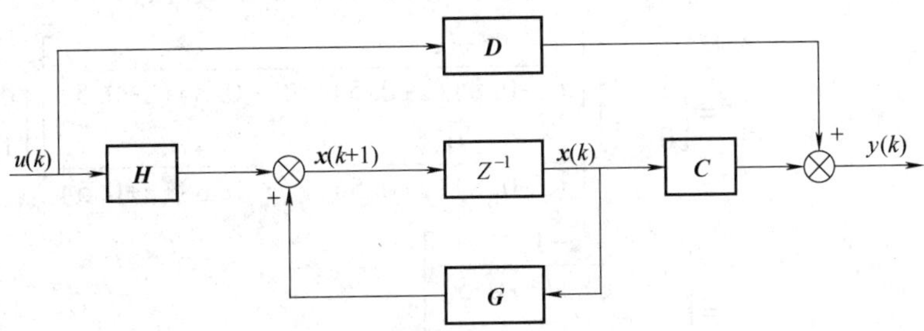

图 2.28　离散系统状态空间表达式结构图

2.5.2　离散系统的脉冲传递函数矩阵

对于描述线性定常离散系统的差分方程，通过 z 变换，在系统初始松弛时，可求得系统的脉冲传递函数矩阵。而当给出系统状态空间表达式时，通过 z 变换也可以得到脉冲传递函数矩阵。

将式（2.141）中的状态方程进行 z 变换，得

$$z\boldsymbol{x}(z)-z\boldsymbol{x}(0)=\boldsymbol{G}\boldsymbol{x}(z)+\boldsymbol{H}\boldsymbol{u}(z) \tag{2.142}$$

式中，$\boldsymbol{x}(0)$ 为初始状态。

对式（2.142）移项、合并，有

$$[z\boldsymbol{I}-\boldsymbol{G}]\boldsymbol{x}(z)=\boldsymbol{H}\boldsymbol{u}(z)+z\boldsymbol{x}(0) \tag{2.143}$$

如果 $[z\boldsymbol{I}-\boldsymbol{G}]^{-1}$存在，则有

$$\boldsymbol{x}(z)=[z\boldsymbol{I}-\boldsymbol{G}]^{-1}\boldsymbol{H}\boldsymbol{u}(z)+[z\boldsymbol{I}-\boldsymbol{G}]^{-1}z\boldsymbol{x}(0)$$

当初始松弛时，$\boldsymbol{x}(0)=0$，则有

$$\boldsymbol{x}(z)=[z\boldsymbol{I}-\boldsymbol{G}]^{-1}\boldsymbol{H}\boldsymbol{u}(z)=\boldsymbol{G}_{xu}(z)\boldsymbol{u}(z) \tag{2.144}$$

式中，$\boldsymbol{G}_{xu}$为系统状态向量对输入向量的 $n\times r$ 脉冲传递函数矩阵，$\boldsymbol{G}_{xu}(z)=[z\boldsymbol{I}-\boldsymbol{G}]^{-1}\boldsymbol{H}$。

$$\begin{aligned}\boldsymbol{y}(z)&=\boldsymbol{C}\boldsymbol{x}(z)+\boldsymbol{D}\boldsymbol{u}(z)\\&=\boldsymbol{C}[z\boldsymbol{I}-\boldsymbol{G}]^{-1}\boldsymbol{H}\boldsymbol{u}(z)+\boldsymbol{D}\boldsymbol{u}(z)\\&=\{\boldsymbol{C}[z\boldsymbol{I}-\boldsymbol{G}]^{-1}\boldsymbol{H}+\boldsymbol{D}\}\boldsymbol{u}(z)=\boldsymbol{G}_{yu}(z)\boldsymbol{u}(z)\end{aligned} \tag{2.145}$$

式中

$$G_{yu}(z)=C[zI-G]^{-1}H+D \tag{2.146}$$

为系统输出向量对输入向量的 $m\times r$ 脉冲传递函数矩阵。

例 2.22　已知线性定常离散系统方程为

$$\begin{cases}x(k+1)=\begin{bmatrix}0 & -1\\ -0.4 & 0.3\end{bmatrix}x(k)+\begin{bmatrix}0\\1\end{bmatrix}u(k)\\ y(k)=\begin{bmatrix}1 & 1\\ 0 & 1\end{bmatrix}x(k)\end{cases}$$

求其脉冲传递函数矩阵。

解：由式（2.146）可得

$$\begin{aligned}G_{yu}(z)=C[zI-G]^{-1}H&=\begin{bmatrix}1 & 1\\ 0 & 1\end{bmatrix}\begin{bmatrix}z & 1\\ 0.4 & z-0.3\end{bmatrix}\begin{bmatrix}0\\1\end{bmatrix}\\ &=\begin{bmatrix}1 & 1\\ 0 & 1\end{bmatrix}\begin{bmatrix}\dfrac{z-0.3}{(z-0.8)(z+0.5)} & \dfrac{-1}{(z-0.8)(z+0.5)}\\ \dfrac{-0.4}{(z-0.8)(z+0.5)} & \dfrac{z}{(z-0.8)(z+0.5)}\end{bmatrix}\begin{bmatrix}0\\1\end{bmatrix}\\ &=\begin{bmatrix}\dfrac{z-1}{(z-0.8)(z+0.5)}\\ \dfrac{z}{(z-0.8)(z+0.5)}\end{bmatrix}\end{aligned}$$

如果系统为单输入单输出线性定常离散系统，即

$$\begin{cases}x(k+1)=Gx(k)+hu(k)\\ y(k)=Cx(k)+du(k)\end{cases} \tag{2.147}$$

则系统脉冲传递函数为

$$g_{yu}(z)=C[zI-G]^{-1}h+d \tag{2.148}$$

与连续系统一样，可以定义正则、严格正则脉冲传递函数（矩阵）。在实际工程中，非正则脉冲传递函数（矩阵）是不能应用的。

2.6　时变系统的状态空间表达式

以上讨论的只是线性定常系统，其特征是它的状态空间表达式中的 $\boldsymbol{A}$、$\boldsymbol{B}$、$\boldsymbol{C}$、$\boldsymbol{D}$ 等矩阵的元素既不依赖于输入、输出，也与时间无关。然而时变系统恰恰相反，在该系统中，其中一个或一个以上的参数值随时间而变化，从而使整个系统特性也随时间而变化。

对于线性时变系统，有

$$A(t)=\begin{bmatrix}a_{11}(t) & a_{12}(t) & \cdots & a_{1n}(t)\\ a_{21}(t) & a_{22}(t) & \cdots & a_{2n}(t)\\ \vdots & \vdots & & \vdots\\ a_{n1}(t) & a_{n2}(t) & \cdots & a_{nn}(t)\end{bmatrix}$$

$$\boldsymbol{B}(t)=\begin{bmatrix} b_{11}(t) & b_{12}(t) & \cdots & b_{1r}(t) \\ b_{21}(t) & b_{22}(t) & \cdots & b_{2r}(t) \\ \vdots & \vdots & & \vdots \\ b_{n1}(t) & b_{n2}(t) & \cdots & b_{nr}(t) \end{bmatrix}$$

$$\boldsymbol{C}(t)=\begin{bmatrix} c_{11}(t) & c_{12}(t) & \cdots & c_{1n}(t) \\ c_{21}(t) & c_{22}(t) & \cdots & c_{2n}(t) \\ \vdots & \vdots & & \vdots \\ c_{m1}(t) & c_{m2}(t) & \cdots & c_{mn}(t) \end{bmatrix}$$

$$\boldsymbol{D}(t)=\begin{pmatrix} d_{11}(t) & d_{12}(t) & \cdots & d_{1r}(t) \\ d_{21}(t) & d_{22}(t) & \cdots & d_{2r}(t) \\ \vdots & \vdots & & \vdots \\ d_{m1}(t) & d_{m2}(t) & \cdots & d_{mr}(t) \end{pmatrix}$$

它们的元素有些或全部是时间 t 的函数。

线性时变系统的状态空间表达式为

$$\begin{cases} \dot{\boldsymbol{x}}=\boldsymbol{A}(t)\boldsymbol{x}+\boldsymbol{B}(t)\boldsymbol{u} \\ \boldsymbol{y}=\boldsymbol{C}(t)\boldsymbol{x}+\boldsymbol{D}(t)\boldsymbol{u} \end{cases}$$

从高阶线性时变微分方程推演出状态空间表达式的方法，类似于前述线性定常系统。

2.7　用 MATLAB 分析状态空间模型

线性系统的微分方程一般可表示为

$$\begin{aligned} & y^{(n)}+a_{n-1}(t)y^{(n-1)}+a_{n-2}(t)y^{(n-2)}+\cdots+a_1(t)\dot{y}+a_0(t)y \\ =& b_m(t)u^{(m)}+b_{m-1}(t)u^{(m-1)}+\cdots+b_1(t)\dot{u}+b_0(t)u \end{aligned}$$

对应的传递函数模型一般可表示为

$$g(s)=\frac{b_m(t)s^m+b_{m-1}(t)s^{m-1}+\cdots+b_1(t)s+b_0(t)}{s^n+a_{n-1}(t)s^{n-1}+\cdots+a_1(t)s+a_0(t)}$$

若系统中 $a_i(t)(i=1,2,\cdots,n-1)$ 和 $b_i(t)(i=0,1,\cdots,m)$ 为常数，则该系统称为线性定常系统（Linear Time Invariant，LTI）。

1. 传递函数的输入

利用下列命令可轻易地将传递函数模型输入到 MATLAB 环境中：

```
>>num=[bm  bm-1  … b0];
>>den=[1  an-1  an-2  … a0];
```

在当前 MATLAB 版本中，调用 *tf*( ) 函数可构造出对应传递函数对象，调用格式如下：

```
>>G=tf(num  den)
```

其中，(*num*,*den*) 分别为系统的分子和分母多项式系数的向量；返回变量 G 为系统传递函数对象。

例 2.23　已知传递函数模型为

$$g(s)=\frac{s+5}{s^4+2s^3+3s^2+4s+5}$$

可由下列命令输入到 MATLAB 工作空间中去：

```
>>num[1  5];den=[1  2  3  4  5];G=tf(num  den)
     Transfer  function
                    s+5
             ─────────────────────
             s^4+2s^3+3s^2+4s+5
```

2. 状态空间模型的输入

线性定常系统的状态空间模型可表示为

$$\begin{cases}\dot{\boldsymbol{x}}=\boldsymbol{Ax}+\boldsymbol{Bu}\\ \boldsymbol{y}=\boldsymbol{Cx}+\boldsymbol{Du}\end{cases}$$

式中，$\boldsymbol{x}=[x_1,x_2,\cdots,x_n]^{\mathrm{T}}$ 为状态向量；$\boldsymbol{A}$ 为 $n\times n$ 常值矩阵；$\boldsymbol{B}$ 为 $n\times r$ 常值输入矩阵；$\boldsymbol{C}$ 为 $m\times n$ 常值输出矩阵；$\boldsymbol{D}$ 为 $m\times r$ 常值矩阵。对于单输入单输出系统，输入个数 r 和输出个数 m 均为 1。

表示状态空间模型的基本要素是状态向量和常数矩阵 $\boldsymbol{A}$、$\boldsymbol{B}$、$\boldsymbol{C}$、$\boldsymbol{D}$。由于 MATLAB 本来就是为矩阵运算而设计的，因而特别适合于处理状态空间模型，只需将各系数矩阵按常规矩阵方式输入到工作空间即可，命令如下：

```
>>A=[a11,a12,…,a1n;a21,a22,…,a2n,…,an1,…,ann];
>>B=[b0,b1,…,bn];
>>C=[c1,c2,…,cn];
>>D=d;
```

类似于前面介绍的传递函数对象，在当前 MATLAB 版本中可调用状态方程对象 ss( ) 构造状态方程模型，调用格式如下：

```
>>ss(A,B,C,D)
```

该函数同样适用于多变量系统。

例 2.24　双输入双输出系统的状态空间表达式为

$$\begin{cases}\dot{\boldsymbol{x}}=\begin{bmatrix}2.25 & -5 & -1.25 & -0.5\\ 2.25 & -4.25 & -1.25 & -0.25\\ 0.25 & -0.5 & -1.25 & -1\\ 1.25 & -1.75 & -0.25 & -0.75\end{bmatrix}\boldsymbol{x}+\begin{bmatrix}4 & 6\\ 2 & 4\\ 2 & 2\\ 0 & 2\end{bmatrix}\boldsymbol{u}\\ \boldsymbol{y}=\begin{bmatrix}0 & 0 & 0 & 1\\ 0 & 2 & 0 & 2\end{bmatrix}\boldsymbol{x}\end{cases}$$

该方程可由下列语句输入到 MATLAB 工作空间：

```
A=[2.25,-5,-1.25,-0.5;2.25,-4.25,-1.25,-0.25;0.25,-0.5,-1.25,-1;
        1.25,-1.75,-0.25,-0.75];
B=[4,6;2,4;2,2;0,2];
C=[0,0,0,1;0,2,0,2];
D=zeros(2,2);G=ss(A,B,C,D)
    a=
             x1      x2      x3      x4
       x1   2.25    -5      -1.25   -0.5
       x2   2.25    -4.25   -1.25   -0.25
       x3   0.25    -0.5    -1.25   -1
       x4   1.25    -1.75   -0.25   -0.75
    b=
             u1  u2
       x1    4   6
       x2    2   4
       x3    2   2
       x4    0   2
    c=
             x1  x2  x3  x4
       y1    0   0   0   1
       y2    0   2   0   2
    d=
             u1  u2
       y1    0   0
       y2    0   0
    Continuous-time model
```

3. 两种模型间的转换

在 MATLAB 中还可以方便地进行传递函数模型与状态空间模型的转换，若状态方程模型用 G 表示，则可用下面的直观命令得出等效传递函数 G_1：

```
>>G1=tf(G)
```

例 2.25　已知系统状态空间表达式为

$$\begin{cases}\dot{\boldsymbol{x}}=\begin{bmatrix}0 & 1 & 0 & 0\\0 & 0 & -1 & 0\\0 & 0 & 0 & 1\\0 & 0 & 5 & 0\end{bmatrix}\boldsymbol{x}+\begin{bmatrix}0\\1\\0\\-2\end{bmatrix}u\\ y=\begin{bmatrix}1 & 0 & 0 & 0\end{bmatrix}\boldsymbol{x}\end{cases}$$

由下面 MATLAB 语句可得出系统相应的传递函数模型：

```
A=[0,1,0,0;0,0,-1,0;0,0,0,1;0,0,5,0];
PB=[0;1;0;-2];C=[1,0,0,0];D=0;
P=ss(A,B,C,D);G1=tf(G)
Transfer  function
  s^2-3
---------
s^4-5s^2
```

同理由 ss( ) 函数可立即给出相应的状态空间模型。

例 2.26　考虑下面给定的单变量系统传递函数

$$g(s)=\frac{s^3+7s^2+24s+24}{s^4+10s^3+35s^2+50s+24}$$

由下面的 MATLAB 语句将直接获得系统的状态空间模型：

```
num=[1,  7,  24,  24];den=[1,  10,  35,  50,  24];
G=tf(num,  den);G1=ss(G)
      a=
              x1       x2        x3         x4
        x1   -10   -2.188   -0.7813    -0.1875
        x2    16      0         0          0
        x3     0      4         0          0
        x4     0      0         2          0
                   b=
                          u1
                      x1   1
                      x2   0
                      x3   2
                      x4   0
      c=
                x1      x2       x3       x4
           Y1   1    0.4375   0.375   0.1875
                   d
                         u1
                     Y1  0
                  Continuous-time model
```

习题

2.1 *RL* 电路如图 2.29 所示。如果电压 u_1、u_2 为输入量，u_A 为输出量，选取 $i_1(t)$ 和 $i_2(t)$ 为状态变量，请建立该电路的状态空间表达式。

2.2 *RC* 电路如图 2.30 所示。如果电压 u_1 为输入量，u_2 为输出量，电容电压 u_{C1}，u_{C2}为状态变量，请建立电路的状态空间表达式。

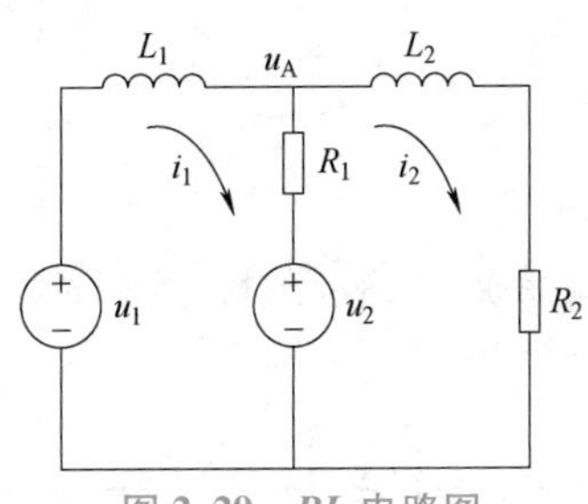

图 2.29 *RL* 电路图

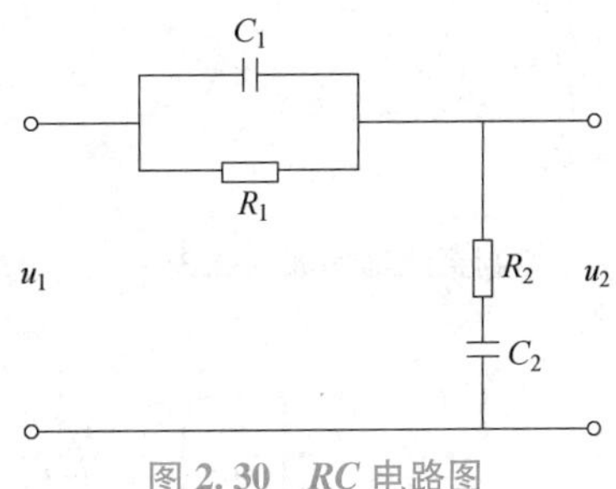

图 2.30 *RC* 电路图

2.3 机械系统如图 2.31 所示。忽略小车 m 与地面的摩擦力。若弹簧为线性弹簧，其弹簧刚度为 k，外力 F 为输入量，位移 y 为输出量，请选取状态变量，建立系统的状态空间表达式。

2.4 磁场控制的他励直流电动机电路图如图 2.32 所示。励磁绕组外加电压为 u_B，励磁电流为 i_B。励磁回路电阻和电感分别为 R_B 和 L_B。如果保持电枢电流不变，在磁路不饱和情况下电动机转矩 T_D 与励磁电流成正比，即 $T_D=K_B i_B$。若以电动机轴转角 θ 为输出量，励磁绕组上外加电压 u_B 为输入量，请选取状态变量，建立磁场控制的他励电动机的状态空间表达式（J_D 为电动机及负载折合到电动机轴上的转动惯量，f 为电动机及负载折合到电动机轴上的黏滞摩擦系数）。

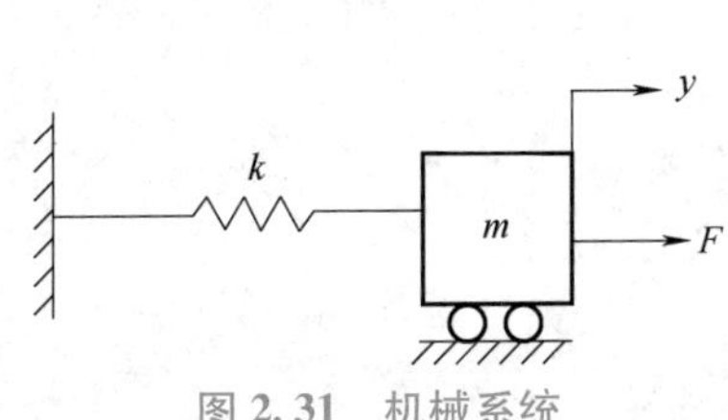

图 2.31 机械系统

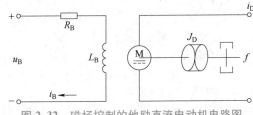

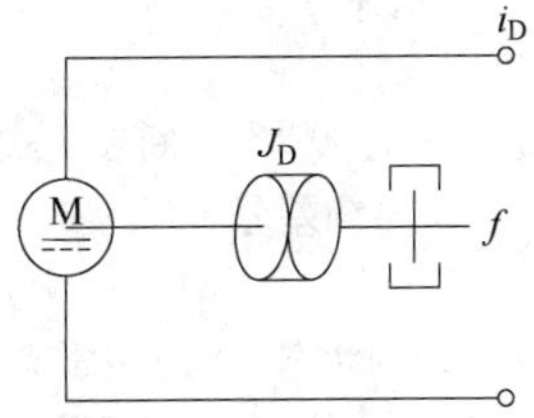

图 2.32 磁场控制的他励直流电动机电路图

2.5 系统微分方程为

(1) $\dddot{y}+7\dot{y}+12y=2u$

(2) $2\dddot{y}-3y=\ddot{u}-\dot{u}$

(3) $y^{(4)}+3y^{(3)}+2\dot{y}=-\dot{u}$

请分别建立上述三个系统的状态空间表达式。

2.6 已知系统方程为

$$\begin{cases}\begin{bmatrix}\dot{x}_1\\ \dot{x}_2\\ \dot{x}_3\end{bmatrix}=\begin{bmatrix}-2 & 0 & 0\\ 0 & -3 & 0\\ 0 & 0 & -4\end{bmatrix}\begin{bmatrix}x_1\\ x_2\\ x_3\end{bmatrix}+\begin{bmatrix}1 & -1\\ -1 & 4\\ 5 & -3\end{bmatrix}\begin{bmatrix}u_1\\ u_2\end{bmatrix}\\ \boldsymbol{y}=\begin{bmatrix}1 & 1 & 1\\ -2 & -3 & -4\end{bmatrix}\begin{bmatrix}x_1\\ x_2\\ x_3\end{bmatrix}\end{cases}$$

求系统传递函数矩阵（设系统初始松弛）。

2.7　控制系统结构如图 2.33 所示。如果选取图上给出的状态变量 x_1 和 x_2，请求出该系统的状态空间表达式。

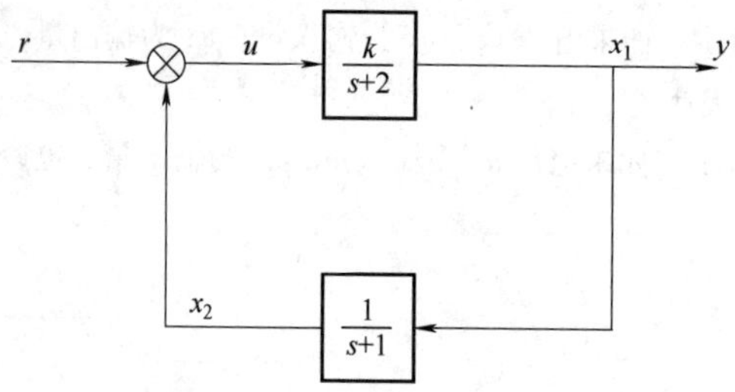

图 2.33　控制系统结构图

2.8　位置控制系统结构如图 2.34 所示。图中 d 为干扰信号，请求出该系统的状态空间表达式。

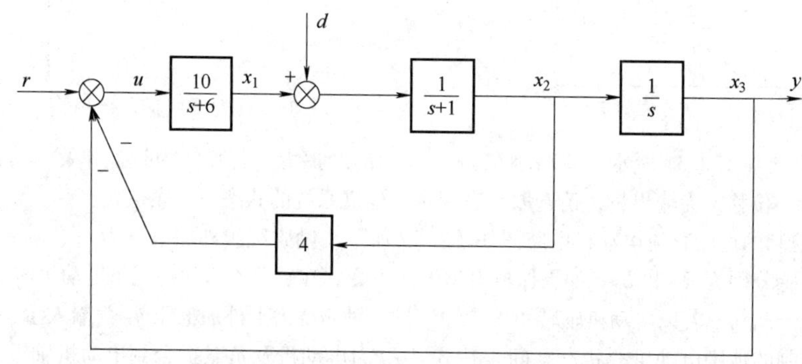

图 2.34　位置控制系统结构图

2.9　系统的差分方程为

$$y(k+2)+3y(k+1)+2y(k)=u(k)$$

请建立该系统的状态空间表达式。

2.10　系统差分方程为

$$y(k+3)+3y(k+2)+2y(k+1)+y(k)=u(k+2)+u(k)$$

请建立系统的状态空间表达式。

2.11　求习题 2.9 和习题 2.10 的脉冲传递函数（设系统初始松弛）。

2.12　系统齐次状态方程为

$$\dot{\boldsymbol{x}}=\boldsymbol{A}\boldsymbol{x}$$

请将矩阵 $\boldsymbol{A}=\begin{bmatrix}1 & -1 & 0\\ -1 & 1 & 0\\ 0 & 0 & 1\end{bmatrix}$ 化为对角标准形。

2.13　系统齐次状态方程为

$$\dot{\boldsymbol{x}}=\boldsymbol{A}\boldsymbol{x}$$

请将矩阵 $\boldsymbol{A}=\begin{bmatrix}0 & 1 & 0\\ 0 & 0 & 1\\ -25 & -35 & -11\end{bmatrix}$ 化为约当标准形。

2.14　系统齐次状态方程为

$$\dot{\boldsymbol{x}}=\boldsymbol{A}\boldsymbol{x}$$

请将矩阵 $\boldsymbol{A}=\begin{bmatrix}0 & 1\\ -1 & -2\end{bmatrix}$ 化为约当标准形。

2.15　系统齐次状态方程为

$$\dot{x}=Ax$$

已知 $A=\begin{bmatrix}0&1&0\\0&0&1\\-2&-4&-3\end{bmatrix}$，确定变换矩阵，将 A 化为模态规范形。

2.16　利用 MATLAB 语言重做习题 2.6、习题 2.12、习题 2.14、习题 2.15。

2.17　已知两个子系统的系统方程为

$$S_1:\begin{cases}\dot{x}_1=\begin{bmatrix}0&1\\0&-1\end{bmatrix}x_1+\begin{bmatrix}0\\1\end{bmatrix}u_1\\ y_1=[2\quad 1]x_1\end{cases}$$

$$S_2:\begin{cases}\dot{x}_2=-x_2+2u_2\\ y_2=-x_2-u_2\end{cases}$$

(1) 求 S_1 在前、S_2 在后串联联结的组合系统状态空间表达式。

(2) 求 S_1 在前、S_2 在后串联联结的组合系统传递函数。

2.18　已知子系统的系统方程为

$$S_1:\begin{cases}\dot{x}_1=\begin{bmatrix}-2&1\\0&-1\end{bmatrix}x_1+\begin{bmatrix}4&1\\-1&2\end{bmatrix}u_{11}\\ y_1=[0\quad 1]x_1\end{cases}$$

$$S_2:\begin{cases}\dot{x}_2=\begin{bmatrix}2\\1\end{bmatrix}u_2\\ y_2=\begin{bmatrix}2&0\\1&-1\end{bmatrix}x_2\end{cases}$$

由 S_1 在前向通道、S_2 在反馈通道组成的反馈联结结构如图 2.35 所示，求组合系统的状态空间表达式。

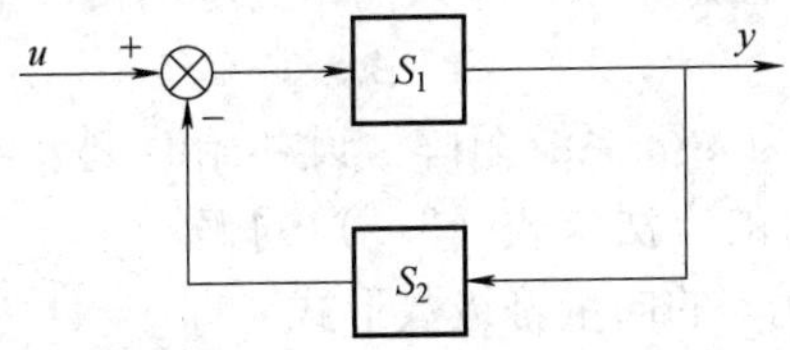

图 2.35　反馈联结结构图

第 3 章

控制系统状态方程的解

建立了控制系统状态空间表达式后，若要全面了解系统的运动性能，就要基于其动态数学模型进行定量和定性分析。定量分析是指对系统的运动规律进行精确研究，定量地确定系统由外部激励作用引起的响应以及状态的运动轨迹，即状态方程的求解问题，这是本章将要讨论的内容。定性分析则是分析系统行为和几个关键的特性，如能控性、能观测性和稳定性，将分别在第 4 章和第 5 章进行讨论。

本章重点讨论在给定系统的输入信号和初始状态下状态空间表达式中状态方程的求解，具体包括状态转移矩阵的定义、性质和计算方法，从而导出状态方程的求解公式。本章讨论的另一个重要问题是连续时间系统状态方程的离散化问题。本章的内容为进一步分析系统的行为和特征提供了理论依据。

3.1 线性定常系统齐次状态方程的解

线性定常系统齐次状态方程是指系统输入向量为零时的状态方程，即

$$\dot{\boldsymbol{x}}=\boldsymbol{A}\boldsymbol{x} \tag{3.1}$$

式中，$\boldsymbol{x}$ 为 n 维状态向量；$\boldsymbol{A}$ 为 $n\times n$ 系统矩阵。设初始时刻 $t_0=0$，系统的初始状态 $\boldsymbol{x}(t_0)=\boldsymbol{x}(0)$。仿照标量微分方程求解的方法求式（3.1）的解。

设式（3.1）的解 $\boldsymbol{x}(t)$ 为 t 的向量幂级数形式，即

$$\boldsymbol{x}(t)=\boldsymbol{b}_0+\boldsymbol{b}_1t+\boldsymbol{b}_2t^2+\boldsymbol{b}_3t^3+\cdots+\boldsymbol{b}_kt^k+\cdots \tag{3.2}$$

式中，$\boldsymbol{b}_i(i=0,1,2,\cdots)$ 为 n 维向量。

将式（3.2）代入式（3.1），得

$$\boldsymbol{b}_1+2\boldsymbol{b}_2t+3\boldsymbol{b}_3t^2+\cdots+k\boldsymbol{b}_kt^{k-1}+\cdots=\boldsymbol{A}(\boldsymbol{b}_0+\boldsymbol{b}_1t+\boldsymbol{b}_2t^2+\boldsymbol{b}_3t^3+\cdots+\boldsymbol{b}_kt^k+\cdots) \tag{3.3}$$

因为式（3.2）是式（3.1）的解，所以式（3.3）对任意 t 都成立。因此，式（3.3）的等式两边 t 的同次幂项的系数应相等，有

$$\begin{cases}\boldsymbol{b}_1=\boldsymbol{A}\boldsymbol{b}_0\\ \boldsymbol{b}_2=\dfrac{1}{2}\boldsymbol{A}\boldsymbol{b}_1=\dfrac{1}{2!}\boldsymbol{A}^2\boldsymbol{b}_0\\ \boldsymbol{b}_3=\dfrac{1}{3}\boldsymbol{A}\boldsymbol{b}_2=\dfrac{1}{3!}\boldsymbol{A}^3\boldsymbol{b}_0\\ \quad\vdots\\ \boldsymbol{b}_k=\dfrac{1}{k}\boldsymbol{A}\boldsymbol{b}_k=\dfrac{1}{k!}\boldsymbol{A}^k\boldsymbol{b}_0\end{cases} \tag{3.4}$$

当 $t=0$ 时，由式（3.2）可得到

$$\boldsymbol{b}_0=\boldsymbol{x}(0) \tag{3.5}$$

将式（3.4）和式（3.5）代入式（3.2），得到齐次状态方程的解为

$$\boldsymbol{x}(t)=\left(\boldsymbol{I}+\boldsymbol{A}t+\frac{1}{2!}\boldsymbol{A}^2t^2+\cdots+\frac{1}{k!}\boldsymbol{A}^kt^k+\cdots\right)\boldsymbol{x}(0) \tag{3.6}$$

式（3.6）右边括号内的级数是 $n\times n$ 矩阵指数函数，记成 $\mathrm{e}^{\boldsymbol{A}t}$，即

$$\mathrm{e}^{\boldsymbol{A}t}\triangleq\boldsymbol{I}+\boldsymbol{A}t+\frac{1}{2!}\boldsymbol{A}^2t^2+\cdots+\frac{1}{k!}\boldsymbol{A}^kt^k+\cdots=\sum_{k=0}^{\infty}\frac{1}{k!}\boldsymbol{A}^kt^k \tag{3.7}$$

故式（3.6）可写成

$$\boldsymbol{x}(t)=\mathrm{e}^{\boldsymbol{A}t}\boldsymbol{x}(0) \tag{3.8}$$

如果初始时刻 $t_0\neq0$，初始状态为 $\boldsymbol{x}(t_0)$，则齐次状态方程的解为

$$\boldsymbol{x}(t)=\mathrm{e}^{\boldsymbol{A}(t-t_0)}\boldsymbol{x}(t_0) \tag{3.9}$$

式（3.9）是式（3.1）的解，其正确性可以通过证明式（3.9）满足式（3.1）及初始条件 $\boldsymbol{x}(t_0)$ 加以证明。

因为

$$\dot{\boldsymbol{x}}(t)=\frac{\mathrm{d}}{\mathrm{d}t}\boldsymbol{x}(t)=\boldsymbol{A}\mathrm{e}^{\boldsymbol{A}(t-t_0)}\boldsymbol{x}(t_0)=\boldsymbol{A}\boldsymbol{x}(t)$$

和

$$\boldsymbol{x}(t)\big|_{t=t_0}=\mathrm{e}^{\boldsymbol{A}(t-t_0)}\boldsymbol{x}(t_0)=\boldsymbol{x}(t_0)$$

故

$$\boldsymbol{x}(t)=\mathrm{e}^{\boldsymbol{A}(t-t_0)}\boldsymbol{x}(t_0)$$

是 $\dot{\boldsymbol{x}}=\boldsymbol{A}\boldsymbol{x}$ 满足 $\boldsymbol{x}(t)\big|_{t=t_0}=\boldsymbol{x}(t_0)$ 的解。

由式（3.9）可知，系统在状态空间中任一时刻 t 的状态 $\boldsymbol{x}(t)$，可视为系统的初始状态 $\boldsymbol{x}(t_0)$ 通过矩阵指数函数 $\mathrm{e}^{A(t-t_0)}$ 的转移而得到的。因此，矩阵指数函数 $\mathrm{e}^{\boldsymbol{A}(t-t_0)}$ 又称为状态转移矩阵，记成 $\boldsymbol{\Phi}(t-t_0)$。当 $t_0=0$ 时，$\boldsymbol{\Phi}(t-t_0)=\boldsymbol{\Phi}(t)=\mathrm{e}^{\boldsymbol{A}t}$。

由于系统没有输入向量，系统的运动 $\boldsymbol{x}(t)$ 是由系统初始状态 $\boldsymbol{x}(t_0)$ 激励的，因此系统的运动称为自由运动。而自由运动轨线的形态是由 $\mathrm{e}^{\boldsymbol{A}(t-t_0)}$ 决定的，也就是由矩阵 $\boldsymbol{A}$ 统一决定的。很显然，$\mathrm{e}^{\boldsymbol{A}(t-t_0)}$ 包含了系统自由运动形态的全部信息，完全表征了系统自由运动的动态特性。

例 3.1　线性定常系统齐次状态方程为

$$\begin{bmatrix}\dot{x}_1\\\dot{x}_2\end{bmatrix}=\begin{bmatrix}0&1\\-2&-3\end{bmatrix}\begin{bmatrix}x_1\\x_2\end{bmatrix},\ \boldsymbol{x}(0)=\begin{bmatrix}0\\1\end{bmatrix}$$

求齐次状态方程的解。

解： 将矩阵 $\boldsymbol{A}$ 代入式（3.7），即可得解为

$$\begin{aligned}\mathrm{e}^{\boldsymbol{A}t}&=\boldsymbol{I}+\boldsymbol{A}t+\frac{1}{2!}\boldsymbol{A}^2t^2+\frac{1}{3!}\boldsymbol{A}^3t^3+\cdots\\&=\begin{bmatrix}1&0\\0&1\end{bmatrix}+\begin{bmatrix}0&1\\-2&-3\end{bmatrix}t+\frac{1}{2!}\begin{bmatrix}0&1\\-2&-3\end{bmatrix}^2t^2+\frac{1}{3!}\begin{bmatrix}0&1\\-2&-3\end{bmatrix}^3t^3+\cdots\end{aligned}$$

$$=\begin{bmatrix} 1-t^2+t^3+\cdots & t-\frac{3}{2}t^2+\frac{7}{6}t^3+\cdots \\ -2t+3t^2-\frac{7}{3}t^3+\cdots & 1-3t+\frac{7}{2}t^2-\frac{5}{2}t^3+\cdots \end{bmatrix}$$

3.2 状态转移矩阵

线性定常系统齐次状态方程的解为

$$\boldsymbol{x}(t)=\mathrm{e}^{\boldsymbol{A}(t-t_0)}\boldsymbol{x}(t_0)$$

或

$$\boldsymbol{x}(t)=\mathrm{e}^{\boldsymbol{A}t}\boldsymbol{x}(0)$$

由解的表达式可知，系统的初始状态 $\boldsymbol{x}(t_0)$ 和 $t>t_0$ 的状态 $\boldsymbol{x}(t)$ 之间是一种向量变换关系，其变换矩阵就是 $n\times n$ 状态转移矩阵 $\mathrm{e}^{\boldsymbol{A}(t-t_0)}$。状态转移矩阵的元素一般是时间 t 的函数，即 $\mathrm{e}^{\boldsymbol{A}(t-t_0)}$ 是一个 $n\times n$ 时变函数矩阵。对于一个 2×2 矩阵指数函数，其几何意义如图 3.1 所示。系统从初始状态 $\boldsymbol{x}(t_0)$ 开始，随着时间的推移，由 $\mathrm{e}^{\boldsymbol{A}(t_1-t_0)}$ 移到 $\boldsymbol{x}(t_1)$，再由 $\mathrm{e}^{\boldsymbol{A}(t_2-t_1)}$ 移到 $\boldsymbol{x}(t_2)$，……。$\boldsymbol{x}(t)$ 的形态完全由 $\mathrm{e}^{\boldsymbol{A}(t-t_0)}$ 决定。

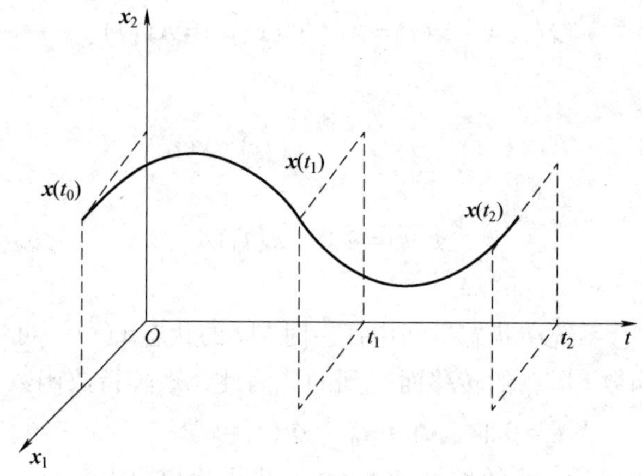

图 3.1　2×2 矩阵指数函数的几何意义

3.2.1　状态转移矩阵的性质

1. 不变性

$$\mathrm{e}^{\boldsymbol{A}(t-t)}=\mathrm{e}^{\boldsymbol{A}0}=\boldsymbol{I} \tag{3.10a}$$

或

$$\boldsymbol{\Phi}(t-t)=\boldsymbol{\Phi}(0)=\boldsymbol{I} \tag{3.10b}$$

这意味着状态向量从时刻 t 又转移到时刻 t 时，状态向量是不变的。

2. 组合性

$$\mathrm{e}^{\boldsymbol{A}t_1}\mathrm{e}^{\boldsymbol{A}t_2}=\mathrm{e}^{\boldsymbol{A}(t_1+t_2)} \tag{3.11a}$$

或

$$\boldsymbol{\Phi}(t_1)\boldsymbol{\Phi}(t_2)=\boldsymbol{\Phi}(t_1+t_2) \tag{3.11b}$$

3. 传递性

$$e^{A(t_2-t_1)}e^{A(t_1-t_0)}=e^{A(t_2-t_0)} \tag{3.12a}$$

或

$$\boldsymbol{\Phi}(t_2-t_1)\boldsymbol{\Phi}(t_1-t_0)=\boldsymbol{\Phi}(t_2-t_0) \tag{3.12b}$$

证明：因为

$$\boldsymbol{x}(t_1)=e^{A(t_1-t_0)}\boldsymbol{x}(t_0)$$

$$\boldsymbol{x}(t_2)=e^{A(t_2-t_1)}\boldsymbol{x}(t_1)$$

所以

$$\boldsymbol{x}(t_2)=e^{A(t_2-t_1)}e^{A(t_1-t_0)}\boldsymbol{x}(t_0)=e^{A(t_2-t_0)}\boldsymbol{x}(t_0)$$

即

$$\boldsymbol{\Phi}(t_2-t_1)\boldsymbol{\Phi}(t_1-t_0)=\boldsymbol{\Phi}(t_2-t_0)$$

这一性质表明，状态转移矩阵具有分解性，可以认为状态转移过程可分为若干个小的转移过程，上述从 t_0 到 t_2 的转移过程可认为从 t_0 到 t_1，再由 t_1 到 t_2 转移的组合。

4. 可逆性

$$[\boldsymbol{\Phi}(t)]^{-1}=\boldsymbol{\Phi}(-t) \tag{3.13a}$$

或

$$(e^{At})^{-1}=e^{-At} \tag{3.13b}$$

证明：因为 $\boldsymbol{\Phi}(t)=e^{At}$，等式两边右乘 e^{-At}，得到

$$\boldsymbol{\Phi}(t)e^{-At}=e^{At}e^{-At}=\boldsymbol{I}$$

上式两边左乘 $\boldsymbol{\Phi}^{-1}(t)$，得到

$$\boldsymbol{\Phi}^{-1}(t)\boldsymbol{\Phi}(t)e^{-At}=\boldsymbol{\Phi}^{-1}(t)$$

所以

$$\boldsymbol{\Phi}^{-1}(t)=e^{-At}$$

5. 可导性

$$\frac{d(e^{At})}{dt}=\boldsymbol{A}e^{At}=e^{At}\boldsymbol{A} \tag{3.14a}$$

或

$$\dot{\boldsymbol{\Phi}}(t)=\boldsymbol{A}\boldsymbol{\Phi}(t)=\boldsymbol{\Phi}(t)\boldsymbol{A} \tag{3.14b}$$

证明：设初始时刻 $t_0=0$，由于

$$\begin{aligned}\frac{d(e^{At})}{dt}&=\frac{d\left(\boldsymbol{I}+\boldsymbol{A}t+\frac{1}{2!}\boldsymbol{A}^2t^2+\frac{1}{3!}\boldsymbol{A}^3t^3+\cdots\right)}{dt}\\&=\boldsymbol{A}+\boldsymbol{A}^2t+\frac{1}{2!}\boldsymbol{A}^3t^2+\cdots\\&=\boldsymbol{A}\left(\boldsymbol{I}+\boldsymbol{A}t+\frac{1}{2!}\boldsymbol{A}^2t^2+\cdots\right)\\&=\boldsymbol{A}e^{At}\end{aligned}$$

又

$$\frac{d(e^{At})}{dt}=\left(\boldsymbol{I}+\boldsymbol{A}t+\frac{1}{2!}\boldsymbol{A}^2t^2+\cdots\right)\boldsymbol{A}=e^{At}\boldsymbol{A}$$

故
$$\frac{\mathrm{d}(\mathrm{e}^{At})}{\mathrm{d}t}=A\mathrm{e}^{At}=\mathrm{e}^{At}A$$
即
$$\dot{\boldsymbol{\Phi}}(t)=A\boldsymbol{\Phi}(t)=\boldsymbol{\Phi}(t)A$$

该性质表明，状态转移矩阵对时间的求导，$\boldsymbol{\Phi}(t)$ 与 A 可以交换。

当 $t=0$ 时，结合性质 1，有
$$\dot{\boldsymbol{\Phi}}(t)=\dot{\boldsymbol{\Phi}}(0)=A\boldsymbol{\Phi}(0)=A \tag{3.15}$$
可用来判断某一矩阵是否是状态转移矩阵。

6. 交换性

对于 $n\times n$ 方阵 A 和 B，当且仅当 $AB=BA$ 时，有
$$\mathrm{e}^{At}\mathrm{e}^{Bt}=\mathrm{e}^{(A+B)t} \tag{3.16}$$
如果 $AB\neq BA$，则
$$\mathrm{e}^{At}\mathrm{e}^{Bt}\neq\mathrm{e}^{(A+B)t}$$

证明：
$$\begin{aligned}\mathrm{e}^{At}\mathrm{e}^{Bt}&=\left(I+At+\frac{1}{2!}A^2t^2+\frac{1}{3!}A^3t^3+\cdots\right)\left(I+Bt+\frac{1}{2!}B^2t^2+\frac{1}{3!}B^3t^3+\cdots\right)\\&=I+(A+B)t+\frac{1}{2!}(A^2+2AB+B^2)t^2+\frac{1}{3!}(A^3+3A^2B+3AB^2+B^3)t^3+\cdots\end{aligned}$$
而
$$\begin{aligned}\mathrm{e}^{(A+B)t}&=I+(A+B)t+\frac{1}{2!}(A+B)^2t^2+\frac{1}{3!}(A+B)^3t^3+\cdots\\&=I+(A+B)t+\frac{1}{2!}(A^2+AB+BA+B^2)t^2+\\&\quad\frac{1}{3!}(A^3+A^2B+ABA+AB^2+BA^2+BAB+B^2A+B^3)t^3+\cdots\end{aligned}$$

比较上面两个式子中 t 的同次幂项的系数可知，只有 $AB=BA$ 时，才有
$$\mathrm{e}^{At}\mathrm{e}^{Bt}=\mathrm{e}^{(A+B)t}$$
如果 $AB\neq BA$，则 $\mathrm{e}^{At}\mathrm{e}^{Bt}\neq\mathrm{e}^{(A+B)t}$

该性质表明，只有当 A 和 B 是可以交换的方阵时，它们各自的状态转移矩阵之积才会与其和的状态转移矩阵相等，这与标量指数函数的性质是不同的。

7. 倍时性

状态转移矩阵的 k 次方为
$$(\mathrm{e}^{At})^k=\mathrm{e}^{kAt} \tag{3.17}$$
即
$$[\boldsymbol{\Phi}(t)]^k=\boldsymbol{\Phi}(kt)\quad(k\text{ 为整数}) \tag{3.18}$$

证明：
$$\begin{aligned}(\mathrm{e}^{At})^k&=\mathrm{e}^{At}\mathrm{e}^{At}\cdots\mathrm{e}^{At}\quad(k\text{ 项})\\&=\mathrm{e}^{kAt}\end{aligned}$$
即

$$[\boldsymbol{\Phi}(t)]^k=\boldsymbol{\Phi}(kt)$$

8. 几个特殊的状态转移矩阵

这里只给出结论，具体过程不再证明。

1）若 $\boldsymbol{A}$ 为对角矩阵，即

$$\boldsymbol{A}=\begin{bmatrix}\lambda_1 & & & \\ & \lambda_2 & & \\ & & \ddots & \\ & & & \lambda_n\end{bmatrix}$$

则 $e^{\boldsymbol{A}t}$ 也为对角矩阵，且有

$$e^{\boldsymbol{A}t}=\begin{bmatrix}e^{\lambda_1 t} & & & \\ & e^{\lambda_2 t} & & \\ & & \ddots & \\ & & & e^{\lambda_n t}\end{bmatrix} \tag{3.19}$$

2）若 $\boldsymbol{A}$ 能通过非奇异变换为对角矩阵，即 $\boldsymbol{P}^{-1}\boldsymbol{A}\boldsymbol{P}=\boldsymbol{\Lambda}=\begin{bmatrix}\lambda_1 & & & \\ & \lambda_2 & & \\ & & \ddots & \\ & & & \lambda_n\end{bmatrix}$，则

$$e^{\boldsymbol{A}t}=\boldsymbol{\Phi}(t)=\boldsymbol{P}\begin{bmatrix}e^{\lambda_1 t} & & & \\ & e^{\lambda_2 t} & & \\ & & \ddots & \\ & & & e^{\lambda_n t}\end{bmatrix}\boldsymbol{P}^{-1} \tag{3.20}$$

3）若 $\boldsymbol{A}$ 为一个 $m\times m$ 的约当块，即

$$\boldsymbol{A}=\begin{bmatrix}\lambda & 1 & & & \\ & \lambda & \ddots & & \\ & & \ddots & & \\ & & & \lambda & 1 \\ & & & & \lambda\end{bmatrix}_{m\times m}$$

则其状态转移矩阵 $e^{\boldsymbol{A}t}$ 为

$$e^{\boldsymbol{A}t}=e^{\lambda t}\begin{bmatrix}1 & t & \dfrac{t^2}{2!} & \cdots & \dfrac{t^{m-1}}{(m-1)!} \\ 0 & 1 & t & \cdots & \dfrac{t^{m-2}}{(m-2)!} \\ \vdots & \vdots & \vdots & & \vdots \\ 0 & 0 & 0 & \cdots & t \\ 0 & 0 & 0 & \cdots & 1\end{bmatrix}_{m\times m} \tag{3.21}$$

4）若矩阵 $\boldsymbol{A}$ 是一个有多个约当块的约当矩阵，即

$$A=\begin{bmatrix} A_1 & & & \\ & A_2 & & \\ & & \ddots & \\ & & & A_j \end{bmatrix}$$

式中，A_1，A_2，…，A_j 表示约当块。则

$$e^{At}=\begin{bmatrix} e^{A_1t} & & & \\ & e^{A_2t} & & \\ & & \ddots & \\ & & & e^{A_jt} \end{bmatrix} \tag{3.22}$$

式中，e^{A_1t}，e^{A_2t}，…，e^{A_jt}是由式（3.21）所表示的矩阵。

5）若 A 为模态矩阵，即 $A=\begin{bmatrix} \sigma & \omega \\ -\omega & \sigma \end{bmatrix}$，则有

$$e^{At}=e^{\sigma t}\begin{bmatrix} \cos\omega t & \sin\omega t \\ -\sin\omega t & \cos\omega t \end{bmatrix} \tag{3.23}$$

3.2.2 状态转移矩阵的计算

前面已指出，状态方程的求解实质上可归结为计算状态转移矩阵，即矩阵指数函数 e^{At}。如果给定 A 矩阵中所有元素的值，MATLAB 将提供一种计算 e^{At}的简便方法。

除了上述方法外，对 e^{At}的计算还有几种分析方法可供使用。本节将介绍其中的 3 种计算方法。

1. 直接计算法（级数展开法）

直接根据状态转移矩阵的定义，即

$$\boldsymbol{\Phi}(t)=e^{At}=I+At+\frac{1}{2!}A^2t^2+\cdots+\frac{1}{k!}A^kt^k+\cdots=\sum_{k=0}^{\infty}\frac{1}{k!}A^kt^k \tag{3.24}$$

可以证明，对所有常数矩阵 A 和有限值 t 来说，这个无穷级数都是收敛的。

故可以通过计算该矩阵级数的和来得到所要求的状态转移矩阵，该方法具有编程简单、适合计算机进行数值求解的优点，但若采用手工计算，因需对无穷级数求和，通常只能得到数值结果，难以获得解析表达式。

采用直接计算法求解状态转移矩阵 e^{At}的过程详见例 3.1。

2. 拉普拉斯变换法

采用拉普拉斯变换法求解状态转移矩阵，实际上是用拉普拉斯变换法在频域中求齐次状态方程的解。

设线性定常齐次状态方程为

$$\dot{x}(t)=Ax(t)$$

若初始时刻 $t_0=0$，则初始状态为 $x(0)$。对上式进行拉普拉斯变换，得

$$sX(s)-x(0)=AX(s)$$

整理得

$$[s\boldsymbol{I}-\boldsymbol{A}]\boldsymbol{X}(s)=\boldsymbol{x}(0)$$

若 $[s\boldsymbol{I}-\boldsymbol{A}]$ 非奇异，等式两边左乘 $[s\boldsymbol{I}-\boldsymbol{A}]^{-1}$，得到

$$\boldsymbol{X}(s)=[s\boldsymbol{I}-\boldsymbol{A}]^{-1}\boldsymbol{x}(0)$$

对上式两边取 $\boldsymbol{X}(s)$ 的拉普拉斯反变换，从而得到齐次微分方程的解为

$$\boldsymbol{x}(t)=L^{-1}\{[s\boldsymbol{I}-\boldsymbol{A}]^{-1}\boldsymbol{x}(0)\}=L^{-1}[s\boldsymbol{I}-\boldsymbol{A}]^{-1}\boldsymbol{x}(0)$$

将它与状态转移矩阵定义式（3.6）比较，根据定常微分方程解的唯一性，有

$$\boldsymbol{\Phi}(t)=\mathrm{e}^{\boldsymbol{A}t}=L^{-1}[s\boldsymbol{I}-\boldsymbol{A}]^{-1} \tag{3.25}$$

例 3.2　线性定常系统的齐次状态方程为

$$\begin{bmatrix}\dot{x}_1\\ \dot{x}_2\end{bmatrix}=\begin{bmatrix}0 & 1\\ -2 & -3\end{bmatrix}\begin{bmatrix}x_1\\ x_2\end{bmatrix}$$

试利用拉普拉斯变换法计算 $\boldsymbol{\Phi}(t)=\mathrm{e}^{\boldsymbol{A}t}$。

解： 系统的特征值由 $|\lambda\boldsymbol{I}-\boldsymbol{A}|=0$ 计算可得

$$\lambda_1=-1,\ \lambda_2=-2$$

而

$$[s\boldsymbol{I}-\boldsymbol{A}]^{-1}=\begin{bmatrix}s & -1\\ 2 & s+3\end{bmatrix}^{-1}=\frac{1}{(s+1)(s+2)}\begin{bmatrix}s+3 & 1\\ -2 & s\end{bmatrix}$$

$$=\begin{bmatrix}\dfrac{2}{s+1}-\dfrac{1}{s+2} & \dfrac{1}{s+1}-\dfrac{1}{s+2}\\ \dfrac{-2}{s+1}+\dfrac{2}{s+2} & \dfrac{-1}{s+1}+\dfrac{2}{s+2}\end{bmatrix}$$

根据式（3.25）有

$$\boldsymbol{\Phi}(t)=\mathrm{e}^{\boldsymbol{A}t}=L^{-1}[s\boldsymbol{I}-\boldsymbol{A}]^{-1}=\begin{bmatrix}2\mathrm{e}^{-t}-\mathrm{e}^{-2t} & \mathrm{e}^{-t}-\mathrm{e}^{-2t}\\ -2\mathrm{e}^{-t}+2\mathrm{e}^{-2t} & -\mathrm{e}^{-t}+2\mathrm{e}^{-2t}\end{bmatrix}$$

3. 线性变换法

（1）将矩阵 $\boldsymbol{A}$ 经线性变换化为对角标准形 $\boldsymbol{\Lambda}$，计算 $\boldsymbol{\Phi}(t)$

通常情况下，矩阵 $\boldsymbol{A}$ 不是对角阵，如果矩阵 $\boldsymbol{A}$ 具有 n 个两两互异的特征值或矩阵 $\boldsymbol{A}$ 虽具有重特征值，但是仍有 n 个线性无关的独立特征向量，即存在非奇异线性变换矩阵，可将矩阵 $\boldsymbol{A}$ 对角化，仍可方便地计算 $\boldsymbol{\Phi}(t)$。

给定 $n\times n$ 矩阵 $\boldsymbol{A}$，若存在非奇异线性变换矩阵 $\boldsymbol{P}$，可将矩阵变换为对角标准形，即 $\boldsymbol{P}^{-1}\boldsymbol{A}\boldsymbol{P}=\boldsymbol{\Lambda}$，那么 $\boldsymbol{\Phi}(t)$ 可由下式计算：

$$\boldsymbol{\Phi}(t)=\mathrm{e}^{\boldsymbol{A}t}=\mathrm{e}^{\boldsymbol{P}\boldsymbol{\Lambda}\boldsymbol{P}^{-1}t}=\boldsymbol{P}\begin{bmatrix}\mathrm{e}^{\lambda_1 t} & & & \\ & \mathrm{e}^{\lambda_2 t} & & \\ & & \ddots & \\ & & & \mathrm{e}^{\lambda_n t}\end{bmatrix}\boldsymbol{P}^{-1} \tag{3.26}$$

式中，$\boldsymbol{P}$ 是将 $\boldsymbol{A}$ 对角化的非奇异线性变换矩阵。

例 3.3　线性定常系统齐次状态方程为

$$\dot{\boldsymbol{x}}=\begin{bmatrix}0 & 1\\ -2 & -3\end{bmatrix}\boldsymbol{x}$$

求状态转移矩阵 $\boldsymbol{\Phi}(t)$。

解：由例 3.2 可知，矩阵 $\boldsymbol{A}$ 的两个特征值为 $\lambda_1=-1$，$\lambda_2=-2$。因此通过线性变换可以将矩阵 $\boldsymbol{A}$ 化为对角标准形。由于矩阵 $\boldsymbol{A}$ 为友矩阵，则变换矩阵为

$$\boldsymbol{P}=\begin{bmatrix}1 & 1\\-1 & -2\end{bmatrix}$$

$$\boldsymbol{P}^{-1}=\begin{bmatrix}2 & 1\\-1 & -1\end{bmatrix}$$

$$\boldsymbol{\Lambda}=\boldsymbol{P}^{-1}\boldsymbol{A}\boldsymbol{P}=\begin{bmatrix}-1 & 0\\0 & -2\end{bmatrix}$$

于是有

$$\begin{aligned}\boldsymbol{\Phi}(t)=\mathrm{e}^{\boldsymbol{A}t}=\boldsymbol{P}\mathrm{e}^{\boldsymbol{\Lambda}t}\boldsymbol{P}^{-1}&=\begin{bmatrix}1 & 1\\-1 & -2\end{bmatrix}\begin{bmatrix}\mathrm{e}^{-t} & 0\\0 & \mathrm{e}^{-2t}\end{bmatrix}\begin{bmatrix}2 & 1\\-1 & -1\end{bmatrix}\\&=\begin{bmatrix}\mathrm{e}^{-t} & \mathrm{e}^{-2t}\\-\mathrm{e}^{-t} & -2\mathrm{e}^{-2t}\end{bmatrix}\begin{bmatrix}2 & 1\\-1 & -1\end{bmatrix}\\&=\begin{bmatrix}2\mathrm{e}^{-t}-\mathrm{e}^{-2t} & \mathrm{e}^{-t}-\mathrm{e}^{-2t}\\-2\mathrm{e}^{-t}+2\mathrm{e}^{-2t} & -\mathrm{e}^{-t}+2\mathrm{e}^{-2t}\end{bmatrix}\end{aligned}$$

这个结果与例 3.2 的计算结果一样。

例 3.4 试求系统矩阵 $\boldsymbol{A}=\begin{bmatrix}0 & 1 & -1\\-6 & -11 & 6\\-6 & -11 & 5\end{bmatrix}$ 的矩阵指数函数。

解：1）先求矩阵 $\boldsymbol{A}$ 的特征值。由特征方程可求得特征值为 $\lambda_1=-1$，$\lambda_2=-2$，$\lambda_3=-3$。

2）求特征值所对应的特征向量。由前述的方法可求得特征值 $\lambda_1=-1$，$\lambda_2=-2$ 和 $\lambda_3=-3$ 所对应的特征向量分别为 $\boldsymbol{p}_1=[1\quad 0\quad 1]^{\mathrm{T}}$，$\boldsymbol{p}_2=[1\quad 2\quad 4]^{\mathrm{T}}$，$\boldsymbol{p}_3=[1\quad 6\quad 9]^{\mathrm{T}}$。故将矩阵 $\boldsymbol{A}$ 变换成对角线矩阵的变换矩阵 $\boldsymbol{P}$ 及其逆矩阵 $\boldsymbol{P}^{-1}$ 为

$$\boldsymbol{P}=\begin{bmatrix}1 & 1 & 1\\0 & 2 & 6\\1 & 4 & 9\end{bmatrix},\quad \boldsymbol{P}^{-1}=\begin{bmatrix}3 & 5/2 & -2\\-3 & -4 & 3\\1 & 3/2 & -1\end{bmatrix}$$

3）由系统矩阵和矩阵指数函数的变换关系可分别得到

$$\bar{\boldsymbol{A}}=\boldsymbol{P}^{-1}\boldsymbol{A}\boldsymbol{P}=\begin{bmatrix}-1 & 0 & 0\\0 & -2 & 0\\0 & 0 & -3\end{bmatrix},\quad \mathrm{e}^{\bar{\boldsymbol{A}}t}=\begin{bmatrix}\mathrm{e}^{-t} & 0 & 0\\0 & \mathrm{e}^{-2t} & 0\\0 & 0 & \mathrm{e}^{-3t}\end{bmatrix}$$

所以矩阵指数函数为

$$\mathrm{e}^{\boldsymbol{A}t}=\boldsymbol{P}\mathrm{e}^{\bar{\boldsymbol{A}}t}\boldsymbol{P}^{-1}=\begin{bmatrix}3\mathrm{e}^{-t}-3\mathrm{e}^{-2t}+\mathrm{e}^{-3t} & 2.5\mathrm{e}^{-t}-4\mathrm{e}^{-2t}+1.5\mathrm{e}^{-3t} & -2\mathrm{e}^{-t}+3\mathrm{e}^{-2t}-\mathrm{e}^{-3t}\\-6\mathrm{e}^{-2t}+6\mathrm{e}^{-3t} & -8\mathrm{e}^{-2t}+9\mathrm{e}^{-3t} & 6\mathrm{e}^{-2t}-6\mathrm{e}^{-3t}\\3\mathrm{e}^{-t}-12\mathrm{e}^{-2t}+9\mathrm{e}^{-3t} & 2.5\mathrm{e}^{-t}-16\mathrm{e}^{-2t}+13.5\mathrm{e}^{-3t} & -2\mathrm{e}^{-t}+12\mathrm{e}^{-2t}-9\mathrm{e}^{-3t}\end{bmatrix}$$

（2）矩阵 $\boldsymbol{A}$ 经线性变换化为约当标准形 $\boldsymbol{J}$，计算 $\boldsymbol{\Phi}(t)$

当矩阵 $\boldsymbol{A}$ 的 n 个特征值均相同且为 λ_1 时，经过非奇异线性变换可将矩阵 $\boldsymbol{A}$ 化为约当标

准形 $\boldsymbol{J}$，形式如下：

$$\boldsymbol{J}=\boldsymbol{P}^{-1}\boldsymbol{A}\boldsymbol{P}=\begin{bmatrix}\lambda_1 & 1 & & & \\ & \lambda_1 & 1 & & \\ & & \ddots & \ddots & \\ & & & \lambda_1 & 1 \\ & & & & \lambda_1\end{bmatrix}$$

则

$$\boldsymbol{\Phi}(t)=\mathrm{e}^{At}=\boldsymbol{P}\mathrm{e}^{Jt}\boldsymbol{P}^{-1}=\boldsymbol{P}\mathrm{e}^{\lambda_1 t}\begin{bmatrix}1 & t & \frac{1}{2!}t^2 & \cdots & \frac{1}{(n-1)!}t^{n-1} \\ 0 & 1 & t & \cdots & \frac{1}{(n-2)!}t^{n-2} \\ \vdots & \vdots & \vdots & & \vdots \\ & & & & t \\ 0 & 0 & 0 & \cdots & 1\end{bmatrix}\boldsymbol{P}^{-1} \tag{3.27}$$

例 3.5　线性定常系统的齐次状态方程为

$$\dot{\boldsymbol{x}}=\begin{bmatrix}0 & 1 & 0 \\ 0 & 0 & 1 \\ 1 & -3 & 3\end{bmatrix}\boldsymbol{x}$$

求系统状态转移矩阵 $\boldsymbol{\Phi}(t)$。

解：该系统矩阵的特征方程为

$$|\lambda\boldsymbol{I}-\boldsymbol{A}|=\lambda^3-3\lambda^2+3\lambda-1=(\lambda-1)^3=0$$

因此，矩阵 $\boldsymbol{A}$ 有三个相重特征值 $\lambda_1=1$。可以证明，矩阵 $\boldsymbol{A}$ 也具有三重特征向量（即有两个广义特征向量）。易知，将矩阵 $\boldsymbol{A}$ 变换为约当标准形的变换矩阵为

$$\boldsymbol{P}=\begin{bmatrix}1 & 0 & 0 \\ \lambda_1 & 1 & 0 \\ \lambda_1^2 & 2\lambda_1 & 1\end{bmatrix}=\begin{bmatrix}1 & 0 & 0 \\ 1 & 1 & 0 \\ 1 & 2 & 1\end{bmatrix}$$

矩阵 $\boldsymbol{P}$ 的逆为

$$\boldsymbol{P}^{-1}=\begin{bmatrix}1 & 0 & 0 \\ -1 & 1 & 0 \\ 1 & -2 & 1\end{bmatrix}$$

于是有

$$\boldsymbol{P}^{-1}\boldsymbol{A}\boldsymbol{P}=\begin{bmatrix}1 & 0 & 0 \\ -1 & 1 & 0 \\ 1 & -2 & 1\end{bmatrix}\begin{bmatrix}0 & 1 & 0 \\ 0 & 0 & 1 \\ 1 & -3 & 3\end{bmatrix}\begin{bmatrix}1 & 0 & 0 \\ 1 & 1 & 0 \\ 1 & 2 & 1\end{bmatrix}$$

$$=\begin{bmatrix}1 & 1 & 0 \\ 0 & 1 & 1 \\ 0 & 0 & 1\end{bmatrix}=\boldsymbol{J}$$

注意到：

$$e^{Jt}=\begin{bmatrix} e^{\lambda_1 t} & te^{\lambda_1 t} & \frac{1}{2!}t^2e^{\lambda_1 t} \\ 0 & e^{\lambda_1 t} & te^{\lambda_1 t} \\ 0 & 0 & e^{\lambda_1 t} \end{bmatrix}=\begin{bmatrix} e^t & te^t & \frac{1}{2}t^2e^t \\ 0 & e^t & te^t \\ 0 & 0 & e^t \end{bmatrix}$$

可得系统的状态转移矩阵为

$$\boldsymbol{\Phi}(t)=e^{At}=\boldsymbol{P}e^{Jt}\boldsymbol{P}^{-1}=\begin{bmatrix} 1 & 0 & 0 \\ 1 & 1 & 0 \\ 1 & 2 & 1 \end{bmatrix}\begin{bmatrix} e^t & te^t & \frac{1}{2}t^2e^t \\ 0 & e^t & te^t \\ 0 & 0 & e^t \end{bmatrix}\begin{bmatrix} 1 & 0 & 0 \\ -1 & 1 & 0 \\ 1 & -2 & 1 \end{bmatrix}$$

$$=\begin{bmatrix} e^t-te^t+\frac{1}{2}t^2e^t & te^t-t^2e^t & \frac{1}{2}t^2e^t \\ \frac{1}{2}t^2e^t & e^t-te^t-t^2e^t & te^t+\frac{1}{2}t^2e^t \\ te^t+\frac{1}{2}t^2e^t & -3te^t-t^2e^t & e^t+2te^t+\frac{1}{2}t^2e^t \end{bmatrix}$$

（3）矩阵 $\boldsymbol{A}$ 经线性变换化为模态规范形矩阵 $\boldsymbol{M}$，计算 $\boldsymbol{\Phi}(t)$

如果矩阵 $\boldsymbol{A}$ 的特征值为共轭复数特征值 $\lambda_{1,2}=\sigma\pm j\omega$，则经过非奇异线性变换，可化为模态规范形矩阵 $\boldsymbol{M}$，形式如下：

$$\boldsymbol{M}=\boldsymbol{P}^{-1}\boldsymbol{A}\boldsymbol{P}=\begin{bmatrix} \sigma & \omega \\ -\omega & \sigma \end{bmatrix}$$

式中，$\boldsymbol{P}$ 由式（2.111）确定。

对于模态规范形矩阵 $\boldsymbol{M}$，有

$$e^{Mt}=e^{\begin{bmatrix} \sigma & \omega \\ -\omega & \sigma \end{bmatrix}t}=e^{\begin{bmatrix} \sigma & 0 \\ 0 & \sigma \end{bmatrix}t}e^{\begin{bmatrix} 0 & \omega \\ -\omega & 0 \end{bmatrix}t}$$

其中

$$e^{\begin{bmatrix} \sigma & 0 \\ 0 & \sigma \end{bmatrix}t}=\begin{bmatrix} e^{\sigma t} & 0 \\ 0 & e^{\sigma t} \end{bmatrix}$$

$$e^{\begin{bmatrix} 0 & \omega \\ -\omega & 0 \end{bmatrix}t}=\begin{bmatrix} 1 & 0 \\ 0 & 1 \end{bmatrix}+\begin{bmatrix} 0 & \omega \\ -\omega & 0 \end{bmatrix}+\frac{1}{2!}\begin{bmatrix} 0 & \omega \\ -\omega & 0 \end{bmatrix}^2+\cdots$$

$$=\begin{bmatrix} 1-\frac{t^2}{2!}\omega^2+\frac{t^4}{4!}\omega^4-\frac{t^6}{6!}\omega^6+\cdots & \omega t-\frac{t^3}{3!}\omega^3+\frac{t^5}{5!}\omega^5-\cdots \\ -\left(\omega t-\frac{t^3}{3!}\omega^3+\frac{t^5}{5!}\omega^5-\cdots\right) & 1-\frac{t^2}{2!}\omega^2+\frac{t^4}{4!}\omega^4-\frac{t^6}{6!}\omega^6+\cdots \end{bmatrix}$$

$$=\begin{bmatrix} \cos\omega t & \sin\omega t \\ -\sin\omega t & \cos\omega t \end{bmatrix}$$

则

$$e^{Mt}=\begin{bmatrix} e^{\sigma t} & 0 \\ 0 & e^{\sigma t} \end{bmatrix}\begin{bmatrix} \cos\omega t & \sin\omega t \\ -\sin\omega t & \cos\omega t \end{bmatrix}=\begin{bmatrix} e^{\sigma t}\cos\omega t & e^{\sigma t}\sin\omega t \\ -e^{\sigma t}\sin\omega t & e^{\sigma t}\cos\omega t \end{bmatrix}$$

$$=\mathrm{e}^{\sigma t}\begin{bmatrix}\cos\omega t & \sin\omega t\\ -\sin\omega t & \cos\omega t\end{bmatrix}$$

于是系统的状态转移矩阵为

$$\boldsymbol{\Phi}(t)=\mathrm{e}^{\boldsymbol{A}t}=\boldsymbol{P}\mathrm{e}^{\boldsymbol{M}t}\boldsymbol{P}^{-1} \tag{3.28}$$

例 3.6　线性定常系统齐次状态方程为

$$\dot{\boldsymbol{x}}=\begin{bmatrix}0 & 1\\ -2 & -2\end{bmatrix}\boldsymbol{x}$$

求系统的状态转移矩阵 $\boldsymbol{\Phi}(t)$。

解：由 $\Delta(\lambda)=|\lambda\boldsymbol{I}-\boldsymbol{A}|=\begin{vmatrix}\lambda & -1\\ 2 & \lambda+2\end{vmatrix}=\lambda^2+2\lambda+2=0$ 得到

$$\lambda_{1,2}=-1\pm\mathrm{j}1$$

所以

$$\boldsymbol{M}=\begin{bmatrix}-1 & 1\\ -1 & -1\end{bmatrix}$$

对应于 $\lambda_1=-1+\mathrm{j}$，很容易求出其特征向量为

$$\boldsymbol{q}_1=\begin{bmatrix}1\\ -1+\mathrm{j}\end{bmatrix}=\begin{bmatrix}1\\ -1\end{bmatrix}+\mathrm{j}\begin{bmatrix}0\\ 1\end{bmatrix}$$

故变换矩阵为

$$\boldsymbol{P}=\begin{bmatrix}1 & 0\\ -1 & 1\end{bmatrix}$$

$$\mathrm{e}^{\boldsymbol{M}t}=\begin{bmatrix}\mathrm{e}^{-t}\cos t & \mathrm{e}^{-t}\sin t\\ -\mathrm{e}^{-t}\sin t & \mathrm{e}^{-t}\cos t\end{bmatrix}$$

系统状态转移矩阵为

$$\boldsymbol{\Phi}(t)=\mathrm{e}^{\boldsymbol{A}t}=\boldsymbol{P}\mathrm{e}^{\boldsymbol{M}t}\boldsymbol{P}^{-1}=\begin{bmatrix}1 & 0\\ -1 & 1\end{bmatrix}\begin{bmatrix}\mathrm{e}^{-t}\cos t & \mathrm{e}^{-t}\sin t\\ -\mathrm{e}^{-t}\sin t & \mathrm{e}^{-t}\cos t\end{bmatrix}\begin{bmatrix}1 & 0\\ 1 & 1\end{bmatrix}$$

$$=\begin{bmatrix}\mathrm{e}^{-t}(\cos t+\sin t) & \mathrm{e}^{-t}\sin t\\ -2\mathrm{e}^{-t}\sin t & \mathrm{e}^{-t}(\cos t-\sin t)\end{bmatrix}$$

（4）应用凯莱-哈密顿（Cayley-Hamilton）定理法计算 $\boldsymbol{\Phi}(t)$

凯莱-哈密顿定理：$n\times n$ 阶矩阵 $\boldsymbol{A}$ 满足自身的特征方程，即矩阵 $\boldsymbol{A}$ 的特征多项式是 $\boldsymbol{A}$ 的零化多项式。因此有

$$\Delta(\lambda)=|\lambda\boldsymbol{I}-\boldsymbol{A}|=\lambda^n+a_{n-1}\lambda^{n-1}+a_{n-2}\lambda^{n-2}+\cdots+a_1\lambda+a_0=0$$

即

$$\lambda^n=-a_{n-1}\lambda^{n-1}-a_{n-2}\lambda^{n-2}-\cdots-a_1\lambda-a_0$$

用 $\boldsymbol{A}$ 代替 λ 代入 $\Delta(\lambda)$ 表达式，根据凯莱-哈密顿定理，有

$$\Delta(\boldsymbol{A})=\boldsymbol{A}^n+a_{n-1}\boldsymbol{A}^{n-1}+a_{n-2}\boldsymbol{A}^{n-2}+\cdots+a_1\boldsymbol{A}+a_0\boldsymbol{I}=0 \tag{3.29}$$

于是有

$$\boldsymbol{A}^n=-a_{n-1}\boldsymbol{A}^{n-1}-a_{n-2}\boldsymbol{A}^{n-2}-\cdots-a_1\boldsymbol{A}-a_0\boldsymbol{I} \tag{3.30}$$

式（3.30）表明，$\boldsymbol{A}^n$ 是 $\boldsymbol{A}^{n-1}$，$\boldsymbol{A}^{n-2}$，…，$\boldsymbol{A}$，$\boldsymbol{I}$ 的线性组合。显然有

$$\boldsymbol{A}^{n+1}=\boldsymbol{A}\cdot\boldsymbol{A}^{n}=-a_{n-1}\boldsymbol{A}^{n}-a_{n-2}\boldsymbol{A}^{n-1}-\cdots-a_1\boldsymbol{A}^2-a_0\boldsymbol{A}$$

将式（3.30）代入上式得

$$\boldsymbol{A}^{n+1}=(a_{n-1}^2-a_{n-2})\boldsymbol{A}^{n-1}+(a_{n-1}a_{n-2}-a_{n-2})\boldsymbol{A}^{n-2}+\cdots+(a_{n-1}a_1-a_0)\boldsymbol{A}+a_{n-1}a_0\boldsymbol{I} \tag{3.31}$$

依此类推，可知 $\boldsymbol{A}^{n+1}$，$\boldsymbol{A}^{n+2}$，…均是 $\boldsymbol{A}^{n-1}$，$\boldsymbol{A}^{n-2}$，…，$\boldsymbol{A}$，$\boldsymbol{I}$ 的线性组合。将式（3.30）和式（3.31）代入状态转移矩阵定义式中，便可以消去 $\mathrm{e}^{\boldsymbol{A}t}$ 中高于 $\boldsymbol{A}^{n-1}$ 的幂次项，$\mathrm{e}^{\boldsymbol{A}t}$ 就化成一个 $\boldsymbol{A}$ 的最高幂次为 $n-1$ 的 n 项幂级数的形式，即

$$\begin{aligned}\boldsymbol{\Phi}(t)=\mathrm{e}^{\boldsymbol{A}t}&=\boldsymbol{I}+\boldsymbol{A}t+\frac{1}{2!}\boldsymbol{A}^2t^2+\cdots+\frac{1}{n!}\boldsymbol{A}^nt^n+\frac{1}{(n+1)!}\boldsymbol{A}^{n+1}t^{n+1}+\cdots\\&=a_0(t)\boldsymbol{I}+a_1(t)\boldsymbol{A}+\cdots+a_{n-1}(t)\boldsymbol{A}^{n-1}\end{aligned} \tag{3.32}$$

式中，$a_i(t)[i=0,1,\cdots,(n-1)]$ 为待定系数。$a_i(t)$ 的计算方法分以下三种情况讨论。

1）$\boldsymbol{A}$ 的特征值 $\lambda_i(i=1,2,\cdots,n)$ 互异。

由凯莱-哈密顿定理可知，λ_i 和 $\boldsymbol{A}$ 均是特征多项式的零根，因此 λ_i 满足式（3.32），即

$$\mathrm{e}^{\lambda_i t}=a_0(t)+a_1(t)\lambda_i+\cdots+a_{n-1}(t)\lambda_i^{n-1}\quad(i=1,2,\cdots,n)$$

或

$$\begin{bmatrix}\mathrm{e}^{\lambda_1 t}\\\mathrm{e}^{\lambda_2 t}\\\vdots\\\mathrm{e}^{\lambda_n t}\end{bmatrix}=\begin{bmatrix}1&\lambda_1&\lambda_1^2&\cdots&\lambda_1^{n-1}\\1&\lambda_2&\lambda_2^2&\cdots&\lambda_2^{n-1}\\\vdots&\vdots&\vdots&&\vdots\\1&\lambda_n&\lambda_n^2&\cdots&\lambda_n^{n-1}\end{bmatrix}\begin{bmatrix}a_0(t)\\a_1(t)\\\vdots\\a_{n-1}(t)\end{bmatrix} \tag{3.33}$$

于是有

$$\begin{bmatrix}a_0(t)\\a_1(t)\\\vdots\\a_{n-1}(t)\end{bmatrix}=\begin{bmatrix}1&\lambda_1&\lambda_1^2&\cdots&\lambda_1^{n-1}\\1&\lambda_2&\lambda_2^2&\cdots&\lambda_2^{n-1}\\\vdots&\vdots&\vdots&&\vdots\\1&\lambda_n&\lambda_n^2&\cdots&\lambda_n^{n-1}\end{bmatrix}^{-1}\begin{bmatrix}\mathrm{e}^{\lambda_1 t}\\\mathrm{e}^{\lambda_2 t}\\\vdots\\\mathrm{e}^{\lambda_n t}\end{bmatrix} \tag{3.34}$$

2）$\boldsymbol{A}$ 的特征值均相同。

设 $\boldsymbol{A}$ 的特征值均为 λ_1，待定系数 $a_i(t)$ 的计算公式如下：

$$\begin{bmatrix}a_0(t)\\a_1(t)\\\vdots\\a_{n-3}(t)\\a_{n-2}(t)\\a_{n-1}(t)\end{bmatrix}=\begin{bmatrix}0&0&0&0&\cdots&0&1\\0&0&0&0&\cdots&1&(n-1)\lambda_1\\\vdots&\vdots&\vdots&\vdots&&&\vdots\\0&0&1&3\lambda_1&\cdots&&\dfrac{(n-1)(n-2)}{2!}\lambda_1^{n-3}\\&&&&&\vdots&\\0&1&2\lambda_1&3\lambda_1^2&\cdots&&\dfrac{(n-1)}{1!}\lambda_1^{n-2}\\1&\lambda_1&\lambda_1^2&\lambda_1^3&\cdots&\lambda_1^{n-2}&\lambda_1^{n-1}\end{bmatrix}^{-1}\begin{bmatrix}\dfrac{1}{(n-1)!}t^{n-1}\mathrm{e}^{\lambda_1 t}\\\dfrac{1}{(n-2)!}t^{n-2}\mathrm{e}^{\lambda_1 t}\\\vdots\\\dfrac{1}{2!}t^2\mathrm{e}^{\lambda_1 t}\\\dfrac{1}{1!}t^1\mathrm{e}^{\lambda_1 t}\\\mathrm{e}^{\lambda_1 t}\end{bmatrix} \tag{3.35}$$

3）$\boldsymbol{A}$ 的 n 个特征值有重特征值和互异特征值。

待定系数 $a_i(t)$ 可以根据式（3.34）和式（3.35）求得，然后代入式（3.32），求出状态转移矩阵 $\boldsymbol{\Phi}(t)$。

例 3.7　应用凯莱-哈密顿定理计算例 3.3 的状态转移矩阵 $\boldsymbol{\Phi}(t)$。

解：由 $\Delta(\lambda)=|\lambda\boldsymbol{I}-\boldsymbol{A}|=\lambda(\lambda+3)+2=(\lambda+1)(\lambda+2)=0$ 求得特征值为 $\lambda_1=-1$，$\lambda_2=-2$，即矩阵 $\boldsymbol{A}$ 的两个特征值互异。由式（3.34）有

$$\begin{bmatrix}a_0(t)\\a_1(t)\end{bmatrix}=\begin{bmatrix}1&\lambda_1\\1&\lambda_2\end{bmatrix}^{-1}\begin{bmatrix}\mathrm{e}^{\lambda_1 t}\\\mathrm{e}^{\lambda_2 t}\end{bmatrix}=\begin{bmatrix}1&-1\\1&-2\end{bmatrix}^{-1}\begin{bmatrix}\mathrm{e}^{-t}\\\mathrm{e}^{-2t}\end{bmatrix}$$

$$=\begin{bmatrix}2&-1\\1&-1\end{bmatrix}\begin{bmatrix}\mathrm{e}^{-t}\\\mathrm{e}^{-2t}\end{bmatrix}=\begin{bmatrix}2\mathrm{e}^{-t}&-\mathrm{e}^{-2t}\\\mathrm{e}^{-t}&-\mathrm{e}^{-2t}\end{bmatrix}$$

即

$$a_0(t)=2\mathrm{e}^{-t}-\mathrm{e}^{-2t},\ a_1(t)=\mathrm{e}^{-t}-\mathrm{e}^{-2t}$$

$$\boldsymbol{\Phi}(t)=\mathrm{e}^{\boldsymbol{A}t}=a_0(t)\boldsymbol{I}+a_1(t)\boldsymbol{A}$$

$$=(2\mathrm{e}^{-t}-\mathrm{e}^{-2t})\begin{bmatrix}1&0\\0&1\end{bmatrix}+(\mathrm{e}^{-t}-\mathrm{e}^{-2t})\begin{bmatrix}0&1\\-2&-3\end{bmatrix}$$

$$=\begin{bmatrix}2\mathrm{e}^{-t}-\mathrm{e}^{-2t}&0\\0&2\mathrm{e}^{-t}-\mathrm{e}^{-2t}\end{bmatrix}+\begin{bmatrix}0&\mathrm{e}^{-t}-\mathrm{e}^{-2t}\\-2\mathrm{e}^{-t}+2\mathrm{e}^{-2t}&-3\mathrm{e}^{-t}+3\mathrm{e}^{-2t}\end{bmatrix}$$

$$=\begin{bmatrix}2\mathrm{e}^{-t}-\mathrm{e}^{-2t}&\mathrm{e}^{-t}-\mathrm{e}^{-2t}\\-2\mathrm{e}^{-t}+2\mathrm{e}^{-2t}&-\mathrm{e}^{-t}+2\mathrm{e}^{-2t}\end{bmatrix}$$

可见与用方法 3（例 3.3）计算的结果一样。

例 3.8　线性定常系统齐次状态方程为

$$\dot{\boldsymbol{x}}=\begin{bmatrix}0&1&0\\0&0&1\\-2&-5&-4\end{bmatrix}\boldsymbol{x}$$

求系统状态转移矩阵 $\boldsymbol{\Phi}(t)$。

解：应用凯莱-哈密顿定理，矩阵 $\boldsymbol{A}$ 的特征方程为

$$\Delta(\lambda)=|\lambda\boldsymbol{I}-\boldsymbol{A}|=\begin{vmatrix}\lambda&-1&0\\0&\lambda&-1\\2&5&\lambda+4\end{vmatrix}=0$$

可得到

$$\lambda^3+4\lambda^2+5\lambda+2=(\lambda+1)^2(\lambda+2)=0$$

即 $\boldsymbol{A}$ 的特征值为

$$\lambda_1=\lambda_2=-1,\ \lambda_3=-3$$

对于重特征值，按式（3.35）计算 $a_i(t)$，非重特征值按式（3.34）计算 $a_i(t)$。于是有

$$\begin{bmatrix}a_0(t)\\a_1(t)\\a_2(t)\end{bmatrix}=\begin{bmatrix}0&1&2\lambda_1\\1&\lambda_1&\lambda_1^2\\1&\lambda_3&\lambda_3^2\end{bmatrix}^{-1}\begin{bmatrix}t\mathrm{e}^{\lambda_1 t}\\\mathrm{e}^{\lambda_1 t}\\\mathrm{e}^{\lambda_3 t}\end{bmatrix}=\begin{bmatrix}0&1&-2\\1&-1&1\\1&-3&9\end{bmatrix}^{-1}\begin{bmatrix}t\mathrm{e}^{-t}\\\mathrm{e}^{-t}\\\mathrm{e}^{-3t}\end{bmatrix}$$

$$=\begin{bmatrix}2&0&1\\3&-2&2\\1&-1&1\end{bmatrix}\begin{bmatrix}t\mathrm{e}^{-t}\\\mathrm{e}^{-t}\\\mathrm{e}^{-2t}\end{bmatrix}=\begin{bmatrix}2t\mathrm{e}^{-t}+\mathrm{e}^{-2t}\\3t\mathrm{e}^{-t}-2\mathrm{e}^{-t}+2\mathrm{e}^{-2t}\\t\mathrm{e}^{-t}-\mathrm{e}^{-t}+\mathrm{e}^{-2t}\end{bmatrix}$$

利用式（3.32）求得系统状态转移矩阵为

$$\begin{aligned}\boldsymbol{\Phi}(t)&=\mathrm{e}^{\boldsymbol{A}t}=a_0(t)\boldsymbol{I}+a_1(t)\boldsymbol{A}+a_2(t)\boldsymbol{A}^2\\&=(2t\mathrm{e}^{-t}+\mathrm{e}^{-2t})\begin{bmatrix}1&0&0\\0&1&0\\0&0&1\end{bmatrix}+(3t\mathrm{e}^{-t}-2\mathrm{e}^{-t}+2\mathrm{e}^{-2t})\begin{bmatrix}0&1&0\\0&0&1\\-2&-5&-4\end{bmatrix}+(t\mathrm{e}^{-t}-\mathrm{e}^{-t}+\mathrm{e}^{-2t})\begin{bmatrix}0&1&0\\0&0&1\\-2&-5&-4\end{bmatrix}^2\\&=\begin{bmatrix}2t\mathrm{e}^{-t}+\mathrm{e}^{-2t}&3t\mathrm{e}^{-t}-2\mathrm{e}^{-t}+2\mathrm{e}^{-2t}&t\mathrm{e}^{-t}-\mathrm{e}^{-t}+\mathrm{e}^{-2t}\\-2t\mathrm{e}^{-t}+2\mathrm{e}^{-t}-2\mathrm{e}^{-2t}&-3t\mathrm{e}^{-t}+5\mathrm{e}^{-t}-4\mathrm{e}^{-2t}&t\mathrm{e}^{-t}+2\mathrm{e}^{-t}-2\mathrm{e}^{-2t}\\2t\mathrm{e}^{-t}-4\mathrm{e}^{-t}+4\mathrm{e}^{-2t}&3t\mathrm{e}^{-t}-8\mathrm{e}^{-t}+8\mathrm{e}^{-2t}&t\mathrm{e}^{-t}-3\mathrm{e}^{-t}+4\mathrm{e}^{-2t}\end{bmatrix}\end{aligned}$$

3.3 线性定常系统非齐次状态方程的解

给定线性定常系统非齐次状态方程为

$$\dot{\boldsymbol{x}}(t)=\boldsymbol{A}\boldsymbol{x}(t)+\boldsymbol{B}\boldsymbol{u}(t) \tag{3.36}$$

式中，$\boldsymbol{x}(t)\in R^n$；$\boldsymbol{u}(t)\in R^r$；$\boldsymbol{A}\in R^{n\times n}$；$\boldsymbol{B}\in R^{n\times r}$。

设初始时刻 $t_0=0$，初始状态为 $\boldsymbol{x}(0)$，将状态方程式（3.36）改写成

$$\dot{\boldsymbol{x}}(t)-\boldsymbol{A}\boldsymbol{x}(t)=\boldsymbol{B}\boldsymbol{u}(t)$$

对上式两边左乘 $\mathrm{e}^{-\boldsymbol{A}t}$，得到

$$\mathrm{e}^{-\boldsymbol{A}t}[\dot{\boldsymbol{x}}(t)-\boldsymbol{A}\boldsymbol{x}(t)]=\frac{\mathrm{d}}{\mathrm{d}t}[\mathrm{e}^{-\boldsymbol{A}t}\boldsymbol{x}(t)]=\mathrm{e}^{-\boldsymbol{A}t}\boldsymbol{B}\boldsymbol{u}(t)$$

对上式在 $0\sim t$ 积分，有

$$\mathrm{e}^{-\boldsymbol{A}t}\boldsymbol{x}(t)-\boldsymbol{x}(0)=\int_0^t\mathrm{e}^{-\boldsymbol{A}\tau}\boldsymbol{B}\boldsymbol{u}(\tau)\mathrm{d}\tau$$

故可求出其解为

$$\boldsymbol{x}(t)=\mathrm{e}^{\boldsymbol{A}t}\boldsymbol{x}(0)+\int_0^t\mathrm{e}^{\boldsymbol{A}(t-\tau)}\boldsymbol{B}\boldsymbol{u}(\tau)\mathrm{d}\tau \tag{3.37a}$$

或

$$\boldsymbol{x}(t)=\boldsymbol{\Phi}(t)\boldsymbol{x}(0)+\int_0^t\boldsymbol{\Phi}(t-\tau)\boldsymbol{B}\boldsymbol{u}(\tau)\mathrm{d}\tau \tag{3.37b}$$

式中，$\boldsymbol{\Phi}(t)$ 为系统的状态转移矩阵，$\boldsymbol{\Phi}(t)=\mathrm{e}^{\boldsymbol{A}t}$。

如果 $t_0\neq0$，则一般情况下状态方程式（3.36）的解为

$$\boldsymbol{x}(t)=\mathrm{e}^{\boldsymbol{A}(t-t_0)}\boldsymbol{x}(t_0)+\int_{t_0}^t\mathrm{e}^{\boldsymbol{A}(t-\tau)}\boldsymbol{B}\boldsymbol{u}(\tau)\mathrm{d}\tau \tag{3.38a}$$

或

$$\boldsymbol{x}(t)=\boldsymbol{\Phi}(t-t_0)\boldsymbol{x}(t_0)+\int_{t_0}^t\boldsymbol{\Phi}(t-\tau)\boldsymbol{B}\boldsymbol{u}(\tau)\mathrm{d}\tau \tag{3.38b}$$

式（3.38）的正确性可以通过验证它满足系统状态方程式（3.36）和初始条件 $x(t)|_{t=t_0}=x(t_0)$ 来证明。

由式（3.37）或式（3.38）可知，系统的运动 $\boldsymbol{x}(t)$ 包括两个部分：第一部分是输入向量为零时，初始状态引起的系统自由运动，称为状态方程的零输入响应；第二部分是初始状

态为零时，输入向量引起的强迫运动，称为状态方程的零状态响应。正是由于第二部分的存在，为系统控制提供这样的可能性，即通过选择适当的输入向量 $\boldsymbol{u}(t)$，使 $\boldsymbol{x}(t)$ 的形态满足期望的要求。

同时，有了运动 $x(t)$ 的表达式，可以对系统在输入向量下的运动形态进行定量分析，进而知道系统的性能。例如，输入向量为阶跃形式，即 $\boldsymbol{u}(t)=\boldsymbol{U}\times1(t)$，$\boldsymbol{U}$ 是与 $\boldsymbol{u}(t)$ 同维的常值向量，表示阶跃输入的幅度。将 $\boldsymbol{u}(t)$ 代入式（3.37），则有

$$\begin{aligned}\boldsymbol{x}(t)&=\mathrm{e}^{\boldsymbol{A}t}\boldsymbol{x}(0)+\int_0^t \mathrm{e}^{\boldsymbol{A}(t-\tau)}\boldsymbol{BU}\times1(\tau)\,\mathrm{d}\tau\\&=\mathrm{e}^{\boldsymbol{A}t}\boldsymbol{x}(0)+\mathrm{e}^{\boldsymbol{A}t}\int_0^t \mathrm{e}^{-\boldsymbol{A}\tau}\times1(\tau)\,\mathrm{d}\tau\times\boldsymbol{BU}\\&=\mathrm{e}^{\boldsymbol{A}t}\boldsymbol{x}(0)+\mathrm{e}^{\boldsymbol{A}t}(-\boldsymbol{A})^{-1}(\mathrm{e}^{-\boldsymbol{A}\tau})\big|_0^t\times\boldsymbol{BU}\\&=\mathrm{e}^{\boldsymbol{A}t}\boldsymbol{x}(0)+\boldsymbol{A}^{-1}(\mathrm{e}^{\boldsymbol{A}t}-\boldsymbol{I})\boldsymbol{BU}\end{aligned}$$

当状态方程中的 $\boldsymbol{A}$、$\boldsymbol{B}$ 已知，并且 $\boldsymbol{A}$ 的逆阵存在，就可以求出系统在阶跃输入向量作用下的运动 $\boldsymbol{x}(t)$，系统的性能就一目了然了。

在其他形式输入向量作用下的系统运动形态也可以通过求得 $\boldsymbol{x}(t)$ 而进行定量分析。分析的内容和方法与经典控制理论中的时域分析法一样。

例 3.9　线性定常系统的状态方程为

$$\begin{bmatrix}\dot{x}_1\\\dot{x}_2\end{bmatrix}=\begin{bmatrix}0&1\\-2&-3\end{bmatrix}\begin{bmatrix}x_1\\x_2\end{bmatrix}+\begin{bmatrix}0\\1\end{bmatrix}u,\ \boldsymbol{x}(0)=\begin{bmatrix}1\\0\end{bmatrix}$$

求当 $u(t)=1(t)$ 时状态方程的解。

解：在例 3.7 中已经求得

$$\boldsymbol{\Phi}(t)=\mathrm{e}^{\boldsymbol{A}t}=\begin{bmatrix}2\mathrm{e}^{-t}-\mathrm{e}^{-2t}&\mathrm{e}^{-t}-\mathrm{e}^{-2t}\\-2\mathrm{e}^{-t}+2\mathrm{e}^{-2t}&-\mathrm{e}^{-t}+2\mathrm{e}^{-2t}\end{bmatrix}$$

由式（3.37）得

$$\begin{aligned}\boldsymbol{x}(t)&=\boldsymbol{\Phi}(t)\boldsymbol{x}(0)+\int_0^t\boldsymbol{\Phi}(t-\tau)\boldsymbol{B}u(\tau)\,\mathrm{d}\tau\\&=\begin{bmatrix}2\mathrm{e}^{-t}-\mathrm{e}^{-2t}&\mathrm{e}^{-t}-\mathrm{e}^{-2t}\\-2\mathrm{e}^{-t}+2\mathrm{e}^{-2t}&-\mathrm{e}^{-t}+2\mathrm{e}^{-2t}\end{bmatrix}\begin{bmatrix}1\\0\end{bmatrix}+\int_0^t\begin{bmatrix}2\mathrm{e}^{-(t-\tau)}-\mathrm{e}^{-2(t-\tau)}&\mathrm{e}^{-(t-\tau)}-\mathrm{e}^{-2(t-\tau)}\\-2\mathrm{e}^{-(t-\tau)}+2\mathrm{e}^{-2(t-\tau)}&-\mathrm{e}^{-(t-\tau)}+2\mathrm{e}^{-2(t-\tau)}\end{bmatrix}\begin{bmatrix}0\\1\end{bmatrix}1(\tau)\,\mathrm{d}\tau\\&=\begin{bmatrix}\dfrac{1}{2}+\mathrm{e}^{-t}-\dfrac{1}{2}\mathrm{e}^{-2t}\\-\mathrm{e}^{-t}+\mathrm{e}^{-2t}\end{bmatrix}\end{aligned}$$

在特定控制作用下，如脉冲函数、阶跃函数和斜坡函数等典型输入信号的激励下，系统的解式（3.37）可以简化为以下公式。

1. 脉冲响应

当 $\boldsymbol{u}(t)=\boldsymbol{K}\delta(t)$，$\boldsymbol{x}(0)=\boldsymbol{x}_0$ 时，有

$$\boldsymbol{x}(t)=\mathrm{e}^{\boldsymbol{A}t}\boldsymbol{x}_0+\mathrm{e}^{\boldsymbol{A}t}\boldsymbol{BK}\tag{3.39}$$

2. 阶跃响应

当 $\boldsymbol{u}(t)=\boldsymbol{K}\times1(t)$，$\boldsymbol{x}(0)=\boldsymbol{x}_0$ 时，有

$$x(t)=e^{At}x_0+A^{-1}(e^{At}-I)BK \tag{3.40}$$

3. 斜坡响应

当 $u(t)=Kt\times1(t)$，$x(0)=x_0$ 时，有

$$x(t)=e^{At}x_0+[A^{-2}(e^{At}-I)-A^{-1}t]BK \tag{3.41}$$

3.4 线性定常离散系统状态方程的解

3.4.1 线性定常连续系统状态方程的离散化

所谓线性定常连续系统状态方程的离散化，就是将线性定常连续系统的状态方程

$$\dot{x}(t)=Ax(t)+Bu(t)$$

变成如下形式的线性定常离散系统的状态方程

$$x(k+1)=Gx(k)+Hu(k)$$

因此，离散化的实质就是用一个矩阵差分方程去代替一个矩阵微分方程，但是必须满足在离散化以后，系统在各采样时刻的情况与原连续系统的情况相一致的条件。

设采样周期为 T，采样时刻为 $kT(k=0,1,2,\cdots)$，系统具有零阶保持特性。

已知线性定常连续系统状态方程的解为

$$x(t)=e^{A(t-t_0)}x(t_0)+\int_0^t e^{A(t-\tau)}Bu(\tau)d\tau \tag{3.42}$$

当考虑两相邻采样时刻 $t=kT$ 和 $t=(k+1)T$ 之间状态方程的解时，其输入向量 $u(t)=u(kT)$，初始时刻 $t_0=kT$，则状态方程式（3.42）的解为

$$x(t)=e^{A(t-kT)}x(kT)+\int_{kT}^{(k+1)T} e^{A(t-\tau)}Bu(kT)d\tau \quad [kT\leqslant t\leqslant(k+1)T] \tag{3.43}$$

考虑采样时刻的状态，令 $t=(k+1)T$ 并代入式（3.43），得

$$x[(k+1)T]=e^{AT}x(kT)+\int_{kT}^{(k+1)T} e^{A[(k+1)T-\tau]}Bd\tau\times u(kT) \tag{3.44}$$

对式（3.44）进行积分变换，即令

$$t=(k+1)T-\tau$$

则式（3.44）变为

$$x[(k+1)T]=e^{AT}x(kT)+\int_0^T e^{At}Bdt\times u(kT) \tag{3.45}$$

令

$$\begin{cases} G=e^{AT} \\ H=\int_0^T e^{At}Bdt \end{cases} \tag{3.46}$$

得到线性定常连续系统状态方程的离散化方程为

$$x(k+1)=Gx(k)+Hu(k) \tag{3.47a}$$

由于输出方程是一个线性方程，离散化后，在采样时刻 kT，系统的离散输出 $y(kT)$ 与离散状态 $x(kT)$ 和离散输入 $u(kT)$ 之间仍保持原来的线性关系。因此，离散化前后的矩阵

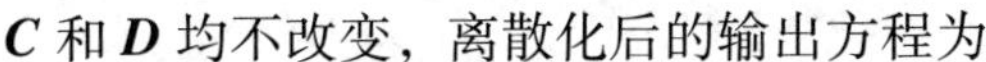

$\boldsymbol{C}$ 和 $\boldsymbol{D}$ 均不改变，离散化后的输出方程为

$$\boldsymbol{y}(k)=\boldsymbol{Cx}(k)+\boldsymbol{Du}(k) \tag{3.47b}$$

例 3.10　给定线性连续定常系统

$$\dot{\boldsymbol{x}}=\begin{bmatrix}0 & 1\\0 & -2\end{bmatrix}\boldsymbol{x}+\begin{bmatrix}0\\1\end{bmatrix}\boldsymbol{u}\quad (t\geqslant 0)$$

试列写采样周期 $T=0.1\mathrm{s}$ 的离散化状态方程。

解：首先计算给定连续系统的矩阵指数函数 $\mathrm{e}^{\boldsymbol{A}t}$。为此，采用拉普拉斯变换法确定

$$[s\boldsymbol{I}-\boldsymbol{A}]^{-1}=\begin{bmatrix}s & -1\\0 & s+2\end{bmatrix}^{-1}=\begin{bmatrix}\dfrac{1}{s} & \dfrac{1}{s(s+2)}\\0 & \dfrac{1}{(s+2)}\end{bmatrix}$$

再将上式取拉普拉斯反变换，即可得到

$$\mathrm{e}^{\boldsymbol{A}t}=L^{-1}[s\boldsymbol{I}-\boldsymbol{A}]^{-1}=\begin{bmatrix}1 & 0.5(1-\mathrm{e}^{-2t})\\0 & \mathrm{e}^{-2t}\end{bmatrix}$$

进而，根据式（3.46）可求出时间离散化系统的系数矩阵为

$$\boldsymbol{G}=\mathrm{e}^{\boldsymbol{A}T}=\begin{bmatrix}1 & 0.5(1-\mathrm{e}^{-2T})\\0 & \mathrm{e}^{-2T}\end{bmatrix}=\begin{bmatrix}1 & 0.091\\0 & 0.819\end{bmatrix}$$

$$\begin{aligned}\boldsymbol{H}&=\left(\int_0^T\mathrm{e}^{\boldsymbol{A}t}\mathrm{d}t\right)\boldsymbol{B}=\left(\int_0^T\begin{bmatrix}1 & 0.5(1-\mathrm{e}^{-2t})\\0 & \mathrm{e}^{-2t}\end{bmatrix}\mathrm{d}t\right)\begin{bmatrix}0\\1\end{bmatrix}\\&=\begin{bmatrix}T & 0.5T+0.25\mathrm{e}^{-2T}-0.25\\0 & -0.5\mathrm{e}^{-2T}+0.5\end{bmatrix}\begin{bmatrix}0\\1\end{bmatrix}\\&=\begin{bmatrix}0.5T+0.25\mathrm{e}^{-2T}-0.25\\-0.5\mathrm{e}^{-2T}+0.5\end{bmatrix}=\begin{bmatrix}0.005\\0.091\end{bmatrix}\end{aligned}$$

于是时间离散化状态方程为

$$\boldsymbol{x}[(k+1)]=\begin{bmatrix}1 & 0.091\\0 & 0.819\end{bmatrix}\boldsymbol{x}(k)+\begin{bmatrix}0.005\\0.091\end{bmatrix}\boldsymbol{u}(k)$$

3.4.2　线性定常离散系统状态方程的解

离散时间系统的状态方程有迭代法（Iterative Method，也称为递推法）和 z 变换法两种解法。迭代法既适用于时不变系统，也适用于时变系统，而 z 变换法只能用于时不变系统。

1. 迭代法

迭代法是一种递推的数值解法。当给定初始状态及输入函数时，将其代入方程式（3.47），采用迭代运算可求得方程在各个采样时刻的数值解。这种方法特别适用于计算机求解。

线性时不变离散系统的状态空间表达式为

$$\begin{cases}\boldsymbol{x}(k+1)=\boldsymbol{Gx}(k)+\boldsymbol{Hu}(k)\\\boldsymbol{y}(k)=\boldsymbol{Cx}(k)+\boldsymbol{Du}(k)\end{cases}\quad (k=0,1,2,\cdots) \tag{3.48}$$

式中，$\boldsymbol{x}(k)$ 为 n 维状态；$\boldsymbol{u}(k)$ 为 r 维输入；$\boldsymbol{G}$、$\boldsymbol{H}$、$\boldsymbol{C}$、$\boldsymbol{D}$ 为相应维数的常值矩阵。

若给定系统的初始状态 $\boldsymbol{x}(k)|_{k=0}=\boldsymbol{x}(0)$，输入向量为 $\boldsymbol{u}(k)$，方程中依次令 $k=0,1,2,\cdots$，可

递推求得

$$\begin{cases}\boldsymbol{x}(1)=\boldsymbol{G}\boldsymbol{x}(0)+\boldsymbol{H}\boldsymbol{u}(0)\\\boldsymbol{x}(2)=\boldsymbol{G}\boldsymbol{x}(1)+\boldsymbol{H}\boldsymbol{u}(1)=\boldsymbol{G}^2\boldsymbol{x}(0)+\boldsymbol{G}\boldsymbol{H}\boldsymbol{u}(0)+\boldsymbol{H}\boldsymbol{u}(1)\\\boldsymbol{x}(3)=\boldsymbol{G}\boldsymbol{x}(2)+\boldsymbol{H}\boldsymbol{u}(2)=\boldsymbol{G}^3\boldsymbol{x}(0)+\boldsymbol{G}^2\boldsymbol{H}\boldsymbol{u}(0)+\boldsymbol{G}\boldsymbol{H}\boldsymbol{u}(1)+\boldsymbol{H}\boldsymbol{u}(2)\\\quad\vdots\end{cases}\tag{3.49}$$

继续下去，运用归纳法，可以得到递推求解公式为

$$\boldsymbol{x}(k)=\boldsymbol{G}^k\boldsymbol{x}(0)+\sum_{i=0}^{k-1}\boldsymbol{G}^{k-i-1}\boldsymbol{H}\boldsymbol{u}(i)\tag{3.50}$$

由式（3.50）可以看出，线性离散系统非齐次状态方程的解与连续系统类似，也由两部分组成。第一部分是由初始状态引起的响应，是系统运动的自由分量；第二部分是由各采样时刻的输入信号引起的响应，是系统运动的强迫分量。此外，式（3.50）还清楚地表明，第 k 个采样时刻的状态只与前 $k-1$ 个采样时刻的输入值有关，而与第 k 个及以后采样时刻的输入值无关。

式（3.50）中的 $\boldsymbol{G}^k$ 称为线性定常离散系统的状态转移矩阵，与线性连续系统相似，可将其表示为

$$\boldsymbol{\Phi}(k)=\boldsymbol{G}^k\tag{3.51}$$

$\boldsymbol{\Phi}(k)$ 是满足如下矩阵差分方程和初始条件

$$\begin{cases}\boldsymbol{\Phi}(k+1)=\boldsymbol{G}\boldsymbol{\Phi}(k)\\\boldsymbol{\Phi}(0)=\boldsymbol{I}\end{cases}\tag{3.52}$$

的解。将式（3.51）代入式（3.50）中，则得线性离散系统状态方程的解为

$$\boldsymbol{x}(k)=\boldsymbol{\Phi}(k)\boldsymbol{x}(0)+\sum_{i=0}^{k-1}\boldsymbol{\Phi}(k-i-1)\boldsymbol{H}\boldsymbol{u}(i)\tag{3.53a}$$

或

$$\boldsymbol{x}(k)=\boldsymbol{\Phi}(k)\boldsymbol{x}(0)+\sum_{j=0}^{k-1}\boldsymbol{\Phi}(j)\boldsymbol{H}\boldsymbol{u}(k-j-1)\tag{3.53b}$$

将式（3.53）代入线性定常离散系统的输出方程式（3.47b）中，可得

$$\boldsymbol{y}(k)=\boldsymbol{C}\boldsymbol{\Phi}(k)\boldsymbol{x}(0)+\boldsymbol{C}\sum_{i=0}^{k-1}\boldsymbol{\Phi}(k-i-1)\boldsymbol{H}\boldsymbol{u}(i)\tag{3.54a}$$

或

$$\boldsymbol{y}(k)=\boldsymbol{C}\boldsymbol{\Phi}(k)\boldsymbol{x}(0)+\boldsymbol{C}\sum_{j=0}^{k-1}\boldsymbol{\Phi}(j)\boldsymbol{H}\boldsymbol{u}(k-j-1)\tag{3.54b}$$

2. z 变换法

对于线性定常离散时间系统，还可以用 z 变换法求解状态方程的解。

设定常离散时间系统的状态方程为

$$\boldsymbol{x}(k+1)=\boldsymbol{G}\boldsymbol{x}(k)+\boldsymbol{H}\boldsymbol{u}(k)\quad[x(0)=x_0,\quad k=0,1,2,\cdots]\tag{3.55}$$

对上式两边进行 z 变换，得

$$z\boldsymbol{X}(z)-z\boldsymbol{x}(0)=\boldsymbol{G}\boldsymbol{X}(z)+\boldsymbol{H}\boldsymbol{U}(z)$$

于是有

$$\boldsymbol{X}(z)=(z\boldsymbol{I}-\boldsymbol{G})^{-1}z\boldsymbol{x}(0)+(z\boldsymbol{I}-\boldsymbol{G})^{-1}\boldsymbol{H}\boldsymbol{U}(z) \tag{3.56}$$

式（3.56）两边取 z 反变换，得到 x 的离散序列为

$$\boldsymbol{x}(k)=Z^{-1}[(z\boldsymbol{I}-\boldsymbol{G})^{-1}z]\boldsymbol{x}(0)+Z^{-1}[(z\boldsymbol{I}-\boldsymbol{G})^{-1}\boldsymbol{H}\boldsymbol{u}(z)] \tag{3.57}$$

比较式（3.57）和式（3.53），由解的唯一性可得

$$\boldsymbol{\Phi}(k)=Z^{-1}[(z\boldsymbol{I}-\boldsymbol{G})^{-1}z] \tag{3.58}$$

$$\sum_{i=0}^{k-1}\boldsymbol{\Phi}(k-i-1)\boldsymbol{H}\boldsymbol{u}(i)=Z^{-1}[(z\boldsymbol{I}-\boldsymbol{G})^{-1}\boldsymbol{H}\boldsymbol{u}(z)] \tag{3.59}$$

例 3.11　已知 $\boldsymbol{x}(0)=[1\quad -1]^{\mathrm{T}}$，$u(k)=1$（$k=0,1,2,\cdots$），求线性定常离散系统

$$\boldsymbol{x}(k+1)=\begin{bmatrix}0 & 1\\ -0.16 & -1\end{bmatrix}\boldsymbol{x}(k)+\begin{bmatrix}1\\1\end{bmatrix}u(k)$$

的解。

解：（1）用迭代法求解

$$\boldsymbol{x}(1)=\boldsymbol{G}\boldsymbol{x}(0)+\boldsymbol{H}u(0)=\begin{bmatrix}0 & 1\\ -0.16 & -1\end{bmatrix}\begin{bmatrix}1\\-1\end{bmatrix}+\begin{bmatrix}1\\1\end{bmatrix}=\begin{bmatrix}0\\1.84\end{bmatrix}$$

$$\boldsymbol{x}(2)=\boldsymbol{G}\boldsymbol{x}(1)+\boldsymbol{H}u(1)=\begin{bmatrix}0 & 1\\ -0.16 & -1\end{bmatrix}\begin{bmatrix}0\\1.84\end{bmatrix}+\begin{bmatrix}1\\1\end{bmatrix}=\begin{bmatrix}2.84\\-0.84\end{bmatrix}$$

$$\boldsymbol{x}(3)=\boldsymbol{G}\boldsymbol{x}(2)+\boldsymbol{H}u(2)=\begin{bmatrix}0 & 1\\ -0.16 & -1\end{bmatrix}\begin{bmatrix}2.84\\-0.84\end{bmatrix}+\begin{bmatrix}1\\1\end{bmatrix}=\begin{bmatrix}0.16\\1.386\end{bmatrix}$$

$$\vdots$$

可以继续迭代下去，直到所需要的时刻为止。所得结果是 $\boldsymbol{x}(k)$ 的离散序列。经过比较烦琐的计算，可以得到状态的离散序列表达式为

$$\boldsymbol{x}(k)=\begin{bmatrix}-\dfrac{17}{6}(-0.2)^k+\dfrac{22}{9}(-0.8)^k+\dfrac{25}{18}\\[2mm] -\dfrac{3.4}{6}(-0.2)^k-\dfrac{17.6}{9}(-0.8)^k+\dfrac{7}{18}\end{bmatrix}\quad(k=1,2,\cdots)$$

（2）用 z 变换法求解

$$\boldsymbol{\Phi}(k)=\boldsymbol{G}^k=Z^{-1}[(z\boldsymbol{I}-\boldsymbol{G})^{-1}z]$$

先计算 $(z\boldsymbol{I}-\boldsymbol{G})^{-1}$，有

$$\begin{aligned}(z\boldsymbol{I}-\boldsymbol{G})^{-1}&=\begin{bmatrix}z & -1\\ 0.16 & z+1\end{bmatrix}^{-1}\\ &=\frac{1}{(z+0.2)(z+0.8)}\begin{bmatrix}z+1 & 1\\ -0.16 & z\end{bmatrix}\\ &=\begin{bmatrix}\dfrac{4}{3}\times\dfrac{1}{z+0.2}-\dfrac{1}{3}\times\dfrac{1}{z+0.8} & \dfrac{5}{3}\times\dfrac{1}{z+0.2}-\dfrac{5}{3}\times\dfrac{1}{z+0.8}\\[2mm] -\dfrac{0.8}{3}\times\dfrac{1}{z+0.2}+\dfrac{0.8}{3}\times\dfrac{1}{z+0.8} & -\dfrac{1}{3}\times\dfrac{1}{z+0.2}+\dfrac{4}{3}\times\dfrac{1}{z+0.8}\end{bmatrix}\end{aligned}$$

所以有

$$\boldsymbol{\Phi}(k)=Z^{-1}[(z\boldsymbol{I}-\boldsymbol{G})^{-1}z]$$

$$=\begin{bmatrix} \frac{4}{3}(-0.2)^k-\frac{1}{3}(-0.8)^k & \frac{5}{3}(-0.2)^k-\frac{5}{3}(-0.8)^k \\ -\frac{0.8}{3}(-0.2)^k+\frac{0.8}{3}(-0.8)^k & -\frac{1}{3}(-0.2)^k+\frac{4}{3}(-0.8)^k \end{bmatrix}$$

再计算 $\boldsymbol{x}(k)$，因为 $u(k)=1$，所以 $U(z)=z/(z-1)$。

$$z\boldsymbol{x}(0)+\boldsymbol{H}U(z)=\begin{bmatrix} z \\ -z \end{bmatrix}+\begin{bmatrix} \frac{z}{z-1} \\ \frac{z}{z-1} \end{bmatrix}=\begin{bmatrix} \frac{z^2}{z-1} \\ \frac{-z^2+2z}{z-1} \end{bmatrix}$$

将上式代入式（3.56），得

$$\boldsymbol{X}(z)=(z\boldsymbol{I}-\boldsymbol{G})^{-1}[z\boldsymbol{x}(0)+\boldsymbol{H}U(z)]$$

$$=\begin{bmatrix} -\frac{17}{6}\frac{z}{z+0.2}+\frac{22}{9}\frac{z}{z+0.8}+\frac{25}{18}\frac{z}{z-1} \\ \frac{3.4}{6}\frac{z}{z+0.2}-\frac{17.6}{9}\frac{z}{z+0.8}+\frac{7}{18}\frac{z}{z-1} \end{bmatrix}$$

对上式 $\boldsymbol{X}(z)$ 取 z 反变换，得

$$\boldsymbol{x}(k)=\begin{bmatrix} -\frac{17}{6}(-0.2)^k+\frac{22}{9}(-0.8)^k+\frac{25}{18} \\ \frac{3.4}{6}(-0.2)^k-\frac{17.6}{9}(-0.8)^k+\frac{7}{18} \end{bmatrix}$$

以上两种方法的计算结果完全一致，只是迭代法是一个数值解，而 z 变换法则得到了一个解析表达式。

3.5 线性时变系统状态方程的解

和线性定常系统不同，线性时变系统状态方程的解通常不能写成解析形式，因此数值解法对于时变系统是十分重要的。

3.5.1 时变系统状态方程解的特点

为了讨论时变系统状态方程的求解方法，现在先讨论一个标量时变系统

$$\frac{\mathrm{d}x(t)}{\mathrm{d}t}=a(t)x(t) \tag{3.60}$$

采用分离变量法，将式（3.60）写成

$$\frac{\mathrm{d}x(t)}{x(t)}=a(t)\mathrm{d}t$$

对上式两边积分得

$$\ln x(t)-\ln x(t_0)=\int_{t_0}^{t}a(\tau)\mathrm{d}\tau$$

因此有

$$x(t)=\mathrm{e}^{\int_{t_0}^{t}a(\tau)\mathrm{d}\tau}x(t_0) \tag{3.61}$$

仿照定常系统齐次状态方程的求解公式，式（3.61）中的 $\mathrm{e}^{\int_{t_0}^{t}a(\tau)\mathrm{d}\tau}$ 也可以表示为状态转移矩阵，不过这时状态转移矩阵不仅是时间 t 的函数，而且也是初始时刻 t_0 的函数。故采用符号 $\boldsymbol{\Phi}(t,t_0)$ 来表示这个二元函数

$$\boldsymbol{\Phi}(t,t_0)=\mathrm{e}^{\int_{t_0}^{t}a(\tau)\mathrm{d}\tau} \tag{3.62}$$

于是式（3.61）可写成

$$x(t)=\boldsymbol{\Phi}(t,t_0)x(t_0) \tag{3.63}$$

能否将式（3.62）这个关系式也推广到矢量方程

$$\dot{\boldsymbol{x}}=\boldsymbol{A}(t)\boldsymbol{x}(t)$$

使之有

$$\boldsymbol{x}(t)=\mathrm{e}^{\int_{t_0}^{t}\boldsymbol{A}(\tau)\mathrm{d}\tau}\boldsymbol{x}(t_0) \tag{3.64}$$

遗憾的是，只有当 $\boldsymbol{A}(t)$ 和 $\int_{t_0}^{t}\boldsymbol{A}(\tau)\mathrm{d}\tau$ 满足乘法可交换条件时，上述关系才能成立。现证明如下：

如果 $\mathrm{e}^{\int_{t_0}^{t}\boldsymbol{A}(\tau)\mathrm{d}\tau}\boldsymbol{x}(t_0)$ 是齐次方程的解，那么 $\mathrm{e}^{\int_{t_0}^{t}\boldsymbol{A}(\tau)\mathrm{d}\tau}\boldsymbol{x}(t_0)$ 必须满足

$$\frac{\mathrm{d}}{\mathrm{d}t}\left[\mathrm{e}^{\int_{t_0}^{t}\boldsymbol{A}(\tau)\mathrm{d}\tau}\right]=\boldsymbol{A}(t)\left[\mathrm{e}^{\int_{t_0}^{t}\boldsymbol{A}(\tau)\mathrm{d}\tau}\right] \tag{3.65}$$

把 $\mathrm{e}^{\int_{t_0}^{t}\boldsymbol{A}(\tau)\mathrm{d}\tau}$ 展开成幂级数为

$$\mathrm{e}^{\int_{t_0}^{t}\boldsymbol{A}(\tau)\mathrm{d}\tau}=\boldsymbol{I}+\int_{t_0}^{t}\boldsymbol{A}(\tau)\mathrm{d}\tau+\frac{1}{2!}\int_{t_0}^{t}\boldsymbol{A}(\tau)\mathrm{d}\tau\int_{t_0}^{t}\boldsymbol{A}(\tau)\mathrm{d}\tau+\cdots \tag{3.66}$$

式（3.66）两边对时间取导数有

$$\frac{\mathrm{d}}{\mathrm{d}t}\left[\mathrm{e}^{\int_{t_0}^{t}\boldsymbol{A}(\tau)\mathrm{d}\tau}\right]=\boldsymbol{A}(t)+\frac{1}{2}\boldsymbol{A}(t)\int_{t_0}^{t}\boldsymbol{A}(\tau)\mathrm{d}\tau+\frac{1}{2}\int_{t_0}^{t}\boldsymbol{A}(\tau)\mathrm{d}\tau\boldsymbol{A}(t)+\cdots \tag{3.67}$$

把式（3.66）两边左乘 $\boldsymbol{A}(t)$，有

$$\boldsymbol{A}(t)\mathrm{e}^{\int_{t_0}^{t}\boldsymbol{A}(\tau)\mathrm{d}\tau}=\boldsymbol{A}(t)+\boldsymbol{A}(t)\int_{t_0}^{t}\boldsymbol{A}(\tau)\mathrm{d}\tau+\cdots \tag{3.68}$$

比较式（3.67）和式（3.68）可以看出，要使

$$\frac{\mathrm{d}}{\mathrm{d}t}\left[\mathrm{e}^{\int_{t_0}^{t}\boldsymbol{A}(\tau)\mathrm{d}\tau}\right]=\boldsymbol{A}(t)\left[\mathrm{e}^{\int_{t_0}^{t}\boldsymbol{A}(\tau)\mathrm{d}\tau}\right]$$

成立，其充分必要条件是

$$\boldsymbol{A}(t)\int_{t_0}^{t}\boldsymbol{A}(\tau)\mathrm{d}\tau=\int_{t_0}^{t}\boldsymbol{A}(\tau)\mathrm{d}\tau\boldsymbol{A}(t) \tag{3.69}$$

即 $\boldsymbol{A}(t)$ 和 $\int_{t_0}^{t}\boldsymbol{A}(\tau)\mathrm{d}\tau$ 是乘法可交换的。但是，这个条件是很苛刻的，一般是不成立的。因此时变系统的自由解，通常不能像定常系统那样写成一个封闭形式。

3.5.2 线性时变系统齐次状态方程的解

尽管线性时变系统的自由解不能像定常系统那样写成一个封闭的解析形式，但仍然能表示为状态转移矩阵的形式。对于齐次状态方程：

$$\dot{\boldsymbol{x}}=\boldsymbol{A}(t)\boldsymbol{x},\boldsymbol{x}(t)\big|_{t=t_0}=\boldsymbol{x}(t_0) \tag{3.70}$$

其解为

$$\boldsymbol{x}(t)=\boldsymbol{\Phi}(t,t_0)\boldsymbol{x}(t_0) \tag{3.71}$$

式中，$\boldsymbol{\Phi}(t,t_0)$ 类似于前述线性定常系统中的 $\boldsymbol{\Phi}(t-t_0)$，它也是 $n\times n$ 阶非奇异方阵，并满足如下的矩阵微分方程和初始条件

$$\dot{\boldsymbol{\Phi}}(t,t_0)=\boldsymbol{A}(t)\boldsymbol{\Phi}(t,t_0),\ \boldsymbol{\Phi}(t_0,t_0)=\boldsymbol{I} \tag{3.72}$$

证明：将式（3.71）代入式（3.70），有

$$\frac{\mathrm{d}}{\mathrm{d}t}[\boldsymbol{\Phi}(t,t_0)\boldsymbol{x}(t_0)]=\boldsymbol{A}(t)\boldsymbol{\Phi}(t,t_0)\boldsymbol{x}(t_0)$$

即

$$\dot{\boldsymbol{\Phi}}(t,t_0)=\boldsymbol{A}(t)\boldsymbol{\Phi}(t,t_0)$$

令式（3.71）中 $t=t_0$，有

$$\boldsymbol{x}(t_0)=\boldsymbol{\Phi}(t_0,t_0)\boldsymbol{x}(t_0)$$

即

$$\boldsymbol{\Phi}(t_0,t_0)=\boldsymbol{I}$$

这就证明了满足式（3.72）的 $\boldsymbol{\Phi}(t,t_0)$ 并按式（3.71）所求得的 $\boldsymbol{x}(t)$ 是齐次微分方程式（3.70）的解。

从式（3.71）可知，齐次状态方程的解和前面介绍的定常系统一样，也是初始状态的转移，故 $\boldsymbol{\Phi}(t,t_0)$ 也称为时变系统的状态转移矩阵。在一般情况下，只需将 $\boldsymbol{\Phi}(t)$ 或 $\boldsymbol{\Phi}(t-t_0)$ 改为 $\boldsymbol{\Phi}(t,t_0)$，则前面关于定常系统所得到的大部分结论，均可推广应用于线性时变系统。

3.5.3 线性时变系统状态转移矩阵 $\boldsymbol{\Phi}(t,t_0)$ 基本性质

与线性定常系统的状态转移矩阵类似，线性时变系统的状态转移矩阵同样有如下性质。

1. 组合性

$$\boldsymbol{\Phi}(t_2,t_1)\boldsymbol{\Phi}(t_1,t_0)=\boldsymbol{\Phi}(t_2,t_0) \tag{3.73}$$

因为

$$\boldsymbol{x}(t_1)=\boldsymbol{\Phi}(t_1,t_0)\boldsymbol{x}(t_0)$$
$$\boldsymbol{x}(t_2)=\boldsymbol{\Phi}(t_2,t_0)\boldsymbol{x}(t_0)$$

且

$$\begin{aligned}\boldsymbol{x}(t_2)&=\boldsymbol{\Phi}(t_2,t_1)\boldsymbol{x}(t_1)\\&=\boldsymbol{\Phi}(t_2,t_1)\boldsymbol{\Phi}(t_1,t_0)\boldsymbol{x}(t_0)\end{aligned}$$

故式（3.73）成立。

2. 不变性

$$\boldsymbol{\Phi}(t,t)=\boldsymbol{I}$$

见式（3.72）。

3. 可逆性

$$\boldsymbol{\Phi}^{-1}(t_0,t)=\boldsymbol{\Phi}(t,t_0) \tag{3.74}$$

因为从式（3.72）和式（3.73）可得

$$\boldsymbol{\Phi}(t,t_0)\boldsymbol{\Phi}(t_0,t)=\boldsymbol{\Phi}(t,t)=\boldsymbol{I}$$

或

$$\boldsymbol{\Phi}(t,t_0)=\boldsymbol{\Phi}^{-1}(t_0,t)$$

所以无论右乘 $\boldsymbol{\Phi}^{-1}(t_0,t)$，或左乘 $\boldsymbol{\Phi}^{-1}(t_0,t)$，式（3.74）都成立，故 $\boldsymbol{\Phi}(t,t_0)$ 是非奇异矩阵，其逆存在，且等于 $\boldsymbol{\Phi}(t,t_0)$。

4. 可导性

$$\dot{\boldsymbol{\Phi}}(t,t_0)=\boldsymbol{A}(t)\boldsymbol{\Phi}(t,t_0)$$

见式（3.72），且 $\boldsymbol{A}(t)$ 和 $\boldsymbol{\Phi}(t,t_0)$ 一般是不能交换的。

3.5.4　线性时变系统非齐次状态方程的解

线性时变系统非齐次状态方程为

$$\dot{\boldsymbol{x}}(t)=\boldsymbol{A}(t)\boldsymbol{x}(t)+\boldsymbol{B}(t)\boldsymbol{u}(t) \tag{3.75}$$

且 $\boldsymbol{A}(t)$ 和 $\boldsymbol{B}(t)$ 的元素在时间区间 $t_0\leqslant t\leqslant t_2$ 内分段连续，则其解为

$$\boldsymbol{x}(t)=\boldsymbol{\Phi}(t,t_0)\boldsymbol{x}(t_0)+\int_0^t\boldsymbol{\Phi}(t,\tau)\boldsymbol{B}(\tau)\boldsymbol{u}(\tau)\mathrm{d}\tau \tag{3.76}$$

证明：线性系统满足叠加原理，故可将式（3.75）的解看成由初始状态 $\boldsymbol{x}(t_0)$ 的转移和控制作用激励的状态 $\boldsymbol{x}_u(t)$ 的转移两部分组成，即

$$\boldsymbol{x}(t)=\boldsymbol{\Phi}(t,t_0)\boldsymbol{x}(t_0)+\boldsymbol{\Phi}(t,t_0)\boldsymbol{x}_u(t)=\boldsymbol{\Phi}(t,t_0)[\boldsymbol{x}(t_0)+\boldsymbol{x}_u(t)] \tag{3.77}$$

将式（3.77）代入式（3.75），有

$$\dot{\boldsymbol{\Phi}}(t,t_0)[\boldsymbol{x}(t_0)+\boldsymbol{x}_u(t)]+\boldsymbol{\Phi}(t,t_0)\dot{\boldsymbol{x}}_u(t)=\boldsymbol{A}(t)\boldsymbol{x}(t)+\boldsymbol{B}(t)\boldsymbol{u}(t)$$

即

$$\boldsymbol{A}(t)\boldsymbol{x}(t)+\boldsymbol{\Phi}(t,t_0)\dot{\boldsymbol{x}}_u(t)=\boldsymbol{A}(t)\boldsymbol{x}(t)+\boldsymbol{B}(t)\boldsymbol{u}(t)$$

从而得

$$\dot{\boldsymbol{x}}_u(t)=\boldsymbol{\Phi}^{-1}(t,t_0)\boldsymbol{B}(t)\boldsymbol{u}(t)=\boldsymbol{\Phi}(t_0,t)\boldsymbol{B}(t)\boldsymbol{u}(t)$$

在 $t_0\sim t$ 区间积分，有

$$\boldsymbol{x}_u(t)=\int_{t_0}^t\boldsymbol{\Phi}(t_0,\tau)\boldsymbol{B}(\tau)\boldsymbol{u}(\tau)\mathrm{d}\tau+\boldsymbol{x}_u(t_0)$$

于是有

$$\begin{aligned}\boldsymbol{x}(t)&=\boldsymbol{\Phi}(t,t_0)\left[\boldsymbol{x}(t_0)+\int_{t_0}^t\boldsymbol{\Phi}(t_0,\tau)\boldsymbol{B}(\tau)\boldsymbol{u}(\tau)\mathrm{d}\tau+\boldsymbol{x}_u(t_0)\right]\\&=\boldsymbol{\Phi}(t,t_0)\boldsymbol{x}(t_0)+\int_{t_0}^t\boldsymbol{\Phi}(t,\tau)\boldsymbol{B}(\tau)\boldsymbol{u}(\tau)\mathrm{d}\tau+\boldsymbol{\Phi}(t,t_0)\boldsymbol{x}_u(t_0)\end{aligned}$$

令式（3.77）中 $t=t_0$，并注意到 $\boldsymbol{\Phi}(t_0,t_0)=\boldsymbol{I}$，可知 $\boldsymbol{x}_u(t_0)=0$，这样由上式即可得到式（3.76）。

3.6 利用 MATLAB 求解系统的状态方程

对于线性定常连续系统，其状态方程为

$$\dot{\boldsymbol{x}}=\boldsymbol{A}\boldsymbol{x}(t)+\boldsymbol{B}u(t),\boldsymbol{x}(0)=\boldsymbol{x}_0 \quad (t\geqslant 0)$$

式中变量、矩阵及其维数定义同前。上式的状态响应为

$$\boldsymbol{x}(t)=\boldsymbol{\Phi}(t)\boldsymbol{x}(0)+\int_0^t \boldsymbol{\Phi}(t-\tau)\boldsymbol{B}u(\tau)\mathrm{d}\tau \quad (t\geqslant 0)$$

对于线性定常系统，上式中状态转移矩阵 $\boldsymbol{\Phi}(t)=\mathrm{e}^{\boldsymbol{A}t}$，则有

$$\boldsymbol{x}(t)=\mathrm{e}^{\boldsymbol{A}t}\boldsymbol{x}(0)+\int_0^t \mathrm{e}^{\boldsymbol{A}(t-\tau)}\boldsymbol{B}u(\tau)\mathrm{d}\tau \quad (t\geqslant 0)$$

1. *expm*( ) 函数

利用 MATLAB 控制工具箱中的 *expm*( ) 函数可计算给定时刻的状态转移矩阵。注意 *expm*(**A**) 函数用来计算矩阵指数函数，而 *expm*(**A**) 函数却是对 **A** 中每个元素 a_{ij} 计算 $\mathrm{e}^{a_{ij}}$。

例 3.12　已知某 *RC* 网络状态方程为

$$\begin{bmatrix}\dot{x}_1\\ \dot{x}_2\end{bmatrix}=\begin{bmatrix}0 & -2\\ 1 & -3\end{bmatrix}\begin{bmatrix}x_1\\ x_2\end{bmatrix}+\begin{bmatrix}2\\ 0\end{bmatrix}u,\boldsymbol{x}(0)=[1 \quad 1]^{\mathrm{T}},u=0$$

试求当 $t=0.2\mathrm{s}$ 时系统的状态响应。

解：(1) 计算 $t=0.2\mathrm{s}$ 时的状态响应矩阵（即矩阵指数 $\mathrm{e}^{\boldsymbol{A}t}\big|_{t=0.2}$）。

MATLAB 程序如下：

```
>>A=[0-2;1-3];B=[2;0];
>>expm(A*0.2)
```

运行结果如下：

```
ans=
     0.9671-0.2968
     0.1484 0.5219
```

(2) 计算 $t=0.2\mathrm{s}$ 时系统的状态响应，因为 $u=0$，可得

$$\begin{bmatrix}x_1\\ x_2\end{bmatrix}_{t=0.2}=\begin{bmatrix}0.9671 & -0.2968\\ 0.1484 & 0.5219\end{bmatrix}\begin{bmatrix}x_1\\ x_2\end{bmatrix}_{u=0}=\begin{bmatrix}0.6703\\ 0.6703\end{bmatrix}$$

2. *step*( ) 函数

利用 MATLAB 控制工具箱中的函数 *step*( ) 可直接求取阶跃输入时系统的状态响应，函数调用格式为 $[y,t,\boldsymbol{x}]=step(\boldsymbol{G})$。

其中，**G** 为给定系统的 LTI 模型。当该函数被调用后，将同时返回自动生成的时间变量 t、系统输出 y 及系统状态响应向量 $\boldsymbol{x}$。

例 3.13　系统状态方程为

$$\dot{\boldsymbol{x}}(t)=\begin{bmatrix}-22 & 18 & -20\\ 18 & -22 & 20\\ 40 & -40 & -40\end{bmatrix}\boldsymbol{x}(t)+\begin{bmatrix}0\\ 1\\ 2\end{bmatrix}\boldsymbol{u}(t),\boldsymbol{y}(t)=[1 \quad 0 \quad 2]\boldsymbol{x}(t)$$

试求系统的状态响应曲线。

解：用 MATLAB 函数来求解状态响应曲线的程序如下：

```
>>A=[-22 18 -20;18 -22 20;40 -40 -40];B=[0;1;2];C=[1  0  2];D=[0];
>>G=ss(A,B,C,D);[y,t,x]=step(G);
>>plot(t,x)
```

系统的状态响应曲线如图 3.2 所示。

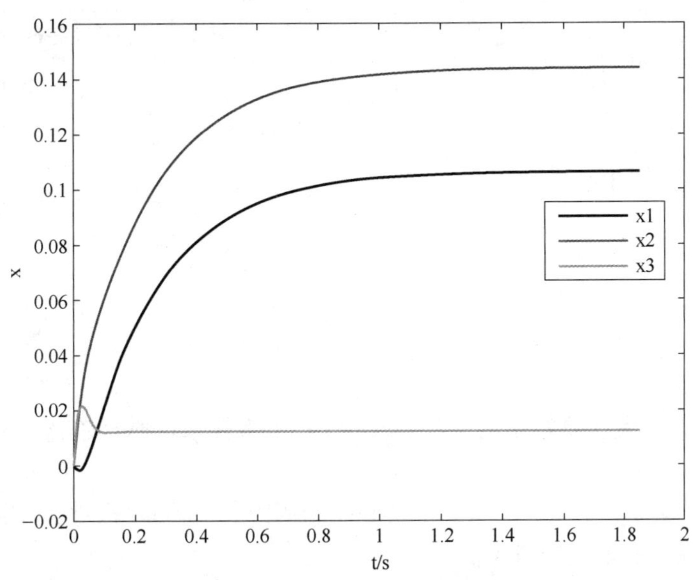

图 3.2　例 3.13 系统的状态响应曲线

3. *lsim*( ) 函数

利用 MATLAB 控制工具箱中的 *lsim*( ) 函数可求取任意输入时系统的状态响应，函数调用格式为 $[y,t,\boldsymbol{x}]=lsim(\boldsymbol{G},\boldsymbol{u},t)$。

可见，这个函数的调用格式与 *step*( ) 函数是很相似的，只是在这个函数的调用中多了一个向量 $\boldsymbol{u}$，它是系统输入在各个时刻的值。当系统状态初值为零时的响应（即零状态响应）可用 *lsim*( ) 函数直接求得。

例 3.14　在例 3.13 所示系统中，当状态初值为零，控制输入 $u(t)=1+\mathrm{e}^{-t}\cos 5t$ 时，求系统的零状态响应。

解：可用下面的 MATLAB 语句直接求得：

```
>>A=[-22 18 -20;18 -22 20;40 -40 -40];B=[0;1;2];C=[1 0 2];D=[0];
>>t=[0:.04:4];u=1+exp(-t).*cos(5*t);G=ss(A,B,C,D);[y,t,x]=
lsim(G,u,t);
>>plot(t,x)
```

系统的零状态响应曲线如图 3.3 所示。

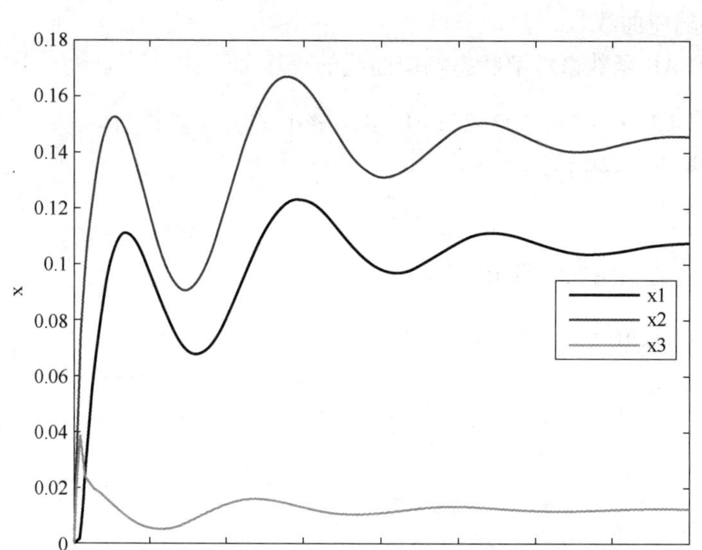

图 3.3　例 3.14 系统的零状态响应曲线

4. *impulse*( ) 函数

利用 MATLAB 控制工具箱中的函数 *impulse*( ) 可直接求取脉冲输入时系统的状态响应，函数调用格式为 $[y,t,\boldsymbol{x}]=impulse(\boldsymbol{G},\boldsymbol{u},t)$。

其中，$\boldsymbol{G}$ 为给定系统的 LTI 模型。当该函数被调用后，将同时返回自动生成的时间变量 t、系统输出 y 及系统状态响应向量 $\boldsymbol{x}$。

例 3.15　用 MATLAB 函数求例 3.13 系统脉冲输入时的状态响应。

解： 系统的脉冲响应曲线程序如下：

```
>>A=[-22 18 -20;18 -22 20;40 -40 -40];B=[0;1;2];C=[1 0 2];D=[0];
>>G=ss(A,B,C,D);[y,t,x]=impulse(G);
>>plot(t,x)
```

系统状态响应曲线如图 3.4 所示。

5. *initial*( ) 函数

利用 MATLAB 控制工具箱中的 *initial*( ) 函数可求取系统的零输入响应，函数的调用格式为 $[y,t,\boldsymbol{x}]=initial(\boldsymbol{G},\boldsymbol{u},t)$，其中 x_0 为状态初值。

例 3.16　用 MATLAB 函数求例 3.13 系统的零输入响应。

解： 在例 3.13 系统中，当控制输入为零，初始状态 $\boldsymbol{x}_0=[0.3\quad 0.3\quad 0.3]$ 时，系统的零输入状态响应可用下面的 MATLAB 语句直接求得：

```
>>t=[0:0.1:2];u=0;G=ss(A,B,C,D);x0=[0.3  0.3  0.3];
>>[y,t,x]=initial(G,x0,t);
>>plot(t,x)
```

系统状态响应曲线如图 3.5 所示。

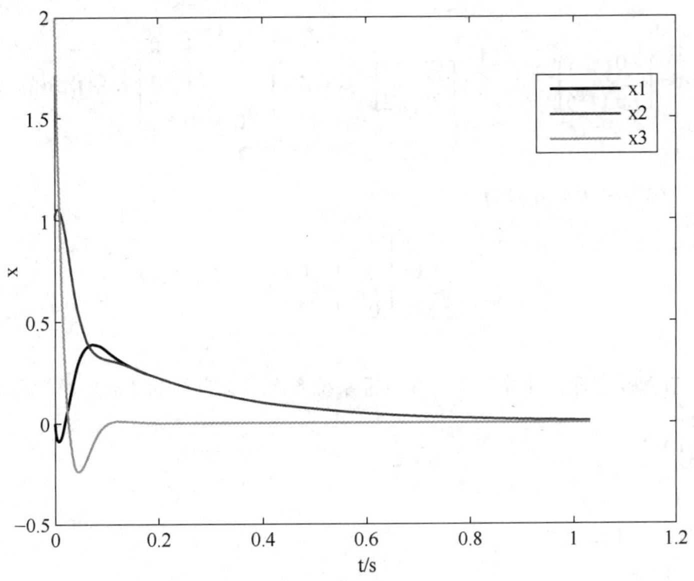

图 3.4　例 3.15 系统状态响应曲线

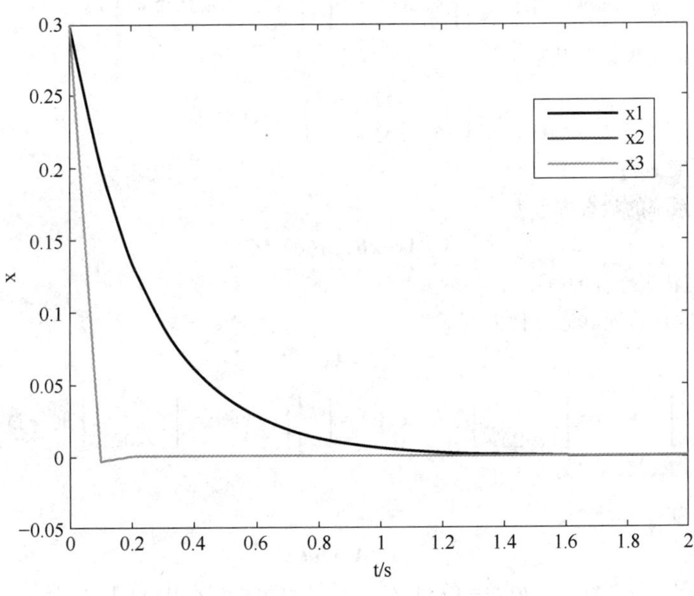

图 3.5　例 3.16 系统状态响应曲线

习题

3.1　线性定常系统齐次状态方程为

$$\dot{\boldsymbol{x}}=\boldsymbol{A}\boldsymbol{x}$$

若矩阵 $\boldsymbol{A}=\begin{bmatrix}2 & 2 & 1\\1 & 3 & 1\\1 & 2 & 2\end{bmatrix}$，用拉普拉斯变换法求状态转移矩阵 $\boldsymbol{\Phi}(t)$。

3.2　线性定常系统齐次状态方程为

$$\dot{\boldsymbol{x}}=\boldsymbol{A}\boldsymbol{x}$$

若矩阵 $\boldsymbol{A}$ 分别为① $\boldsymbol{A}=\begin{bmatrix}0 & 1\\-5 & -6\end{bmatrix}$，② $\boldsymbol{A}=\begin{bmatrix}0 & -5\\2 & -2\end{bmatrix}$，③ $\boldsymbol{A}=\begin{bmatrix}1 & -1 & 0\\-1 & 1 & 0\\0 & 0 & 1\end{bmatrix}$，用化矩阵 $\boldsymbol{A}$ 为对角形法求状态转移矩阵。

3.3　线性定常系统齐次状态方程为

$$\dot{\boldsymbol{x}}=\begin{bmatrix}1 & 0 & 0\\0 & 1 & 0\\0 & 1 & 2\end{bmatrix}\boldsymbol{x}$$

求状态转移矩阵。

3.4　利用凯莱-哈密顿定理，计算如下线性定常系统齐次状态方程的状态转移矩阵。

(1) $\dot{\boldsymbol{x}}=\begin{bmatrix}1 & 1\\0 & -3\end{bmatrix}\boldsymbol{x}$

(2) $\dot{\boldsymbol{x}}=\begin{bmatrix}0 & 1 & 0\\0 & 0 & 1\\-6 & -11 & -6\end{bmatrix}\boldsymbol{x}$

3.5　系统齐次状态方程为 $\dot{\boldsymbol{x}}=\begin{bmatrix}0 & 1\\2 & -1\end{bmatrix}\boldsymbol{x}$，$\boldsymbol{x}(t_1)=\begin{bmatrix}2\\5\end{bmatrix}$，求初始状态 $\boldsymbol{x}(0)$。

3.6　线性定常系统状态方程为

$$\dot{\boldsymbol{x}}=\begin{bmatrix}0 & 1\\-6 & -5\end{bmatrix}\boldsymbol{x}+\begin{bmatrix}1\\1\end{bmatrix}u,\boldsymbol{x}(0)=0$$

当 $u(t)=1(t)$ 时，求 $\boldsymbol{x}(t)$。

3.7　线性定常系统的状态方程为

$$\dot{\boldsymbol{x}}=\boldsymbol{A}\boldsymbol{x}+\boldsymbol{x}\boldsymbol{B},\ \boldsymbol{x}(0)=\boldsymbol{C}$$

证明 $\boldsymbol{x}(t)=\mathrm{e}^{\boldsymbol{A}t}\boldsymbol{C}\mathrm{e}^{\boldsymbol{B}t}$ 是状态方程的解。

3.8　线性定常系统齐次状态方程为

$$\dot{x}=\boldsymbol{A}x$$

分别当① $\boldsymbol{x}(0)=\begin{bmatrix}1\\-2\end{bmatrix}$，$\boldsymbol{x}(t)=\begin{bmatrix}\mathrm{e}^{t}\\(t-2)\mathrm{e}^{t}\end{bmatrix}$；② $\boldsymbol{x}(0)=\begin{bmatrix}1\\-1\end{bmatrix}$，$\boldsymbol{x}(t)=\begin{bmatrix}\mathrm{e}^{t}\\(t-1)\mathrm{e}^{t}\end{bmatrix}$ 时，试求矩阵 $\boldsymbol{A}$ 和状态转移矩阵。

3.9　系统方程为

$$\dot{\boldsymbol{x}}=\boldsymbol{A}x+\boldsymbol{B}\boldsymbol{u}$$

矩阵 $\boldsymbol{A}$ 为非奇异矩阵，已知 $\boldsymbol{x}(0)$，$\boldsymbol{u}(t)=\boldsymbol{U}t\times1(t)$，证明 $\boldsymbol{x}(t)=\mathrm{e}^{\boldsymbol{A}t}\boldsymbol{x}(0)+[\boldsymbol{A}^{-2}(\mathrm{e}^{\boldsymbol{A}t}-\boldsymbol{I})-\boldsymbol{A}^{-1}t]\boldsymbol{B}\boldsymbol{U}$ 为系统状态方程的解。

3.10　系统状态方程为

$$\dot{\boldsymbol{x}}=\begin{bmatrix}0 & 1\\-2 & -3\end{bmatrix}\boldsymbol{x}$$

试求状态方程的解。

3.11　系统方程为

$$\begin{cases}\dot{\boldsymbol{x}}=\begin{bmatrix}0 & 1\\-3 & 4\end{bmatrix}\boldsymbol{x}+\begin{bmatrix}1\\1\end{bmatrix}u\\y=[1\quad 1]\boldsymbol{x}\end{cases}$$

试求其脉冲响应。

3.12　系统脉冲响应如图 3.6 所示。若系统输入端加入

$$u(t)=\sin\omega t \quad (t\geqslant 0)$$
$$\omega=2\pi$$

试问系统输出 $y(t)$ 是什么样子？经过多长时间，输出 $y(t)$ 达到稳态。

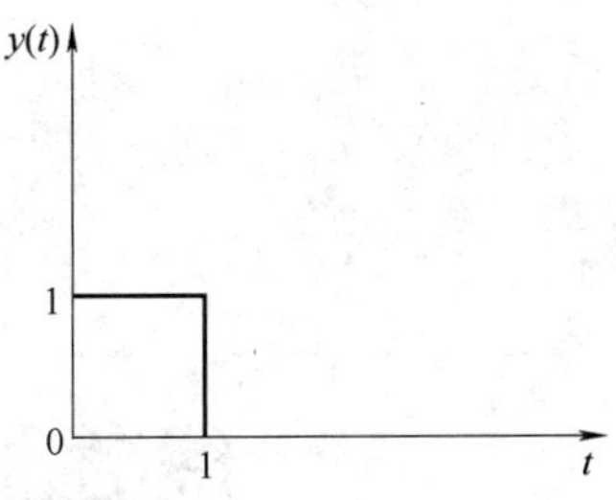

图 3.6　系统脉冲响应

3.13　线性时变系统齐次状态方程为

$$\dot{\boldsymbol{x}}=\begin{bmatrix}0 & t\\0 & \mathrm{e}^{-2t}\end{bmatrix}\boldsymbol{x}$$

试求状态转移矩阵 $\boldsymbol{\Phi}(t,0)$。

3.14　线性时变系统齐次状态方程为

$$\dot{\boldsymbol{x}}=\begin{bmatrix}0 & 1\\t & 0\end{bmatrix}\boldsymbol{x}$$

初始时刻 $t_0=0$，求状态转移矩阵。

3.15　验证线性时变系统齐次状态方程

$$\dot{\boldsymbol{x}}=\begin{bmatrix}2 & \mathrm{e}^{-1}\\\mathrm{e}^{-1} & 1\end{bmatrix}\boldsymbol{x}$$

的状态转移矩阵 $\boldsymbol{\Phi}(t,0)=\begin{bmatrix}\mathrm{e}^{2t}\cos t & -\mathrm{e}^{2t}\sin t\\\mathrm{e}^{t}\sin t & \mathrm{e}^{t}\cos t\end{bmatrix}$，并求解 $\boldsymbol{\Phi}(t,1)$。

3.16　线性定常系统状态方程为

$$\dot{\boldsymbol{x}}=\begin{bmatrix}0 & 1\\0 & 0\end{bmatrix}\boldsymbol{x}+\begin{bmatrix}0\\1\end{bmatrix}u$$

若采样周期 $T=0.1\mathrm{s}$，建立离散化状态方程。

3.17　线性定常离散系统状态方程为

$$\boldsymbol{x}(k+1)=\begin{bmatrix}1 & 0 & 0\\0 & 2 & -2\\-1 & 1 & 0\end{bmatrix}\boldsymbol{x}(k)+\begin{bmatrix}1\\0\\-1\end{bmatrix}u(k)$$

若初始状态为 $\boldsymbol{x}(0)=[1\quad 2\quad 3]^{\mathrm{T}}$，控制序列为 $u(0)=3$，$u(1)=-6$，$u(2)=2$。求 $k=3$ 时，$\boldsymbol{x}(3)=[x_1(3)\quad x_2(3)\quad x_3(3)]^{\mathrm{T}}$。

3.18　线性定常系统状态方程为

$$\dot{\boldsymbol{x}}=\begin{bmatrix}0 & 1\\-4 & 0\end{bmatrix}\boldsymbol{x}+\begin{bmatrix}0\\2\end{bmatrix}u$$

采样周期 $T=1\mathrm{s}$，建立离散化状态方程。

3.19　线性定常离散系统状态方程为

$$\begin{cases}\boldsymbol{x}(k+1)=\begin{bmatrix}1 & 1\\0 & 0\end{bmatrix}\boldsymbol{x}(k)+\begin{bmatrix}1\\1\end{bmatrix}u(k)\\y(k)=[1\quad -1]\boldsymbol{x}(k)\end{cases}$$

若 $\boldsymbol{x}(0)=\begin{bmatrix}1\\-1\end{bmatrix}$，$u(k)=1$，求 $\boldsymbol{x}(k)=[x_1(k)\quad x_2(k)]^{\mathrm{T}}$ 和 $y_1(k)$、$y_2(k)$。

3.20　利用 MATLAB 语言做习题 3.4、习题 3.16 及习题 3.17。

第 4 章

线性控制系统的能控性和能观测性

4.1 线性控制系统的能控性和能观测性概述

系统的能控性和能观测性是现代控制理论中两个很重要的基础性概念，是由卡尔曼（Kalman）在 20 世纪 60 年代初提出的。现代控制理论建立在状态空间描述的基础上，状态方程描述了输入 $u(t)$ 引起状态 $x(t)$ 的变化过程；输出方程则描述了状态 $x(t)$ 变化引起输出 $y(t)$ 的变化过程。能控性是指控制作用对被控系统状态进行控制的可能性，能观测性则反映由系统输出的量测值确定系统状态的可能性。这两个对系统状态的控制和观测能力，揭示了控制系统构成中的两个基本问题。在经典控制理论中，只限于讨论控制系统输入量和输出量之间的关系，可以唯一地由系统传递函数所确定，只要系统满足稳定性条件，输出量就可以按一定的要求进行控制；对于一个实际的物理系统而言，它同时也是能观测到的，所以，无论从理论还是实践上，一般均不涉及能否控制和能否观测的问题。而在现代控制理论中，我们着眼于对状态的控制，状态向量的每个分量能否被输入所控制，状态能否通过输出量的量测来获得，这些完全取决于被控系统的内部特性。

例 4.1 电路如图 4.1 所示。若选取电容两端的电压 u_C 为状态变量，记成 $x=u_C$，则当初始状态 $x(t_0)$ 为某一个值时，不管输入电压 $u(t)$ 如何改变，$x(t)=x_0$ 不随 $u(t)$ 的改变而改变，即状态变量不受输入电压 $u(t)$ 控制，或者说图 4.1 所示电路的状态是不能控的。

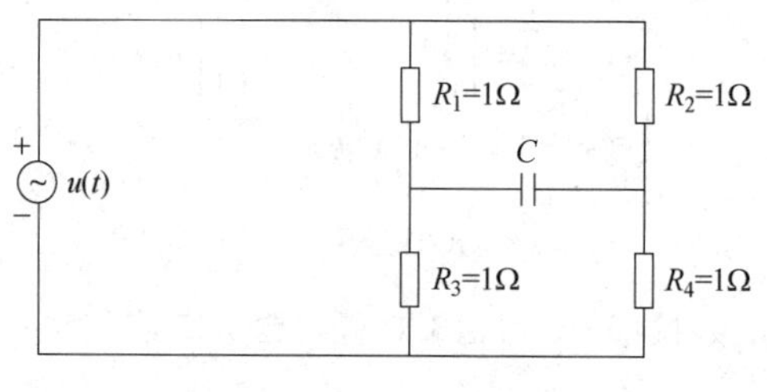

图 4.1 例 4.1 电路

例 4.2 电路如图 4.2a 所示。如果选择电容 C_1 和 C_2 两端的电压为状态变量，即 $x_1=u_{C1}$，

$x_2=u_{C2}$，电路的输出 y 为电容 C_2 上的电压，即 $y=x_2$，则电路的系统方程为

$$\begin{cases}\dot{\boldsymbol{x}}=\begin{bmatrix}-2 & 1\\ 1 & -2\end{bmatrix}\boldsymbol{x}+\begin{bmatrix}1\\1\end{bmatrix}u=\boldsymbol{A}\boldsymbol{x}+\boldsymbol{B}u\\ y=[0\quad 1]\boldsymbol{x}=\boldsymbol{C}\boldsymbol{x}\end{cases}$$

系统的状态转移矩阵为

$$\mathrm{e}^{\boldsymbol{A}t}=\frac{1}{2}\begin{bmatrix}\mathrm{e}^{-t}+\mathrm{e}^{-3t} & \mathrm{e}^{-t}-\mathrm{e}^{-3t}\\ \mathrm{e}^{-t}-\mathrm{e}^{-3t} & \mathrm{e}^{-t}+\mathrm{e}^{-3t}\end{bmatrix}$$

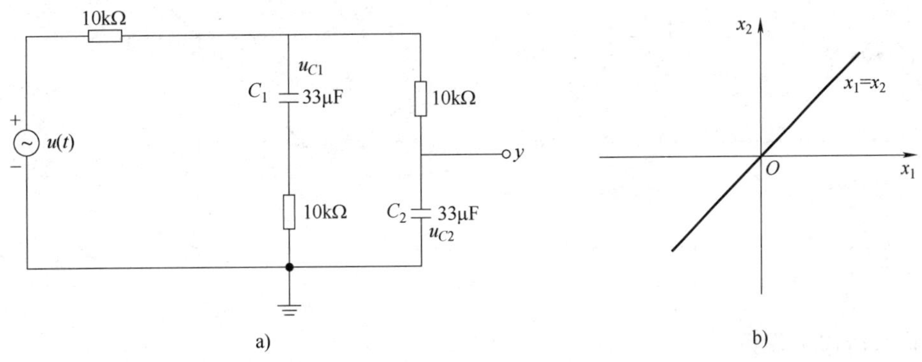

图 4.2　例 4.2 电路

如果初始状态 $\boldsymbol{x}(0)=0$，则有

$$\boldsymbol{x}(t)=\int_0^t \mathrm{e}^{\boldsymbol{A}(t-\tau)}\boldsymbol{B}u(\tau)\mathrm{d}\tau=\begin{bmatrix}1\\1\end{bmatrix}\int_0^t \mathrm{e}^{-(t-\tau)}u(\tau)\mathrm{d}\tau$$

由上式可见，不论加什么样的输入信号 $u(t)$，系统状态 $\boldsymbol{x}(t)$ 总是正比于向量 $[1\quad 1]^{\mathrm{T}}$，即 $x_1=x_2$，如图 4.2b 所示。因为输入信号 $u(t)$ 不能使状态变成 $x_1(t)\neq x_2(t)$，所以图 4.2a 所示的电路是不能控的。

通过例 4.1 和例 4.2 可知，研究系统状态变量与输入信号之间的关系时，存在能控与不能控的问题。

一般情况下，系统方程为

$$\begin{cases}\dot{\boldsymbol{x}}=\boldsymbol{A}\boldsymbol{x}+\boldsymbol{B}\boldsymbol{u}\\ \boldsymbol{y}=\boldsymbol{C}\boldsymbol{x}\end{cases}\tag{4.1}$$

式中，$\boldsymbol{x}$ 为 n 维状态向量；$\boldsymbol{u}$ 为 r 维输入向量；$\boldsymbol{y}$ 为 m 维输出向量；$\boldsymbol{A}$、$\boldsymbol{B}$、$\boldsymbol{C}$ 为满足矩阵运算相应维数的矩阵。

在研究状态 $\boldsymbol{x}$ 和输入 $\boldsymbol{u}$ 之间是否存在能控和不能控的问题时，对于不能控的系统，其中不能控的状态分量与输入 $\boldsymbol{u}$ 既无直接关系，又无间接关系。由系统方程可知，状态能控或不能控不仅取决于矩阵 $\boldsymbol{B}$（直接关系），而且与矩阵 $\boldsymbol{A}$ 有关（间接关系），即取决于矩阵 $\boldsymbol{A}$、$\boldsymbol{B}$ 的形态。

在例 4.1 中，若 $R_1\neq R_2$，则状态变量可控；在例 4.2 中，适当地改变矩阵 $\boldsymbol{A}$ 或 $\boldsymbol{B}$ 的元素，如令 $\boldsymbol{B}=[1\quad 2]^{\mathrm{T}}$，则状态 $\boldsymbol{x}$ 在 $\boldsymbol{u}$ 的控制下可实现 $x_1\neq x_2$。

系统的能观测问题是指研究测量输出变量 $\boldsymbol{y}$ 来确定系统状态变量的问题。

例 4.3　电路如图 4.3a 所示。选取 $u(t)$ 为输入量，$y(t)$ 为输出量，电感中的电流作

为系统的状态变量，则系统方程为

$$\begin{cases}\dot{\boldsymbol{x}}(t)=\begin{bmatrix}-2 & 1\\ 1 & -2\end{bmatrix}\boldsymbol{x}(t)+\begin{bmatrix}0\\1\end{bmatrix}u=\boldsymbol{A}\boldsymbol{x}(t)+\boldsymbol{B}u\\ y(t)=[1 \quad -1]\boldsymbol{x}(t)=\boldsymbol{C}\boldsymbol{x}(t)\end{cases}$$

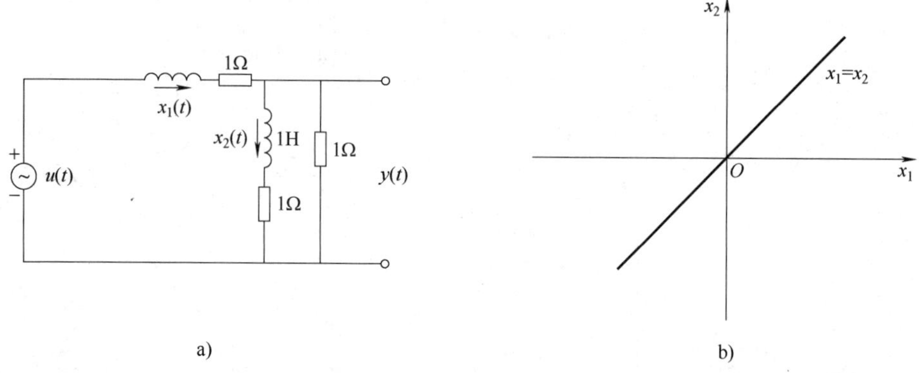

图 4.3　例 4.3 电路

系统的状态转移矩阵为

$$\mathrm{e}^{\boldsymbol{A}t}=\frac{1}{2}\begin{bmatrix}\mathrm{e}^{-t}+\mathrm{e}^{-3t} & \mathrm{e}^{-t}-\mathrm{e}^{-3t}\\ \mathrm{e}^{-t}-\mathrm{e}^{-3t} & \mathrm{e}^{-t}+\mathrm{e}^{-3t}\end{bmatrix}$$

状态方程的解为

$$\boldsymbol{x}(t)=\mathrm{e}^{\boldsymbol{A}t}\boldsymbol{x}(0)+\int_0^t \mathrm{e}^{\boldsymbol{A}(t-\tau)}\boldsymbol{B}u(\tau)\mathrm{d}\tau$$

式中，$\boldsymbol{x}(0)$ 是初始状态。

由于 $\boldsymbol{u}(t)$ 是已知的，通过上式即可求得 $\boldsymbol{x}(t)$。由于 $\boldsymbol{x}(t)$ 和 $\boldsymbol{x}(0)$ 之间有上式的确定关系，因此通过对 $y(t)$ 的观测，确定系统状态变量 $\boldsymbol{x}(t)$ 的问题就可以转化为确定系统的初始状态 $\boldsymbol{x}(0)$ 了。

为简便起见，令输入 $\boldsymbol{u}(t)=0$，则有

$$\begin{cases}\boldsymbol{x}(t)=\mathrm{e}^{\boldsymbol{A}t}\boldsymbol{x}(0)\\ y(t)=\boldsymbol{C}\mathrm{e}^{\boldsymbol{A}t}\boldsymbol{x}(0)=[x_1(0)-x_2(0)]\mathrm{e}^{-3t}\end{cases}$$

从上式可知，不论初始状态 $[x_1(0) \quad x_2(0)]^{\mathrm{T}}$ 等于什么数值，输出 $y(t)$ 仅仅取决 $[x_1(0)-x_2(0)]$。当 $x_1(0)=x_2(0)$ 时，如图 4.3b 所示，则输出恒等于零。即初始状态 $x_1(0)=x_2(0)$ 时，系统的初始状态对输出不产生任何响应，当然也就无法通过对输出的观测来确定初始状态了，称这样的系统是不能观测的。通过例 4.3 可知，状态 $\boldsymbol{x}$ 存在能观测和不能观测的问题。

一般情况下，对于式（4.1）所描述的系统，状态 $\boldsymbol{x}$ 同样存在能观测和不能观测的问题，对于不能观测的系统，其不能观测的状态分量与 $\boldsymbol{y}$ 既无直接关系，又无间接关系。由系统方程可知，状态能观测和不能观测不仅取决于矩阵 $\boldsymbol{C}$（直接关系），还与矩阵 $\boldsymbol{A}$ 有关（间接关系），即取决于矩阵 $\boldsymbol{A}$、$\boldsymbol{C}$ 的形态。

对于例 4.3，如果适当改变矩阵 $\boldsymbol{A}$ 或矩阵 $\boldsymbol{C}$，就可以使系统能观测。

综上所述，在基于状态空间描述的现代控制理论中，系统存在状态能控性和能观测性问题，这是两个反映系统构造特性的基本概念。

4.2　线性定常系统的能控性

能控性讨论的是系统的状态与控制作用间的关系。众所周知，不是任意系统都可以加以控制的，因而有必要研究什么样的系统是能控的。或者说，一个系统具备能控的性质，究竟要满足哪些条件。

4.2.1　线性定常系统能控性定义

线性定常系统 $\sum(\boldsymbol{A},\boldsymbol{B})$ 的状态方程为

$$\dot{\boldsymbol{x}}=\boldsymbol{A}\boldsymbol{x}+\boldsymbol{B}\boldsymbol{u} \tag{4.2}$$

式中，$\boldsymbol{x}$ 为 n 维状态向量；$\boldsymbol{u}$ 为 r 维输入向量；$\boldsymbol{A}$ 为 $n\times n$ 阶系统矩阵；$\boldsymbol{B}$ 为 $n\times r$ 阶控制矩阵。

定义 4.1　对于式（4.2）所描述的系统，若给定系统一个初始状态 $\boldsymbol{x}(t_0)$（t_0 可为 0），如果在 $t_f>t_0$ 的有限时间区间 $[t_0,t_f]$ 内，存在容许控制 $\boldsymbol{u}(t)$ 使 $\boldsymbol{x}(t_f)=0$，则称系统状态在 t_0 时刻是能控的；如果系统对任意一个初始状态都能控，则称系统是状态完全能控的，简称系统是状态能控或系统是能控的。

由能控性定义出发，可以得到如下几点结论：

1）系统能控性中的初始状态 $\boldsymbol{x}(t_0)$ 是状态空间中任意的非零有限点，控制的目标是状态空间坐标原点（有的文献称为达原点的能控性）。

2）如果在时间区间 $[t_0,t_f]$ 内存在容许控制 $\boldsymbol{u}(t)$，使系统从状态空间坐标原点推向预先指定的状态 $\boldsymbol{x}(t_f)$，则称为状态能达。由于连续系统的状态转移矩阵是非奇异的，因此可以证明系统的能控性与能达性是等价的。

3）在能控性研究中，考察的并不是 $\boldsymbol{x}(t_0)$ 推向 $\boldsymbol{x}(t_f)=0$ 的时变形式，而是考察能控状态在状态空间的分布。很显然，只有整个状态空间中所有的有限点都是能控的，系统才是能控的。

4）令 $t_0=0$，$\boldsymbol{x}(t_0)=\boldsymbol{x}(0)$，系统状态方程式（4.2）的解为

$$\boldsymbol{x}(t)=\mathrm{e}^{\boldsymbol{A}t}\boldsymbol{x}(0)+\int_0^t \mathrm{e}^{\boldsymbol{A}(t-\tau)}\boldsymbol{B}\boldsymbol{u}(\tau)\mathrm{d}\tau$$

若系统是能控的，则存在容许控制 $\boldsymbol{u}(t)$，使得

$$\boldsymbol{x}(t_f)=\mathrm{e}^{\boldsymbol{A}t_f}\boldsymbol{x}(0)+\int_0^{t_f} \mathrm{e}^{\boldsymbol{A}(t_f-\tau)}\boldsymbol{B}\boldsymbol{u}(\tau)\mathrm{d}\tau=0$$

$$\mathrm{e}^{\boldsymbol{A}t_f}\boldsymbol{x}(0)=-\int_0^{t_f} \mathrm{e}^{\boldsymbol{A}(t_f-\tau)}\boldsymbol{B}\boldsymbol{u}(\tau)\mathrm{d}\tau$$

$$\boldsymbol{x}(0)=-\int_0^{t_f} \mathrm{e}^{-\boldsymbol{A}\tau}\boldsymbol{B}\boldsymbol{u}(\tau)\mathrm{d}\tau \tag{4.3}$$

满足上式的初始状态 $\boldsymbol{x}(0)$ 必是能控状态。

5）当系统存在不依赖于控制 $\boldsymbol{u}(t)$ 的确定性干扰 $\boldsymbol{f}(t)$，系统状态方程为

$$\begin{aligned}&\dot{\boldsymbol{x}}(t)=\boldsymbol{A}\boldsymbol{x}+\boldsymbol{B}\boldsymbol{u}+\boldsymbol{f}(t)\\&\boldsymbol{x}(t_0)=\boldsymbol{x}(0)\end{aligned} \tag{4.4}$$

由于$\boldsymbol{f}(t)$是确定性干扰，因此它不会改变系统的能控性。

证明：状态方程式（4.4）的解为

$$\begin{aligned}\boldsymbol{x}(t)&=\mathrm{e}^{\boldsymbol{A}t}\boldsymbol{x}(0)+\int_0^t \mathrm{e}^{\boldsymbol{A}(t-\tau)}[\boldsymbol{B}\boldsymbol{u}(\tau)+\boldsymbol{f}(\tau)]\mathrm{d}\tau\\&=\mathrm{e}^{\boldsymbol{A}t}\boldsymbol{x}(0)+\int_0^t \mathrm{e}^{\boldsymbol{A}(t-\tau)}\boldsymbol{f}(\tau)\mathrm{d}\tau+\int_0^t \mathrm{e}^{\boldsymbol{A}(t-\tau)}\boldsymbol{B}\boldsymbol{u}(\tau)\mathrm{d}\tau\\&=\mathrm{e}^{\boldsymbol{A}t}\left[\boldsymbol{x}(0)+\int_0^t \mathrm{e}^{-\boldsymbol{A}\tau}\boldsymbol{f}(\tau)\mathrm{d}\tau\right]+\int_0^t \mathrm{e}^{\boldsymbol{A}(t-\tau)}\boldsymbol{B}\boldsymbol{u}(\tau)\mathrm{d}\tau\end{aligned}$$

当$t=t_f$时，有

$$\boldsymbol{x}(t_f)=\mathrm{e}^{\boldsymbol{A}t_f}\left[\boldsymbol{x}(0)+\int_0^{t_f} \mathrm{e}^{-\boldsymbol{A}\tau}\boldsymbol{f}(\tau)\mathrm{d}\tau\right]+\int_0^{t_f} \mathrm{e}^{\boldsymbol{A}(t_f-\tau)}\boldsymbol{B}\boldsymbol{u}(\tau)\mathrm{d}\tau$$

由于t_f是固定值，$\boldsymbol{f}(t)$为确定性干扰，故上式中$\int_0^{t_f} \mathrm{e}^{-\boldsymbol{A}\tau}\boldsymbol{f}(\tau)\mathrm{d}\tau$是一个确定的$n$维常值向量。$\boldsymbol{f}(t)$的影响就相当于把原来的初始状态$\boldsymbol{x}(0)$改变了一个确定的常值，使其成为$\boldsymbol{x}(0)+\int_0^{t_f} \mathrm{e}^{-\boldsymbol{A}\tau}\boldsymbol{f}(\tau)\mathrm{d}\tau$。此时，式（4.3）成为

$$\boldsymbol{x}(0)+\int_0^{t_f} \mathrm{e}^{-\boldsymbol{A}\tau}\boldsymbol{f}(\tau)\mathrm{d}\tau=-\int_0^{t_f} \mathrm{e}^{-\boldsymbol{A}\tau}\boldsymbol{B}\boldsymbol{u}(\tau)\mathrm{d}\tau$$

如果系统在$t\in[0,t_f]$上能控，则在确定性干扰$\boldsymbol{f}(t)$作用下，仍然可以找到容许控制$\boldsymbol{u}(t)$，使得$\boldsymbol{x}(t_f)=0$，即系统仍然是能控的，即确定性干扰不会影响系统的能控性。因此，在讨论系统能控性时，不考虑系统中存在的确定性干扰。

4.2.2 线性定常系统能控性判据

定理 4.1 线性定常系统$\dot{\boldsymbol{x}}=\boldsymbol{A}\boldsymbol{x}+\boldsymbol{B}\boldsymbol{u}$状态能控的充分必要条件是矩阵$\boldsymbol{W}_c(0,t_f)$的秩为$n$，$n$为系统的维数。其中

$$\boldsymbol{W}_c(0,t_f)=\int_0^{t_f} \mathrm{e}^{-\boldsymbol{A}\tau}\boldsymbol{B}\boldsymbol{B}^{\mathrm{T}}\mathrm{e}^{-\boldsymbol{A}^{\mathrm{T}}\tau}\mathrm{d}\tau \tag{4.5}$$

$\boldsymbol{W}_c(0,t_f)$称为格拉姆（Gramian）矩阵。

证明：先证充分性。因为$\boldsymbol{W}_c(0,t_f)$满秩，所以$\boldsymbol{W}_c^{-1}(0,t_f)$存在。对任意的初始状态$\boldsymbol{x}(0)$，采用下面的控制：

$$\boldsymbol{u}(t)=-\boldsymbol{B}^{\mathrm{T}}\mathrm{e}^{-\boldsymbol{A}^{\mathrm{T}}\tau}\boldsymbol{W}_c^{-1}(0,t_f)\boldsymbol{x}(0) \tag{4.6}$$

将式（4.6）代入状态方程解的表达式，得

$$\begin{aligned}\boldsymbol{x}(t_f)&=\mathrm{e}^{\boldsymbol{A}t_f}\boldsymbol{x}(0)-\int_0^{t_f} \mathrm{e}^{\boldsymbol{A}(t_f-\tau)}\boldsymbol{B}\boldsymbol{B}^{\mathrm{T}}\mathrm{e}^{-\boldsymbol{A}^{\mathrm{T}}\tau}\boldsymbol{W}_c^{-1}(0,t_f)\boldsymbol{x}(0)\mathrm{d}\tau\\&=\mathrm{e}^{\boldsymbol{A}t_f}\boldsymbol{x}(0)-\mathrm{e}^{\boldsymbol{A}t_f}\int_0^{t_1} \mathrm{e}^{-\boldsymbol{A}\tau}\boldsymbol{B}\boldsymbol{B}^{\mathrm{T}}\mathrm{e}^{-\boldsymbol{A}^{\mathrm{T}}\tau}\boldsymbol{W}_c^{-1}(0,t_f)\boldsymbol{x}(0)\mathrm{d}\tau\\&=\mathrm{e}^{\boldsymbol{A}t_f}\boldsymbol{x}(0)-\mathrm{e}^{\boldsymbol{A}t_f}\boldsymbol{W}_c(0,t_f)\boldsymbol{W}_c^{-1}(0,t_f)\boldsymbol{x}(0)=0\end{aligned}$$

根据状态能控性定义知，系统$\dot{\boldsymbol{x}}=\boldsymbol{A}\boldsymbol{x}+\boldsymbol{B}\boldsymbol{u}$能控，充分性得证。

再证必要性，即系统状态完全能控，则$\boldsymbol{W}_c(0,t_f)$的秩为n。

现用反证法，即系统状态完全能控，而$\boldsymbol{W}_c(0,t_f)$却是奇异的。既然$\boldsymbol{W}_c(0,t_f)$为奇异

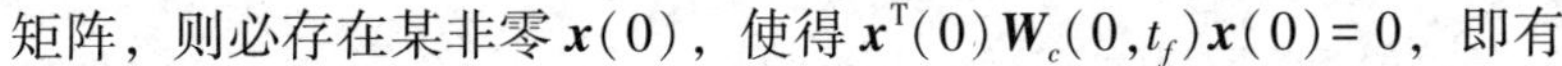

矩阵，则必存在某非零 $\boldsymbol{x}(0)$，使得 $\boldsymbol{x}^{\mathrm{T}}(0)\boldsymbol{W}_c(0,t_f)\boldsymbol{x}(0)=0$，即有

$$\int_0^{t_f}\boldsymbol{x}^{\mathrm{T}}(0)\mathrm{e}^{-\boldsymbol{A}\tau}\boldsymbol{B}\boldsymbol{B}^{\mathrm{T}}\mathrm{e}^{-\boldsymbol{A}^{\mathrm{T}}\tau}\boldsymbol{x}(0)=0$$

即

$$\int_0^{t_f}[\boldsymbol{B}^{\mathrm{T}}\mathrm{e}^{-\boldsymbol{A}^{\mathrm{T}}\tau}\boldsymbol{x}(0)]^{\mathrm{T}}[\boldsymbol{x}^{\mathrm{T}}(0)\mathrm{e}^{-\boldsymbol{A}\tau}\boldsymbol{B}]\mathrm{d}\tau=0$$

亦即

$$\int_0^{t_f}\|\boldsymbol{B}^{\mathrm{T}}\mathrm{e}^{-\boldsymbol{A}^{\mathrm{T}}\tau}\boldsymbol{x}(0)\|^2\mathrm{d}\tau=0$$

因为 $\boldsymbol{B}^{\mathrm{T}}\mathrm{e}^{-\boldsymbol{A}^{\mathrm{T}}\tau}$ 对 t 是连续的，故从上式必有

$$\boldsymbol{B}^{\mathrm{T}}\mathrm{e}^{-\boldsymbol{A}^{\mathrm{T}}\tau}\boldsymbol{x}(0)=0$$

又因已假定系统是能控的，因此上述 $\boldsymbol{x}(0)$ 是能控状态，必满足关系式（4.3），即

$$\boldsymbol{x}(0)=-\int_0^{t_f}\mathrm{e}^{-\boldsymbol{A}\tau}\boldsymbol{B}\boldsymbol{u}(\tau)\mathrm{d}\tau$$

由于

$$\begin{aligned}\|\boldsymbol{x}(0)\|^2&=\boldsymbol{x}^{\mathrm{T}}(0)\boldsymbol{x}(0)\\&=\left[-\int_0^{t_f}\mathrm{e}^{-\boldsymbol{A}\tau}\boldsymbol{B}\boldsymbol{u}(\tau)\mathrm{d}\tau\right]^{\mathrm{T}}\boldsymbol{x}(0)\\&=-\int_0^{t_f}\boldsymbol{u}^{\mathrm{T}}(\tau)\boldsymbol{B}^{\mathrm{T}}\mathrm{e}^{-\boldsymbol{A}^{\mathrm{T}}\tau}\boldsymbol{x}(0)\mathrm{d}\tau=0\end{aligned}$$

上式说明 $\boldsymbol{x}(0)$ 如果是能控的，它绝非是任意的，而只能是 $\boldsymbol{x}(0)=0$，这与 $\boldsymbol{x}(0)$ 为非零的假设是相矛盾的，因此反设 $\boldsymbol{W}_c(0,t_f)$ 为奇异是不成立的，从而必要性得证。

这个定理为系统能控性的一般判据，但由于计算状态转移矩阵比较烦琐，实际上常采用如下判据。

定理 4.2　线性定常系统 $\dot{\boldsymbol{x}}=\boldsymbol{A}\boldsymbol{x}+\boldsymbol{B}\boldsymbol{u}$ 状态完全能控的充分必要条件是其 $n\times nr$ 阶能控性矩阵

$$\boldsymbol{Q}_c=[\boldsymbol{B}\quad \boldsymbol{A}\boldsymbol{B}\quad \cdots\quad \boldsymbol{A}^{n-1}\boldsymbol{B}] \tag{4.7}$$

的秩为 n，n 为系统的维数。即

$$\mathrm{rank}\boldsymbol{Q}_c=n \tag{4.8}$$

证明：已知状态方程式（4.2）的解为

$$\boldsymbol{x}(t_f)=\mathrm{e}^{\boldsymbol{A}(t_f-t_0)}\boldsymbol{x}(t_0)+\int_{t_0}^{t_f}\mathrm{e}^{\boldsymbol{A}(t_f-\tau)}\boldsymbol{B}\boldsymbol{u}(\tau)\mathrm{d}\tau \tag{4.9}$$

在以下讨论中，为不失一般性，可设初始时刻为零，即 $t_0=0$，以及终端状态为状态空间的原点，即 $x(t_f)=0$。则有

$$\boldsymbol{x}(0)=-\int_0^{t_f}\mathrm{e}^{-\boldsymbol{A}\tau}\boldsymbol{B}\boldsymbol{u}(\tau)\mathrm{d}\tau \tag{4.10}$$

利用凯莱-哈密顿定理，可将 $\mathrm{e}^{-\boldsymbol{A}\tau}$ 表示为

$$\mathrm{e}^{-\boldsymbol{A}\tau}=a_0(\tau)\boldsymbol{I}+a_1(\tau)\boldsymbol{A}+\cdots+a_{n-1}(\tau)\boldsymbol{A}^{n-1}=\sum_{j=0}^{n-1}a_j(\tau)\boldsymbol{A}^j \tag{4.11}$$

将式（4.11）代入式（4.10），得

$$\boldsymbol{x}(0)=-\sum_{j=0}^{n-1}\boldsymbol{A}^j\boldsymbol{B}\int_0^{t_f}a_j(\tau)\boldsymbol{u}(\tau)\mathrm{d}\tau \tag{4.12}$$

式中，因 t_f 是固定的，所以每一个积分都代表一个确定的量，令

$$U_j=\int_0^{t_f}a_j(\tau)\boldsymbol{u}(\tau)\mathrm{d}\tau \quad (j=0,1,\cdots,n-1)$$

则式（4.12）变为

$$\boldsymbol{x}(0)=-\sum_{j=0}^{n-1}\boldsymbol{A}^j\boldsymbol{B}\boldsymbol{U}_j$$

$$=-[\boldsymbol{B}\quad \boldsymbol{AB}\quad \cdots\quad \boldsymbol{A}^{n-1}\boldsymbol{B}]\begin{bmatrix}U_0\\U_1\\\vdots\\U_{n-1}\end{bmatrix}$$

若系统是能控的，那么对于任意给定的初始状态 $\boldsymbol{x}(0)$，都应从上述方程中解出 U_0，U_1，…，U_{n-1}来，这就要求系统能控性矩阵的秩为 n，即

$$\mathrm{rank}\boldsymbol{Q}_c=\mathrm{rank}[\boldsymbol{B}\quad \boldsymbol{AB}\quad \cdots\quad \boldsymbol{A}^{n-1}\boldsymbol{B}]=n \tag{4.13}$$

应用定理 4.2 来判断系统能控性，其判据本身较为简单，因此常采用这种方法。由于矩阵 $\boldsymbol{Q}_c$ 与矩阵 $\boldsymbol{Q}_c\boldsymbol{Q}_c^{\mathrm{T}}$ 有相同的秩，所以有时可用计算矩阵 $\boldsymbol{Q}_c\boldsymbol{Q}_c^{\mathrm{T}}$ 的秩来确定 $\boldsymbol{Q}_c$ 的秩。矩阵 $\boldsymbol{Q}_c\boldsymbol{Q}_c^{\mathrm{T}}$ 是个方阵，它是否满秩，只要看它的行列式是否不等于零就行了，而矩阵 $\boldsymbol{Q}_c$ 是 $n\times nr$ 阶矩阵，确定它的秩，可能需要计算几个 n 阶行列式。

例 4.4 系统的状态方程为

$$\begin{bmatrix}\dot{x}_1\\\dot{x}_2\end{bmatrix}=\begin{bmatrix}1&1\\2&-1\end{bmatrix}\begin{bmatrix}x_1\\x_2\end{bmatrix}+\begin{bmatrix}0\\1\end{bmatrix}u$$

试判断系统的能控性。

解：用定理 4.2 的方法，有

$$|\boldsymbol{Q}_c|=|\boldsymbol{B}\quad \boldsymbol{AB}|=\begin{vmatrix}0&1\\1&-1\end{vmatrix}\neq 0$$

即

$$\mathrm{rank}\boldsymbol{Q}_c=2$$

$\boldsymbol{Q}_c$ 满秩，因此系统是状态能控的。

例 4.5 判别如下系统的能控性。

$$\begin{bmatrix}\dot{x}_1\\\dot{x}_2\\\dot{x}_3\end{bmatrix}=\begin{bmatrix}-1&-2&-2\\0&-1&1\\1&0&-1\end{bmatrix}\begin{bmatrix}x_1\\x_2\\x_3\end{bmatrix}+\begin{bmatrix}2\\0\\1\end{bmatrix}u$$

解：（1）构造能控性矩阵

$$\boldsymbol{B}=\begin{bmatrix}2\\0\\1\end{bmatrix},\ \boldsymbol{AB}=\begin{bmatrix}-1&-2&-2\\0&-1&1\\1&0&-1\end{bmatrix}\begin{bmatrix}2\\0\\1\end{bmatrix}=\begin{bmatrix}-4\\1\\1\end{bmatrix},\ \boldsymbol{A}^2\boldsymbol{B}=\begin{bmatrix}-1&-2&-2\\0&-1&1\\1&0&-1\end{bmatrix}\begin{bmatrix}-4\\1\\1\end{bmatrix}=\begin{bmatrix}0\\0\\-5\end{bmatrix}$$

所以

$$\boldsymbol{Q}_c=\begin{bmatrix}2&-4&0\\0&1&0\\1&1&-5\end{bmatrix}$$

（2）求能控性矩阵 $\boldsymbol{Q}_c$ 的秩

$$\text{rank}\boldsymbol{Q}_c=\text{rank}\begin{bmatrix}2&-4&0\\0&1&0\\1&1&-5\end{bmatrix}=3$$

故系统的状态完全能控。

例 4.6　判别如下系统的能控性。

$$\begin{bmatrix}\dot{x}_1\\\dot{x}_2\\\dot{x}_3\end{bmatrix}=\begin{bmatrix}1&3&2\\0&2&0\\0&1&3\end{bmatrix}\begin{bmatrix}x_1\\x_2\\x_3\end{bmatrix}+\begin{bmatrix}2&1\\1&1\\-1&-1\end{bmatrix}\begin{bmatrix}u_1\\u_2\end{bmatrix}$$

解：

$$\begin{aligned}\text{rank}\boldsymbol{Q}_c&=\text{rank}\boldsymbol{Q}_c\boldsymbol{Q}_c^{\text{T}}=\text{rank}[(\boldsymbol{B}\quad \boldsymbol{AB}\quad\cdots\quad \boldsymbol{A}^{n-1}\boldsymbol{B})(\boldsymbol{B}\quad \boldsymbol{AB}\quad\cdots\quad \boldsymbol{A}^{n-1}\boldsymbol{B})^{\text{T}}]\\&=\text{rank}\left\{\begin{bmatrix}2&1&3&2&5&4\\1&1&2&2&4&4\\-1&-1&-2&-2&-4&-4\end{bmatrix}\begin{bmatrix}2&1&3&2&5&4\\1&1&2&2&4&4\\-1&-1&-2&-2&-4&-4\end{bmatrix}^{\text{T}}\right\}\\&=\text{rank}\begin{bmatrix}59&49&49\\49&42&42\\-49&-42&-42\end{bmatrix}=\text{rank}\begin{bmatrix}59&49&49\\49&42&42\\0&0&0\end{bmatrix}=2<3\end{aligned}$$

故系统状态不完全能控。

定理 4.3　若线性定常系统 $\Sigma(\boldsymbol{A},\boldsymbol{B})$（即 $\dot{\boldsymbol{x}}=\boldsymbol{Ax}+\boldsymbol{Bu}$，下文同）的系统矩阵 $\boldsymbol{A}$ 的特征值 $\lambda_i(i=1,2,\cdots,n)$ 互异，则其状态完全能控的充分必要条件是系统经非奇异线性变换后的对角标准形

$$\dot{\tilde{\boldsymbol{x}}}=\begin{bmatrix}\lambda_1&&&\\&\lambda_2&&\\&&\ddots&\\&&&\lambda_n\end{bmatrix}\tilde{\boldsymbol{x}}+\tilde{\boldsymbol{B}}\boldsymbol{u}\tag{4.14}$$

矩阵 $\tilde{\boldsymbol{B}}$ 中不包含元素全为零的行。

证明：首先证明系统经非奇异线性变换后状态能控性不变。

由 2.4.1 节可知，系统 $\Sigma(\boldsymbol{A},\boldsymbol{B})$ 和 $\Sigma(\tilde{\boldsymbol{A}},\tilde{\boldsymbol{B}})$ 做非奇异线性变换时，有

$$\boldsymbol{x}=\boldsymbol{P}\tilde{\boldsymbol{x}}$$

$$\tilde{\boldsymbol{A}}=\boldsymbol{P}^{-1}\boldsymbol{AP}$$

$$\tilde{\boldsymbol{B}}=\boldsymbol{P}^{-1}\boldsymbol{B}$$

由定理 4.2 得

$$\begin{aligned}\tilde{\boldsymbol{Q}}_c&=[\tilde{\boldsymbol{B}}\quad \tilde{\boldsymbol{A}}\tilde{\boldsymbol{B}}\quad \tilde{\boldsymbol{A}}^2\tilde{\boldsymbol{B}}\quad\cdots\quad \tilde{\boldsymbol{A}}^{n-1}\tilde{\boldsymbol{B}}]\\&=[(\boldsymbol{P}^{-1}\boldsymbol{B})\quad(\boldsymbol{P}^{-1}\boldsymbol{AP})\boldsymbol{P}^{-1}\boldsymbol{B}\quad(\boldsymbol{P}^{-1}\boldsymbol{AP})(\boldsymbol{P}^{-1}\boldsymbol{AP})(\boldsymbol{P}^{-1}\boldsymbol{B})\quad\cdots\quad(\boldsymbol{P}^{-1}\boldsymbol{AP})^{n-1}(\boldsymbol{P}^{-1}\boldsymbol{B})]\\&=\boldsymbol{P}^{-1}[\boldsymbol{B}\quad \boldsymbol{AB}\quad \boldsymbol{A}^2\boldsymbol{B}\quad\cdots\quad \boldsymbol{A}^{n-1}\boldsymbol{B}]=\boldsymbol{P}^{-1}\boldsymbol{Q}_c\end{aligned}$$

因为 $\boldsymbol{P}$ 是非奇异矩阵，所以有

$$\operatorname{rank}\widetilde{\boldsymbol{Q}}_c=\operatorname{rank}\boldsymbol{Q}_c$$

其次证明矩阵 $\widetilde{\boldsymbol{B}}$ 中不包含元素全为零的行是系统 $\Sigma(\boldsymbol{A},\boldsymbol{B})$ 状态完全能控的充要条件。

设 $\widetilde{\boldsymbol{B}}=\begin{bmatrix}\widetilde{b}_{11} & \widetilde{b}_{12} & \cdots & \widetilde{b}_{1r}\\ \widetilde{b}_{21} & \widetilde{b}_{22} & \cdots & \widetilde{b}_{2r}\\ \vdots & \vdots & & \vdots\\ \widetilde{b}_{n1} & \widetilde{b}_{n2} & \cdots & \widetilde{b}_{nr}\end{bmatrix}$，将式（4.14）改写成如下展开形式：

$$\dot{\widetilde{x}}_i=\lambda_i\widetilde{x}_i+(\widetilde{b}_{i1}u_1+\widetilde{b}_{i2}u_2+\cdots+\widetilde{b}_{ir}u_r)\quad(i=1,2,\cdots,n)$$

显然，上式中没有变量间的耦合，因此系统能控的充要条件是元素 $\widetilde{b}_{i1}$，$\widetilde{b}_{i2}$，…，$\widetilde{b}_{ir}$ 不全为零。

例 4.7　考察如下系统的能控性：

（1）$\begin{bmatrix}\dot{x}_1\\ \dot{x}_2\\ \dot{x}_3\end{bmatrix}=\begin{bmatrix}-7 & & \\ & -5 & \\ & & -1\end{bmatrix}\begin{bmatrix}x_1\\ x_2\\ x_3\end{bmatrix}+\begin{bmatrix}-2\\ 5\\ 7\end{bmatrix}u$

（2）$\begin{bmatrix}\dot{x}_1\\ \dot{x}_2\\ \dot{x}_3\end{bmatrix}=\begin{bmatrix}-7 & & \\ & -5 & \\ & & -1\end{bmatrix}\begin{bmatrix}x_1\\ x_2\\ x_3\end{bmatrix}+\begin{bmatrix}2\\ 0\\ 9\end{bmatrix}u$

（3）$\begin{bmatrix}\dot{x}_1\\ \dot{x}_2\\ \dot{x}_3\end{bmatrix}=\begin{bmatrix}-7 & & \\ & -5 & \\ & & -1\end{bmatrix}\begin{bmatrix}x_1\\ x_2\\ x_3\end{bmatrix}+\begin{bmatrix}0 & 1\\ 4 & 0\\ 7 & 5\end{bmatrix}\boldsymbol{u}$

解：由定理 4.3 可知，系统（1）和（3）是状态完全能控的，系统（2）是状态不完全能控的。

定理 4.4　若线性定常系统 $\Sigma(\boldsymbol{A},\boldsymbol{B})$ 的系统矩阵 $\boldsymbol{A}$ 具有重特征值，且每个重特征值只对应一个独立的特征向量，则其状态完全能控的充分必要条件是系统经非奇异线性变换后的约当标准形

$$\dot{\widetilde{\boldsymbol{x}}}=\begin{bmatrix}\boldsymbol{J}_1 & & & \\ & \boldsymbol{J}_2 & & \\ & & \ddots & \\ & & & \boldsymbol{J}_k\end{bmatrix}\widetilde{\boldsymbol{x}}+\widetilde{\boldsymbol{B}}\boldsymbol{u}\tag{4.15}$$

矩阵 $\widetilde{\boldsymbol{B}}$ 中与每一个约当子块 $\boldsymbol{J}_i(i=1,2,\cdots,k)$ 最后一行所对应的行的元素不全为零。

该定理的证明与定理 4.3 证明类似，在此不展开证明。

定理 4.4 说明：设 2 阶系统的约当标准形为 $\boldsymbol{A}=\begin{bmatrix}\lambda_1 & 1\\ 0 & \lambda_1\end{bmatrix}$，$\boldsymbol{B}=\begin{bmatrix}b_1\\ b_2\end{bmatrix}$，则根据定理 4.2，有

$$\boldsymbol{Q}_c=[\boldsymbol{B}\quad \boldsymbol{AB}]=\begin{bmatrix}b_1 & b_1\lambda_1+b_2\\ b_2 & b_2\lambda_1\end{bmatrix}$$

要使系统能控，则必有

$$|\boldsymbol{Q}_c|=\begin{vmatrix} b_1 & b_1\lambda_1+b_2 \\ b_2 & b_2\lambda_1 \end{vmatrix}=-b_2^2\neq 0$$

即 $b_2\neq 0$，推广到 n 阶系统就有定理 4.4。

推论 4.1　如果线性定常系统 $\Sigma(\boldsymbol{A},\boldsymbol{B})$ 的系统矩阵 $\boldsymbol{A}$ 的某个特征值对应几个约当块，对于多输入系统，则同一特征值所对应状态完全能控的充分必要条件是同一个特征值对应的每个约当块的最后一行所对应的 $\tilde{\boldsymbol{B}}$ 中的行向量是行线性无关的。

对于系统

$$\dot{x}=\begin{bmatrix} \lambda_1 & 1 & 0 & 0 \\ 0 & \lambda_1 & 0 & 0 \\ 0 & 0 & \lambda_1 & 1 \\ 0 & 0 & 0 & \lambda_1 \end{bmatrix}\begin{bmatrix} x_1 \\ x_2 \\ x_3 \\ x_4 \end{bmatrix}+\begin{bmatrix} b_{11} & b_{12} \\ b_{21} & b_{22} \\ b_{31} & b_{32} \\ b_{41} & b_{42} \end{bmatrix}\boldsymbol{u}$$

如果$\begin{bmatrix} b_{21} & b_{22} \\ b_{41} & b_{42} \end{bmatrix}$行线性无关，则状态能控。

推论 4.2　如果线性定常系统 $\Sigma(\boldsymbol{A},\boldsymbol{B})$ 的系统矩阵 $\boldsymbol{A}$ 的某个特征值对应几个约当块，对于单输入系统，则系统状态必不能控。

例 4.8　考察如下系统的状态能控性。

(1) $$\begin{bmatrix} \dot{x}_1 \\ \dot{x}_2 \\ \dot{x}_3 \end{bmatrix}=\begin{bmatrix} -4 & 1 & 0 \\ 0 & -4 & 0 \\ 0 & 0 & -2 \end{bmatrix}\begin{bmatrix} x_1 \\ x_2 \\ x_3 \end{bmatrix}+\begin{bmatrix} 0 \\ 4 \\ 3 \end{bmatrix}\boldsymbol{u}$$

(2) $$\begin{bmatrix} \dot{x}_1 \\ \dot{x}_2 \\ \dot{x}_3 \\ \dot{x}_4 \end{bmatrix}=\begin{bmatrix} -4 & 1 & 0 & 0 \\ 0 & -4 & 0 & 0 \\ 0 & 0 & -1 & 1 \\ 0 & 0 & 0 & -1 \end{bmatrix}\begin{bmatrix} x_1 \\ x_2 \\ x_3 \\ x_4 \end{bmatrix}+\begin{bmatrix} 1 & 0 & 1 \\ 0 & 0 & 2 \\ 0 & 0 & 0 \\ 0 & 1 & 0 \end{bmatrix}\boldsymbol{u}$$

(3) $$\begin{bmatrix} \dot{x}_1 \\ \dot{x}_2 \\ \dot{x}_3 \end{bmatrix}=\begin{bmatrix} -4 & 1 & 0 \\ 0 & -4 & 0 \\ 0 & 0 & -2 \end{bmatrix}\begin{bmatrix} x_1 \\ x_2 \\ x_3 \end{bmatrix}+\begin{bmatrix} 4 & 2 \\ 0 & 0 \\ 3 & 0 \end{bmatrix}\boldsymbol{u}$$

(4) $$\begin{bmatrix} \dot{x}_1 \\ \dot{x}_2 \\ \dot{x}_3 \\ \dot{x}_4 \end{bmatrix}=\begin{bmatrix} -4 & 1 & 0 & 0 \\ 0 & -4 & 0 & 0 \\ 0 & 0 & -4 & 1 \\ 0 & 0 & 0 & -4 \end{bmatrix}\begin{bmatrix} x_1 \\ x_2 \\ x_3 \\ x_4 \end{bmatrix}+\begin{bmatrix} 1 & 0 & 1 \\ 1 & 2 & 3 \\ 0 & 0 & 0 \\ 1 & 3 & 2 \end{bmatrix}\boldsymbol{u}$$

(5) $$\begin{bmatrix} \dot{x}_1 \\ \dot{x}_2 \\ \dot{x}_3 \\ \dot{x}_4 \end{bmatrix}=\begin{bmatrix} -4 & 1 & 0 & 0 \\ 0 & -4 & 0 & 0 \\ 0 & 0 & -4 & 1 \\ 0 & 0 & 0 & -4 \end{bmatrix}\begin{bmatrix} x_1 \\ x_2 \\ x_3 \\ x_4 \end{bmatrix}+\begin{bmatrix} 1 & 0 & 1 \\ 1 & 2 & 3 \\ 0 & 0 & 0 \\ 3 & 6 & 9 \end{bmatrix}\boldsymbol{u}$$

解：由定理 4.4 可知，系统（1）和（2）是状态完全能控的，系统（3）是状态不完

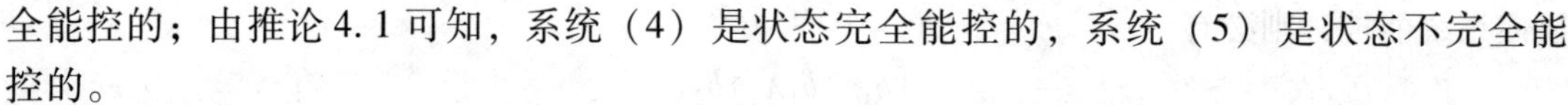

全能控的；由推论 4.1 可知，系统（4）是状态完全能控的，系统（5）是状态不完全能控的。

4.3 线性定常连续系统的能观测性

4.3.1 线性定常连续系统能观测性定义

在现代控制理论中，控制系统的反馈信息是由系统的状态变量组合而成的。但并非所有系统的状态变量在物理上都能量测到，于是提出了能否通过对输出的测量获得全部状态变量的信息。

线性定常连续系统 $\sum(\boldsymbol{A},\boldsymbol{B},\boldsymbol{C})$ 的状态空间表达式为

$$\begin{cases}\dot{\boldsymbol{x}}=\boldsymbol{A}\boldsymbol{x}+\boldsymbol{B}\boldsymbol{u}\\ \boldsymbol{y}=\boldsymbol{C}\boldsymbol{x}\end{cases} \tag{4.16}$$

式中，$\boldsymbol{x}$ 为 n 维状态向量；$\boldsymbol{y}$ 为 m 维输出向量；$\boldsymbol{u}$ 为 r 维输入向量；$\boldsymbol{A}$ 为 $n\times n$ 系统矩阵；$\boldsymbol{B}$ 为 $n\times r$ 控制矩阵；$\boldsymbol{C}$ 为 $m\times n$ 输出矩阵。

定义 4.2　对于式（4.16）所描述系统，如果对任意给定的输入信号 $\boldsymbol{u}(t)$，在有限时间区间 $[t_0,t_f]$（t_0 可为 0，$t_f>t_0$）内，能够根据输出量 $\boldsymbol{y}(t)$ 在 $[t_0,t_f]$ 内的量测值，唯一地确定系统在 t_0 时刻的初始状态 $x(t_0)$，则称系统状态在 t_0 时刻是能观测的；如果对任意一个初始状态都能观测，则称系统是状态完全能观测的，简称系统状态能观测或系统是能观测的。

由能观测性定义出发，可以得到如下几点结论：

1）已知系统在有限时间区间 $[t_0,t_f]$（$t_0<t_f<\infty$）内的输出 $\boldsymbol{y}(t)$，观测的目标是为了确定初始状态 $\boldsymbol{x}(t_0)$。

2）对于系统的初始时刻 t_0（t_0 可为 0），存在 t_f（$t_0<t_f<\infty$），根据 $[t_0,t_f]$ 内的输出 $\boldsymbol{y}(t)$ 能够唯一地确定任意指定的状态 $\boldsymbol{x}(t_f)$，则称系统是状态能检测的。由于连续系统状态转移矩阵是非奇异的，因此系统能观测性和能检测性是等价的。

3）在能观测性的研究中，关心的是能观测状态在状态空间的分布。显然，状态空间中的所有有限点都是能观测的，系统才是能观测的。

4）若系统存在确定性干扰信号 $\boldsymbol{f}(t)$，状态空间表达式为

$$\begin{cases}\dot{\boldsymbol{x}}=\boldsymbol{A}\boldsymbol{x}+\boldsymbol{B}\boldsymbol{u}+\boldsymbol{f}(t)\\ \boldsymbol{y}=\boldsymbol{C}\boldsymbol{x}\\ \boldsymbol{x}(t_0)\big|_{t_0=0}=\boldsymbol{x}(0)\end{cases} \tag{4.17}$$

由于 $\boldsymbol{f}(t)$ 是确定性干扰，因此它不会改变系统的能观测性。

证明：状态方程式（4.17）的解为

$$\boldsymbol{x}(t)=\mathrm{e}^{\boldsymbol{A}t}\boldsymbol{x}(0)+\int_0^t \mathrm{e}^{\boldsymbol{A}(t-\tau)}[\boldsymbol{B}\boldsymbol{u}(\tau)+\boldsymbol{f}(\tau)]\mathrm{d}\tau$$

$$\boldsymbol{y}(t)=\boldsymbol{C}\boldsymbol{x}(t)=\boldsymbol{C}\mathrm{e}^{\boldsymbol{A}t}\boldsymbol{x}(0)+\int_0^t \boldsymbol{C}\mathrm{e}^{\boldsymbol{A}(t-\tau)}[\boldsymbol{B}\boldsymbol{u}(\tau)+\boldsymbol{f}(\tau)]\mathrm{d}\tau$$

上式两边左乘 $\mathrm{e}^{\boldsymbol{A}^{\mathrm{T}}t}\boldsymbol{C}^{\mathrm{T}}$，并从 0 到 t_f 进行积分，得

$$\int_0^{t_f} e^{A^{\mathrm{T}}t}\boldsymbol{C}^{\mathrm{T}}\boldsymbol{C}e^{At}dt\boldsymbol{x}(0)=\int_0^{t_f} e^{A^{\mathrm{T}}t}\boldsymbol{C}^{\mathrm{T}}\boldsymbol{y}(t)dt-\int_0^{t_f}\int_0^{t} e^{A^{\mathrm{T}}t}\boldsymbol{C}^{\mathrm{T}}\boldsymbol{C}e^{A(t-\tau)}[\boldsymbol{B}\boldsymbol{u}(\tau)+\boldsymbol{f}(\tau)]d\tau dt \tag{4.18}$$

式（4.18）右边是与 $\boldsymbol{y}(t)$、$\boldsymbol{u}(t)$、$\boldsymbol{f}(t)$ 有关的确定的向量。

令

$$\tilde{\boldsymbol{x}}=\int_0^{t_f} e^{A^{\mathrm{T}}t}\boldsymbol{C}^{\mathrm{T}}\boldsymbol{y}(t)dt-\int_0^{t_f}\int_0^{t} e^{A^{\mathrm{T}}t}\boldsymbol{C}^{\mathrm{T}}\boldsymbol{C}e^{A(t-\tau)}[\boldsymbol{B}\boldsymbol{u}(\tau)+\boldsymbol{f}(\tau)]d\tau dt$$

又令

$$\boldsymbol{W}_o[0,t_f]=\int_0^{t_f} e^{A^{\mathrm{T}}t}\boldsymbol{C}^{\mathrm{T}}\boldsymbol{C}e^{At}dt$$

称为 $n\times n$ 阶格拉姆矩阵。于是式（4.18）可以写成

$$\boldsymbol{W}_o[0,t_f]\boldsymbol{x}(0)=\tilde{\boldsymbol{x}} \tag{4.19}$$

可见，$\boldsymbol{x}(0)$ 是否有唯一解取决于 $\boldsymbol{W}_o[0,t_f]$ 的秩，而与 $\boldsymbol{u}(t)$、$\boldsymbol{f}(t)$ 无关，即 $\boldsymbol{f}(t)$、$\boldsymbol{u}(t)$ 均不改变系统的能观测性质。因此，在研究系统的能观测性时不用考虑 $\boldsymbol{f}(t)$ 的影响。

4.3.2 线性定常连续系统能观测性判据

定理 4.5 式（4.16）所描述的系统 $\Sigma(\boldsymbol{A},\boldsymbol{B},\boldsymbol{C})$ 能观测的充分必要条件是 $\boldsymbol{W}_o[0,t_f]$ 满秩，即

$$\operatorname{rank}\boldsymbol{W}_o[0,t_f]=n \tag{4.20}$$

其中，n 为系统维数。

证明： 由式（4.19）可知，向量 $\tilde{\boldsymbol{x}}$ 是由输出 $\boldsymbol{y}(t)$、$\boldsymbol{u}(t)$ 构成。因此，根据有限时间区间 $[0,t_f]$ 内的 $\boldsymbol{y}(t)$，可以唯一地确定 $\boldsymbol{x}(0)$ 的充分必要条件是 $\boldsymbol{W}_o[0,t_f]$ 满秩，即

$$\operatorname{rank}\boldsymbol{W}_o[0,t_f]=\operatorname{rank}\int_0^{t_f} e^{A^{\mathrm{T}}t}\boldsymbol{C}^{\mathrm{T}}\boldsymbol{C}e^{At}dt=n$$

这个定理为系统能观测性的一般判据，但计算状态转移矩阵 e^{At} 比较烦琐，实际上常采用如下判据。

定理 4.6 线性定常系统式（4.16）状态能观测的充分必要条件是 $nm\times n$ 阶能观测性矩阵

$$\boldsymbol{Q}_o=\begin{bmatrix}\boldsymbol{C}\\ \boldsymbol{C}\boldsymbol{A}\\ \vdots\\ \boldsymbol{C}\boldsymbol{A}^{n-1}\end{bmatrix} \tag{4.21}$$

的秩为 n，n 为系统的维数，即

$$\operatorname{rank}\boldsymbol{Q}_o=n \tag{4.22}$$

证明： 设 $u(t)\equiv 0$，系统的齐次状态方程的解为

$$\begin{cases}\boldsymbol{x}(t)=e^{At}\boldsymbol{x}(0)\\ \boldsymbol{y}(t)=\boldsymbol{C}\boldsymbol{x}(t)=\boldsymbol{C}e^{At}\boldsymbol{x}(0)\end{cases} \tag{4.23}$$

应用凯莱-哈密顿定理，将 e^{At} 展开成 $\boldsymbol{A}$ 的最高幂次为 $n-1$ 次的多项式为

$$e^{At}=\sum_{j=0}^{n-1}a_j(t)\boldsymbol{A}^i$$

将上式代入式（4.23）得

$$\boldsymbol{y}(t)=\boldsymbol{C}\sum_{j=0}^{n-1}a_j(t)\boldsymbol{A}^j\boldsymbol{x}(0)$$

或

$$\boldsymbol{y}(t)=\begin{bmatrix}a_0(t) & a_1(t) & \cdots & a_{n-1}(t)\end{bmatrix}\begin{bmatrix}\boldsymbol{C}\\ \boldsymbol{CA}\\ \vdots\\ \boldsymbol{CA}^{n-1}\end{bmatrix}\boldsymbol{x}(0)$$

由于 $a_j(t)$ 是已知函数，因此，根据有限时间区间 $[0,t_f]$ 内的 $\boldsymbol{y}(t)$ 能唯一地确定初始状态 $\boldsymbol{x}(0)$ 的充分必要条件为 $\boldsymbol{Q}_o$ 满秩，即

$$\mathrm{rank}\boldsymbol{Q}_o=\mathrm{rank}\begin{bmatrix}\boldsymbol{C}\\ \boldsymbol{CA}\\ \vdots\\ \boldsymbol{CA}^{n-1}\end{bmatrix}=n$$

由矩阵理论可知，矩阵的转置不改变矩阵的秩，即 $\mathrm{rank}\boldsymbol{Q}_o^{\mathrm{T}}=\mathrm{rank}\boldsymbol{Q}_o$，故式（4.22）有时可表示成

$$\mathrm{rank}\boldsymbol{Q}_o^{\mathrm{T}}=\mathrm{rank}\begin{bmatrix}\boldsymbol{C}^{\mathrm{T}} & \boldsymbol{A}^{\mathrm{T}}\boldsymbol{C}^{\mathrm{T}} & \cdots & (\boldsymbol{A}^{\mathrm{T}})^{n-1}\boldsymbol{C}^{\mathrm{T}}\end{bmatrix}=n$$

应用定理 4.6 来判别系统能观测性，其判据本身很简单，常用这种方法。由于能观测性矩阵 $\boldsymbol{Q}_o$ 是 $nm\times n$ 阶矩阵，因此在求 $\boldsymbol{Q}_o$ 的秩时，有时采用计算 $\boldsymbol{Q}_o^{\mathrm{T}}\boldsymbol{Q}_o$ 的秩。

例 **4.9** 判别如下系统的能观测性：

$$\begin{cases}\dot{\boldsymbol{x}}=\begin{bmatrix}0 & 1 & 0\\ 0 & 0 & 1\\ -6 & -11 & -6\end{bmatrix}\boldsymbol{x}+\begin{bmatrix}0\\ 0\\ 1\end{bmatrix}\boldsymbol{u}\\ \boldsymbol{y}=\begin{bmatrix}4 & 5 & 1\end{bmatrix}\boldsymbol{x}\end{cases}$$

解：（1）构造能观测性矩阵

$$\boldsymbol{C}=\begin{bmatrix}4 & 5 & 1\end{bmatrix}$$

$$\boldsymbol{CA}=\begin{bmatrix}4 & 5 & 1\end{bmatrix}\begin{bmatrix}0 & 1 & 0\\ 0 & 0 & 1\\ -6 & -11 & -6\end{bmatrix}=\begin{bmatrix}-6 & -7 & -1\end{bmatrix}$$

$$\boldsymbol{CA}^2=\begin{bmatrix}-6 & -7 & -1\end{bmatrix}\begin{bmatrix}0 & 1 & 0\\ 0 & 0 & 1\\ -6 & -11 & -6\end{bmatrix}=\begin{bmatrix}6 & 5 & -1\end{bmatrix}$$

$$\boldsymbol{Q}_o=\begin{bmatrix}4 & 5 & 1\\ -6 & -7 & -1\\ 6 & 5 & -1\end{bmatrix}$$

（2）求能观测性矩阵的秩

$$\mathrm{rank}\boldsymbol{Q}_o=\mathrm{rank}\begin{bmatrix}4 & 5 & 1\\ -6 & -7 & -1\\ 6 & 5 & -1\end{bmatrix}=2<3$$

故此系统是状态不完全能观测的。

例 4.10　判别如下系统的能观测性：

$$\begin{cases}\dot{\boldsymbol{x}}=\begin{bmatrix}2 & -1\\1 & -3\end{bmatrix}\boldsymbol{x}+\begin{bmatrix}-1\\1\end{bmatrix}\boldsymbol{u}\\ \boldsymbol{y}=\begin{bmatrix}1 & 0\\-1 & 0\end{bmatrix}\boldsymbol{x}\end{cases}$$

解：（1）构造能观测性矩阵

$$\boldsymbol{CA}=\begin{bmatrix}1 & 0\\-1 & 0\end{bmatrix}\begin{bmatrix}2 & -1\\1 & -3\end{bmatrix}=\begin{bmatrix}2 & -1\\-2 & 1\end{bmatrix}$$

$$\boldsymbol{Q}_o=\begin{bmatrix}\boldsymbol{C}\\\boldsymbol{CA}\end{bmatrix}=\begin{bmatrix}1 & 0\\-1 & 0\\2 & -1\\-2 & 1\end{bmatrix}$$

（2）求能观测性判别矩阵的秩

$$\mathrm{rank}\boldsymbol{Q}_o=2$$

故此系统是状态完全能观测的。

定理 4.7　若线性定常系统式（4.16）的系统矩阵 $\boldsymbol{A}$ 的特征值 $\lambda_i(i=1,2,\cdots,n)$ 互异，则系统能观测的充分必要条件是经过非奇异线性变换后的对角标准形

$$\begin{cases}\dot{\tilde{\boldsymbol{x}}}=\begin{bmatrix}\lambda_1 & & & \\ & \lambda_2 & & \\ & & \ddots & \\ & & & \lambda_n\end{bmatrix}\tilde{\boldsymbol{x}}+\tilde{\boldsymbol{B}}\boldsymbol{u}\\ \boldsymbol{y}=\tilde{\boldsymbol{C}}\tilde{\boldsymbol{x}}\end{cases}\tag{4.24}$$

矩阵 $\tilde{\boldsymbol{C}}$ 中不包含完全为零的列。

该定理的证明过程与定理 4.3 的证明过程类似。

定理 4.7 说明：设 2 阶系统的对角标准形为：$\boldsymbol{A}=\begin{bmatrix}\lambda_1 & 0\\0 & \lambda_2\end{bmatrix}$，$\boldsymbol{C}=[c_1\quad c_2]$，则根据定理 4.6 有：$\boldsymbol{Q}_o=\begin{bmatrix}\boldsymbol{C}\\\boldsymbol{CA}\end{bmatrix}=\begin{bmatrix}c_1 & c_2\\c_1\lambda_1 & c_2\lambda_2\end{bmatrix}$。要使系统能观测，则必有 $|\boldsymbol{Q}_o|=\begin{vmatrix}c_1 & c_2\\c_1\lambda_1 & c_2\lambda_2\end{vmatrix}=c_1c_2(\lambda_2-\lambda_1)\neq0$。由于 λ_1、λ_2 互异，故 $c_1\neq0$ 且 $c_2\neq0$。推广到 n 阶系统就有定理 4.7。

由于系统的对角标准形下，各变量间没有耦合关系，因此影响每一个状态的唯一途径是通过输入。

例 4.11　试判别如下线性定常系统的能观测性：

（1）$\dot{\boldsymbol{x}}=\begin{bmatrix}-7 & & \\ & -5 & \\ & & -1\end{bmatrix}\boldsymbol{x}$　　$\boldsymbol{y}=[0\quad 4\quad 5]\boldsymbol{x}$

（2）$\dot{\boldsymbol{x}}=\begin{bmatrix}-7 & & \\ & -5 & \\ & & -1\end{bmatrix}\boldsymbol{x}$　　$\boldsymbol{y}=\begin{bmatrix}3 & 2 & 0\\0 & 3 & 1\end{bmatrix}\boldsymbol{x}$

解：根据定理 4.7 可知，系统（1）是状态不完全能观测的，系统（2）是状态完全能观测的。

定理 4.8　若线性定常系统式（4.16）的系统矩阵 $\boldsymbol{A}$ 具有重特征值，且每个重特征值只对应一个独立的特征向量，则其状态完全能观测的充分必要条件是经过非奇异线性变换后的约当标准形

$$\begin{cases}\dot{\tilde{\boldsymbol{x}}}=\begin{bmatrix}\boldsymbol{J}_1 & & & \\ & \boldsymbol{J}_2 & & \\ & & \ddots & \\ & & & \boldsymbol{J}_k\end{bmatrix}\tilde{\boldsymbol{x}}+\tilde{\boldsymbol{B}}\boldsymbol{u} \qquad \boldsymbol{J}_i=\begin{bmatrix}\lambda_i & 1 & & & \\ & \lambda_i & 1 & & \\ & & \ddots & \ddots & \\ & & & \ddots & 1 \\ & & & & \lambda_i\end{bmatrix} \\ \boldsymbol{y}=\tilde{\boldsymbol{C}}\tilde{\boldsymbol{x}}\end{cases} \tag{4.25}$$

矩阵 $\tilde{\boldsymbol{C}}$ 中与每一个约当子块第一列对应的列的元素不全为零。

该定理的证明过程与定理 4.3 的证明过程类似。

定理 4.8 说明：设 2 阶系统的约当标准形为：$\boldsymbol{A}=\begin{bmatrix}\lambda_1 & 1\\ 0 & \lambda_1\end{bmatrix}$，$\boldsymbol{C}=[c_1 \quad c_2]$，则根据定理 4.6 有：$\boldsymbol{Q}_o=\begin{bmatrix}\boldsymbol{C}\\ \boldsymbol{CA}\end{bmatrix}=\begin{bmatrix}c_1 & c_2\\ c_1\lambda_1 & c_1+c_2\lambda_1\end{bmatrix}$。要使系统能观测，则必有 $|\boldsymbol{Q}_o|=\begin{vmatrix}c_1 & c_2\\ c_1\lambda_1 & c_1+c_2\lambda_1\end{vmatrix}=-c_1^2\neq 0$，即 $c_1\neq 0$。推广到 n 阶系统就有定理 4.8。

推论 4.3　如果线性定常系统式（4.16）的系统矩阵 $\boldsymbol{A}$ 的某个特征值对应几个约当块，对于多输出系统，则同一特征值所对应系统状态完全能观测的充分必要条件是同一个特征值对应的每个约当块的第一列所对应的 $\tilde{\boldsymbol{C}}$ 中的列向量是列线性无关的。

含义：

对于 $\boldsymbol{A}=\begin{bmatrix}\lambda_1 & 1 & & \\ & \lambda_1 & 0 & \\ & & \lambda_1 & 1\\ & & 0 & \lambda_1\end{bmatrix}$，$\boldsymbol{C}=\begin{bmatrix}c_{11} & c_{12} & c_{13} & c_{14}\\ c_{21} & c_{22} & c_{23} & c_{24}\end{bmatrix}$，如果 $\begin{bmatrix}c_{11} & c_{13}\\ c_{21} & c_{23}\end{bmatrix}$ 列线性无关，则系统状态能观测。

推论 4.4　如果线性定常系统式（4.16）的系统矩阵 $\boldsymbol{A}$ 的某个特征值对应几个约当块，对于单输出系统，系统状态必不能观测。

例 4.12　考察如下线性定常系统的能观测性：

$$(1)\begin{cases}\dot{\bar{\boldsymbol{x}}}=\begin{bmatrix}3 & 1 & & & \\ & 3 & 1 & & \\ & & 3 & 0 & \\ & & & -2 & 1\\ & & & 0 & -2\end{bmatrix}\bar{\boldsymbol{x}}\\ \boldsymbol{y}=\begin{bmatrix}1 & 1 & 1 & 1 & 0\\ 1 & 1 & 1 & 0 & 0\end{bmatrix}\bar{\boldsymbol{x}}\end{cases}$$

(2) $\begin{cases}\dot{\bar{\boldsymbol{x}}}=\begin{bmatrix}2 & 1 & & \\ & 2 & 0 & \\ & & 3 & 1 \\ & & & 3\end{bmatrix}\bar{\boldsymbol{x}} \\ \boldsymbol{y}=\begin{bmatrix}0 & 1 & 1 & 0 \\ 0 & 1 & 1 & 1\end{bmatrix}\bar{\boldsymbol{x}}\end{cases}$

(3) $\begin{cases}\dot{\bar{\boldsymbol{x}}}=\begin{bmatrix}2 & 1 & & \\ & 2 & 0 & \\ & & 2 & 1 \\ & & & 2\end{bmatrix}\bar{\boldsymbol{x}} \\ \boldsymbol{y}=\begin{bmatrix}1 & 1 & 1 & 0 \\ 0 & 1 & 0 & 1\end{bmatrix}\bar{\boldsymbol{x}}\end{cases}$

解：应用定理 4.8 可知，系统（1）是状态完全能观测的，系统（2）是状态不完全能观测的；由推论 4.3 可知，系统（3）是状态不完全能观测的。

上面介绍的几个定理都是用来判别系统式（4.16）的能观测性的。虽然这些定理所表述的形式、方法不同，但它们在判别线性定常系统的能观测性时是等价的，只要用其中一种方法判别即可。至于采用何种方法，视给出的问题的性质和求解方便性等因素加以选择。另外，对于线性连续系统来说，由于能检测性与能观测性是等价的，因此判别系统能观测性的判据同样可用来判别系统的能检测性。

4.4　线性离散系统的能控性与能观测性

关于线性离散系统的能控性和能观测性问题，有一套几乎与线性连续系统完全类似的理论和方法。因此本节只作扼要介绍。

线性定常离散系统方程为

$$\begin{cases}\boldsymbol{x}(k+1)=\boldsymbol{G}\boldsymbol{x}(k)+\boldsymbol{H}\boldsymbol{u}(k) \\ \boldsymbol{y}(k)=\boldsymbol{C}\boldsymbol{x}(k)\end{cases} \tag{4.26}$$

式中，$\boldsymbol{x}(k)$ 为 n 维状态向量；$\boldsymbol{u}(k)$ 为 r 维输入向量；$\boldsymbol{y}(k)$ 为 m 维输出向量；$\boldsymbol{G}$ 为 $n\times n$ 阶系统矩阵；$\boldsymbol{H}$ 为 $n\times r$ 阶输入矩阵；$\boldsymbol{C}$ 为 $m\times n$ 阶输出矩阵。

4.4.1　线性定常离散系统的能控性

1. 能控性定义

定义 4.3　对于式（4.26）所描述系统，如果在有限采样间隔 $kT\leqslant t\leqslant nT$ 内，存在阶梯控制信号序列 $\boldsymbol{u}(k)$，$\boldsymbol{u}(k+1)$，…，$\boldsymbol{u}(n-1)$，使得系统从第 k 个采样时刻的状态 $\boldsymbol{x}(k)$ 开始，能在第 n 个采样时刻到达零状态，即 $\boldsymbol{x}(n)=0$，则称该系统在第 k 个采样时刻上是能控的；若系统在第 k 个采样时刻上的所有状态都是能控的，则称该系统为状态完全能控的，或简称系统状态能控或系统是能控的。

如果在有限时间区间 $[0,k]$ 内，存在容许控制序列 $\boldsymbol{u}(k)$，将系统从状态空间坐标原点 $\boldsymbol{x}(0)=0$ 推向预先指定的状态 $\boldsymbol{x}(k)$，则称为状态能达。在连续系统中，系统的能达性与能控性是等价的，而离散系统的能达性与能控性之间关系如何呢？离散系统与连续系统略有差别。在离散系统中，如果系数矩阵 $\boldsymbol{G}$ 是非奇异的，则能达性与能控性等价，也就是说，离散系统中的能达性和能控性等价是有条件的。

2. 能控性判据

定理 4.9　线性定常离散系统式（4.26）能控的充分必要条件是 $n\times nr$ 阶能控性矩阵 $\boldsymbol{Q}_c$ 的秩为 n，n 为系统的维数，即

$$\mathrm{rank}\boldsymbol{Q}_c=\mathrm{rank}[\boldsymbol{H}\quad \boldsymbol{GH}\quad \boldsymbol{G}^2\boldsymbol{H}\quad \cdots\quad \boldsymbol{G}^{n-1}\boldsymbol{H}]=n \tag{4.27}$$

证明：设系统初始状态为 $\boldsymbol{x}(0)$，式（4.26）的解为

$$\boldsymbol{x}(k)=\boldsymbol{G}^k\boldsymbol{x}(0)+\sum_{i=0}^{k-1}\boldsymbol{G}^{k-i-1}\boldsymbol{Hu}(i)\quad (k=0,1,2,\cdots)$$

根据假设条件，当 $k\geqslant n$ 时，$\boldsymbol{x}(k)=0$，即

$$\boldsymbol{x}(n)=\boldsymbol{G}^n\boldsymbol{x}(0)+\sum_{i=0}^{n-1}\boldsymbol{G}^{n-i-1}\boldsymbol{Hu}(i)=0$$

或

$$-\boldsymbol{G}^n\boldsymbol{x}(0)=[\boldsymbol{G}^{n-1}\boldsymbol{H}\quad \boldsymbol{G}^{n-2}\boldsymbol{H}\quad \cdots\quad \boldsymbol{GH}\quad \boldsymbol{H}]\begin{bmatrix}\boldsymbol{u}(0)\\ \boldsymbol{u}(1)\\ \vdots\\ \boldsymbol{u}(n-1)\end{bmatrix}_{nr\times 1} \tag{4.28}$$

当 $\boldsymbol{G}$ 是非奇异矩阵时，对于任意给定的 $\boldsymbol{x}(0)$，$\boldsymbol{G}^n\boldsymbol{x}(0)$ 必为某一非零的 n 维列向量。因此，式（4.28）有解的充要条件是 $n\times nr$ 阶系数矩阵，即系统的能控性矩阵的秩为

$$\mathrm{rank}\boldsymbol{Q}_c=\mathrm{rank}[\boldsymbol{G}^{n-1}\boldsymbol{H}\quad \boldsymbol{G}^{n-2}\boldsymbol{H}\quad \cdots\quad \boldsymbol{GH}\quad \boldsymbol{H}]=n$$

或

$$\mathrm{rank}\boldsymbol{Q}_c=\mathrm{rank}[\boldsymbol{H}\quad \boldsymbol{GH}\quad \cdots\quad \boldsymbol{G}^{n-2}\boldsymbol{H}\quad \boldsymbol{G}^{n-1}\boldsymbol{H}]=n$$

应该指出的是，在离散系统中，只有当

$$k\geqslant\frac{n}{r} \tag{4.29}$$

时，才可能使系统能控。当 $u(k)$ 是标量时，$k\geqslant n$。注意，这里的 k 是指 k 个采样周期，也就是说 $k\geqslant n$ 的条件表明，能控时间为大于等于 n 个采样周期，而最小能控时间为 n 个采样周期。

例 4.13　线性定常离散系统状态方程为

$$\boldsymbol{x}(k+1)=\begin{bmatrix}1&0&0\\0&2&-2\\-1&1&0\end{bmatrix}\boldsymbol{x}(k)+\begin{bmatrix}1\\0\\-1\end{bmatrix}\boldsymbol{u}(k)$$

试判别系统的能控性。

解：$\mathrm{rank}\boldsymbol{Q}_c=\mathrm{rank}[\boldsymbol{H}\quad \boldsymbol{GH}\quad \boldsymbol{G}^2\boldsymbol{H}]=\mathrm{rank}\begin{bmatrix}1&1&1\\0&2&6\\-1&-1&1\end{bmatrix}=3=n$

故系统状态是完全能控的。

4.4.2　线性定常离散系统的能观测性

1. 能观测性定义

定义 4.4　对于式（4.26）所描述系统，如果根据第 i 步以后的观测值 $y(i)$，$y(i+1)$，…，$y(N)$，能唯一地确定第 i 步的状态 $x(i)$，则称系统在第 i 步是能观测的；若系统在任意采样时刻上都是能观测的，则称系统是状态完全能观测的，或简称系统状态能观测或系统是能观测的。

同样也可以讨论系统的能检测性，而且离散系统的能检测性、能观测性之间的关系与连续系统略有差别。在离散系统中，只有系数矩阵 $\boldsymbol{G}$ 是非奇异时，能检测性与能观测性才是等价的，也就是说，离散系统的能检测性和能观测性等价是有条件的。

2. 能观测性判据

定理 4.10　线性定常离散系统式（4.26）能观测的充分必要条件是 $nm\times n$ 阶能观测性矩阵 $\boldsymbol{Q}_o$ 的秩为 n，即

$$\mathrm{rank}\boldsymbol{Q}_o=\mathrm{rank}\begin{bmatrix}\boldsymbol{C}\\\boldsymbol{CG}\\\vdots\\\boldsymbol{CG}^{n-1}\end{bmatrix}=n \tag{4.30}$$

证明：由于所研究的系统是线性定常系统，所以可假设观测从第 0 步开始，并认为输入 $\boldsymbol{u}(k)=0$，此时系统为

$$\begin{cases}\boldsymbol{x}(k+1)=\boldsymbol{Gx}(k)\\\boldsymbol{y}(k)=\boldsymbol{Cx}(k)\end{cases} \tag{4.31}$$

当 $k=0,1,\cdots,n-1$，利用递推法，可得

$$\begin{cases}\boldsymbol{y}(0)=\boldsymbol{Cx}(0)\\\boldsymbol{y}(1)=\boldsymbol{Cx}(1)=\boldsymbol{CG}x(0)\\\boldsymbol{y}(2)=\boldsymbol{Cx}(2)=\boldsymbol{CG}^2x(0)\\\quad\vdots\\\boldsymbol{y}(n-1)=\boldsymbol{Cx}(n-1)=\boldsymbol{CG}^{n-1}\boldsymbol{x}(0)\end{cases}$$

写成矩阵形式为

$$\begin{bmatrix}\boldsymbol{y}(0)\\\boldsymbol{y}(1)\\\vdots\\\boldsymbol{y}(n-1)\end{bmatrix}=\begin{bmatrix}\boldsymbol{C}\\\boldsymbol{CG}\\\vdots\\\boldsymbol{CG}^{n-1}\end{bmatrix}\boldsymbol{x}(0) \tag{4.32}$$

由于 $\boldsymbol{y}(k)$ 是 m 维向量，因此上述 n 个联立方程实质上代表了 $n\times m$ 个方程。要想从这 $n\times m$ 个方程中求得唯一的一组解 $\boldsymbol{x}(0)$，则必须从方程中找出 n 个线性无关的方程，即 $\boldsymbol{x}(0)$ 有唯一解的充分必要条件是

$$\mathrm{rank}\boldsymbol{Q}_o=\begin{bmatrix}\boldsymbol{C}\\\boldsymbol{CG}\\\vdots\\\boldsymbol{CG}^{n-1}\end{bmatrix}=n$$

这里应该指出的是，在离散系统中，只有当 $k\geqslant n/m$ 时，系统才可能是能观测的。当 $y(k)$ 为标量时，$k\geqslant n$。注意，这里的 k 同样是指 k 个采样周期，也就是说，$k\geqslant n$ 的条件表明能观测时间大于等于 n 个采样周期，而最小能观测时间为 n 个采样周期。

例 4.14　线性定常离散系统方程为

$$\begin{cases}\boldsymbol{x}(k+1)=\begin{bmatrix}1 & 0 & 0\\ 0 & 2 & -2\\ -1 & 1 & 0\end{bmatrix}\boldsymbol{x}(k)+\begin{bmatrix}1\\ 0\\ -1\end{bmatrix}\boldsymbol{u}(k)\\ \boldsymbol{y}(k)=\begin{bmatrix}1 & 1 & 1\end{bmatrix}\boldsymbol{x}(k)\end{cases}$$

试判别系统的能观测性。

解：$\operatorname{rank}\boldsymbol{Q}_o=\operatorname{rank}\begin{bmatrix}\boldsymbol{C}\\ \boldsymbol{CG}\\ \boldsymbol{CG}^2\end{bmatrix}=\operatorname{rank}\begin{bmatrix}1 & 1 & 1\\ 0 & 3 & -2\\ 2 & 4 & -6\end{bmatrix}=3=n$

故系统状态是完全能观测的。

应当指出，离散系统经过非奇异线性变换后，能控性与能观测性不改变。故离散系统还有其他与连续系统相类似的判别方法。

4.4.3　连续系统离散化后的能控性与能观测性

线性定常连续系统方程为

$$\begin{cases}\dot{\boldsymbol{x}}=\boldsymbol{Ax}+\boldsymbol{Bu}\\ \boldsymbol{y}=\boldsymbol{Cx}\end{cases}\tag{4.33}$$

式中，$\boldsymbol{x}$、$\boldsymbol{u}$、$\boldsymbol{y}$ 分别为 n、r、m 维向量；$\boldsymbol{A}$、$\boldsymbol{B}$、$\boldsymbol{C}$ 为满足矩阵运算相应维数的矩阵。

由前述可知，离散化后的系统方程为

$$\begin{cases}\boldsymbol{x}(k+1)=\boldsymbol{Gx}(k)+\boldsymbol{Hu}(k)\\ \boldsymbol{y}(k)=\boldsymbol{Cx}(k)\end{cases}\tag{4.34}$$

式中

$$\boldsymbol{G}=\mathrm{e}^{\boldsymbol{A}T},\ \boldsymbol{H}=\left[\int_0^T \mathrm{e}^{\boldsymbol{A}T}\mathrm{d}t\right]\boldsymbol{B}$$

这里的 T 是采样周期。

关于连续系统［式（4.33）］和离散化后得到的离散系统［式（4.34）］的能控性和能观测性问题有如下几个定理。

定理 4.11　如果系统［式（4.33）］不能控（不能观测），则离散化的系统［式（4.34）］必是不能控（不能观测）。其逆定理一般不成立。

定理 4.12　如果离散化后的系统［式（4.34）］能控（能观测），则离散化前的连续系统［式（4.33）］必是能控（能观测）。其逆定理一般不成立。

如果系统［式（4.33）］能控（能观测），不能保证离散化后的离散系统［式（4.34）］是能控（能观测）的。离散化系统［式（4.34）］能否保持能控（能观测），唯一地取决于采样周期选择，具体见如下定理 4.13。

定理 4.13　若系统［式（4.33）］能控（能观测），$\boldsymbol{A}$ 的全部特征值互异（$\lambda_i\neq\lambda_j$），并且对于 $\mathrm{Re}[\lambda_i-\lambda_j]=0$ 的特征值，如果其 $\mathrm{Im}[\lambda_i-\lambda_j]$ 与采样周期的关系满足条件

$$T \neq \frac{2k\pi}{\mathrm{Im}[\lambda_i - \lambda_j]} \quad (k=\pm1,\pm2,\cdots) \tag{4.35}$$

则离散化的系统［式（4.34）］仍是能控（能观测）的。定理证明从略，以例子说明。

注意：该定理中的式（4.35）只是充分条件，不是必要条件。

例 4.15　线性定常连续系统方程为

$$\begin{cases}\dot{\boldsymbol{x}}=\begin{bmatrix}0 & 1\\ -1 & 0\end{bmatrix}\boldsymbol{x}+\begin{bmatrix}1\\ 0\end{bmatrix}\boldsymbol{u}\\ \boldsymbol{y}=[0 \quad 1]\boldsymbol{x}\end{cases}$$

试判别该系统以及经离散化后的离散系统的能控性和能观测性。

解：（1）判别系统的能控性和能观测性

因为

$$[\boldsymbol{B} \quad \boldsymbol{AB}]=\begin{bmatrix}1 & 0\\ 0 & -1\end{bmatrix},\mathrm{rank}[\boldsymbol{B} \quad \boldsymbol{AB}]=2=n$$

$$\begin{bmatrix}\boldsymbol{C}\\ \boldsymbol{CA}\end{bmatrix}=\begin{bmatrix}0 & 1\\ -1 & 0\end{bmatrix},\mathrm{rank}\begin{bmatrix}\boldsymbol{C}\\ \boldsymbol{CA}\end{bmatrix}=2=n$$

所以系统能控、能观测。

（2）离散化系统

因为系统的状态转移矩阵为

$$\mathrm{e}^{\boldsymbol{A}t}=\begin{bmatrix}\cos t & \sin t\\ -\sin t & \cos t\end{bmatrix}$$

所以离散化系统的系数矩阵为

$$\boldsymbol{G}=\mathrm{e}^{\boldsymbol{A}T}=\begin{bmatrix}\cos T & \sin T\\ -\sin T & \cos T\end{bmatrix}$$

$$\boldsymbol{H}=\left[\int_0^T \mathrm{e}^{\boldsymbol{A}t}\mathrm{d}t\right]\boldsymbol{B}=\left[\int_0^T\begin{bmatrix}\cos t & \sin t\\ -\sin t & \cos t\end{bmatrix}\mathrm{d}t\right]\begin{bmatrix}1\\ 0\end{bmatrix}=\begin{bmatrix}\sin T\\ \cos T-1\end{bmatrix}$$

$$\boldsymbol{C}=[0 \quad 1]$$

于是离散化后的系统方程为

$$\begin{cases}\boldsymbol{x}(k+1)=\boldsymbol{Gx}(k)+\boldsymbol{Hu}(k)\\ \boldsymbol{y}(k)=\boldsymbol{Cx}(k)\end{cases}$$

（3）离散化系统的能控性和能观测性

$$[\boldsymbol{H} \quad \boldsymbol{GH}]=\begin{bmatrix}\sin T & -\sin T+2\cos T\sin T\\ \cos T-1 & \cos^2 T-\sin^2 T-\cos T\end{bmatrix}$$

$$\begin{bmatrix}\boldsymbol{C}\\ \boldsymbol{CG}\end{bmatrix}=\begin{bmatrix}0 & 1\\ -\sin T & \cos T\end{bmatrix}$$

显然上面两个矩阵是否满秩，唯一地取决于 T 的数值。

如果 $T=k\pi(k=1,2,\cdots)$，则有

$$[\boldsymbol{H} \quad \boldsymbol{GH}]=\begin{bmatrix}\sin k\pi & -\sin k\pi+2\cos k\pi\sin k\pi\\ \cos k\pi-1 & \cos^2 k\pi-\sin^2 k\pi-\cos k\pi\end{bmatrix}=\begin{bmatrix}0 & 0\\ \times & \times\end{bmatrix}$$

其中，×为不等于零的数，$\text{rank}[\boldsymbol{H}\quad \boldsymbol{GH}]=1<n=2$。

$$\begin{bmatrix}\boldsymbol{C}\\\boldsymbol{CG}\end{bmatrix}=\begin{bmatrix}0 & 1\\-\sin k\pi & \cos k\pi\end{bmatrix}=\begin{bmatrix}0 & 1\\0 & \times\end{bmatrix}$$

$$\text{rank}\begin{bmatrix}\boldsymbol{C}\\\boldsymbol{CG}\end{bmatrix}=1<n=2$$

故离散化系统不能控、不能观测。

如果 $T\neq k\pi(k=1,2,\cdots)$，$\cos T\neq\pm1$，$\sin T\neq0$。计算下式

$$\begin{aligned}|\boldsymbol{H}\quad \boldsymbol{GH}|&=\begin{vmatrix}\sin T & -\sin T+2\cos T\sin T\\\cos T-1 & \cos^2T-\sin^2T-\cos T\end{vmatrix}\\&=\sin T(-\sin^2T-\cos^2T-1+2\cos T)\\&=2\sin T(\cos T-1)\neq0\end{aligned}$$

$$\begin{vmatrix}\boldsymbol{C}\\\boldsymbol{CG}\end{vmatrix}=\begin{vmatrix}0 & 1\\-\sin T & \cos T\end{vmatrix}=\sin T\neq0$$

因为

$$\text{rank}[\boldsymbol{H}\quad \boldsymbol{GH}]=2=n$$

和

$$\text{rank}\begin{bmatrix}\boldsymbol{C}\\\boldsymbol{CG}\end{bmatrix}=2=n$$

所以离散化系统能控、能观测。

可见，当采样周期 $T\neq k\pi$ 时，若连续系统能控、能观测，则离散化系统仍然能控、能观测。这个结果对不对呢？可以应用定理 4.13 来验证。

矩阵 $\boldsymbol{A}$ 的两个特征值互异，$\lambda_{1,2}=\pm\text{j}$，并且有

$$\text{Re}[\lambda_1-\lambda_2]=0$$

$$\text{Im}[\lambda_1-\lambda_2]=1-(-1)=2$$

因为连续系统是能控且能观测的，如果要求离散化的系统仍是能控且能观测，则采样周期的选择为

$$T\neq\frac{2k\pi}{\text{Im}[\lambda_1-\lambda_2]}=\frac{2k\pi}{2}=k\pi\quad(k=1,2,\cdots)$$

可见，这个结果与例 4.15（3）中的结果一致。

上面说过，定理 4.13 是充分条件，非必要条件。那么，必要条件是什么呢？结论是系统［式（4.33）］能控（能观测），离散化后的系统［式（4.34）］也能控（能观测）的必要条件是 $2k\pi\text{j}/T$ 不是 $\boldsymbol{A}$ 的特征值（$k=\pm1,\pm2,\cdots$）。

4.5 线性时变系统的能控性与能观测性

前面所讨论的内容，无论是连续系统还是离散系统，都是针对定常系统而言的。对于时变系统，因为系统矩阵 $\boldsymbol{A}(t)$、控制矩阵 $\boldsymbol{B}(t)$ 和输出矩阵 $\boldsymbol{C}(t)$ 等都是时变矩阵，就不能像定常系统那样简单地用 $\boldsymbol{A}$、$\boldsymbol{B}$ 和 $\boldsymbol{C}$ 组成的能控性矩阵和能观测性矩阵来判断系统的能控性和能观测性了。

4.5.1　线性时变系统的能控性判据

定理 4.14　线性时变系统为

$$\dot{\boldsymbol{x}}(t)=\boldsymbol{A}(t)\boldsymbol{x}(t)+\boldsymbol{B}(t)\boldsymbol{u}(t) \tag{4.36}$$

在定义时间区间 $[t_0,t_f]$ 内，状态完全能控的充分必要条件是格拉姆矩阵

$$\boldsymbol{W}_c(t_0,t_f)=\int_{t_0}^{t_f}\boldsymbol{\Phi}(t_0,\tau)\boldsymbol{B}(\tau)\boldsymbol{B}^{\mathrm{T}}(\tau)\boldsymbol{\Phi}^{\mathrm{T}}(t_0,\tau)\mathrm{d}\tau \tag{4.37}$$

是非奇异的。式中，$\boldsymbol{\Phi}(t,t_0)$ 为时变系统状态转移矩阵。

证明：先证充分性。格拉姆矩阵 $\boldsymbol{W}_c(t_0,t_f)$ 是非奇异的，即 $\boldsymbol{W}_c^{-1}(t_0,t_f)$ 存在，这样，对于任意 $\boldsymbol{x}(t_0)$，可以按下式构造一个控制向量，即

$$\boldsymbol{u}(t)=-\boldsymbol{B}^{\mathrm{T}}(t)\boldsymbol{\Phi}^{\mathrm{T}}(t_0,t)\boldsymbol{W}_c^{-1}(t_0,t_f)\boldsymbol{x}(t_0)$$

系统在此控制向量的作用下，经过有限时间 $[t_0,t_f]$ 后，系统状态从 $\boldsymbol{x}(t_0)$ 转移到

$$\begin{aligned}
\boldsymbol{x}(t_f)&=\boldsymbol{\Phi}(t_f,t_0)\boldsymbol{x}(t_0)+\int_{t_0}^{t_f}\boldsymbol{\Phi}(t_f,\tau)\boldsymbol{B}(\tau)\boldsymbol{u}(\tau)\mathrm{d}\tau\\
&=\boldsymbol{\Phi}(t_f,t_0)\boldsymbol{x}(t_0)-\int_{t_0}^{t_f}\boldsymbol{\Phi}(t_f,\tau)\boldsymbol{B}(\tau)\boldsymbol{B}^{\mathrm{T}}(\tau)\boldsymbol{\Phi}^{\mathrm{T}}(t_0,\tau)\boldsymbol{W}_c^{-1}(t_0,t_f)\boldsymbol{x}(t_0)\mathrm{d}\tau\\
&=\boldsymbol{\Phi}(t_f,t_0)\boldsymbol{x}(t_0)-\boldsymbol{\Phi}(t_f,t_0)\left[\int_{t_0}^{t_f}\boldsymbol{\Phi}(t_0,\tau)\boldsymbol{B}(\tau)\boldsymbol{B}^{\mathrm{T}}(\tau)\boldsymbol{\Phi}^{\mathrm{T}}(t_0,\tau)\mathrm{d}\tau\right]\boldsymbol{W}_c^{-1}(t_0,t_f)\boldsymbol{x}(t_0)\\
&=\boldsymbol{\Phi}(t_f,t_0)\boldsymbol{x}(t_0)-\boldsymbol{\Phi}(t_f,t_0)\boldsymbol{W}_c(t_0,t_f)\boldsymbol{W}_c^{-1}(t_0,t_f)\\
&=0
\end{aligned}$$

上式表明，只要 $\boldsymbol{W}_c(t_0,t_f)$ 非奇异，那么在时间 $[t_0,t_f]$ 内任意初始状态 $\boldsymbol{x}(t_0)$ 都可以被转移到零状态，所以定理的充分性得证。

再证必要性，采用反证法。假定 $\boldsymbol{W}_c(t_0,t_f)$ 是奇异的，则必存在某个非零初始状态 $\boldsymbol{x}(t_0)$，使得

$$\boldsymbol{x}^{\mathrm{T}}(t_0)\boldsymbol{W}_c(t_0,t_f)\boldsymbol{x}(t_0)=0$$

又

$$\begin{aligned}
\boldsymbol{x}^{\mathrm{T}}(t_0)\boldsymbol{W}_c(t_0,t_f)\boldsymbol{x}(t_0)&=\int_{t_0}^{t_f}\boldsymbol{x}^{\mathrm{T}}(t_0)\boldsymbol{\Phi}(t_0,\tau)\boldsymbol{B}(\tau)\boldsymbol{B}^{\mathrm{T}}(\tau)\boldsymbol{\Phi}^{\mathrm{T}}(t_0,\tau)\boldsymbol{x}(t_0)\mathrm{d}\tau\\
&=\int_{t_0}^{t_f}[\boldsymbol{B}^{\mathrm{T}}(\tau)\boldsymbol{\Phi}^{\mathrm{T}}(t_0,\tau)\boldsymbol{x}(t_0)]^{\mathrm{T}}[\boldsymbol{B}^{\mathrm{T}}(\tau)\boldsymbol{\Phi}^{\mathrm{T}}(t_0,\tau)\boldsymbol{x}(t_0)]\mathrm{d}\tau
\end{aligned}$$

从而有

$$\boldsymbol{x}^{\mathrm{T}}(t_0)\boldsymbol{W}_c(t_0,t_f)\boldsymbol{x}(t_0)=\int_{t_0}^{t_f}\|\boldsymbol{B}^{\mathrm{T}}(\tau)\boldsymbol{\Phi}^{\mathrm{T}}(t_0,\tau)\boldsymbol{x}(t_0)\|^2\mathrm{d}\tau=0 \tag{4.38}$$

但 $\boldsymbol{B}^{\mathrm{T}}(t)\boldsymbol{\Phi}^{\mathrm{T}}(t_0,t)$ 在变量定义域内是连续的，所以由式（4.38）可得

$$\boldsymbol{B}^{\mathrm{T}}(t)\boldsymbol{\Phi}^{\mathrm{T}}(t_0,\tau)\boldsymbol{x}(t_0)=0\quad(t\in[t_0,t_f])$$

又因已假定系统是能控的，$\boldsymbol{x}(t_0)$ 是能控状态，应有

$$\boldsymbol{x}(t_0)=-\int_{t_0}^{t_f}\boldsymbol{\Phi}(t_0,\tau)\boldsymbol{B}(\tau)\boldsymbol{u}(\tau)\mathrm{d}t$$

那么

$$\|\boldsymbol{x}(t_0)\|^2=\boldsymbol{x}^{\mathrm{T}}(t_0)\boldsymbol{x}(t_0)=-\left[\int_{t_0}^{t_f}\boldsymbol{\Phi}(t_0,\tau)\boldsymbol{B}(\tau)\boldsymbol{u}(\tau)\mathrm{d}\tau\right]^{\mathrm{T}}\boldsymbol{x}(t_0)$$

$$=-\int_{t_0}^{t_f}\boldsymbol{u}^{\mathrm{T}}(\tau)\boldsymbol{B}^{\mathrm{T}}(\tau)\boldsymbol{\Phi}^{\mathrm{T}}(t_0,\tau)\boldsymbol{x}(t_0)\mathrm{d}\tau=0$$

这里$\|\boldsymbol{x}\|$表示$\boldsymbol{x}$的范数。上式说明，只有$\boldsymbol{x}(t_0)$等于零时，$\boldsymbol{x}(t_0)$才是能控的，但这和原假设$\boldsymbol{x}(t_0)\neq 0$（非零状态）是矛盾的。因此假设$\boldsymbol{W}_c(t_0,t_f)$为奇异是不成立的，从而证明$\boldsymbol{W}_c(t_0,t_f)$必是非奇异的，必要性得证。

例 4.16　试判别下列系统的能控性。

$$\begin{bmatrix}\dot{x}_1\\ \dot{x}_2\end{bmatrix}=\begin{bmatrix}0 & t\\ 0 & 0\end{bmatrix}\begin{bmatrix}x_1\\ x_2\end{bmatrix}+\begin{bmatrix}0\\ 1\end{bmatrix}u$$

解：（1）首先求系统的状态转移矩阵

考虑到该系统的系统矩阵$\boldsymbol{A}(t)$满足

$$\boldsymbol{A}(t_1)\boldsymbol{A}(t_2)=\boldsymbol{A}(t_2)\boldsymbol{A}(t_1)$$

故状态转移矩阵$\boldsymbol{\Phi}(0,t)$可写成封闭形式

$$\boldsymbol{\Phi}(0,t)=\boldsymbol{I}+\int_t^0\begin{bmatrix}0 & \tau\\ 0 & 0\end{bmatrix}\mathrm{d}\tau+\frac{1}{2!}\left\{\int_t^0\begin{bmatrix}0 & \tau\\ 0 & 0\end{bmatrix}\mathrm{d}\tau\right\}^2+\cdots$$

$$=\begin{bmatrix}1 & -\frac{1}{2}t^2\\ 0 & 1\end{bmatrix}$$

（2）计算能控性矩阵$\boldsymbol{W}_c(0,t_f)$

$$\boldsymbol{W}_c(0,t_f)=\int_0^{t_f}\begin{bmatrix}1 & -\frac{1}{2}t^2\\ 0 & 1\end{bmatrix}\begin{bmatrix}0\\ 1\end{bmatrix}\begin{bmatrix}0 & 1\end{bmatrix}\begin{bmatrix}1 & 0\\ -\frac{1}{2}t^2 & 1\end{bmatrix}\mathrm{d}t$$

$$=\int_0^{t_f}\begin{bmatrix}\frac{1}{4}t^4 & -\frac{1}{2}t^2\\ -\frac{1}{2}t^2 & 1\end{bmatrix}\mathrm{d}t=\begin{bmatrix}\frac{1}{20}t_f^5 & -\frac{1}{6}t_f^3\\ -\frac{1}{6}t_f^3 & t_f\end{bmatrix}$$

（3）判别$\boldsymbol{W}_c(0,t_f)$是否为非奇异

$$|\boldsymbol{W}_c(0,t_f)|=\frac{1}{20}t_f^6-\frac{1}{36}t_f^6=\frac{1}{45}t_f^6$$

当$t_f>0$时，$|\boldsymbol{W}_c(0,t_f)|>0$，所以系统在$[0,t]$上是能控的。

从上例可以看到，使用定理 4.14，根据式（4.37）的非奇异性判别系统的能控性，必须先计算状态转移矩阵$\boldsymbol{\Phi}(t,t_0)$。但是，如果时变系统的状态转移矩阵无法写成闭合解，上述方法就失去了工程意义。下面不加证明地给出一个不用解状态方程而只根据矩阵$\boldsymbol{A}(t)$和$\boldsymbol{B}(t)$来判断系统能控性的条件。

在式（4.36）所描述的系统中，假设矩阵$\boldsymbol{A}(t)$和$\boldsymbol{B}(t)$是$n-1$次连续可微的，在时间区间$[t_0,t_f]$上，若有

$$\mathrm{rank}[\boldsymbol{M}_0(t)\quad \boldsymbol{M}_1(t)\quad \cdots\quad \boldsymbol{M}_{n-1}(t)]=n \tag{4.39}$$

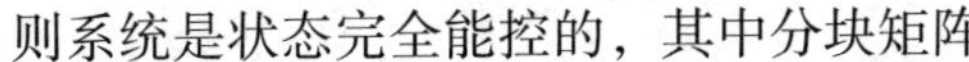

则系统是状态完全能控的，其中分块矩阵

$$\boldsymbol{M}_0(t)=\boldsymbol{B}(t)$$

$$\boldsymbol{M}_{k+1}(t)=-\boldsymbol{A}(t)\boldsymbol{M}_k(t)+\frac{\mathrm{d}}{\mathrm{d}t}\boldsymbol{M}_k(t)\quad(k=0,1,2,\cdots,n-1)$$

必须注意，这是一个充分条件，即不满足这个条件的系统，并不一定是不能控的。

例 4.17　系统同例 4.16，用上述方法判别系统的能控性。

解：

$$\boldsymbol{M}_0(t)=\boldsymbol{B}(t)=\begin{bmatrix}0\\1\end{bmatrix}$$

$$\boldsymbol{M}_1(t)=-\boldsymbol{A}(t)\boldsymbol{M}_0(t)+\frac{\mathrm{d}}{\mathrm{d}t}\boldsymbol{M}_0(t)=-\begin{bmatrix}0&t\\0&0\end{bmatrix}\begin{bmatrix}0\\1\end{bmatrix}=\begin{bmatrix}-t\\0\end{bmatrix}$$

$$\boldsymbol{Q}_c(t)=[\boldsymbol{M}_0(t)\quad\boldsymbol{M}_1(t)]=\begin{bmatrix}0&-t\\1&0\end{bmatrix}$$

$$|\boldsymbol{Q}_c(t)|=t$$

显然，只要 $t\neq 0$，$\mathrm{rank}\boldsymbol{Q}_c(t)=n=2$，所以系统在时间区间 $[0,t]$ 上是状态完全能控的。

4.5.2　线性时变系统的能观测性判据

定理 4.15　线性时变系统状态方程为

$$\begin{cases}\dot{\boldsymbol{x}}(t)=\boldsymbol{A}(t)\boldsymbol{x}(t)+\boldsymbol{B}(t)\boldsymbol{u}(t)\\\boldsymbol{y}=\boldsymbol{C}(t)\boldsymbol{x}(t)\end{cases}\tag{4.40}$$

定义在时间区间 $[t_0,t_f]$ 内，状态完全能观测的充分必要条件是格拉姆矩阵

$$\boldsymbol{W}_o(t_0,t_f)=\int_{t_0}^{t_f}\boldsymbol{\Phi}^{\mathrm{T}}(\tau,t_0)\boldsymbol{C}^{\mathrm{T}}(\tau)\boldsymbol{C}(\tau)\boldsymbol{\Phi}(\tau,t_0)\mathrm{d}\tau\tag{4.41}$$

为非奇异的。

证明：先证充分性。设 $\boldsymbol{W}_o(t_0,t_f)$ 为非奇异的，并设 $\boldsymbol{x}(t_0)$ 为任意给定的非零初始状态，则 t 时刻的状态为

$$\boldsymbol{x}(t)=\boldsymbol{\Phi}(t,t_0)\boldsymbol{x}(t_0)+\int_{t_0}^{t}\boldsymbol{\Phi}(t,\tau)\boldsymbol{B}(\tau)\boldsymbol{u}(\tau)\mathrm{d}\tau\tag{4.42}$$

输出向量为

$$\boldsymbol{y}(t)=\boldsymbol{C}(t)\boldsymbol{\Phi}(t,t_0)\boldsymbol{x}(t_0)+\boldsymbol{C}(t)\int_{t_0}^{t}\boldsymbol{\Phi}(t,\tau)\boldsymbol{B}(\boldsymbol{\tau})\boldsymbol{u}(\boldsymbol{\tau})\mathrm{d}\tau\tag{4.43}$$

在确定能观测性时，可以不计控制作用 $\boldsymbol{u}(t)$，这时式（4.42）、式（4.43）可简化为

$$\begin{cases}\boldsymbol{x}(t)=\boldsymbol{\Phi}(t,t_0)\boldsymbol{x}(t_0)\\\boldsymbol{y}(t)=\boldsymbol{C}(t)\boldsymbol{\Phi}(t,t_0)\boldsymbol{x}(t_0)\end{cases}$$

将上式中输出方程的两边左乘 $\boldsymbol{\Phi}^{\mathrm{T}}(t,t_0)\boldsymbol{C}^{\mathrm{T}}(t)$，并在 $[t_0,t_f]$ 区间进行积分，得

$$\begin{aligned}\int_{t_0}^{t_f}\boldsymbol{\Phi}^{\mathrm{T}}(t,t_0)\boldsymbol{C}^{\mathrm{T}}(t)\boldsymbol{y}(t)\mathrm{d}t&=\int_{t_0}^{t_f}\boldsymbol{\Phi}^{\mathrm{T}}(t,t_0)\boldsymbol{C}^{\mathrm{T}}(t)\boldsymbol{C}(t)\boldsymbol{\Phi}(t,t_0)\boldsymbol{x}(t_0)\mathrm{d}t\\&=\boldsymbol{W}_o(t_0,t_f)\boldsymbol{x}(t_0)\end{aligned}$$

已假设 $\boldsymbol{W}_o(t_0,t_f)$ 为非奇异的，由上式可唯一地确定出 $\boldsymbol{x}(t_0)$，所以系统状态是完全能

观测的。充分性得证。

再证必要性，采用反证法。若系统在 t_0 时刻状态完全能观测，而 $\boldsymbol{W}_o(t_0,t_f)$ 是奇异的，那么必存在非零初始状态 $\boldsymbol{x}(t_0)$，使得

$$\boldsymbol{x}^{\mathrm{T}}(t_0)\boldsymbol{W}_o(t_0,t_f)\boldsymbol{x}(t_0)=0$$

即

$$\boldsymbol{x}^{\mathrm{T}}(t_0)\left[\int_{t_0}^{t_f}\boldsymbol{\Phi}^{\mathrm{T}}(t,t_0)\boldsymbol{C}^{\mathrm{T}}(t)\boldsymbol{\Phi}(t,t_0)\,\mathrm{d}t\right]\boldsymbol{x}(t_0)=0$$

因

$$\boldsymbol{x}(t)=\boldsymbol{\Phi}(t,t_0)\boldsymbol{x}(t_0)$$

故可将上式改写为

$$\int_{t_0}^{t_f}\boldsymbol{y}^{\mathrm{T}}(t)\boldsymbol{y}(t)\,\mathrm{d}t=0$$

即

$$\int_{t_0}^{t_f}\|\boldsymbol{y}(t)\|^2\mathrm{d}t=0$$

因为 $y(t)$ 是 t 的连续函数，所以有 $\boldsymbol{y}(0)=0$，即

$$\boldsymbol{C}(t)\boldsymbol{\Phi}(t,t_0)\boldsymbol{x}(t_0)=0 \tag{4.44}$$

式（4.44）表示 $\boldsymbol{x}(t_0)$ 为不能观测状态，这与已知系统状态完全能观测的假设矛盾，反设不成立。即若系统是状态完全能观测的，则 $\boldsymbol{W}_o(t_0,t_f)$ 必须是非奇异的。必要性得证。

与时变系统能控性判据相仿，如果矩阵 $\boldsymbol{A}(t)$ 和 $\boldsymbol{C}(t)$ 满足 $n-1$ 次连续可微的条件，在时间区间 $[t_0,t_f]$ 内，又有

$$\operatorname{rank}\begin{bmatrix}\boldsymbol{N}_0(t)\\ \boldsymbol{N}_1(t)\\ \vdots\\ \boldsymbol{N}_{n-1}(t)\end{bmatrix}=n \tag{4.45}$$

则系统是状态完全能观测的。其中分块矩阵

$$\boldsymbol{N}_0(t)=\boldsymbol{C}(t)$$

$$\boldsymbol{N}_{k+1}(t)=\boldsymbol{N}_k(t)\boldsymbol{A}(t)+\frac{\mathrm{d}}{\mathrm{d}t}\boldsymbol{N}_k(t)\quad(k=0,1,2,\cdots,n-1)$$

例 4.18 设系统的状态方程及输出方程为

$$\begin{cases}\begin{bmatrix}\dot{x}_1(t)\\ \dot{x}_2(t)\\ \dot{x}_3(t)\end{bmatrix}=\begin{bmatrix}t&1&0\\0&t&0\\0&0&t^2\end{bmatrix}\begin{bmatrix}x_1(t)\\x_2(t)\\x_3(t)\end{bmatrix}\\ y(t)=\begin{bmatrix}1&0&1\end{bmatrix}\begin{bmatrix}x_1(t)\\x_2(t)\\x_3(t)\end{bmatrix}\end{cases}$$

试判别其能观测性。

解：经计算可得

$$N_0(t)=[1 \quad 0 \quad 1]$$

$$N_1(t)=N_0(t)A(t)+\frac{\mathrm{d}}{\mathrm{d}t}N_0(t)=[t \quad 1 \quad t^2]$$

$$N_2(t)=N_1(t)A(t)+\frac{\mathrm{d}}{\mathrm{d}t}N_1(t)=[t^2+1 \quad 2t \quad t^4+2t]$$

因而有矩阵

$$N(t)=\begin{bmatrix} N_1(t) \\ N_2(t) \\ N_3(t) \end{bmatrix}=\begin{bmatrix} 1 & 0 & 1 \\ t & 1 & t^2 \\ t^2+1 & 2t & t^4+2t \end{bmatrix}$$

容易判别，当 $t>0$ 时，$\mathrm{rank}N(t)=3=n$，所以该系统在 $t>0$ 的时间区间上是状态完全能观测的。

必须注意，该方法只是一个充分条件，若系统不满足所述条件，并不能得出该系统是不能观测的结论。

4.6　能控性与能观测性的对偶关系

能控性与能观测性有其内在关系，这种关系是由卡尔曼提出的对偶原理确定的，利用对偶关系可以将对系统的能控性分析转化为对其对偶系统的能观测性分析，从而也找到了最优控制问题和最优估计问题之间的关系。

1. 对偶系统定义

给定两个线性定常连续系统方程 $\Sigma_1(A_1,B_1,C_1)$ 和 $\Sigma_2(A_2,B_2,C_2)$ 分别为

$$\Sigma_1:\quad \begin{cases} \dot{x}_1=A_1x_1+B_1u_1 \\ y_1=C_1x_1 \end{cases} \tag{4.46}$$

和

$$\Sigma_2:\quad \begin{cases} \dot{x}_2=A_2x_2+B_2u_2 \\ y_2=C_2x_2 \end{cases} \tag{4.47}$$

式中，x_1、x_2 为 n 维状态向量；u_1 为 r 维控制向量；u_2 为 m 维控制向量；y_1 为 m 维输出向量；y_2 为 r 维输出向量；A_1、A_2 为 $n\times n$ 阶系统矩阵；B_1 为 $n\times r$ 阶控制矩阵；B_2 为 $n\times m$ 阶控制矩阵；C_1 为 $m\times n$ 阶输出矩阵；C_2 为 $r\times n$ 阶输出矩阵。

若满足下列关系

$$A_2=A_1^{\mathrm{T}},\quad B_2=C_1^{\mathrm{T}},\quad C_2=B_1^{\mathrm{T}} \tag{4.48}$$

则称这两个系统互为对偶系统。

对偶系统的模拟结构图如图 4.4 所示。

由图 4.4 可见，互为对偶的两个系统，输入端与输出端互换，信号传递方向相反，信号引出点和相加点互换，对应矩阵互为转置。

对偶系统有如下两个基本特征：

（1）对偶系统的两个传递函数（矩阵）互为转置

设由式（4.46）求得的传递函数矩阵记为 $G_1(s)$，式（4.47）的传递函数矩阵为

$G_2(s)$，则有

$$\begin{cases} G_1(s)=C[sI-A]^{-1}B \\ G_2(s)=B^{\mathrm{T}}[sI-A^{\mathrm{T}}]^{-1}C^{\mathrm{T}}=[C(sI-A)^{-1}B]^{\mathrm{T}}=G_1^{\mathrm{T}}(s) \end{cases} \tag{4.49}$$

特别地，对于单输入单输出系统，它们的传递函数相等。

（2）对偶系统的两个特征值相同

$$|\lambda I-A| = |\lambda I-A^{\mathrm{T}}| \tag{4.50}$$

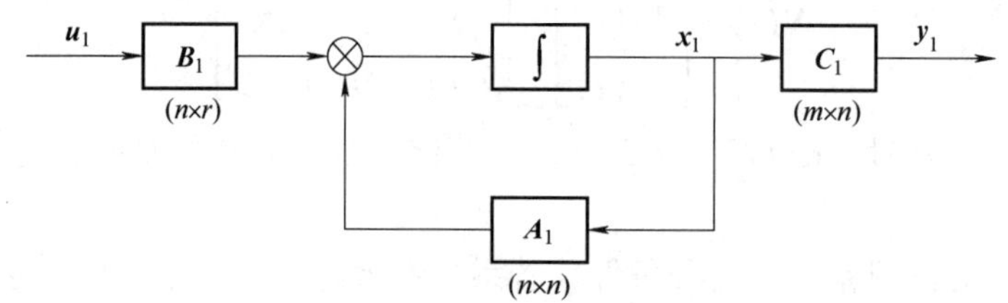

a) 系统$\sum_1$的模拟结构图

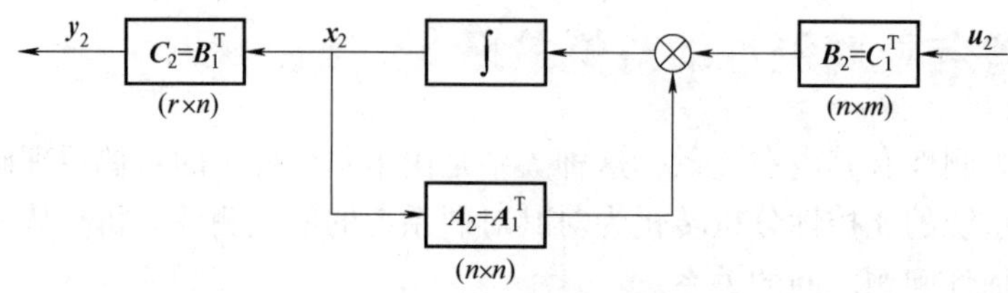

b) 系统$\sum_2$的模拟结构图

图 4.4　对偶系统的模拟结构图

2. 对偶原理

对偶原理是指互为对偶的两个系统Σ_1和Σ_2，系统Σ_1的能控性等价于系统Σ_2的能观测性；而系统Σ_1的能观测性等价于系统Σ_2的能控性。或者说，若Σ_1是状态完全能控的（完全能观的），则Σ_2是状态完全能观的（完全能控的）。

证明：系统Σ_1的能控性和能观测性矩阵分别为

$$Q_{c1}=[B_1\quad A_1B_1\quad \cdots\quad A_1^{n-1}B_1]$$

$$Q_{o1}=\begin{bmatrix} C_1 \\ C_1A_1 \\ \vdots \\ C_1A_1^{n-1} \end{bmatrix}$$

系统Σ_2的能控性和能观测性矩阵分别为

$$Q_{c2}=[C_2^{\mathrm{T}}\quad A_2^{\mathrm{T}}C_2^{\mathrm{T}}\quad \cdots\quad (A_2^{\mathrm{T}})^{n-1}C_2^{\mathrm{T}}]=\begin{bmatrix} C_2 \\ C_2A_2 \\ \vdots \\ C_2A_2^{n-1} \end{bmatrix}^{\mathrm{T}}$$

$$\boldsymbol{Q}_{o2}=\begin{bmatrix}\boldsymbol{B}_2^{\mathrm{T}}\\ \boldsymbol{B}_2^{\mathrm{T}}\boldsymbol{A}_2^{\mathrm{T}}\\ \cdots\\ \boldsymbol{B}_2^{\mathrm{T}}(\boldsymbol{A}_2^{\mathrm{T}})^{n-1}\end{bmatrix}=[\boldsymbol{B}_2\quad \boldsymbol{A}_2\boldsymbol{B}_2\quad \cdots\quad \boldsymbol{A}_2^{n-1}\boldsymbol{B}_2]^{\mathrm{T}}$$

所以

$$\mathrm{rank}\boldsymbol{Q}_{c1}=\mathrm{rank}\boldsymbol{Q}_{o2}$$
$$\mathrm{rank}\boldsymbol{Q}_{o1}=\mathrm{rank}\boldsymbol{Q}_{c2}$$

例 4.19　线性定常连续系统方程为

$$\begin{cases}\dot{\boldsymbol{x}}=\boldsymbol{A}x+\boldsymbol{B}u=\begin{bmatrix}0&0&1\\1&0&0\\0&1&0\end{bmatrix}\boldsymbol{x}+\begin{bmatrix}1\\0\\0\end{bmatrix}u\\ y=\boldsymbol{C}\boldsymbol{x}=[0\quad 0\quad 1]\boldsymbol{x}\end{cases}$$

试判别系统的能观测性。

解：该题可以直接通过检查能观测性矩阵的秩来判别系统的能观测性。但是为了熟悉对偶原理的应用，下面用检查其对偶系统能控性的方法来判别系统的能观测性。上式的对偶系统方程为

$$\begin{cases}\dot{\bar{\boldsymbol{x}}}=\boldsymbol{A}^{\mathrm{T}}\bar{\boldsymbol{x}}+\boldsymbol{C}^{\mathrm{T}}\bar{u}=\begin{bmatrix}0&1&0\\0&0&1\\1&0&0\end{bmatrix}\bar{\boldsymbol{x}}+\begin{bmatrix}0\\0\\1\end{bmatrix}\bar{u}\\ \bar{y}=\boldsymbol{B}^{\mathrm{T}}\bar{\boldsymbol{x}}=[1\quad 0\quad 0]\bar{\boldsymbol{x}}\end{cases}$$

该对偶系统能控性矩阵为

$$\boldsymbol{Q}_c=\begin{bmatrix}0&1&0\\0&0&1\\1&0&0\end{bmatrix},\mathrm{rank}\boldsymbol{Q}_c=3=n$$

对偶系统能控。根据对偶原理知，原系统能观测。

实际上

$$\boldsymbol{Q}_o=\begin{bmatrix}\boldsymbol{C}\\ \boldsymbol{C}\boldsymbol{A}\\ \boldsymbol{C}\boldsymbol{A}^2\end{bmatrix}=\begin{bmatrix}0&0&1\\0&1&0\\1&0&0\end{bmatrix}$$

可见 $\mathrm{rank}\boldsymbol{Q}_o=3=n$，系统能观测，与按对偶原理判别的结果一致。

有了对偶原理，一个系统的能控性问题就可以通过解决它的对偶系统的能观测性问题来解决；而系统的能观测性问题也可以通过解决它的对偶系统的能控性问题来解决。这在控制理论的研究上有重要意义。它找到了系统控制问题与观测问题的内在联系，使得系统状态的观测、估计等问题和系统的控制问题可以互相转化。

上面讨论的是线性定常连续系统，对于时变系统以及离散系统也都有对偶性原理。

4.7　系统的能控标准形与能观测标准形

标准形亦称规范形，它是系统的系数在一组特定的状态空间基底下导出的标准形式。而系统的能控标准形和能观测标准形，指的是系统的状态方程和输出方程若能变换成某一种标

准形式，即可说明这一系统必是能控或能观测的，那么这一标准形式就称为能控标准形或能观测标准形。由于能控标准形常用于极点的最优配置，而能观测标准形常用于观测器的状态重构，所以这两种标准形对系统的分析和综合研究有着十分重要的意义。

线性定常系统状态空间表达式为

$$\begin{cases}\dot{\boldsymbol{x}}=\boldsymbol{A}x+\boldsymbol{B}\boldsymbol{u}\\ \boldsymbol{y}=\boldsymbol{C}\boldsymbol{x}\end{cases} \tag{4.51}$$

式中，各向量和矩阵的维数同前。

如果系统能控，则必有

$$\mathrm{rank}\boldsymbol{Q}_c=\mathrm{rank}[\boldsymbol{B}\quad \boldsymbol{AB}\quad \cdots\quad \boldsymbol{A}^{n-1}\boldsymbol{B}]=n$$

这表明，上述 $n\times nr$ 阶能控性矩阵中，有 n 个 n 维的列向量线性无关。如果把这些线性无关的列向量以某种线性组合，仍可导出一组线性无关的列向量，记为 $\boldsymbol{p}_1$，$\boldsymbol{p}_2$，…，$\boldsymbol{p}_n$。显然，$\boldsymbol{p}_1$，$\boldsymbol{p}_2$，…，$\boldsymbol{p}_n$ 可以构成状态空间的一组基底。所谓能控标准形，就是指能控的系统在上述基底 $\boldsymbol{p}_1$，$\boldsymbol{p}_2$，…，$\boldsymbol{p}_n$ 下所具有的标准形式。

同样的，若系统能观测，必有

$$\mathrm{rank}\boldsymbol{Q}_o=\mathrm{rank}\begin{bmatrix}\boldsymbol{C}\\ \boldsymbol{CA}\\ \vdots\\ \boldsymbol{CA}^{n-1}\end{bmatrix}=\mathrm{rank}[\boldsymbol{C}^{\mathrm{T}}\ \boldsymbol{A}^{\mathrm{T}}\boldsymbol{C}^{\mathrm{T}}\cdots(\boldsymbol{A}^{\mathrm{T}})^{n-1}\boldsymbol{C}^{\mathrm{T}}]=n$$

上式表明，系统 $nm\times n$ 阶能观测性矩阵中，有 n 个 n 维行向量是线性无关的，从而可以导出一组基底 $\boldsymbol{p}_1^*$，$\boldsymbol{p}_2^*$，…，$\boldsymbol{p}_n^*$。而能观测标准形，就是在这组基底下所具有的标准形式。

4.7.1 系统的能控标准形

1. 单输入单输出系统

单输入单输出线性定常系统方程为

$$\begin{cases}\dot{\boldsymbol{x}}=\boldsymbol{Ax}+\boldsymbol{B}u\\ y=\boldsymbol{Cx}\end{cases} \tag{4.52}$$

式中，$\boldsymbol{x}$ 为 n 维向量；u 和 y 为标量；$\boldsymbol{A}$、$\boldsymbol{B}$、$\boldsymbol{C}$ 为满足矩阵运算相应维数的矩阵。

设 $\boldsymbol{A}$ 的特征多项式为

$$|\lambda\boldsymbol{I}-\boldsymbol{A}|=\lambda^n+a_{n-1}\lambda^{n-1}+\cdots+a_1\lambda+a_0 \tag{4.53}$$

系统［式（4.52）］的能控性矩阵为

$$\boldsymbol{Q}_c=[\boldsymbol{B}\quad \boldsymbol{AB}\quad \cdots\quad \boldsymbol{A}^{n-1}\boldsymbol{B}]$$

如果系统能控，则有 $\mathrm{rank}\boldsymbol{Q}_c=n$。

定理 4.16 如果系统［式（4.52）］能控，则通过线性变换 $\boldsymbol{x}=\boldsymbol{P}_c\tilde{\boldsymbol{x}}$，可以将其变成如下形式的能控标准形

$$\begin{cases}\dot{\tilde{\boldsymbol{x}}}=\tilde{\boldsymbol{A}}\tilde{\boldsymbol{x}}+\tilde{\boldsymbol{B}}u\\ y=\tilde{\boldsymbol{C}}\tilde{\boldsymbol{x}}\end{cases} \tag{4.54}$$

式中

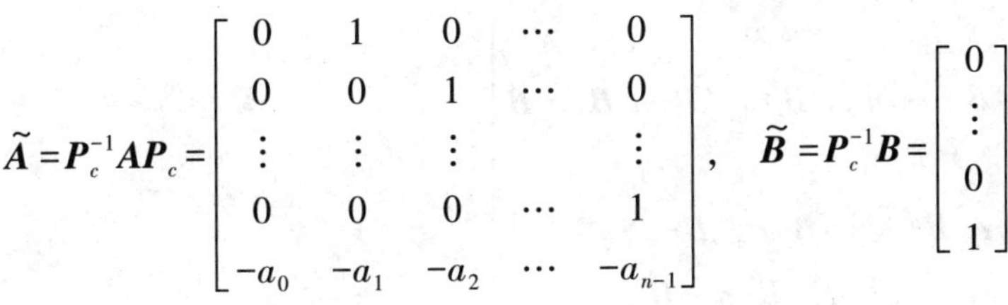

$$\widetilde{A}=P_c^{-1}AP_c=\begin{bmatrix}0 & 1 & 0 & \cdots & 0\\ 0 & 0 & 1 & \cdots & 0\\ \vdots & \vdots & \vdots & & \vdots\\ 0 & 0 & 0 & \cdots & 1\\ -a_0 & -a_1 & -a_2 & \cdots & -a_{n-1}\end{bmatrix},\quad \widetilde{B}=P_c^{-1}B=\begin{bmatrix}0\\ \vdots\\ 0\\ 1\end{bmatrix}$$

$$\widetilde{C}=CP_c=[\beta_0 \quad \beta_1 \quad \cdots \quad \beta_{n-1}]$$

非奇异线性变换矩阵为

$$P_c=[A^{n-1}B,A^{n-2}B,\cdots,B]\begin{bmatrix}1 & 0 & \cdots & 0 & 0\\ a_{n-1} & 1 & \cdots & 0 & 0\\ \vdots & \vdots & & \vdots & \vdots\\ a_2 & a_3 & \cdots & 1 & 0\\ a_1 & a_2 & \cdots & a_{n-1} & 1\end{bmatrix} \tag{4.55}$$

式中，$a_i(i=0,1,\cdots,n-1)$ 为特征多项式（4. 53）的各项系数；$\beta_i(i=0,1,\cdots,n-1)$ 是 CP_c 相乘的结果，即

$$\beta_0=C(A^{n-1}B+a_{n-1}A^{n-2}B+\cdots+a_1B)$$
$$\vdots$$
$$\beta_{n-2}=C(AB+a_{n-1}B)$$
$$\beta_{n-1}=CB$$

证明：由非奇异线性变换矩阵式（4. 55），可得

$$AP_c=[A^nB,A^{n-1}B,\cdots,A^2B,AB]\begin{bmatrix}1 & 0 & \cdots & 0 & 0\\ a_{n-1} & 1 & & 0 & 0\\ \vdots & \vdots & & \vdots & \vdots\\ a_2 & a_3 & \cdots & 1 & 0\\ a_1 & a_2 & \cdots & a_{n-1} & 1\end{bmatrix} \tag{4.56}$$

由凯莱-哈密顿定理有

$$A^n=-a_{n-1}A^{n-1}+\cdots-a_1A-a_0I \tag{4.57}$$

把式（4. 57）代入式（4. 56），可得

$$AP_c=[(-a_{n-1}A^{n-1}+\cdots-a_1A-a_0I)B,A^{n-1}B,\cdots,A^2B,AB]\begin{bmatrix}1 & 0 & \cdots & 0 & 0\\ a_{n-1} & 1 & \cdots & 0 & 0\\ \vdots & \vdots & & \vdots & \vdots\\ a_2 & a_3 & \cdots & 1 & 0\\ a_1 & a_2 & \cdots & a_{n-1} & 1\end{bmatrix}$$

$$=\begin{bmatrix}(-a_{n-1}A^{n-1}-\cdots-a_1A-a_0I)B+a_{n-1}A^{n-1}B+\cdots+a_2A^2B+a_1AB\\ A^{n-1}B+\cdots+a_3A^2B+a_2AB\\ \vdots\\ A^2B+a_{n-1}AB\\ AB\end{bmatrix}^{\mathrm{T}}$$

$$
=\begin{bmatrix} -a_0\boldsymbol{B} \\ \boldsymbol{A}^{n-1}\boldsymbol{B}+\cdots+a_3\boldsymbol{A}^2\boldsymbol{B}+a_2\boldsymbol{A}\boldsymbol{B}+a_1\boldsymbol{B}-a_1\boldsymbol{B} \\ \vdots \\ \boldsymbol{A}^2\boldsymbol{B}+a_{n-1}\boldsymbol{A}\boldsymbol{B}+a_{n-2}\boldsymbol{B}-a_{n-2}\boldsymbol{B} \\ \boldsymbol{A}\boldsymbol{B}+a_{n-1}\boldsymbol{B}-a_{n-1}\boldsymbol{B} \end{bmatrix}^{\mathrm{T}}
$$

$$
=\boldsymbol{P}_c\begin{bmatrix} 0 & 1 & 0 & \cdots & 0 \\ 0 & 0 & 1 & \cdots & 0 \\ \vdots & \vdots & \vdots & & \vdots \\ 0 & 0 & 0 & \cdots & 1 \\ -a_0 & -a_1 & -a_2 & \cdots & -a_{n-1} \end{bmatrix}
$$

式中

$$
\boldsymbol{P}_c=[\boldsymbol{A}^{n-1}\boldsymbol{B},\boldsymbol{A}^{n-2}\boldsymbol{B},\cdots,\boldsymbol{A}\boldsymbol{B},\boldsymbol{B}]\begin{bmatrix} 1 & 0 & \cdots & 0 & 0 \\ a_{n-1} & 1 & \cdots & 0 & 0 \\ \vdots & \vdots & & \vdots & \vdots \\ a_2 & a_3 & \cdots & 1 & 0 \\ a_1 & a_2 & \cdots & a_{n-1} & 1 \end{bmatrix}
$$

$$
=\begin{bmatrix} \boldsymbol{A}^{n-1}\boldsymbol{B}+a_{n-1}\boldsymbol{A}^{n-2}\boldsymbol{B}+\cdots+a_2\boldsymbol{A}\boldsymbol{B}+a_1\boldsymbol{B} \\ \vdots \\ \boldsymbol{A}\boldsymbol{B}+a_{n-1}\boldsymbol{B} \\ \boldsymbol{B} \end{bmatrix}^{\mathrm{T}}
$$

所以有

$$
\widetilde{\boldsymbol{A}}=\boldsymbol{P}_c^{-1}\boldsymbol{A}\boldsymbol{P}_c=\boldsymbol{P}_c^{-1}\boldsymbol{P}_c\begin{bmatrix} 0 & 1 & 0 & \cdots & 0 \\ 0 & 0 & 1 & \cdots & 0 \\ \vdots & \vdots & \vdots & & \vdots \\ 0 & 0 & 0 & \cdots & 1 \\ -a_0 & -a_1 & -a_2 & \cdots & -a_{n-1} \end{bmatrix}=\begin{bmatrix} 0 & 1 & 0 & \cdots & 0 \\ 0 & 0 & 1 & \cdots & 0 \\ \vdots & \vdots & \vdots & & \vdots \\ 0 & 0 & 0 & \cdots & 1 \\ -a_0 & -a_1 & -a_2 & \cdots & -a_{n-1} \end{bmatrix}
$$

由于 $\widetilde{\boldsymbol{B}}=\boldsymbol{P}_c^{-1}\boldsymbol{B}$，因此有

$$
\boldsymbol{B}=\boldsymbol{P}_c\widetilde{\boldsymbol{B}}=[\boldsymbol{A}^{n-1}\boldsymbol{B},\boldsymbol{A}^{n-2}\boldsymbol{B},\cdots,\boldsymbol{B}]\begin{bmatrix} 1 & 0 & \cdots & 0 & 0 \\ a_{n-1} & 1 & \cdots & 0 & 0 \\ \vdots & \vdots & & \vdots & \vdots \\ a_2 & a_3 & \cdots & 1 & 0 \\ a_1 & a_2 & \cdots & a_{n-1} & 1 \end{bmatrix}\widetilde{\boldsymbol{B}}
$$

欲使上式成立，必有

$$
\widetilde{\boldsymbol{B}}=\begin{bmatrix} 0 \\ 0 \\ \vdots \\ 1 \end{bmatrix}
$$

例 4.20　已知能控的线性定常系统为

$$\begin{cases}\dot{\boldsymbol{x}}=\begin{bmatrix}1&0&1\\0&1&0\\1&0&0\end{bmatrix}\boldsymbol{x}+\begin{bmatrix}0\\1\\1\end{bmatrix}u\\y=\begin{bmatrix}1&1&0\end{bmatrix}\boldsymbol{x}\end{cases}$$

要求变换成能控标准形。

解：（1）判断系统能控性

$$\boldsymbol{Q}_c=[\boldsymbol{B}\quad \boldsymbol{AB}\quad \boldsymbol{A}^2\boldsymbol{B}]=\begin{bmatrix}0&1&1\\1&1&1\\1&0&1\end{bmatrix}$$

因为 $\text{rank}\boldsymbol{Q}_c=3$，所以系统能控。

（2）$\boldsymbol{A}$ 的特征多项式

$$\Delta(\lambda)=|\lambda\boldsymbol{I}-\boldsymbol{A}|=\begin{vmatrix}\lambda-1&0&-1\\0&\lambda-1&0\\-1&0&\lambda\end{vmatrix}=\lambda^3-2\lambda^2+1$$

（3）计算变换矩阵 $\boldsymbol{P}_c$

$$\boldsymbol{P}_c=[\boldsymbol{A}^2\boldsymbol{B}\quad \boldsymbol{AB}\quad \boldsymbol{B}]\begin{bmatrix}1&0&0\\a_2&1&0\\a_1&a_2&1\end{bmatrix}=\begin{bmatrix}-1&1&0\\-1&-1&1\\1&-2&1\end{bmatrix}$$

（4）计算 $\tilde{\boldsymbol{C}}$

$$\tilde{\boldsymbol{C}}=\boldsymbol{CP}_c=[1\quad 1\quad 0]\begin{bmatrix}-1&1&0\\-1&-1&1\\1&-2&1\end{bmatrix}=[-2\quad 0\quad 1]$$

（5）化为能控标准形为

$$\begin{cases}\dot{\tilde{\boldsymbol{x}}}=\begin{bmatrix}0&1&0\\0&0&1\\-1&0&2\end{bmatrix}\tilde{\boldsymbol{x}}+\begin{bmatrix}0\\0\\1\end{bmatrix}u\\y=[-2\quad 0\quad 1]\tilde{\boldsymbol{x}}\end{cases}$$

由于线性变换不改变系统的传递函数，故由标准形的系统方程求得的传递函数就是该系统的传递函数。若传递函数为 $g(s)$，则有

$$g(s)=\tilde{\boldsymbol{C}}[s\boldsymbol{I}-\tilde{\boldsymbol{A}}]^{-1}\tilde{\boldsymbol{B}}=\frac{\beta_{n-1}s^{n-1}+\beta_{n-2}s^{n-2}+\cdots+\beta_1 s+\beta_0}{s^n+a_{n-1}s^{n-1}+\cdots+a_1 s+a_0}\tag{4.58}$$

由式（4.58）和式（4.54）可知，一个系统方程变换成能控标准形时，就可以直接写出它的传递函数。由于能控标准形的系数矩阵 $\boldsymbol{A}$ 的最下面一行元素就是它的特征多项式中 s 各次幂的系数，因此有的书称之为能控相伴标准形。

2. 多输入多输出系统

设线性定常系统 $\Sigma(\boldsymbol{A},\boldsymbol{B},\boldsymbol{C})$ 中，$\boldsymbol{A}$ 为 $n\times n$ 阶系统矩阵，$\boldsymbol{B}$ 为 $n\times r$ 阶输入矩阵，$\boldsymbol{C}$ 为 $m\times n$ 阶输出矩阵，如果系统是能控的，那么就一定存在一个非奇异线性变换，能把系统变换为如

下的能控标准形

$$\begin{cases}\dot{\tilde{\boldsymbol{x}}}=\boldsymbol{A}\tilde{\boldsymbol{x}}+\boldsymbol{B}\boldsymbol{u}\\ \boldsymbol{y}=\boldsymbol{C}\tilde{\boldsymbol{x}}\end{cases} \tag{4.59}$$

式中

$$\boldsymbol{A}=\begin{bmatrix}\boldsymbol{0}_r & \boldsymbol{I}_r & \cdots & \boldsymbol{0}_r & \boldsymbol{0}_r\\ \boldsymbol{0}_r & \boldsymbol{0}_r & \cdots & \boldsymbol{I}_r & \boldsymbol{0}_r\\ \vdots & \vdots & & \vdots & \vdots\\ \boldsymbol{0}_r & \boldsymbol{0}_r & \cdots & \boldsymbol{0}_r & \boldsymbol{I}_r\\ -a_0\boldsymbol{I}_r & -a_1\boldsymbol{I}_r & \cdots & -a_{n-2}\boldsymbol{I}_r & -a_{n-1}\boldsymbol{I}_r\end{bmatrix},\quad \boldsymbol{B}=\begin{bmatrix}\boldsymbol{0}_r\\ \boldsymbol{0}_r\\ \vdots\\ \boldsymbol{0}_r\\ \boldsymbol{I}_r\end{bmatrix}$$

其中，a_0，a_1，…，a_{n-1}为系统特征多项式$|s\boldsymbol{I}-\boldsymbol{A}|=s^n+a_{n-1}s^{n-1}+\cdots+a_1s+a_0$的系数；$\boldsymbol{0}_r$和$\boldsymbol{I}_r$分别表示$r\times r$零矩阵和单位矩阵。

4.7.2 系统的能观测标准形

1. 单输入单输出系统

系统［式（4.52）］的能观测性矩阵为

$$\boldsymbol{Q}_o=\begin{bmatrix}\boldsymbol{C}\\ \boldsymbol{C}\boldsymbol{A}\\ \vdots\\ \boldsymbol{C}\boldsymbol{A}^{n-1}\end{bmatrix}$$

如果系统能观测，则有$\mathrm{rank}\boldsymbol{Q}_o=n$。

定理 4.17 如果系统［式（4.52）］能观测，则通过线性变换$\boldsymbol{x}=\boldsymbol{P}_o\tilde{\boldsymbol{x}}$可以将其变成如下形式的能观测标准形

$$\begin{cases}\dot{\tilde{\boldsymbol{x}}}=\tilde{\boldsymbol{A}}\tilde{\boldsymbol{x}}+\tilde{\boldsymbol{B}}u\\ y=\tilde{\boldsymbol{C}}\tilde{\boldsymbol{x}}\end{cases} \tag{4.60}$$

式中

$$\tilde{\boldsymbol{A}}=\boldsymbol{P}_o^{-1}\boldsymbol{A}\boldsymbol{P}_o=\begin{bmatrix}0 & 0 & \cdots & 0 & -a_0\\ 1 & 0 & \cdots & 0 & -a_1\\ 0 & 1 & \cdots & 0 & -a_2\\ \vdots & \vdots & & \vdots & \vdots\\ 0 & 0 & \cdots & 1 & -a_{n-1}\end{bmatrix},\quad \tilde{\boldsymbol{B}}=\boldsymbol{P}_o^{-1}\boldsymbol{B}=\begin{bmatrix}\beta_0\\ \beta_1\\ \vdots\\ \beta_{n-1}\end{bmatrix}$$

$$\tilde{\boldsymbol{C}}=\boldsymbol{C}\boldsymbol{P}_o=[0\ \ \cdots\ \ 0\ \ 1]$$

非奇异线性变换矩阵的逆为

$$\boldsymbol{P}_o^{-1}=\begin{bmatrix}1 & a_{n-1} & \cdots & a_2 & a_1\\ 0 & 1 & \cdots & a_3 & a_2\\ \vdots & \vdots & & \vdots & \vdots\\ 0 & 0 & \cdots & 1 & a_{n-1}\\ 0 & 0 & \cdots & 0 & 1\end{bmatrix}\begin{bmatrix}\boldsymbol{C}\boldsymbol{A}^{n-1}\\ \boldsymbol{C}\boldsymbol{A}^{n-2}\\ \vdots\\ \boldsymbol{C}\boldsymbol{A}\\ \boldsymbol{C}\end{bmatrix} \tag{4.61}$$

式中，$a_i(i=0,1,\cdots,n-1)$ 为特征多项式（4.53）的各项系数；$\beta_i(i=0,1,\cdots,n-1)$ 为 $\boldsymbol{P}_o^{-1}\boldsymbol{B}$ 相乘的结果，即

$$\begin{aligned}&\beta_0=(\boldsymbol{CA}^{n-1}+a_{n-1}\boldsymbol{CA}^{n-2}+\cdots+a_1\boldsymbol{C})\boldsymbol{B}\\&\quad\vdots\\&\beta_{n-2}=(\boldsymbol{CA}+a_{n-1}\boldsymbol{C})\boldsymbol{B}\\&\beta_{n-1}=\boldsymbol{CB}\end{aligned}$$

这个定理的证明过程与定理 4.16 的证明过程类似。

例 4.21　试将下列状态空间表达式变换为能观测标准形。

$$\begin{cases}\dot{\boldsymbol{x}}=\begin{bmatrix}1&-1\\0&-1\end{bmatrix}\boldsymbol{x}+\begin{bmatrix}1\\1\end{bmatrix}u\\y=[1\quad 0]\boldsymbol{x}\end{cases}$$

解：（1）判断系统能观测性

$$\boldsymbol{Q}_o=\begin{bmatrix}\boldsymbol{C}\\\boldsymbol{CA}\end{bmatrix}=\begin{bmatrix}1&0\\1&-1\end{bmatrix}$$

因为 $\text{rank}\boldsymbol{Q}_o=2=n$，所以系统状态完全能观测。

（2）求特征多项式

$$\Delta(\lambda)=|\lambda\boldsymbol{I}-\boldsymbol{A}|=\lambda^2-1$$

故 $a_0=-1$，$a_1=0$。

（3）计算变换矩阵 $\boldsymbol{P}_o$

$$\boldsymbol{P}_o^{-1}=\begin{bmatrix}1&a_1\\0&1\end{bmatrix}\begin{bmatrix}\boldsymbol{CA}\\\boldsymbol{C}\end{bmatrix}=\begin{bmatrix}1&-1\\1&0\end{bmatrix},\boldsymbol{P}_o=\begin{bmatrix}0&1\\-1&1\end{bmatrix}$$

（4）计算 $\tilde{\boldsymbol{A}}$、$\tilde{\boldsymbol{B}}$、$\tilde{\boldsymbol{C}}$

$$\tilde{\boldsymbol{A}}=\begin{bmatrix}0&-a_0\\1&-a_1\end{bmatrix}=\begin{bmatrix}0&1\\1&0\end{bmatrix},\quad\tilde{\boldsymbol{B}}=\boldsymbol{P}_o^{-1}\boldsymbol{B}=\begin{bmatrix}1&-1\\1&0\end{bmatrix}\begin{bmatrix}1\\1\end{bmatrix}=\begin{bmatrix}0\\1\end{bmatrix}$$

$$\tilde{\boldsymbol{C}}=\boldsymbol{CP}_o=[0\quad 1]$$

（5）化为能观测标准形

$$\dot{\tilde{\boldsymbol{x}}}=\begin{bmatrix}0&1\\1&0\end{bmatrix}\tilde{\boldsymbol{x}}+\begin{bmatrix}0\\1\end{bmatrix}u,\quad y=[0\quad 1]\tilde{\boldsymbol{x}}$$

实际上，由对偶原理可知，式（4.60）的形式是在预料之中的。由于能观测标准形的系数矩阵 $\boldsymbol{A}$ 的最右边一列元素就是它的特征多项式中 s 各次幂的系数，因此，有的书称之为能观测相伴标准形。

2. 多输入多输出系统

设线性定常系统 $\boldsymbol{\Sigma}(\boldsymbol{A},\boldsymbol{B},\boldsymbol{C})$ 中，$\boldsymbol{A}$ 为 $n\times n$ 阶系统矩阵，$\boldsymbol{B}$ 为 $n\times r$ 阶输入矩阵，$\boldsymbol{C}$ 为 $m\times n$ 阶输出矩阵，如果系统是能观测的，那么就一定存在一个非奇异线性变换，能把系统变换为如下的能观测标准形

$$\begin{cases}\dot{\tilde{\boldsymbol{x}}}(t)=\boldsymbol{A}\tilde{\boldsymbol{x}}(t)+\boldsymbol{Bu}(t)\\\boldsymbol{y}(t)=\boldsymbol{C}\tilde{\boldsymbol{x}}(t)\end{cases}$$

式中

$$A=\begin{bmatrix} \boldsymbol{0}_m & \boldsymbol{0}_m & \cdots & \boldsymbol{0}_m & -a_0\boldsymbol{I}_m \\ \boldsymbol{I}_m & \boldsymbol{0}_m & \cdots & \boldsymbol{0}_m & -a_1\boldsymbol{I}_m \\ \boldsymbol{0}_m & \boldsymbol{I}_m & \cdots & \boldsymbol{0}_m & -a_2\boldsymbol{I}_m \\ \vdots & \vdots & & \vdots & \vdots \\ \boldsymbol{0}_m & \boldsymbol{0}_m & \cdots & \boldsymbol{I}_m & -a_{n-1}\boldsymbol{I}_m \end{bmatrix}$$

$$\boldsymbol{C}=[\boldsymbol{0}_m \quad \cdots \quad \boldsymbol{0}_m \quad \boldsymbol{I}_m]$$

其中，a_1，a_2，…，a_{n-1}为系统特征多项式$|s\boldsymbol{I}-\boldsymbol{A}|=s^n+a_{n-1}s^{n-1}+\cdots+a_1s+a_0$的系数；$\boldsymbol{0}_m$和$\boldsymbol{I}_m$分别表示零矩阵和单位矩阵。

上面讨论了系统的能控标准形和能观测标准形。那么，引入标准形有什么好处呢？归纳起来有如下几点：

1）可以根据标准形直接写出系统的传递函数。

2）可以直接看出系统能控性、能观测性的性质，能表示成能控标准形的系统必是能控的系统；能表示成能观测标准形的系统必是能观测的系统。

3）当系统表示成能控或能观测标准形时，对于系统的状态反馈设计以及状态重构的实现都是很方便的。

4.8 能控性和能观测性与传递函数矩阵的关系

一个线性定常系统，可以用传递函数矩阵进行外部描述，也可以用状态空间表达式描述。其中状态空间表达式的描述既能反映系统的外部特性，又能揭示系统的内部特性，如能控性、能观测性。这两种描述都是对一个系统而言的，那么这两种描述之间有什么关系呢？本节将对该问题进行研究。

考察单输入单输出线性定常系统

$$\begin{cases}\dot{\boldsymbol{x}}=\boldsymbol{A}\boldsymbol{x}+\boldsymbol{B}u \\ y=\boldsymbol{C}\boldsymbol{x}\end{cases} \tag{4.62}$$

式中，$\boldsymbol{x}$为n维向量；u、y为标量；$\boldsymbol{A}$为$n\times n$矩阵；$\boldsymbol{B}$、$\boldsymbol{C}$为$n\times 1$、$1\times n$阶矩阵。

系统［式（4.62）］的传递函数记为$g(s)$，即

$$g(s)=\boldsymbol{C}[s\boldsymbol{I}-\boldsymbol{A}]^{-1}\boldsymbol{B}=\frac{\boldsymbol{C}\times\mathrm{adj}[s\boldsymbol{I}-\boldsymbol{A}]\times\boldsymbol{B}}{\det[s\boldsymbol{I}-\boldsymbol{A}]}=\frac{N(s)}{D(s)} \tag{4.63}$$

其中

$$N(s)=\boldsymbol{C}\times\mathrm{adj}[s\boldsymbol{I}-\boldsymbol{A}]\times\boldsymbol{B}$$

$$D(s)=\det[s\boldsymbol{I}-\boldsymbol{A}]$$

定理 4.18 系统［式（4.62）］能控、能观测的充分必要条件是$g(s)$不存在零、极点相消。

证明从略。现举例子加以说明。

例 4.22 线性定常系统方程为

$$\begin{cases}\dot{x}=\begin{bmatrix}-1 & -3 \\ 0 & 2\end{bmatrix}x+\begin{bmatrix}0 \\ 1\end{bmatrix}u \\ y=[1 \quad 1]x\end{cases}$$

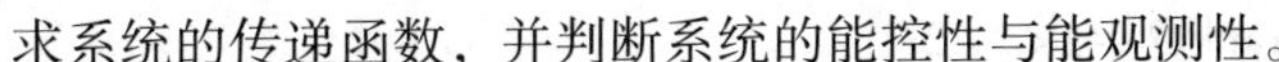

求系统的传递函数，并判断系统的能控性与能观测性。

解：能控性矩阵为

$$\boldsymbol{Q}_c=[\boldsymbol{B}\quad \boldsymbol{AB}]=\begin{bmatrix}0 & -3\\1 & 2\end{bmatrix}$$

$$\text{rank}\boldsymbol{Q}_c=2=n$$

而能观测性矩阵为

$$\boldsymbol{Q}_o=\begin{bmatrix}\boldsymbol{C}\\\boldsymbol{CA}\end{bmatrix}=\begin{bmatrix}1 & 1\\-1 & -1\end{bmatrix}$$

$$\text{rank}\boldsymbol{Q}_o=1<n=2$$

因此该系统能控，但不能观测，即系统不是能控、能观测的。这个结果也可由定理 4.18 得到。

$\boldsymbol{A}$ 的特征多项式为

$$\Delta(\lambda)=|\lambda\boldsymbol{I}-\boldsymbol{A}|=\begin{vmatrix}\lambda+1 & 3\\0 & \lambda-2\end{vmatrix}=(\lambda+1)(\lambda-2)=0$$

得特征值为 $\lambda_1=-1$，$\lambda_2=2$。

系统的传递函数为

$$g(s)=\boldsymbol{C}[s\boldsymbol{I}-\boldsymbol{A}]^{-1}\boldsymbol{B}=\frac{[1\quad 1]\text{adj}\begin{bmatrix}s+1 & 3\\0 & s-2\end{bmatrix}\begin{bmatrix}0\\1\end{bmatrix}}{|s\boldsymbol{I}-\boldsymbol{A}|}=\frac{s-2}{(s+1)(s-2)}=\frac{1}{s+1}$$

由上式可见传递函数 $g(s)$ 存在零、极点相消，被消去的因子是 $(s-2)$。根据定理 4.18 可知系统不满足能控、能观测的条件。

例 4.23　线性定常系统方程为

$$\begin{cases}\dot{x}=\begin{bmatrix}2 & 1\\0 & -1\end{bmatrix}x+\begin{bmatrix}1\\-3\end{bmatrix}u\\y=[1\quad 0]x\end{cases}$$

求系统的传递函数，并判断系统的能控性与能观测性。

解：$\boldsymbol{A}$ 的特征多项式为

$$\Delta(\lambda)=|\lambda\boldsymbol{I}-\boldsymbol{A}|=\begin{vmatrix}\lambda-2 & -1\\0 & \lambda+1\end{vmatrix}=(\lambda-2)(\lambda+1)=0$$

得特征值为 $\lambda_1=-1$，$\lambda_2=2$。可见该系统的特征值与例 4.22 相同。

系统的传递函数为

$$g(s)=\boldsymbol{C}[s\boldsymbol{I}-\boldsymbol{A}]^{-1}\boldsymbol{B}=\frac{[1\quad 0]\text{adj}\begin{bmatrix}s-2 & -1\\0 & s+1\end{bmatrix}\begin{bmatrix}1\\-3\end{bmatrix}}{|s\boldsymbol{I}-\boldsymbol{A}|}=\frac{s-2}{(s+1)(s-2)}=\frac{1}{s+1}$$

从求得的传递函数 $g(s)$ 可知，系统存在零、极点相消，被消去的是 $s=2$ 的极点。根据定理 4.18 可知，系统不满足能控、能观测的充要条件。

实际上，能控性矩阵为

$$\boldsymbol{Q}_c=[\boldsymbol{B}\quad \boldsymbol{AB}]=\begin{bmatrix}1 & -1\\-3 & 3\end{bmatrix}$$

$$\mathrm{rank}\boldsymbol{Q}_c=1<n=2$$

能观测性矩阵为

$$\boldsymbol{Q}_o=\begin{bmatrix}\boldsymbol{C}\\ \boldsymbol{CA}\end{bmatrix}=\begin{bmatrix}1 & 0\\ 2 & 1\end{bmatrix}$$

$$\mathrm{rank}\boldsymbol{Q}_o=2=n$$

可见该系统能观测，但不能控。

通过例 4.22 和例 4.23 可知，若单输入单输出线性定常系统的传递函数存在零、极点相消，则系统不可能是能控又能观测的。随着状态变量的不同，系统可以是能控但不能观测，也可以是能观测但不能控。只有当传递函数不存在零、极点相消时，系统才是既能控、又能观测的。也就是说，用传递函数描述系统时，只能描述系统中既能控、又能观测的子系统，而系统中不能控、不能观测的子系统是不能描述的。这是传递函数描述的又一个不足之处。

应当指出，定理 4.18 对多输入多输出系统不适用。现举例说明。

例 4.24 多输入多输出线性定常系统方程为

$$\begin{cases}\dot{\boldsymbol{x}}=\begin{bmatrix}1 & 3 & 2\\ 0 & 4 & 2\\ 0 & 0 & 1\end{bmatrix}\boldsymbol{x}+\begin{bmatrix}0 & 1\\ 0 & 0\\ 1 & 0\end{bmatrix}\boldsymbol{u}\\ \boldsymbol{y}=\begin{bmatrix}1 & 0 & 0\\ 0 & 0 & 1\end{bmatrix}\boldsymbol{x}\end{cases}$$

传递函数矩阵为

$$\begin{aligned}\boldsymbol{G}(s)&=\boldsymbol{C}[s\boldsymbol{I}-\boldsymbol{A}]^{-1}\boldsymbol{B}\\ &=\begin{bmatrix}1 & 0 & 0\\ 0 & 0 & 1\end{bmatrix}\begin{bmatrix}s-1 & -3 & -2\\ 0 & s-4 & -2\\ 0 & 0 & s-1\end{bmatrix}^{-1}\begin{bmatrix}0 & 1\\ 0 & 0\\ 1 & 0\end{bmatrix}\\ &=\frac{s-1}{(s-1)^2(s-4)}\begin{bmatrix}2 & s-4\\ s-4 & 0\end{bmatrix}\end{aligned}$$

由上式可见，传递函数矩阵存在零、极点相消，相消的因子为（$s-1$）。但是系统能控性矩阵的秩为

$$\mathrm{rank}\boldsymbol{Q}_c=\mathrm{rank}[\boldsymbol{B}\quad \boldsymbol{AB}\quad \boldsymbol{A}^2\boldsymbol{B}]=\mathrm{rank}\begin{bmatrix}0 & 1 & 2 & 1 & 10 & 1\\ 0 & 0 & 2 & 0 & 10 & 0\\ 1 & 0 & 1 & 0 & 1 & 0\end{bmatrix}=3=n$$

系统能观测性矩阵的秩为

$$\mathrm{rank}\boldsymbol{Q}_o=\mathrm{rank}\begin{bmatrix}\boldsymbol{C}\\ \boldsymbol{CA}\\ \boldsymbol{CA}^2\end{bmatrix}=\mathrm{rank}\begin{bmatrix}1 & 0 & 0\\ 0 & 0 & 1\\ 1 & 3 & 2\\ 0 & 0 & 1\\ 1 & 15 & 10\\ 0 & 0 & 1\end{bmatrix}=3=n$$

可见，虽然传递函数矩阵存在相消因子（$s-1$），但系统是既能控又能观测的。应当注意的是，因子（$s-1$）是传递函数矩阵的重极点，零、极点相消后，极点（$s-1$）还剩一个，

并未消失，只是降低了系统重极点的重数。

那么多输入多输出系统的能控性、能观测性与传递函数矩阵之间的关系是什么呢？有如下定理。

定理 4.19　若系统［式（4.51）］的状态向量与输入向量之间的传递函数矩阵 $\boldsymbol{G}_{xu}(s)=[s\boldsymbol{I}-\boldsymbol{A}]^{-1}\boldsymbol{B}$ 的各行线性无关，则系统能控。

定理 4.20　若系统［式（4.51）］的输出向量与状态向量之间的传递函数矩阵 $\boldsymbol{G}_{yx}(s)=\boldsymbol{C}[s\boldsymbol{I}-\boldsymbol{A}]^{-1}$的各列线性无关，则系统能观测。

这两个定理的证明从略，但可以用例 4.24 来验证这两个定理的正确性。

4.9　线性系统的结构分解

本节讨论的问题是系统在能控性和能观测性意义下的结构分解问题。如果系统是不能控、不能观测的，那么从结构上来说，系统必定包括能控、不能控和能观测、不能观测的子系统。由于非奇异线性变换不改变系统的能控性和能观测性，因此可以采用线性变换的方法对一般形式的系统方程进行变换，实现系统按能控性和能观测性的分解。这里必须解决三个问题，即如何分解？分解后的系统方程有什么样的形式？变换矩阵如何确定？结构分解问题在系统分析和设计中都是一个十分重要的问题。

线性定常系统状态空间表达式为

$$\begin{cases}\dot{\boldsymbol{x}}=\boldsymbol{A}\boldsymbol{x}+\boldsymbol{B}\boldsymbol{u}\\ \boldsymbol{y}=\boldsymbol{C}\boldsymbol{x}\end{cases}\tag{4.64}$$

式中，$\boldsymbol{x}$、$\boldsymbol{u}$、$\boldsymbol{y}$ 分别为 n、r、m 维向量；$\boldsymbol{A}$、$\boldsymbol{B}$、$\boldsymbol{C}$ 为满足矩阵运算相应维数的矩阵。

4.9.1　按能控性分解

定理 4.21　设有 n 维状态不完全能控的线性定常系统［式（4.64）］，且状态 $\boldsymbol{x}$ 有 n_1 个状态分量能控，则存在非奇异线性变换 $\boldsymbol{x}=\boldsymbol{P}_c\tilde{\boldsymbol{x}}$，可使系统变换成下面的形式

$$\begin{cases}\begin{bmatrix}\dot{\tilde{\boldsymbol{x}}}_C\\ \dot{\tilde{\boldsymbol{x}}}_{\bar{C}}\end{bmatrix}=\begin{bmatrix}\tilde{\boldsymbol{A}}_{11} & \tilde{\boldsymbol{A}}_{12}\\ \boldsymbol{0} & \tilde{\boldsymbol{A}}_{22}\end{bmatrix}\begin{bmatrix}\tilde{\boldsymbol{x}}_C\\ \tilde{\boldsymbol{x}}_{\bar{C}}\end{bmatrix}+\begin{bmatrix}\tilde{\boldsymbol{B}}_1\\ \boldsymbol{0}\end{bmatrix}\boldsymbol{u}\\ \boldsymbol{y}=[\tilde{\boldsymbol{C}}_1\quad \tilde{\boldsymbol{C}}_2]\begin{bmatrix}\tilde{\boldsymbol{x}}_C\\ \tilde{\boldsymbol{x}}_{\bar{C}}\end{bmatrix}\end{cases}\tag{4.65}$$

式中，$\tilde{\boldsymbol{A}}_{11}$、$\tilde{\boldsymbol{A}}_{12}$和$\tilde{\boldsymbol{A}}_{22}$都是分块矩阵，各自的维数分别为 $n_1\times n_1$、$n_1\times(n-n_1)$ 和 $(n-n_1)\times(n-n_1)$；$\tilde{\boldsymbol{B}}_1$ 是 $n_1\times r$ 阶分块矩阵；$\tilde{\boldsymbol{C}}_1$ 和 $\tilde{\boldsymbol{C}}_2$ 分别是 $m\times n_1$ 和 $m\times(n-n_1)$ 阶分块矩阵。并且 n_1 维子系统

$$\begin{cases}\dot{\tilde{\boldsymbol{x}}}_C=\tilde{\boldsymbol{A}}_{11}\tilde{\boldsymbol{x}}_C+\tilde{\boldsymbol{A}}_{12}\tilde{\boldsymbol{x}}_{\bar{C}}+\tilde{\boldsymbol{B}}_1\boldsymbol{u}\\ \boldsymbol{y}_1=\tilde{\boldsymbol{C}}_1\tilde{\boldsymbol{x}}_C\end{cases}$$

是能控子系统。而 $(n-n_1)$ 维子系统

$$\begin{cases}\dot{\tilde{\boldsymbol{x}}}_{\bar{C}}=\tilde{\boldsymbol{A}}_{22}\tilde{\boldsymbol{x}}_{\bar{C}}\\ \boldsymbol{y}_2=\tilde{\boldsymbol{C}}_2\tilde{\boldsymbol{x}}_{\bar{C}}\end{cases}$$

是不能控子系统。

非奇异变换矩阵 $\boldsymbol{P}_c$ 为

$$\boldsymbol{P}_c=[\boldsymbol{p}_1 \quad \cdots \quad \boldsymbol{p}_{n_1} \quad \cdots \quad \boldsymbol{p}_n] \tag{4.66}$$

式中，列向量 $\boldsymbol{p}_1$，$\boldsymbol{p}_2$，…，$\boldsymbol{p}_{n_1}$ 是能控性矩阵 $\boldsymbol{Q}_c$ 中 n_1 个线性无关的列，另外（$n-n_1$）个列向量是在确保 $\boldsymbol{P}_c$ 为非奇异的情况下任意选取的。

系统能控性结构分解图如图 4.5 所示。

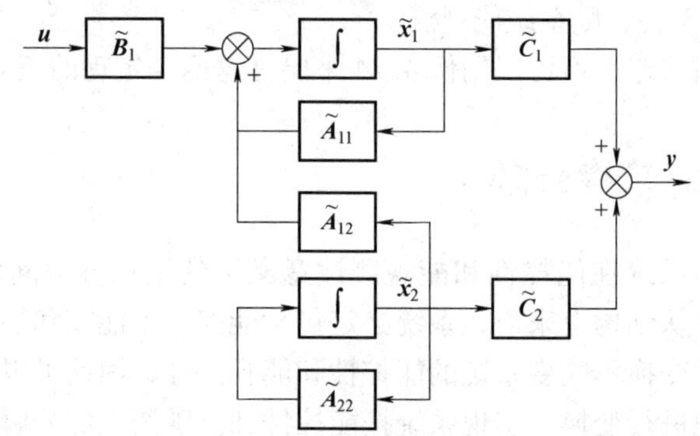

图 4.5　系统能控性结构分解图

例 4.25　系统状态空间表达式如下，要求按能控性进行结构分解。

$$\begin{cases}\dot{\boldsymbol{x}}=\begin{bmatrix}0 & 0 & -1\\1 & 0 & -3\\0 & 1 & -3\end{bmatrix}\boldsymbol{x}+\begin{bmatrix}1\\1\\0\end{bmatrix}\boldsymbol{u}\\ \boldsymbol{y}=[1 \quad 0 \quad -2]\boldsymbol{x}\end{cases}$$

解：首先，计算系统能控性矩阵的秩为

$$\operatorname{rank}\boldsymbol{Q}_c=\operatorname{rank}[\boldsymbol{B} \quad \boldsymbol{AB} \quad \boldsymbol{A}^2\boldsymbol{B}]=\operatorname{rank}\begin{bmatrix}1 & 0 & -1\\1 & 1 & -3\\0 & 1 & -2\end{bmatrix}=2<3$$

由上式可知系统不完全能控。然后，在能控性矩阵中任选其中两列线性无关的列向量。为计算简单，选取其中的第一列 $\begin{bmatrix}1\\1\\0\end{bmatrix}$ 和第二列 $\begin{bmatrix}0\\1\\1\end{bmatrix}$，易知它们是线性无关的。再选任一列向量，如 $\begin{bmatrix}0\\0\\1\end{bmatrix}$，它与前两个列向量线性无关。由此得变换矩阵 $\boldsymbol{P}_c$ 为

$$\boldsymbol{P}_c=\begin{bmatrix}1 & 0 & 0\\1 & 1 & 0\\0 & 1 & 1\end{bmatrix}$$

接下来求 $\boldsymbol{P}_c$ 的逆，得

$$\boldsymbol{P}_c^{-1}=\begin{bmatrix}1 & 0 & 0\\-1 & 1 & 0\\1 & -1 & 1\end{bmatrix}$$

最后，利用 $\boldsymbol{x}=\boldsymbol{P}_c\tilde{\boldsymbol{x}}$ 进行状态变换，得系统状态空间表达式为

$$\begin{cases}\dot{\tilde{\boldsymbol{x}}}=\left[\begin{array}{cc:c}0 & -1 & -1\\ 1 & -2 & -2\\ \hdashline 0 & 0 & 1\end{array}\right]\tilde{\boldsymbol{x}}+\left[\begin{array}{c}1\\ 0\\ \hdashline 0\end{array}\right]\boldsymbol{u}\\ \boldsymbol{y}=\left[\begin{array}{cc:c}1 & -1 & -2\end{array}\right]\tilde{\boldsymbol{x}}\end{cases}$$

式中，二维子系统

$$\begin{cases}\dot{\tilde{\boldsymbol{x}}}_C=\begin{bmatrix}0 & -1\\ 1 & -2\end{bmatrix}\tilde{\boldsymbol{x}}_C+\begin{bmatrix}-1\\ 2\end{bmatrix}\tilde{\boldsymbol{x}}_{\bar{C}}+\begin{bmatrix}1\\ 0\end{bmatrix}\boldsymbol{u}\\ \boldsymbol{y}=\begin{bmatrix}1 & -1\end{bmatrix}\tilde{\boldsymbol{x}}_C\end{cases}$$

是能控子系统。

关于能控子系统的传递函数矩阵，有如下定理。

定理 4.22　能控子系统的传递函数矩阵与原系统的传递函数矩阵相同，即

$$\tilde{\boldsymbol{G}}_1(s)=\boldsymbol{G}(s)$$

证明： 由下式的推导即可看出结论成立。

$$\begin{aligned}\boldsymbol{G}(s)&=\boldsymbol{C}(s\boldsymbol{I}-\boldsymbol{A})^{-1}\boldsymbol{B}=\tilde{\boldsymbol{C}}(s\boldsymbol{I}-\tilde{\boldsymbol{A}})^{-1}\tilde{\boldsymbol{B}}\\ &=\begin{bmatrix}\tilde{\boldsymbol{C}}_1 & \tilde{\boldsymbol{C}}_2\end{bmatrix}\begin{bmatrix}s\boldsymbol{I}-\tilde{\boldsymbol{A}}_{11} & -\tilde{\boldsymbol{A}}_{12}\\ \boldsymbol{0} & s\boldsymbol{I}-\tilde{\boldsymbol{A}}_{22}\end{bmatrix}^{-1}\begin{bmatrix}\tilde{\boldsymbol{B}}_1\\ \boldsymbol{0}\end{bmatrix}\\ &=\tilde{\boldsymbol{C}}_1[s\boldsymbol{I}-\tilde{\boldsymbol{A}}_{11}]^{-1}\tilde{\boldsymbol{B}}_1=\tilde{\boldsymbol{G}}_1(s)\end{aligned}$$

由此可见，不可控状态不会出现在系统传递函数矩阵之中。

4.9.2　按能观测性分解

定理 4.23　设有 n 维状态不完全能观测的线性定常系统［式（4.64）］，且状态 $\boldsymbol{x}$ 有 n_2 个状态分量能观测，则存在非奇异线性变换 $\boldsymbol{x}=\boldsymbol{P}_o\tilde{\boldsymbol{x}}$，可使系统变换为

$$\begin{cases}\begin{bmatrix}\dot{\tilde{\boldsymbol{x}}}_O\\ \dot{\tilde{\boldsymbol{x}}}_{\bar{O}}\end{bmatrix}=\begin{bmatrix}\tilde{\boldsymbol{A}}_{11} & \boldsymbol{0}\\ \tilde{\boldsymbol{A}}_{21} & \tilde{\boldsymbol{A}}_{22}\end{bmatrix}\begin{bmatrix}\tilde{\boldsymbol{x}}_O\\ \tilde{\boldsymbol{x}}_{\bar{O}}\end{bmatrix}+\begin{bmatrix}\tilde{\boldsymbol{B}}_1\\ \tilde{\boldsymbol{B}}_2\end{bmatrix}\boldsymbol{u}\\ \boldsymbol{y}=\begin{bmatrix}\tilde{\boldsymbol{C}}_1 & \boldsymbol{0}\end{bmatrix}\begin{bmatrix}\tilde{\boldsymbol{x}}_O\\ \tilde{\boldsymbol{x}}_{\bar{O}}\end{bmatrix}\end{cases}\tag{4.67}$$

式中，$\tilde{\boldsymbol{A}}_{11}$、$\tilde{\boldsymbol{A}}_{21}$和$\tilde{\boldsymbol{A}}_{22}$都是分块矩阵，各自的维数分别为 $n_2\times n_2$、$(n-n_2)\times n_2$ 和 $(n-n_2)\times(n-n_2)$；$\tilde{\boldsymbol{B}}_1$ 和 $\tilde{\boldsymbol{B}}_2$ 分别是 $n_2\times r$ 和 $r\times(n-n_2)$ 阶矩阵；$\tilde{\boldsymbol{C}}_1$ 为 $m\times n_2$ 阶矩阵。并且 n_2 维子系统

$$\begin{cases}\dot{\tilde{\boldsymbol{x}}}_O=\tilde{\boldsymbol{A}}_{11}\tilde{\boldsymbol{x}}_O+\tilde{\boldsymbol{B}}_1u\\ \boldsymbol{y}_1=\tilde{\boldsymbol{C}}_1\tilde{\boldsymbol{x}}_O\end{cases}$$

是能观测子系统。而（$n-n_2$）维子系统

$$\dot{\tilde{\boldsymbol{x}}}_{\bar{O}}=\tilde{\boldsymbol{A}}_{21}\tilde{\boldsymbol{x}}_O+\tilde{\boldsymbol{A}}_{22}\tilde{\boldsymbol{x}}_{\bar{O}}+\tilde{\boldsymbol{B}}_2\boldsymbol{u}$$

是不能观测子系统。

非奇异变换矩阵 $\boldsymbol{P}_o$ 的逆为

$$\boldsymbol{P}_o^{-1}=\begin{bmatrix}\boldsymbol{p}_1\\ \vdots\\ \boldsymbol{p}_{n_2}\\ \vdots\\ \boldsymbol{p}_n\end{bmatrix} \tag{4.68}$$

式中，行向量 $\boldsymbol{p}_1$，$\boldsymbol{p}_2$，…，$\boldsymbol{p}_{n_2}$ 是能观测性矩阵 $\boldsymbol{Q}_o$ 中 n_2 个线性无关的行，另外（$n-n_2$）个行向量是在确保 $\boldsymbol{P}_o$ 为非奇异的情况下任意选取的。

系统能观测性结构分解图如图 4.6 所示。

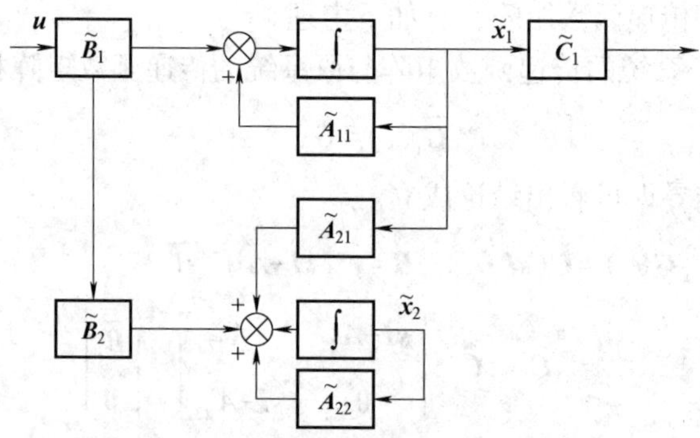

图 4.6　系统能观测性结构分解图

例 4.26　对例 4.25 中系统进行能观测性结构分解。

解：计算能观测性矩阵的秩为

$$\operatorname{rank}\boldsymbol{Q}_o=\operatorname{rank}\begin{bmatrix}\boldsymbol{C}\\ \boldsymbol{CA}\\ \boldsymbol{CA}^2\end{bmatrix}=\operatorname{rank}\begin{bmatrix}0 & 1 & -2\\ 1 & -2 & 3\\ -2 & 3 & -4\end{bmatrix}=2<3$$

由上式可知系统不完全能观测。在能观测性矩阵中任选其中两行线性无关的行向量 $[0\quad 1\quad -2]$ 和 $[1\quad -2\quad 3]$，再选任一个与前两个行向量线性无关的行向量，如 $[0\quad 0\quad 1]$，得到变换矩阵 $\boldsymbol{P}_o$ 的逆为

$$\boldsymbol{P}_o^{-1}=\begin{bmatrix}0 & 1 & -2\\ 1 & -2 & 3\\ 0 & 0 & 1\end{bmatrix}$$

由此可得

$$\boldsymbol{P}_o=\begin{bmatrix}2 & 1 & 1\\ 1 & 0 & 2\\ 0 & 0 & 1\end{bmatrix}$$

利用 $\boldsymbol{x}=\boldsymbol{P}_o\tilde{\boldsymbol{x}}$ 进行状态变换，得系统的状态空间表达式为

$$\begin{cases}\dot{\tilde{\boldsymbol{x}}}=\left[\begin{array}{cc:c}0 & 1 & 0\\ -1 & -2 & 0\\ \hdashline 1 & 0 & -1\end{array}\right]\tilde{\boldsymbol{x}}+\left[\begin{array}{c}1\\ -1\\ \hdashline 0\end{array}\right]\boldsymbol{u}\\ \boldsymbol{y}=[1\quad 0\quad 0]\tilde{\boldsymbol{x}}\end{cases}$$

式中，二维子系统

$$\begin{cases}\dot{\tilde{\boldsymbol{x}}}_O=\begin{bmatrix}0 & 1\\ -1 & 2\end{bmatrix}\tilde{\boldsymbol{x}}_O+\begin{bmatrix}1\\ -1\end{bmatrix}\boldsymbol{u}\\ \boldsymbol{y}=[0\quad 1]\tilde{\boldsymbol{x}}_O\end{cases}$$

是能观测子系统。

关于能观测子系统的传递函数矩阵，有如下定理。

定理 4.24　能观测子系统的传递函数矩阵与原系统的传递函数矩阵相同，即

$$\widetilde{\boldsymbol{G}}_1(s)=\boldsymbol{G}(s)$$

证明：由下式的推导即可看出结论成立。

$$\begin{aligned}\boldsymbol{G}(s)&=\boldsymbol{C}(s\boldsymbol{I}-\boldsymbol{A})^{-1}\boldsymbol{B}=\widetilde{\boldsymbol{C}}(s\boldsymbol{I}-\widetilde{\boldsymbol{A}})^{-1}\widetilde{\boldsymbol{B}}\\ &=[\widetilde{\boldsymbol{C}}_1\quad 0]\begin{bmatrix}s\boldsymbol{I}-\widetilde{\boldsymbol{A}}_{11} & \boldsymbol{0}\\ -\widetilde{\boldsymbol{A}}_{21} & s\boldsymbol{I}-\widetilde{\boldsymbol{A}}_{22}\end{bmatrix}^{-1}\begin{bmatrix}\widetilde{\boldsymbol{B}}_1\\ \widetilde{\boldsymbol{B}}_2\end{bmatrix}\\ &=\widetilde{\boldsymbol{C}}_1[s\boldsymbol{I}-\widetilde{\boldsymbol{A}}_{11}]^{-1}\widetilde{\boldsymbol{B}}_1=\widetilde{\boldsymbol{G}}_1(s)\end{aligned}$$

由此可见，不能观测状态不会出现在系统传递函数矩阵之中。

4.9.3　按能控性和能观测性分解

将定理 4.21 和定理 4.23 两个定理结合起来，就可以得到卡尔曼（Kalman）标准分解定理。

定理 4.25　设有 n 维状态不完全能控也不完全能观测线性定常系统［式（4.64）］，则存在一个非奇异线性变换 $\boldsymbol{x}=\boldsymbol{P}\tilde{\boldsymbol{x}}$，可使系统变换为

$$\begin{cases}\begin{bmatrix}\dot{\tilde{\boldsymbol{x}}}_{CO}\\ \dot{\tilde{\boldsymbol{x}}}_{C\bar{O}}\\ \dot{\tilde{\boldsymbol{x}}}_{\bar{C}O}\\ \dot{\tilde{\boldsymbol{x}}}_{\bar{C}\bar{O}}\end{bmatrix}=\begin{bmatrix}\widetilde{\boldsymbol{A}}_{11} & 0 & \widetilde{\boldsymbol{A}}_{13} & 0\\ \widetilde{\boldsymbol{A}}_{21} & \widetilde{\boldsymbol{A}}_{22} & \widetilde{\boldsymbol{A}}_{23} & \widetilde{\boldsymbol{A}}_{24}\\ 0 & 0 & \widetilde{\boldsymbol{A}}_{33} & 0\\ 0 & 0 & \widetilde{\boldsymbol{A}}_{43} & \widetilde{\boldsymbol{A}}_{44}\end{bmatrix}\begin{bmatrix}\tilde{\boldsymbol{x}}_{CO}\\ \tilde{\boldsymbol{x}}_{C\bar{O}}\\ \tilde{\boldsymbol{x}}_{\bar{C}O}\\ \tilde{\boldsymbol{x}}_{\bar{C}\bar{O}}\end{bmatrix}+\begin{bmatrix}\widetilde{\boldsymbol{B}}_1\\ \widetilde{\boldsymbol{B}}_2\\ 0\\ 0\end{bmatrix}\boldsymbol{u}\\ \boldsymbol{y}=[\widetilde{\boldsymbol{C}}_1\quad 0\quad \widetilde{\boldsymbol{C}}_3\quad 0]\begin{bmatrix}\tilde{\boldsymbol{x}}_{CO}\\ \tilde{\boldsymbol{x}}_{C\bar{O}}\\ \tilde{\boldsymbol{x}}_{\bar{C}O}\\ \tilde{\boldsymbol{x}}_{\bar{C}\bar{O}}\end{bmatrix}\end{cases}\tag{4.69}$$

式中，$\tilde{\boldsymbol{x}}_{CO}$为 n_1 维能控、能观测的状态向量；$\tilde{\boldsymbol{x}}_{C\bar{O}}$为 n_2 维能控、不能观测的状态向量；$\tilde{\boldsymbol{x}}_{\bar{C}O}$为

n_3 维不能控、能观测的状态向量；$\tilde{\boldsymbol{x}}_{\bar{C}\bar{O}}$ 为 n_4 维不能控、不能观测的状态向量，并且 $n_1+n_2+n_3+n_4=n$；$\tilde{\boldsymbol{A}}_{11}$、$\tilde{\boldsymbol{A}}_{13}$、$\tilde{\boldsymbol{A}}_{21}$、$\tilde{\boldsymbol{A}}_{22}$、$\tilde{\boldsymbol{A}}_{23}$、$\tilde{\boldsymbol{A}}_{24}$、$\tilde{\boldsymbol{A}}_{33}$、$\tilde{\boldsymbol{A}}_{43}$和$\tilde{\boldsymbol{A}}_{44}$是相应维数的分块矩阵。

系统的传递函数矩阵为

$$\boldsymbol{G}(s)=\boldsymbol{C}(s\boldsymbol{I}-\boldsymbol{A})^{-1}\boldsymbol{B}=\boldsymbol{C}_1[s\boldsymbol{I}-\tilde{\boldsymbol{A}}_{11}]^{-1}\tilde{\boldsymbol{B}}_1$$

由上式可见系统传递函数矩阵描述的是不完全能控、不完全能观测系统中的既能控又能观测的子系统特性。系统按能控性和能观测性分解的结构图如图 4.7 所示。

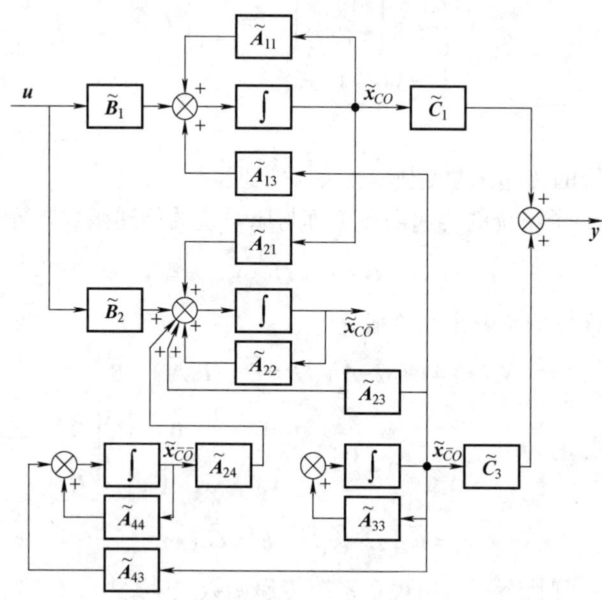

图 4.7 系统按能控性和能观测性分解的结构图

这种形式把系统分为如下 4 个子系统：

（1）能控又能观测的子系统 Σ_{CO}

$$\begin{cases}\dot{\tilde{\boldsymbol{x}}}_{CO}=\tilde{\boldsymbol{A}}_{11}\tilde{\boldsymbol{x}}_{CO}+\tilde{\boldsymbol{A}}_{13}\tilde{\boldsymbol{x}}_{\bar{C}O}+\tilde{\boldsymbol{B}}_1\boldsymbol{u}\\ \boldsymbol{y}_1=\tilde{\boldsymbol{C}}_1\tilde{\boldsymbol{x}}_{CO}\end{cases}$$

（2）能控但不能观测的子系统 $\Sigma_{C\bar{O}}$

$$\begin{cases}\dot{\tilde{\boldsymbol{x}}}_{C\bar{O}}=\tilde{\boldsymbol{A}}_{21}\tilde{\boldsymbol{x}}_{CO}+\tilde{\boldsymbol{A}}_{22}\tilde{\boldsymbol{x}}_{C\bar{O}}+\tilde{\boldsymbol{A}}_{23}\tilde{\boldsymbol{x}}_{\bar{C}O}+\tilde{\boldsymbol{A}}_{24}\tilde{\boldsymbol{x}}_{\bar{C}\bar{O}}+\tilde{\boldsymbol{B}}_2\boldsymbol{u}\\ \boldsymbol{y}_2=0\end{cases}$$

（3）不能控但能观测的子系统 $\Sigma_{\bar{C}O}$

$$\begin{cases}\dot{\tilde{\boldsymbol{x}}}_{\bar{C}O}=\tilde{\boldsymbol{A}}_{33}\tilde{\boldsymbol{x}}_{\bar{C}O}\\ \boldsymbol{y}_3=\tilde{\boldsymbol{C}}_3\tilde{\boldsymbol{x}}_{\bar{C}O}\end{cases}$$

（4）不能控也不能观测的子系统 $\Sigma_{\bar{C}\bar{O}}$

$$\begin{cases}\dot{\tilde{\boldsymbol{x}}}_{\bar{C}\bar{O}}=\tilde{\boldsymbol{A}}_{43}\tilde{\boldsymbol{x}}_{\bar{C}O}+\tilde{\boldsymbol{A}}_{44}\tilde{\boldsymbol{x}}_{\bar{C}\bar{O}}\\ \boldsymbol{y}_4=0\end{cases}$$

事实上，任意的线性定常系统都包含其中一部分或全部子系统。关于变换矩阵 $\boldsymbol{P}$ 的确定方法较多，由于涉及较多的线性空间概念，比较复杂，下面重点介绍两种工程上对于线性定常系统常用的结构分解方法。

1. 逐步分解法

1）首先将系统按能控性分解，求得变换矩阵 $\boldsymbol{P}_c$，这时有 $\boldsymbol{x}=\boldsymbol{P}_c[\tilde{\boldsymbol{x}}_C \quad \tilde{\boldsymbol{x}}_{\bar{C}}]^{\mathrm{T}}$。

2）对能控子系统进行能观测性结构分解，可得变换矩阵 $\boldsymbol{P}_{o1}$。

3）对不能控子系统进行能观测性结构分解，可得变换矩阵 $\boldsymbol{P}_{o2}$。

4）求变换矩阵，先确定 $\boldsymbol{P}_o=\mathrm{diag}[\boldsymbol{P}_{o1} \quad \boldsymbol{P}_{o2}]$，其次确定 $\boldsymbol{P}=\boldsymbol{P}_c \cdot \boldsymbol{P}_o$。

例 4.27　将例 4.25 中系统按能控性和能观测性进行结构分解。

解：（1）判断系统的能控性和能观测性

由例 4.25 和例 4.26 可知

$$\mathrm{rank}\boldsymbol{Q}_c=2<n, \quad \mathrm{rank}\boldsymbol{Q}_o=2<n$$

（2）将系统按能控性分解

根据例 4.25，取 $\boldsymbol{P}_c=\begin{bmatrix}1&0&0\\1&1&0\\0&1&1\end{bmatrix}$，系统分解后有

$$\begin{cases}\begin{bmatrix}\dot{\tilde{\boldsymbol{x}}}_C\\ \dot{\tilde{\boldsymbol{x}}}_{\bar{C}}\end{bmatrix}=\begin{bmatrix}0&-1&-1\\1&-2&-2\\0&0&-1\end{bmatrix}\begin{bmatrix}\tilde{\boldsymbol{x}}_C\\ \tilde{\boldsymbol{x}}_{\bar{C}}\end{bmatrix}+\begin{bmatrix}1\\0\\0\end{bmatrix}\boldsymbol{u}\\ \boldsymbol{y}=[1 \quad -1 \quad 2]\begin{bmatrix}\tilde{\boldsymbol{x}}_C\\ \tilde{\boldsymbol{x}}_{\bar{C}}\end{bmatrix}\end{cases}$$

由上式可知，此系统的不能控子系统是一维的，且容易看出，它也是能观测的，故无须再进行能观测性分解。

（3）将能控子系统按能观测性分解

非奇异线性变换矩阵为

$$\boldsymbol{P}_{o1}^{-1}=\begin{bmatrix}1&-1\\0&1\end{bmatrix}, \quad \boldsymbol{P}_{o1}=\begin{bmatrix}1&1\\0&1\end{bmatrix}$$

能控子系统分解为

$$\begin{bmatrix}\dot{\tilde{\boldsymbol{x}}}_{CO}\\ \dot{\tilde{\boldsymbol{x}}}_{C\bar{O}}\end{bmatrix}=\boldsymbol{P}_{o1}^{-1}\begin{bmatrix}0&-1\\1&-2\end{bmatrix}\boldsymbol{P}_{o1}\begin{bmatrix}\tilde{\boldsymbol{x}}_{CO}\\ \tilde{\boldsymbol{x}}_{C\bar{O}}\end{bmatrix}+\boldsymbol{P}_{o1}^{-1}\begin{bmatrix}-1\\-2\end{bmatrix}\boldsymbol{x}_{C\bar{O}}+\boldsymbol{P}_{o1}^{-1}\begin{bmatrix}1\\0\end{bmatrix}\boldsymbol{u}$$

$$=\begin{bmatrix}-1&0\\1&-1\end{bmatrix}\begin{bmatrix}\tilde{\boldsymbol{x}}_{CO}\\ \tilde{\boldsymbol{x}}_{C\bar{O}}\end{bmatrix}+\begin{bmatrix}1\\-2\end{bmatrix}\tilde{\boldsymbol{x}}_{C\bar{O}}+\begin{bmatrix}1\\0\end{bmatrix}\boldsymbol{u}$$

$$y_1(t)=[1 \quad -1]\boldsymbol{P}_{o1}\begin{bmatrix}\tilde{\boldsymbol{x}}_{CO}\\ \tilde{\boldsymbol{x}}_{C\bar{O}}\end{bmatrix}=[1 \quad 0]\begin{bmatrix}\tilde{\boldsymbol{x}}_{CO}\\ \tilde{\boldsymbol{x}}_{C\bar{O}}\end{bmatrix}$$

综合以上结果，系统按能控性和能观测性分解后的状态空间表达式为

$$
\begin{cases}
\begin{bmatrix} \dot{\tilde{\boldsymbol{x}}}_{co} \\ \dot{\tilde{\boldsymbol{x}}}_{c\bar{o}} \\ \dot{\tilde{\boldsymbol{x}}}_{\bar{c}o} \end{bmatrix} = \begin{bmatrix} -1 & 0 & 1 \\ 1 & -1 & -2 \\ 0 & 0 & -1 \end{bmatrix} \begin{bmatrix} \tilde{\boldsymbol{x}}_{co} \\ \tilde{\boldsymbol{x}}_{c\bar{o}} \\ \tilde{\boldsymbol{x}}_{\bar{c}o} \end{bmatrix} + \begin{bmatrix} 1 \\ 0 \\ 0 \end{bmatrix} \boldsymbol{u} \\
\boldsymbol{y} = \begin{bmatrix} 1 & 0 & -2 \end{bmatrix} \begin{bmatrix} \tilde{\boldsymbol{x}}_{co} \\ \tilde{\boldsymbol{x}}_{c\bar{o}} \\ \tilde{\boldsymbol{x}}_{\bar{c}o} \end{bmatrix}
\end{cases}
$$

例 4.28　线性定常系统的状态空间表达式为

$$
\begin{cases}
\begin{bmatrix} \dot{x}_1 \\ \dot{x}_2 \\ \dot{x}_3 \\ \dot{x}_4 \\ \dot{x}_5 \\ \dot{x}_6 \end{bmatrix} = \begin{bmatrix} -1 & 1 & 0 & 0 & 0 & 0 \\ 0 & -1 & 0 & 0 & 0 & 0 \\ 0 & 0 & -2 & 1 & 0 & 0 \\ 0 & 0 & 0 & -2 & 0 & 0 \\ 0 & 0 & 0 & 0 & -3 & 0 \\ 0 & 0 & 0 & 0 & 0 & -4 \end{bmatrix} \begin{bmatrix} x_1 \\ x_2 \\ x_3 \\ x_4 \\ x_5 \\ x_6 \end{bmatrix} + \begin{bmatrix} 0 \\ 1 \\ 1 \\ 0 \\ 5 \\ 0 \end{bmatrix} u \\
y = \begin{bmatrix} 0 & 0 & \vdots & 0 & 0 & \vdots & 1 & 2 \end{bmatrix} \boldsymbol{x}
\end{cases}
$$

要求同时按能控性、能观测性进行结构分解。

解：根据能控性判据和能观测性判据可知，该系统不完全能控、不完全能观测。按能控性进行分解可知，状态能控子系统由 x_1、x_2、x_3 和 x_5 分量构成，不能控子系统由 x_4、x_6 分量构成。

将能控的子系统按能观测性进行分解可知，x_5 为能观测分量，x_1、x_2、x_3 为不能观测分量；将不能控的子系统按能观测性进行分解可知，x_6 是能观测分量。通过这种分解后可知，x_5 为能控、能观测状态分量；x_1、x_2 和 x_3 为能控、不能观测分量；x_6 为不能控能观测状态分量；x_4 为不能控不能观测状态分量。于是同时按能控性和能观测性进行结构分解后的系统方程为

$$
\begin{cases}
\begin{bmatrix} \dot{x}_5 \\ \dot{x}_1 \\ \dot{x}_2 \\ \dot{x}_3 \\ \dot{x}_6 \\ \dot{x}_4 \end{bmatrix} = \begin{bmatrix} -3 & 0 & 0 & 0 & 0 & 0 \\ 0 & -1 & 1 & 0 & 0 & 0 \\ 0 & 0 & -1 & 0 & 0 & 0 \\ 0 & 0 & 0 & -2 & 0 & 1 \\ 0 & 0 & 0 & 0 & -4 & 0 \\ 0 & 0 & 0 & 0 & 0 & -2 \end{bmatrix} \begin{bmatrix} x_5 \\ x_1 \\ x_2 \\ x_3 \\ x_6 \\ x_4 \end{bmatrix} + \begin{bmatrix} 5 \\ 0 \\ 1 \\ 1 \\ 0 \\ 0 \end{bmatrix} u \\
y = \begin{bmatrix} 1 & 0 & 0 & 0 & 2 & 0 \end{bmatrix} \begin{bmatrix} x_5 \\ x_1 \\ x_2 \\ x_3 \\ x_6 \\ x_4 \end{bmatrix}
\end{cases}
$$

2. 排列变换法

1）首先将待分解的系统化成标准形，即将系统矩阵 $\boldsymbol{A}$ 化成对角标准形或约当标准形，并得到新的状态空间表达式。

2）按能控性和能观测性的法则判别系统各状态变量的能控性和能观测性，并将系统的状态变量分为能控又能观测的状态变量 $\tilde{\boldsymbol{x}}_{co}$，能控但不能观测的状态变量 $\tilde{\boldsymbol{x}}_{c\bar{o}}$，不能控但能观测的状态变量 $\tilde{\boldsymbol{x}}_{\bar{c}o}$，不能控也不能观测的状态变量 $\tilde{\boldsymbol{x}}_{\bar{c}\bar{o}}$。

3）按照 $\tilde{\boldsymbol{x}}_{co}$、$\tilde{\boldsymbol{x}}_{c\bar{o}}$、$\tilde{\boldsymbol{x}}_{\bar{c}o}$、$\tilde{\boldsymbol{x}}_{\bar{c}\bar{o}}$ 的顺序重新排列状态变量的关系，就可组成相应的子系统。

例 4.29 将下列不完全能控也不完全能观测的系统进行结构分解。

$$\begin{cases}\begin{bmatrix}\dot{x}_1\\\dot{x}_2\\\dot{x}_3\\\dot{x}_4\end{bmatrix}=\begin{bmatrix}-3&&&\\&-1&&\\&&-2&\\&&&-4\end{bmatrix}\begin{bmatrix}x_1\\x_2\\x_3\\x_4\end{bmatrix}+\begin{bmatrix}1\\2\\0\\0\end{bmatrix}u\\ y=\begin{bmatrix}0&1&1&0\end{bmatrix}x\end{cases}$$

解：由于 $\boldsymbol{A}$ 为对角阵，故可按照对角标准形的能控性和能观测性判据，很容易判定：x_1 为能控但不能观测的状态变量 $\boldsymbol{x}_{c\bar{o}}$，$x_2$ 为能控又能观测的状态变量 $\boldsymbol{x}_{co}$，x_3 为不能控但能观测的状态变量 $\boldsymbol{x}_{\bar{c}o}$，$x_4$ 为不能控也不能观测的状态变量 $\boldsymbol{x}_{\bar{c}\bar{o}}$。

将上述方程的状态变量按 $\boldsymbol{x}_{co}$、$\boldsymbol{x}_{c\bar{o}}$、$\boldsymbol{x}_{\bar{c}o}$、$\boldsymbol{x}_{\bar{c}\bar{o}}$ 顺序排列，则有

$$\begin{cases}\begin{bmatrix}\dot{x}_2\\\dot{x}_1\\\dot{x}_3\\\dot{x}_4\end{bmatrix}=\begin{bmatrix}-1&&&\\&-3&&\\&&-2&\\&&&-4\end{bmatrix}\begin{bmatrix}x_2\\x_1\\x_3\\x_4\end{bmatrix}+\begin{bmatrix}2\\1\\0\\0\end{bmatrix}u\\ y=\begin{bmatrix}1&0&1&0\end{bmatrix}\begin{bmatrix}x_2\\x_1\\x_3\\x_4\end{bmatrix}\end{cases}$$

4.10 系统的实现问题

对于线性定常系统，若给定 4 个系数矩阵 $\boldsymbol{A}$、$\boldsymbol{B}$、$\boldsymbol{C}$ 和 $\boldsymbol{D}$，则可由状态空间表达式求出系统的传递函数矩阵。系统的实现问题正好反过来，即给定传递函数矩阵，求出系统的状态空间表达式。这种由传递函数矩阵或相应的脉冲响应来建立系统的状态空间表达式的工作，称为实现问题。换言之，若状态空间描述 $\boldsymbol{A}$、$\boldsymbol{B}$、$\boldsymbol{C}$ 和 $\boldsymbol{D}$ 是传递函数矩阵 $\boldsymbol{G}(s)$ 的实现，则必有

$$\boldsymbol{C}(s\boldsymbol{I}-\boldsymbol{A})^{-1}\boldsymbol{B}+\boldsymbol{D}=\boldsymbol{G}(s)$$

实现的主要目的有三个：第一，状态方程很容易用计算机进行仿真，若能找到一个实现，就可利用计算机仿真技术来模拟给定的传递函数矩阵；第二，可以利用运算放大器以及

复合无源网络来“实现”传递函数矩阵；第三，通过传递函数矩阵及状态空间表达式来了解系统内部以及外部特性。

由传递函数矩阵求实现的问题，要比由 $\boldsymbol{A}$、$\boldsymbol{B}$、$\boldsymbol{C}$ 和 $\boldsymbol{D}$ 求 $\boldsymbol{G}(s)$ 复杂得多。这主要在于可以用多种不同的状态空间表达式来实现同一传递函数矩阵，也就是说传递函数矩阵的实现是非唯一的。许多学者研究了各种不同的方法来进行“实现”，特别是关于多输入多输出系统的实现，这方面的论著很多，本节仅介绍一些基本方法。传递函数一般表示为 s 的有理分式函数，当分子多项式的次数等于分母多项式的次数时，称为真分式传递函数，若分子次数少于分母次数，则称为严格真分式传递函数。当传递函数分子多项式与分母多项式无公因式时，称为不可约的传递函数。

在所有可能的实现中，维数最小的实现称为最小实现。在此只讨论最小实现问题，用它来模拟传递函数时，所用积分器的数目最少。

4.10.1 单输入单输出系统的实现问题

单输入单输出系统传递函数的一般形式为

$$g(s)=\frac{b_n s^n+b_{n-1}s^{n-1}+\cdots+b_1 s+b_0}{s^n+a_{n-1}s^{n-1}+\cdots+a_1 s+a_0} \tag{4.70}$$

式（4.70）可以写成

$$g(s)=\frac{\beta_{n-1}s^{n-1}+\beta_{n-2}s^{n-2}+\cdots+\beta_1 s+\beta_0}{s^n+a_{n-1}s^{n-1}+\cdots+a_1 s+a_0}+b_n \tag{4.71}$$

式中，b_n 表示输入与输出之间的直接耦合系数，而等式右边第一项表示严格真分式函数项。

当 $g(s)$ 具有真分式有理函数时，其实现为 $\Sigma=(\boldsymbol{A},\boldsymbol{B},\boldsymbol{C},\boldsymbol{D})$ 形式，且有

$$\boldsymbol{D}=b_n=\lim_{s\to\infty}g(s)$$

当 $g(s)$ 具有严格真分式有理函数时，其实现为 $\Sigma=(\boldsymbol{A},\boldsymbol{B},\boldsymbol{C})$ 形式。在此只讨论严格真分式传递函数，即

$$g(s)=\frac{\beta_{n-1}s^{n-1}+\beta_{n-2}s^{n-2}+\cdots+\beta_1 s+\beta_0}{s^n+a_{n-1}s^{n-1}+\cdots+a_1 s+a_0} \tag{4.72}$$

的实现问题。

1. $g(s)$ 的能控标准形实现

能控标准形为

$$\boldsymbol{A}=\begin{bmatrix}0&1&0&\cdots&0\\0&0&1&\cdots&0\\\vdots&\vdots&\vdots&&\vdots\\0&0&0&\cdots&1\\-a_0&-a_1&-a_2&\cdots&-a_{n-1}\end{bmatrix},\quad \boldsymbol{B}=\begin{bmatrix}0\\0\\\vdots\\0\\1\end{bmatrix}$$

$$\boldsymbol{C}=[\beta_0\quad \beta_1\quad \cdots\quad \beta_{n-1}] \tag{4.73}$$

它是传递函数式（4.72）的一个实现，这是很容易证明的。因为

$$C(sI-A)^{-1}B=C\frac{\operatorname{adj}(sI-A)}{|sI-A|}B=[\beta_0\quad \beta_1\quad \cdots\quad \beta_{n-1}]\frac{\begin{bmatrix} * & * & \cdots & 1 \\ * & * & \cdots & s \\ \vdots & \vdots & & \vdots \\ * & * & \cdots & s^{n-1} \end{bmatrix}}{s^n+a_{n-1}s^{n-1}+\cdots+a_0}\begin{bmatrix} 0 \\ 0 \\ \vdots \\ 1 \end{bmatrix}$$

$$=\frac{\beta_{n-1}s^{n-1}++\beta_{n-2}s^{n-2}\cdots+\beta_1 s+\beta_0}{s^n+a_{n-1}s^{n-1}+\cdots+a_1 s+a_0}=g(s)$$

能控标准形实现的模拟图如图 4.8 所示。

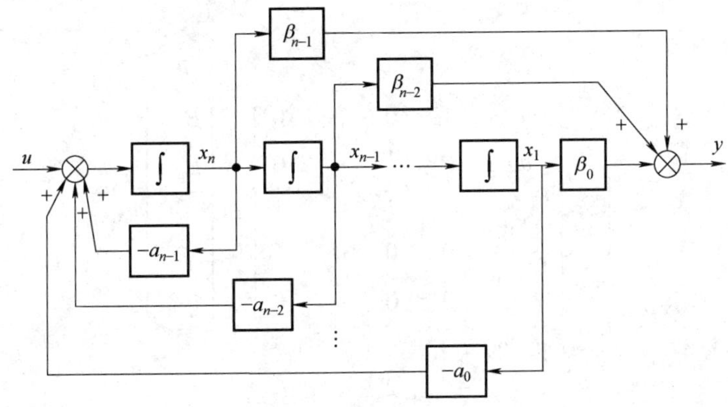

图 4.8　能控标准形实现的模拟图

2. $g(s)$ 的能观测标准形实现

根据对偶性质，将能控标准形实现中的各项系数矩阵 **A**、**B**、**C** 适当转置一下，便得到能观测标准形实现，即

$$A=\begin{bmatrix} 0 & 0 & \cdots & 0 & -a_0 \\ 1 & 0 & \cdots & 0 & -a_1 \\ 0 & 1 & \cdots & 0 & -a_2 \\ \vdots & \vdots & & \vdots & \vdots \\ 0 & 0 & \cdots & 1 & -a_{n-1} \end{bmatrix},\ B=\begin{bmatrix} \beta_0 \\ \beta_1 \\ \beta_2 \\ \vdots \\ \beta_{n-1} \end{bmatrix} \tag{4.74}$$

$$C=[0\quad 0\quad 0\quad \cdots\quad 0\quad 1]$$

这个结论也很容易得到证明，可由读者自行证之。能观测标准形实现的模拟图如图 4.9 所示。

如果选择下列一组状态变量

$$\begin{cases} x_1=y \\ x_2=\dot{x}_1+a_{n-1}x_1-\beta_{n-1}u \\ x_3=\dot{x}_2+a_{n-2}x_1-\beta_{n-2}u \\ \quad\vdots \\ x_n=\dot{x}_{n-1}+a_1x_1-\beta_1 u \\ \dot{x}_n=-a_0x_1-\beta_0 u \end{cases} \tag{4.75}$$

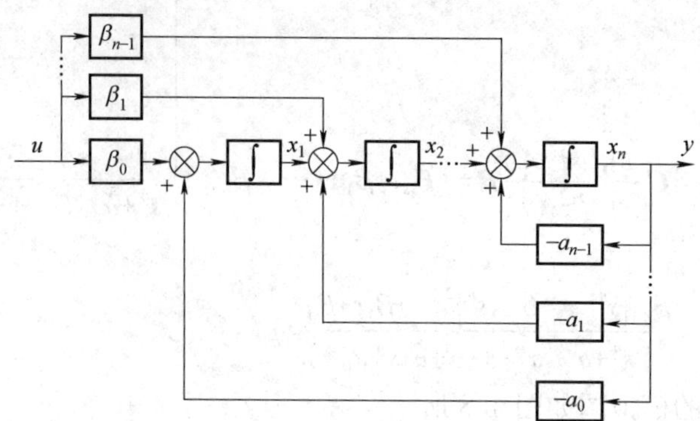

图 4.9 能观测标准形实现的模拟图

可得其实现为

$$\begin{cases}\dot{\boldsymbol{x}}=\begin{bmatrix}-a_{n-1} & 1 & 0 & \cdots & 0\\ -a_{n-2} & 0 & 1 & \cdots & 0\\ \vdots & \vdots & \vdots & & \vdots\\ -a_1 & 0 & 0 & \cdots & 1\\ -a_0 & 0 & 0 & \cdots & 0\end{bmatrix}\boldsymbol{x}+\begin{bmatrix}\beta_{n-1}\\ \beta_{n-2}\\ \vdots\\ \beta_1\\ \beta_0\end{bmatrix}u\\ y=[1\quad 0\quad 0\quad \cdots\quad 0]\boldsymbol{x}\end{cases} \tag{4.76}$$

同样可以证明，它的传递函数为

$$g(s)=\boldsymbol{C}(s\boldsymbol{I}-\boldsymbol{A})^{-1}\boldsymbol{B}=\frac{\beta_{n-1}s^{n-1}+\beta_{n-2}s^{n-2}+\cdots+\beta_1 s+\beta_0}{s^n+a_{n-1}s^{n-1}+\cdots+a_1 s+a_0}$$

当然它并不能保证系统是能控或者能观测的。

当 $g(s)$ 的极点为互不相同的实数或有重实根时，可以将 $g(s)$ 的实现化为对角标准形或约当标准形，其电路模拟图为并联形式，构成并联实现。

4.10.2 多输入多输出系统的实现问题

对于多输入多输出系统，设输入向量为 r 维，输出向量为 m 维，传递函数矩阵为 $m\times r$ 阶，它的每一个元素都是一个有理分式，与单输入单输出系统一样，本书只讨论严格真分式传递函数矩阵，即 $\boldsymbol{D}=\boldsymbol{G}(\infty)=\boldsymbol{0}$ 的实现问题。下面不加证明地介绍两种实现。

设 $\boldsymbol{G}(s)$ 的实现是

$$\begin{cases}\dot{\boldsymbol{x}}=\boldsymbol{A}\boldsymbol{x}+\boldsymbol{B}\boldsymbol{u}\\ \boldsymbol{y}=\boldsymbol{C}\boldsymbol{x}\end{cases} \tag{4.77}$$

当 $\boldsymbol{G}(s)$ 阵中 $m>r$ 时，可采用能控性实现为

$$\boldsymbol{A}=\begin{bmatrix}\boldsymbol{0}_r & \boldsymbol{I}_r & \cdots & \boldsymbol{0}_r\\ \vdots & \vdots & & \vdots\\ \boldsymbol{0}_r & \boldsymbol{0}_r & \cdots & \boldsymbol{I}_r\\ -a_0\boldsymbol{I}_r & -a_1\boldsymbol{I}_r & \cdots & -a_{l-1}\boldsymbol{I}_r\end{bmatrix}_{rl\times rl},\quad \boldsymbol{B}=\begin{bmatrix}\boldsymbol{0}_r\\ \boldsymbol{0}_r\\ \vdots\\ \boldsymbol{I}_r\end{bmatrix}_{rl\times r} \tag{4.78}$$

$$\boldsymbol{C}=[b_0\quad b_1\quad \cdots\quad b_{l-1}]_{m\times rl}$$

式中，$\boldsymbol{0}_r$ 和 $\boldsymbol{I}_r$ 为 $r\times r$ 阶零矩阵和单位矩阵；a_0，a_1，…，a_{l-1} 为 $\boldsymbol{G}(s)$ 各元素分母的首一最小公分母 $\boldsymbol{\Phi}(s)=s^l+a_{l-1}s^{l-1}+\cdots+a_0$ 的各项系数；$\boldsymbol{b}_0$，$\boldsymbol{b}_1$，…，$\boldsymbol{b}_{l-1}$ 为多项式矩阵 $\boldsymbol{P}(s)$ 的系数矩阵，且有

$$\boldsymbol{P}(s)=\boldsymbol{\Phi}(s)\boldsymbol{G}(s)=\boldsymbol{b}_{l-1}s^{l-1}+\boldsymbol{b}_{l-2}s^{l-2}+\cdots+\boldsymbol{b}_0$$

由以上 $\boldsymbol{A}$、$\boldsymbol{B}$、$\boldsymbol{C}$ 构成的状态空间表达式，必有 $\boldsymbol{C}(s\boldsymbol{I}-\boldsymbol{A})^{-1}\boldsymbol{B}=\boldsymbol{G}(s)$，此为能控性实现。

当 $\boldsymbol{G}(s)$ 阵中 $r>m$ 时，为使实现的维数较低，可取能观测性实现。它的矩阵 $\boldsymbol{A}$、$\boldsymbol{B}$、$\boldsymbol{C}$ 的形式为

$$\boldsymbol{A}=\begin{bmatrix}\boldsymbol{0}_m & \cdots & \boldsymbol{0}_m & -a_0\boldsymbol{I}_m\\ \boldsymbol{I}_m & \cdots & \boldsymbol{0}_m & -a_1\boldsymbol{I}_m\\ \vdots & & \vdots & \vdots\\ \boldsymbol{0}_m & \cdots & \boldsymbol{I}_m & -a_{n-1}\boldsymbol{I}_m\end{bmatrix}_{ml\times ml},\quad \boldsymbol{B}=\begin{bmatrix}\boldsymbol{b}_0\\ \boldsymbol{b}_1\\ \vdots\\ \boldsymbol{b}_{l-1}\end{bmatrix}_{ml\times r} \tag{4.79}$$

$$\boldsymbol{C}=[\boldsymbol{0}_m\quad\cdots\quad\boldsymbol{0}_m\quad\boldsymbol{I}_m]_{m\times ml}$$

4.10.3　传递函数矩阵的最小实现

从上述分析可清楚地看到，同一个传递函数（或矩阵）可以有很多的实现，它们的维数也可以是各不相同的。在很多可能的实现中，有一种维数最小的实现，称之为传递函数矩阵 $\boldsymbol{G}(s)$ 的最小实现或不可约实现。它是最重要的实现，可以用最少数目的元件（如积分器）来模拟系统。

对于给定的传递函数矩阵，其最小实现也不是唯一的，但它们的维数应该是相同的。虽然希望实现的维数越小越好，但是显然是不能无限制地降低。那么维数最小应该是多少呢？如何寻找维数最小的实现呢？这些都是最小实现要解决的问题。

定理 4.26　传递函数矩阵 $\boldsymbol{G}(s)$ 的一个实现 $\Sigma(\boldsymbol{A},\boldsymbol{B},\boldsymbol{C})$ 为最小实现的充要条件是系统状态完全能控且完全能观测。

证明：先采用反证法证明必要性。

设系统 $\Sigma(\boldsymbol{A},\boldsymbol{B},\boldsymbol{C})$ 为 $\boldsymbol{G}(s)$ 的一个最小实现，其维数为 n，但系统 $\Sigma(\boldsymbol{A},\boldsymbol{B},\boldsymbol{C})$ 不完全能控和不完全能观测。

因为 $\Sigma(\boldsymbol{A},\boldsymbol{B},\boldsymbol{C})$ 不完全能控和不完全能观测，那么系统 $\Sigma(\boldsymbol{A},\boldsymbol{B},\boldsymbol{C})$ 必可进行结构分解，其能控且能观测子系统的传递函数矩阵与 $\boldsymbol{G}(s)$ 相同，因而该子系统也将是 $\boldsymbol{G}(s)$ 的一个实现。显然其维数一定比系统 $\Sigma(\boldsymbol{A},\boldsymbol{B},\boldsymbol{C})$ 的维数 n 低，这表明 $\Sigma(\boldsymbol{A},\boldsymbol{B},\boldsymbol{C})$ 不是最小实现，与原假设条件矛盾。所以系统 $\Sigma(\boldsymbol{A},\boldsymbol{B},\boldsymbol{C})$ 必为完全能控且完全能观测的。

再采用反证法证明充分性。

设 $\Sigma(\boldsymbol{A},\boldsymbol{B},\boldsymbol{C})$ 是 $\boldsymbol{G}(s)$ 的一个实现，且完全能控和能观测，但不是最小实现，其维数为 n。此时必存在另一个维数为 n' 的实现 $\Sigma_1(\boldsymbol{A}',\boldsymbol{B}',\boldsymbol{C}')$，且 $n'<n$。

由于 $\Sigma(\boldsymbol{A},\boldsymbol{B},\boldsymbol{C})$ 和 $\Sigma_1(\boldsymbol{A}',\boldsymbol{B}',\boldsymbol{C}')$ 都是 $\boldsymbol{G}(s)$ 的实现，则对任意的输入 $\boldsymbol{u}(t)$，必具有相同的输出 $y(t)$，即

$$y(t)=\int_0^t \boldsymbol{C}\mathrm{e}^{\boldsymbol{A}(t-\tau)}\boldsymbol{B}\boldsymbol{u}(\tau)\mathrm{d}\tau=\int_0^t \boldsymbol{C}'\mathrm{e}^{\boldsymbol{A}'(t-\tau)}\boldsymbol{B}'\boldsymbol{u}(\tau)\mathrm{d}\tau$$

考虑到 $\boldsymbol{u}(t)$ 和 t 的任意性，故有

$$\boldsymbol{C}\mathrm{e}^{\boldsymbol{A}(t-\tau)}\boldsymbol{B}=\boldsymbol{C}'\mathrm{e}^{\boldsymbol{A}'(t-\tau)}\boldsymbol{B}'$$

对上式两边依次求（$n-1$）次微分，推得

$$\begin{gathered}\boldsymbol{CA}\mathrm{e}^{\boldsymbol{A}(t-\tau)}\boldsymbol{B}=\boldsymbol{C}'\boldsymbol{A}'\mathrm{e}^{\boldsymbol{A}'(t-t)}\boldsymbol{B}'\\ \boldsymbol{CA}^2\mathrm{e}^{\boldsymbol{A}(t-\tau)}\boldsymbol{B}=\boldsymbol{C}'\boldsymbol{A}'^2\mathrm{e}^{\boldsymbol{A}'(t-\tau)}\boldsymbol{B}'\\ \vdots\\ \boldsymbol{CA}^{(n-1)}\mathrm{e}^{\boldsymbol{A}(t-\tau)}\boldsymbol{B}=\boldsymbol{C}'\boldsymbol{A}'^{(n-1)}\mathrm{e}^{\boldsymbol{A}'(t-\tau)}\boldsymbol{B}'\end{gathered}$$

令 $t=\tau$，则有 $\boldsymbol{CA}^k\boldsymbol{B}=\boldsymbol{C}'\boldsymbol{A}'^k\boldsymbol{B}'(k=0,1,\cdots,n-1)$，即

$$\begin{bmatrix}\boldsymbol{C}\\ \boldsymbol{CA}\\ \vdots\\ \boldsymbol{CA}^{n-1}\end{bmatrix}\boldsymbol{B}=\begin{bmatrix}\boldsymbol{C}'\\ \boldsymbol{C}'\boldsymbol{A}'\\ \vdots\\ \boldsymbol{C}'\boldsymbol{A}'^{n-1}\end{bmatrix}\boldsymbol{B}'$$

上式可改写为

$$\begin{bmatrix}\boldsymbol{C}\\ \boldsymbol{CA}\\ \vdots\\ \boldsymbol{CA}^{n-1}\end{bmatrix}[\boldsymbol{B}\quad \boldsymbol{AB}\quad \cdots\quad \boldsymbol{A}^{n-1}\boldsymbol{B}]=\begin{bmatrix}\boldsymbol{C}'\\ \boldsymbol{C}'\boldsymbol{A}'\\ \vdots\\ \boldsymbol{C}'\boldsymbol{A}'^{n-1}\end{bmatrix}[\boldsymbol{B}'\quad \boldsymbol{A}'\boldsymbol{B}'\quad \cdots\quad \boldsymbol{A}'^{n-1}\boldsymbol{B}']$$

因为已设 $\Sigma(\boldsymbol{A},\boldsymbol{B},\boldsymbol{C})$ 为完全能控且能观测，所以上式等号左边矩阵的秩为 n，等号右边矩阵的秩为 n'，因此假设 $n'<n$ 不成立，故系统 $\Sigma(\boldsymbol{A},\boldsymbol{B},\boldsymbol{C})$ 必为最小实现。

根据上述定理可知，构造最小实现的一般步骤为：

1）对于给定的系统传递函数矩阵 $\boldsymbol{G}(s)$，先找出任意一种能控形或能观测形实现 $\Sigma(\boldsymbol{A},\boldsymbol{B},\boldsymbol{C})$，再检查实现的能观测性或能控性，若已是能控能观测，则必是最小实现。

2）否则，采用结构分解定理，对系统进行能观测性或能控性分解，找出既能控又能观测的子系统，从而得到最小实现。

例 4.30 求传递函数 $W(s)=\dfrac{s^2+4s+5}{s^3+6s^2+11s+6}$ 的最小实现。

解：$W(s)=\dfrac{s^2+4s+5}{s^3+6s^2+11s+6}=\dfrac{(s+2)^2+1}{(s+3)(s+2)(s+1)}$

因为无零极点相约，故系统能控且能观测，用能控或能观测标准形都可以。

因为 $a_0=6$，$a_1=11$，$a_2=6$；$\beta_0=5$，$\beta_1=4$，$\beta_2=1$，故能控标准形实现为

$$\begin{cases}\dot{x}=\begin{bmatrix}0 & 1 & 0\\ 0 & 0 & 1\\ -6 & -11 & -6\end{bmatrix}x+\begin{bmatrix}0\\ 0\\ 1\end{bmatrix}u\\ y=[5\quad 4\quad 1]x\end{cases}$$

又因为

$$\mathrm{rank}\boldsymbol{Q}_o=\mathrm{rank}\begin{bmatrix}5 & 4 & 1\\ -6 & -6 & -2\\ 12 & 16 & 6\end{bmatrix}=3$$

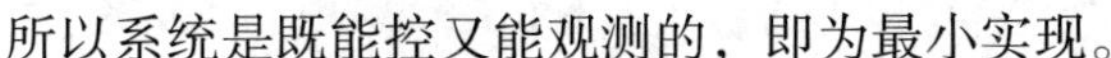

所以系统是既能控又能观测的，即为最小实现。

例 4.31　求传递函数 $W(s)=\begin{bmatrix}\dfrac{1}{(s+2)(s+1)} & \dfrac{1}{(s+2)(s+3)}\end{bmatrix}$ 的最小实现。

解：系统为严格正常型，故 $\boldsymbol{D}=0$，且具有 2 个输入和 1 个输出，写成按 s 降幂排列的标准格式为

$$\boldsymbol{W}(s)=\begin{bmatrix}\dfrac{(s+3)}{(s+1)(s+2)(s+3)} & \dfrac{(s+1)}{(s+1)(s+2)(s+3)}\end{bmatrix}=\frac{[1\quad 1]s+[3\quad 1]}{s^3+6s^2+11s+6}$$

因为无零极点相约，故系统能控且能观测，用能控或能观测标准形都可以。

因为 $a_0=6$，$a_1=11$，$a_2=6$；$\boldsymbol{\beta}_0=[3\quad 1]$，$\boldsymbol{\beta}_1=[1\quad 1]$，$\boldsymbol{\beta}_2=[0\quad 0]$，从传递函数矩阵可以看出，系统为 2 输入 1 输出系统，即 $m<r$，故能观测标准形实现为

$$\begin{cases}\dot{\boldsymbol{x}}=\begin{bmatrix}0 & 0 & -6\\ 1 & 0 & -11\\ 0 & 1 & -6\end{bmatrix}\boldsymbol{x}+\begin{bmatrix}3 & 1\\ 1 & 1\\ 0 & 0\end{bmatrix}\boldsymbol{u}\\ y=[0\quad 0\quad 1]\boldsymbol{x}\end{cases}$$

又因为

$$\operatorname{rank}\boldsymbol{Q}_c=\operatorname{rank}\begin{bmatrix}3 & 1 & 0 & 0 & -6 & -6\\ 1 & 1 & 3 & 1 & -11 & -11\\ 0 & 0 & 1 & 1 & -3 & -5\end{bmatrix}=3=n$$

所以系统是既能控又能观测的，即为最小实现。

如果采用能控标准形实现为

$$\boldsymbol{A}=\begin{bmatrix}\boldsymbol{0}_2 & \boldsymbol{I}_2 & \boldsymbol{0}_2\\ \boldsymbol{0}_2 & \boldsymbol{0}_2 & \boldsymbol{I}_2\\ -a_0\boldsymbol{I}_2 & -a_1\boldsymbol{I}_2 & -a_2\boldsymbol{I}_2\end{bmatrix}=\begin{bmatrix}0 & 0 & 1 & 0 & 0 & 0\\ 0 & 0 & 0 & 1 & 0 & 0\\ 0 & 0 & 0 & 0 & 1 & 0\\ 0 & 0 & 0 & 0 & 0 & 1\\ -6 & 0 & -11 & 0 & -6 & 0\\ 0 & -6 & 0 & -11 & 0 & -6\end{bmatrix}$$

$$\boldsymbol{B}=\begin{bmatrix}\boldsymbol{0}_2\\ \boldsymbol{0}_2\\ \boldsymbol{I}_2\end{bmatrix}=\begin{bmatrix}0 & 0\\ 0 & 0\\ 0 & 0\\ 0 & 0\\ 1 & 0\\ 0 & 1\end{bmatrix}$$

$$\boldsymbol{C}=[\boldsymbol{\beta}_0\quad \boldsymbol{\beta}_1\quad \boldsymbol{\beta}_2]=[3\quad 1\quad 1\quad 1\quad 0\quad 0]$$

此实现是否为最小实现，须判断系统是否完全能观测，若完全能观测，则为一个最小实现；若状态不完全能观测，则需要进行结构分解，找出其状态完全能观测部分。显然，本例中能控标准形实现不是最小实现。

4.11 利用 MATLAB 实现系统能控性与能观测性分析

4.11.1 判断线性系统的能控性和能观测性

用 MATLAB 可以很方便地求出线性控制系统的能控性矩阵和能观测性矩阵，并且求出它们的秩，从而判断系统的能控性和能观测性。函数 ctrb( ) 和 obsv( ) 分别用于计算系统的能控性矩阵 $\boldsymbol{Q}_c$ 和能观测性矩阵 $\boldsymbol{Q}_o$，格式为：$\boldsymbol{Q}_c=\mathrm{ctrb}(\boldsymbol{A},\boldsymbol{B})$，$\boldsymbol{Q}_o=\mathrm{obsv}(\boldsymbol{A},\boldsymbol{C})$。

例 4.32 判断下面的线性系统是否能控？是否能观测？

$$\dot{\boldsymbol{x}}=\boldsymbol{A}\boldsymbol{x}+\boldsymbol{B}\boldsymbol{u}，\ \boldsymbol{y}=\boldsymbol{C}\boldsymbol{x}$$

式中，$\boldsymbol{A}=\begin{bmatrix}1&0&-1\\-1&-2&0\\3&0&1\end{bmatrix}$，$\boldsymbol{B}=\begin{bmatrix}1&0\\2&1\\0&2\end{bmatrix}$，$\boldsymbol{C}=\begin{bmatrix}1&0&0\\0&-1&0\end{bmatrix}$。

解：先分别计算系统的能控性矩阵 $\boldsymbol{Q}_c$ 和能观测性矩阵 $\boldsymbol{Q}_o$。然后，再用 rank( ) 函数计算这两个矩阵的秩。

输入以下语句：

```
A=[1 0 -1; -1 -2 0; 3 0 1];B=[1 0; 2 1; 0 2];C=[1 0 0;0 -1 0]
Qc=ctrb(A,B)
Qo=obsv(A,C)
Rc=rank(Qc)
Ro=rank(Qo)
```

这些语句的执行结果为

```
Qc=
    1  0   1  -2  -2  -4
    2  1  -5  -2   9   6
    0  2   3   2   6  -4
Qo =
    1   0   0
    0  -1   0
    1   0  -1
    1   2   0
   -2   0  -2
   -1  -4  -1
Rc=
    3
Ro=
    3
```

从计算结果可以看出，系统能控性矩阵和能观测性矩阵的秩都是 3，为满秩，因此该系统是既能控又能观测的。

注：当系统的模型用 sys=ss($\boldsymbol{A},\boldsymbol{B},\boldsymbol{C},\boldsymbol{D}$) 输入，也就是当系统模型用状态空间的形式表示时，也可以用 $\boldsymbol{Q}_c$=ctrb(sys)，$\boldsymbol{Q}_o$=obsv(sys) 的形式求出该系统的能控性矩阵和能观测性矩阵。

4.11.2　线性系统按能控性或能观测性分解

当系统能控性矩阵的秩 rank$\boldsymbol{Q}_c<n$ 时，可以使用函数命令 ctrbf( ) 对线性系统进行能控性分解。其调用格式为 $[\bar{\boldsymbol{A}},\bar{\boldsymbol{B}},\bar{\boldsymbol{C}},\boldsymbol{P},\boldsymbol{K}]$=ctrbf($\boldsymbol{A},\boldsymbol{B},\boldsymbol{C}$)。其中，$\boldsymbol{P}$ 为相似变换矩阵，$\bar{\boldsymbol{A}}=\begin{bmatrix}\bar{\boldsymbol{A}}_{\bar{c}} & 0\\ \bar{\boldsymbol{A}}_{21} & \bar{\boldsymbol{A}}_c\end{bmatrix}$，$\bar{\boldsymbol{B}}=\begin{bmatrix}0\\ \bar{\boldsymbol{B}}_c\end{bmatrix}$，$\bar{\boldsymbol{C}}=[\bar{\boldsymbol{C}}_{\bar{c}}\quad \bar{\boldsymbol{C}}_c]$，输出 $\boldsymbol{K}$ 为一个向量，sum($\boldsymbol{K}$) 可以求出能控的状态分量的个数。

类似地，当系统能观测性矩阵的秩 rank$\boldsymbol{Q}_o<n$ 时，可以使用函数命令 obsvf( ) 对线性系统进行能观测性分解。其调用格式为 $[\bar{\boldsymbol{A}},\bar{\boldsymbol{B}},\bar{\boldsymbol{C}},\boldsymbol{P},\boldsymbol{K}]$=obsvf($\boldsymbol{A},\boldsymbol{B},\boldsymbol{C}$)。其中，$\boldsymbol{P}$ 为相似变换矩阵，$\bar{\boldsymbol{A}}=\begin{bmatrix}\bar{\boldsymbol{A}}_{\bar{0}} & \boldsymbol{A}_{12}\\ 0 & \bar{\boldsymbol{A}}_0\end{bmatrix}$，$\bar{\boldsymbol{B}}=\begin{bmatrix}\bar{\boldsymbol{B}}_{\bar{0}}\\ \bar{\boldsymbol{B}}_0\end{bmatrix}$，$\bar{\boldsymbol{C}}=[0\quad \bar{\boldsymbol{C}}_0]$，输出 $\boldsymbol{K}$ 为一个向量，sum($\boldsymbol{K}$) 可以求出能观测的状态分量的个数。

注意，国内教材常用的非奇异线性变换为 $\boldsymbol{x}=\boldsymbol{P}\bar{\boldsymbol{x}}$，但 MATLAB 自带的函数 ctrbf( ) 和 obsvf( ) 中的非奇异线性变换为 $\boldsymbol{x}=\boldsymbol{P}^{-1}\bar{\boldsymbol{x}}$，故两者的变换矩阵是互逆的关系。

例 4.33　系统方程为

$$\begin{cases}\dot{\boldsymbol{x}}=\boldsymbol{A}\boldsymbol{x}+\boldsymbol{B}\boldsymbol{u}\\ \boldsymbol{y}=\boldsymbol{C}\boldsymbol{x}\end{cases}$$

式中，$\boldsymbol{A}=\begin{bmatrix}0 & 0 & -6\\ 1 & 0 & -11\\ 0 & 1 & -6\end{bmatrix}$，$\boldsymbol{B}=\begin{bmatrix}3\\ 1\\ 0\end{bmatrix}$，$\boldsymbol{C}=[0\quad 0\quad 1]$，试按能控性进行结构分解。

解：输入下列语句：

```
A=[0  0  -6;1  0  -11;0  1  -6];B=[3;1;0];C=[0  0  1]
[Abar,Bbar,Cbar,P,K]=ctrbf(A,B,C)
```

语句执行结果为

```
Abar=
    -3.0000  -0.0000  0.0000
    -9.4868  -3.3000  0.9539
    -8.6189  -3.1344  0.3000
Bbar=
    -0.0000
     0.0000
    -3.1623
Cbar=
    -0.9435  -0.3315  0
```

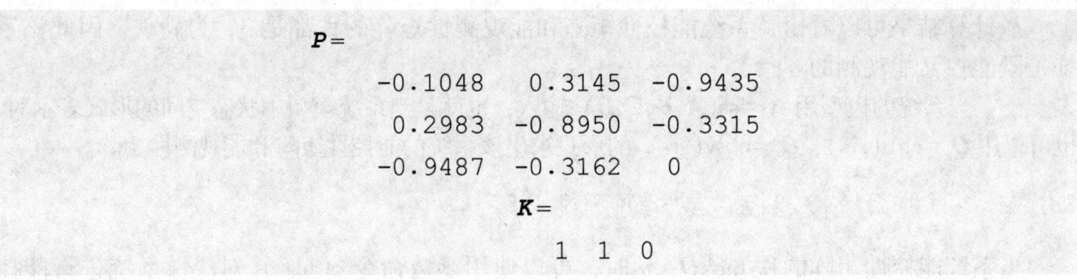

```
P=
        -0.1048   0.3145  -0.9435
         0.2983  -0.8950  -0.3315
        -0.9487  -0.3162   0
K=
        1  1  0
```

从输出向量 $\boldsymbol{K}$ 可以看出有两个状态分量是能控的。可以验证 $\overline{\boldsymbol{A}}=\boldsymbol{PAP}^{\mathrm{T}}$，输入语句 **A**1=**P**※**A**※inv(**P**)，得到的结果为

```
A1=
        -3.0000  -0.0000   0.0000
        -9.4868  -3.3000   0.9539
        -8.6189  -3.1344   0.3000
```

可见，**A**1=**A**bar，所得到的结果是正确的。

4.11.3 线性系统转换成能控标准形和能观测标准形

下面通过两个例子来说明将线性系统变换成能控标准形和能观标准形的方法。

例 4.34 系统方程为

$$\dot{\boldsymbol{x}}=\boldsymbol{Ax}+\boldsymbol{Bu},\quad \boldsymbol{y}=\boldsymbol{Cx}$$

式中，$\boldsymbol{A}=\begin{bmatrix}1 & 2 & -1\\ 0 & 2 & 1\\ 1 & -3 & 2\end{bmatrix}$，$\boldsymbol{B}=\begin{bmatrix}0\\ 1\\ 1\end{bmatrix}$，$\boldsymbol{C}=[1\quad 0\quad 1]$。求线性变换矩阵，将其变换成能控标准形。

解：(1) 判断系统是否能控，并且求出矩阵的特征多项式

输入下面语句：

```
A=[1  2  -1;  0  2  1;1  -3  2];B=[0  ;  1;  1];C=[1  0  1];
Qc=ctrb(A,B)
syms s;det(s * eye(3) -A)
if rank (Qc)= =3
   disp('The system is controllable')
else
   disp('The system is uncontrollable')
end
```

运行结果为

```
Qc=
      0   1    8
      1   3    5
      1  -1  -10
```

```
ans=
        s^3-5*s^2+12*s-11
The system is controllable
```

结果表明系统为能控的，因此可以变换成能控标准形。而且求出 $\boldsymbol{A}$ 的特征多项式为 $\Delta(\lambda)=|\lambda \boldsymbol{I}-\boldsymbol{A}|=\lambda^3-5\lambda^2+12\lambda-11$，即 $a_0=-11$，$a_1=12$，$a_2=-5$。

（2）计算变换矩阵

$$\boldsymbol{Q}=[\boldsymbol{A}^2\boldsymbol{B}\quad \boldsymbol{AB}\quad \boldsymbol{B}]\begin{bmatrix}1&0&0\\a_2&1&0\\a_1&a_2&1\end{bmatrix},\ \boldsymbol{P}=\boldsymbol{Q}^{-1}=\begin{bmatrix}8&1&0\\5&3&1\\-10&-1&1\end{bmatrix}\begin{bmatrix}1&0&0\\-5&1&0\\12&-5&1\end{bmatrix}$$

输入以下语句：

```
Q=[8 1 0; 5 3 1; -10 -1 1]*[1 0 0; -5 1 0; 12 -5 1],P=inv(Q)
```

计算结果为

```
Q=
     3   1  0
     2  -2  1
     7  -6  1
P=
    0.2353  -0.0588   0.0588
    0.2941   0.1765  -0.1765
    0.1176   1.4706  -0.4706
```

（3）计算出能控标准形

输入以下语句：

```
Ab=P*A*Q,Bb=P*B,Cb=C*Q
```

计算结果为

```
Ab=
   0          1.0000    0
   0          0         1.0000
   11.0000  -12.0000    5.0000
Bb=
     0
     0.0000
     1.0000
Cb=
     10  -5  1
```

上述表明经过变换以后的系统方程为

$$\dot{\bar{x}}=\begin{bmatrix}0&1&0\\0&0&1\\11&-12&5\end{bmatrix}\bar{x}+\begin{bmatrix}0\\0\\1\end{bmatrix}u, y=[10 \quad -5 \quad 1]\bar{x}$$

例 4.35 系统方程为

$$\dot{x}=Ax+Bu,\ y=Cx$$

式中，$A=\begin{bmatrix}3&0&1\\5&2&3\\1&0&1\end{bmatrix}$，$B=\begin{bmatrix}1\\0\\2\end{bmatrix}$，$C=[2 \quad 1 \quad 1]$。用线性变换将其变换成能观测标准形。

解：（1）判断系统是否为能观测，并且求出 A 矩阵的特征多项式

输入下面语句：

```
A=[3  0  1;5  2  3;1  0  1];B=[1;0;2];C=[2  1  1];
    Qo=obsv(A,C)
    syms s;det(s* eye(3)-A)
    if rank(Qo)= =3
        disp('The system is observable')
    else
        disp('The system is not observable')
    end
```

运行结果为

```
Qo=
     2  1   1
    12  2   6
    52  4  24
ans=
    s^3-6*s^2+10*s-4
    The system is observable
```

结果表明系统为能观测的，因此可以变换成能观测标准形。而且求出 A 的特征多项式为 $\det[\lambda I-A]=\lambda^3-6\lambda^2+10\lambda-4$，即 $a_0=-4$，$a_1=10$，$a_2=-6$。

（2）计算变换矩阵

$$P=\begin{bmatrix}1&a_2&a_1\\0&1&a_2\\0&0&1\end{bmatrix}\begin{bmatrix}CA^2\\CA\\C\end{bmatrix}=\begin{bmatrix}1&-6&10\\0&1&-6\\0&0&1\end{bmatrix}\begin{bmatrix}52&4&24\\12&2&6\\2&1&1\end{bmatrix}$$

输入以下语句：

```
P=[1  -6  10;0  1  -6;0  0  1]*[52  4  24;12  2  6;2  1  1],Q=inv(P)
```

计算结果为

```
P=
    0   2  -2
    0  -4   0
    2   1   1
Q=
    0.2500   0.2500  0.5000
    0       -0.2500  0
   -0.5000  -0.2500  0
```

（3）计算出能观测标准形

输入以下语句：

```
Ab=P*A*Q,Bb=P*B,Cb=C*Q
```

计算结果为

```
Ab  =
    0  0   4
    1  0  -10
    0  1   6
Bb=
   -4
    0
    4
Cb=
    0  0  1
```

上述表明经过变换以后的系统方程为

$$\dot{\bar{x}}=\begin{bmatrix}0&0&4\\1&0&-10\\0&1&6\end{bmatrix}\bar{x}+\begin{bmatrix}-4\\0\\4\end{bmatrix}u,y=[0\quad 0\quad 1]\bar{x}$$

习题

4.1　试判断下面系统是否能控。

（1）$\dot{x}=\begin{bmatrix}-1&1\\0&-2\end{bmatrix}x+\begin{bmatrix}1\\0\end{bmatrix}\dot{u}$

（2）$\dot{x}=\begin{bmatrix}0&2&-1\\3&0&1\\0&0&2\end{bmatrix}x+\begin{bmatrix}1&0\\2&1\\0&2\end{bmatrix}u$

4.2 试判断下面系统是否能观测。

(1) $\begin{cases}\dot{\boldsymbol{x}}=\begin{bmatrix}2 & -1\\2 & -1\end{bmatrix}\boldsymbol{x}\\ y=\begin{bmatrix}1 & 1\end{bmatrix}\boldsymbol{x}\end{cases}$

(2) $\begin{cases}\dot{\boldsymbol{x}}=\begin{bmatrix}1 & 0 & -1\\-1 & -2 & 0\\3 & 0 & 1\end{bmatrix}\boldsymbol{x}\\ \boldsymbol{y}=\begin{bmatrix}1 & 0 & 0\\0 & -1 & 0\end{bmatrix}\boldsymbol{x}\end{cases}$

4.3 系统方程为

$$\begin{cases}\dot{\boldsymbol{x}}=\begin{bmatrix}a & 1\\0 & b\end{bmatrix}\boldsymbol{x}+\begin{bmatrix}1\\1\end{bmatrix}u\\ y=\begin{bmatrix}1 & -1\end{bmatrix}\boldsymbol{x}\end{cases}$$

为了使系统能控、能观测，确定 a、b 应满足的关系式。

4.4 试证明系统

$$\dot{\boldsymbol{x}}=\begin{bmatrix}20 & -1 & 0\\4 & 16 & 0\\12 & -6 & 18\end{bmatrix}\boldsymbol{x}+\begin{bmatrix}a\\b\\c\end{bmatrix}u$$

中，不论 a、b、c 为何值，系统均不能控。

4.5 系统状态方程为

$$\dot{\boldsymbol{x}}=\begin{bmatrix}-3 & 1 & 0\\0 & -3 & 0\\0 & 0 & -1\end{bmatrix}\boldsymbol{x}+\begin{bmatrix}1 & -1\\0 & 0\\2 & 0\end{bmatrix}\boldsymbol{u}$$

试判断系统的能控性。

4.6 系统方程为

$$\begin{cases}\dot{\boldsymbol{x}}=\begin{bmatrix}2 & 1 & 0\\0 & 2 & 0\\0 & 0 & -3\end{bmatrix}\boldsymbol{x}\\ y=\begin{bmatrix}0 & 1 & 1\end{bmatrix}\boldsymbol{x}\end{cases}$$

试判断系统的能观测性。

4.7 系统状态空间表达式为

$$\begin{cases}\dot{\boldsymbol{x}}=\begin{bmatrix}0 & 1 & 0\\0 & 0 & 1\\-6 & -11 & -6\end{bmatrix}\boldsymbol{x}+\begin{bmatrix}0\\0\\1\end{bmatrix}u\\ y=\begin{bmatrix}4 & 5 & 1\end{bmatrix}\boldsymbol{x}\end{cases}$$

试判断系统的能观测性。

4.8 系统方程为

$$\begin{cases}\dot{\boldsymbol{x}}=\begin{bmatrix}0 & 1 & 1\\0 & 0 & 1\\-10 & -17 & -8\end{bmatrix}\boldsymbol{x}+\begin{bmatrix}0\\0\\1\end{bmatrix}u\\ y=\begin{bmatrix}5 & 6 & 1\end{bmatrix}\boldsymbol{x}\end{cases}$$

试判断系统的能控性与能观测性，并求出传递函数。

4.9 线性连续系统方程为

$$\dot{\boldsymbol{x}}=\begin{bmatrix}0&1\\-1&0\end{bmatrix}\boldsymbol{x}+\begin{bmatrix}0\\1\end{bmatrix}u$$

如果系统能控，试求出它的离散化方程并判断其是否能控。

4.10　系统状态方程为

$$\boldsymbol{x}(k+1)=\begin{bmatrix}1&2&-1\\0&1&0\\1&0&3\end{bmatrix}\boldsymbol{x}(k)+\begin{bmatrix}1&0\\0&1\\0&0\end{bmatrix}\boldsymbol{u}(k)$$

试判断系统的能控性。

4.11　系统方程为

$$\begin{cases}\dot{\boldsymbol{x}}=\begin{bmatrix}0&0&0\\0&-1&0\\0&0&-2\end{bmatrix}\boldsymbol{x}+\begin{bmatrix}3\\2\\1\end{bmatrix}u\\ y=\begin{bmatrix}1&1&0\end{bmatrix}\boldsymbol{x}\end{cases}$$

试写出它的对偶系统方程。

4.12　有如下两个系统，如果已知系统能控，试将其变换成能控标准形。

(1) $\dot{\boldsymbol{x}}=\begin{bmatrix}-1&0\\0&-2\end{bmatrix}\boldsymbol{x}+\begin{bmatrix}2\\5\end{bmatrix}u$

(2) $\dot{\boldsymbol{x}}=\begin{bmatrix}-1&1&0\\0&-1&0\\0&0&-2\end{bmatrix}\boldsymbol{x}+\begin{bmatrix}0\\4\\3\end{bmatrix}u$

4.13　系统方程为

$$\begin{cases}\dot{\boldsymbol{x}}=\begin{bmatrix}3&2\\1&-1\end{bmatrix}\boldsymbol{x}+\begin{bmatrix}1\\2\end{bmatrix}u\\ y=\begin{bmatrix}1&1\end{bmatrix}\boldsymbol{x}\end{cases}$$

已知系统能观测，试将其变换成能观测标准形。

4.14　系统方程为

$$\begin{cases}\dot{\boldsymbol{x}}=\begin{bmatrix}0&0&-6\\1&0&-11\\0&1&-6\end{bmatrix}\boldsymbol{x}+\begin{bmatrix}3\\1\\0\end{bmatrix}u\\ y=\begin{bmatrix}0&0&1\end{bmatrix}\boldsymbol{x}\end{cases}$$

试按能控性进行结构分解，并指出能控的状态分量和不能控的状态分量。

4.15　系统方程为

$$\begin{cases}\dot{\boldsymbol{x}}=\begin{bmatrix}0&1&0\\0&0&1\\-2&-5&-4\end{bmatrix}\boldsymbol{x}+\begin{bmatrix}0\\0\\1\end{bmatrix}u\\ y=\begin{bmatrix}2&1&0\end{bmatrix}\boldsymbol{x}\end{cases}$$

试按能观测性进行结构分解，并指出能观测状态分量和不能观测状态分量。

第 5 章

控制系统的稳定性分析

若一个控制系统能够正常工作，其首要条件是保证系统稳定。因此，控制系统的稳定性分析是系统分析的首要任务。在经典控制理论中，已经提出了若干关于系统稳定性的判别方法，如劳斯判据、奈奎斯特判据和对数判据等。但这些判别方法只适用于线性定常系统，对于非线性系统、时变系统和多输入多输出系统，上述判别方法并不适用。因此迫切需要一种普遍适用的稳定性判别方法。

1892 年，俄国学者李雅普诺夫（Lyapunov）在《运动稳定性一般问题》一文中提出了著名的李雅普诺夫稳定性定理。该理论作为稳定性判别的通用方法，适用于各类控制系统。李雅普诺夫稳定性理论的核心是提出了两种判断系统稳定性的方法，分别被称为李雅普诺夫第一法和第二法。李雅普诺夫第一法是首先通过求解系统的微分方程，然后根据解的性质来判断系统的稳定性。其基本思路与分析方法和经典理论是一致的，该方法又称为间接法。而李雅普诺夫第二法的特点是不必求解系统的微分方程（或状态方程），而是首先构造一个类似能量函数的李雅普诺夫函数，然后再根据李雅普诺夫函数的性质直接判断系统的稳定性。因此，该方法又称为直接法。由于求解非线性或时变系统的微分方程或状态方程的解通常是很困难的，所以第二法显示出很大的优越性。

5.1 问题引出

下面以一个机械平移系统为例来说明系统的稳定性问题。

例 5.1 一个弹簧质量阻尼器系统如图 5.1 所示，系统的运动由如下微分方程描述

$$m\ddot{x}+f\dot{x}+kx=0$$

式中，m 为质量；k 为弹簧刚度系数；f 为阻尼器的黏滞摩擦系数；x 为位移。

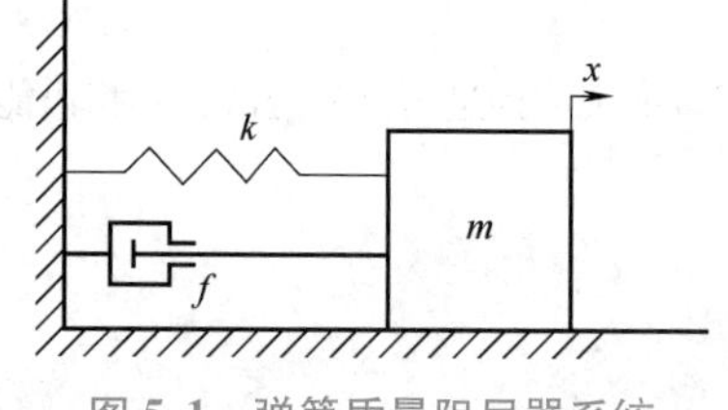

图 5.1 弹簧质量阻尼器系统

为了简单起见又不失一般性，令 $m=1$，则系统的微分方程为

$$\ddot{x}+f\dot{x}+kx=0 \tag{5.1}$$

选取状态变量 $x_1=x$，$\dot{x}_1=x_2$，则系统的状态方程为

$$\begin{cases}\dot{x}_1 = x_2 \\ \dot{x}_2 = -kx_1 - fx_2\end{cases} \tag{5.2}$$

在任意时刻，系统的总能量 $E(x_1,x_2)$ 包括质量移动的动能和储存在弹簧中的势能，即

$$E(x_1,x_2) = \frac{1}{2}x_2^2 + \frac{1}{2}kx_1^2 \tag{5.3}$$

显然

$$E(x)>0 \quad (x\neq 0)$$
$$E(x)=0 \quad (x=0)$$

这意味着，系统除了在 $x=0$，即 $x_1=0$，$x_2=0$ 时，总能量等于零外，在 $x\neq 0$ 时，系统总能量大于零，而总能量随时间的变化率为

$$\begin{aligned}\frac{\mathrm{d}}{\mathrm{d}t}E(x_1,x_2) &= \frac{\partial E}{\partial x_1}\frac{\mathrm{d}x_1}{\mathrm{d}t} + \frac{\partial E}{\partial x_2}\frac{\mathrm{d}x_2}{\mathrm{d}t} = kx_1\dot{x}_1 + x_2\dot{x}_2 \\ &= kx_1x_2 + x_2(-kx_1 - fx_2) \\ &= -fx_2^2\end{aligned} \tag{5.4}$$

可见，除 $x_2=0$，$\mathrm{d}E(x_1,x_2)/\mathrm{d}t=0$ 外，在正阻尼（$f>0$）情况下，$\mathrm{d}E(x_1,x_2)/\mathrm{d}t$ 在所有其他点处都是负的，即系统总能量是衰减的，故系统是稳定的。为了进一步理解上述概念，用图形来说明该系统的运动过程。

考查总能量 $E(x_1,x_2)=\frac{1}{2}x_2^2+\frac{1}{2}kx_1^2$ 的几何表示。$E(x_1,x_2)$ 是一个如图 5. 2a 所示的杯形曲面。在杯的表面上，对于一个 $E(x_1,x_2)$ 为常值的轨迹是一个椭圆。设初始状态 x_0 为杯形曲面上一点，则随着时间的变化，该点将穿越常值 E 曲线而向杯的最低点运动。图 5. 2b 给出了一条状态轨线在 x_1、x_2 平面的投影。由于 $\dot{E}(x_1,x_2)<0$，所以 $E(x_1,x_2)$ 随时间 t 的增加而连续减小，直至 $E(x_1,x_2)=0$ 为止。然而，对于一般的控制系统而言，并无这样的直观性，但是通过系统总能量确定系统稳定性的方法具有普遍性。基于上述思想，李雅普诺夫构造了所谓的广义能量函数，称之为李雅普诺夫函数，记成 $V(x,t)$，当李雅普诺夫函数不显含时间 t 时，就记成 $V(x)$。通过研究 $V(x,t)$ 或 $V(x)$ 及其沿系统状态轨线运动随时间的变化率 $\dot{V}(x,t)$ 或 $\dot{V}(x)$ 的定号性就可以给出系统稳定性的信息。

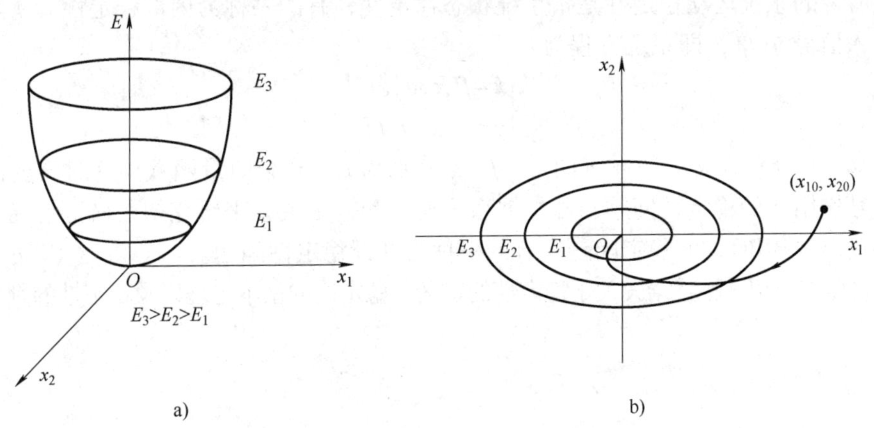

图 5. 2　能量轨迹的几何表示

李雅普诺夫第二法是研究系统平衡状态稳定性的。什么是系统平衡状态呢?

在例 5.1 中，$x_1=0$，$x_2=0$ 称为系统的平衡状态。一般地说，系统的状态方程为

$$\dot{x}=f(x,t) \tag{5.5}$$

其中初始状态为 $x(t_0)$，系统的状态轨线 $x(t)$ 是随着时间而变化的。当且仅当 $t\geqslant t_0$，有 $x(t)=x(t_0)=x_e$，则称 x_e 为系统的平衡状态。由此可见，当状态轨线 $x(t)$ 达到平衡状态时，如果系统不加输入，则状态就永远停留在平衡状态。因此，系统在平衡状态时，对于所有的 $t\geqslant t_0$，有

$$\dot{x}=f(x,t)=0 \tag{5.6}$$

即平衡状态 x_e 是向量代数方程式（5.6）的解。然而，满足上面方程的解，可能不止一个，如果这些平衡状态彼此是孤立的，则可以通过线性变换，将非零的平衡状态移到状态空间坐标原点，即 $x_e=0$，因此，对于所有的 $t\geqslant t_0$，有

$$f(x_e,t)=f(0,t)=0 \tag{5.7}$$

这样，系统平衡状态的稳定性问题可以转化为原点稳定性问题来研究。

对于系统的一个给定运动 $x(t)$，当受到干扰后，$x(t)$ 变成 $\bar{x}(t)$，这个 $\bar{x}(t)$ 称为受扰运动。当干扰消失后，$\bar{x}(t)$ 能不能渐近地趋于 $x(t)$ 呢？如果 $\bar{x}(t)$ 能渐近地趋于 $x(t)$，则表示受扰运动 $\bar{x}(t)$ 稳定，反之，$\bar{x}(t)$ 不稳定。为了研究给定运动 $x(t)$ 的稳定性，引入扰动状态 $\xi(t)$，即

$$\begin{aligned}\xi(t)&=\bar{x}(t)-x(t)\\ \dot{\xi}(t)&=\dot{\bar{x}}(t)-\dot{x}(t)\\ &=f(x+\xi,t)-f(x,t)\end{aligned} \tag{5.8}$$

令

$$\dot{\xi}(t)=f(x+\xi,t)-f(x,t)=F(\xi(t),t)$$

且

$$F(0,t)=0 \tag{5.9}$$

于是，系统的给定运动 $x(t)$ 的稳定性问题等价于扰动方程式（5.9）的原点稳定性问题。

综上所述，不论是系统平衡状态 x_e 的稳定性问题，还是受扰运动的稳定性问题，都可以转化为原点稳定性问题来研究。因此在本书中，将采用李雅普诺夫第二法研究方程式（5.5）和式（5.7）描述的系统原点（$x_e=0$）的稳定性问题。

以上所说的系统运动稳定性是指系统状态稳定性，有的书称为内部稳定性。实际上，系统存在输入信号 $u(t)$，即系统方程为

$$\begin{cases}\dot{\boldsymbol{x}}=f(\boldsymbol{x},\boldsymbol{u},t)\\ \boldsymbol{y}=g(\boldsymbol{x},\boldsymbol{u},t)\end{cases} \tag{5.10}$$

式中，$\boldsymbol{x}$、$\boldsymbol{u}$、$\boldsymbol{y}$ 分别为 n、r、m 维向量；f、g 分别为 n、m 维向量函数。这时就要研究系统在输入信号作用下的稳定性问题，即根据系统输入和输出关系来研究初始松弛情况下有界输入、有界输出（BIBO）的稳定问题，有的书称为外部稳定性问题。

本章将详细介绍李雅普诺夫关于稳定性的定义、稳定性的基本定理以及稳定性的判别方法。

5.2 李雅普诺夫稳定性定义

设非线性时变系统状态方程为

$$\begin{cases}\dot{x}=f(x,t)\\x(t_0)=x_0\end{cases} \tag{5.11}$$

5.2.1 稳定和一致稳定

定义 5.1 对于系统 $\dot{x}=f(x,t)$，若对任意给定的实数 $\varepsilon>0$，都对应地存在实数 $\delta(\varepsilon,t_0)>0$，使得一切满足 $\|x_0-x_e\|\leqslant\delta(\varepsilon,t_0)$ 的任意初始状态 x_0 所对应的解 x，在所有时间内都满足

$$\|x-x_e\|\leqslant\varepsilon,\quad t\geqslant t_0 \tag{5.12}$$

则称系统的平衡状态 x_e 是李雅普诺夫意义下稳定。若 $\delta(\varepsilon,t_0)$ 与初始时刻 t_0 无关，即 $\delta(\varepsilon,t_0)=\delta(\varepsilon)$，则称 x_e 是李雅普诺夫意义下一致稳定。其中，x_e 为系统的平衡状态，一般情况下 $x_e=0$；范数均为欧氏范数。

几何意义 上述定义中给出了两个球域，一个是范数 $\|x_0-x_e\|\leqslant\delta(\varepsilon,t_0)$ 所规定的以 x_e 为球心，以 $\delta(\varepsilon,t_0)$ 为半径的初始状态解 x_0 的球域 $S(\delta)$；另一个是范数所规定的以 x_e 为球心，以 ε 为半径的状态解 x 的球域 $S(\varepsilon)$。若从初始状态球域 $S(\delta)$ 内出发的所有状态解 x，在 $t\geqslant t_0$ 的所有时间内总不超出状态解球域 $S(\varepsilon)$，则称 x_e 是稳定的。在二维空间中，上述几何解释如图 5.3 所示。

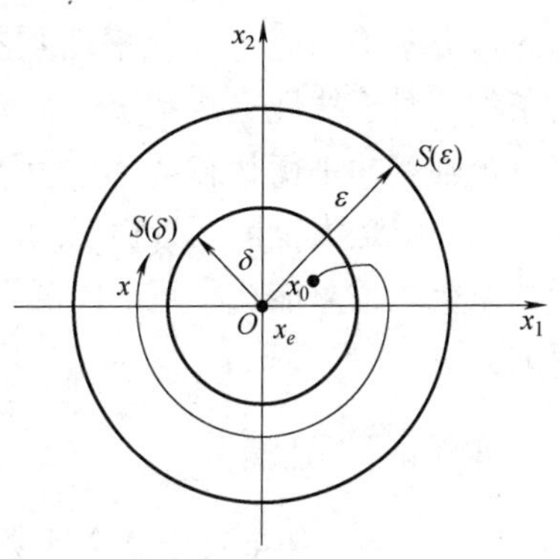

图 5.3 稳定的几何解释

另外，定义中对 ε、δ 的大小没有具体的要求，只要是有限的实数就可以。因此，若状态解是等幅振荡的自由运动，在经典控制理论中是不稳定的，而在李雅普诺夫的稳定性定义中是稳定的。对于非时变的定常系统来说，δ 与 t_0 无关，因此，若系统的平衡状态是稳定的，则一定是一致稳定的。

5.2.2 渐近稳定

定义 5.2 对于系统 $\dot{x}=f(x,t)$，若对任意给定的实数 $\varepsilon>0$，总存在 $\delta(\varepsilon,t_0)>0$，使得从 $\|x_0-x_e\|\leqslant\delta(\varepsilon,t_0)$ 内任意初始状态 x_0 出发的状态解 x，在所有时间内都满足

$$\|x-x_e\|\leqslant\varepsilon\quad(t\geqslant t_0)$$

且对于任意小量 $\mu>0$，总有

$$\lim_{t\to\infty}(x-x_e)\leqslant\mu \tag{5.13}$$

则称系统的平衡状态 x_e 是渐近稳定的。

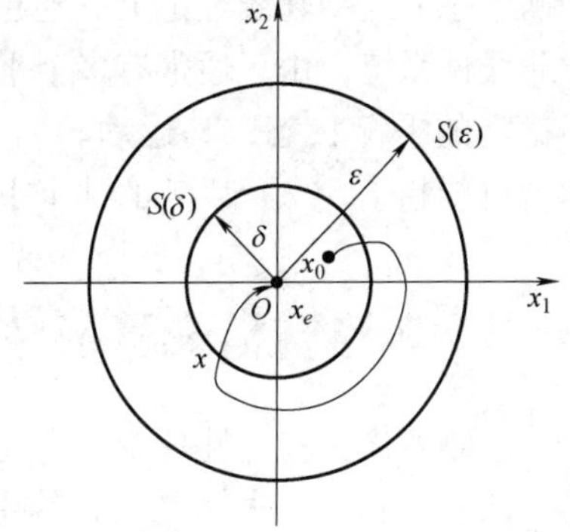

图 5.4 渐近稳定的几何解释

几何意义 上述定义指出，如果平衡状态 x_e 是李雅普诺夫意义下的稳定，并且从球域 $S(\delta)$ 内出发的任意状态轨线 x，当 $t\to\infty$ 时，不仅不会超出球域 $S(\varepsilon)$，而且最终收敛于 x_e，则 x_e 是渐近稳定的。渐近稳定在二维空间中的几何解释如图 5.4 所示。

显然，渐近稳定比稳定有更高的要求。此外，从上述定义还可以看出，经典控制理论中的稳定，就是这里所说的渐近稳定。

5.2.3 大范围渐近稳定

定义 5.3 对于系统 $\dot{x}=f(x,t)$，如果整个状态空间中的任意初始状态 x_0 的每一个解 x，当 $t\to\infty$ 时，都收敛于 x_e，即$\lim\limits_{t\to\infty}x=x_e$，则系统的平衡状态 x_e 是大范围渐近稳定的。

几何意义 实质上，大范围渐近稳定是把状态解的运动范围 $S(\varepsilon)$ 和初始状态的取值范围都扩展到了整个状态空间。对于状态空间中的所有各点，如果由这些状态出发的状态轨迹都具有渐近稳定性，则该平衡状态称为大范围渐近稳定。大范围渐近稳定在二维空间的几何解释如图 5.5 所示。

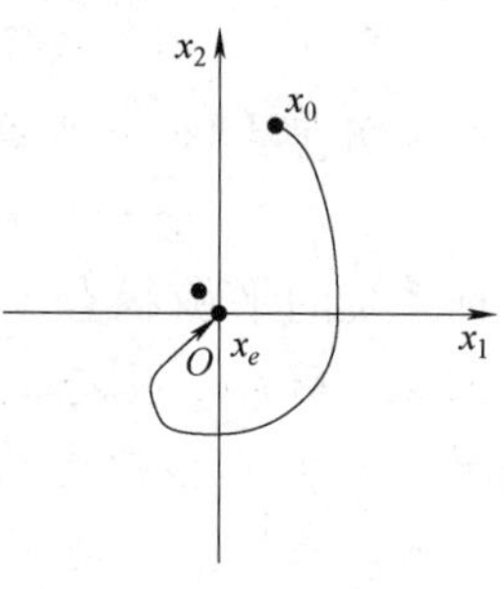

图 5.5 大范围渐近稳定的几何解释

显然，由于从状态空间中的所有点出发的轨迹都要收敛于 x_e，因此这类系统只能有一个平衡状态，这也是大范围渐近稳定的必要条件。对于线性定常系统，当系统矩阵 $\boldsymbol{A}$ 为非奇异时，系统只有一个唯一的平衡状态 $x_e=0$，因此，若线性定常系统是渐近稳定的，则一定是大范围渐近稳定的。而对于非线性系统，由于系统通常有多个平衡点，因此非线性系统通常只能在小范围内渐近稳定。在实际工程中，人们总是希望系统是大范围渐近稳定的。

5.2.4 不稳定

定义 5.4 如果对于某个实数 $\varepsilon>0$ 和任一实数 $\delta>0$，不管这两个实数有多小，在球域 $S(\delta)$ 内总存在一个初始状态 x_0，使得从这一初始状态出发的轨迹最终将超出球域 $S(\varepsilon)$，则称该平衡状态是不稳定的。

几何意义 在二维状态空间中，不稳定的几何解释如图 5.6 所示。对于线性定常系统，不稳定的平衡状态的运动轨线理论上一定趋于无穷远。而对于非线性系统，由于通常有多个平衡点，因此对于不稳定的平衡状态，其运动轨线不一定趋于无穷远，可能趋于 $S(\varepsilon)$ 以外的某个平衡状态。

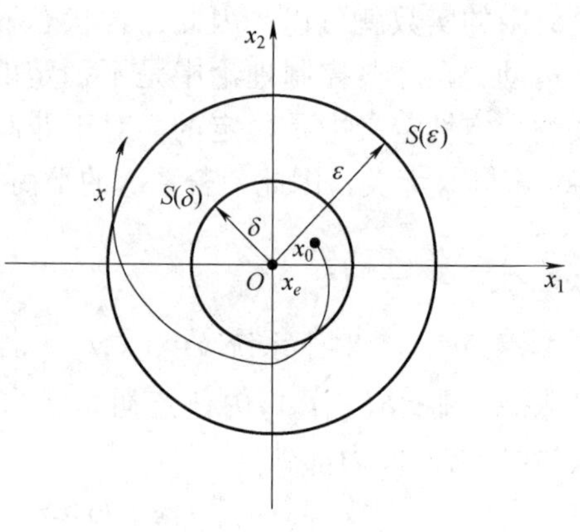

图 5.6 不稳定的几何解释

5.3 李雅普诺夫稳定性理论

李雅普诺夫稳定性理论的主要内容是给出了判别系统稳定性的两种方法，即李雅普诺夫第一法和李雅普诺夫第二法，其中李雅普诺夫第二法是一种具有普遍意义的稳定性判别方法。下面不加证明地给出这两种稳定性判别方法。

5.3.1 李雅普诺夫第一法

李雅普诺夫第一法又称间接法。它的基本思路是通过系统状态方程的解来判断系统的稳定性。对于线性定常系统，只需要解出特征方程的根即可做出稳定性判断。对于非线性不是很严重的系统，则可通过线性化处理，取其一次近似得到线性化方程，然后再根据其特征值来判断系统的稳定性。

1. 线性定常系统的稳定判据

设线性定常系统的状态空间表达式为

$$\begin{cases}\dot{\boldsymbol{x}}=\boldsymbol{A}\boldsymbol{x}+\boldsymbol{B}\boldsymbol{u}\\ \boldsymbol{y}=\boldsymbol{C}\boldsymbol{x}\end{cases} \tag{5.14}$$

式中，$\boldsymbol{x}$、$\boldsymbol{u}$、$\boldsymbol{y}$ 分别为 n、r、m 维向量；$\boldsymbol{A}$、$\boldsymbol{B}$、$\boldsymbol{C}$ 为满足矩阵运算相应维数的矩阵。

定理 5.1　对于线性定常系统［式（5.14）］，其平衡状态 $x_e=0$ 渐近稳定的充要条件是矩阵 $\boldsymbol{A}$ 的所有特征值均具有负实部，即系统矩阵 $\boldsymbol{A}$ 的全部特征值位于 s 复平面左半部。

这里的渐近稳定性就是指系统的状态稳定性，或称内部稳定性。

如果系统对于有界输入 $\boldsymbol{u}$ 所引起的输出 $\boldsymbol{y}$ 是有界的，则称系统为输出稳定。即如果有界输入引起的零状态响应是有界的，则称系统是有界输入有界输出（Bouned-Input-Bounded-Output）稳定的，简称 BIBO 稳定。否则，如果系统在有界输入作用下产生无界输出，则称系统是输出不稳定的。但从工程意义上看，往往更重视系统的输出稳定性。

定理 5.2　线性定常系统［式（5.14）］输出稳定的充要条件是其传递函数 $\boldsymbol{W}(s)=\boldsymbol{C}(s\boldsymbol{I}-\boldsymbol{A})^{-1}\boldsymbol{B}$ 的极点全部位于 s 的左半平面。

例 5.2　设系统的状态空间表达式为

$$\begin{cases}\dot{x}=\begin{bmatrix}-1 & 0\\ 0 & 1\end{bmatrix}x+\begin{bmatrix}1\\ 1\end{bmatrix}u\\ y=\begin{bmatrix}1 & 0\end{bmatrix}x\end{cases}$$

试分析系统的状态稳定性与输出稳定性。

解：（1）由系统的特征方程

$$\Delta(\lambda)=|\lambda\boldsymbol{I}-\boldsymbol{A}|=\begin{vmatrix}\lambda+1 & 0\\ 0 & \lambda-1\end{vmatrix}=(\lambda+1)(\lambda-1)=0$$

可得特征值 $\lambda_1=-1$，$\lambda_2=1$。故系统的平衡状态不是渐近稳定的。

（2）由系统的传递函数

$$\boldsymbol{W}(s)=\boldsymbol{C}(s\boldsymbol{I}-\boldsymbol{A})^{-1}\boldsymbol{B}=\begin{bmatrix}1 & 0\end{bmatrix}\begin{bmatrix}s+1 & 0\\ 0 & s-1\end{bmatrix}^{-1}\begin{bmatrix}1\\ 1\end{bmatrix}=\frac{s-1}{(s+1)(s-1)}=\frac{1}{s+1}$$

可见传递函数的极点 $s=-1$ 位于 s 的左半平面，故系统是输出稳定的。这是因为具有正实部的特征值 $\lambda_2=1$ 被系统的零点 $s=1$ 对消了，所以在系统的输入输出特性中没有被表现出来。由此可见，只有当系统的传递函数 $\boldsymbol{W}(s)$ 不出现零、极点对消现象，且矩阵 $\boldsymbol{A}$ 的特征值与系统传递函数 $\boldsymbol{W}(s)$ 的极点相同时，系统的状态稳定性才与其输出稳定性相一致。

几点说明：

1）系统输出稳定时状态不一定稳定。

2）只有当系统的传递函数 $\boldsymbol{W}(s)$ 无零、极点对消，且系统的特征值与 $\boldsymbol{W}(s)$ 极点相同时，其状态稳定性与输出稳定性才一致。

3）如果系统是输出稳定的，且是能控、能观测的，则一定是渐近稳定的。

4）如果系统是渐近稳定的，则一定是输出稳定的。

2. 非线性系统的稳定性

设非线性系统的状态方程为

$$\dot{\boldsymbol{x}}=\boldsymbol{f}(\boldsymbol{x},t) \tag{5.15}$$

式中，$\boldsymbol{f}(\boldsymbol{x},t)$ 为与 $\boldsymbol{x}$ 同维的矢量函数，且对 $\boldsymbol{x}$ 具有连续的偏导数。设系统的平衡状态为 $\boldsymbol{x}_e$，则在平衡状态 $\boldsymbol{x}_e=0$ 处可将 $f(\boldsymbol{x},t)$ 展成泰勒级数，得

$$\dot{\boldsymbol{x}}=\boldsymbol{A}x+\boldsymbol{R}(\boldsymbol{x}) \tag{5.16}$$

式中，$\boldsymbol{A}$ 为 $n\times n$ 阶矩阵，它定义为

$$\boldsymbol{A}=\frac{\partial f(\boldsymbol{x},t)}{\partial \boldsymbol{x}^{\mathrm{T}}}=\begin{bmatrix}\dfrac{\partial f_1}{\partial x_1} & \dfrac{\partial f_1}{\partial x_2} & \cdots & \dfrac{\partial f_1}{\partial x_n}\\ \vdots & \vdots & & \vdots\\ \dfrac{\partial f_n}{\partial x_1} & \dfrac{\partial f_n}{\partial x_2} & \cdots & \dfrac{\partial f_n}{\partial x_n}\end{bmatrix} \tag{5.17}$$

称为雅可比（Jacobian）矩阵；$\boldsymbol{R}(\boldsymbol{x})$ 为包含 $\boldsymbol{x}$ 的二次及二次以上的高阶导数项。

取式（5.16）的一次近似式，可得系统的线性化方程为

$$\dot{\boldsymbol{x}}=\boldsymbol{A}\boldsymbol{x} \tag{5.18}$$

式中

$$\boldsymbol{A}=\left.\frac{\partial f(\boldsymbol{x},t)}{\partial \boldsymbol{x}^{\mathrm{T}}}\right|_{\boldsymbol{x}=\boldsymbol{x}_e} \tag{5.19}$$

在一次近似的基础上，李雅普诺夫证明了如下三个定理，给出了明确的结论。应该指出，这些定理为线性化方法奠定了理论基础，具有重要的理论与实际意义。

定理 5.3 如果线性化方程式（5.18）中的系统矩阵 $\boldsymbol{A}$ 的所有特征值都具有负实部，则原非线性系统［式（5.15）］在平衡状态 $\boldsymbol{x}_e$ 是渐近稳定的，而且系统的稳定性与高阶导数项 $\boldsymbol{R}(\boldsymbol{x})$ 无关。

定理 5.4 如果线性化方程式（5.18）的系统矩阵 $\boldsymbol{A}$ 的特征值中，至少有一个具有正实部，则不论高阶导数项的情况如何，原非线性系统［式（5.15）］在平衡状态 $\boldsymbol{x}_e$ 总是不稳定的。

定理 5.5 如果线性化方程式（5.18）的系统矩阵 $\boldsymbol{A}$ 的特征值至少有一个实部为零，而其余特征值实部均为负，则在此临界情况下，原非线性系统［式（5.15）］在平衡状态 $\boldsymbol{x}_e$ 的稳定性取决于高阶导数项 $\boldsymbol{R}(\boldsymbol{x})$，而不能由 $\boldsymbol{A}$ 的特征值符号来确定。

上述三个定理也称为李雅普诺夫第一近似定理。这些定理为“线性化”提供了重要的理论基础，即对任一非线性系统，若其线性化系统关于平衡状态 $\boldsymbol{x}_e$ 渐近稳定或不稳定，则原非线性系统也有同样的结论，但对于临界情况，则必须考虑高阶导数项 $\boldsymbol{R}(\boldsymbol{x})$。

例 5.3 设系统状态方程为

$$\begin{cases}\dot{x}_1=x_1-x_1x_2\\ \dot{x}_2=-x_2+x_1x_2\end{cases}$$

试分析系统在平衡状态处的稳定性。

解： 系统有两个平衡状态 $\boldsymbol{x}_{e1}=[0\quad 0]^{\mathrm{T}}$，$\boldsymbol{x}_{e2}=[1\quad 1]^{\mathrm{T}}$。

在 $\boldsymbol{x}_{e1}$ 处将其线性化，得

$$\begin{cases}\dot{x}_1 = x_1 \\ \dot{x}_2 = -x_2\end{cases}$$

即

$$\boldsymbol{A} = \begin{bmatrix}1 & 0 \\ 0 & -1\end{bmatrix}$$

其特征值为 $\lambda_1 = -1$，$\lambda_2 = +1$，可见原非线性系统在 $\boldsymbol{x}_{e1}$ 处是不稳定的。

在 $\boldsymbol{x}_{e2}$ 处将其线性化，得

$$\begin{cases}\dot{x}_1 = -x_2 \\ \dot{x}_2 = x_1\end{cases}$$

即

$$\boldsymbol{A} = \begin{bmatrix}0 & -1 \\ 1 & 0\end{bmatrix}$$

其特征值为±j1，实部为零，因而不能由线性化方程得出原系统在 $\boldsymbol{x}_{e2}$ 处稳定性的结论。这种情况要应用下面将要讨论的李雅普诺夫第二法进行判定。

例 5.4　非线性弹簧-线性阻尼系统的状态方程为

$$\begin{cases}\dot{x}_1 = x_2 \\ \dot{x}_2 = -\alpha\sin x_1 - \beta x_2 + \gamma u\end{cases}$$

式中，系数 α、β 和 γ 均大于零。设输入 u 为常数，试判别系统在其平衡状态的稳定性。

解：令 $\dot{x}_1 = 0$，$\dot{x}_2 = 0$，求出平衡状态 $\boldsymbol{x}_e$ 为

$$\boldsymbol{x}_e = \begin{bmatrix}x_{e1} \\ x_{e2}\end{bmatrix} = \begin{bmatrix}\arcsin\dfrac{\gamma}{\alpha}u \\ 0\end{bmatrix}$$

对原系统方程进行偏差向量置换，令

$$\begin{cases}y_1 = x_1 - x_{e1} = x_1 - \arcsin\dfrac{\gamma}{\alpha}u \\ y_2 = x_2 - x_{e2} = x_2\end{cases}$$

新状态方程为

$$\begin{cases}\dot{y}_1 = y_2 \\ \dot{y}_2 = -\alpha\sin\left(y_1 + \arcsin\dfrac{\gamma}{\alpha}u\right) - \beta y_2 + \gamma u\end{cases}$$

将上式进行线性化处理，有

$$\boldsymbol{A} = \begin{bmatrix}\dfrac{\partial f_1}{\partial y_1} & \dfrac{\partial f_1}{\partial y_2} \\ \dfrac{\partial f_2}{\partial y_1} & \dfrac{\partial f_2}{\partial y_2}\end{bmatrix}\Bigg|_{\substack{y_1=0\\y_2=0}} = \begin{bmatrix}0 & 1 \\ -\alpha\cos\left(y_1 + \arcsin\dfrac{\gamma}{\alpha}u\right) & -\beta\end{bmatrix}$$

$$= \begin{bmatrix}0 & 1 \\ -\alpha\cos\left(\arcsin - \dfrac{\gamma}{\alpha}u\right) & -\beta\end{bmatrix}$$

则系统的线性化方程为

$$\begin{cases}\dot{y}_1=y_2\\ \dot{y}_2=-\alpha\cos\left(\arcsin\dfrac{\gamma}{\alpha}u\right)y_1-\beta y_2\end{cases}$$

特征方程为

$$\Delta(\lambda)=|\lambda I-A|=\lambda^2+\beta\lambda+\alpha\cos\left(\arcsin\frac{\gamma}{\alpha}u\right)=0$$

因为 α、β，γ 均大于零，当 $u>0$ 时，$\cos\left(\arcsin\dfrac{\gamma}{\alpha}u\right)>0$，线性化系统的两个特征值均具有负的实部，所以原系统在平衡状态是渐近稳定的；当 $u<0$ 时，$\cos\left(\arcsin\dfrac{\gamma}{\alpha}u\right)<0$，特征值具有正的实部，所以原系统在平衡状态 $\boldsymbol{x}_e$ 处是不稳定的。

5.3.2 李雅普诺夫第二法

李雅普诺夫第二法又称直接法。它的基本特点是不必求解系统的状态方程，就能对其在平衡点处的稳定性进行分析和做出判断，并且这种判断是准确的，而不包含近似。

由经典的力学理论可知，对于一个振动系统，如果它的总能量（即能量函数，这是一个标量函数）随着时间的向前推移而不断减少，也就是说，若其总能量对时间的导数小于零，则振动将逐渐衰减，而当此总能量达到最小值时，振动将会稳定下来，或者完全消失。李雅普诺夫第二法就是建立在这样一个直观的物理事实，但又更为普遍的情况之上的。即如果系统有一个渐近稳定的平衡状态，那么当它转移到该平衡状态的邻域内时，系统所具有的能量随着时间的增加而逐渐减少，直到在平衡状态达到最小值。然而就一般的系统而言，未必一定能得到一个“能量函数”，对此，李雅普诺夫引入了一个虚构的广义能量函数来判断系统平衡状态的稳定性。这个虚构的广义能量函数被称为李雅普诺夫函数，记为 $V(\boldsymbol{x},t)$。这样，对于一个给定的系统，只要能构造出一个正定的标量函数，并且该函数对时间的导数为负定的，那么这个系统在平衡状态处就是渐近稳定的。无疑，李雅普诺夫函数比能量函数更为一般，因此它的应用范围也更加广泛。当然，该函数的构造工作通常不总是很顺利的。

李雅普诺夫函数与 x_1，x_2，…，x_n 及 t 有关，用 $V(x_1,x_2,\cdots,x_n,t)$ 或者简单地用 $V(\boldsymbol{x},t)$ 来表示。如果在李雅普诺夫函数中不显含 t，则用 $V(x_1,x_2,\cdots,x_n)$ 或 $V(\boldsymbol{x})$ 表示。在李雅普诺夫第二法中，$V(\boldsymbol{x},t)$ 的特征和它对时间的导数 $\dot{V}(\boldsymbol{x},t)$ 提供了判断平衡状态处的稳定信息，而无须求解方程。

需要指出的是，直至目前，虽然李雅普诺夫稳定性理论的研究一直为人们所重视，并且已经有了许多卓有成效的成果，但是就一般系统而言，还没有一个简便的寻求李雅普诺夫函数的统一方法。

如果用比较严谨的数学语言来表述上面建立在直观意义下的 $V(\boldsymbol{x})$，则可以归纳成如下的说法：如果标量函数 $V(\boldsymbol{x})$ 是正定的，这里的 $\boldsymbol{x}$ 是 n 维状态向量，那么满足 $V(\boldsymbol{x})=C$ 的状态 $\boldsymbol{x}$ 位于 n 维状态空间中至少包含原点领域内的封闭超曲面上，其中 C 是一个正常数。如果随着 $\|\boldsymbol{x}\|\to\infty$，有 $V(\boldsymbol{x})\to\infty$，那么上述封闭曲面可扩展到整个状态空间。如果有 $C_1<C_2$，则超曲面 $V(\boldsymbol{x})=C_1$ 将完全处于超曲面 $V(\boldsymbol{x})=C_2$ 的内部。

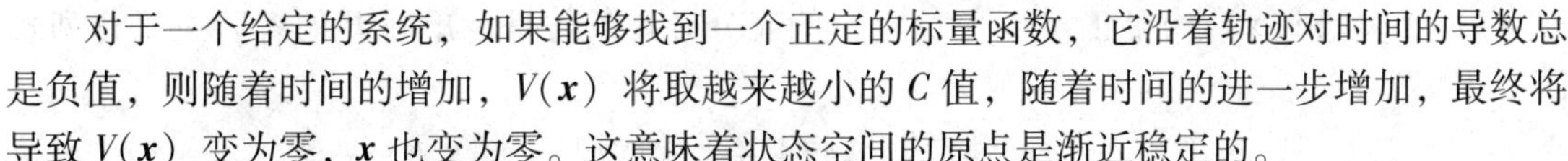

对于一个给定的系统，如果能够找到一个正定的标量函数，它沿着轨迹对时间的导数总是负值，则随着时间的增加，$V(\boldsymbol{x})$ 将取越来越小的 C 值，随着时间的进一步增加，最终将导致 $V(\boldsymbol{x})$ 变为零，$\boldsymbol{x}$ 也变为零。这意味着状态空间的原点是渐近稳定的。

1. 预备知识

(1) 标量函数 $V(\boldsymbol{x})$ 的符号性质

设 $V(\boldsymbol{x})$ 是在域 Ω 中由 n 维状态 $\boldsymbol{x}$ 所定义的一个标量函数，且在 $\boldsymbol{x}=0$ 处，恒有 $V(\boldsymbol{x})=0$。如果对在域 Ω 中的任意非零状态，即当 $\boldsymbol{x}\neq 0$ 时，有

1) $V(\boldsymbol{x})>0$，则称 $V(\boldsymbol{x})$ 为正定的。例如，$V(\boldsymbol{x})=x_1^2+x_2^2$，是正定的。

2) $V(\boldsymbol{x})\geqslant 0$，则称 $V(\boldsymbol{x})$ 为半正定（或非负定）的。例如，$V(\boldsymbol{x})=(x_1+x_2)^2$，是半正定的。

3) $V(\boldsymbol{x})<0$，则称 $V(\boldsymbol{x})$ 为负定的。例如，$V(\boldsymbol{x})=-(x_1^2+2x_2^2)$，是负定的。

4) $V(\boldsymbol{x})\leqslant 0$，则称 $V(\boldsymbol{x})$ 为半负定（或非正定）的。例如，$V(\boldsymbol{x})=-(x_1+x_2)^2$，是半负定的。

5) $V(\boldsymbol{x})>0$ 或 $V(\boldsymbol{x})<0$，则称 $V(\boldsymbol{x})$ 为不定的。例如，$V(\boldsymbol{x})=x_1+x_2$，是不定的。

(2) 二次型标量函数的符号性质

二次型标量函数是一类重要的标量函数，在李雅普诺夫第二法中常取它为李雅普诺夫函数。

设 n 个状态变量为 x_1，x_2，…，x_n，矩阵 $\boldsymbol{P}$ 为实对称矩阵（$\boldsymbol{P}_{ij}=\boldsymbol{P}_{ji}$），则有

$$V(\boldsymbol{x})=\boldsymbol{x}^{\mathrm{T}}\boldsymbol{P}\boldsymbol{x}=[x_1\quad x_2\quad\cdots\quad x_n]\begin{bmatrix}p_{11} & p_{12} & \cdots & p_{1n}\\ p_{21} & p_{22} & \cdots & p_{2n}\\ \vdots & \vdots & & \vdots\\ p_{n1} & p_{n2} & \cdots & p_{nn}\end{bmatrix}\begin{bmatrix}x_1\\ x_2\\ \vdots\\ x_n\end{bmatrix}$$

称为二次型标量函数。

对于 $\boldsymbol{P}$ 为实对称矩阵的二次型 $V(\boldsymbol{x})$ 的符号性质可以用希尔维斯特准则来判断。

设实对称矩阵 $\boldsymbol{P}$ 为

$$\boldsymbol{P}=\begin{bmatrix}p_{11} & p_{12} & \cdots & p_{1n}\\ p_{21} & p_{22} & \cdots & p_{2n}\\ \vdots & \vdots & & \vdots\\ p_{n1} & p_{n2} & \cdots & p_{nn}\end{bmatrix},\boldsymbol{P}_{ij}=\boldsymbol{P}_{ji}$$

$\Delta_i(i=1,2,\cdots,n)$ 为其各阶顺序主子行列式，有

$$\Delta_1=p_{11},\ \Delta_2=\begin{vmatrix}p_{11} & p_{12}\\ p_{21} & p_{22}\end{vmatrix},\cdots,\Delta_n=|\boldsymbol{P}|$$

1) 二次型 $V(\boldsymbol{x})$ 为正定的充分必要条件是，矩阵 $\boldsymbol{P}$ 的各阶主子行列式为正，即

$$\Delta_1=p_{11}>0,\ \Delta_2=\begin{vmatrix}p_{11} & p_{12}\\ p_{21} & p_{22}\end{vmatrix}>0,\cdots,\Delta_n=|\boldsymbol{P}|>0$$

2) 二次型 $V(\boldsymbol{x})$ 为负定的充分必要条件是，矩阵 $\boldsymbol{P}$ 的各阶主子行列式满足

$$\Delta_i\begin{cases}>0 & (i\text{ 为偶数})\\ <0 & (i\text{ 为奇数})\end{cases}$$

3）二次型 $V(\boldsymbol{x})$ 为半正定（非负定）的充分必要条件是，矩阵 $\boldsymbol{P}$ 的各阶主子行列式满足

$$\Delta_i\begin{cases}\geqslant 0 & (i=1,2,\cdots,n-1)\\ =0 & (i=n)\end{cases}$$

4）二次型 $V(\boldsymbol{x})$ 为半负定（非正定）的充分必要条件是，矩阵 $\boldsymbol{P}$ 的各阶主子行列式满足

$$\Delta_i\begin{cases}\geqslant 0 & (i\text{ 为偶数})\\ \leqslant 0 & (i\text{ 为奇数})\\ =0 & (i=n)\end{cases}$$

2. 李雅普诺夫第二法

下面不加证明地给出李雅普诺夫第二法判断系统稳定性的 5 个定理。

（1）渐近稳定的判别定理一

定理 5.6　设系统的状态方程为 $\dot{\boldsymbol{x}}=f(\boldsymbol{x},t)$，其平衡状态为 $\boldsymbol{x}_e=0$，即满足 $f(\boldsymbol{x}_e)=0$，如果存在一个具有连续一阶偏导数的标量函数 $V(\boldsymbol{x},t)$，并且满足条件：① $V(\boldsymbol{x},t)$ 是正定的，② $\dot{V}(\boldsymbol{x},t)$ 是负定的，则系统在原点处的平衡状态是渐近稳定的。如果当 $\|\boldsymbol{x}\|\to\infty$，有 $V(\boldsymbol{x},t)\to\infty$，则系统在原点处的平衡状态是大范围渐近稳定的。

定理的几点解释如下：

1）物理意义：李雅普诺夫函数 $V(\boldsymbol{x},t)$ 是一个能量函数，能量总是大于零的，即 $V(\boldsymbol{x},t)>0$。若随着系统的运动，能量在连续地减小，则 $\dot{V}(\boldsymbol{x},t)<0$。当能量最终耗尽，此时系统又回到平衡状态，符合渐近稳定的定义，所以是渐近稳定的。

2）几何意义：以二维状态空间为例，设李雅普诺夫函数为二次型函数，即

$$V(\boldsymbol{x})=x_1^2+x_2^2$$

一方面，$V(\boldsymbol{x})$ 是能量函数，若令 $V(\boldsymbol{x})=c_i$，取一系列常值 $0<c_1<c_2<c_3<\cdots$，则代表了不同能量的等值线。根据 $V(\boldsymbol{x})=x_1^2+x_2^2=c_i$，可知这些等值线是以原点为圆心，以 $\sqrt{c_i}$ 为半径的同心圆族，半径越小能量越小。当 $c_i\to 0$ 时，$V(\boldsymbol{x})$ 趋于零。另一方面 $V(\boldsymbol{x})=x_1^2+x_2^2=(\sqrt{x_1^2+x_2^2})^2$，所以 $V(\boldsymbol{x})$ 又表示状态 $\boldsymbol{x}$ 到原点距离的二次方。若 $\dot{V}(\boldsymbol{x})<0$，表示随着时间的推移，能量不断地减小，同时状态 $\boldsymbol{x}$ 不断地趋向原点。最终当 $V(\boldsymbol{x})=0$ 时，状态收敛于坐标原点，如图 5.7 所示。

3）该定理给出的是渐近稳定的充分条件，即如果能找到满足定理条件的 $V(\boldsymbol{x})$，则系统一定是渐近稳定的。但如果找不到这样的 $V(\boldsymbol{x})$，并不意味着系统是不稳定的。

4）该定理本身并没有指明 $V(\boldsymbol{x})$ 的建立方法。一般情况下，$V(\boldsymbol{x})$ 不是唯一的。许多情况下，李雅普诺夫函数可以取为二次型函数，即 $V(\boldsymbol{x})=\boldsymbol{x}^{\mathrm{T}}\boldsymbol{P}\boldsymbol{x}$ 的形式，其中 $\boldsymbol{P}$ 阵的元素可以是时变的，也可以是定常的。然而在实际情况中，$V(\boldsymbol{x})$ 不一定都是这种简单的二次型的形式。

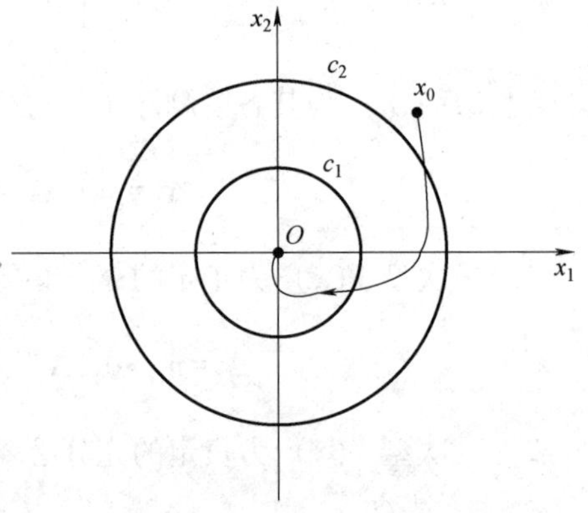

图 5.7　能量等值线与典型轨线

该定理对于线性系统、非线性系统、时变系统及定常系统都是适用的，是一个最基本的稳定性判别定理。

例 5.5　设系统的状态方程为

$$\begin{cases}\dot{x}_1=x_2-x_1(x_1^2+x_2^2)\\ \dot{x}_2=-x_1-x_2(x_1^2+x_2^2)\end{cases}$$

试确定其平衡状态的稳定性。

解：由平衡点方程得

$$\begin{cases}x_2-x_1(x_1^2+x_2^2)=0\\ -x_1-x_2(x_1^2+x_2^2)=0\end{cases}$$

解得唯一的平衡点为 $x_1=0$，$x_2=0$，即 $x_e=0$ 为坐标原点。

选取李雅普诺夫函数为二次型函数，即

$$V(\boldsymbol{x})=x_1^2+x_2^2$$

显然 $V(\boldsymbol{x})$ 是正定的。$V(\boldsymbol{x})$ 的一阶全导数为

$$\begin{aligned}\dot{V}(\boldsymbol{x})&=\frac{\partial V(\boldsymbol{x})}{\partial x_1}\dot{x}_1+\frac{\partial V(\boldsymbol{x})}{\partial x_2}\dot{x}_2=2x_1\dot{x}_1+2x_2\dot{x}_2\\ &=2x_1[x_2-x_1(x_1^2+x_2^2)]+2x_2[-x_1-x_2(x_1^2+x_2^2)]\\ &=-2(x_1^2+x_2^2)^2\end{aligned}$$

因此 $\dot{V}(\boldsymbol{x})$ 是负定的。又当 $\|\boldsymbol{x}\|\to\infty$ 时，有 $V(\boldsymbol{x})\to\infty$，故由定理 5.6 可知，平衡点 $\boldsymbol{x}_e=0$ 是大范围渐近稳定的。

（2）渐近稳定的判别定理二

根据定理 5.6 判断系统稳定性时，寻找一个满足定理条件的 $V(\boldsymbol{x})$ 有时是困难的，其原因在于 $V(\boldsymbol{x})$ 必须满足 $\dot{V}(\boldsymbol{x})$ 是负定的。而这个条件有时是很苛刻的，见下例。

例 5.6　设系统的状态方程为

$$\begin{cases}\dot{x}_1=x_2\\ \dot{x}_2=-x_1-x_2\end{cases}$$

试确定其平衡状态的稳定性。

解：由平衡点方程

$$\begin{cases}x_2=0\\ -x_1-x_2=0\end{cases}$$

可知 $\boldsymbol{x}_e=0$ 是唯一的一个平衡状态。选取

$$V(\boldsymbol{x})=x_1^2+x_2^2>0\quad（正定）$$

则有

$$\dot{V}(\boldsymbol{x})=2x_1\dot{x}_1^2+2x_2\dot{x}_2=-2x_2^2\leqslant 0$$

因此 $\dot{V}(\boldsymbol{x})$ 是半负定的。由定理 5.6 可知，该 $V(\boldsymbol{x})$ 不能作为系统的李雅普诺夫函数。也就是说，应用这个 $V(\boldsymbol{x})$，由定理 5.6 得不出系统稳定性的结论。这就提出了一个问题：能否把 $\dot{V}(\boldsymbol{x})$ 是负定的条件，用 $\dot{V}(\boldsymbol{x})$ 是半负定来代替，进而判断系统的稳定性。这就是定理 5.7 的内容，它实际上是对定理 5.6 的一个补充。

定理 5.7 设系统的状态方程为 $\dot{\boldsymbol{x}}=f(\boldsymbol{x},t)$，其平衡状态为 $\boldsymbol{x}_e=0$，即满足 $f(\boldsymbol{x}_e)=0$，如果存在一个具有连续一阶偏导数的标量函数 $V(\boldsymbol{x},t)$，且满足条件：① $V(\boldsymbol{x},t)$ 是正定的，② $\dot{V}(\boldsymbol{x},t)$ 是半负定的，③ $\dot{V}(\boldsymbol{x},t)$ 在 $x\neq0$ 时不恒等于零，则系统在原点处的平衡状态是渐近稳定的。如果当 $\|\boldsymbol{x}\|\to\infty$，有 $V(\boldsymbol{x},t)\to\infty$，则系统在原点处的平衡状态是大范围渐近稳定的。

为什么定理 5.7 中增加了条件③就可以满足渐近稳定的要求呢？这是因为条件②只要求了 $\dot{V}(\boldsymbol{x})$ 是半负定的，意味着在 $\boldsymbol{x}\neq0$ 时，可能会出现 $\dot{V}(\boldsymbol{x})=0$。而对应于 $\dot{V}(\boldsymbol{x})=0$ 有两种可能的情况，下面以二维状态空间，并且以 $V(\boldsymbol{x})=x_1^2+x_2^2$ 为例加以说明。

1）$\dot{V}(\boldsymbol{x})$ 恒等于零，即 $V(\boldsymbol{x})=x_1^2+x_2^2\equiv C$。这一方面表示系统的能量是个常数，不会再减小；另一方面又表示系统的状态 x 距原点的距离也是一个常数，不会再减小而趋向原点。显然，此时系统一定不是渐近稳定的。非线性系统中的极限环便属于这种情况，如图 5.8a 所示。

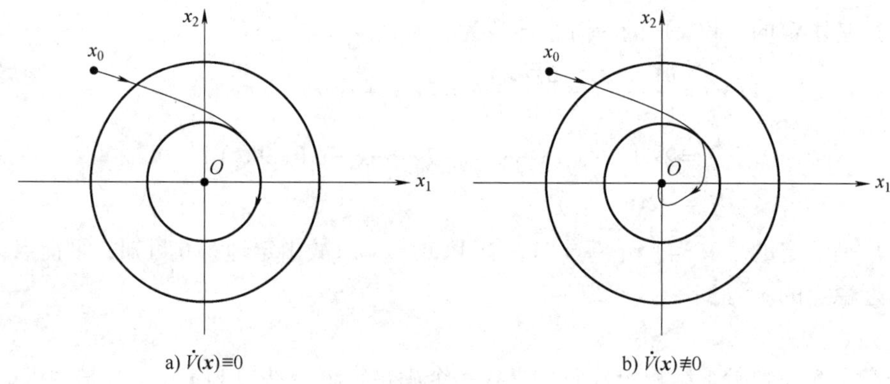

图 5.8 能量等值线与典型轨线

2）$\dot{V}(\boldsymbol{x})$ 不恒等于零，即只在某个时刻暂时为零，而其他时刻均为负值。这一方面表示能量的衰减不会终止；另一方面也表示状态 x 到原点的距离的平方也不会停留在某一定值 $V(\boldsymbol{x})=x_1^2+x_2^2=C$ 上，其他时刻这个距离的变化率均为负值。因此状态 x 必然要趋向原点，所以系统一定是渐近稳定的，如图 5.8b 所示。

对于例 5.6，因为 $\dot{V}(\boldsymbol{x})=-2x_2^2$，所以系统是半负定的。当 $\boldsymbol{x}\neq0$ 时，即当 x_1 为任意值，$x_2=0$ 时，$\dot{V}(\boldsymbol{x})=0$。由于

$$\dot{x}_2=-x_1-x_2$$

故当 x_1 为任意值且 $x_2=0$ 时，$\dot{x}_2=-x_1\neq0$。即 x_2 的变化率不等于零，故 $x_2=0$ 是暂时的，不会恒等于零，因此 $\dot{V}(\boldsymbol{x})=-2x_2^2$ 也不会恒等于零。根据定理 5.7 可知，系统在 $\boldsymbol{x}_e=0$ 处是渐近稳定的。又当 $\|\boldsymbol{x}\|\to\infty$ 时，$V(\boldsymbol{x})\to\infty$，故 $\boldsymbol{x}_e=0$ 也是大范围渐近稳定的。

为验证定理 5.7 的正确性，仍以例 5.6 加以说明。对于例 5.6，另选李雅普诺夫函数为

$$V(\boldsymbol{x})=\frac{1}{2}[(x_1+x_2)^2+2x_1^2+2x_2^2]>0$$

显然 $V(\boldsymbol{x})$ 是正定的。又

$$\dot{V}(\boldsymbol{x})=(x_1+x_2)(\dot{x}_1+\dot{x}_2)+2x_1\dot{x}_1+x_2\dot{x}_2=-(x_1^2+x_2^2)<0$$

即 $\dot{V}(\boldsymbol{x})$ 是负定的，满足定理 5.6 的条件，所以系统在 $\boldsymbol{x}_e=0$ 处是渐近稳定的。由此可见，定理 5.7 是正确的。同时，对于一个给定的系统，判定渐近稳定的李雅普诺夫函数不是唯一的。

（3）稳定的判别定理

定理 5.8　设系统的状态方程为 $\dot{\boldsymbol{x}}=f(\boldsymbol{x},t)$，其平衡状态为 $\boldsymbol{x}_e=0$，即满足 $f(\boldsymbol{x}_e)=0$，如果存在一个具有连续一阶偏导数的标量函数 $V(\boldsymbol{x},t)$，且满足条件：① $V(\boldsymbol{x},t)$ 是正定的，② $\dot{V}(\boldsymbol{x},t)$ 是半负定的，③ $\dot{V}(\boldsymbol{x},t)$ 在 $x\neq 0$ 时存在某一 $\boldsymbol{x}$ 值使 $\dot{V}(\boldsymbol{x},t)$ 恒等于零，则系统在原点处的平衡状态是李雅普诺夫意义下稳定的。

对该定理的说明与定理 5.7 中条件③的说明相同。由于定理 5.8 中包含了 $V(\boldsymbol{x})$ 在某一 $\boldsymbol{x}$ 值恒等于零的情况，此时的 $V(\boldsymbol{x})\equiv C$，系统的能量不再发生变化，故系统的运动不会趋于原点，而是等幅振荡状态，因此系统满足李雅普诺夫意义下的稳定，但不是渐近稳定。

例 5.7　设系统的状态方程为

$$\begin{cases}\dot{x}_1=4x_2\\ \dot{x}_2=-x_1\end{cases}$$

试确定系统平衡状态的稳定性。

解：显然，原点为系统的平衡状态。选李雅普诺夫函数为下面的二次型函数，即

$$V(\boldsymbol{x})=x_1^2+4x_2^2>0$$

$$\dot{V}(\boldsymbol{x})=2x_1\dot{x}_1+8x_2\dot{x}_2=8x_1x_2-8x_2x_1=0$$

可见，$\dot{V}(\boldsymbol{x})$ 在任意的 $\boldsymbol{x}$ 值上均保持为零。因此，系统在 $\boldsymbol{x}_e=0$ 处是李雅普诺夫意义下稳定的，但不是渐近稳定的。

（4）不稳定的判别定理一

定理 5.9　设系统的状态方程为 $\dot{\boldsymbol{x}}=f(\boldsymbol{x},t)$，其平衡状态为 $\boldsymbol{x}_e=0$，即满足 $f(\boldsymbol{x}_e)=0$，如果存在一个具有连续一阶偏导数的标量函数 $V(\boldsymbol{x},t)$，且满足条件：① $V(\boldsymbol{x},t)$ 是正定的，② $\dot{V}(\boldsymbol{x},t)$ 是正定的，则系统在原点处的平衡状态是不稳定的。

显然，当 $\dot{V}(\boldsymbol{x})$ 是正定的，表示系统的能量在不断增大，故系统的运动状态必将发散至无穷大，系统是不稳定的。

例 5.8　设系统的状态方程为

$$\begin{cases}\dot{x}_1=x_1+x_2\\ \dot{x}_2=-x_1+x_2\end{cases}$$

试判断系统平衡状态的稳定性。

解：显然，原点为系统的平衡状态。选李雅普诺夫函数为下面的二次型函数，即

$$V(\boldsymbol{x})=x_1^2+x_2^2>0$$

$$\dot{V}(\boldsymbol{x})=2x_1\dot{x}_1+2x_2\dot{x}_2=2x_1^2+2x_2^2>0$$

所以系统满足定理 5.9 的条件，故在原点处是不稳定的。

（5）不稳定的判别定理二

仿照定理 5.7，不稳定的判别定理还可以在 $\dot{V}(\boldsymbol{x})$ 为半正定的情况下判别不稳定性。

定理 5.10　设系统的状态方程为 $\dot{\boldsymbol{x}}=f(\boldsymbol{x},t)$，其平衡状态为 $\boldsymbol{x}_e=0$，即满足 $f(\boldsymbol{x}_e)=0$，如果存在一个具有连续一阶偏导数的标量函数 $V(\boldsymbol{x},t)$，且满足条件：① $V(\boldsymbol{x},t)$ 是正定

的，② $\dot{V}(\boldsymbol{x},t)$ 是半正定的，③ $\dot{V}(\boldsymbol{x},t)$ 在 $x\neq 0$ 时不恒等于零，则系统在原点处的平衡状态是不稳定的。

例 5.9　设系统状态方程为

$$\begin{cases}\dot{x}_1=x_2\\ \dot{x}_2=-x_1+x_2\end{cases}$$

试判断系统平衡状态的稳定性。

解：显然，原点为系统的平衡状态。选李雅普诺夫函数为下面的二次型函数，即

$$V(\boldsymbol{x})=x_1^2+x_2^2>0$$

$$\dot{V}(\boldsymbol{x})=2x_1\dot{x}_1+2x_2\dot{x}_2=2x_2^2\geqslant 0\quad（半正定）$$

由于当 x_1 为任意值且 $x_2=0$ 时，$\dot{V}(\boldsymbol{x})=0$，而

$$\dot{x}_2=-x_1+x_2=-x_1\neq 0$$

所以 $x_2=0$ 是暂时的，不会恒等于零。因此 $\dot{V}(\boldsymbol{x})=2x_2^2$ 也不会恒等于零。由定理 5.10 知，系统是不稳定的。

综上所述，利用李雅普诺夫第二法判断系统的稳定性，关键是如何构造一个满足条件的李雅普诺夫函数，而李雅普诺夫第二法本身并没有提供构造李雅普诺夫函数的一般方法。所以，尽管李雅普诺夫第二法在原理上是简单的，但在实际应用时并不是一件易事，尤其对于复杂的系统更是如此，需要有相当的经验和技巧。不过，对于线性系统和某些非线性系统，已经找到了一些可行的方法来构造李雅普诺夫函数。

5.4　李雅普诺夫方法在线性系统中的应用

针对常见的线性系统，从上述李雅普诺夫第二法中的基本定理出发，人们进一步找到了构造李雅普诺夫函数的方法以及判断系统渐近稳定的充要条件，从而使线性系统渐近稳定的判别变得简单。需要指出的是，李雅普诺夫第二法不仅用于分析线性定常系统的稳定性，而且对线性时变系统以及线性离散系统也能给出了相应的稳定性判据。

5.4.1　线性定常连续系统渐近稳定判据

定理 5.11　线性定常连续系统的状态方程为

$$\dot{\boldsymbol{x}}=\boldsymbol{A}\boldsymbol{x}\tag{5.20}$$

系统在平衡状态 $\boldsymbol{x}_e=0$ 处渐近稳定的充要条件是，对任意给定的一个正定对称矩阵 $\boldsymbol{Q}$，存在一个对称正定矩阵 $\boldsymbol{P}$，且满足矩阵方程

$$\boldsymbol{A}^{\mathrm{T}}\boldsymbol{P}+\boldsymbol{P}\boldsymbol{A}=-\boldsymbol{Q}\tag{5.21}$$

式中，$\boldsymbol{x}$ 是 n 维状态向量；$\boldsymbol{A}$ 是 $n\times n$ 阶常数矩阵，且是非奇异的。

证明：先证充分性。如果满足上述要求的 $\boldsymbol{P}$ 存在，则系统在 $\boldsymbol{x}_e=0$ 处是渐近稳定的。

设 $\boldsymbol{P}$ 是存在的，且 $\boldsymbol{P}$ 是正定的，即 $\boldsymbol{P}>0$，故选取 $V(\boldsymbol{x})=\boldsymbol{x}^{\mathrm{T}}\boldsymbol{P}\boldsymbol{x}$。由希尔维斯特判据知 $V(\boldsymbol{x})>0$，即是正定的，则有

$$\begin{aligned}\dot{V}(\boldsymbol{x})&=\frac{\mathrm{d}}{\mathrm{d}t}(\boldsymbol{x}^{\mathrm{T}}\boldsymbol{P}\boldsymbol{x})=\dot{\boldsymbol{x}}^{\mathrm{T}}\boldsymbol{P}\boldsymbol{x}+\boldsymbol{x}^{\mathrm{T}}\boldsymbol{P}\dot{\boldsymbol{x}}\\&=(\boldsymbol{A}\boldsymbol{x})^{\mathrm{T}}\boldsymbol{P}\boldsymbol{x}+\boldsymbol{x}^{\mathrm{T}}\boldsymbol{P}\boldsymbol{A}\boldsymbol{x}\\&=\boldsymbol{x}^{\mathrm{T}}\boldsymbol{A}^{\mathrm{T}}\boldsymbol{P}\boldsymbol{x}+\boldsymbol{x}^{\mathrm{T}}\boldsymbol{P}\boldsymbol{A}\boldsymbol{x}\\&=\boldsymbol{x}^{\mathrm{T}}(\boldsymbol{A}^{\mathrm{T}}\boldsymbol{P}+\boldsymbol{P}\boldsymbol{A})\boldsymbol{x}\\&=\boldsymbol{x}^{\mathrm{T}}(-\boldsymbol{Q})\boldsymbol{x}\end{aligned}$$

已知$\boldsymbol{Q}>0$，故$-\boldsymbol{Q}<0$，即$\dot{V}(\boldsymbol{x})$是负定的。因此，由定理5.6知，系统在$\boldsymbol{x}_e=0$处是渐近稳定的。

再证必要性。如果系统在$\boldsymbol{x}_e=0$是渐近稳定的，则必存在矩阵$\boldsymbol{P}$，满足方程$\boldsymbol{A}^{\mathrm{T}}\boldsymbol{P}+\boldsymbol{P}\boldsymbol{A}=-\boldsymbol{Q}$。

设合适的矩阵$\boldsymbol{P}$具有下面形式

$$\boldsymbol{P}=\int_0^{\infty}\mathrm{e}^{\boldsymbol{A}^{\mathrm{T}}t}\boldsymbol{Q}\mathrm{e}^{\boldsymbol{A}t}\mathrm{d}t$$

那么被积函数一定是具有$t^k\mathrm{e}^{\lambda t}$形式的诸项之和，其中$\lambda$是矩阵$\boldsymbol{A}$的特征值。因为系统是渐近稳定的，必有$\mathrm{Re}(\lambda)<0$，因此积分一定存在。

若将$\boldsymbol{P}$代入矩阵方程式（5.21），可得

$$\begin{aligned}\boldsymbol{A}^{\mathrm{T}}\boldsymbol{P}+\boldsymbol{P}\boldsymbol{A}&=\int_0^{\infty}\boldsymbol{A}^{\mathrm{T}}\mathrm{e}^{\boldsymbol{A}^{\mathrm{T}}t}\boldsymbol{Q}\mathrm{e}^{\boldsymbol{A}t}\mathrm{d}t+\int_0^{\infty}\mathrm{e}^{\boldsymbol{A}^{\mathrm{T}}t}\boldsymbol{Q}\mathrm{e}^{\boldsymbol{A}t}\boldsymbol{A}\mathrm{d}t\\&=\int_0^{\infty}\mathrm{d}(\mathrm{e}^{\boldsymbol{A}^{\mathrm{T}}t}\boldsymbol{Q}\mathrm{e}^{\boldsymbol{A}t})\\&=\mathrm{e}^{\boldsymbol{A}^{\mathrm{T}}t}\boldsymbol{Q}\mathrm{e}^{\boldsymbol{A}t}\Big|_0^{\infty}=-\boldsymbol{Q}\end{aligned}$$

在应用上述定理时，应注意下面几点：

1）如果任取一个正定矩阵$\boldsymbol{Q}$，则满足矩阵方程$\boldsymbol{A}^{\mathrm{T}}\boldsymbol{P}+\boldsymbol{P}\boldsymbol{A}=-\boldsymbol{Q}$的实对称矩阵$\boldsymbol{P}$是唯一的。若$\boldsymbol{P}$是正定的，则系统在$\boldsymbol{x}_e=0$处是渐近稳定的。$\boldsymbol{P}$的正定性是一个充要条件。

2）如果$\dot{V}(\boldsymbol{x})=\boldsymbol{x}^{\mathrm{T}}(-\boldsymbol{Q})\boldsymbol{x}$沿任一轨线不恒等于零，则$\boldsymbol{Q}$可取为半正定矩阵，结论不变。

3）为了计算方便，在选取正定对称矩阵$\boldsymbol{Q}$时，可选取$\boldsymbol{Q}=\boldsymbol{I}$，于是矩阵$\boldsymbol{P}$可按$\boldsymbol{A}^{\mathrm{T}}\boldsymbol{P}+\boldsymbol{P}\boldsymbol{A}=-\boldsymbol{I}$确定，然后检验$\boldsymbol{P}$是不是正定的。

例 5.10　设系统的状态方程为

$$\begin{bmatrix}\dot{x}_1\\\dot{x}_2\end{bmatrix}=\begin{bmatrix}0&1\\-1&-1\end{bmatrix}\begin{bmatrix}x_1\\x_2\end{bmatrix}$$

试确定系统在平衡状态处的稳定性。

解：（1）确定系统的平衡状态$\boldsymbol{x}_e$

由状态方程可知，状态空间的原点即$\boldsymbol{x}_e=0$是系统的平衡状态。

（2）取$\boldsymbol{Q}=\boldsymbol{I}$，则矩阵由下式确定

$$\boldsymbol{A}^{\mathrm{T}}\boldsymbol{P}+\boldsymbol{P}\boldsymbol{A}=-\boldsymbol{I}$$

即

$$\begin{bmatrix}0&-1\\1&-1\end{bmatrix}\begin{bmatrix}p_{11}&p_{12}\\p_{12}&p_{22}\end{bmatrix}+\begin{bmatrix}p_{11}&p_{12}\\p_{12}&p_{22}\end{bmatrix}\begin{bmatrix}0&1\\-1&-1\end{bmatrix}=\begin{bmatrix}-1&0\\0&-1\end{bmatrix}$$

（3）解矩阵方程$\boldsymbol{A}^{\mathrm{T}}\boldsymbol{P}+\boldsymbol{P}\boldsymbol{A}=-\boldsymbol{I}$，求出$\boldsymbol{P}$

将上述矩阵方程展成联立方程组，有

$$\begin{cases}-2p_{12}=-1\\p_{11}-p_{12}-p_{22}=0\\2p_{12}-2p_{22}=-1\end{cases}$$

解得

$$\boldsymbol{P}=\begin{bmatrix}p_{11} & p_{12}\\p_{12} & p_{22}\end{bmatrix}=\begin{bmatrix}1.5 & 0.5\\0.5 & 1\end{bmatrix}$$

（4）用希尔维斯特判据，判断 $\boldsymbol{P}$ 的正定性

$$\Delta_1=p_{11}=1.5>0$$

$$\Delta_2=|\boldsymbol{P}|=\begin{vmatrix}1.5 & 0.5\\0.5 & 1\end{vmatrix}=1.25>0$$

可知 $\boldsymbol{P}>0$，是正定的，所以系统在原点处的平衡状态是渐近稳定的。而系统的李雅普诺夫函数及其导数分别为

$$V(\boldsymbol{x})=\boldsymbol{x}^{\mathrm{T}}\boldsymbol{P}\boldsymbol{x}=\frac{1}{2}(3x_1^2+2x_1x_2+2x_2^2)$$

$$=\frac{1}{2}[2x_1^2+(x_1+x_2)^2+x_2^2]>0$$

$$\dot{V}(\boldsymbol{x})=\boldsymbol{x}^{\mathrm{T}}(-\boldsymbol{I})\boldsymbol{x}=-(x_1^2+x_2^2)<0$$

由定理 5.6 可以判定系统在平衡点处是大范围渐近稳定的。

例 5.11　控制系统结构图如图 5.9 所示。要求系统渐近稳定，试确定放大系数 K 的取值范围。

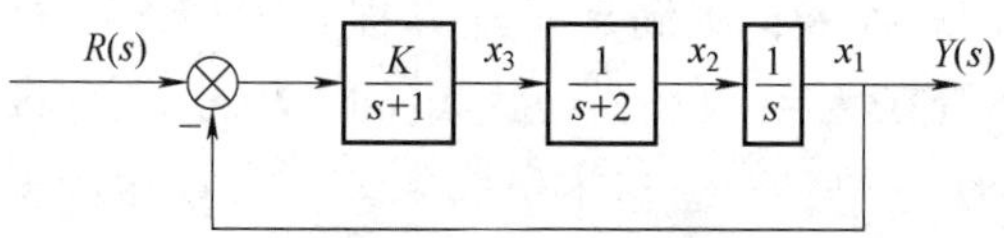

图 5.9　控制系统结构图

解：由系统结构图可求出系统的状态方程为

$$\begin{bmatrix}\dot{x}_1\\\dot{x}_2\\\dot{x}_3\end{bmatrix}=\begin{bmatrix}0 & 1 & 0\\0 & -2 & 1\\-K & 0 & -1\end{bmatrix}\begin{bmatrix}x_1\\x_2\\x_3\end{bmatrix}+\begin{bmatrix}0\\0\\K\end{bmatrix}u$$

分析系统稳定性时，可令输入 $u=0$。状态空间的原点为系统的平衡状态，即 $x_e=0$。

选取半正定实对称阵 $\boldsymbol{Q}$ 为

$$\boldsymbol{Q}=\begin{bmatrix}0 & 0 & 0\\0 & 0 & 0\\0 & 0 & 1\end{bmatrix}$$

没有选 $\boldsymbol{Q}$ 为正定实对称矩阵，是因为 $\dot{V}(\boldsymbol{x})$ 沿任意轨迹不恒等于零的原因，分析如下：

$$\dot{V}(\boldsymbol{x})=-\boldsymbol{x}^{\mathrm{T}}\boldsymbol{Q}\boldsymbol{x}=-x_3^2$$

显然，$\dot{V}(\boldsymbol{x})\equiv 0$ 的条件是 $x_3=0$。由状态方程可以看出，若 $x_3=0$，$\dot{x}_3=0$，则 x_1 和 x_2 也必须为零。因此，$\dot{V}(\boldsymbol{x})$ 恒为零的情况只有在原点处才成立，所以，$\boldsymbol{Q}$ 可取半正定矩阵。这样选

$\boldsymbol{Q}$ 的目的是使计算简化。

设 $\boldsymbol{P}$ 为实对称矩阵，具有如下形式

$$\boldsymbol{P}=\begin{bmatrix} p_{11} & p_{12} & p_{13} \\ p_{12} & p_{22} & p_{23} \\ p_{13} & p_{23} & p_{33} \end{bmatrix}$$

由定理 5.11 的矩阵方程 $\boldsymbol{A}^{\mathrm{T}}\boldsymbol{P}+\boldsymbol{P}\boldsymbol{A}=-\boldsymbol{Q}$ 得

$$\begin{bmatrix} 0 & 1 & 0 \\ 0 & -2 & 1 \\ -k & 0 & -1 \end{bmatrix}^{\mathrm{T}}\begin{bmatrix} p_{11} & p_{12} & p_{13} \\ p_{12} & p_{22} & p_{23} \\ p_{13} & p_{23} & p_{33} \end{bmatrix}+\begin{bmatrix} p_{11} & p_{12} & p_{13} \\ p_{12} & p_{22} & p_{23} \\ p_{13} & p_{23} & p_{33} \end{bmatrix}\begin{bmatrix} 0 & 1 & 0 \\ 0 & -2 & 1 \\ -k & 0 & -1 \end{bmatrix}=-\begin{bmatrix} 0 & 0 & 0 \\ 0 & 0 & 0 \\ 0 & 0 & 1 \end{bmatrix}$$

通过上式可解出

$$p_{11}=\frac{K^2+12K}{12-2K},p_{12}=\frac{6K}{12-2K},p_{13}=0$$

$$p_{22}=\frac{3K}{12-2K},p_{23}=\frac{K}{12-2K},p_{33}=\frac{6}{12-2K}$$

故实对称阵 $\boldsymbol{P}$ 为

$$\boldsymbol{P}=\begin{bmatrix} \dfrac{K^2+12K}{12-2K} & \dfrac{6K}{12-2K} & 0 \\ \dfrac{6K}{12-2K} & \dfrac{3K}{12-2K} & \dfrac{K}{12-2K} \\ 0 & \dfrac{K}{12-2K} & \dfrac{6}{12-2K} \end{bmatrix}$$

为了使 $\boldsymbol{P}$ 正定，根据希尔维斯特判据，有

$$12-2K>0，K>0$$

从而求出

$$0<K<6$$

所以，当 $0<K<6$ 时，系统在原点处的平衡状态是大范围渐近稳定的。

5.4.2　线性时变连续系统渐近稳定判据

定理 5.12　线性时变连续系统状态方程为

$$\dot{\boldsymbol{x}}=\boldsymbol{A}(t)\boldsymbol{x} \tag{5.22}$$

系统在平衡状态 $\boldsymbol{x}_e=0$ 处渐近稳定的充要条件是，对任意给定的连续正定对称矩阵 $\boldsymbol{Q}(t)$，存在一个连续的对称正定矩阵 $\boldsymbol{P}(t)$，使得

$$\dot{\boldsymbol{P}}(t)=-\boldsymbol{A}^{\mathrm{T}}(t)\boldsymbol{P}(t)-\boldsymbol{P}(t)\boldsymbol{A}(t)-\boldsymbol{Q}(t) \tag{5.23}$$

并且

$$V(\boldsymbol{x},t)=\boldsymbol{x}^{\mathrm{T}}(t)\boldsymbol{P}(t)\boldsymbol{x}(t) \tag{5.24}$$

是系统的李雅普诺夫函数。

证明：只证充分性，即如果满足上述要求的 $\boldsymbol{P}(t)$ 存在，则系统在 $\boldsymbol{x}_e=0$ 处是渐近稳定的。

设 $\boldsymbol{P}(t)$ 是存在的，且 $\boldsymbol{P}(t)$ 是正定的，即 $\boldsymbol{P}(t)>0$。故选取李雅普诺夫函数为

$$V(\boldsymbol{x},t)=\boldsymbol{x}^{\mathrm{T}}(t)\boldsymbol{P}(t)\boldsymbol{x}(t)$$

则 $V(\boldsymbol{x},t)$ 也是正定的，即 $V(\boldsymbol{x},t)>0$。

又 $V(\boldsymbol{x},t)$ 对时间的全导数为

$$\begin{aligned}\dot{V}(\boldsymbol{x},t)&=\dot{\boldsymbol{x}}^{\mathrm{T}}\boldsymbol{P}(t)\boldsymbol{x}+\boldsymbol{x}^{\mathrm{T}}\dot{\boldsymbol{P}}(t)\boldsymbol{x}+\boldsymbol{x}^{\mathrm{T}}\boldsymbol{P}(t)\dot{\boldsymbol{x}}\\&=[\boldsymbol{A}(t)\boldsymbol{x}]^{\mathrm{T}}\boldsymbol{P}(t)\boldsymbol{x}+\boldsymbol{x}^{\mathrm{T}}\dot{\boldsymbol{P}}(t)\boldsymbol{x}+\boldsymbol{x}^{\mathrm{T}}\boldsymbol{P}(t)[\boldsymbol{A}(t)\boldsymbol{x}]\\&=\boldsymbol{x}^{\mathrm{T}}\boldsymbol{A}^{\mathrm{T}}(t)\boldsymbol{P}(t)\boldsymbol{x}+\boldsymbol{x}^{\mathrm{T}}\dot{\boldsymbol{P}}(t)\boldsymbol{x}+\boldsymbol{x}^{\mathrm{T}}\boldsymbol{P}(t)\boldsymbol{A}(t)\boldsymbol{x}\\&=\boldsymbol{x}^{\mathrm{T}}[\boldsymbol{A}^{\mathrm{T}}(t)\boldsymbol{P}(t)+\dot{\boldsymbol{P}}(t)+\boldsymbol{P}(t)\boldsymbol{A}(t)]\boldsymbol{x}\\&=-\boldsymbol{x}^{\mathrm{T}}\boldsymbol{Q}(t)\boldsymbol{x}\end{aligned}$$

式中

$$\boldsymbol{Q}(t)=-\boldsymbol{A}^{\mathrm{T}}(t)\boldsymbol{P}(t)-\dot{\boldsymbol{P}}(t)-\boldsymbol{P}(t)\boldsymbol{A}(t)$$

若 $\boldsymbol{Q}(t)$ 为正定对称矩阵，则 $\dot{V}(\boldsymbol{x},t)$ 是负定的，由定理 5.6 可知，系统在 $\boldsymbol{x}_e=0$ 处是渐近稳定的。

上式又可写成下面形式的矩阵方程

$$\dot{\boldsymbol{P}}(t)=-\boldsymbol{A}^{\mathrm{T}}(t)\boldsymbol{P}(t)-\boldsymbol{P}(t)\boldsymbol{A}(t)-\boldsymbol{Q}(t)$$

该矩阵方程属于黎卡提（Riccati）矩阵微分方程，其解为

$$\boldsymbol{P}(t)=\boldsymbol{\Phi}^{\mathrm{T}}(t_0,t)\boldsymbol{P}(t_0)\boldsymbol{\Phi}(t_0,t)-\int_{t_0}^{t}\boldsymbol{\Phi}^{\mathrm{T}}(\tau,t)\boldsymbol{Q}(\tau)\boldsymbol{\Phi}(\tau,t)\mathrm{d}\tau \tag{5.25}$$

式中，$\boldsymbol{\Phi}(\tau,t)$ 为系统式（5.22）的状态转移矩阵；$\boldsymbol{P}(t_0)$ 为矩阵微分方程式（5.23）的初始条件。

特别地，当取 $\boldsymbol{Q}(t)=\boldsymbol{Q}=\boldsymbol{I}$ 时，则有

$$\boldsymbol{P}(t)=\boldsymbol{\Phi}^{\mathrm{T}}(t_0,t)\boldsymbol{P}(t_0)\boldsymbol{\Phi}(t_0,t)-\int_{t_0}^{t}\boldsymbol{\Phi}^{\mathrm{T}}(\tau,t)\boldsymbol{Q}(\tau)\boldsymbol{\Phi}(\tau,t)\mathrm{d}\tau \tag{5.26}$$

式（5.26）表明，当选取正定矩阵 $\boldsymbol{Q}=\boldsymbol{I}$ 时，可由 $\boldsymbol{\Phi}(\tau,t)$ 计算出 $\boldsymbol{P}(t)$，再根据 $\boldsymbol{P}(t)$ 是否具有连续、对称、正定性来判别线性时变系统的稳定性。

5.4.3 线性定常离散系统渐近稳定判据

定理 5.13 线性定常离散系统的状态方程为

$$\boldsymbol{x}(k+1)=\boldsymbol{G}\boldsymbol{x}(k) \tag{5.27}$$

系统在平衡状态 $\boldsymbol{x}_e=0$ 处渐近稳定的充要条件是，对任意给定的正定对称矩阵 $\boldsymbol{Q}$，存在一个正定对称矩阵 $\boldsymbol{P}$，满足如下矩阵方程

$$\boldsymbol{G}^{\mathrm{T}}\boldsymbol{P}\boldsymbol{G}-\boldsymbol{P}=-\boldsymbol{Q} \tag{5.28}$$

并且

$$V(\boldsymbol{x}(k))=\boldsymbol{x}^{\mathrm{T}}(k)\boldsymbol{P}\boldsymbol{x}(k) \tag{5.29}$$

是该系统的一个李雅普诺夫函数。式中，$\boldsymbol{G}$ 是 $n\times n$ 阶常系数非奇异矩阵。

证明： 设所选系统的一个李雅普诺夫函数为

$$V(\boldsymbol{x}(k))=\boldsymbol{x}^{\mathrm{T}}(k)\boldsymbol{P}\boldsymbol{x}(k)$$

因为 $\boldsymbol{P}$ 为正定对称矩阵，所以 $V(\boldsymbol{x}(k))$ 是正定的。对于离散系统，要用差分方程 $\Delta V(\boldsymbol{x}(k))$ 来代替连续系统中的 $\dot{V}(\boldsymbol{x},t)$，因此有

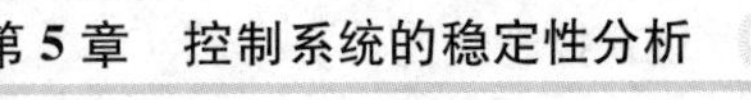

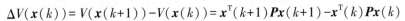

$$\Delta V(\boldsymbol{x}(k))=V(\boldsymbol{x}(k+1))-V(\boldsymbol{x}(k))=\boldsymbol{x}^{\mathrm{T}}(k+1)\boldsymbol{P}\boldsymbol{x}(k+1)-\boldsymbol{x}^{\mathrm{T}}(k)\boldsymbol{P}\boldsymbol{x}(k)$$

将状态方程式（5.27）带入上式，有

$$\begin{aligned}\Delta V(\boldsymbol{x}(k))&=[\boldsymbol{G}\boldsymbol{x}(k)]^{\mathrm{T}}\boldsymbol{P}[\boldsymbol{G}\boldsymbol{x}(k)]-\boldsymbol{x}^{\mathrm{T}}\boldsymbol{P}\boldsymbol{x}(k)\\&=\boldsymbol{x}^{\mathrm{T}}(k)[\boldsymbol{G}^{\mathrm{T}}\boldsymbol{P}\boldsymbol{G}-\boldsymbol{P}]\boldsymbol{x}(k)=-\boldsymbol{x}^{\mathrm{T}}(k)\boldsymbol{Q}\boldsymbol{x}(k)\end{aligned}$$

由于 $V(\boldsymbol{x}(k))$ 是正定的，根据渐近稳定的条件得

$$\Delta V(\boldsymbol{x}(k))=-\boldsymbol{x}^{\mathrm{T}}(k)\boldsymbol{Q}\boldsymbol{x}(k)$$

是负定的，也即

$$\boldsymbol{Q}=-(\boldsymbol{G}^{\mathrm{T}}\boldsymbol{P}\boldsymbol{G}-\boldsymbol{P})$$

是正定的。因此，对于 $\boldsymbol{P}>0$，系统渐近稳定的充分条件是 $\boldsymbol{Q}>0$。

反之，与线性定常连续系统类似，先给定一个实对称正定矩阵 $\boldsymbol{Q}$，然后由矩阵方程

$$\boldsymbol{G}^{\mathrm{T}}\boldsymbol{P}\boldsymbol{G}-\boldsymbol{P}=-\boldsymbol{Q}$$

解出 $\boldsymbol{P}$ 阵，若要使系统在平衡状态 $\boldsymbol{x}_e=0$ 处是渐近稳定的，则矩阵 $\boldsymbol{P}$ 为正定就是必要条件。

与线性定常连续系统相类似，在具体应用判据时，可先给定一个正定实对称矩阵 $\boldsymbol{Q}$，如选 $\boldsymbol{Q}=\boldsymbol{I}$，然后由 $\boldsymbol{G}^{\mathrm{T}}\boldsymbol{P}\boldsymbol{G}-\boldsymbol{P}=-\boldsymbol{I}$ 来验算所确定的实对称阵 $\boldsymbol{P}$ 是否正定，从而做出稳定性的结论。如果 $\Delta V(\boldsymbol{x}(k))=-\boldsymbol{x}^{\mathrm{T}}(k)\boldsymbol{Q}\boldsymbol{x}(k)$ 沿任一解的序列不恒等于零，则 $\boldsymbol{Q}$ 可取为半正定矩阵。

例 5.12　设离散系统的状态方程为

$$\boldsymbol{x}(k+1)=\boldsymbol{G}\boldsymbol{x}(k)$$

且

$$\boldsymbol{G}=\begin{bmatrix}0&1&0\\0&0&1\\0&\dfrac{K}{2}&0\end{bmatrix}\quad(K>0)$$

试求系统在平衡状态 $\boldsymbol{x}_e=0$ 处为渐近稳定的 K 值范围。

解：选取 $\boldsymbol{Q}=\boldsymbol{I}$，令

$$\boldsymbol{P}=\begin{bmatrix}p_{11}&p_{12}&p_{13}\\p_{12}&p_{22}&p_{23}\\p_{13}&p_{23}&p_{33}\end{bmatrix}$$

代入矩阵方程式（5.28），有

$$\begin{bmatrix}0&0&0\\1&0&0.5K\\0&1&0\end{bmatrix}\begin{bmatrix}p_{11}&p_{12}&p_{13}\\p_{12}&p_{22}&p_{23}\\p_{13}&p_{23}&p_{33}\end{bmatrix}\begin{bmatrix}0&1&0\\0&0&1\\0&0.5K&0\end{bmatrix}-\begin{bmatrix}p_{11}&p_{12}&p_{13}\\p_{12}&p_{22}&p_{23}\\p_{13}&p_{23}&p_{33}\end{bmatrix}=\begin{bmatrix}-1&0&0\\0&-1&0\\0&0&-1\end{bmatrix}$$

展开上面矩阵方程并整理，有

$$\begin{bmatrix}-p_{11}&-p_{12}&-p_{13}\\p_{12}&p_{11}-p_{12}+K-p_{13}+(0.5K)^2p_{23}&p_{12}-(1-0.5K)p_{23}\\-p_{31}&p_{12}-(1-0.5K)p_{23}&p_{22}-p_{33}\end{bmatrix}=\begin{bmatrix}-1&0&0\\0&-1&0\\0&0&-1\end{bmatrix}$$

解上面方程，得

$$P=\begin{bmatrix}1 & 0 & 0\\ 0 & \dfrac{2+0.25K^2}{1-0.25K^2} & 0\\ 0 & 0 & \dfrac{3}{1-0.25K^2}\end{bmatrix}$$

由定理 5.13 可知，系统稳定的充要条件是 $\boldsymbol{P}$ 必须正定，即

$$1-0.25K^2>0$$

亦即 $0<K<2$。

5.4.4 线性时变离散系统渐近稳定判据

定理 5.14 线性时变离散系统的状态方程为

$$\boldsymbol{x}(k+1)=\boldsymbol{G}(k+1,k)\boldsymbol{x}(k) \tag{5.30}$$

系统在平衡状态 $\boldsymbol{x}_e=0$ 处大范围渐近稳定的充要条件是，对任意给定的正定对称矩阵 $\boldsymbol{Q}(k)$，存在一个实对称正定矩阵 $\boldsymbol{P}(k+1)$，满足如下矩阵方程

$$\boldsymbol{G}^{\mathrm{T}}(k+1,k)\boldsymbol{P}(k+1)\boldsymbol{G}(k+1,k)-\boldsymbol{P}(k)=-\boldsymbol{Q}(k) \tag{5.31}$$

且标量函数

$$V(\boldsymbol{x}(k),k)=\boldsymbol{x}^{\mathrm{T}}(k)\boldsymbol{P}(k)\boldsymbol{x}(k) \tag{5.32}$$

为该系统的李雅普诺夫函数。

证明：只证充分性。选取李雅普诺夫函数为

$$V(\boldsymbol{x}(k),k)=\boldsymbol{x}^{\mathrm{T}}(k)\boldsymbol{P}(k)\boldsymbol{x}(k)$$

由于 $\boldsymbol{P}(k)$ 是正定的，故 $V(\boldsymbol{x}(k),k)$ 是正定的。取李雅普诺夫函数的一阶差分为

$$\begin{aligned}\Delta V(\boldsymbol{x}(k),k)&=V(\boldsymbol{x}(k+1),k+1)-V(\boldsymbol{x}(k),k)\\&=\boldsymbol{x}^{\mathrm{T}}(k+1)\boldsymbol{P}(k+1)\boldsymbol{x}(k+1)-\boldsymbol{x}^{\mathrm{T}}(k)\boldsymbol{P}(k)\boldsymbol{x}(k)\\&=\boldsymbol{x}^{\mathrm{T}}(k)\boldsymbol{G}^{\mathrm{T}}(k+1,k)\boldsymbol{P}(k+1)\boldsymbol{G}(k+1,k)\boldsymbol{x}(k)-\boldsymbol{x}^{\mathrm{T}}(k)\boldsymbol{P}(k)\boldsymbol{x}(k)\\&=\boldsymbol{x}^{\mathrm{T}}(k)[\boldsymbol{G}^{\mathrm{T}}(k+1,k)\boldsymbol{P}(k+1)\boldsymbol{G}(k+1,k)-\boldsymbol{P}(k)]\boldsymbol{x}(k)\\&=-\boldsymbol{x}^{\mathrm{T}}(k)\boldsymbol{Q}(k)\boldsymbol{x}(k)\end{aligned}$$

故

$$\boldsymbol{Q}(k)=-[\boldsymbol{G}^{\mathrm{T}}(k+1,k)\boldsymbol{G}(k+1,k)-\boldsymbol{P}(k)]$$

由渐近稳定的充要条件知，当 $\boldsymbol{P}(k)>0$ 正定时，$\boldsymbol{Q}(k)$ 必须是正定的，才能使

$$\Delta V(\boldsymbol{x}(k),k)=-\boldsymbol{x}^{\mathrm{T}}(k)\boldsymbol{Q}(k)\boldsymbol{x}(k)$$

为负定。

在具体运用定理 5.14 时，与线性连续系统情况相类似，可先给定一个正定的实对称矩阵 $\boldsymbol{Q}(k)$，然后验算由

$$\boldsymbol{G}^{\mathrm{T}}(k+1,k)\boldsymbol{P}(k+1)\boldsymbol{G}(k+1,k)-\boldsymbol{P}(k)=-\boldsymbol{Q}(k)$$

所确定的矩阵 $\boldsymbol{P}(k)$ 是否正定。

差分方程式（5.31）的解为

$$\boldsymbol{P}(k+1)=\boldsymbol{G}^{\mathrm{T}}(0,k+1)\boldsymbol{P}(0)\boldsymbol{G}(0,k+1)-\sum_{i=0}^{k}\boldsymbol{G}^{\mathrm{T}}(i,k+1)\boldsymbol{Q}(i)\boldsymbol{G}(i,k+1) \tag{5.33}$$

式中，$\boldsymbol{G}(i,k+1)$ 为转移矩阵；$\boldsymbol{P}(0)$ 为初始条件。

当取 $\boldsymbol{Q}(i)=\boldsymbol{I}$ 时，有

$$\boldsymbol{P}(k+1)=\boldsymbol{G}^{\mathrm{T}}(0,k+1)\boldsymbol{P}(0)\boldsymbol{G}(0,k+1)-\sum_{i=0}^{k}\boldsymbol{G}^{\mathrm{T}}(i,k+1)\boldsymbol{G}(i,k+1) \tag{5.34}$$

5.5　李雅普诺夫方法在非线性系统中的应用

由 5.4 节可知，对于线性系统，从李雅普诺夫第二法的基本定理出发，人们已经找到了构造李雅普诺夫函数的一般性方法以及判断系统渐近稳定的充要条件。由于是充要条件，因此若满足该条件，则系统的平衡点是渐近稳定的，否则，平衡点就不是渐近稳定的。此外，若系统是渐近稳定的，则必定是大范围渐近稳定的。

对于非线性系统，由于非线性系统的多样性和复杂性，人们至今没有找到构造李雅普诺夫函数的统一方法。但针对不同类型的非线性系统，已经找到了若干构造李雅普诺夫函数的特殊方法。本节将从李雅普诺夫第二法出发，介绍两种非线性系统的李雅普诺夫函数构造方法以及判断渐近稳定的充分条件，即克拉索夫斯基（Krasovskii）法和变量-梯度法。

5.5.1　克拉索夫斯基法

前面已介绍过，李雅普诺夫函数是“广义的能量函数”，它是一个标量，在选取时，为了方便，通常是选为由状态向量 $\boldsymbol{x}$ 所构成的二次型函数。但是，对于某些非线性系统，一个可能的李雅普诺夫函数宁可用 $\dot{\boldsymbol{x}}$ 来表示，而不用状态向量 $\boldsymbol{x}$ 表示，如克拉索夫斯基法就是把李雅普诺夫函数选取为 $\dot{\boldsymbol{x}}$ 的欧几里德范数，即 $V=\|\dot{\boldsymbol{x}}\|$。

在此预先指出，下面所要介绍的克拉索夫斯基定理并不受平衡状态微小偏离的限制，它与通常的线性化方法有本质的区别。克拉索夫斯基定理对于非线性系统，给出了大范围内渐近稳定的充分条件，而对于线性系统给出了充要条件。对于非线性系统的一个平衡状态，即使不满足定理所要求的条件，系统也可能是稳定的。因此，在应用克拉索夫斯基定理时必须小心，防止对给定非线性系统平衡状态的稳定性做出错误的结论。

在非线性系统中，可能存在有多个平衡状态，这时能够通过适当的坐标变换，将任一孤立的平衡状态转换到状态空间的原点。所以，本节所研究的平衡状态取作原点。

定理 5.15　设系统的状态方程为

$$\dot{\boldsymbol{x}}=\boldsymbol{f}(\boldsymbol{x}) \tag{5.35}$$

式中，$\boldsymbol{x}$ 为 n 维状态向量；$\boldsymbol{f}(\boldsymbol{x})$ 为 n 维向量函数。

已知系统的平衡状态为坐标原点，即 $\boldsymbol{f}(0)=0$。假定 $\boldsymbol{f}(\boldsymbol{x})$ 对 $x_i(i=1,2,\cdots,n)$ 是可微的，系统的雅可比矩阵 $\boldsymbol{J}(\boldsymbol{x})$ 为

$$\boldsymbol{J}(\boldsymbol{x})=\frac{\partial \boldsymbol{f}(\boldsymbol{x})}{\partial \boldsymbol{x}^{\mathrm{T}}}=\begin{bmatrix}\dfrac{\partial f_1}{\partial x_1} & \dfrac{\partial f_1}{\partial x_2} & \cdots & \dfrac{\partial f_1}{\partial x_n}\\ \dfrac{\partial f_2}{\partial x_1} & \dfrac{\partial f_2}{\partial x_2} & \cdots & \dfrac{\partial f_2}{\partial x_n}\\ \vdots & \vdots & & \vdots\\ \dfrac{\partial f_n}{\partial x_1} & \dfrac{\partial f_n}{\partial x_2} & \cdots & \dfrac{\partial f_n}{\partial x_n}\end{bmatrix} \tag{5.36}$$

则该系统在平衡状态 $\boldsymbol{x}_e=0$ 处是渐近稳定的充分条件是，下列矩阵

$$\hat{\boldsymbol{J}}(\boldsymbol{x})=\boldsymbol{J}^{\mathrm{T}}(\boldsymbol{x})+\boldsymbol{J}(\boldsymbol{x}) \tag{5.37}$$

在所有 $\boldsymbol{x}$ 处都是负定的，并且 $V(\boldsymbol{x})$ 是李雅普诺夫函数，即

$$V(\boldsymbol{x})=\dot{\boldsymbol{x}}^{\mathrm{T}}\boldsymbol{x}=\boldsymbol{f}^{\mathrm{T}}(\boldsymbol{x})\boldsymbol{f}(\boldsymbol{x}) \tag{5.38}$$

如果当 $\|x\|\to\infty$ 时，有 $\boldsymbol{f}^{\mathrm{T}}(\boldsymbol{x})\boldsymbol{f}(\boldsymbol{x})\to\infty$，则系统在平衡状态 $\boldsymbol{x}_e=0$ 处是大范围渐近稳定的。

证明：首先证当 $\hat{\boldsymbol{J}}(\boldsymbol{x})$ 为负定时，$V(\boldsymbol{x})$ 是正定的。

因为对任意的 n 维状态向量 $\boldsymbol{x}$，有

$$\begin{aligned}\boldsymbol{x}^{\mathrm{T}}\hat{\boldsymbol{J}}(\boldsymbol{x})\boldsymbol{x}&=\boldsymbol{x}^{\mathrm{T}}[\boldsymbol{J}^{\mathrm{T}}(\boldsymbol{x})+\boldsymbol{J}(\boldsymbol{x})]\boldsymbol{x}\\&=\boldsymbol{x}^{\mathrm{T}}\boldsymbol{J}^{\mathrm{T}}(\boldsymbol{x})\boldsymbol{x}+\boldsymbol{x}^{\mathrm{T}}\boldsymbol{J}(\boldsymbol{x})\boldsymbol{x}\\&=[\boldsymbol{x}^{\mathrm{T}}\boldsymbol{J}(\boldsymbol{x})\boldsymbol{x}]^{\mathrm{T}}+\boldsymbol{x}^{\mathrm{T}}\boldsymbol{J}(\boldsymbol{x})\boldsymbol{x}\\&=2\boldsymbol{x}^{\mathrm{T}}\boldsymbol{J}(\boldsymbol{x})\boldsymbol{x}\end{aligned}$$

式中，$\boldsymbol{x}^{\mathrm{T}}\boldsymbol{J}(\boldsymbol{x})\boldsymbol{x}$ 是标量，它等于自身的转置。

上式表明，当 $\hat{\boldsymbol{J}}(\boldsymbol{x})$ 是负定的，$\boldsymbol{J}(\boldsymbol{x})$ 也是负定的，也就有 $\boldsymbol{x}\neq0$ 时，$\boldsymbol{J}(\boldsymbol{x})\neq0$。又由于

$$\boldsymbol{J}(\boldsymbol{x})=\frac{\partial\boldsymbol{f}(\boldsymbol{x})}{\partial\boldsymbol{x}^{\mathrm{T}}}$$

所以在 $\boldsymbol{x}\neq0$ 时，$\boldsymbol{f}(\boldsymbol{x})\neq0$。又已知当 $\boldsymbol{x}=0$ 时，$\boldsymbol{f}(\boldsymbol{x})=\boldsymbol{f}(0)=0$，所以有

$$V(\boldsymbol{x})=\boldsymbol{f}^{\mathrm{T}}(\boldsymbol{x})\boldsymbol{f}(\boldsymbol{x})=\begin{cases}0 & (\boldsymbol{x}=0)\\ \text{正数} & (\boldsymbol{x}\neq0)\end{cases}$$

这表明，当 $\hat{\boldsymbol{J}}(\boldsymbol{x})$ 为负定时，$V(\boldsymbol{x})$ 是正定的。

其次证明当 $\hat{\boldsymbol{J}}(\boldsymbol{x})$ 为负定时，$\dot{V}(\boldsymbol{x})$ 是负定的。

由于

$$\dot{\boldsymbol{f}}(\boldsymbol{x})=\frac{\mathrm{d}\boldsymbol{f}(\boldsymbol{x})}{\mathrm{d}t}=\frac{\partial\boldsymbol{f}(\boldsymbol{x})}{\partial\boldsymbol{x}^{\mathrm{T}}}\frac{\mathrm{d}\boldsymbol{x}}{\mathrm{d}t}=\boldsymbol{J}(\boldsymbol{x})\boldsymbol{f}(\boldsymbol{x})$$

因此有

$$\begin{aligned}\dot{V}(\boldsymbol{x})&=\dot{\boldsymbol{f}}^{\mathrm{T}}(\boldsymbol{x})\boldsymbol{f}(\boldsymbol{x})+\boldsymbol{f}^{\mathrm{T}}(\boldsymbol{x})\dot{\boldsymbol{f}}(\boldsymbol{x})\\&=[\boldsymbol{J}(\boldsymbol{x})\boldsymbol{f}(\boldsymbol{x})]^{\mathrm{T}}+\boldsymbol{f}^{\mathrm{T}}(\boldsymbol{x})[\boldsymbol{J}(\boldsymbol{x})\boldsymbol{f}(\boldsymbol{x})]\\&=\boldsymbol{f}^{\mathrm{T}}(\boldsymbol{x})\boldsymbol{J}^{\mathrm{T}}(\boldsymbol{x})+\boldsymbol{f}^{\mathrm{T}}(\boldsymbol{x})\boldsymbol{J}(\boldsymbol{x})\boldsymbol{f}(\boldsymbol{x})\\&=\boldsymbol{f}^{\mathrm{T}}(\boldsymbol{x})[\boldsymbol{J}^{\mathrm{T}}(\boldsymbol{x})+\boldsymbol{J}(\boldsymbol{x})]\boldsymbol{f}(\boldsymbol{x})\\&=\boldsymbol{f}^{\mathrm{T}}(\boldsymbol{x})\hat{\boldsymbol{J}}(\boldsymbol{x})\end{aligned}$$

如果 $\hat{\boldsymbol{J}}(\boldsymbol{x})$ 是负定的，则 $\dot{V}(\boldsymbol{x})$ 也是负定的。所以系统在平衡状态 $\boldsymbol{x}_e=0$ 处是渐近稳定的，$V(\boldsymbol{x})$ 是一个李雅普诺夫函数。如果随着 $\|\boldsymbol{x}\|\to\infty$，$\boldsymbol{f}^{\mathrm{T}}(\boldsymbol{x})\boldsymbol{f}(\boldsymbol{x})$ 也趋于无穷大，则由定理 5.6 可知，系统在平衡状态 $\boldsymbol{x}_e=0$ 处是大范围渐近稳定的。

关于定理 5.15 的几点说明如下：

1）该定理仅是系统在平衡状态处渐近稳定的充分条件，若 $\hat{\boldsymbol{J}}(\boldsymbol{x})$ 不是负定的，则不能得出任何结论，此时这种方法无效。

2）使 $\hat{\boldsymbol{J}}(\boldsymbol{x})$ 为负定的必要条件是 $\boldsymbol{J}(\boldsymbol{x})$ 主对角线上的所有元素均不为零，即

$$\frac{\partial f_i(\boldsymbol{x})}{\partial\boldsymbol{x}}\neq0\quad(i=1,2,\cdots,n)$$

这实际上要求状态方程中第 i 个方程要含有 x_i 这个状态分量，否则 $\hat{\boldsymbol{J}}(\boldsymbol{x})$ 就不可能是负定

的。因此当给定需要判别稳定性的系统状态方程时，首先要观察其右端函数 $\boldsymbol{f}(\boldsymbol{x})$ 是否满足上述条件，若不满足，则不能采用克拉索夫斯基法。

3）线性系统可看作非线性系统的特殊情况，故该定理也适用于线性定常系统。设 $\dot{\boldsymbol{x}}=\boldsymbol{A}\boldsymbol{x}$，所以有

$$\boldsymbol{J}(\boldsymbol{x})=\frac{\partial \boldsymbol{f}(\boldsymbol{x})}{\partial \boldsymbol{x}^{\mathrm{T}}}=\boldsymbol{A},\hat{\boldsymbol{J}}(\boldsymbol{x})=\boldsymbol{A}+\boldsymbol{A}^{\mathrm{T}}$$

若 $\boldsymbol{A}$ 为非奇异矩阵，则当 $\hat{\boldsymbol{J}}(\boldsymbol{x})$ 为负定时，系统在平衡状态 $\boldsymbol{x}_e=0$ 处是渐近稳定的。李雅普诺夫函数为

$$V(\boldsymbol{x})=\dot{\boldsymbol{x}}^{\mathrm{T}}\boldsymbol{x}=\boldsymbol{x}^{\mathrm{T}}(\boldsymbol{A}^{\mathrm{T}}\boldsymbol{A})\boldsymbol{x}$$

4）克拉索夫斯基法的适用范围如下：

① 非线性特性能用解析表达式表示的单值函数。

② 非线性函数 $\boldsymbol{f}(\boldsymbol{x})$ 对 $x_i(i=1,2,\cdots,n)$ 是可导的。

③ $\dfrac{\partial \boldsymbol{f}_i(\boldsymbol{x})}{\partial x_i}\neq 0$。

例 5.13　设系统状态方程为

$$\begin{cases}\dot{x}_1=-3x_1+x_2\\ \dot{x}_2=x_1^2\end{cases}$$

若采用克拉索夫斯基法判断系统在 $\boldsymbol{x}_e=0$ 处的稳定性，则由

$$\boldsymbol{f}(\boldsymbol{x})=\begin{bmatrix}-3x_1+x_2\\ x_1^2\end{bmatrix}$$

得

$$\boldsymbol{J}(\boldsymbol{x})=\begin{bmatrix}\dfrac{\partial f_1}{\partial x_1} & \dfrac{\partial f_1}{\partial x_2}\\ \dfrac{\partial f_2}{\partial x_1} & \dfrac{\partial f_2}{\partial x_2}\end{bmatrix}=\begin{bmatrix}-3 & 1\\ 2x_1 & 0\end{bmatrix}$$

$$\hat{\boldsymbol{J}}(\boldsymbol{x})=\boldsymbol{J}^{\mathrm{T}}(\boldsymbol{x})+\boldsymbol{J}(\boldsymbol{x})=\begin{bmatrix}-6 & 1+2x_1\\ 1+2x_1 & 0\end{bmatrix}$$

由希尔维斯特准则得

$$\Delta_1=-6<0,\quad \Delta_2=\begin{vmatrix}-6 & 1+2x_1\\ 1+2x_1 & 0\end{vmatrix}=-(1+2x_1)^2\leqslant 0$$

故 $\hat{\boldsymbol{J}}(\boldsymbol{x})$ 不是负定的。这是由于 $f_2(\boldsymbol{x})=x_1^2$ 中不含 x_2，因此这种情况下不能采用定理 5.15。

例 5.14　利用克拉索夫斯基定理确定下列系统在平衡状态 $\boldsymbol{x}_e=0$ 处的稳定性。

$$\begin{cases}\dot{x}_1=-x_1\\ \dot{x}_2=x_1-x_2-x_2^3\end{cases}$$

解：根据系统状态方程，有

$$f_1(\boldsymbol{x})=-x_1,f_2(\boldsymbol{x})=x_1-x_2-x_2^3,\boldsymbol{f}(\boldsymbol{x})=\begin{bmatrix}f_1(x)\\ f_2(x)\end{bmatrix}$$

$$\boldsymbol{J}(\boldsymbol{x})=\begin{bmatrix}-1 & 0\\ 1 & -1-3x_2^2\end{bmatrix}$$

$$\hat{\boldsymbol{J}}(\boldsymbol{x})=\boldsymbol{J}^{\mathrm{T}}(\boldsymbol{x})+\boldsymbol{J}(\boldsymbol{x})=\begin{bmatrix}-2 & 1\\ 1 & -2-6x_2^2\end{bmatrix}$$

由于 $\hat{\boldsymbol{J}}(\boldsymbol{x})$ 对所有 $\boldsymbol{x}\neq 0$ 是负定的，故系统在平衡状态 $\boldsymbol{x}_e=0$ 处是渐近稳定的。此外，随着 $\|\boldsymbol{x}\|\to\infty$，有

$$\boldsymbol{f}^{\mathrm{T}}(\boldsymbol{x})\boldsymbol{f}(\boldsymbol{x})=x_1^2+(x_1-x_2-x_2^3)^2\to\infty$$

所以系统在平衡状态 $\boldsymbol{x}_e=0$ 处是大范围渐近稳定的。

5.5.2　变量-梯度法

由舒尔茨（Schultz）和基布逊（Gibson）在 1962 年提出的变量-梯度法，为非线性系统构造李雅普诺夫函数提供了一种比较实用的方法。

1. 变量-梯度法的基本思想

设不受外部作用的非线性系统

$$\dot{\boldsymbol{x}}=\boldsymbol{f}(\boldsymbol{x},t)$$

的平衡状态是状态空间原点。先假设找到了判断其渐近稳定的李雅普诺夫函数 $V(\boldsymbol{x})$，它是状态 $\boldsymbol{x}$ 的显函数，而不是时间 t 的显函数，并且 $V(\boldsymbol{x})$ 的梯度 grad$\boldsymbol{V}$ 存在。grad$\boldsymbol{V}$ 是下面的 n 维列向量

$$\mathrm{grad}\boldsymbol{V}=\begin{bmatrix}\dfrac{\partial V}{\partial x_1}\\ \vdots\\ \dfrac{\partial V}{\partial x_n}\end{bmatrix}\text{或写成 }\nabla\boldsymbol{V}=\begin{bmatrix}\dfrac{\partial V}{\partial x_1}\\ \vdots\\ \dfrac{\partial V}{\partial x_n}\end{bmatrix}=\begin{bmatrix}\nabla V_1\\ \vdots\\ \nabla V_n\end{bmatrix}\tag{5.39}$$

舒尔茨和基布逊建议，先把 grad$\boldsymbol{V}$ 假设为某种形式，并由此求出符合要求的 $V(\boldsymbol{x})$ 和 $\dot{V}(\boldsymbol{x})$。由

$$\dot{V}(\boldsymbol{x})=\frac{\partial V}{\partial x_1}\dot{x}_1+\frac{\partial V}{\partial x_2}\dot{x}_2+\cdots+\frac{\partial V}{\partial x_n}\dot{x}_n=(\mathrm{grad}\boldsymbol{V})^{\mathrm{T}}\dot{\boldsymbol{x}}\tag{5.40}$$

可知，$V(\boldsymbol{x})$ 可由 grad$\boldsymbol{V}$ 作线性积分来求取，即

$$\begin{aligned}V(\boldsymbol{x})&=\int_0^t\dot{V}(\boldsymbol{x})\,\mathrm{d}t=\int_0^t(\mathrm{grad}\boldsymbol{V})^{\mathrm{T}}\dot{\boldsymbol{x}}\,\mathrm{d}t\\&=\int_0^x(\mathrm{grad}\boldsymbol{V})^{\mathrm{T}}\mathrm{d}\boldsymbol{x}=\int_0^x\sum_{i=1}^n\nabla V_i\,\mathrm{d}x_i\end{aligned}\tag{5.41}$$

式中，积分上限 $\boldsymbol{x}$ 是空间的一点 $[x_1,x_2,\cdots,x_n]$。

若对 grad$\boldsymbol{V}$ 施加一点限制，可以做到上述积分与路径无关，也就是若满足 grad$\boldsymbol{V}$ 的 n 维旋度等于零，即 $\mathrm{rot}(\mathrm{grad}\boldsymbol{V})=0$，则 V 可视为保守场，而式（5.41）与积分路径无关。

$\mathrm{rot}(\mathrm{grad}\boldsymbol{V})=0$ 的充要条件是 grad$\boldsymbol{V}$ 的雅克比矩阵

$$\frac{\partial}{\partial\boldsymbol{x}}(\mathrm{grad}\boldsymbol{V})=\begin{bmatrix}\dfrac{\partial\nabla V_1}{\partial x_1} & \dfrac{\partial\nabla V_1}{\partial x_2} & \cdots & \dfrac{\partial\nabla V_1}{\partial x_n}\\ \vdots & \vdots & & \vdots\\ \dfrac{\partial\nabla V_n}{\partial x_1} & \dfrac{\partial\nabla V_n}{\partial x_2} & \cdots & \dfrac{\partial\nabla V_n}{\partial x_n}\end{bmatrix}$$

是对称矩阵，即

$$\frac{\partial \nabla V_i}{\partial x_j}=\frac{\partial \nabla V_j}{\partial x_i} \quad (i,j=1,2,\cdots,n) \tag{5.42}$$

当上述条件满足时，式（5.41）的积分路径可以任意选择，当然可以选择一条简单的路径，即依序沿各个坐标轴 x_i 方向积分：

$$V(\boldsymbol{x})=\int_0^{x_1(x_2=x_3=\cdots=x_n=0)}\nabla V_1\mathrm{d}x_1+\int_0^{x_2(x_1=x_1,x_3=\cdots=x_n=0)}\nabla V_2\mathrm{d}x_2+\cdots+\int_0^{x_n(x_1=x_1,\cdots,x_{n-1}=x_{n-1}=0)}\nabla V_n\mathrm{d}x_n \tag{5.43}$$

若按上述方法构造出的李雅普诺夫函数，满足 $\dot{V}(\boldsymbol{x})$ 是负定的，而 $V(\boldsymbol{x})$ 是正定的，则系统在平衡点 $\boldsymbol{x}_e=0$ 处是渐近稳定的。

2. 构造 $V(x)$ 的一般步骤

综上所述，按变量-梯度法构造李雅普诺夫函数的步骤如下：

1）首先将李雅普诺夫函数的梯度设为如下形式

$$\mathrm{grad}\boldsymbol{V}=\begin{bmatrix} a_{11}x_1+a_{12}x_2+\cdots+a_{1n}x_n \\ a_{21}x_1+a_{22}x_2+\cdots+a_{2n}x_n \\ \vdots \\ a_{n1}x_1+a_{n2}x_2+\cdots+a_{nn}x_n \end{bmatrix} \tag{5.44}$$

式中，$a_{ij}(i,j=1,2,\cdots,n)$ 为待定系数，它们可以是常数，也可以是 t 的函数，或者是 x_1，x_2，…，x_n 的函数，通常将 a_{ij} 选为常数。

2）利用式（5.40）由 $\mathrm{grad}\boldsymbol{V}$ 构成 $\dot{V}(\boldsymbol{x})$。由 $\dot{V}(\boldsymbol{x})$ 是负定的条件，可以决定一部分待定参数 a_{ij}。

3）按限制条件式（5.42），决定其余待定参数 a_{ij}。

4）按式（5.43）作线性积分求出 $V(\boldsymbol{x})$，并验证其正定性。若不是正定的，则重新选择待定参数 a_{ij}，直到 $V(\boldsymbol{x})$ 是正定为止。

5）确定渐近稳定范围。

例 5.15　设系统方程为

$$\begin{cases}\dot{x}_1=-x_1+2x_1^2x_2 \\ \dot{x}_2=-x_2\end{cases}$$

利用变量-梯度法构造李雅普诺夫函数，并分析系统的稳定性。

解：设 $V(\boldsymbol{x})$ 的梯度为

$$\nabla\boldsymbol{V}=\begin{bmatrix} a_{11}x_1+a_{12}x_2 \\ a_{21}x_1+a_{22}x_2 \end{bmatrix}=\begin{bmatrix}\nabla V_1 \\ \nabla V_2\end{bmatrix}$$

则由 $\nabla\boldsymbol{V}$ 可写出 $\dot{V}(\boldsymbol{x})$，由式（5.40）得

$$\begin{aligned}\dot{V}(\boldsymbol{x})&=(\nabla\boldsymbol{V})^{\mathrm{T}}\dot{\boldsymbol{x}}=(a_{11}x_1+a_{12}x_2)\dot{x}_1+(a_{21}x_1+a_{22}x_2)\dot{x}_2 \\ &=-a_{11}x_1^2+2a_{11}x_1^3x_2-a_{12}x_1x_2+2a_{12}x_1^2x_2^2-a_{21}x_1x_2-a_{22}x_2^2\end{aligned}$$

又由限制条件式（5.42）得

$$\frac{\partial\nabla V_1}{\partial x_2}=a_{12}=\frac{\partial\nabla V_2}{\partial x_1}=a_{21}$$

故取 $a_{11}=1$，$a_{22}=2$，$a_{12}=a_{21}=0$，则有

$$\dot{V}(\boldsymbol{x})=-x_1^2-2x_2^2+2x_1^3x_2=-2x_2^2-x_1^2(1-2x_1x_2)$$

所以若 $1-2x_1x_2>0$，即 $2x_1x_2<1$，则 $\dot{V}(\boldsymbol{x})$ 是负定的。按式（5.43）作线性积分，有

$$V(\boldsymbol{x})=\int_0^{x_1}\nabla V_1\mathrm{d}x_1+\int_0^{x_2}\nabla V_2\mathrm{d}x_2=\frac{1}{2}x_1^2+x_2^2$$

可以看出，$V(\boldsymbol{x})$ 是正定的。因此，在 $2x_1x_2<1$ 的范围内，系统在 $\boldsymbol{x}_e=0$ 处是渐近稳定的。

必须指出，若用这种方法不能构造出满足要求的李雅普诺夫函数，并不意味着平衡状态是不稳定的。

5.6 利用 MATLAB 分析系统的稳定性

1. 李雅普诺夫第一法

例 5.16 某控制系统的状态方程描述如下，试判断其稳定性。

$$\boldsymbol{A}=\begin{bmatrix}-3&-6&-2&-1\\1&0&0&0\\0&1&0&0\\0&0&1&0\end{bmatrix},\quad \boldsymbol{B}=\begin{bmatrix}1\\0\\0\\0\end{bmatrix}$$

$$\boldsymbol{C}=[0\quad 0\quad 1\quad 1]$$

解：（1）在 MATLAB 命令窗口下输入 edit 或选择 File 菜单新建 M-file，进入 MATLAB Eidtor/Debugger，编辑 M 文件" stability. m"。

（2）输入系统状态方程，代码如下：

```
%输入系统状态方程
A=[-3  -6  -2  -1;  1 0 0 0;  0 1 0 0;  0 0 1 0]
B=[1;  0;  0;  0]
C=[0  0  1  1]
D=[0]
```

（3）设立标志变量——判断是否稳定，代码如下：

```
%设立标志变量——判断是否稳定
flag=0;
```

（4）求解零极点和增益，代码如下：

```
%求解掌极点和增益
                    [z,p,k]=ss2zp(A,B,C,D,1);
%显示结果
disp(System zero-points,pole-points and gain are:');
z
p
k
%判断是否稳定
```

```
n=length(A);
for i=1:n
    if real(p(i))>0
    flag=1;
    end
end
% 显示结果
if flag==1
    disp('System is unstable');
else
    disp('System is stable');
end
```

选择 File→Save 选项，保存文件名为"stability. m"。在 MATLAB 命令窗口下直接输入文件名"stability. m"，即可在 MATLAB 命令窗口下查看运行的结果。

运行结果如下：

```
>>wendingxing
System zero-points,pole-points and gain are:
z =
  -1.0000
p =
  -1.3544+1.7825i
  -1.3544-1.7825i
  -0.1456+0.4223i
  -0.1456-0.4223i
k =
    1
System is stable
```

2. 李雅普诺夫第二法

例 5.17　系统为

$$\begin{cases} \dot{\boldsymbol{x}}=\begin{bmatrix} 1 & -3.5 & 4.5 \\ 2 & -4.5 & 4.5 \\ -1 & 1.5 & -2.5 \end{bmatrix}\boldsymbol{x}+\begin{bmatrix} -0.5 \\ -0.5 \\ -0.5 \end{bmatrix}u \\ y=\begin{bmatrix} 1 & 0 & 1 \end{bmatrix}\boldsymbol{x} \end{cases}$$

试由李雅普诺夫第二法判别系统的稳定性。

解： 在 $\boldsymbol{A}^{\mathrm{T}}\boldsymbol{P}+\boldsymbol{P}\boldsymbol{A}=-\boldsymbol{Q}$ 中，不妨简单地取 $\boldsymbol{Q}=\boldsymbol{I}$，这里的 $\boldsymbol{I}$ 为 n 维单位矩阵。

求解过程如下：

（1）在 MATLAB 命令窗口下输入 edit 或选择 File 菜单新建 M-file，进入 MATLAB Eidtor/

Debugger，编辑 M 文件"stability. m"：

```
% 系统状态方程模型
        A=[1  -3.5  4.5;  2  -4.5  4.5;  -1  1.5  -2.5]
% Q=I
Q=eye(3,3);
```

（2）求解矩阵 $\boldsymbol{P}$，代码如下：

```
求解矩阵 P=lyap(A,Q);
```

（3）显示矩阵 $\boldsymbol{P}$ 的各阶主子式的值并判断是否稳定，代码如下：

```
% 显示矩阵 P 的各阶主子式的值并判断是否稳定
                flag=0;
                n=length(A);
                for i=1:n
                    det(P(1:i,1:i))
                    if(det(P(1:i,1:i))<=0)
                    flag=1;
                    end
                end
```

（4）显示结果，代码如下：

```
% 显示结果
              if flag ==1
                disp('System is unstable');
              else
                disp('System is stable');
              end
```

选择 File→Save 选项，保存文件名为"stability2. m"。在 MATLAB 命令窗口下直接输入文件名"stability2. m"，即可在 MATLAB 命令窗口下查看运行的结果。

运行结果如下：

```
>>stability2
ans =
    1.4825
ans =
    0.6725
ans =
    0.1169
System is stable
```

习题

5.1　判断下列函数的正定性。

(1) $V(\boldsymbol{x})=2x_1^2+3x_2^2+x_3^2-2x_1x_2+2x_1x_3$;

(2) $V(\boldsymbol{x})=8x_1^2+2x_2^2+x_3^2-8x_1x_2+2x_1x_3-2x_2x_3$;

(3) $V(\boldsymbol{x})=x_1^2+x_3^2-2x_1x_2+x_2x_3$;

(4) $V(\boldsymbol{x})=10x_1^2+4x_2^2+x_3^2+2x_1x_2-2x_2x_3-4x_1x_3$;

(5) $V(\boldsymbol{x})=x_1^2+3x_2^2+11x_3^2-2x_1x_2+4x_2x_3+2x_1x_3$;

5.2　用李雅普诺夫第一法判定下列系统在平衡状态的稳定性。

$$\begin{cases}\dot{x}_1=-x_1+x_2+x_1(x_1^2+x_2^2)\\ \dot{x}_2=-x_1-x_2+x_2(x_1^2+x_2^2)\end{cases}$$

5.3　试用李雅普诺夫稳定性定理判断下列系统在平衡状态的稳定性。

$$\dot{\boldsymbol{x}}=\begin{bmatrix}-1 & 1\\ 2 & -3\end{bmatrix}\boldsymbol{x}$$

5.4　设线性离散系统为

$$\boldsymbol{x}(k+1)=\begin{bmatrix}0 & 1 & 0\\ 0 & 0 & 1\\ 0 & \dfrac{m}{2} & 0\end{bmatrix}\boldsymbol{x}(k)\quad (m>0)$$

试求系统在平衡状态渐近稳定的 m 值范围。

5.5　试用李雅普诺夫方法求系统

$$\dot{\boldsymbol{x}}=\begin{bmatrix}a_{11} & a_{12}\\ a_{21} & a_{22}\end{bmatrix}\boldsymbol{x}$$

在平衡状态 $\boldsymbol{x}=0$ 处为大范围渐近稳定的条件。

5.6　系统的状态方程为

$$\dot{\boldsymbol{x}}=\begin{bmatrix}1 & 0\\ -1 & -1\end{bmatrix}\boldsymbol{x}$$

试计算相轨迹从 $\boldsymbol{x}(0)=\begin{bmatrix}1\\0\end{bmatrix}$ 点出发，到达 $x_1^2+x_2^2=(0.1)^2$ 区域内所需要的时间。

5.7　给定线性时变系统

$$\dot{\boldsymbol{x}}=\begin{bmatrix}0 & 1\\ -\dfrac{1}{t+1} & -10\end{bmatrix}\boldsymbol{x}\quad (t>0)$$

判定系统在原点 $\boldsymbol{x}_e=0$ 处是否为大范围渐近稳定。

5.8　考虑四阶线性自治系统

$$\dot{\boldsymbol{x}}=\boldsymbol{A}\boldsymbol{x}=\begin{bmatrix}0 & 1 & 0 & 0\\ -b_4 & 0 & 1 & 0\\ 0 & -b_3 & 0 & 1\\ 0 & 0 & -b_2 & -b_1\end{bmatrix}\begin{bmatrix}x_1\\ x_2\\ x_3\\ x_4\end{bmatrix}\quad (b_i\neq 0,\quad i=1,2,3,4)$$

应用李雅普诺夫稳定判据，试用 $b_i(i=1,2,3,4)$ 表示这个系统的平衡点 $x\equiv 0$ 渐近稳定的充要条件。

5.9　下面的非线性微分方程式称为关于两种生物个体群的沃尔特纳（Volterra）方程式：

$$
\begin{cases}
\dfrac{dx_1}{dt} = \alpha x_1 + \beta x_1 x_2 \\
\dfrac{dx_2}{dt} = \gamma x_2 + \delta x_1 x_2
\end{cases}
$$

式中，x_1 和 x_2 分别是生物个体数；α、β、γ、δ 是不为零的实数。关于这个系统：

（1）试求平衡点。

（2）在平衡点的附近线性化，试讨论平衡点的稳定性。

5.10　利用李雅普诺夫第二法判断下列系统是否为大范围渐近稳定。

$$
\dot{\boldsymbol{x}} = \begin{bmatrix} -1 & 1 \\ 2 & -3 \end{bmatrix} \boldsymbol{x}
$$

5.11　给定连续时间的定常系统

$$
\begin{cases}
\dot{x}_1 = x_2 \\
\dot{x}_2 = -x_1 - (1+x_2)^2 x_2
\end{cases}
$$

试用李雅普诺夫第二法判断其在平衡状态的稳定性。

5.12　试用克拉索夫斯基定理判断下列系统是否为大范围渐近稳定。

$$
\begin{cases}
\dot{x}_1 = -3x_1 + x_2 \\
\dot{x}_2 = x_1 - x_2 - x_2^3
\end{cases}
$$

5.13　试用克拉索夫斯基定理判断下列系统的稳定性。

$$
\begin{cases}
\dot{x}_1 = -2x_1 + x_1 x_2^2 + 3x_3^2 \\
\dot{x}_2 = -x_1^2 x_2 - 3x_3 \\
\dot{x}_3 = 3x_2 - 3x_3^3
\end{cases}
$$

5.14　试用克拉索夫斯基定理确定使下列系统

$$
\begin{cases}
\dot{x}_1 = ax_1 + x_2 \\
\dot{x}_2 = x_1 - x_2 + bx_2^5
\end{cases}
$$

的原点大范围渐近稳定的参数 a 和 b 的取值范围。

5.15　试用变量-梯度法构造下列系统的李雅普诺夫函数。

$$
\begin{cases}
\dot{x}_1 = -x_1 + 2x_1^2 x_2 \\
\dot{x}_2 = -x_2
\end{cases}
$$

5.16　用变量-梯度法求解下列系统的稳定性条件。

$$
\begin{cases}
\dot{x}_1 = x_2 \\
\dot{x}_2 = a_1(t) x_1 + a_2(t) x_2
\end{cases}
$$

第 6 章

线性定常系统的综合

本章将研究线性定常系统的综合。这是一个与系统分析相反的命题，是在给定被控对象数学模型和外部输入信号的情况下，通过综合可实现的控制器结构和参数，使系统满足预先规定的性能指标要求。可见系统综合包含被控对象的数学模型、希望的性能指标和控制律（或控制函数）三个要素。本章研究的被控对象的数学模型以状态空间模型为主；性能指标指系统的稳定性、瞬态性能和稳态性能等，这些指标基本上可以用系统闭环极点来表示，此外，性能指标中还有抗干扰性能以及考虑模型参数存在不确定性情况下的鲁棒性能；控制律是指为达到希望的系统性能，应该在被控对象输入端加入什么样的控制信号。在本章将考虑负反馈的优点，尽可能采用负反馈控制，包括状态反馈和输出反馈，在一些情况下还需要引入补偿器，实现闭环系统极点的任意配置。

虽然在系统中引入状态反馈可以得到好的系统性能，但由于诸多原因却得不到能够实际应用的状态变量。在系统能观测的情况下，重构状态，设计状态观测器，用估计状态实现状态反馈，理论上可达到原状态反馈系统的效果。对于具有关联的多输入多输出系统，当输出向量维数和输入向量维数相同时，可对符合状态反馈解耦条件的系统实现解耦，进而配置系统的极点。系统综合的工作也可以称为系统设计，不过与实际工程系统设计有一定差别。这里所谓的设计属于理论层面上的设计，因为工程设计不仅要完成理论性设计，同时还要考虑可实现性问题，如控制线路类型、选择元器件与参数等。

6.1　线性反馈控制系统的基本结构

在经典控制理论中，利用系统的输出进行反馈，构成输出负反馈系统，可以得到较满意的系统性能，减小干扰对系统的影响，减小被控对象参数变化对系统性能的影响。因此，输出反馈控制得到了广泛的应用。在现代控制理论中，为了达到希望的控制要求，也采用反馈控制方法来构成反馈系统，这里采用的反馈控制有状态反馈和输出反馈两种。

6.1.1　状态反馈

所谓状态反馈，是指将受控系统的每一个状态变量按照线性反馈规律反馈到输入端，构成闭环系统。这种控制规律称为状态反馈，其系统结构图如图 6.1 所示。

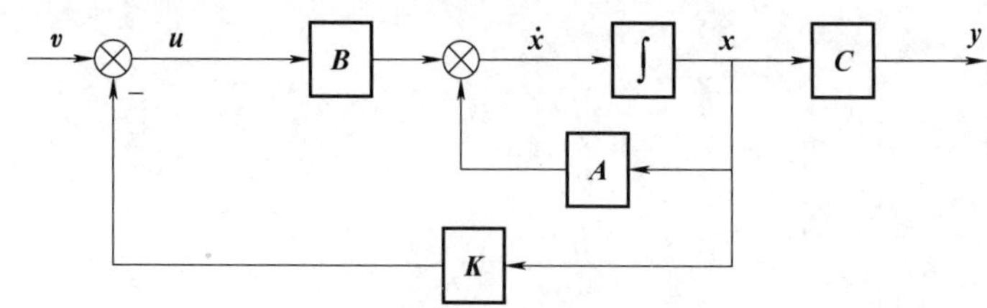

图 6.1　状态反馈系统的结构图

该受控系统$\Sigma_0(\boldsymbol{A},\boldsymbol{B},\boldsymbol{C})$ 的状态空间表达式为

$$\begin{cases}\dot{\boldsymbol{x}}=\boldsymbol{A}\boldsymbol{x}+\boldsymbol{B}\boldsymbol{u}\\ \boldsymbol{y}=\boldsymbol{C}\boldsymbol{x}\end{cases} \tag{6.1}$$

式中，$\boldsymbol{A}$ 为 $n\times n$ 阶矩阵；$\boldsymbol{B}$ 为 $n\times r$ 阶矩阵；$\boldsymbol{C}$ 为 $m\times n$ 阶矩阵。

假定有可能设置 n 个传感器，使全部状态变量均可用于反馈，状态反馈控制律为

$$\boldsymbol{u}=\boldsymbol{v}-\boldsymbol{K}\boldsymbol{x} \tag{6.2}$$

式中，$\boldsymbol{v}$ 为 $r\times 1$ 阶参考输入列向量；$\boldsymbol{K}$ 为 $r\times n$ 阶状态反馈矩阵，对于单输入系统，$\boldsymbol{K}$ 为 $1\times n$ 的行向量。

将式（6.2）代入式（6.1）中，可得状态反馈闭环系统的状态空间表达式为

$$\begin{cases}\dot{\boldsymbol{x}}=(\boldsymbol{A}-\boldsymbol{B}\boldsymbol{K})\boldsymbol{x}+\boldsymbol{B}\boldsymbol{v}\\ \boldsymbol{y}=\boldsymbol{C}\boldsymbol{x}\end{cases} \tag{6.3}$$

简记为$\Sigma_K[(\boldsymbol{A}-\boldsymbol{B}\boldsymbol{K}),\boldsymbol{B},\boldsymbol{C}]$。该系统的闭环传递函数阵为

$$\boldsymbol{G}_K(s)=\boldsymbol{C}[s\boldsymbol{I}-(\boldsymbol{A}-\boldsymbol{B}\boldsymbol{K})]^{-1}\boldsymbol{B} \tag{6.4}$$

由此可见，经过状态反馈后，系数矩阵 $\boldsymbol{C}$ 和 $\boldsymbol{B}$ 没有变化，仅仅是系统矩阵 $\boldsymbol{A}$ 发生了变化，变成了（$\boldsymbol{A}-\boldsymbol{B}\boldsymbol{K}$）。也就是说，状态反馈矩阵 $\boldsymbol{K}$ 的引入，没有增加新的状态变量，也没有增加系统的维数，但可以通过 $\boldsymbol{K}$ 矩阵的选择自由地改变闭环系统的特征值，从而使系统达到所要求的性能。

6.1.2　输出反馈

在工程实践中，输出反馈是一种常用的控制方法。输出反馈是指将受控系统的输出变量按照线性反馈规律反馈到输入端，构成闭环系统。这种控制规律称为输出反馈。经典控制理论中所讨论的反馈就是这种反馈，其系统结构图如图 6.2 所示。

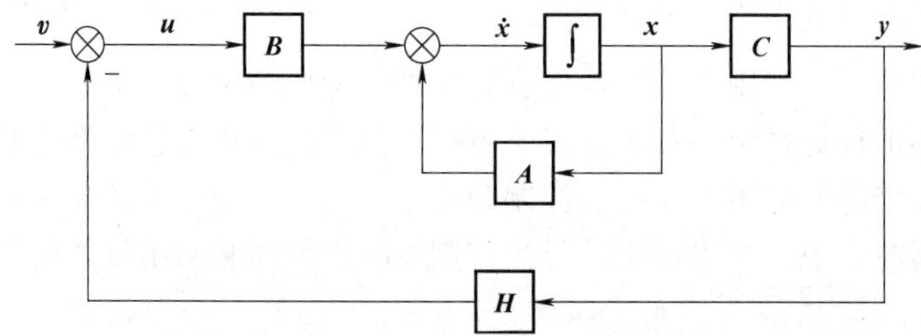

图 6.2　输出反馈系统的结构图

该受控系统$\Sigma_0(\boldsymbol{A},\boldsymbol{B},\boldsymbol{C})$的状态空间表达式为

$$\begin{cases}\dot{\boldsymbol{x}}=\boldsymbol{A}\boldsymbol{x}+\boldsymbol{B}\boldsymbol{u}\\ \boldsymbol{y}=\boldsymbol{C}\boldsymbol{x}\end{cases} \tag{6.5}$$

输出反馈控制律为

$$\boldsymbol{u}=\boldsymbol{v}-\boldsymbol{H}\boldsymbol{y} \tag{6.6}$$

式中，$\boldsymbol{H}$ 为 $r\times m$ 阶输出反馈矩阵，对于单输出系统，$\boldsymbol{H}$ 为 $r\times 1$ 阶的列向量。

将式（6.6）代入式（6.5）中，可得输出反馈闭环系统的状态空间表达式为

$$\begin{cases}\dot{\boldsymbol{x}}=(\boldsymbol{A}-\boldsymbol{B}\boldsymbol{H}\boldsymbol{C})\boldsymbol{x}+\boldsymbol{B}\boldsymbol{v}\\ \boldsymbol{y}=\boldsymbol{C}\boldsymbol{x}\end{cases} \tag{6.7}$$

简记为$\Sigma_H[(\boldsymbol{A}-\boldsymbol{B}\boldsymbol{H}\boldsymbol{C}),\boldsymbol{B},\boldsymbol{C}]$。该系统的闭环传递函数阵为

$$\boldsymbol{G}_H(s)=\boldsymbol{C}[s\boldsymbol{I}-(\boldsymbol{A}-\boldsymbol{B}\boldsymbol{H}\boldsymbol{C})]^{-1}\boldsymbol{B} \tag{6.8}$$

若原受控系统的传递函数阵为

$$\boldsymbol{G}_0(s)=\boldsymbol{C}(s\boldsymbol{I}-\boldsymbol{A})^{-1}\boldsymbol{B}$$

则 $\boldsymbol{G}_0(s)$ 与 $\boldsymbol{G}_H(s)$ 有如下关系

$$\boldsymbol{G}_H(s)=[\boldsymbol{I}+\boldsymbol{G}_0(s)\boldsymbol{H}]^{-1}\boldsymbol{G}_0(s)$$

或

$$\boldsymbol{G}_H(s)=\boldsymbol{G}_0(s)[\boldsymbol{I}+\boldsymbol{H}\boldsymbol{G}_0(s)]^{-1}$$

由此可见，与状态反馈一样，经过输出反馈后，闭环系统同样没有引入新的状态变量，仅仅是系统矩阵 $\boldsymbol{A}$ 变成了（$\boldsymbol{A}-\boldsymbol{B}\boldsymbol{H}\boldsymbol{C}$）。比较这两种反馈形式，若令 $\boldsymbol{K}=\boldsymbol{H}\boldsymbol{C}$，则有 $\boldsymbol{K}\boldsymbol{x}=\boldsymbol{H}\boldsymbol{C}\boldsymbol{x}=\boldsymbol{H}\boldsymbol{y}$，因此输出反馈只是状态反馈的一种特殊情况。

6.1.3　闭环系统的能控性和能观测性

上述两种反馈控制，其闭环系统的能控性和能观测性相对于原受控系统来说是否发生变化，是关系到能否实现状态控制和状态观测的重要问题。

定理 6.1　状态反馈不改变受控系统$\Sigma_0(\boldsymbol{A},\boldsymbol{B},\boldsymbol{C})$的能控性，但却不一定保持系统的能观测性。

证明：因为原受控系统$\Sigma_0(\boldsymbol{A},\boldsymbol{B},\boldsymbol{C})$的能控性矩阵为

$$[\boldsymbol{B}\quad \boldsymbol{A}\boldsymbol{B}\quad \cdots\quad \boldsymbol{A}^{n-1}\boldsymbol{B}]$$

而状态反馈闭环系统Σ_K的能控性矩阵为

$$[\boldsymbol{B}\quad (\boldsymbol{A}-\boldsymbol{B}\boldsymbol{K})\boldsymbol{B}\quad \cdots\quad (\boldsymbol{A}-\boldsymbol{B}\boldsymbol{K})^{n-1}\boldsymbol{B}]$$

$$\boldsymbol{B}=[b_1\quad b_2\quad \cdots\quad b_r],\ \boldsymbol{A}\boldsymbol{B}=[\boldsymbol{A}b_1\quad \boldsymbol{A}b_2\quad \cdots\quad \boldsymbol{A}b_r]$$

$$(\boldsymbol{A}-\boldsymbol{B}\boldsymbol{K})\boldsymbol{B}=[(\boldsymbol{A}-\boldsymbol{B}\boldsymbol{K})b_1\quad (\boldsymbol{A}-\boldsymbol{B}\boldsymbol{K})b_2\quad \cdots\quad (\boldsymbol{A}-\boldsymbol{B}\boldsymbol{K})b_r]$$

将 $\boldsymbol{K}$ 表示为行向量为

$$\boldsymbol{K}=\begin{bmatrix}k_1\\ k_2\\ \vdots\\ k_r\end{bmatrix}$$

$$(\boldsymbol{A}-\boldsymbol{BK})b_i=\boldsymbol{A}b_i-[b_1\quad b_2\quad\cdots\quad b_r]\begin{bmatrix}k_1b_i\\k_2b_i\\\vdots\\k_rb_i\end{bmatrix}$$

令 $c_{1i}=k_1b_i$，$c_{2i}=k_2b_i$，…，$c_{ri}=k_rb_i$，式中 $c_{ji}(j=1,2,\cdots,r)$ 均为标量，故

$$(\boldsymbol{A}-\boldsymbol{BK})b_i=\boldsymbol{A}b_i-(c_{1i}b_1+c_{2i}b_2+\cdots+c_{ri}b_r)$$

这说明 $(\boldsymbol{A}-\boldsymbol{BK})\boldsymbol{B}$ 的列向量可以由 $[\boldsymbol{B}\quad\boldsymbol{AB}]$ 的列向量的线性组合来表示，$(\boldsymbol{A}-\boldsymbol{BK})^2\boldsymbol{B}$ 的列向量可以由 $[\boldsymbol{B}\ \boldsymbol{AB}\ \boldsymbol{A}^2\boldsymbol{B}]$ 的列向量的线性组合来表示，其余类推，于是有 $[\boldsymbol{B}\quad(\boldsymbol{A}-\boldsymbol{BK})\boldsymbol{B}\quad\cdots\quad(\boldsymbol{A}-\boldsymbol{BK})^{n-1}\boldsymbol{B}]$ 的列向量可以由 $[\boldsymbol{B}\quad\boldsymbol{AB}\quad\cdots\quad\boldsymbol{A}^{n-1}\boldsymbol{B}]$ 的列向量的线性组合来表示。因此有

$$\mathrm{rank}[\boldsymbol{B}\quad(\boldsymbol{A}-\boldsymbol{BK})\boldsymbol{B}\quad\cdots\quad(\boldsymbol{A}-\boldsymbol{BK})^{n-1}\boldsymbol{B}]\leqslant\mathrm{rank}[\boldsymbol{B}\quad\boldsymbol{AB}\quad\cdots\quad\boldsymbol{A}^{n-1}\boldsymbol{B}]$$

而受控系统又可认为是系统 $\sum_K[(\boldsymbol{A}-\boldsymbol{BK}),\boldsymbol{B},\boldsymbol{C}]$ 通过矩阵 $\boldsymbol{K}$ 正反馈构成的状态反馈系统，于是有

$$\mathrm{rank}[\boldsymbol{B}\quad\boldsymbol{AB}\quad\cdots\quad\boldsymbol{A}^{n-1}\boldsymbol{B}]\leqslant\mathrm{rank}[\boldsymbol{B}\quad(\boldsymbol{A}-\boldsymbol{BK})\boldsymbol{B}\quad\cdots\quad(\boldsymbol{A}-\boldsymbol{BK})^{n-1}\boldsymbol{B}]$$

要使上述两个不等式同时成立，只能是

$$\mathrm{rank}[\boldsymbol{B}\quad(\boldsymbol{A}-\boldsymbol{BK})\boldsymbol{B}\quad\cdots\quad(\boldsymbol{A}-\boldsymbol{BK})^{n-1}\boldsymbol{B}]=\mathrm{rank}[\boldsymbol{B}\quad\boldsymbol{AB}\quad\cdots\quad\boldsymbol{A}^{n-1}\boldsymbol{B}]$$

所以状态反馈前后系统的能控性不变。关于状态反馈不保持原受控系统的能观测性问题将在后面的状态反馈极点配置中加以说明。

定理 6.2 输出反馈系统不改变原受控系统 $\sum_0(\boldsymbol{A},\boldsymbol{B},\boldsymbol{C})$ 的能控性和能观测性。

证明： 因为输出反馈是状态反馈的一种特殊情况，因此输出反馈和状态反馈一样，也保持了受控系统的能控性不变。

关于能观测性不变，可由输出反馈前后两个系统的能观测矩阵

$$\begin{bmatrix}\boldsymbol{C}\\\boldsymbol{CA}\\\vdots\\\boldsymbol{CA}^{n-1}\end{bmatrix}$$

和

$$\begin{bmatrix}\boldsymbol{C}\\\boldsymbol{C}(\boldsymbol{A}-\boldsymbol{BHC})\\\vdots\\\boldsymbol{C}(\boldsymbol{A}-\boldsymbol{BHC})^{n-1}\end{bmatrix}$$

来证明。

仿照定理 6.1 的证明方法，可以证明上述两个能观测矩阵的秩相等，因此输出反馈保持了原受控系统的能观测性不变。

例 6.1 设系统的状态空间表达式为

$$\begin{cases}\dot{\boldsymbol{x}}=\begin{bmatrix}2&1\\3&1\end{bmatrix}\boldsymbol{x}+\begin{bmatrix}1\\0\end{bmatrix}u\\y=[2\quad 0]\boldsymbol{x}\end{cases}$$

试分析系统引入状态反馈 $\boldsymbol{K}=[2\quad 1]$ 后的能控性和能观测性。

解：容易判断原系统是能控且能观测的。引入 $\boldsymbol{K}=[2\quad 1]$ 后，闭环系统 Σ_K 的状态空间表达式为

$$\begin{cases}\dot{\boldsymbol{x}}=\begin{bmatrix}0 & 0\\3 & 1\end{bmatrix}\boldsymbol{x}+\begin{bmatrix}1\\0\end{bmatrix}u\\ y=[2\quad 0]\boldsymbol{x}\end{cases}$$

不难判断，系统 Σ_K 是能控的，但不是能观测的。可见引入状态反馈 $\boldsymbol{K}=[2\quad 1]$ 后，闭环系统保持了能控性不变，而不能保持能观测性。

6.2　极点配置

本节将介绍状态反馈的应用之一——极点配置问题。闭环系统极点的分布情况决定了系统的稳定性和动态品质，因此在系统设计中，通常是根据对系统的品质要求，规定闭环系统极点应有的分布情况。所谓极点配置（或称为特征值配置），是指如何使得已给系统的闭环极点处于所希望的位置。

6.2.1　状态反馈的极点配置

1. 极点配置定理

定理 6.3　受控系统 $\Sigma_0(\boldsymbol{A},\boldsymbol{B},\boldsymbol{C})$ 能利用状态反馈矩阵 $\boldsymbol{K}$ 使其闭环极点任意配置的充要条件是，受控系统 Σ_0 状态完全能控。

证明：为简单起见，设受控系统 Σ_0 为单变量系统，其状态空间表达式为

$$\begin{cases}\dot{\boldsymbol{x}}=\boldsymbol{A}\boldsymbol{x}+\boldsymbol{B}u\\ y=\boldsymbol{C}\boldsymbol{x}\end{cases}\tag{6.9}$$

（1）证充分性。即若 Σ_0 完全能控，则闭环极点必能任意配置。

设 Σ_0 完全能控，则必存在非奇异线性变换 $\boldsymbol{x}=\boldsymbol{P}\tilde{\boldsymbol{x}}$，将系统化成能控标准形

$$\begin{cases}\dot{\tilde{\boldsymbol{x}}}=\tilde{\boldsymbol{A}}\tilde{\boldsymbol{x}}+\tilde{\boldsymbol{B}}u\\ y=\tilde{\boldsymbol{C}}\tilde{\boldsymbol{x}}\end{cases}\tag{6.10}$$

式中

$$\tilde{\boldsymbol{A}}=\begin{bmatrix}0 & 1 & 0 & \cdots & 0\\0 & 0 & 1 & \cdots & 0\\\vdots & \vdots & \vdots & & \vdots\\0 & 0 & 0 & \cdots & 1\\-a_0 & -a_1 & -a_2 & \cdots & -a_{n-1}\end{bmatrix},\tilde{\boldsymbol{B}}=\boldsymbol{P}^{-1}\boldsymbol{B}=\begin{bmatrix}0\\0\\\vdots\\0\\1\end{bmatrix}$$

$$\tilde{\boldsymbol{C}}=\boldsymbol{C}\boldsymbol{P}=[\beta_0\quad \beta_1\quad \cdots\quad \beta_{n-1}]$$

受控系统 Σ_0 的传递函数为

$$G_0(s)=\boldsymbol{C}(s\boldsymbol{I}-\boldsymbol{A})^{-1}\boldsymbol{B}=\frac{\beta_{n-1}s^{n-1}+\cdots+\beta_1 s+\beta_0}{s^n+a_{n-1}s^{n-1}+\cdots+a_1 s+a_0}\tag{6.11}$$

取状态反馈矩阵为

$$\widetilde{\boldsymbol{K}}=[\tilde{k}_0 \quad \tilde{k}_1 \quad \cdots \quad \tilde{k}_{n-1}] \tag{6.12}$$

则闭环系统的系统矩阵（$\widetilde{\boldsymbol{A}}-\widetilde{\boldsymbol{B}}\widetilde{\boldsymbol{K}}$）为

$$\widetilde{\boldsymbol{A}}-\widetilde{\boldsymbol{B}}\widetilde{\boldsymbol{K}}=\begin{bmatrix} 0 & 1 & \cdots & 0 \\ \vdots & \vdots & & \vdots \\ 0 & 0 & \cdots & 1 \\ -(a_0+\tilde{k}_0) & -(a_1+\tilde{k}_1) & \cdots & -(a_{n-1}+\tilde{k}_{n-1}) \end{bmatrix} \tag{6.13}$$

其闭环特征多项式为

$$f(\lambda)=|\lambda\boldsymbol{I}-(\widetilde{\boldsymbol{A}}-\widetilde{\boldsymbol{B}}\widetilde{\boldsymbol{K}})|=\lambda^n+(a_{n-1}+\tilde{k}_{n-1})\lambda^{n-1}+\cdots+(a_1+\tilde{k}_1)\lambda+(a_0+\tilde{k}_0) \tag{6.14}$$

而闭环系统的传递函数为

$$\begin{aligned} G_{\widetilde{K}}(s)&=\widetilde{\boldsymbol{C}}[s\boldsymbol{I}-(\widetilde{\boldsymbol{A}}-\widetilde{\boldsymbol{B}}\widetilde{\boldsymbol{K}})]^{-1}\widetilde{\boldsymbol{B}} \\ &=\frac{\beta_{n-1}s^{n-1}+\cdots+\beta_1 s+\beta_0}{s^n+(a_{n-1}+\tilde{k}_{n-1})s^{n-1}+\cdots+(a_1+\tilde{k}_1)s+(a_0+\tilde{k}_0)} \end{aligned} \tag{6.15}$$

设希望的闭环极点为 λ_1，λ_2，…，λ_n，则希望的闭环特征多项式为

$$f^*(\lambda)=(\lambda-\lambda_1)(\lambda-\lambda_2)\cdots(\lambda-\lambda_n)=\lambda^n+a_{n-1}^*\lambda^{n-1}+\cdots+a_1^*\lambda+a_0^* \tag{6.16}$$

比较式（6.14）和式（6.16），若取

$$\begin{cases} a_{n-1}+\tilde{k}_{n-1}=a_{n-1}^* \\ a_{n-2}+\tilde{k}_{n-2}=a_{n-2}^* \\ \quad\vdots \\ a_0+\tilde{k}_0=a_0^* \end{cases} \tag{6.17}$$

可得

$$\widetilde{\boldsymbol{K}}=[\tilde{k}_0 \quad \tilde{k}_1 \quad \cdots \quad \tilde{k}_{n-1}]=[a_0^*-a_0 \quad a_1^*-a_1 \quad \cdots \quad a_{n-1}^*-a_{n-1}] \tag{6.18}$$

则闭环特征多项式与希望的特征多项式相等，即 $f(\lambda)=f^*(\lambda)$，也即实现了极点的任意配置。

根据状态反馈控制律在线性变换前后的表达式

$$u=v-\boldsymbol{K}\boldsymbol{x}=v-\boldsymbol{K}\boldsymbol{P}\tilde{\boldsymbol{x}}=v-\widetilde{\boldsymbol{K}}\tilde{\boldsymbol{x}} \tag{6.19}$$

可得到原系统 Σ_0 的状态反馈矩阵为

$$\boldsymbol{K}=\widetilde{\boldsymbol{K}}\boldsymbol{P}^{-1} \tag{6.20}$$

（2）证必要性。即若原系统 Σ_0 可由状态反馈任意配置极点，则 Σ_0 完全能控。运用反证法，即假设 Σ_0 通过状态反馈可任意配置极点，但 Σ_0 为不完全能控。

因为系统 Σ_0 不完全能控，故必可采用线性变换，将系统分解为能控和不能控两部分，即

$$\begin{cases} \dot{\tilde{\boldsymbol{x}}}=\begin{bmatrix} \widetilde{\boldsymbol{A}}_c & \widetilde{\boldsymbol{A}}_{12} \\ 0 & \widetilde{\boldsymbol{A}}_{\tilde{c}} \end{bmatrix}\tilde{\boldsymbol{x}}+\begin{bmatrix} \widetilde{\boldsymbol{B}}_1 \\ 0 \end{bmatrix}u \\ y=[\widetilde{\boldsymbol{C}}_1 \quad \widetilde{\boldsymbol{C}}_2]\tilde{\boldsymbol{x}} \end{cases} \tag{6.21}$$

引入状态反馈

$$u=v-\widetilde{K}\tilde{x} \tag{6.22}$$

式中

$$\widetilde{K}=[\widetilde{K}_1 \quad \widetilde{K}_2]$$

系统变为

$$\begin{cases}\dot{\tilde{x}}=\begin{bmatrix}\widetilde{A}_{11}-\widetilde{B}_1\widetilde{K}_1 & \widetilde{A}_{12}-\widetilde{B}_1\widetilde{K}_2\\ 0 & \widetilde{A}_{22}\end{bmatrix}\tilde{x}+\begin{bmatrix}\widetilde{B}_1\\ 0\end{bmatrix}v\\ y=[\widetilde{C}_1 \quad \widetilde{C}_2]\tilde{x}\end{cases} \tag{6.23}$$

对应的特征多项式为

$$\begin{aligned}|\lambda I-(\widetilde{A}-\widetilde{B}\widetilde{K})| &= \begin{vmatrix}\lambda I-(\widetilde{A}_{11}-\widetilde{B}_1\widetilde{K}_1) & -(\widetilde{A}_{12}-\widetilde{B}_1\widetilde{K}_2)\\ 0 & \lambda I-\widetilde{A}_{22}\end{vmatrix}\\ &= |\lambda I-(\widetilde{A}_{11}-\widetilde{B}_1\widetilde{K}_1)||\lambda I-\widetilde{A}_{22}|\end{aligned} \tag{6.24}$$

式（6.24）说明，利用状态反馈只能改变系统能控部分的极点，而不能改变不能控部分的极点。也就是说，在这种情况下不可能任意配置系统的全部极点，这与假设相矛盾，因此系统是完全能控的。必要性得证。

2. 性质

1）状态反馈不能改变系统的零点。由上述定理的证明过程可以看出，状态反馈前后系统传递函数的分子多项式相同，也就是说状态反馈不能改变系统的零点。由于状态反馈可以任意配置极点，因此有可能使系统产生零、极点对消，从而使状态反馈不能保持原系统的能观测性。这就回答了前面曾提出的问题，只有当原系统不含有零点时，状态反馈才能保持原系统的能观测性。该性质适用于单输入系统，但不适用于多输入系统。

2）当受控系统不完全能控时，状态反馈只能任意配置系统能控部分的极点，而不能改变不能控部分的极点。

3）上述极点配置定理对多输入多输出系统也是成立的，区别在于后者的状态反馈矩阵 K 不是唯一的，而对于单变量系统矩阵 K 是唯一的。原因在于多输入多输出系统的能控标准形不是唯一的。

3. 矩阵 K 的求法

在以上充分性的证明过程中实际上已经给出了求取状态反馈矩阵 K 的方法。

1）利用能控标准形求矩阵 K。首先求线性变换矩阵 P，令 $x=P\tilde{x}$，将其变换成能控标准形，然后根据要求的极点配置，计算状态反馈矩阵 $\widetilde{K}$，即

$$\widetilde{K}=[a_0^*-a_0 \quad a_1^*-a_1 \quad \cdots \quad a_{n-1}^*-a_{n-1}] \tag{6.25}$$

最后将 $\widetilde{K}$ 变换成对原系统 Σ_0 的状态反馈矩阵 K，$K=\widetilde{K}P^{-1}$。该方法比较麻烦，但对高阶系是一种通用的计算方法，在利用计算机求矩阵 K 时，通常采用这种方法。

2）直接求矩阵 K 的方法。首先根据要求的极点配置，写出希望的闭环特征多项式 $f^*(\lambda)$；然后令状态反馈闭环系统的特征多项式 $f(\lambda)=|\lambda I-(A-BK)|$ 与希望的特征多项式相等，得到 n 个代数方程；最后求解这个代数方程组，即可求出矩阵 K。这种方法适用于低

阶系统手工计算矩阵 $\boldsymbol{K}$ 的场合。

例 6.2　已知系统的状态空间表达式为

$$\begin{cases}\dot{\boldsymbol{x}}=\begin{bmatrix}2 & 1\\ -1 & 1\end{bmatrix}\boldsymbol{x}+\begin{bmatrix}1\\ 2\end{bmatrix}u\\ y=\begin{bmatrix}1 & 0\end{bmatrix}\boldsymbol{x}\end{cases}$$

试求使状态反馈系统具有极点为-1 和-2 的状态反馈矩阵 $\boldsymbol{K}$。

解：因为

$$\mathrm{rank}\begin{bmatrix}\boldsymbol{B} & \boldsymbol{AB}\end{bmatrix}=\mathrm{rank}\begin{bmatrix}1 & 4\\ 2 & 1\end{bmatrix}=2=n$$

所以原系统是状态完全能控的，通过状态反馈可以实现极点的任意配置。设

$$\boldsymbol{K}=\begin{bmatrix}k_1 & k_2\end{bmatrix}$$

则状态反馈闭环系统的特征多项式为

$$f(\lambda)=|\lambda\boldsymbol{I}-(\boldsymbol{A}-\boldsymbol{BK})|=\begin{vmatrix}\lambda-2+k_1 & -1+k_2\\ 1+2k_1 & \lambda-1+2k_2\end{vmatrix}$$

$$=\lambda^2+(-3+k_1+2k_2)\lambda+(-2+k_1)(-1+2k_2)-(1+2k_1)(-1+k_2)$$

而希望的特征多项式为

$$f^*(\lambda)=(\lambda+1)(\lambda+2)=\lambda^2+3\lambda+2$$

令以上两特征多项式相等，即 $f(\lambda)=f^*(\lambda)$，可解得

$$k_1=4,\ k_2=1$$

所以有

$$\boldsymbol{K}=\begin{bmatrix}k_1 & k_2\end{bmatrix}=\begin{bmatrix}4 & 1\end{bmatrix}$$

由 $\boldsymbol{K}$ 可画出状态反馈闭环系统的结构图，如图 6.3 所示。

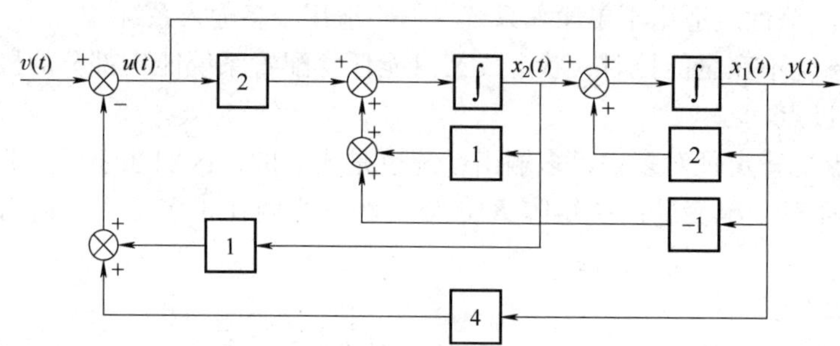

图 6.3　状态反馈闭环系统的结构图

例 6.3　已知系统的状态方程为

$$\dot{\boldsymbol{x}}=\begin{bmatrix}-1 & 0 & 0\\ 0 & 0 & 1\\ 0 & -3 & 1\end{bmatrix}\boldsymbol{x}+\begin{bmatrix}0\\ 0\\ 1\end{bmatrix}u$$

试判断系统是否可以采用状态反馈，分别配置以下两组闭环极点：(-2,-2,-1)，(-2,-2,-3)。若能配置，求出状态反馈矩阵 $\boldsymbol{K}$。

解法 1：(1) 判断系统的能控性

$$\dot{\boldsymbol{x}}=\left[\begin{array}{c:cc}-1 & 0 & 0\\ \hdashline 0 & 0 & 1\\ 0 & -3 & 1\end{array}\right]\boldsymbol{x}+\left[\begin{array}{c}0\\ \hdashline 0\\ 1\end{array}\right]u$$

对系统进行分块：子系统 1 是 1 维的不能控系统，特征值为-1；子系统 2 是 2 维能控标准形。由状态反馈性质知，当受控系统不完全能控时，状态反馈只能任意配置系统能控部分的极点，而不能改变不能控部分的极点。由此可以判断闭环极点（-2,-2,-1）可以配置，闭环极点（-2,-2,-3）不可以配置。

（2）状态反馈极点配置

现在来配置能控部分的极点（-2,-2）。

令 $\boldsymbol{K}=[k_2\quad k_3]$，原系统闭环特征多项式为

$$f(\lambda)=|\lambda\boldsymbol{I}-\boldsymbol{A}|=\lambda^2-\lambda+3$$

而希望的特征多项式为

$$f^*(\lambda)=(\lambda+2)(\lambda+2)=\lambda^2+4\lambda+4$$

由于子系统 2 是 2 维能控标准形，所以 $f(\lambda)=f^*(\lambda)$，比较特征多项式 λ 各次幂系数，有

$$\boldsymbol{K}=[k_2\quad k_3]=[4-3\quad 4-(-1)]=[1\quad 5]$$

或

$$f(\lambda)=|\lambda\boldsymbol{I}-(\boldsymbol{A}-\boldsymbol{BK})|=\begin{vmatrix}\lambda & -1\\ 3+k_2 & \lambda-1+k_3\end{vmatrix}=\lambda^2+(-1+k_3)\lambda+3+k_2$$

由 $f(\lambda)=f^*(\lambda)$，有

$$\begin{cases}-1+k_3=4\\ 3+k_2=4\end{cases}$$

所以

$$\boldsymbol{K}=[k_2\quad k_3]=[1\quad 5]$$

解法 2：（1）判断系统的能控性

$$\boldsymbol{Q}_c=[\boldsymbol{B}\quad \boldsymbol{AB}\quad \boldsymbol{A}^2\boldsymbol{B}]=\begin{bmatrix}0 & 0 & 0\\ 0 & 1 & 1\\ 1 & 1 & -2\end{bmatrix}$$

$$\text{rank}\boldsymbol{Q}_c=2$$

系统不完全能控，极点不能任意配置。

（2）状态反馈极点配置

令 $\boldsymbol{K}=[k_1\quad k_2\quad k_3]$，状态反馈闭环特征矩阵为

$$\lambda\boldsymbol{I}-(\boldsymbol{A}-\boldsymbol{BK})=\begin{bmatrix}\lambda+1 & 0 & 0\\ 0 & \lambda & -1\\ k_1 & 3+k_2 & \lambda-1+k_3\end{bmatrix}$$

由此可以看出，极点-1 是不能配置的，可以选择 k_2 和 k_3 来配置另外两个极点，因此闭环极点（-2,-2,-1）可以配置，闭环极点（-2,-2,-3）是不可以配置的。

希望的特征多项式为

$$f^{*}(\lambda)=(\lambda+1)(\lambda+2)(\lambda+2)=(\lambda+1)(\lambda^{2}+4\lambda+4)$$

可求出

$$\boldsymbol{K}=[k_{2}\quad k_{3}]=[1\quad 5]$$

6.2.2 具有输入变换器和串联补偿器的状态反馈极点配置

上面讨论的状态反馈，在受控系统完全能控的情况下，可以实现极点的任意配置，但不能改变极点的个数，不能改变闭环零点；并且一旦闭环极点确定下来，还不能改变闭环传递系数。在系统设计时，有时由系统的稳态和动态性能所决定的期望的传递函数与受控系统的传递函数在上述三个方面均不一致，在此情况下，单靠状态反馈是达不到要求的，此时可采用具有输入变换器和串联补偿器的状态反馈系统，如图 6.4 所示。

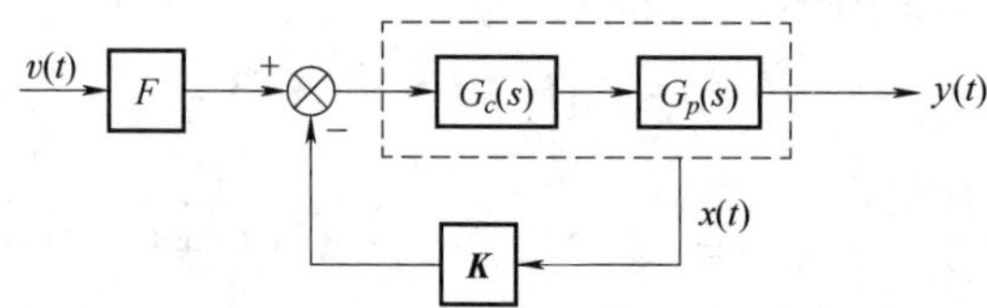

图 6.4 具有输入变换器和串联补偿器的状态反馈系统

在图 6.4 中，$G_p(s)$ 是原受控系统，$G_c(s)$ 是串联补偿器，F 是输入变换器（比例环节）。设计的基本原理是，首先根据期望的闭环传递函数设计串联补偿器 $G_c(s)$，实现要求的极点个数和要求的闭环零点；然后通过状态反馈实现要求的闭环极点；最后根据要求的闭环传递系数，确定输入变换器 F。

例 6.4 已知原受控系统的结构图如图 6.5 所示。

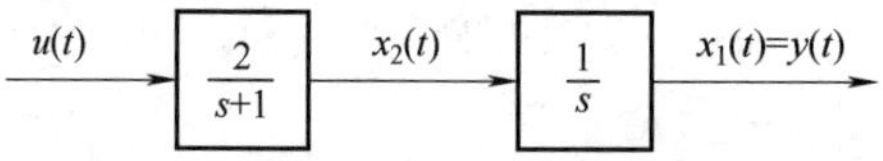

图 6.5 例 6.4 原受控系统的结构图

而期望的闭环传递函数为

$$G_d(s)=\frac{4000}{(s^{2}+14.4s+100)(s+40)}$$

试设计串联补偿器 $G_c(s)$、状态反馈矩阵 $\boldsymbol{K}$ 和输入变换器 F。

解：(1) 设计 $G_c(s)$

由图 6.5 可写出受控系统的状态空间表达式和传递函数分别为

$$\begin{cases}\dot{\boldsymbol{x}}=\begin{bmatrix}0 & 1\\0 & -1\end{bmatrix}\boldsymbol{x}+\begin{bmatrix}0\\2\end{bmatrix}u\\ y=[1\quad 0]\boldsymbol{x}\end{cases}$$

$$G_p(s)=\frac{2}{s(s+1)}$$

与期望的闭环传递函数相比，需要增加一个闭环极点。由于闭环极点的位置可由状态反馈自由地移动，所以从实现方便着眼，可选串联补偿器的传递函数为

$$G_c(s)=\frac{1}{s+2.5}$$

串联 $G_c(s)$ 后系统的结构图如图 6.6 所示。取 $G_c(s)$ 的输入为 $\bar{u}$，其输出为 x_3，则 $G_c(s)G_p(s)$ 对应的状态空间表达式为

$$\begin{cases}\dot{\boldsymbol{x}}=\begin{bmatrix}0 & 1 & 0\\0 & -1 & 2\\0 & 0 & -2.5\end{bmatrix}\boldsymbol{x}+\begin{bmatrix}0\\0\\1\end{bmatrix}\bar{u}\\ y=\begin{bmatrix}1 & 0 & 0\end{bmatrix}\boldsymbol{x}\end{cases}$$

（2）设计状态反馈矩阵 $\boldsymbol{K}$

设状态反馈矩阵 $\boldsymbol{K}$ 为

$$\boldsymbol{K}=[k_1 \quad k_2 \quad k_3]$$

则状态反馈闭环系统的特征多项式为

$$f(\lambda)=|\lambda\boldsymbol{I}-(\boldsymbol{A}-\boldsymbol{BK})|=\lambda^3+(3.5+k_3)\lambda^2+(2.5+2k_2+k_3)\lambda+2k_1$$

又由于期望的闭环传递函数的分母多项式

$$f^*(\lambda)=(\lambda^2+14.4\lambda+100)(\lambda+40)=\lambda^3+54.4\lambda^2+676\lambda+4000$$

比较上述两个多项式，可得

$$\begin{cases}3.5+k_3=54.4\\2.5+2k_2+k_3=676\\2k_1=4000\end{cases}$$

解得

$$\boldsymbol{K}=[k_1 \quad k_2 \quad k_3]=[2000 \quad 311.3 \quad 50.9]$$

（3）确定输入变换器 F

因为状态反馈前的传递函数为

$$G_c(s)G_p(s)=\frac{2}{s(s+1)(s+2.5)}$$

而状态反馈不改变上述传递函数的分子多项式，所以有

$$F=4000/2=2000$$

状态反馈闭环系统的结构图如图 6.6 所示。

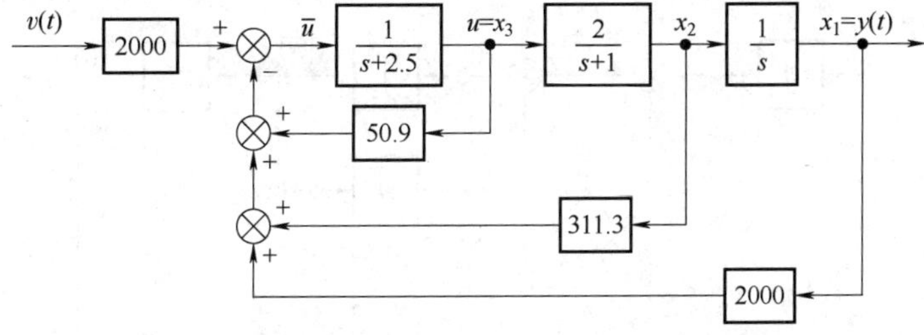

图 6.6　例 6.4 状态反馈闭环系统的结构图

一般除上例所述情况外，有时还可能遇到下面几种情况。

1）需追加零点。如果期望的闭环传递函数存在零点，如

$$G_d(s)=\frac{285.7(s+3.5)}{(s^2+7.07s+25)(s+40)}$$

而受控系统的传递函数为

$$G_p(s)=\frac{2}{s(s+1)}$$

因此串联补偿器需准确提供这个零点，同时还需提供一个极点。这个极点在保证稳定的前提下可以任选，故补偿器的传递函数可选为

$$G_c(s)=\frac{s+3.5}{s+2.5}$$

2）需移动零点。设受控系统和期望的传递函数分别为

$$G_p(s)=\frac{2(s+0.5)}{s(s+1)},\quad G_d(s)=\frac{285.7(s+3.5)}{(s^2+7.07s+25)(s+40)}$$

因此，必须把零点从-0.5移动到-3.5。这实际上是以极点消去零点-0.5，然后再追加一个零点-3.5来实现的。补偿器的传递函数可选为

$$G_c(s)=\frac{s+3.5}{(s+0.5)(s+10)}$$

3）需消除零点。假设

$$G_p(s)=\frac{2(s+0.5)}{s(s+1)},\quad G_d(s)=\frac{400}{(s^2+7.07s+25)(s+40)}$$

为消除-0.5的零点，需要补偿器用一个极点来相消。除此之外，系统还须追加一个极点，因此补偿器的传递函数可选为

$$G_c(s)=\frac{1}{(s+0.5)(s+10)}$$

需特别指出，上述零、极点相消只是对 s 平面的左半平面的零、极点而言，否则是不允许的。另外，系统中存在零、极点相消，其状态能控性或能观测性将受到破坏。

6.2.3 输出反馈的极点配置

输出反馈有两种方式，下面均以多输入单输出受控对象为例来讨论。

1）输出反馈至状态微分，系统的结构图如图6.7所示。

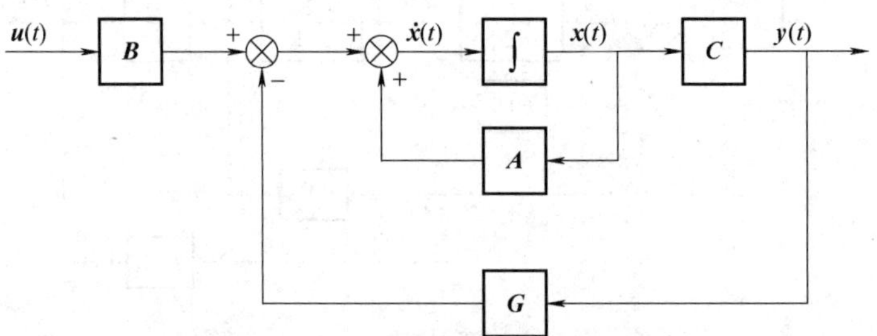

图6.7 输出反馈至状态微分

该受控系统的状态空间表达式为

$$\begin{cases}\dot{\boldsymbol{x}}=\boldsymbol{Ax}+\boldsymbol{Bu}\\ \boldsymbol{y}=\boldsymbol{Cx}\end{cases} \tag{6.26}$$

则输出反馈闭环系统的状态空间表达式为

$$\begin{cases}\dot{\boldsymbol{x}}=\boldsymbol{Ax}+\boldsymbol{Bu}-\boldsymbol{Gy}\\ \boldsymbol{y}=\boldsymbol{Cx}\end{cases} \tag{6.27}$$

即

$$\begin{cases}\dot{\boldsymbol{x}}=(\boldsymbol{A}-\boldsymbol{GC})\boldsymbol{x}+\boldsymbol{Bu}\\ \boldsymbol{y}=\boldsymbol{Cx}\end{cases} \tag{6.28}$$

定理 6.4　采用输出至状态微分的反馈可任意配置闭环极点的充要条件是，受控系统的状态完全能观测。

证明： 用对偶原理来证明。若$\Sigma_0(\boldsymbol{A},\boldsymbol{B},\boldsymbol{C})$能观测，则对偶系统$\Sigma_1(\boldsymbol{A}^{\mathrm{T}},\boldsymbol{C}^{\mathrm{T}},\boldsymbol{B}^{\mathrm{T}})$能控。由状态反馈极点配置定理可知，$(\boldsymbol{A}^{\mathrm{T}}-\boldsymbol{C}^{\mathrm{T}}\boldsymbol{G}^{\mathrm{T}})$的特征值可任意配置。而$(\boldsymbol{A}^{\mathrm{T}}-\boldsymbol{C}^{\mathrm{T}}\boldsymbol{G}^{\mathrm{T}})$的特征值与$(\boldsymbol{A}^{\mathrm{T}}-\boldsymbol{C}^{\mathrm{T}}\boldsymbol{G}^{\mathrm{T}})^{\mathrm{T}}=\boldsymbol{A}-\boldsymbol{GC}$的特征值是相同的，故当且仅当$\Sigma_0(\boldsymbol{A},\boldsymbol{B},\boldsymbol{C})$能观测时，可以任意配置$(\boldsymbol{A}-\boldsymbol{GC})$的特征值。

该定理也可以用证明状态反馈极点配置定理的类似步骤来证明，并且可以看出输出至状态微分的反馈系统仍是能观测的，也未改变闭环零点，因此不一定能保持原受控系统的能控性。

输出反馈矩阵 $\boldsymbol{G}$ 的设计方法也与状态反馈矩阵 $\boldsymbol{K}$ 的设计方法类似。若期望的闭环极点是已知的，只需将相应的期望的系统特征多项式与该输出反馈闭环系统的特征多项式$|\lambda\boldsymbol{I}-(\boldsymbol{A}-\boldsymbol{GC})|$相比较，即可求出输出反馈矩阵 $\boldsymbol{G}$。

2）输出反馈至参考输入，系统的结构图如图 6.8 所示。

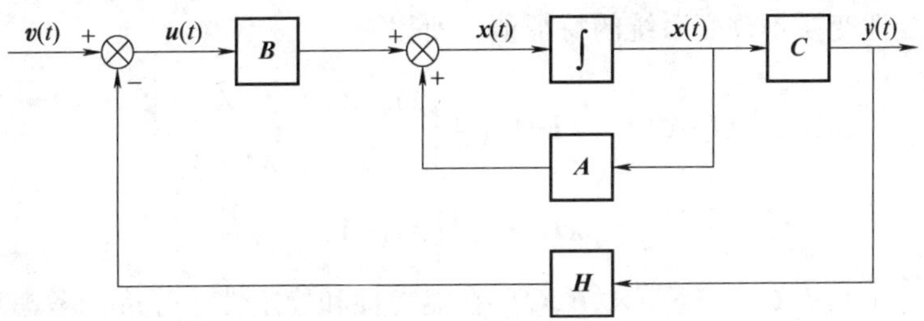

图 6.8　输出反馈至参考输入

图中

$$\boldsymbol{u}=\boldsymbol{v}-\boldsymbol{Hy} \tag{6.29}$$

则输出反馈闭环系统的状态空间表达式为

$$\begin{cases}\dot{\boldsymbol{x}}=(\boldsymbol{A}-\boldsymbol{BHC})\boldsymbol{x}+\boldsymbol{Bv}\\ \boldsymbol{y}=\boldsymbol{Cx}\end{cases} \tag{6.30}$$

定理 6.5　对于完全能控的受控系统$\Sigma_0(\boldsymbol{A},\boldsymbol{B},\boldsymbol{C})$，不能采用输出线性反馈来实现闭环极点的任意配置。

该定理可用单输入单输出系统来说明，这时输出反馈矩阵 $\boldsymbol{H}$ 就是一个反馈放大系数。改变反馈放大系数，就是改变开环传递系数。由根轨迹法可知，当改变开环传递系数时，闭环极点只能沿该系统的根轨迹曲线移动，所以闭环极点不能在根平面上任意配置。

如果要任意配置闭环极点，必须在系统中加校正网络。这就要求在输出线性反馈的同时，在受控系统中串联补偿器，即通过增加开环零、极点的途径来实现极点的任意配置。

6.3 系统镇定问题

控制系统的稳定是其正常工作的必要前提。所谓系统镇定，是指受控系统$\Sigma_0(\boldsymbol{A},\boldsymbol{B},\boldsymbol{C})$通过反馈使其极点均具有负实部，从而保证系统是渐近稳定的。如果一个系统Σ_0通过状态反馈能使其渐近稳定，则称系统是状态反馈能镇定的。类似地，也可以定义输出反馈能镇定的概念。

镇定问题是系统极点配置问题的一种特殊情况。它只要求把闭环极点配置在根平面的左侧，而并不要求将极点严格地配置在期望的位置上。显然，为了使系统镇定，只需将那些不稳定因子，即具有非负实部的极点配置到根平面左半部即可，因此，在满足某种条件下，可利用部分状态反馈来实现。

定理 6.6 对于系统$\Sigma_0(\boldsymbol{A},\boldsymbol{B},\boldsymbol{C})$，采用状态反馈能镇定的充要条件是其不能控子系统为渐近稳定的。

证明：（1）设系统$\Sigma_0(\boldsymbol{A},\boldsymbol{B},\boldsymbol{C})$状态不完全能控，因此通过线性变换可将其按能控性分解为

$$\tilde{\boldsymbol{A}}=\boldsymbol{P}_c^{-1}\boldsymbol{A}\boldsymbol{P}_c=\begin{bmatrix}\tilde{\boldsymbol{A}}_{11} & \tilde{\boldsymbol{A}}_{12}\\ 0 & \tilde{\boldsymbol{A}}_{22}\end{bmatrix},\tilde{\boldsymbol{B}}=\boldsymbol{P}_c^{-1}\boldsymbol{B}=\begin{bmatrix}\tilde{\boldsymbol{B}}_1\\ 0\end{bmatrix},\tilde{\boldsymbol{C}}=\boldsymbol{C}\boldsymbol{P}_c=[\tilde{\boldsymbol{C}}_1\quad \tilde{\boldsymbol{C}}_2] \tag{6.31}$$

式中，$\tilde{\Sigma}_C(\tilde{\boldsymbol{A}}_{11},\tilde{\boldsymbol{B}}_1,\tilde{\boldsymbol{C}}_1)$为能控子系统；$\tilde{\Sigma}_{\bar{C}}(\tilde{\boldsymbol{A}}_{22},0,\tilde{\boldsymbol{C}}_2)$为不能控子系统。

（2）由于线性变换不改变系统的特征值，所以有

$$\begin{aligned}|\lambda\boldsymbol{I}-\boldsymbol{A}|=|\lambda\boldsymbol{I}-\tilde{\boldsymbol{A}}|&=\begin{vmatrix}\lambda\boldsymbol{I}_1-\tilde{\boldsymbol{A}}_{11} & -\tilde{\boldsymbol{A}}_{12}\\ 0 & \lambda\boldsymbol{I}_2-\boldsymbol{A}_{22}\end{vmatrix}\\ &=|\lambda\boldsymbol{I}_1-\tilde{\boldsymbol{A}}_{11}||\lambda\boldsymbol{I}_2-\tilde{\boldsymbol{A}}_{22}|\end{aligned} \tag{6.32}$$

（3）由于$\tilde{\Sigma}_0(\tilde{\boldsymbol{A}},\tilde{\boldsymbol{B}},\tilde{\boldsymbol{C}})$与$\Sigma_0(\boldsymbol{A},\boldsymbol{B},\boldsymbol{C})$在能控性和稳定性上等价，考虑对$\tilde{\Sigma}_0$引入状态反馈矩阵

$$\tilde{\boldsymbol{K}}=[\tilde{\boldsymbol{K}}_1\quad \tilde{\boldsymbol{K}}_2] \tag{6.33}$$

于是得闭环系统的状态矩阵为

$$\begin{aligned}\tilde{\boldsymbol{A}}-\tilde{\boldsymbol{B}}\tilde{\boldsymbol{K}}&=\begin{bmatrix}\tilde{\boldsymbol{A}}_{11} & \tilde{\boldsymbol{A}}_{12}\\ 0 & \tilde{\boldsymbol{A}}_{22}\end{bmatrix}-\begin{bmatrix}\tilde{\boldsymbol{B}}_1\\ 0\end{bmatrix}[\tilde{\boldsymbol{K}}_1\quad \tilde{\boldsymbol{K}}_2]\\ &=\begin{bmatrix}\tilde{\boldsymbol{A}}_{11}-\tilde{\boldsymbol{B}}_1\tilde{\boldsymbol{K}}_1 & \tilde{\boldsymbol{A}}_{12}-\tilde{\boldsymbol{B}}_1\tilde{\boldsymbol{K}}_2\\ 0 & \tilde{\boldsymbol{A}}_{22}\end{bmatrix}\end{aligned} \tag{6.34}$$

和闭环特征多项式为

$$|\lambda\boldsymbol{I}-(\tilde{\boldsymbol{A}}-\tilde{\boldsymbol{B}}\tilde{\boldsymbol{K}})|=|\lambda\boldsymbol{I}_1-(\tilde{\boldsymbol{A}}_{11}-\tilde{\boldsymbol{B}}_1\tilde{\boldsymbol{K}}_1)||\lambda\boldsymbol{I}_2-\tilde{\boldsymbol{A}}_{22}| \tag{6.35}$$

比较式（6.35）与式（6.32）可见，引入状态反馈矩阵 $\widetilde{\boldsymbol{K}}$，只能通过选择 $\widetilde{\boldsymbol{K}}_1$ 使（$\widetilde{\boldsymbol{A}}_{11}-\widetilde{\boldsymbol{B}}_1\widetilde{\boldsymbol{K}}_1$）的特征值均具有负实部，从而使 $\widetilde{\sum}_C$ 这个子系统为渐近稳定。但 $\widetilde{\boldsymbol{K}}$ 的选择并不能影响 $\widetilde{\sum}_{\bar{C}}$ 的特征值分布。因此，仅当 $\widetilde{\boldsymbol{A}}_{22}$ 的特征值均具有负实部，即不能控子系统 $\widetilde{\sum}_{\bar{C}}$ 为渐近稳定的，此时整个系统 $\sum_0$ 才是状态反馈能镇定的。

定理 6.7　系统 $\sum_0(\boldsymbol{A},\boldsymbol{B},\boldsymbol{C})$ 通过输出反馈能镇定的充要条件是 $\sum_0$ 结构分解中的能控且能观测子系统是输出反馈能镇定的，其余子系统是渐近稳定的。

证明：(1) 对 $\sum_0(\boldsymbol{A},\boldsymbol{B},\boldsymbol{C})$ 进行能控性、能观测性结构分解，有

$$\widetilde{\boldsymbol{A}}=\begin{bmatrix}\widetilde{\boldsymbol{A}}_{11} & 0 & \widetilde{\boldsymbol{A}}_{13} & 0\\ \widetilde{\boldsymbol{A}}_{21} & \widetilde{\boldsymbol{A}}_{22} & \widetilde{\boldsymbol{A}}_{23} & \widetilde{\boldsymbol{A}}_{24}\\ 0 & 0 & \widetilde{\boldsymbol{A}}_{33} & 0\\ 0 & 0 & \widetilde{\boldsymbol{A}}_{43} & \widetilde{\boldsymbol{A}}_{44}\end{bmatrix},\quad \widetilde{\boldsymbol{B}}=\begin{bmatrix}\widetilde{\boldsymbol{B}}_1\\ \widetilde{\boldsymbol{B}}_2\\ 0\\ 0\end{bmatrix},\quad \widetilde{\boldsymbol{C}}=[\widetilde{\boldsymbol{C}}_1\quad 0\quad \widetilde{\boldsymbol{C}}_3\quad 0] \tag{6.36}$$

(2) 因为 $\widetilde{\sum}_0(\widetilde{\boldsymbol{A}},\widetilde{\boldsymbol{B}},\widetilde{\boldsymbol{C}})$ 与 $\sum_0(\boldsymbol{A},\boldsymbol{B},\boldsymbol{C})$ 在能控性、能观测性和能镇定性上完全等价，所以对 $\widetilde{\sum}_0$ 引入输出反馈矩阵 $\boldsymbol{H}$，可得闭环系统的状态矩阵为

$$\begin{aligned}\widetilde{\boldsymbol{A}}-\widetilde{\boldsymbol{B}}\widetilde{\boldsymbol{H}}\widetilde{\boldsymbol{C}}&=\begin{bmatrix}\widetilde{\boldsymbol{A}}_{11} & 0 & \widetilde{\boldsymbol{A}}_{13} & 0\\ \widetilde{\boldsymbol{A}}_{21} & \widetilde{\boldsymbol{A}}_{22} & \widetilde{\boldsymbol{A}}_{23} & \widetilde{\boldsymbol{A}}_{24}\\ 0 & 0 & \widetilde{\boldsymbol{A}}_{33} & 0\\ 0 & 0 & \widetilde{\boldsymbol{A}}_{43} & \widetilde{\boldsymbol{A}}_{44}\end{bmatrix}-\begin{bmatrix}\widetilde{\boldsymbol{B}}_1\\ \widetilde{\boldsymbol{B}}_2\\ 0\\ 0\end{bmatrix}\widetilde{\boldsymbol{H}}[\widetilde{\boldsymbol{C}}_1\quad 0\quad \widetilde{\boldsymbol{C}}_3\quad 0]\\ &=\begin{bmatrix}\widetilde{\boldsymbol{A}}_{11}-\widetilde{\boldsymbol{B}}_1\widetilde{\boldsymbol{H}}\widetilde{\boldsymbol{C}}_1 & 0 & \widetilde{\boldsymbol{A}}_{13}-\widetilde{\boldsymbol{B}}_1\widetilde{\boldsymbol{H}}\widetilde{\boldsymbol{C}}_3 & 0\\ \widetilde{\boldsymbol{A}}_{21}-\widetilde{\boldsymbol{B}}_2\widetilde{\boldsymbol{H}}\widetilde{\boldsymbol{C}}_1 & \widetilde{\boldsymbol{A}}_{22} & \widetilde{\boldsymbol{A}}_{23}-\widetilde{\boldsymbol{B}}_2\widetilde{\boldsymbol{H}}\widetilde{\boldsymbol{C}}_3 & \widetilde{\boldsymbol{A}}_{24}\\ 0 & 0 & \widetilde{\boldsymbol{A}}_{33} & 0\\ 0 & 0 & \widetilde{\boldsymbol{A}}_{43} & \widetilde{\boldsymbol{A}}_{44}\end{bmatrix}\end{aligned} \tag{6.37}$$

和闭环系统特征多项式为

$$|\lambda\boldsymbol{I}-(\widetilde{\boldsymbol{A}}-\widetilde{\boldsymbol{B}}\widetilde{\boldsymbol{H}}\widetilde{\boldsymbol{C}})|=|a\boldsymbol{I}-(\widetilde{\boldsymbol{A}}_{11}-\widetilde{\boldsymbol{B}}_1\widetilde{\boldsymbol{H}}\widetilde{\boldsymbol{C}}_1)||a\boldsymbol{I}-\widetilde{\boldsymbol{A}}_{22}||a\boldsymbol{I}-\widetilde{\boldsymbol{A}}_{33}||a\boldsymbol{I}-\widetilde{\boldsymbol{A}}_{44}| \tag{6.38}$$

式（6.38）表明，当且仅当（$\widetilde{\boldsymbol{A}}_{11}-\widetilde{\boldsymbol{B}}_1\widetilde{\boldsymbol{H}}\widetilde{\boldsymbol{C}}_1$）、$\widetilde{\boldsymbol{A}}_{22}$、$\widetilde{\boldsymbol{A}}_{33}$、$\widetilde{\boldsymbol{A}}_{33}$ 的特征值均具负实部时，闭环系统才为渐近稳定。

应当指出，对于一个能控且能观测的系统，既然不能通过输出线性反馈任意配置极点，自然也不能保证这类系统一定具有输出反馈的能镇定性。

例 6.5　设系统

$$\begin{cases}\dot{\boldsymbol{x}}=\begin{bmatrix}0 & 1 & 0\\ 0 & 0 & -1\\ -1 & 0 & 0\end{bmatrix}\boldsymbol{x}+\begin{bmatrix}0\\ 1\\ 0\end{bmatrix}u\\ y=\begin{bmatrix}1 & 0 & 0\\ 0 & 0 & 1\end{bmatrix}\boldsymbol{x}\end{cases}$$

试证明不能通过输出反馈使之镇定。

解：经检验，该系统能控且能观测，但从特征多项式

$$\Delta(\lambda)=|\lambda \boldsymbol{I}-\boldsymbol{A}|=\begin{vmatrix}\lambda & -1 & 0\\ 0 & \lambda & 1\\ 1 & 0 & \lambda\end{vmatrix}=\lambda^3-1$$

看出各系数异号且缺项，故系统是不稳定的。

若引入输出反馈矩阵 $\boldsymbol{H}=[h_0 \quad h_1]$，则有

$$\boldsymbol{A}-b\boldsymbol{H}c=\begin{bmatrix}0 & 1 & 0\\ 0 & 0 & -1\\ -1 & 0 & 0\end{bmatrix}-\begin{bmatrix}0\\1\\0\end{bmatrix}[h_0 \quad h_1]\begin{bmatrix}1 & 0 & 0\\ 0 & 0 & 1\end{bmatrix}=\begin{bmatrix}0 & 1 & 0\\ -h_0 & 0 & -1-h_1\\ -1 & 0 & 0\end{bmatrix}$$

和

$$|\lambda \boldsymbol{I}-(\boldsymbol{A}-b\boldsymbol{H}c)|=\begin{vmatrix}\lambda & -1 & 0\\ h_0 & \lambda & 1+h_1\\ 1 & 0 & \lambda\end{vmatrix}=\lambda^3+h_0\lambda-(h_1+1)$$

由上式可见，经 $\boldsymbol{H}$ 反馈闭环后的特征式仍缺少 λ^2 项，因此无论怎样选择 $\boldsymbol{H}$，都不能使系统获得镇定。这个例子表明，利用输出反馈未必能使能控且能观测的系统得到镇定。

定理 6.8 对于系统 $\Sigma_0(\boldsymbol{A},\boldsymbol{B},\boldsymbol{C})$，采用从输出至状态微分反馈实现镇定的充要条件是 Σ_0 的不能观测子系统为渐近稳定。

证明：（1）将系统 $\Sigma_0(\boldsymbol{A},\boldsymbol{B},\boldsymbol{C})$ 进行能观测性分解，得

$$\tilde{\boldsymbol{A}}=\boldsymbol{P}_0^{-1}\boldsymbol{A}\boldsymbol{P}_0=\begin{bmatrix}\tilde{\boldsymbol{A}}_{11} & 0\\ \tilde{\boldsymbol{A}}_{21} & \tilde{\boldsymbol{A}}_{22}\end{bmatrix},\tilde{\boldsymbol{B}}=\boldsymbol{P}_0^{-1}\boldsymbol{B}=\begin{bmatrix}\tilde{\boldsymbol{B}}_1\\ \tilde{\boldsymbol{B}}_2\end{bmatrix},\tilde{\boldsymbol{C}}=\boldsymbol{C}\boldsymbol{P}_0=[\tilde{\boldsymbol{C}}_1 \quad 0] \tag{6.39}$$

式中，$\tilde{\Sigma}_o(\tilde{\boldsymbol{A}}_{11},\tilde{\boldsymbol{B}}_1,\tilde{\boldsymbol{C}}_1)$ 为能观测子系统；$\tilde{\Sigma}_{\bar{o}}(\tilde{\boldsymbol{A}}_{22},\tilde{\boldsymbol{B}}_2,0)$ 为不能观测子系统。

开环系统特征多项式为

$$|\lambda \boldsymbol{I}-\tilde{\boldsymbol{A}}|=\begin{vmatrix}\lambda \boldsymbol{I}_1-\tilde{\boldsymbol{A}}_{11} & 0\\ -\tilde{\boldsymbol{A}}_{21} & \lambda \boldsymbol{I}_2-\tilde{\boldsymbol{A}}_{22}\end{vmatrix}=|\lambda \boldsymbol{I}_1-\tilde{\boldsymbol{A}}_{11}||\lambda \boldsymbol{I}_2-\tilde{\boldsymbol{A}}_{22}| \tag{6.40}$$

（2）由于 $\tilde{\Sigma}_0(\tilde{\boldsymbol{A}},\tilde{\boldsymbol{B}},\tilde{\boldsymbol{C}})$ 与 $\Sigma_0(\boldsymbol{A},\boldsymbol{B},\boldsymbol{C})$ 在能控性和稳定性上等价，考虑对 $\tilde{\Sigma}_0(\tilde{\boldsymbol{A}},\tilde{\boldsymbol{B}},\tilde{\boldsymbol{C}})$ 引入从输出到 $\dot{\boldsymbol{x}}$ 的反馈矩阵 $\tilde{\boldsymbol{G}}=[\tilde{\boldsymbol{G}}_1 \quad \tilde{\boldsymbol{G}}_2]^{\mathrm{T}}$，于是有

$$\begin{aligned}\tilde{\boldsymbol{A}}-\tilde{\boldsymbol{G}}\tilde{\boldsymbol{C}}&=\begin{bmatrix}\tilde{\boldsymbol{A}}_{11} & 0\\ \tilde{\boldsymbol{A}}_{21} & \tilde{\boldsymbol{A}}_{22}\end{bmatrix}-\begin{bmatrix}\tilde{\boldsymbol{G}}_1\\ \tilde{\boldsymbol{G}}_2\end{bmatrix}[\tilde{\boldsymbol{C}}_1 \quad 0]\\ &=\begin{bmatrix}\tilde{\boldsymbol{A}}_{11}-\tilde{\boldsymbol{G}}_1\tilde{\boldsymbol{C}}_1 & 0\\ \tilde{\boldsymbol{A}}_{21}-\tilde{\boldsymbol{G}}_2\tilde{\boldsymbol{C}}_1 & \tilde{\boldsymbol{A}}_{22}\end{bmatrix}\end{aligned} \tag{6.41}$$

和

$$\begin{aligned}|\lambda \boldsymbol{I}-(\tilde{\boldsymbol{A}}+\tilde{\boldsymbol{G}}\tilde{\boldsymbol{C}})|&=\begin{vmatrix}\lambda \boldsymbol{I}_1-(\tilde{\boldsymbol{A}}_{11}-\tilde{\boldsymbol{G}}_1\tilde{\boldsymbol{C}}_1) & 0\\ -(\tilde{\boldsymbol{A}}_{21}-\tilde{\boldsymbol{G}}_2\tilde{\boldsymbol{C}}_1) & \lambda \boldsymbol{I}_2-\tilde{\boldsymbol{A}}_{22}\end{vmatrix}\\ &=|\lambda \boldsymbol{I}_1-(\tilde{\boldsymbol{A}}_{11}-\tilde{\boldsymbol{G}}_1\tilde{\boldsymbol{C}}_1)||\lambda \boldsymbol{I}_2-\tilde{\boldsymbol{A}}_{22}|\end{aligned} \tag{6.42}$$

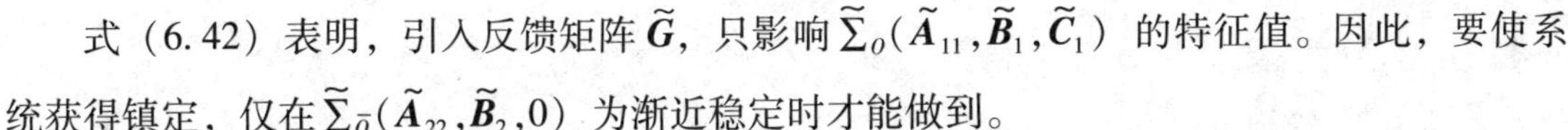

式（6.42）表明，引入反馈矩阵 $\widetilde{\boldsymbol{G}}$，只影响 $\widetilde{\Sigma}_o(\widetilde{\boldsymbol{A}}_{11},\widetilde{\boldsymbol{B}}_1,\widetilde{\boldsymbol{C}}_1)$ 的特征值。因此，要使系统获得镇定，仅在 $\widetilde{\Sigma}_{\bar{o}}(\widetilde{\boldsymbol{A}}_{22},\widetilde{\boldsymbol{B}}_2,0)$ 为渐近稳定时才能做到。

6.4　解耦控制

解耦控制又称为一对一控制，是多输入多输出线性定常系统综合理论中的一项重要内容。对于一般的多输入多输出受控系统来说，系统的每个输入分量通常与各个输出分量都互相关联（耦合），即一个输入分量可以控制多个输出分量。或者反过来说，一个输出分量受多个输入分量的控制。这给系统的分析和设计带来很大的麻烦。所谓解耦控制，就是寻求合适的控制规律，使闭环系统实现一个输出分量仅仅受一个输入分量的控制，也就是实现一对一控制，从而解除输入与输出间的耦合。

实现解耦控制的方法有两类：一类称为串联解耦，另一类称为状态反馈解耦。前者是频域方法，后者是时域方法。

6.4.1　解耦的定义

若一个系统 $\Sigma(\boldsymbol{A},\boldsymbol{B},\boldsymbol{C})$ 的传递矩阵 $\boldsymbol{G}(s)$ 是非奇异对角形矩阵，即

$$\boldsymbol{G}(s)=\begin{bmatrix} \boldsymbol{G}_{11}(s) & & & \\ & \boldsymbol{G}_{22}(s) & & \\ & & \ddots & \\ & & & \boldsymbol{G}_{mm}(s) \end{bmatrix} \tag{6.43}$$

则称系统 $\Sigma(\boldsymbol{A},\boldsymbol{B},\boldsymbol{C})$ 是解耦的。

由式（6.43）可知，此时系统的输出为

$$\boldsymbol{Y}(s)=\boldsymbol{G}(s)\boldsymbol{U}(s)=\begin{bmatrix} \boldsymbol{G}_{11}(s) & & & \\ & \boldsymbol{G}_{22}(s) & & \\ & & \ddots & \\ & & & \boldsymbol{G}_{mm}(s) \end{bmatrix}\begin{bmatrix} \boldsymbol{U}_1(s) \\ \boldsymbol{U}_2(s) \\ \vdots \\ \boldsymbol{U}_m(s) \end{bmatrix}$$

整理可得

$$\begin{cases} \boldsymbol{Y}_1(s)=\boldsymbol{G}_{11}(s)\boldsymbol{U}_1(s) \\ \boldsymbol{Y}_2(s)=\boldsymbol{G}_{22}(s)\boldsymbol{U}_2(s) \\ \qquad\vdots \\ \boldsymbol{Y}_m(s)=\boldsymbol{G}_{mm}(s)\boldsymbol{U}_m(s) \end{cases} \tag{6.44}$$

由此可见，解耦实质上就是实现每一个输入只控制相应的一个输出，也就是一对一控制。通过解耦可将系统分解为多个独立的单输入单输出系统。解耦控制要求原系统的输入与输出维数相同，反映在传递矩阵上就是 $\boldsymbol{G}(s)$ 应是 m 阶方阵。而要求 $\boldsymbol{G}(s)$ 是非奇异的，等价于要求 $\boldsymbol{G}_{11}(s)$，$\boldsymbol{G}_{22}(s)$，…，$\boldsymbol{G}_{mm}(s)$ 均不等于零，否则相应的输出与输入无关。

6.4.2 串联解耦

所谓串联解耦，就是在原反馈系统的前向通道中串联一个补偿器 $\boldsymbol{G}_c(s)$，使闭环传递矩阵 $\boldsymbol{G}_f(s)$ 为要求的对角形矩阵 $\boldsymbol{G}(s)$，系统的结构图如图 6.9 所示。图中，$\boldsymbol{G}_0(s)$ 为受控对象的传递矩阵；$\boldsymbol{H}$ 为输出反馈矩阵。

为简单起见，设各传递矩阵的每一个元素均为严格真有理分式。由图 6.9 可得系统的闭环传递矩阵为

$$\boldsymbol{G}_f(s)=[\boldsymbol{I}+\boldsymbol{G}_p(s)\boldsymbol{H}]^{-1}\boldsymbol{G}_p(s)=\boldsymbol{G}(s)$$

式中，$\boldsymbol{G}_p(s)$ 为前向通道的传递矩阵。

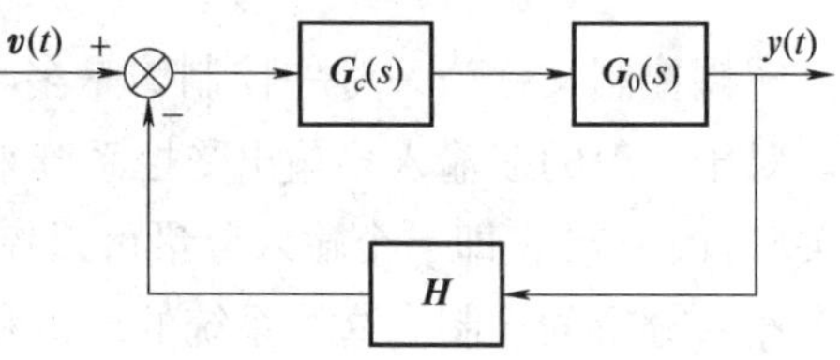

图 6.9 串联解耦系统的结构图

所以有

$$\boldsymbol{G}_p(s)=\boldsymbol{G}(s)[\boldsymbol{I}-\boldsymbol{H}\boldsymbol{G}(s)]^{-1}$$

而

$$\boldsymbol{G}_p(s)=\boldsymbol{G}_0(s)\boldsymbol{G}_c(s)$$

因此串联补偿器的传递矩阵为

$$\boldsymbol{G}_c(s)=\boldsymbol{G}_0^{-1}(s)\boldsymbol{G}(s)[\boldsymbol{I}-\boldsymbol{H}\boldsymbol{G}(s)]^{-1} \tag{6.45}$$

若是单位反馈时，即 $\boldsymbol{H}=\boldsymbol{I}$，则有

$$\boldsymbol{G}_c(s)=\boldsymbol{G}_0^{-1}(s)\boldsymbol{G}(s)[\boldsymbol{I}-\boldsymbol{G}(s)]^{-1} \tag{6.46}$$

一般情况下，只要 $\boldsymbol{G}_0(s)$ 是非奇异的，系统就可以通过串联补偿器实现解耦控制。换句话说，$\det\boldsymbol{G}_0(s)\neq 0$ 是通过串联补偿器实现解耦控制的一个充分条件。

例 6.6 设串联解耦系统的结构图如图 6.9 所示，其中 $\boldsymbol{H}=\boldsymbol{I}$。受控对象 $\boldsymbol{G}_0(s)$ 和要求的闭环传递矩阵 $\boldsymbol{G}(s)$ 分别为

$$\boldsymbol{G}_0(s)=\begin{bmatrix}\frac{1}{2s+1} & \frac{1}{s+1}\\ \frac{1}{2s+1} & \frac{1}{s+1}\end{bmatrix},\boldsymbol{G}(s)=\begin{bmatrix}\frac{1}{s+2} & 0\\ 0 & \frac{1}{s+5}\end{bmatrix}$$

求串联补偿器 $\boldsymbol{G}_c(s)$。

解：由式（6.46）得

$$\begin{aligned}\boldsymbol{G}_c(s)&=\boldsymbol{G}_0^{-1}(s)\boldsymbol{G}(s)[\boldsymbol{I}-\boldsymbol{G}(s)]^{-1}\\ &=\begin{bmatrix}\frac{1}{2s+1} & \frac{1}{s+1}\\ \frac{2}{2s+1} & \frac{1}{s+1}\end{bmatrix}^{-1}\begin{bmatrix}\frac{1}{s+2} & 0\\ 0 & \frac{1}{s+5}\end{bmatrix}\begin{bmatrix}1-\frac{1}{s+2} & 0\\ 0 & 1-\frac{1}{s+5}\end{bmatrix}^{-1}\\ &=\begin{bmatrix}-(2s+1) & (2s+1)\\ 2(s+1) & -(s+1)\end{bmatrix}\begin{bmatrix}\frac{1}{s+1} & 0\\ 0 & \frac{1}{s+4}\end{bmatrix}=\begin{bmatrix}-\frac{2s+1}{s+1} & \frac{2s+1}{s+4}\\ 2 & -\frac{s+1}{s+4}\end{bmatrix}\end{aligned}$$

闭环系统的结构图如图 6.10 所示。

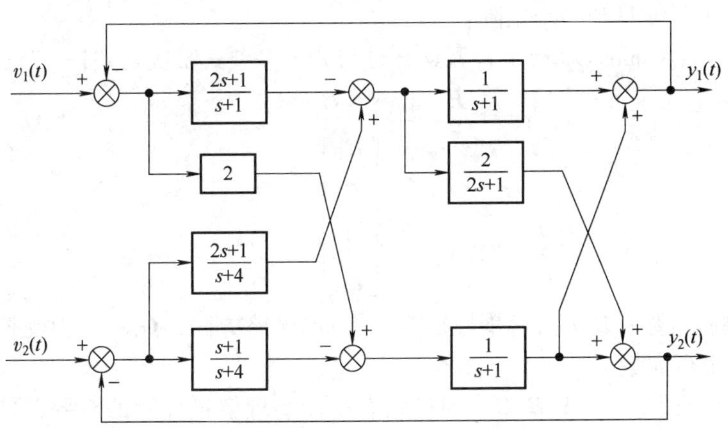

图 6.10　例 6.6 闭环系统的结构图

6.4.3　状态反馈解耦

1. 状态反馈解耦控制的结构

设受控系统的传递矩阵为 $\boldsymbol{G}(s)$，其状态空间表达式为

$$\begin{cases}\dot{\boldsymbol{x}}=\boldsymbol{A}\boldsymbol{x}+\boldsymbol{B}\boldsymbol{u}\\ \boldsymbol{y}=\boldsymbol{C}\boldsymbol{x}\end{cases} \tag{6.47}$$

利用状态反馈实现解耦控制，通常采用状态反馈加输入变换器的结构形式，如图 6.11 所示。图中 $\boldsymbol{K}$ 为状态反馈矩阵，是 $m\times n$ 阶常数阵，$\boldsymbol{F}$ 为 $m\times n$ 阶输入变换矩阵，$\boldsymbol{v}(t)$ 是 m 维参考输入向量。

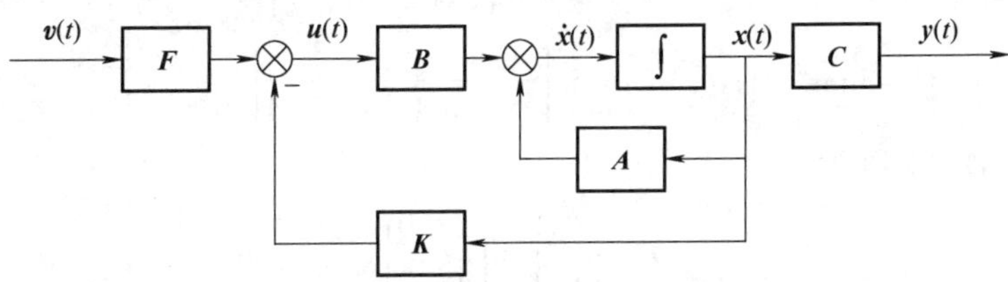

图 6.11　状态反馈解耦控制

此时系统的控制规律为

$$\boldsymbol{u}=\boldsymbol{F}\boldsymbol{v}-\boldsymbol{K}\boldsymbol{x} \tag{6.48}$$

将式（6.48）代入原受控系统的状态空间表达式中，可得状态反馈闭环系统的状态空间表达式为

$$\begin{cases}\dot{\boldsymbol{x}}=(\boldsymbol{A}-\boldsymbol{B}\boldsymbol{K})\boldsymbol{x}+\boldsymbol{B}\boldsymbol{F}\boldsymbol{v}\\ \boldsymbol{y}=\boldsymbol{C}\boldsymbol{x}\end{cases} \tag{6.49}$$

则闭环系统的传递矩阵为

$$\boldsymbol{G}_{K,F}(s)=\boldsymbol{C}(s\boldsymbol{I}-\boldsymbol{A}+\boldsymbol{B}\boldsymbol{K})^{-1}\boldsymbol{B}\boldsymbol{F} \tag{6.50}$$

如果存在某个矩阵 $\boldsymbol{K}$ 与矩阵 $\boldsymbol{F}$，使 $\boldsymbol{G}_{K,F}(s)$ 是对角形非奇异矩阵，则可以实现解耦控制。关于状态反馈解耦控制的理论问题比较复杂，下面不加证明地给出状态反馈实现解耦控制的充要条件以及矩阵 $\boldsymbol{K}$、矩阵 $\boldsymbol{F}$ 的求法。

定义如下两个不变量和一个矩阵：

$$d_i=\min\{\boldsymbol{G}_i(s)\text{中各元素分母与分子多项式幂次之差}\}-1 \tag{6.51}$$

$$\boldsymbol{E}_i=\lim_{s\to\infty}s^{d_i+1}\boldsymbol{G}_i(s) \tag{6.52}$$

$$\boldsymbol{E}=\begin{bmatrix}\boldsymbol{E}_1\\ \boldsymbol{E}_2\\ \vdots\\ \boldsymbol{E}_m\end{bmatrix} \tag{6.53}$$

式中，d_i 为解耦阶常数；$\boldsymbol{E}$ 为可解耦性矩阵，是 $m\times m$ 阶方阵；$\boldsymbol{G}_i(s)$ 为受控系统的传递矩阵 $\boldsymbol{G}(s)$ 的第 i 个行向量。

定理 6.9 受控系统 $\Sigma(\boldsymbol{A},\boldsymbol{B},\boldsymbol{C})$ 通过状态反馈实现解耦控制的充要条件是可解耦性矩阵 $\boldsymbol{E}$ 是非奇异的，即

$$\det\boldsymbol{E}\neq 0$$

例 6.7 设受控系统的传递矩阵为

$$\boldsymbol{G}(s)=\begin{bmatrix}\dfrac{s+2}{s^2+s+1} & \dfrac{1}{s^2+s+2}\\ \dfrac{1}{s^2+2s+1} & \dfrac{3}{s^2+s+4}\end{bmatrix}$$

试判断该系统是否可通过状态反馈实现解耦控制。

解： 分别观察 $\boldsymbol{G}(s)$ 的第一行和第二行，由 d_i 的定义可得 $d_1=1-1=0$，$d_2=2-1=1$。又由 $\boldsymbol{E}_i$ 的定义知

$$\boldsymbol{E}_1=\lim_{s\to\infty}s^{d_1+1}\boldsymbol{G}_1(s)=\lim_{s\to\infty}s\begin{bmatrix}\dfrac{s+2}{s^2+s+1} & \dfrac{1}{s^2+s+2}\end{bmatrix}=[1\quad 0]$$

$$\boldsymbol{E}_2=\lim_{s\to\infty}s^{d_2+1}\boldsymbol{G}_2(s)=\lim_{s\to\infty}s^2\begin{bmatrix}\dfrac{1}{s^2+2s+1} & \dfrac{3}{s^2+s+4}\end{bmatrix}=[1\quad 3]$$

所以系统的可解耦性矩阵为

$$\boldsymbol{E}=\begin{bmatrix}\boldsymbol{E}_1\\ \boldsymbol{E}_2\end{bmatrix}=\begin{bmatrix}1 & 0\\ 1 & 3\end{bmatrix}$$

因为

$$\det\boldsymbol{E}=\begin{vmatrix}1 & 0\\ 1 & 3\end{vmatrix}=3\neq 0$$

所以该系统可以通过状态反馈实现解耦控制。

2. 矩阵 $\boldsymbol{K}$、矩阵 $\boldsymbol{F}$ 的求法

若已知受控系统 $\Sigma(\boldsymbol{A},\boldsymbol{B},\boldsymbol{C})$，求取状态反馈解耦控制的矩阵 $\boldsymbol{K}$、矩阵 $\boldsymbol{F}$ 的一般步骤如下：

1）首先由 $\Sigma(\boldsymbol{A},\boldsymbol{B},\boldsymbol{C})$ 写出受控系统的传递矩阵 $\boldsymbol{G}(s)$。

2）再由 $\boldsymbol{G}(s)$ 求系统的两个不变量 d_i、$\boldsymbol{E}_i(i=1,2,\cdots,m)$。

3）构造可解耦性矩阵 $\boldsymbol{E}=\begin{bmatrix}\boldsymbol{E}_1\\ \boldsymbol{E}_2\\ \vdots\\ \boldsymbol{E}_m\end{bmatrix}$，并根据定理 6.9 判断系统是否可通过状态反馈实现解

耦控制。

4）计算矩阵 $\boldsymbol{K}$、矩阵 $\boldsymbol{F}$。

$$\boldsymbol{K}=\boldsymbol{E}^{-1}\boldsymbol{L},\boldsymbol{F}=\boldsymbol{E}^{-1} \tag{6.54}$$

式中

$$\boldsymbol{L}=\begin{bmatrix} \boldsymbol{C}_1\boldsymbol{A}^{d_1+1} \\ \vdots \\ \boldsymbol{C}_m\boldsymbol{A}^{d_m+1} \end{bmatrix} \tag{6.55}$$

其中 $\boldsymbol{C}_i$ 是矩阵 $\boldsymbol{C}$ 的第 i 个行向量。

5）写出状态反馈解耦系统的闭环传递矩阵 $\boldsymbol{G}_{K,F}(s)$ 和状态空间表达式 $\Sigma(\hat{\boldsymbol{A}},\hat{\boldsymbol{B}},\hat{\boldsymbol{C}})$。

$$\boldsymbol{G}_{K,F}(s)=\begin{bmatrix} \frac{1}{s^{d_1+1}} & & & \\ & \frac{1}{s^{d_2+1}} & & \\ & & \ddots & \\ & & & \frac{1}{s^{dm+1}} \end{bmatrix} \tag{6.56}$$

$$\hat{\boldsymbol{A}}=\boldsymbol{A}-\boldsymbol{B}\boldsymbol{E}^{-1}\boldsymbol{L},\hat{\boldsymbol{B}}=\boldsymbol{B}\boldsymbol{E}^{-1},\hat{\boldsymbol{C}}=\boldsymbol{C} \tag{6.57}$$

上述结论的推导比较复杂，此处从略。由式（6.56）可以看出，解耦后的系统实现了一对一控制，并且每一个输入与相应的输出之间都是积分关系。因此称上述形式的解耦控制为积分型解耦控制。

例 6.8　已知系统的状态空间表达式为

$$\begin{cases} \dot{\boldsymbol{x}}=\begin{bmatrix} -\frac{1}{2} & 0 \\ 0 & -1 \end{bmatrix}\boldsymbol{x}+\begin{bmatrix} \frac{1}{2} & 0 \\ 0 & 1 \end{bmatrix}\boldsymbol{u} \\ \boldsymbol{y}=\begin{bmatrix} 1 & 1 \\ 2 & 1 \end{bmatrix}\boldsymbol{x} \end{cases}$$

试求实现积分型解耦控制的矩阵 $\boldsymbol{K}$、矩阵 $\boldsymbol{F}$。

解：由 $\Sigma(\boldsymbol{A},\boldsymbol{B},\boldsymbol{C})$ 可写出受控系统的传递矩阵为

$$\boldsymbol{G}(s)=\boldsymbol{C}(s\boldsymbol{I}-\boldsymbol{A})^{-1}\boldsymbol{B}=\begin{bmatrix} \frac{1}{2s+1} & \frac{1}{s+1} \\ \frac{2}{2s+1} & \frac{1}{s+1} \end{bmatrix}$$

所以有

$$d_1=d_2=0$$

$$\boldsymbol{E}_1=\lim_{s\to\infty}s^{d_1+1}\boldsymbol{G}_1(s)=\lim_{s\to\infty}s\begin{bmatrix} \frac{1}{2s+1} & \frac{1}{s+1} \end{bmatrix}=\begin{bmatrix} \frac{1}{2} & 1 \end{bmatrix}$$

$$\boldsymbol{E}_2=\lim_{s\to\infty}s^{d_2+1}\boldsymbol{G}_2(s)=\lim_{s\to\infty}s\begin{bmatrix} \frac{2}{2s+1} & \frac{1}{s+1} \end{bmatrix}=[1 \quad 1]$$

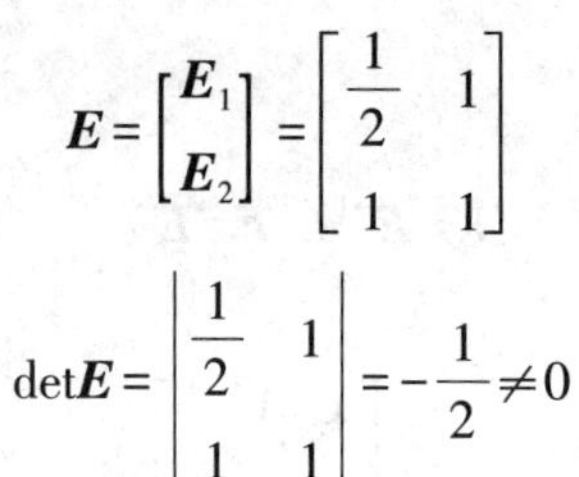

$$\boldsymbol{E}=\begin{bmatrix}\boldsymbol{E}_1\\ \boldsymbol{E}_2\end{bmatrix}=\begin{bmatrix}\dfrac{1}{2} & 1\\ 1 & 1\end{bmatrix}$$

$$\det\boldsymbol{E}=\begin{vmatrix}\dfrac{1}{2} & 1\\ 1 & 1\end{vmatrix}=-\frac{1}{2}\neq 0$$

满足状态反馈解耦控制的充要条件。又因

$$\boldsymbol{L}=\begin{bmatrix}\boldsymbol{C}_1\boldsymbol{A}^{d_1+1}\\ \boldsymbol{C}_2\boldsymbol{A}^{d_2+1}\end{bmatrix}=\begin{bmatrix}-\dfrac{1}{2} & -1\\ -1 & -1\end{bmatrix}$$

因此有

$$\boldsymbol{K}=\boldsymbol{E}^{-1}\boldsymbol{L}=\begin{bmatrix}\dfrac{1}{2} & 1\\ 1 & 1\end{bmatrix}^{-1}\begin{bmatrix}-\dfrac{1}{2} & -1\\ -1 & -1\end{bmatrix}=\begin{bmatrix}-1 & 0\\ 0 & -1\end{bmatrix}$$

$$\boldsymbol{F}=\boldsymbol{E}^{-1}=\begin{bmatrix}-2 & 2\\ 2 & -1\end{bmatrix}$$

解耦后的闭环传递矩阵为

$$\boldsymbol{G}_{K,F}(s)=\begin{bmatrix}\dfrac{1}{s^{d_1+1}} & 0\\ 0 & \dfrac{1}{s^{d_2+1}}\end{bmatrix}=\begin{bmatrix}\dfrac{1}{s} & 0\\ 0 & \dfrac{1}{s}\end{bmatrix}$$

而闭环系统$\sum(\tilde{\boldsymbol{A}},\tilde{\boldsymbol{B}},\tilde{\boldsymbol{C}})$为

$$\tilde{\boldsymbol{A}}=\boldsymbol{A}-\boldsymbol{B}\boldsymbol{E}^{-1}\boldsymbol{L}=\boldsymbol{A}-\boldsymbol{B}\boldsymbol{K}=\begin{bmatrix}-\dfrac{1}{2} & 0\\ 0 & -1\end{bmatrix}-\begin{bmatrix}\dfrac{1}{2} & 0\\ 0 & 1\end{bmatrix}\begin{bmatrix}-1 & 0\\ 0 & -1\end{bmatrix}=\begin{bmatrix}0 & 0\\ 0 & 0\end{bmatrix}$$

$$\tilde{\boldsymbol{B}}=\boldsymbol{B}\boldsymbol{E}^{-1}=\begin{bmatrix}\dfrac{1}{2} & 0\\ 0 & 1\end{bmatrix}\begin{bmatrix}-2 & 2\\ 2 & -1\end{bmatrix}=\begin{bmatrix}-1 & 1\\ 2 & -1\end{bmatrix}$$

$$\tilde{\boldsymbol{C}}=\boldsymbol{C}=\begin{bmatrix}1 & 1\\ 2 & 1\end{bmatrix}$$

6.5 状态观测器

由前面两节可知，对于线性定常系统，在一定条件下，可以通过状态反馈实现极点的任意配置和解耦控制。但是在系统建模时，由于状态变量选择的任意性，通常并不是全部的状态变量都是能直接量测到的，从而给状态反馈的实现带来了困难。为此，人们提出了状态重构或称为状态观测的问题，即设法利用系统中可以量测的变量来重构状态变量，从而实现状态反馈。在以下的讨论中，假设系统是线性定常系统，且不存在噪声。

6.5.1　状态观测器原理

1. 状态观测器的定义

设线性定常系统 $\Sigma_0(\boldsymbol{A},\ \boldsymbol{B},\ \boldsymbol{C})$ 的状态变量不能直接检测，如果系统 $\hat{\Sigma}$ 以 Σ_0 的输入 $\boldsymbol{u}$ 和输出 $\boldsymbol{y}$ 作为其输入量，能产生一组输出量 $\hat{\boldsymbol{x}}$ 渐近于 $\boldsymbol{x}$，即 $\lim\limits_{t\to\infty}(\boldsymbol{x}-\hat{\boldsymbol{x}})=0$，则称 $\hat{\Sigma}$ 为 Σ_0 的一个状态观测器。

根据上述定义，可得构造观测器的原则是：

1）观测器 $\hat{\Sigma}$ 应以 Σ_0 的输入 $\boldsymbol{u}$ 和输出 $\boldsymbol{y}$ 为其输入量。

2）为满足 $\lim\limits_{t\to\infty}(\boldsymbol{x}-\hat{\boldsymbol{x}})=0$，$\Sigma_0$ 必须完全能观测，或其不能观测子系统是渐近稳定的。

3）$\hat{\Sigma}$ 的输出 $\hat{\boldsymbol{x}}$ 应以足够快的速度渐近于 $\boldsymbol{x}$，即 $\hat{\Sigma}$ 应有足够宽的频带。但从抑制干扰角度看，又希望频带不要太宽。因此，要根据具体情况予以兼顾。

4）$\hat{\Sigma}$ 在结构上应尽量简单。即具有尽可能低的维数，以便于物理实现。

2. 状态观测器的存在性

定理 6.10　线性定常系统 $\Sigma_0(\boldsymbol{A},\ \boldsymbol{B},\ \boldsymbol{C})$ 的状态观测器存在的充分必要条件是，系统 Σ_0 不能观测子系统为渐近稳定。

证明：这里只给出充分性的证明。

1）设系统不能观测，将原系统 $\Sigma_0(\boldsymbol{A},\ \boldsymbol{B},\ \boldsymbol{C})$ 按照能观测性进行结构分解，即

$$\begin{cases}\begin{bmatrix}\dot{\tilde{\boldsymbol{x}}}_o\\ \dot{\tilde{\boldsymbol{x}}}_{\bar{o}}\end{bmatrix}=\begin{bmatrix}\tilde{\boldsymbol{A}}_{11} & \boldsymbol{0}\\ \tilde{\boldsymbol{A}}_{21} & \tilde{\boldsymbol{A}}_{22}\end{bmatrix}\begin{bmatrix}\tilde{\boldsymbol{x}}_o\\ \tilde{\boldsymbol{x}}_{\bar{o}}\end{bmatrix}+\begin{bmatrix}\tilde{\boldsymbol{B}}_1\\ \tilde{\boldsymbol{B}}_2\end{bmatrix}\boldsymbol{u}\\ \boldsymbol{y}=[\tilde{\boldsymbol{C}}_1\quad 0]\begin{bmatrix}\tilde{\boldsymbol{x}}_o\\ \tilde{\boldsymbol{x}}_{\bar{o}}\end{bmatrix}\end{cases}$$

式中，$\tilde{\boldsymbol{x}}_o$ 为能观测子状态；$\tilde{\boldsymbol{x}}_{\bar{o}}$ 为不能观测子状态；$\tilde{\boldsymbol{A}}=\begin{bmatrix}\tilde{\boldsymbol{A}}_{11} & \boldsymbol{0}\\ \tilde{\boldsymbol{A}}_{21} & \tilde{\boldsymbol{A}}_{22}\end{bmatrix}$；$\tilde{\boldsymbol{B}}=\begin{bmatrix}\tilde{\boldsymbol{B}}_1\\ \tilde{\boldsymbol{B}}_2\end{bmatrix}$；$\tilde{\boldsymbol{C}}=[\tilde{\boldsymbol{C}}_1\quad 0]$；$\Sigma_o(\tilde{\boldsymbol{A}}_{11},\ \tilde{\boldsymbol{B}}_1,\ \tilde{\boldsymbol{C}}_1)$ 为能观测子系统；$\Sigma_{\bar{o}}(\tilde{\boldsymbol{A}}_{22},\ \tilde{\boldsymbol{B}}_2,\ 0)$ 为不能观测子系统。

2）构造状态观测器 $\hat{\Sigma}_o$。设 $\hat{\boldsymbol{x}}=\begin{bmatrix}\hat{\boldsymbol{x}}_o\\ \hat{\boldsymbol{x}}_{\bar{o}}\end{bmatrix}$ 为状态 $\tilde{\boldsymbol{x}}=\begin{bmatrix}\tilde{\boldsymbol{x}}_o\\ \tilde{\boldsymbol{x}}_{\bar{o}}\end{bmatrix}$ 的估计值，$\boldsymbol{G}=\begin{bmatrix}\boldsymbol{G}_1\\ \boldsymbol{G}_2\end{bmatrix}$ 为调节 $\hat{\boldsymbol{x}}$ 渐近于 $\tilde{\boldsymbol{x}}$ 速度的状态观测器反馈矩阵。于是得到状态观测器方程为

$$\dot{\hat{\boldsymbol{x}}}=(\tilde{\boldsymbol{A}}-\boldsymbol{G}\tilde{\boldsymbol{C}})\hat{\boldsymbol{x}}+\tilde{\boldsymbol{B}}\boldsymbol{u}+\boldsymbol{G}\tilde{\boldsymbol{C}}\tilde{\boldsymbol{x}}$$

即

$$\dot{\hat{\boldsymbol{x}}}=\begin{bmatrix}\dot{\hat{\boldsymbol{x}}}_o\\ \dot{\hat{\boldsymbol{x}}}_{\bar{o}}\end{bmatrix}=\left(\begin{bmatrix}\tilde{\boldsymbol{A}}_{11} & 0\\ \tilde{\boldsymbol{A}}_{21} & \tilde{\boldsymbol{A}}_{22}\end{bmatrix}-\begin{bmatrix}\boldsymbol{G}_1\\ \boldsymbol{G}_2\end{bmatrix}[\tilde{\boldsymbol{C}}_1\quad 0]\right)\begin{bmatrix}\hat{\boldsymbol{x}}_o\\ \hat{\boldsymbol{x}}_{\bar{o}}\end{bmatrix}+\begin{bmatrix}\tilde{\boldsymbol{B}}_1\\ \tilde{\boldsymbol{B}}_2\end{bmatrix}\boldsymbol{u}+\begin{bmatrix}\boldsymbol{G}_1\\ \boldsymbol{G}_2\end{bmatrix}[\tilde{\boldsymbol{C}}_1\quad 0]\begin{bmatrix}\tilde{\boldsymbol{x}}_o\\ \tilde{\boldsymbol{x}}_{\bar{o}}\end{bmatrix}$$

$$=\begin{bmatrix}(\tilde{\boldsymbol{A}}_{11}-\boldsymbol{G}_1\tilde{\boldsymbol{C}}_1)\hat{\boldsymbol{x}}_o+\tilde{\boldsymbol{B}}_1\boldsymbol{u}+\boldsymbol{G}_1\tilde{\boldsymbol{C}}_1\tilde{\boldsymbol{x}}_o\\ (\tilde{\boldsymbol{A}}_{21}-\boldsymbol{G}_2\tilde{\boldsymbol{C}}_1)\hat{\boldsymbol{x}}_o+\tilde{\boldsymbol{A}}_{22}\hat{\boldsymbol{x}}_{\bar{o}}+\tilde{\boldsymbol{B}}_2\boldsymbol{u}+\boldsymbol{G}_2\tilde{\boldsymbol{C}}_1\tilde{\boldsymbol{x}}_o\end{bmatrix}$$

定义 $\bar{\boldsymbol{x}}=\tilde{\boldsymbol{x}}-\hat{\boldsymbol{x}}$ 为状态向量误差，可得到状态误差方程为

$$\dot{\bar{\boldsymbol{x}}}=\dot{\tilde{\boldsymbol{x}}}-\dot{\hat{\boldsymbol{x}}}=\begin{bmatrix}\dot{\tilde{\boldsymbol{x}}}_o-\dot{\hat{\boldsymbol{x}}}_o\\ \dot{\tilde{\boldsymbol{x}}}_{\bar{o}}-\dot{\hat{\boldsymbol{x}}}_{\bar{o}}\end{bmatrix}$$

$$=\begin{bmatrix}\widetilde{\boldsymbol{A}}_{11}\tilde{\boldsymbol{x}}_o+\widetilde{\boldsymbol{B}}_1\boldsymbol{u}\\ \widetilde{\boldsymbol{A}}_{21}\tilde{\boldsymbol{x}}_o+\widetilde{\boldsymbol{A}}_{22}\tilde{\boldsymbol{x}}_{\bar{o}}+\widetilde{\boldsymbol{B}}_2\boldsymbol{u}\end{bmatrix}-\begin{bmatrix}(\widetilde{\boldsymbol{A}}_{11}-\boldsymbol{G}_1\widetilde{\boldsymbol{C}}_1)\hat{\boldsymbol{x}}_o+\widetilde{\boldsymbol{B}}_1\boldsymbol{u}+\boldsymbol{G}_1\widetilde{\boldsymbol{C}}_1\tilde{\boldsymbol{x}}_o\\ (\widetilde{\boldsymbol{A}}_{21}-\boldsymbol{G}_2\widetilde{\boldsymbol{C}}_1)\hat{\boldsymbol{x}}_o+\widetilde{\boldsymbol{A}}_{22}\hat{\boldsymbol{x}}_{\bar{o}}+\widetilde{\boldsymbol{B}}_2\boldsymbol{u}+\boldsymbol{G}_2\widetilde{\boldsymbol{C}}_1\tilde{\boldsymbol{x}}_o\end{bmatrix}$$

$$=\begin{bmatrix}(\widetilde{\boldsymbol{A}}_{11}-\boldsymbol{G}_1\widetilde{\boldsymbol{C}}_1)(\tilde{\boldsymbol{x}}_o-\hat{\boldsymbol{x}}_o)\\ \widetilde{\boldsymbol{A}}_{22}(\tilde{\boldsymbol{x}}_{\bar{o}}-\hat{\boldsymbol{x}}_{\bar{o}})+(\widetilde{\boldsymbol{A}}_{21}-\boldsymbol{G}_2\widetilde{\boldsymbol{C}}_1)(\tilde{\boldsymbol{x}}_o-\hat{\boldsymbol{x}}_o)\end{bmatrix}$$

3）确定使 $\hat{\boldsymbol{x}}$ 渐近于 $\tilde{\boldsymbol{x}}$ 的条件。

由上式可得

$$\dot{\tilde{\boldsymbol{x}}}_o-\dot{\hat{\boldsymbol{x}}}_o=(\widetilde{\boldsymbol{A}}_{11}-\boldsymbol{G}_1\widetilde{\boldsymbol{C}}_1)(\tilde{\boldsymbol{x}}_o-\hat{\boldsymbol{x}}_o)$$
$$\dot{\tilde{\boldsymbol{x}}}_{\bar{o}}-\dot{\hat{\boldsymbol{x}}}_{\bar{o}}=\widetilde{\boldsymbol{A}}_{22}(\tilde{\boldsymbol{x}}_{\bar{o}}-\hat{\boldsymbol{x}}_{\bar{o}})+(\widetilde{\boldsymbol{A}}_{21}-\boldsymbol{G}_2\widetilde{\boldsymbol{C}}_1)(\tilde{\boldsymbol{x}}_o-\hat{\boldsymbol{x}}_o)$$

对于能观测部分，$\dot{\tilde{\boldsymbol{x}}}_o-\dot{\hat{\boldsymbol{x}}}_o=(\widetilde{\boldsymbol{A}}_{11}-\boldsymbol{G}_1\widetilde{\boldsymbol{C}}_1)(\tilde{\boldsymbol{x}}_o-\hat{\boldsymbol{x}}_o)$，通过适当选择 $\boldsymbol{G}_1$，可使（$\widetilde{\boldsymbol{A}}_{11}-\boldsymbol{G}_1\widetilde{\boldsymbol{C}}_1$）的特征值均具有负实部，因而有

$$\lim_{t\to\infty}(\tilde{\boldsymbol{x}}_o-\hat{\boldsymbol{x}}_o)=\lim_{t\to\infty}\mathrm{e}^{(\widetilde{\boldsymbol{A}}_{11}-\boldsymbol{G}_1\widetilde{\boldsymbol{C}}_1)t}[\tilde{\boldsymbol{x}}_o(0)-\hat{\boldsymbol{x}}_o(0)]=0$$

通过 $\boldsymbol{G}_1$ 的配置，可以使（$\boldsymbol{A}_{11}-\boldsymbol{G}_1\boldsymbol{C}_1$）的极点都具有负实部，即按指数规律使 $\boldsymbol{x}_1-\hat{\boldsymbol{x}}_1=0$。

对于不能观测部分，$\dot{\tilde{\boldsymbol{x}}}_{\bar{o}}-\dot{\hat{\boldsymbol{x}}}_{\bar{o}}=\widetilde{\boldsymbol{A}}_{22}(\tilde{\boldsymbol{x}}_{\bar{o}}-\hat{\boldsymbol{x}}_{\bar{o}})+(\widetilde{\boldsymbol{A}}_{21}-\boldsymbol{G}_2\widetilde{\boldsymbol{C}}_1)(\tilde{\boldsymbol{x}}_o-\hat{\boldsymbol{x}}_o)$，可得其解为

$$\tilde{\boldsymbol{x}}_{\bar{o}}-\hat{\boldsymbol{x}}_{\bar{o}}=\mathrm{e}^{\widetilde{\boldsymbol{A}}_{22}t}[\tilde{\boldsymbol{x}}_{\bar{o}}(0)-\hat{\boldsymbol{x}}_{\bar{o}}(0)]+\int_0^t\mathrm{e}^{\widetilde{\boldsymbol{A}}_{22}(t-\tau)}(\widetilde{\boldsymbol{A}}_{21}-\boldsymbol{G}_2\widetilde{\boldsymbol{C}}_1)\mathrm{e}^{(\widetilde{\boldsymbol{A}}_{11}-\boldsymbol{G}_1\widetilde{\boldsymbol{C}}_1)\tau}[\tilde{\boldsymbol{x}}_o(0)-\hat{\boldsymbol{x}}_o(0)]\mathrm{d}\tau$$

由于 $\lim\limits_{t\to\infty}\mathrm{e}^{(\widetilde{\boldsymbol{A}}_{11}-\boldsymbol{G}_1\widetilde{\boldsymbol{C}}_1)t}=0$，因此仅当 $\lim\limits_{t\to\infty}\mathrm{e}^{\widetilde{\boldsymbol{A}}_{22}t}=0$ 成立时，才对任意 $\tilde{\boldsymbol{x}}_{\bar{o}}(0)$ 和 $\hat{\boldsymbol{x}}_{\bar{o}}(0)$ 有

$$\lim_{t\to\infty}(\tilde{\boldsymbol{x}}_{\bar{o}}-\hat{\boldsymbol{x}}_{\bar{o}})=0$$

而 $\lim\limits_{t\to\infty}\mathrm{e}^{\widetilde{\boldsymbol{A}}_{22}t}=0$ 与 $\widetilde{\boldsymbol{A}}_{22}$ 特征值均具有负实部等价，只有当 $\Sigma_0(\boldsymbol{A},\ \boldsymbol{B},\ \boldsymbol{C})$ 的不能观测子系统渐近稳定时，才能使 $\lim\limits_{t\to\infty}(\tilde{\boldsymbol{x}}-\hat{\boldsymbol{x}})=0$。定理得证。

3. 状态观测器的构造

所谓状态观测器，就是人为构造一个系统，从而实现状态重构，即状态观测。如何构造这样一个系统呢？直观的想法是按原系统的结构，构造一个完全相同的系统。由于这个系统是人为构造的，所以该系统的状态变量是全都可以量测的。

设原系统为 $\Sigma(\boldsymbol{A},\boldsymbol{B},\boldsymbol{C})$，按上述想法构造的系统为 $\hat{\Sigma}(\boldsymbol{A},\boldsymbol{B},\boldsymbol{C})$，即

$$\begin{cases}\dot{\hat{\boldsymbol{x}}}=\boldsymbol{A}\hat{\boldsymbol{x}}+\boldsymbol{B}\boldsymbol{u}\\ \hat{\boldsymbol{y}}=\boldsymbol{C}\hat{\boldsymbol{x}}\end{cases}\tag{6.58}$$

式中，$\hat{\boldsymbol{x}}$ 表示 $\hat{\Sigma}$ 的状态，又称为状态 $\boldsymbol{x}$ 的估计值，则有

$$\dot{\boldsymbol{x}}-\dot{\hat{\boldsymbol{x}}}=\boldsymbol{A}(\boldsymbol{x}-\hat{\boldsymbol{x}})\tag{6.59}$$

其解为

$$\boldsymbol{x}-\hat{\boldsymbol{x}}=\mathrm{e}^{\boldsymbol{A}t}[\boldsymbol{x}(0)-\hat{\boldsymbol{x}}(0)]$$

当 $\boldsymbol{x}(0)=\hat{\boldsymbol{x}}(0)$ 时，必有 $\hat{\boldsymbol{x}}=\boldsymbol{x}$，即估计值与真实值相等。但在一般情况下，要保证任何时刻的初始条件完全相同是无法做到的。为消除状态误差，可以在此基础上引入误差（$\boldsymbol{x}-\hat{\boldsymbol{x}}$）的反馈，即（$\boldsymbol{y}-\hat{\boldsymbol{y}}$）的反馈，如图 6.12 所示。图中用来实现状态重构的系统 $\hat{\Sigma}$ 称为状态观测器，$\boldsymbol{G}$ 称为状态观测器的反馈矩阵。

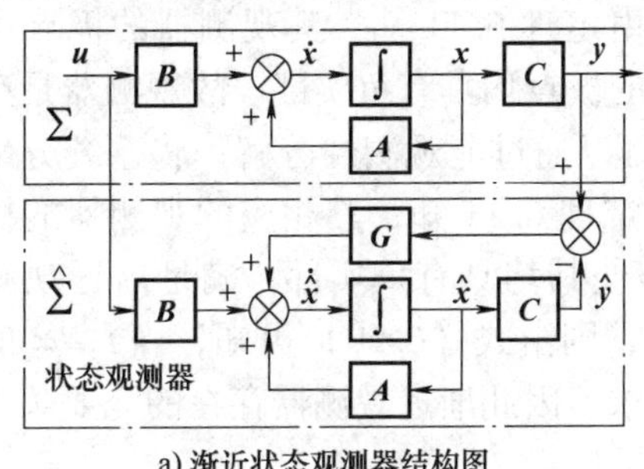

a) 渐近状态观测器结构图

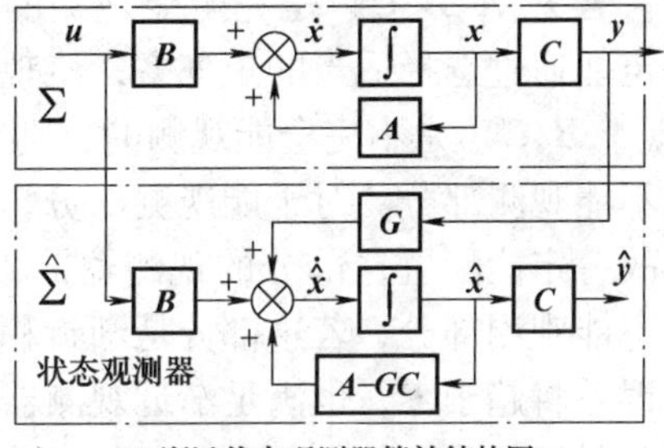

b) 渐近状态观测器等效结构图

图 6.12　渐近状态观测器的结构图

由图 6.12 可得观测器的状态方程为

$$\dot{\hat{\boldsymbol{x}}}=\boldsymbol{A}\hat{\boldsymbol{x}}+\boldsymbol{G}(\boldsymbol{y}-\hat{\boldsymbol{y}})+\boldsymbol{B}\boldsymbol{u}=(\boldsymbol{A}-\boldsymbol{G}\boldsymbol{C})\hat{\boldsymbol{x}}+\boldsymbol{B}\boldsymbol{u}+\boldsymbol{G}\boldsymbol{y} \tag{6.60}$$

所以状态估计的误差为

$$\dot{\boldsymbol{x}}-\dot{\hat{\boldsymbol{x}}}=(\boldsymbol{A}-\boldsymbol{G}\boldsymbol{C})(\boldsymbol{x}-\hat{\boldsymbol{x}})$$

该方程的解为

$$\boldsymbol{x}-\hat{\boldsymbol{x}}=\mathrm{e}^{(\boldsymbol{A}-\boldsymbol{G}\boldsymbol{C})t}[\boldsymbol{x}(0)-\hat{\boldsymbol{x}}(0)]$$

显然，只要选择观测器的系统矩阵（$\boldsymbol{A}-\boldsymbol{G}\boldsymbol{C}$）的特征值均具有负实部，就可以使状态估计 $\hat{\boldsymbol{x}}$ 逐渐逼近状态的真实值 $\boldsymbol{x}$，即

$$\lim_{t\to\infty}(\boldsymbol{x}-\hat{\boldsymbol{x}})=0 \tag{6.61}$$

因此把这类观测器称为渐近观测器，简称为观测器。

4. 观测器的极点配置

观测器的极点也就是矩阵（$\boldsymbol{A}-\boldsymbol{G}\boldsymbol{C}$）的特征值，它对于观测器的性能是至关重要的，这是因为：

1）要使式（6.60）定义的观测器成立，必须保证观测器的极点均具有负实部。

2）观测器的极点决定了 $\hat{\boldsymbol{x}}$ 逼近 $\boldsymbol{x}$ 的速度，负实部越大，逼近速度越快，也就是观测器的响应速度越快。

3）其极点还决定了观测器的抗干扰能力。响应速度越快，观测器的频带越宽，抗干扰的能力越差。

通常将观测器的极点配置得使观测器的响应速度比受控系统稍快些，这就要求其极点可以任意配置。那么在满足什么条件时，观测器的极点才可以任意配置呢?

定理 6.11　对于线性定常系统 $\Sigma(\boldsymbol{A},\boldsymbol{B},\boldsymbol{C})$，其观测器的极点可任意配置的充要条件是 $\Sigma(\boldsymbol{A},\boldsymbol{B},\boldsymbol{C})$ 是状态完全能观测的。

证明： 若 $\Sigma(\boldsymbol{A},\boldsymbol{B},\boldsymbol{C})$ 是能观测的，由对偶原理知，其对偶系统 $\Sigma(\boldsymbol{A}^{\mathrm{T}},\boldsymbol{B}^{\mathrm{T}},\boldsymbol{C}^{\mathrm{T}})$ 是能控的。又由状态反馈极点配置的充要条件知，适当选择反馈矩阵 $\boldsymbol{G}^{\mathrm{T}}$，可使（$\boldsymbol{A}^{\mathrm{T}}-\boldsymbol{C}^{\mathrm{T}}\boldsymbol{G}^{\mathrm{T}}$）的特征值任意配置。由于（$\boldsymbol{A}^{\mathrm{T}}-\boldsymbol{C}^{\mathrm{T}}\boldsymbol{G}^{\mathrm{T}}$）的特征值与其转置矩阵（$\boldsymbol{A}-\boldsymbol{C}\boldsymbol{G}$）的特征值相同，因此适

当选择矩阵 $\boldsymbol{G}$，可使（$\boldsymbol{A}-\boldsymbol{CG}$）的特征值任意配置。

另外，对于任意的受控系统，是否都能构造出渐近观测器呢？

定理 6.12　对于线性定常系统 $\Sigma(\boldsymbol{A},\boldsymbol{B},\boldsymbol{C})$，其渐近观测器存在的充要条件是不能观测部分是渐近稳定的。

证明：若 $\Sigma(\boldsymbol{A},\boldsymbol{B},\boldsymbol{C})$ 是完全能观测的，则由定理 6.11 知，其观测器的极点可任意配置，就一定能通过选择适当的矩阵 $\boldsymbol{G}$，使观测器的极点均具有负实部。故观测器是存在的。

若 $\Sigma(\boldsymbol{A},\boldsymbol{B},\boldsymbol{C})$ 是不完全能观测的，则一定可以通过能观测性分解，将系统分解为能观测部分和不能观测部分。对于能观测部分，根据定理 6.11 知，其相应的观测器的极点可任意配置，故一定能配置这部分的观测器的极点，使其均具有负实部，满足渐近观测器的要求。对于不能观测部分，若这部分是渐近稳定的，则由式（6.59）可知，当 $t\to\infty$ 时，这部分的状态误差将趋于零，也满足渐近观测器的要求。因此渐近观测器存在的充要条件是其不能观测部分是渐近稳定的。

6.5.2　全维状态观测器设计

状态观测器根据其维数的不同可分成两类。一类是观测器的维数与受控系统 $\Sigma(\boldsymbol{A},\boldsymbol{B},\boldsymbol{C})$ 的维数 n 相同，称为全维状态观测器或 n 维状态观测器；另一类是观测器的维数小于 $\Sigma(\boldsymbol{A},\boldsymbol{B},\boldsymbol{C})$ 的维数，称为降维状态观测器。前面所构造的观测器，就是全维状态观测器。由全维状态观测器的状态方程式（6.60）可知，在受控系统 $\Sigma(\boldsymbol{A},\boldsymbol{B},\boldsymbol{C})$ 和观测器的极点位置为已知的情况下，观测器的设计任务就是确定反馈矩阵 $\boldsymbol{G}$，这是一个 $n\times m$ 阶常数阵。

全维状态观测器的设计方法类似于状态反馈极点配置问题的设计方法。首先根据要求的观测器的极点配置，写出观测器希望的特征多项式。然后令观测器的特征多项式 $|\lambda\boldsymbol{I}-\boldsymbol{A}+\boldsymbol{GC}|$ 等于希望的特征多项式，即可解得矩阵 $\boldsymbol{G}$，进而写出观测器的状态方程。

例 6.9　设线性定常系统的状态空间表达式为

$$\begin{cases}\dot{\boldsymbol{x}}=\begin{bmatrix}-1 & 1\\ 0 & -2\end{bmatrix}\boldsymbol{x}+\begin{bmatrix}0\\ 1\end{bmatrix}u\\ y=\begin{bmatrix}2 & 0\end{bmatrix}\boldsymbol{x}\end{cases}$$

试设计全维状态观测器，使其极点为−10，−10。

解：因为

$$\operatorname{rank}\begin{bmatrix}\boldsymbol{C}\\ \boldsymbol{CA}\end{bmatrix}=2$$

所以系统是完全能观测的，状态观测器是存在的，并且其极点可以任意配置。根据观测器的极点要求，可写出观测器希望的特征多项式为

$$f^*(\lambda)=(\lambda+10)(\lambda+10)=\lambda^2+20\lambda+100$$

令观测器的反馈矩阵为

$$\boldsymbol{G}=\begin{bmatrix}g_1\\ g_2\end{bmatrix}$$

则观测器的特征多项式为

$$f(\lambda)=|\lambda\boldsymbol{I}-(\boldsymbol{A}-\boldsymbol{GC})|=\begin{vmatrix}\lambda+(1+2g_1) & -1\\ 2g_2 & \lambda+2\end{vmatrix}=\lambda^2+(3+2g_1)\lambda+(2+4g_1+2g_2)$$

令上述两特征多项式相等，得

$$\begin{cases}3+2g_1=20\\2+4g_1+2g_2=100\end{cases}$$

解得 $g_1=8.5$，$g_2=32$。所以全维状态观测器为

$$\dot{\hat{\boldsymbol{x}}}=(\boldsymbol{A}-\boldsymbol{GC})\hat{\boldsymbol{x}}+\boldsymbol{B}u+\boldsymbol{G}y=\begin{bmatrix}-18 & 1\\-64 & -2\end{bmatrix}\hat{\boldsymbol{x}}+\begin{bmatrix}0\\1\end{bmatrix}u+\begin{bmatrix}8.5\\32\end{bmatrix}y$$

由上式画出的全维状态观测器结构图如图 6.13 所示。

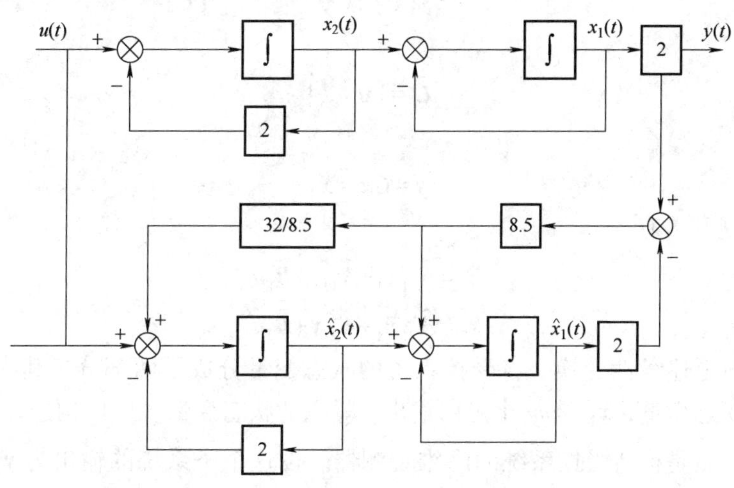

图 6.13　系统的全维状态观测器的结构图

6.5.3　降维状态观测器设计

前面所介绍的全维状态观测器，其维数和被控系统的维数相同，但实际上，由于受控系统的输出量 $\boldsymbol{y}$ 总是能够量测的，因此可以利用系统的输出来直接产生部分状态变量。这样所需估计的状态变量的个数就可以减少，从而降低观测器的维数，简化观测器的结构。若状态观测器的维数小于受控系统的维数，则称为降维状态观测器，简称降维观测器。

1. 降维观测器的构造

设受控系统

$$\begin{cases}\dot{\boldsymbol{x}}=\boldsymbol{Ax}+\boldsymbol{Bu}\\\boldsymbol{y}=\boldsymbol{Cx}\end{cases}\tag{6.62a}$$

是完全能观测的，并且 $\boldsymbol{x}$ 是 n 维向量，$\boldsymbol{y}$ 是 m 维向量。为把 $\boldsymbol{x}$ 分解为 $\tilde{\boldsymbol{x}}_1$ 和 $\tilde{\boldsymbol{x}}_2$ 两部分，其中 $\tilde{\boldsymbol{x}}_2$ 是 m 个直接由输出测得的状态变量，为此引入下列线性变换，即令

$$\boldsymbol{x}=\boldsymbol{P}\tilde{\boldsymbol{x}}\tag{6.62b}$$

式中

$$\boldsymbol{P}^{-1}=\begin{bmatrix}\boldsymbol{D}\\\boldsymbol{C}\end{bmatrix}$$

$\boldsymbol{C}$ 为受控系统的输出矩阵，是 $m\times n$ 阶矩阵；$\boldsymbol{D}$ 为 $(n-m)\times n$ 阶矩阵，并保证使 $\boldsymbol{P}^{-1}$ 为非奇异的任意矩阵。则变换后受控系统的状态空间表达式为

$$\begin{cases}\dot{\tilde{\boldsymbol{x}}}=\tilde{\boldsymbol{A}}\tilde{\boldsymbol{x}}+\tilde{\boldsymbol{B}}\boldsymbol{u}\\\boldsymbol{y}=\tilde{\boldsymbol{C}}\tilde{\boldsymbol{x}}\end{cases}\tag{6.63}$$

式中

$$\tilde{\boldsymbol{x}}=\begin{bmatrix}\tilde{\boldsymbol{x}}_1\\ \tilde{\boldsymbol{x}}_2\end{bmatrix},\ \tilde{\boldsymbol{A}}=\boldsymbol{P}^{-1}\boldsymbol{A}\boldsymbol{P}=\begin{bmatrix}\tilde{\boldsymbol{A}}_{11} & \tilde{\boldsymbol{A}}_{12}\\ \tilde{\boldsymbol{A}}_{21} & \tilde{\boldsymbol{A}}_{22}\end{bmatrix},\ \tilde{\boldsymbol{B}}=\boldsymbol{P}^{-1}\boldsymbol{B}=\begin{bmatrix}\tilde{\boldsymbol{B}}_1\\ \tilde{\boldsymbol{B}}_2\end{bmatrix},\ \tilde{\boldsymbol{C}}=\boldsymbol{C}\boldsymbol{P}$$

由下列恒等式

$$\boldsymbol{C}=\boldsymbol{C}\boldsymbol{P}\boldsymbol{P}^{-1}=\tilde{\boldsymbol{C}}\begin{bmatrix}\boldsymbol{D}\\ \boldsymbol{C}\end{bmatrix}\text{及}\ \boldsymbol{C}=[\boldsymbol{0}\quad \boldsymbol{I}]\begin{bmatrix}\boldsymbol{D}\\ \boldsymbol{C}\end{bmatrix}$$

可得

$$\tilde{\boldsymbol{C}}=[\boldsymbol{0}\quad \boldsymbol{I}] \tag{6.64}$$

故

$$\boldsymbol{y}=\tilde{\boldsymbol{C}}\tilde{\boldsymbol{x}}=\tilde{\boldsymbol{x}}_2 \tag{6.65}$$

将式（6.63）展开，有

$$\dot{\tilde{\boldsymbol{x}}}_1=\tilde{\boldsymbol{A}}_{11}\tilde{\boldsymbol{x}}_1+\tilde{\boldsymbol{A}}_{12}\boldsymbol{y}+\tilde{\boldsymbol{B}}_1\boldsymbol{u} \tag{6.66}$$

$$\dot{\tilde{\boldsymbol{x}}}_2=\tilde{\boldsymbol{A}}_{21}\tilde{\boldsymbol{x}}_1+\tilde{\boldsymbol{A}}_{22}\boldsymbol{y}+\tilde{\boldsymbol{B}}_2\boldsymbol{u} \tag{6.67}$$

由此可见，通过上述线性变换，将受控系统的状态变量分成了两部分，其中 $\tilde{\boldsymbol{x}}_1$ 是（$n-m$）个需要估计的状态变量，$\tilde{\boldsymbol{x}}_2$ 是 m 个可由输出 $\boldsymbol{y}$ 量测的状态变量。所以构造以 $\tilde{\boldsymbol{x}}_1$ 为状态的子系统的观测器，就是构造受控系统的降维观测器。设这个子系统的输出为 $\boldsymbol{y}_1=\tilde{\boldsymbol{A}}_{21}\tilde{\boldsymbol{x}}_1$，于是这个（$n-m$）维子系统的状态方程为

$$\begin{cases}\dot{\tilde{\boldsymbol{x}}}_1=\tilde{\boldsymbol{A}}_{11}\tilde{\boldsymbol{x}}_1+\tilde{\boldsymbol{A}}_{12}\boldsymbol{y}+\tilde{\boldsymbol{B}}_1\boldsymbol{u}\\ \boldsymbol{y}_1=\tilde{\boldsymbol{A}}_{21}\tilde{\boldsymbol{x}}_1=\dot{\boldsymbol{y}}-\tilde{\boldsymbol{A}}_{22}\boldsymbol{y}-\tilde{\boldsymbol{B}}_2\boldsymbol{u}\end{cases} \tag{6.68}$$

由于已假设原受控系统是能观测的，而坐标变换又不改变系统的能观测性，因此变换后的系统仍是能观测的，其子系统（$\tilde{\boldsymbol{A}}_{11},\tilde{\boldsymbol{A}}_{21}$）也是能观测的，所以这个子系统的渐近观测器是存在的。仿造全维观测器的设计方法，来构造这个子系统的观测器。因为 $\boldsymbol{u}$ 是已知的，而 $\boldsymbol{y}$ 是可量测的，故（$\tilde{\boldsymbol{A}}_{12}\boldsymbol{y}+\tilde{\boldsymbol{B}}_1\boldsymbol{u}$）是已知的，相当于这个子系统的输入部分。设该子系统观测器的反馈矩阵为 $\tilde{\boldsymbol{G}}_1$，这是一个（$n-m$）×m 阶矩阵，则该子系统的观测器方程为

$$\begin{aligned}\dot{\hat{\tilde{\boldsymbol{x}}}}_1&=(\tilde{\boldsymbol{A}}_{11}-\tilde{\boldsymbol{G}}_1\tilde{\boldsymbol{A}}_{21})\hat{\tilde{\boldsymbol{x}}}_1+\tilde{\boldsymbol{G}}_1\boldsymbol{y}_1+(\tilde{\boldsymbol{A}}_{12}\boldsymbol{y}+\tilde{\boldsymbol{B}}_1\boldsymbol{u})\\ &=(\tilde{\boldsymbol{A}}_{11}-\tilde{\boldsymbol{G}}_1\tilde{\boldsymbol{A}}_{21})\hat{\tilde{\boldsymbol{x}}}_1+\tilde{\boldsymbol{G}}_1(\dot{\boldsymbol{y}}-\tilde{\boldsymbol{A}}_{22}\boldsymbol{y}-\tilde{\boldsymbol{B}}_2\boldsymbol{u})+(\tilde{\boldsymbol{A}}_{12}\boldsymbol{y}+\tilde{\boldsymbol{B}}_1\boldsymbol{u})\end{aligned} \tag{6.69}$$

但在式（6.69）中含有输出量的导数 $\dot{\boldsymbol{y}}$，这将把输出 $\boldsymbol{y}$ 中的高频噪声进一步增强，严重时将使观测器不能正常工作。为避免这一现象，作如下变量代换，令

$$\boldsymbol{z}_1=\hat{\tilde{\boldsymbol{x}}}_1-\tilde{\boldsymbol{G}}_1\boldsymbol{y}$$

则

$$\dot{\boldsymbol{z}}_1=\dot{\hat{\tilde{\boldsymbol{x}}}}_1-\tilde{\boldsymbol{G}}_1\dot{\boldsymbol{y}} \tag{6.70}$$

代入式（6.69），可得

$$\begin{cases}\dot{\boldsymbol{z}}_1=(\tilde{\boldsymbol{A}}_{11}-\tilde{\boldsymbol{G}}_1\tilde{\boldsymbol{A}}_{21})\boldsymbol{z}_1+(\tilde{\boldsymbol{B}}_1-\tilde{\boldsymbol{G}}_1\tilde{\boldsymbol{B}}_2)\boldsymbol{u}+[(\tilde{\boldsymbol{A}}_{11}-\tilde{\boldsymbol{G}}_1\tilde{\boldsymbol{A}}_{21})\tilde{\boldsymbol{G}}_1+\tilde{\boldsymbol{A}}_{12}-\tilde{\boldsymbol{G}}_1\tilde{\boldsymbol{A}}_{22}]\boldsymbol{y}\\ \hat{\tilde{\boldsymbol{x}}}_1=\boldsymbol{z}_1+\tilde{\boldsymbol{G}}_1\boldsymbol{y}\end{cases} \tag{6.71}$$

式（6.71）就是子系统的观测器方程，也就是受控系统$\Sigma(\tilde{A},\tilde{B},\tilde{C})$的降维观测器方程，其中$z_1$是该观测器的状态向量，而$\hat{\tilde{x}}_1$是该状态观测器的输出。整个系统$\Sigma(\tilde{A},\tilde{B},\tilde{C})$的全部状态估计为

$$\hat{\tilde{x}}=\begin{bmatrix}\hat{\tilde{x}}_1\\ \hat{\tilde{x}}_2\end{bmatrix}=\begin{bmatrix}z_1+\tilde{G}_1y\\ y\end{bmatrix}=\begin{bmatrix}I\\ 0\end{bmatrix}z_1+\begin{bmatrix}\tilde{G}_1\\ I\end{bmatrix}y \tag{6.72}$$

求得了受控系统$\Sigma(\tilde{A},\tilde{B},\tilde{C})$的降维观测器之后，再经过反变换即可得到原受控系统$\Sigma(A,B,C)$的降维观测器。

2. 降维观测器的设计

综上所述，降维观测器的设计步骤如下：

1）判断受控系统$\Sigma(A,B,C)$的能观测性，确定降维观测器的维数（$n-m$）。

2）作线性变换$x=P\tilde{x}$，将（$n-m$）个待估计的状态变量分离出来，并按式（6.63）写出变换后的受控系统$\Sigma(\tilde{A},\tilde{B},\tilde{C})$。

3）按式（6.71）构造（$n-m$）维观测器，全部状态变量由式（6.72）给出。

4）对$\hat{\tilde{x}}$作反变换，即$\hat{x}=P\hat{\tilde{x}}$，得到对原受控系统的全部状态估计$\hat{x}$。

按以上设计方法构成的（$n-m$）维降维观测器的结构图如图 6.14 所示。

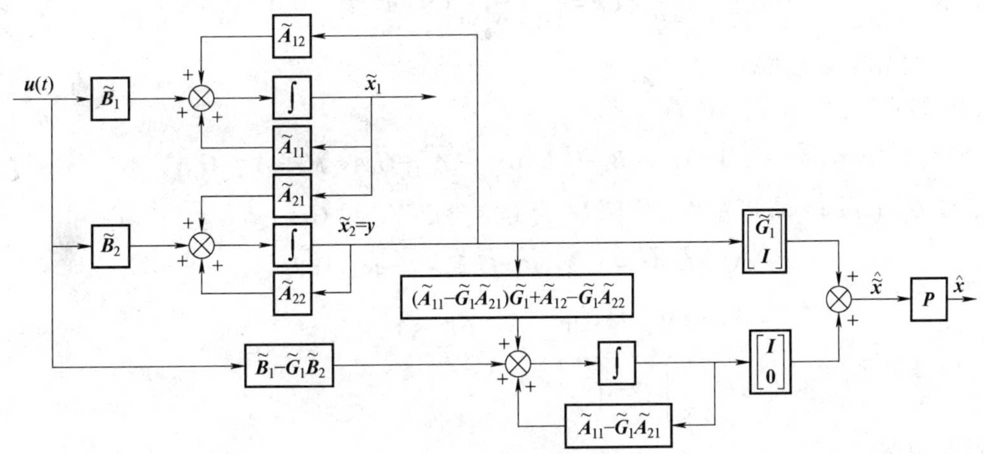

图 6.14　降维观测器的结构图

例 6.10　已知受控系统的状态空间表达式为

$$\begin{cases}\dot{x}=\begin{bmatrix}-1&0&0\\0&1&1\\0&0&1\end{bmatrix}x+\begin{bmatrix}1&0\\0&1\\0&1\end{bmatrix}u\\ y=\begin{bmatrix}1&0&0\\0&1&1\end{bmatrix}x\end{cases}$$

试设计降维观测器，希望的特征值为−3。

解：（1）检查受控系统的能观测性

$$\operatorname{rank}\begin{bmatrix}\boldsymbol{C}\\\boldsymbol{CA}\\\boldsymbol{CA}^2\end{bmatrix}=\operatorname{rank}\begin{bmatrix}1&0&0\\0&1&1\\-1&0&0\\0&1&2\end{bmatrix}=3=n$$

故系统能观测。由于 $m=2$，$n-m=1$，故降维观测器的维数为 1。

（2）构造线性变换阵 $\boldsymbol{P}$，求 $\tilde{\boldsymbol{A}}$、$\tilde{\boldsymbol{B}}$、$\tilde{\boldsymbol{C}}$

选 $\boldsymbol{D}=[0\quad 0\quad 1]$，则

$$\boldsymbol{P}^{-1}=\begin{bmatrix}\boldsymbol{D}\\\boldsymbol{C}\end{bmatrix}=\begin{bmatrix}0&0&1\\1&0&0\\0&1&1\end{bmatrix},\quad \boldsymbol{P}=\begin{bmatrix}0&1&0\\-1&0&1\\1&0&0\end{bmatrix}$$

$$\tilde{\boldsymbol{A}}=\boldsymbol{P}^{-1}\boldsymbol{AP}=\left[\begin{array}{c:cc}1&0&0\\\hdashline 0&-1&0\\1&0&1\end{array}\right]=\begin{bmatrix}\tilde{\boldsymbol{A}}_{11}&\tilde{\boldsymbol{A}}_{12}\\\tilde{\boldsymbol{A}}_{21}&\tilde{\boldsymbol{A}}_{22}\end{bmatrix}$$

$$\tilde{\boldsymbol{B}}=\boldsymbol{P}^{-1}\boldsymbol{B}=\left[\begin{array}{cc}0&1\\\hdashline 1&0\\0&2\end{array}\right]=\begin{bmatrix}\tilde{\boldsymbol{B}}_1\\\tilde{\boldsymbol{B}}_2\end{bmatrix}$$

$$\tilde{\boldsymbol{C}}=\boldsymbol{CP}=\left[\begin{array}{c:cc}0&1&0\\0&0&1\end{array}\right]=[\boldsymbol{0}\quad \boldsymbol{I}]$$

（3）构造降维观测器

由降维观测器方程式（6.71），知

$$\dot{\boldsymbol{z}}_1=(\tilde{\boldsymbol{A}}_{11}-\tilde{\boldsymbol{G}}_1\tilde{\boldsymbol{A}}_{21})z_1+(\tilde{\boldsymbol{B}}_1-\tilde{\boldsymbol{G}}_1\tilde{\boldsymbol{B}}_2)\boldsymbol{u}+[(\tilde{\boldsymbol{A}}_{11}-\tilde{\boldsymbol{G}}_1\tilde{\boldsymbol{A}}_{21})\tilde{\boldsymbol{G}}_1+\tilde{\boldsymbol{A}}_{12}-\tilde{\boldsymbol{G}}_1\tilde{\boldsymbol{A}}_{22}]\boldsymbol{y}$$

其中，$\tilde{\boldsymbol{G}}_1$ 为 $(n-m)\times m$ 阶矩阵。本例 $\tilde{\boldsymbol{G}}_1$ 为 1×2 阶矩阵，设 $\tilde{\boldsymbol{G}}_1=[g_1\quad g_2]$，则

$$\tilde{\boldsymbol{A}}_{11}-\tilde{\boldsymbol{G}}_1\tilde{\boldsymbol{A}}_{21}=1-g_2,\tilde{\boldsymbol{B}}_1-\tilde{\boldsymbol{G}}_1\tilde{\boldsymbol{B}}_2=[-g_1\quad 1-2g_2]$$

$$\tilde{\boldsymbol{A}}_{12}=[0\quad 0],\tilde{\boldsymbol{G}}_1\tilde{\boldsymbol{A}}_{22}=[-g_1\quad g_2]$$

$$\boldsymbol{y}=\begin{bmatrix}\tilde{x}_2\\\tilde{x}_3\end{bmatrix},\boldsymbol{u}=\begin{bmatrix}u_1\\u_2\end{bmatrix}$$

所以降维观测器方程为

$$\begin{cases}\dot{z}_1=(1-g_2)z_1+[-g_1\quad 1-2g_2]\begin{bmatrix}u_1\\u_2\end{bmatrix}+[2g_1-g_1g_2\quad -g_2^2]\begin{bmatrix}\tilde{x}_2\\\tilde{x}_3\end{bmatrix}\\\hat{\tilde{x}}_1=z_1+\tilde{\boldsymbol{G}}_1\boldsymbol{y}=z_1+g_1\tilde{x}_2+g_2\tilde{x}_3\end{cases}$$

由观测器的特征多项式

$$|a\boldsymbol{I}-(\tilde{\boldsymbol{A}}_{11}-\tilde{\boldsymbol{G}}_1\tilde{\boldsymbol{A}}_{21})|=a-(1-g_2)$$

及期望的特征多项式

$$f^*(\lambda)=\lambda+3$$

可得 $g_2-1=3$，解得 $g_2=4$。而 g_1 与特征值配置无关，取 $g_1=0$。故降维观测器方程最终可写成

$$
\begin{cases}
\dot{z}_1 = -3z_1 + \begin{bmatrix} 0 & -7 \end{bmatrix} \begin{bmatrix} u_1 \\ u_2 \end{bmatrix} + \begin{bmatrix} 0 & -16 \end{bmatrix} \begin{bmatrix} \tilde{x}_2 \\ \tilde{x}_3 \end{bmatrix} \\
\quad = -3z_1 - 7u_2 - 16\tilde{x}_3 \\
\hat{\tilde{x}}_1 = z_1 + 4\tilde{x}_3
\end{cases}
$$

而受控系统$\sum(\tilde{\boldsymbol{A}},\tilde{\boldsymbol{B}},\tilde{\boldsymbol{C}})$的全部状态变量的估计为

$$
\hat{\tilde{\boldsymbol{x}}} = \begin{bmatrix} \hat{\tilde{x}}_1 \\ \boldsymbol{y} \end{bmatrix} = \begin{bmatrix} \hat{\tilde{x}}_1 \\ \hat{\tilde{x}}_2 \\ \hat{\tilde{x}}_3 \end{bmatrix}
$$

（4）将$\hat{\tilde{\boldsymbol{x}}}$变换回原受控系统的状态空间

$$
\hat{\boldsymbol{x}} = \boldsymbol{P}\hat{\tilde{\boldsymbol{x}}} = \begin{bmatrix} 0 & 1 & 0 \\ -1 & 0 & 1 \\ 1 & 0 & 0 \end{bmatrix} \begin{bmatrix} \tilde{x}_1 \\ \tilde{x}_2 \\ \tilde{x}_3 \end{bmatrix} = \begin{bmatrix} \tilde{x}_2 \\ -\tilde{x}_1 + \tilde{x}_3 \\ -\tilde{x}_1 \end{bmatrix}
$$

由于$\tilde{x}_2$、$\tilde{x}_3$不需估计，因此可用原受控系统的输出来代替。因为

$$
\boldsymbol{y} = \tilde{\boldsymbol{y}} = \tilde{\boldsymbol{C}}\hat{\tilde{\boldsymbol{x}}} = \begin{bmatrix} 0 & 1 & 0 \\ 0 & 0 & 1 \end{bmatrix} \begin{bmatrix} \hat{\tilde{x}}_1 \\ \hat{\tilde{x}}_2 \\ \hat{\tilde{x}}_3 \end{bmatrix} = \begin{bmatrix} \tilde{x}_2 \\ \tilde{x}_3 \end{bmatrix} = \begin{bmatrix} y_1 \\ y_2 \end{bmatrix}
$$

所以

$$
\tilde{x}_2 = y_1, \qquad \tilde{x}_3 = y_2
$$

故

$$
\hat{\boldsymbol{x}} = \begin{bmatrix} y_1 \\ -z_1 - 3y_2 \\ z_1 + 4y_2 \end{bmatrix}
$$

6.6　带状态观测器的状态反馈闭环系统

状态观测器解决了受控系统的状态重构问题，为那些状态变量不能直接量测得到的系统实现状态反馈创造了条件。但是，这种利用状态观测器所构成的状态反馈闭环系统与直接进行状态反馈的闭环系统之间究竟有何异同，下面进一步讨论这个问题。

6.6.1　系统的结构

带状态观测器的状态反馈闭环系统由 3 部分组成，即原受控系统、状态观测器和状态反馈。图 6.15 是一个带有全维状态观测器的状态反馈系统。

由于受控系统既要实现观测器，又要进行状态反馈，因此设受控系统是能控且能观测的，其状态空间表达式为

$$\begin{cases}\dot{x}=Ax+Bu\\ y=Cx\end{cases}$$

状态反馈控制律为

$$u=v-K\hat{x}$$

状态观测器方程为

$$\dot{\hat{x}}=(A-GC)\hat{x}+Bu+Gy$$

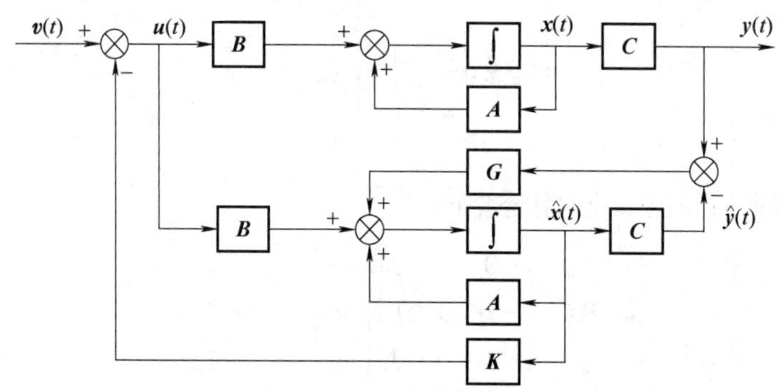

图 6.15　带全维状态观测器的状态反馈系统

由以上 3 式可得状态反馈闭环系统的状态空间表达式为

$$\begin{cases}\dot{x}=Ax-BK\hat{x}+Bv\\ \dot{\hat{x}}=GCx+(A-GC-BK)\hat{x}+Bv\\ y=Cx\end{cases}\tag{6.73}$$

上式又可写成分块矩阵的形式，即

$$\begin{cases}\begin{bmatrix}\dot{x}\\ \dot{\hat{x}}\end{bmatrix}=\begin{bmatrix}A & -BK\\ GC & A-GC-BK\end{bmatrix}\begin{bmatrix}x\\ \hat{x}\end{bmatrix}+\begin{bmatrix}B\\ B\end{bmatrix}v\\ y=[C\quad 0]\begin{bmatrix}x\\ \hat{x}\end{bmatrix}\end{cases}\tag{6.74}$$

显然这是一个 $2n$ 阶系统，有 $2n$ 个状态变量。为便于后面的分析，进一步取其中的 n 个状态变量为状态误差，即 $x-\hat{x}$，则有

$$\dot{x}-\dot{\hat{x}}=(A-GC)(x-\hat{x})$$

又

$$\dot{x}=Ax+Bu=Ax+B(v-K\hat{x})=(A-BK)x+BK(x-\hat{x})+Bv$$

故式（6.74）又可变换为

$$\begin{cases}\begin{bmatrix}\dot{x}\\ \dot{x}-\dot{\hat{x}}\end{bmatrix}=\begin{bmatrix}A-BK & BK\\ 0 & A-GC\end{bmatrix}\begin{bmatrix}x\\ x-\hat{x}\end{bmatrix}+\begin{bmatrix}B\\ 0\end{bmatrix}v\\ y=[C\quad 0]\begin{bmatrix}x\\ x-\hat{x}\end{bmatrix}\end{cases}\tag{6.75}$$

式（6.75）是能控性典型分解的形式。

6.6.2　系统的基本特性

1. 闭环极点的分离特性

由式（6.75），根据分块矩阵的行列式，可得闭环系统的特征多项式为

$$f(\lambda)=\left|\lambda\boldsymbol{I}-\begin{bmatrix}\boldsymbol{A}-\boldsymbol{BK} & \boldsymbol{BK}\\ \boldsymbol{0} & \boldsymbol{A}-\boldsymbol{GC}\end{bmatrix}\right|=\begin{vmatrix}\lambda\boldsymbol{I}-(\boldsymbol{A}-\boldsymbol{BK}) & -\boldsymbol{BK}\\ \boldsymbol{0} & \lambda\boldsymbol{I}-(\boldsymbol{A}-\boldsymbol{GC})\end{vmatrix}$$
$$=|\lambda\boldsymbol{I}-(\boldsymbol{A}-\boldsymbol{BK})||\lambda\boldsymbol{I}-(\boldsymbol{A}-\boldsymbol{GC})| \tag{6.76}$$

式（6.76）表明，由观测器构成的状态反馈闭环系统，其闭环极点等于原系统直接状态反馈闭环系统的极点与观测器的极点之和，并且两者是相互独立的，这给系统设计带来很大方便。因此，只要受控系统 $\Sigma(\boldsymbol{A},\boldsymbol{B},\boldsymbol{C})$ 是能控且能观测的，则系统的状态反馈矩阵 $\boldsymbol{K}$ 和观测器的反馈矩阵 $\boldsymbol{G}$ 可分别根据各自的要求，独立进行配置。这种性质被称为分离特性。该特性对利用降维观测器构成的状态反馈系统也是成立的。

2. 传递矩阵的不变性

由式（6.75）可得带观测器的状态反馈系统的传递矩阵为

$$\boldsymbol{G}(s)=[\boldsymbol{C}\quad \boldsymbol{0}]\left[s\boldsymbol{I}-\begin{bmatrix}\boldsymbol{A}-\boldsymbol{BK} & \boldsymbol{BK}\\ \boldsymbol{0} & \boldsymbol{A}-\boldsymbol{GC}\end{bmatrix}\right]^{-1}\begin{bmatrix}\boldsymbol{B}\\ \boldsymbol{0}\end{bmatrix}$$
$$=[\boldsymbol{C}\quad \boldsymbol{0}]\begin{bmatrix}s\boldsymbol{I}-(\boldsymbol{A}-\boldsymbol{BK}) & -\boldsymbol{BK}\\ \boldsymbol{0} & s\boldsymbol{I}-(\boldsymbol{A}-\boldsymbol{GC})\end{bmatrix}^{-1}\begin{bmatrix}\boldsymbol{B}\\ \boldsymbol{0}\end{bmatrix}$$

根据分块矩阵的求逆公式

$$\begin{bmatrix}\boldsymbol{R} & \boldsymbol{S}\\ \boldsymbol{0} & \boldsymbol{T}\end{bmatrix}^{-1}=\begin{bmatrix}\boldsymbol{R}^{-1} & -\boldsymbol{R}^{-1}\boldsymbol{S}\boldsymbol{T}^{-1}\\ \boldsymbol{0} & \boldsymbol{T}^{-1}\end{bmatrix}$$

有

$$\boldsymbol{G}(s)=[\boldsymbol{C}\quad \boldsymbol{0}]\begin{bmatrix}[s\boldsymbol{I}-(\boldsymbol{A}-\boldsymbol{BK})]^{-1} & [s\boldsymbol{I}-(\boldsymbol{A}-\boldsymbol{BK})]^{-1}\cdot\boldsymbol{BK}\cdot[s\boldsymbol{I}-(\boldsymbol{A}-\boldsymbol{GC})^{-1}]\\ \boldsymbol{0} & [s\boldsymbol{I}-(\boldsymbol{A}-\boldsymbol{GC})]^{-1}\end{bmatrix}\begin{bmatrix}\boldsymbol{B}\\ \boldsymbol{0}\end{bmatrix}$$
$$=\boldsymbol{C}[s\boldsymbol{I}-(\boldsymbol{A}-\boldsymbol{BK})]^{-1}\boldsymbol{B} \tag{6.77}$$

由此可见，带观测器的状态反馈闭环系统的传递矩阵等于直接状态反馈闭环系统的传递矩阵。换句话说，两者的外部特性完全相同，而与是否采用观测器无关。因此，观测器渐近给出 $\hat{\boldsymbol{x}}$ 并不影响使用闭环系统的外部特性。

3. 两类系统的等效性

由式（6.75）还可以看出，通过选择矩阵 $\boldsymbol{G}$，可使（$\boldsymbol{A}-\boldsymbol{GC}$）的特征值均具有负实部，所以必有 $\lim\limits_{t\to\infty}|\boldsymbol{x}-\hat{\boldsymbol{x}}|=0$。因此，当 $t\to\infty$ 时，必有

$$\begin{cases}\dot{\boldsymbol{x}}=(\boldsymbol{A}-\boldsymbol{BK})\boldsymbol{x}+\boldsymbol{B}\boldsymbol{v}\\ \boldsymbol{y}=\boldsymbol{C}\boldsymbol{x}\end{cases}$$

成立。这表明，带观测器的状态反馈系统，只有当 $t\to\infty$，即进入稳态时，才会与直接状态反馈系统完全等价，但可以通过选择矩阵 $\boldsymbol{G}$ 来加快 $\hat{\boldsymbol{x}}$ 渐近于 $\boldsymbol{x}$ 的速度。

另外，由于带观测器的状态反馈系统的极点是由直接状态反馈系统的极点和观测器的极点所组成，并且等于直接状态反馈系统的极点，因此观测器的极点全部被闭环零点所对消。故带观测器的闭环系统一定不是能控且能观测的。由于式（6.75）已是能控性典型分解的

形式，因此（$\boldsymbol{x}-\hat{\boldsymbol{x}}$）是不能控的。由于原系统是能控的，故观测器的状态 $\hat{\boldsymbol{x}}$ 是不能控的。

例 6.11　设受控系统的传递函数为

$$G_o(s)=\frac{1}{s(s+6)}$$

设计全维状态观测器，并用状态反馈将闭环极点配置为-4±j6。

解：1）由传递函数可知，该系统是能控且能观测的，因而存在状态观测器并可通过状态反馈实现要求的极点配置。根据分离特性可分别对矩阵 $\boldsymbol{G}$ 与矩阵 $\boldsymbol{K}$ 进行设计。

2）求状态反馈矩阵 $\boldsymbol{K}$。为方便观测器的设计，可直接由传递函数写出系统的能控标准形实现，即

$$\begin{cases}\dot{\boldsymbol{x}}=\begin{bmatrix}0 & 1\\0 & -6\end{bmatrix}\boldsymbol{x}+\begin{bmatrix}0\\1\end{bmatrix}u\\ y=\begin{bmatrix}1 & 0\end{bmatrix}\boldsymbol{x}\end{cases}$$

令

$$\boldsymbol{K}=\begin{bmatrix}k_1 & k_2\end{bmatrix}$$

则闭环特征多项式为

$$f(\lambda)=|\lambda\boldsymbol{I}-(\boldsymbol{A}-\boldsymbol{B}\boldsymbol{K})|=\lambda^2+(6+k_2)\lambda+k_1$$

而希望的特征多项式为

$$f^*(\lambda)=(\lambda+4+\mathrm{j}6)(\lambda+4-\mathrm{j}6)=\lambda^2+8\lambda+52$$

令上述两特征多项式相等，得

$$k_1=52,\ k_2=2$$

即

$$\boldsymbol{K}=\begin{bmatrix}52 & 2\end{bmatrix}$$

3）设计全维状态观测器。为使观测器的状态变量 $\hat{\boldsymbol{x}}$ 能较快地趋向原系统的状态变量 $\boldsymbol{x}$，且又考虑到噪声问题，一般取观测器的极点离虚轴的距离比闭环系统希望极点的位置大 2~3 倍为宜。本例取观测器的极点均为-10。令

$$\boldsymbol{G}=\begin{bmatrix}G_1\\G_2\end{bmatrix}$$

则观测器的特征多项式为

$$|\lambda\boldsymbol{I}-(\boldsymbol{A}-\boldsymbol{G}\boldsymbol{C})|=\lambda^2+(6+G_1)\lambda+6G_1+G_2$$

希望的特征多项式为

$$(\lambda+10)^2=\lambda^2+20\lambda+100$$

令上述两特征多项式相等，解得 $G_1=14$，$G_2=16$，即 $\boldsymbol{G}=\begin{bmatrix}14\\16\end{bmatrix}$，所以全维状态观测器方程为

$$\begin{aligned}\dot{\hat{\boldsymbol{x}}}&=(\boldsymbol{A}-\boldsymbol{G}\boldsymbol{C})\hat{\boldsymbol{x}}+\boldsymbol{G}y+\boldsymbol{B}u\\&=\begin{bmatrix}-14 & 1\\-16 & -6\end{bmatrix}\hat{\boldsymbol{x}}+\begin{bmatrix}14\\16\end{bmatrix}y+\begin{bmatrix}0\\1\end{bmatrix}u\end{aligned}$$

带观测器的状态反馈闭环系统的结构图如图 6.16 所示。

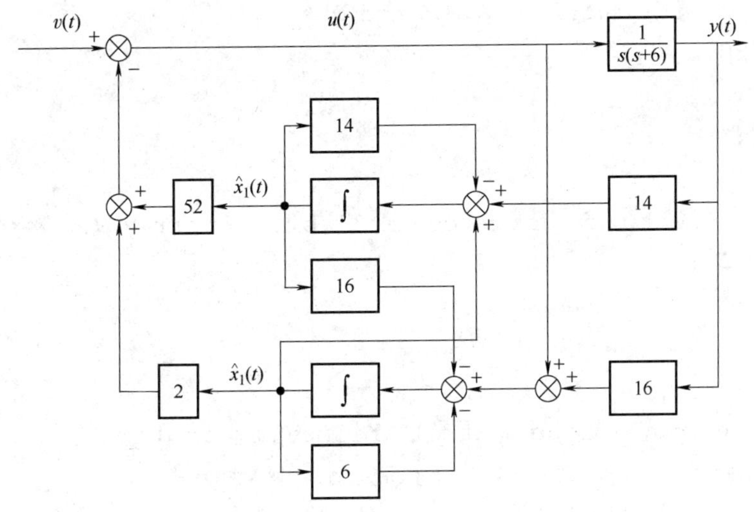

图 6.16　例 6.11 带观测器的状态反馈闭环系统的结构图

6.7　基于 MATLAB 的控制系统综合

6.7.1　基于 MATLAB 的状态观测器设计

本节将给出用 MATLAB 设计状态观测器的例子，通过举例说明全维状态观测器和最小阶状态观测器设计的 MATLAB 方法。

例 6.12　考虑一个调节器系统的设计。给定线性定常系统为

$$\begin{cases}\dot{\boldsymbol{x}}=\boldsymbol{A}\boldsymbol{x}+\boldsymbol{B}u\\ y=\boldsymbol{C}\boldsymbol{x}\end{cases}$$

式中

$$\boldsymbol{A}=\begin{bmatrix}0 & 1\\ 20.6 & 0\end{bmatrix},\ \boldsymbol{B}=\begin{bmatrix}0\\ 1\end{bmatrix},\ \boldsymbol{C}=\begin{bmatrix}1 & 0\end{bmatrix}$$

且闭环极点为 $s=\mu_i(i=1,2)$，其中

$$\mu_1=-1.8+\mathrm{j}2.4,\ \mu_2=-1.8-\mathrm{j}2.4,$$

期望用观测状态反馈控制，而不用真实的状态反馈控制。观测器增益矩阵的特征值为

$$\mu_1=\mu_2=-8$$

试采用 MATLAB 求必需的状态反馈增益矩阵 $\boldsymbol{K}$ 和观测器增益矩阵 $\boldsymbol{K}_e$。

解：对于所考虑的系统，以下 MATLAB 程序可用来确定状态反馈增益矩阵 $\boldsymbol{K}$ 和观测器增益矩阵 $\boldsymbol{K}_e$。

```
% ***** Pole placement and design of observer *****
%  ***** Design of a control system using pole-placement
% technique and state observer.First solve pole-placement
% problem *****
```

```
% ***** Enter matrices A,B,C and D *****
A=[0 1;20.6 0];
B=[0 1];
C=[1 0];
D=[0];
% ***** Check the rank of controllability matrix M *****
M=[B A*B];
Rank(M)
ans =
2
% Since the rank of the controllability matrix M is 2,
% arbitrary pole placement is possible *****
% ***** Enter the desired characteristic polynomial by
% defining the following matrix J and computing poly(J) *****
J=[-1.8+2.4*j 0;0 -1.8-2.4*j];
Poly(J)
ans =
1.000 3.6000 9.0000
% ***** Enter characteristic polynomial Phi *****
Phi=polyvalm(poly(J),A);
% ***** State feedback gain matrix K can be given by *****
K=[0 1]*inv(M)*Phi
K=
29.60000 3.6000
% **** The following program determines the observer matrix Ke ***
% **** Enter the observability matrix RT and check its rank ****
RT=[C'A'* C']
Rank(RT)
ans =
2
% ***** Since the rank of the observability matrix is 2,design of
% the observer is possible *****
% *****Enter the desired characteristic polynomial by defining
% the following matrix J0 and entering statement poly(J0) *****
J0 = [-8 0;0 -8];
Poly(J0)
ans =
1 16 64
```

```
% ***** Enter characteristic polynomial Ph *****
Ph = polyvalm(poly(J0),A);
% ***** The observer gain matrix Ke is obtained from *****
Ke=Ph*(inv(RT′))*[0;1]
Ke =
16.0000
84.6000
```

求出的状态反馈增益矩阵 $\boldsymbol{K}$ 为

$$\boldsymbol{K}=[29.6 \quad 3.6]$$

观测器增益矩阵 $\boldsymbol{K}_e$ 为

$$\boldsymbol{K}_e=\begin{bmatrix}16\\84.6\end{bmatrix}$$

该系统是 4 阶的，其特征方程为

$$|\lambda\boldsymbol{I}-\boldsymbol{A}+\boldsymbol{BK}||s\boldsymbol{I}-\boldsymbol{A}+\boldsymbol{K}_e\boldsymbol{C}|=0$$

通过将期望的闭环极点和期望的观测器极点代入上式，可得

$$\begin{aligned}|\lambda\boldsymbol{I}-\boldsymbol{A}+\boldsymbol{BK}||\lambda\boldsymbol{I}-\boldsymbol{A}+\boldsymbol{K}_e\boldsymbol{C}|&=(\lambda+1.8-\mathrm{j}2.4)(\lambda+1.8+\mathrm{j}2.4)(\lambda+8)^2\\&=\lambda^4+19.6\lambda^3+130.6\lambda^2+374.4\lambda+576\end{aligned}$$

这个结果很容易通过 MATLAB 得到，如以下 MATLAB 程序所示（以下程序是前 MATLAB 程序的继续，矩阵 $\boldsymbol{A}$、$\boldsymbol{B}$、$\boldsymbol{C}$、$\boldsymbol{K}$ 和 $\boldsymbol{K}_e$ 已在前一段 MATLAB 程序中给定）。

```
% ------Characteristic polynomial ------
% ***** The characteristic polynomial for the designed system
% is given by *****
% ***** This characteristic polynomial can be obtained by use of
% eigenvalues of and as follows *****
X=[eig(A-B*K);eig(A-Ke*C)]
X=
-1.8000+2.4000i
-1.8000-2.4000i
-8.0000
-8.0000
Poly(X)
ans=
1.0000 19.6000 130.6000 374.4000 576.0000
```

6.7.2　基于 MATLAB 设计控制系统示例

假设一个倒立摆控制系统，仅讨论摆和小车在图面内的运动，希望尽可能地保持倒立摆垂直，并控制小车的位置。例如，以步进形式使小车移动，为控制小车的位置，需建造一个

Ⅰ型伺服系统。由于安装在小车上的倒立摆系统没有积分器，因此，将位置信号 y（表示小车的位置）反馈到输入端，并且在前馈通道中插入一个积分器。假设摆的角度 θ 和角速度 $\dot{\theta}$ 很小，以至于 $\sin\theta\approx\theta$，$\cos\theta\approx1$ 和$\theta\dot{\theta}^2\approx0$。设 M、m 和 l 的值为

$$M=2\text{kg},\ m=0.1\text{kg},\ l=0.5\text{m}$$

该倒立摆控制系统的方程为

$$Ml\ddot{\theta}=(M+m)g\theta-u \tag{6.78}$$

$$M\dot{x}=u-mg\theta \tag{6.79}$$

代入给定的数值，式（6.78）和式（6.79）写为

$$\ddot{\theta}=20.601\theta-u \tag{6.80}$$

$$\ddot{x}=0.5u-0.4905\theta \tag{6.81}$$

定义状态变量为

$$\begin{cases}x_1=\theta\\x_2=\dot{\theta}\\x_3=x\\x_4=\dot{x}\end{cases} \tag{6.82}$$

因此，参照式（6.81）和式（6.82），且考虑作为系统输出的小车位置 x，可得该系统的方程为

$$\begin{cases}\dot{\boldsymbol{x}}=\boldsymbol{A}\boldsymbol{x}+\boldsymbol{B}u\\y=\boldsymbol{C}x\\u=-\boldsymbol{K}x+k_1\xi\\\dot{\xi}=r-y=r-Cx\end{cases}$$

式中

$$\boldsymbol{A}=\begin{bmatrix}0&1&0&0\\20.601&0&0&0\\0&0&0&1\\-0.4905&0&0&0\end{bmatrix},\boldsymbol{B}=\begin{bmatrix}0\\-1\\0\\0.5\end{bmatrix},\boldsymbol{C}=\begin{bmatrix}0&0&1&0\end{bmatrix}$$

对于Ⅰ型伺服系统，其状态误差方程为

$$\dot{\boldsymbol{e}}=\hat{\boldsymbol{A}}\boldsymbol{e}+\hat{\boldsymbol{B}}u_e$$

式中

$$\hat{\boldsymbol{A}}=\begin{bmatrix}\boldsymbol{A}&\boldsymbol{0}\\-\boldsymbol{C}&\boldsymbol{0}\end{bmatrix}=\begin{bmatrix}0&1&0&0&0\\20.601&0&0&0&0\\0&0&0&1&0\\-0.4905&0&0&0&0\\0&0&-1&0&0\end{bmatrix},\boldsymbol{B}=\begin{bmatrix}0\\-1\\0\\0.5\end{bmatrix},\boldsymbol{C}=\begin{bmatrix}0&0&1&0\end{bmatrix}$$

及控制输入为

$$u_e=-\hat{\boldsymbol{K}}_e$$

式中

$$\hat{\boldsymbol{K}}=[\boldsymbol{K}\ -k_1]=[k_1\quad k_2\quad k_3\quad k_4\quad -k_1]$$

现用极点配置方法确定所需的状态反馈增益矩阵 $\hat{\boldsymbol{K}}$。下面首先介绍一种解析方法，然后再介绍 MATLAB 解法。

在进一步讨论之前，必须检验矩阵 $\boldsymbol{P}$ 的秩，其中

$$\boldsymbol{P}=\begin{bmatrix}\boldsymbol{A} & \boldsymbol{B}\\ -\boldsymbol{C} & \boldsymbol{0}\end{bmatrix}$$

且矩阵 $\boldsymbol{P}$ 为

$$\boldsymbol{P}=\begin{bmatrix}\boldsymbol{A} & \boldsymbol{B}\\ -\boldsymbol{C} & \boldsymbol{0}\end{bmatrix}=\begin{bmatrix}0 & 1 & 0 & 0 & 0\\ 20.601 & 0 & 0 & 0 & -1\\ 0 & 0 & 0 & 1 & 0\\ -0.4905 & 0 & 0 & 0 & 0.5\\ 0 & 0 & -1 & 0 & 0\end{bmatrix}$$

易知，该矩阵的秩为5。因此，该定义的系统是状态完全能控的，并可任意配置极点。给出的系统特征方程为

$$\begin{aligned}|\lambda\boldsymbol{I}-\hat{\boldsymbol{A}}|&=\begin{vmatrix}\lambda & -1 & 0 & 0 & 0\\ -20.601 & \lambda & 0 & 0 & 0\\ 0 & 0 & \lambda & -1 & 0\\ 0.4905 & 0 & 0 & \lambda & 0\\ 0 & 0 & 1 & 0 & \lambda\end{vmatrix}\\ &=\lambda^3(\lambda^2-20.601)\\ &=\lambda^5-20.601\lambda^3\\ &=\lambda^5+a_1\lambda^4+a_2\lambda^3+a_3\lambda^2+a_4\lambda+a_5=0\end{aligned}$$

因此

$$a_1=0,\ a_2=-20.601,\ a_3=0,\ a_4=0,\ a_5=0$$

为了使设计的系统获得适当的响应速度和阻尼（例如，在小车的阶跃响应中，有4~5s 的调整时间和15%~16%的最大超调量），选择期望的闭环极点为 $\lambda=\mu_i(i=1,2,3,4,5)$，其中

$$\mu_1=-1+\mathrm{j}\sqrt{3},\ \mu_2=-1-\mathrm{j}\sqrt{3},\ \mu_3=-5,\ \mu_4=-5,\ \mu_5=-5$$

这是一组可能的期望闭环极点，也可选其他的。因此，期望的特征方程为

$$\begin{aligned}&(\lambda-\mu_1)(\lambda-\mu_2)(\lambda-\mu_3)(\lambda-\mu_4)(\lambda-\mu_5)\\ &=(\lambda+1-\mathrm{j}\sqrt{3})(\lambda+1+\mathrm{j}\sqrt{3})(s+5)(\lambda+5)(s+5)\\ &=\lambda^5+17\lambda^4+109\lambda^3+335\lambda^2+550\lambda+500\\ &=\lambda^5+a_1^*\lambda^4+a_2^*\lambda^3+a_3^*\lambda^2+a_4^*\lambda+a_5^*=0\end{aligned}$$

于是

$$a_1^*=17,\ a_2^*=109,\ a_3^*=335,\ a_4^*=550,\ a_5^*=500$$

下一步求由上式给出的变换矩阵 $\boldsymbol{P}$ 为

$$\boldsymbol{P}=\boldsymbol{QWA}$$

这里 $\boldsymbol{Q}$ 和 $\boldsymbol{W}$ 分别可由上式得出，即

$$\boldsymbol{Q}=[\hat{\boldsymbol{B}} \quad \hat{\boldsymbol{A}}\hat{\boldsymbol{B}} \quad \hat{\boldsymbol{A}}^2\hat{\boldsymbol{B}} \quad \hat{\boldsymbol{A}}^3\hat{\boldsymbol{B}} \quad \hat{\boldsymbol{A}}^4\hat{\boldsymbol{B}}]=\begin{bmatrix} 0 & -1 & 0 & -20.601 & 0 \\ -1 & 0 & -20.601 & 0 & (-20.601)^2 \\ 0 & 0.5 & 0 & 0.4905 & 0 \\ 0.5 & 0 & 0.4905 & 0 & 10.1048 \\ 0 & 0 & -0.5 & 0 & -0.4905 \end{bmatrix}$$

$$\boldsymbol{W}=\begin{bmatrix} a_4 & a_3 & a_2 & a_1 & 1 \\ a_3 & a_2 & a_1 & 1 & 0 \\ a_2 & a_1 & 1 & 0 & 0 \\ a_1 & 1 & 0 & v & 0 \\ 1 & 0 & 0 & 0 & 0 \end{bmatrix}=\begin{bmatrix} 0 & 0 & -20.601 & 0 & 1 \\ 0 & -20.601 & 0 & 1 & 0 \\ -20.601 & 0 & 1 & 0 & 0 \\ 0 & 1 & 0 & 0 & 0 \\ 1 & 0 & 0 & 0 & 0 \end{bmatrix}$$

$$\boldsymbol{P}=\boldsymbol{QW}=\begin{bmatrix} 0 & 0 & 0 & -1 & 0 \\ 0 & 0 & 0 & 0 & -1 \\ 0 & -9.81 & 0 & 0.5 & 0 \\ 0 & 0 & -9.81 & 0 & 0.5 \\ 9.81 & 0 & -0.5 & 0 & 0 \end{bmatrix}$$

矩阵 $\boldsymbol{P}$ 的逆为

$$\boldsymbol{P}^{-1}=\begin{bmatrix} 0 & -\dfrac{0.25}{(9.81)^2} & 0 & -\dfrac{0.5}{(9.81)^2} & \dfrac{1}{9.81} \\ -\dfrac{0.5}{9.81} & 0 & -\dfrac{1}{9.81} & 0 & 0 \\ 0 & -\dfrac{0.5}{9.81} & 0 & -\dfrac{1}{9.81} & 0 \\ -1 & 0 & 0 & 0 & 0 \\ 0 & -1 & 0 & 0 & 0 \end{bmatrix}$$

矩阵 $\hat{\boldsymbol{K}}$ 计算为

$$\begin{aligned} \hat{\boldsymbol{K}} &= [a_5^*-a_5 \quad a_4^*-a_4 \quad a_3^*-a_3 \quad a_2^*-a_2 \quad a_1^*-a_1]\boldsymbol{P}^{-1} \\ &= [500-0 \quad 550-0 \quad 335-0 \quad 109+20.601 \quad 17-0]\boldsymbol{P}^{-1} \\ &= [500 \quad 550 \quad 335 \quad 129.601 \quad 17]\boldsymbol{P}^{-1} \\ &= [-157.6336 \quad -35.3733 \quad -56.0652 \quad -36.7466 \quad 50.9684] \\ &= [k_1 \quad k_2 \quad k_3 \quad k_4 \quad -k_1] \end{aligned}$$

因此

$$\boldsymbol{K}=[k_1 \quad k_2 \quad k_3 \quad k_4]=[-157.6336 \quad -35.3733 \quad -56.0652 \quad -36.7466]$$

且

$$k_1=-50.9684$$

以下 MATLAB 程序可用于设计倒立摆控制系统。注意，在程序中，用符号 A1、B1 和 KK 分别表示 $\hat{\boldsymbol{A}}$、$\hat{\boldsymbol{B}}$ 和 $\hat{\boldsymbol{K}}$，即

$$\text{A1}=\hat{\boldsymbol{A}}=\begin{bmatrix} \boldsymbol{A} & 0 \\ -\boldsymbol{C} & 0 \end{bmatrix}, \quad \text{B1}=\hat{\boldsymbol{B}}=\begin{bmatrix} \boldsymbol{B} \\ 0 \end{bmatrix}, \quad \text{KK}=\hat{\boldsymbol{K}}$$

```
% -----Design of an inverted pendulum control system -----
% ***** In this program we use Ackermann's formula for
% pole placement *****
% ***** This program determines the state feedback gain matrix
% K = [k1 k2 k3 k4] and integral gain constant KI *****
% ***** Enter matrices A, B, C, and D *****
A =[0       1 0 0
    20.601 0 0 0
    0       0 0 1
   -0.4905 0 0 0];
B=[0;-1;0;0.5];
C=[0 0 1 0];
D=[0];
% ***** Enter matrices A1 and B1 *****
A1=[A zeros(4,1);-C 0];
B1=[B;0];
% ***** Define the controllability matrix Q ****
Q=[B1 A1*B1 A1^2*B1 A1^3*B1 A1^4*B1];
% **** Check the rank of matrix Q *****
rank(Q)
ans =
5
% **** Since the rank of Q is 5, the system is completely
% state controller.Hence, arbitrary pole placement is
% possible *****
% **** Enter the desired characteristic polynomial, which
% can be obtained by defining the following matrix J and
% entering statement poly(J) *****
J=[-1+sqrt(3)*i            0 0 0 0
    0            -1-sqrt(3)*i 0 0 0
    0                       0 -5 0 0
    0                       0 0 -5 -5
    0                       0 0 0 -5];
JJ=poly(J)
JJ =
1.0000 17.0000 109.0000 335.0000 550.0000 500.0000
% **** Enter characteristic polynomial Phi *****
Phi = polyvalm(poly(J), A1);
```

```
% ***** State feedback gain matrix K and integral gain constant
% KI can be determined from *****
KK=[0 0 0 0 1] * (inv(Q)) * Phi
KK=
-157.6336 -35.3733 -56.0652 -36.7466 50.9684
k1=KK(1),k2=KK(2),k3=KK(3),k4=KK4,KI=-KK(5)
k1=
  -157.6336
k2=
  -35.3733
k3=
  -56.0652
k4=
  -36.7466
KI=
-50.9684
```

习题

6.1 判断下列系统能否用状态反馈任意地配置特征值。

(1) $\dot{\boldsymbol{x}}=\begin{bmatrix}1 & 2\\ 3 & 1\end{bmatrix}\boldsymbol{x}+\begin{bmatrix}1\\ 0\end{bmatrix}u$

(2) $\dot{\boldsymbol{x}}=\begin{bmatrix}1 & 0 & 0\\ 0 & -2 & 1\\ 0 & 0 & -2\end{bmatrix}\boldsymbol{x}+\begin{bmatrix}1 & 0\\ 0 & 1\\ 0 & 0\end{bmatrix}\boldsymbol{u}$

6.2 已知系统为

$$\begin{cases}\dot{x}_1=x_2\\ \dot{x}_2=x_3\\ \dot{x}_3=-x_1-x_2-x_3+3u\end{cases}$$

试确定线性状态反馈控制律，使该系统的闭环极点都是-3，并画出闭环系统的结构图。

6.3 给定单输入线性定常系统为

$$\dot{\boldsymbol{x}}=\begin{bmatrix}0 & 0 & 0\\ 1 & -6 & 0\\ 0 & 1 & -12\end{bmatrix}\boldsymbol{x}+\begin{bmatrix}1\\ 0\\ 0\end{bmatrix}u$$

试求出状态反馈 $u=-\boldsymbol{K}\boldsymbol{x}$，使得闭环系统的特征值为 $\lambda_1^*=-2$，$\lambda_2^*=-1+\mathrm{j}$，$\lambda_3^*=-1-\mathrm{j}$。

6.4 给定系统的传递函数为

$$g(s)=\frac{(s-1)(s+2)}{(s+1)(s-2)(s+3)}$$

试问能否用状态反馈将传递函数变为

$$g_k(s)=\frac{s-1}{(s+2)(s+3)}\text{和 } g_k(s)=\frac{s+2}{(s+1)(s+3)}$$

若有可能，试分别求出状态反馈增益阵 $\boldsymbol{K}$，并画出结构图。

6.5　给定系统的状态空间表达式为

$$\begin{cases}\dot{\boldsymbol{x}}=\begin{bmatrix}-1 & -2 & -3\\ 0 & -1 & 1\\ 1 & 0 & -1\end{bmatrix}\boldsymbol{x}+\begin{bmatrix}2\\0\\1\end{bmatrix}u\\ y=[1\ \ 1\ \ 0]\boldsymbol{x}\end{cases}$$

（1）设计一个具有特征值为-3、-4、-5 的全维状态观测器。

（2）设计一个具有特征值为-3、-4 的降维状态观测器。

（3）画出系统结构图。

6.6　已知受控系统的状态方程为

$$\dot{\boldsymbol{x}}=\begin{bmatrix}1 & 0 & -1\\ 2 & -1 & 0\\ 0 & 2 & 1\end{bmatrix}\boldsymbol{x}+\begin{bmatrix}1\\1\\0\end{bmatrix}u$$

利用 MATLAB 设计状态反馈矩阵 $\boldsymbol{K}$，使闭环极点为-1、-2±j。

6.7　给定的状态方程模型如下：

$$\dot{\boldsymbol{x}}=\begin{bmatrix}1 & 0 & 0 & -1\\ 0 & 2 & -1 & 0\\ 0 & 2 & 0 & 1\\ 1 & 0 & 2 & 0\end{bmatrix}\boldsymbol{x}+\begin{bmatrix}1\\0\\1\\0\end{bmatrix}u$$

利用 MATLAB 设计状态反馈矩阵 $\boldsymbol{K}$，使系统闭环极点为-1、-3、-1±j。

6.8　某多输入多输出系统的参数矩阵如下：

$$\boldsymbol{A}=\begin{bmatrix}0 & 1 & 0\\ 1 & 0 & 1\\ -1 & -1 & 2\end{bmatrix},\ \boldsymbol{B}=\begin{bmatrix}1 & 0\\ 0 & 0\\ 0 & 1\end{bmatrix}$$

$$\boldsymbol{C}=\begin{bmatrix}1 & 0 & 0\\ 0 & 1 & 1\end{bmatrix},\ \boldsymbol{D}=\begin{bmatrix}0 & 0\\ 0 & 0\end{bmatrix}$$

利用 MATLAB 完成下面工作：

（1）试求解其传递函数矩阵。

（2）设计解耦控制器，有可能的话进行极点配置。

6.9　给定系统的传递函数为

$$g(s)=\frac{1}{s(s+1)(s+2)}$$

（1）确定一个状态反馈增益阵 $\boldsymbol{K}$，使闭环系统的极点为-3 和$-\frac{1}{2}\pm \mathrm{j}\frac{\sqrt{3}}{2}$。

（2）确定一个全维状态观测器，并使观测器的特征值均为-5。

（3）确定一个降维状态观测器，并使其特征值均为-5。

（4）分别画出闭环系统的结构图。

（5）求出闭环传递函数。

第 7 章

最优控制

最优控制理论是现代控制理论的重要组成部分，它于 20 世纪 50 年代发展起来，现在已形成系统的理论。其所研究的对象是控制系统，中心问题是针对一个控制系统，选择控制规律，使系统在某种意义上是最优的。最优控制理论给出了统一、严格的数学方法，为工程设计带来极大方便。最优控制问题不仅是学者们感兴趣的学术课题，也是工程师们设计控制系统时所追求的目标。一旦将最优控制应用于系统中，就会带来显著效益，因此最优控制在各个领域中得到了广泛的应用。

本章首先介绍最优控制的基本概念；然后讨论最优控制的基本求解方法，包括变分法、极小值原理、动态规划法、线性二次型性能指标的最优控制等，为最优控制系统的设计提供方法和理论基础；最后，列出了 MATLAB 在求解最优控制问题中的应用实例。

7.1 引言

7.1.1 最优控制问题的提出

最优控制研究的基本问题是：建立被控对象的数学模型，即在容许的控制范围内，目标能使被控对象按照预定的要求运行，并使给定的某一性能指标达到极值。

那么什么是系统的最优控制呢？现以图 7.1 所示的电枢控制的直流他励电动机的控制问题予以说明。

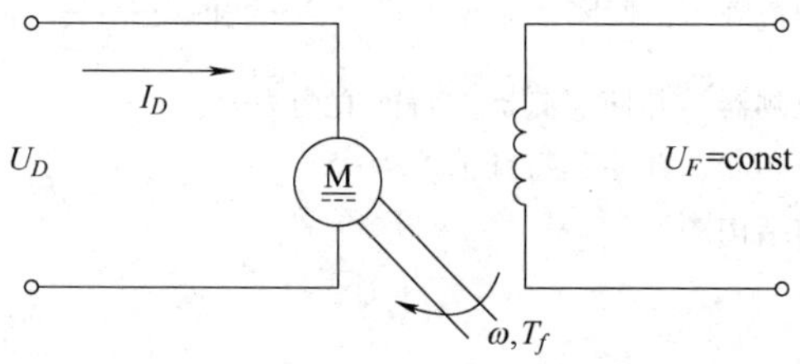

图 7.1 电枢控制的直流他励电动机

问题 7.1 电动机的运动方程式为

$$K_m I_D - T_f = J_D \frac{\mathrm{d}\omega}{\mathrm{d}t} \tag{7.1}$$

式中，I_D 为电枢电流；T_f 为恒定的负载转矩；J_D 为转动惯量；K_m 为转矩常数；ω 为角速度。

希望电动机在时间 t_f 内，从静止状态起动，转过一定角度 θ 后停止，求在 $[0,t_f]$ 内，使电动机电枢绕组上的损耗 $E=\int_0^{t_f} R_D I_D^2 \mathrm{d}t$ 为最小时的电枢电流。其中 R_D 为电动机电枢回路电阻。

在这个控制问题中，直流他励电动机是被控对象，它的数学模型为式（7.1）。控制的初始时刻为 $t_0=0$，末值时刻为 t_f；初始状态为 $\omega(0)=0$，电动机处于静止状态；末值状态为 $\omega_{t_f}=0$，转角为 θ，并且有

$$\int_0^{t_f} \omega(t)\mathrm{d}t = \theta = \mathrm{const} \tag{7.2}$$

即电动机转过 θ 角后又停止了。

控制的性能指标为

$$E = \int_0^{t_f} R_D I_D^2 \mathrm{d}t$$

由于 I_D 是时间的函数，而 E 又是 I_D 的函数，故 E 是函数的函数，称为泛函数（简称泛函）。如果采用状态方程表示，可令

$$x_1 = \theta$$

$$\dot{x}_1 = \dot{\theta} = \omega = x_2$$

$$\dot{x}_2 = \dot{\omega} = \frac{K_m}{J_D} I_D - \frac{T_f}{J_D}$$

于是系统的状态方程为

$$\begin{bmatrix} \dot{x}_1 \\ \dot{x}_2 \end{bmatrix} = \begin{bmatrix} 0 & 1 \\ 0 & 0 \end{bmatrix} \begin{bmatrix} x_1 \\ x_2 \end{bmatrix} + \begin{bmatrix} 0 \\ \dfrac{K_m}{J_D} \end{bmatrix} I_D + \begin{bmatrix} 0 \\ \dfrac{1}{J_D} \end{bmatrix} T_f \tag{7.3}$$

初始时刻为 $t_0=0$，末值时刻为 t_f，初始状态为

$$\begin{bmatrix} x_1(0) \\ x_2(0) \end{bmatrix} = \begin{bmatrix} 0 \\ 0 \end{bmatrix} \tag{7.4}$$

末值状态为

$$\begin{bmatrix} x_1(t_f) \\ x_2(t_f) \end{bmatrix} = \begin{bmatrix} 0 \\ 0 \end{bmatrix} \tag{7.5}$$

最终，性能指标为

$$E = \int_0^{t_f} R_D I_D^2 \mathrm{d}t \tag{7.6}$$

至此，就本问题而言可以给出最优控制的定义了。所谓最优控制，就是在数学模型式（7.3）的约束下，寻求一个控制函数 $I_D(t)$，使电动机从初始时刻（$t_0=0$）的初始状态式（7.4）转移到末值时刻 t_f 的状态式（7.5），使性能指标 E 为极小。

应该指出，上述最优控制问题是针对性能指标式（7.6）而言的。因此求出的最优控制 $I_D(t)$ 可保证式（7.6）极小，如果性能指标改变了，则 $I_D(t)$ 就不再是最优控制了。

问题 7.2　对于图 7.1 所示的电枢控制的直流他励电动机，如果电动机从初始时刻 $t_0=0$ 的静止状态转一个角度 θ，试寻求最优控制 $I_D(t)$［$I_D(t)$ 是受限制的，$I_D\leqslant I_{D\max}$］，使电动机转过 θ 角度所需的时间最短。

这也是一个最优控制问题。其数学描述如下：

系统状态方程为

$$\begin{bmatrix}\dot{x}_1\\ \dot{x}_2\end{bmatrix}=\begin{bmatrix}0 & 1\\ 0 & 0\end{bmatrix}\begin{bmatrix}x_1\\ x_2\end{bmatrix}+\begin{bmatrix}0\\ \dfrac{K_m}{J_D}\end{bmatrix}I_D+\begin{bmatrix}0\\ \dfrac{1}{J_D}\end{bmatrix}T_f \tag{7.7}$$

初始时刻为 $t_0=0$，末值时刻为 t_f，初始状态为

$$\begin{bmatrix}x_1(0)\\ x_2(0)\end{bmatrix}=\begin{bmatrix}0\\ 0\end{bmatrix} \tag{7.8}$$

末值状态为

$$\begin{bmatrix}x_1(t_f)\\ x_2(t_f)\end{bmatrix}=\begin{bmatrix}\theta\\ 0\end{bmatrix} \tag{7.9}$$

如果将性能指标记为 J，有

$$J=\int_0^{t_f}\mathrm{d}t=t_f \tag{7.10}$$

这个最优控制问题就是在状态方程约束下，寻求最优控制 $I_D(t)$，并且 $I_D\leqslant I_{D\max}$（I_D 的最大值），将 $x(0)$ 转移到 $x(t_f)$ 并使 J 为极小。

求解问题 7.1 和问题 7.2 时，其最优控制 $I_D(t)$ 是不同的。因此，说到最优控制问题时，应该指明是在什么样性能指标下的最优控制。

一般地说，最优控制问题比问题 7.1、问题 7.2 复杂得多。例如系统方程可以是非线性、时变、多输入多输出的，即

$$\dot{\boldsymbol{x}}=\boldsymbol{f}(\boldsymbol{x},\boldsymbol{u},t)$$

式中，$\boldsymbol{x}$ 为 n 维状态向量；$\boldsymbol{u}$ 为 r 维控制向量；$\boldsymbol{f}$ 为 n 维向量函数。系统在控制向量作用下，完成从初始时刻 t_0 的初始状态 $\boldsymbol{x}(t_0)$ 向末值时刻 t_f 的末值状态 $\boldsymbol{x}(t_f)$ 运动。通常，初始时刻、初始状态是已知的，t_f 可以固定，也可以是自由的（如问题 7.2），末值状态可以自由，也可以固定，也可能既非自由又非固定，而是受到一个等式 $g[\boldsymbol{x}(t_f),t_f]=0$ 约束。控制向量 $\boldsymbol{u}$ 在 r 维控制空间中取值（如问题 7.1），也可能只允许在 r 维控制空间中一个集合 $\boldsymbol{U}$ 中取值，$\boldsymbol{U}$ 称为容许控制域（如问题 7.2），这是 $\boldsymbol{u}$ 受限制的最优控制问题。正因为 $\boldsymbol{u}$ 的取值范围不同，解决的方法也不同，问题 7.1 的性能指标是积分型的，而问题 7.2 的性能指标是末值型的，有的最优控制问题中，同时有末值部分和积分部分，称为复合型性能指标。

7.1.2　最优控制基本概念

基于上述内容，最优控制问题的一般性提法如下。

系统状态方程为

$$\dot{\boldsymbol{x}}(t)=\boldsymbol{f}(\boldsymbol{x}(t),\boldsymbol{u}(t),t)$$

式中，$\boldsymbol{x}(t)$ 为 n 维状态向量；$\boldsymbol{u}(t)$ 为 r 维控制向量；$\boldsymbol{f}(\boldsymbol{x}(t),\boldsymbol{u}(t),t)$ 为 n 维向量函数，它为 $\boldsymbol{x}(t)$、$\boldsymbol{u}(t)$ 和 t 的连续函数，对 $\boldsymbol{x}(t)$、t 连续可微，初始状态为 $\boldsymbol{x}(t_0)$。要寻求在 $[t_0,t_f]$ 中的最优控制 $\boldsymbol{u}\in\boldsymbol{R}^r$ 或 $\boldsymbol{u}\in\boldsymbol{U}\subset\boldsymbol{R}^r$，以便将系统的状态变量从 $\boldsymbol{x}(t_0)$ 转移到 $\boldsymbol{x}(t_f)$ 或 $\boldsymbol{x}(t_f)$ 的一个集合，并使如下性能指标最优

$$J=\Phi(\boldsymbol{x}(t_f),t_f)=\int_{t_0}^{t_f}L(\boldsymbol{x}(t),\boldsymbol{u}(t),t)\,\mathrm{d}t$$

其中，$L(\boldsymbol{x}(t),\boldsymbol{u}(t),t)$ 是 $\boldsymbol{x}(t)$、$\boldsymbol{u}(t)$、t 的连续函数。

最优控制面临的问题可归纳为以下几点。

(1) 状态方程

状态方程的一般形式为

$$\begin{cases}\dot{\boldsymbol{x}}(t)=\boldsymbol{f}(\boldsymbol{x}(t),\boldsymbol{u}(t),t)\\ \boldsymbol{x}(t)|_{t=t_0}=\boldsymbol{x}_0\end{cases} \tag{7.11}$$

式中，$\boldsymbol{x}(t)$ 为 n 维状态向量，$\boldsymbol{x}(t)\in\boldsymbol{R}^n$；$\boldsymbol{u}(t)$ 为 r 维控制向量，$\boldsymbol{u}(t)\in\boldsymbol{R}^r$；$\boldsymbol{f}(\boldsymbol{x}(t),\boldsymbol{u}(t),t)$ 为 n 维向量函数。若给定控制律 $\boldsymbol{u}(t)$，当 $\boldsymbol{f}(\boldsymbol{x}(t),\boldsymbol{u}(t),t)$ 满足一定条件时，方程有唯一解，它唯一地描述了系统的状态在 n 维空间 $\boldsymbol{R}^n$ 中的运动规律。

(2) 容许控制

在实际的控制系统中，控制变量一般是不能任意取值的。其大小应当受到某些限制，可以用不等式表示，即 $\boldsymbol{G}(u)\leqslant\boldsymbol{0}$，其中 $\boldsymbol{G}$ 为向量函数，不等式的范围称为控制域，以 $\boldsymbol{U}$ 表示，它通常是 $\boldsymbol{R}^r$ 中的有界闭集。于是容许控制为

$$\boldsymbol{u}\in\boldsymbol{U}$$

例如，发动机的推力，其绝对值不能超过某一限制。有时控制域可为 $\boldsymbol{R}^r$ 中的超方体，即

$$|u_i(t)|\leqslant m_i\quad(i=1,2,\cdots,r) \tag{7.12}$$

容许控制在时间间隔 $[t_0,t_f]$ 上一般都是时间的函数，它不仅在控制域内取值，还常在控制域的边界上取值，甚至在边界上跳来跳去，因此常为分段连续函数。

(3) 目标集

在控制系统中，终点状态 $\boldsymbol{x}(t_f)$ 可以是状态空间中某一点集

$$\boldsymbol{S}=\{\boldsymbol{x}(t_f)\,|\,\boldsymbol{\varphi}(\boldsymbol{x}(t_f),t_f)=0\} \tag{7.13}$$

式中，$\boldsymbol{\varphi}(\boldsymbol{x}(t_f),t_f)$ 是 k 维向量函数；$\boldsymbol{S}$ 称为目标集。特别地，当 $\boldsymbol{x}(t_f)=\boldsymbol{x}_{t_f}$时，称为固定端问题，其中 $\boldsymbol{x}_{t_f}$是常向量；当 $\boldsymbol{S}=\boldsymbol{R}^n$ 时，称为自由端问题。

(4) 性能指标

性能指标是控制系统优劣的数量指标，一般表示为

$$J=\boldsymbol{\Phi}(\boldsymbol{x}(t_f),t_f)=\int_{t_0}^{t_f}L(\boldsymbol{x}(t),\boldsymbol{u}(t),t)\,\mathrm{d}t \tag{7.14}$$

式 (7.14) 表示在整个控制过程中，对状态、控制以及终点状态的要求，称为复合型性能指标。若 $\boldsymbol{\Phi}(\boldsymbol{x}(t_f),t_f)=0$，则称为积分型性能指标，它表示对整个状态和控制过程的要求。若 $L(\boldsymbol{x}(t),\boldsymbol{u}(t),t)=0$，则称为终点型指标，它表示仅对终点状态的要求。

值得注意的是，只要引进一个新的状态变量，就能将积分型性能指标化为终点型性能指标。例如，令

$$x_{n+1}(t)=\int_{t_0}^{t}L(\boldsymbol{x},\boldsymbol{u},\tau)\,\mathrm{d}\tau$$

为系统的第 $n+1$ 个状态变量，则此变量的状态方程为

$$\dot{x}_{n+1}(t)=L(\boldsymbol{x},\boldsymbol{u},t),x_{n+1}(t)\big|_{t_0}=0$$

而性能指标变为

$$J(\boldsymbol{u}(\cdot))=x_{n+1}(t_f)$$

综上所述，最优控制的一般提法如下，设状态方程和初始条件为式（7.11），目标集为式（7.13），控制域为式（7.12），性能指标为式（7.14）。在容许控制域式（7.12）中，选取控制 $\boldsymbol{u}(t)$，在时间间隔 $[t_0,t_f]$ 内，将系统从初始状态 $\boldsymbol{x}_0$ 转移到目标集 $\boldsymbol{S}$ 上，并使性能指标式（7.14）有极值（极大值或极小值）。满足上述要求的控制称为最优控制，记作 $\boldsymbol{u}^*(t)$，所对应的轨线称为最优轨线，记作 $\boldsymbol{x}^*(t)$。

7.2 变分法

从最优控制问题的提法可以看出，它实际上是一个求泛函极值的问题，而变分法是求解泛函极值的重要方法。本节将讨论如何应用变分法来求解最优控制问题。

7.2.1 变分法的基本概念

1. 泛函与变分

众所周知，求一般函数的极值时，微分或导数起着重要的作用，研究泛函极值时，变分起着同样重要的作用。求泛函的极大值和极小值问题都称为变分问题，求泛函极值的方法称为变分法。因此，变分法是研究分析泛函极值的一种方法，它的任务是求泛函的极大值和极小值。在最优控制中，泛函可用来泛指控制系统期望达到的目标、指标和准则，因此常称为“目标函数”或“性能指标”等。

(1) 泛函

如果一个变量 J，对于在一类函数中每一个函数 $x(t)$ 都有一个确定值与之对应，则称变量 J 为依赖于函数 $x(t)$ 的泛函，记为 $J(x(\cdot))$。

与函数概念相对应，可以这样来阐述泛函的概念：对应于某一类函数中的每一个确定的函数 $y(x)$（注意，不是函数值），因变量 J 都有一个确定的值（注意，不是函数）与之对应，则称因变量 J 为 $y(x)$ 的泛函数。由此可见，泛函的定义域是函数，泛函的值域是实数集。因此可以把泛函理解为“函数的函数”。

例如，函数的定积分是一个泛函，设 $J(x(t))=\int_0^2 x(t)\,\mathrm{d}t$，则 $J(x(t))$ 的值由函数 $x(t)$ 决定。当 $x(t)=2t$ 时，有

$$J(x(t))=\int_0^2 2t\mathrm{d}t=4$$

当 $x(t)=\cos(t)$ 时，有

$$J(x(t))=\int_0^2 \cos(t)\,\mathrm{d}t=\sin2$$

可见，$x(t)$ 表示一类函数，一旦函数的表达式确定，则 J 的值是确定的，即 J 的值随 $x(t)$ 的确定而确定。

(2) 泛函的变分

研究泛函的极值问题，需要采用变分法。变分在泛函研究中的作用，如同微分在函数研究中的作用一样。泛函的变分与函数的微分，其定义式几乎完全相同。

为了研究泛函的变分，应先研究宗量的变分。设 $J(\boldsymbol{x}(t))$ 为连续泛函，$\boldsymbol{x}(t)\in\boldsymbol{R}^n$ 为宗量，则宗量的变分可表示为

$$\delta\boldsymbol{x}=\boldsymbol{x}(t)-\boldsymbol{x}_0(t)\quad \forall\,\boldsymbol{x}(t),\boldsymbol{x}_0(t)\in\boldsymbol{R}^n$$

宗量变分 $\delta\boldsymbol{x}$ 表示 $\boldsymbol{R}^n$ 中点 $\boldsymbol{x}(t)$ 之间的差，由于 $\delta\boldsymbol{x}$ 存在，必然引起泛函数值的变化，并以 $J(\boldsymbol{x}+\varepsilon\delta\boldsymbol{x})$ 表示，其中 $0\leqslant\varepsilon\leqslant1$ 为参变数。当 $\varepsilon=1$ 时，得增加后的泛函值 $J(\boldsymbol{x}+\varepsilon\delta\boldsymbol{x})$；当 $\varepsilon=0$ 时，得泛函原来的值 $J(\boldsymbol{x}(t))$。

例 7.1 求泛函

$$J=\int_{x_0}^{x_1}L(\boldsymbol{y}(\boldsymbol{x}),\dot{\boldsymbol{y}}(\boldsymbol{x}),\boldsymbol{x})\,\mathrm{d}\boldsymbol{x}$$

的变分。

解：

$$\begin{aligned}\delta J&=\frac{\partial}{\partial a}J(\boldsymbol{y}+a\delta\boldsymbol{y})\bigg|_{a=0}\\&=\int_{x_0}^{x_1}\frac{\partial}{\partial a}L(\boldsymbol{y}+a\delta\boldsymbol{y},\dot{\boldsymbol{y}}+a\delta\dot{\boldsymbol{y}},\boldsymbol{x})\bigg|_{a=0}\mathrm{d}\boldsymbol{x}\\&=\int_{x_0}^{x_1}\left[\frac{\partial L(\boldsymbol{y},\dot{\boldsymbol{y}},\boldsymbol{x})}{\partial\boldsymbol{y}}\delta\boldsymbol{y}+\frac{\partial L(\boldsymbol{y},\dot{\boldsymbol{y}},\boldsymbol{x})}{\partial\dot{\boldsymbol{y}}}\delta\dot{\boldsymbol{y}}\right]\mathrm{d}\boldsymbol{x}\end{aligned}$$

这是计算泛函的普遍公式。这里泛函的宗量是 $\boldsymbol{y}(\boldsymbol{x})$ 和 $\dot{\boldsymbol{y}}(\boldsymbol{x})$，而不是 $\boldsymbol{x}$。在上述证明过程中，应用了宗量变分的导数等于导数变分的性质，即

$$\frac{\mathrm{d}}{\mathrm{d}\boldsymbol{x}}\delta\boldsymbol{y}=\delta\dot{\boldsymbol{y}}$$

(3) 泛函的连续性

若对于变量 $y(x)$ 的微小改变，存在与之对应的泛函 $J(y(x))$ 的微小改变，则称泛函 $J(y(x))$ 为连续的。其中，$y(x)$ 变量微小改变的含义是，对于 $y(x)$ 与 $y_0(x)$ 有定义的所有 x 值，$|y(x)-y_0(x)|$ 很小，即

$$|y(x)-y_0(x)|\leqslant\varepsilon$$

其中 ε 是一个任意给定的很小的正数，则称 $y(x)$ 与 $y_0(x)$ 有零阶接近度。如图 7.2a 所示，两条曲线 $y(x)$ 与 $y_0(x)$ 的形状差别很大，但是它们有零阶接近度。如果不仅 $|y(x)-y_0(x)|$ 很小，而且 $|\dot{y}(x)-\dot{y}_0(x)|$ 也很小，这也意味着 $y(x)$ 与 $y_0(x)$ 有微小改变，称这种微小改变具有一阶接近度，如图 7.2b 所示。

同理，如果变量 $y(x)$ 从 0 到 λ 阶导数差的模都很小，则称这类微小改变具有 λ 阶接近度，如果它的各阶导数也是接近的，则称 $y(x)$ 与 $y_0(x)$ 有 λ 阶接近度。

比较可见，接近度阶次越高，函数的接近程度就越好。如果函数有 k 阶接近度，则必定有 $k-1$ 阶接近度，反之不成立。

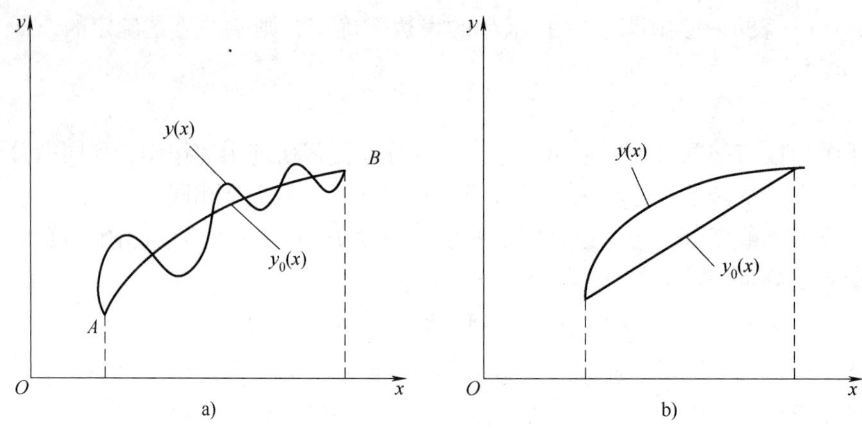

图 7.2 泛函的连续性

(4) 泛函的极值

对于泛函 $J(x(t))$，若任意一个与 $x_0(t)$ 接近的函数，都有 $J(x(t)-x_0(t))\geqslant 0$，则称泛函 $J(x(t))$ 在 $x_0(t)$ 上达到了极小值，其中 $x_0(t)$ 称为泛函 $J(x(t))$ 的极小值函数或极小值曲线。反之，若 $J(x(t)-x_0(t))\leqslant 0$，则泛函 $J(x(t))$ 在 $x_0(t)$ 上达到了极大值，其中 $x_0(t)$ 称为泛函 $J(x(t))$ 的极大值函数或极大值曲线。

综上所述，变分法的基本问题是，在给定的函数集中，求一个函数使泛函有极值。微分是微分学中的基本概念，而变分则是变分学中的基本概念，且两者有着很多相似的地方。因此，研究变分问题时，可类比微分的方法。

泛函的变分同函数的微分类似。泛函的增量可表示为

$$\Delta J(x(\cdot))=J(x(\cdot)+\delta x)-J(x(\cdot))=L(x,\delta x)+r(x,\delta x)$$

式中，$L(x,\delta x)$ 是关于 δx 的线性连续泛函；$r(x,\delta x)$ 是关于 δx 的高阶无穷小。$L(x,\delta x)$ 称为泛函的变分，记为 $\delta L=L(x,\delta x)$。显然泛函的变分是泛函增量的主部，也称一阶变分。

定理 7.1 泛函的变分为

$$\delta J=\frac{\partial}{\partial \varepsilon}J(x+\varepsilon\delta x)\big|_{\varepsilon=0}$$

证明：

$$\begin{aligned}\frac{\partial}{\partial \varepsilon}J(x+\varepsilon\delta x)\bigg|_{\varepsilon=0}&=\lim_{\Delta\varepsilon\to 0}\frac{\Delta J}{\Delta \varepsilon}=\lim_{\Delta\varepsilon\to 0}\frac{J(x+\varepsilon\delta x)-J(x)}{\varepsilon}\\&=\lim_{\Delta\varepsilon+0}\frac{1}{\varepsilon}(L(x+\varepsilon\delta x)+r(x+\varepsilon\delta x))\\&=L(x,\delta x)+\lim_{\Delta\varepsilon\to 0}\frac{r(x+\varepsilon\delta x)}{\varepsilon\delta x}\delta x=L(x,\delta x)\end{aligned}$$

定理 7.2 若泛函 $J(x)$ 有极值，则必有 $\delta J=0$。

证明： 设泛函 $J(x)$ 在 $x_0(t)$ 处有极值。对于设定的 $x_0(t)$，可将 $J(x_0+\varepsilon\delta x)$ 看成是 ε 的函数，且在 $\varepsilon=0$ 处有极值。所以当 $\varepsilon=0$ 时，由极值的必要条件知，导数必为零，即

$$\delta J=\frac{\partial}{\partial \varepsilon}J(x+\varepsilon\delta x)\bigg|_{\varepsilon=0}=0$$

上述方法与结论对应多个未知函数的泛函 $J(x_1,\cdots,x_n)$ 同样适用。

2. 欧拉方程

设泛函 $J(x(t))=\int_{t_0}^{t_f}F(\dot{x},x,t)\mathrm{d}t$ 的宗量 $x(t)$ 为定义在区间 $t_0\leqslant t\leqslant t_f$ 上的函数，且 $F(\dot{x},x,t)$ 关于 $\dot{x}$、x、t 连续，并有二阶连续偏导数。设函数 $x(t)$ 两端固定，即

$$x(t_0)=x_0,\quad x(t_f)=x_1 \tag{7.15}$$

求使 J 有极值的 $x(t)$。

由定理 7.2 极值的必要条件和变分概念得

$$\delta J=\int_{t_0}^{t_f}\left(\frac{\partial F}{\partial \dot{x}}\delta\dot{x}+\frac{\partial F}{\partial x}\delta x\right)\mathrm{d}t$$

由分部积分法得

$$\delta J=\int_{t_0}^{t_f}\left[\left(\frac{\partial F}{\partial x}-\frac{\mathrm{d}}{\mathrm{d}t}\frac{\partial F}{\partial \dot{x}}\right)\delta x\right]\mathrm{d}t+\frac{\partial F}{\partial \dot{x}}\delta x\bigg|_{t_0}^{t_f}$$

由边界条件得

$$\delta x\bigg|_{t_0}^{t_f}=0$$

则有

$$\delta J=\int_{t_0}^{t_f}\left(\frac{\partial F}{\partial x}-\frac{\mathrm{d}}{\mathrm{d}t}\frac{\partial F}{\partial \dot{x}}\right)\delta x\mathrm{d}t=0$$

由 δx 的任意性得

$$\frac{\partial F}{\partial x}-\frac{\mathrm{d}}{\mathrm{d}t}\frac{\partial F}{\partial \dot{x}}=0 \tag{7.16}$$

式（7.16）称为欧拉方程，它是一个二阶常微分方程。在两端固定的问题中，其通解中的两个任意常数，由边界条件式（7.15）确定，但在大多数情况下，求出解析解是困难的。

由上面的分析得到，若泛函有极值，极值函数必满足欧拉方程。它给出了极值的必要条件。

例 7.2 求平面上两固定点间连线最短的曲线。

解：两固定点间连线的弧长为

$$J(x(t))=\int_{t_0}^{t_f}\sqrt{1+\dot{x}^2(t)}\,\mathrm{d}t$$

即有

$$F=\sqrt{1+\dot{x}^2(t)}$$

其欧拉方程为

$$\frac{\partial F}{\partial x}-\frac{\mathrm{d}}{\mathrm{d}t}\frac{\partial F}{\partial \dot{x}}=-\frac{\mathrm{d}}{\mathrm{d}t}\frac{\partial F}{\partial \dot{x}}=0$$

于是

$$\frac{\mathrm{d}}{\mathrm{d}t}\left(\frac{2\dot{x}}{\sqrt{1+\dot{x}^2}}\right)=0$$

或

$$\frac{\dot{x}}{\sqrt{1+\dot{x}^2}}=c$$

从而有

$$\dot{x}(t)=a,\quad x(t)=at+b$$

两个任意常数 a 和 b 由边界条件确定，于是得到最短的曲线是连接固定点的直线。

3. 横截条件

为叙述方便，在后续描述中常把曲线的初始端称为左端，把终端称为右端。当左端固定，右端可在一条给定曲线上变动时，称为右端可动的变分问题。

设左端固定，即 $x(t)\big|_{t=t_0}=x_0$，右端的约束条件为 $x=\Phi(t)$，如图 7.3 所示。

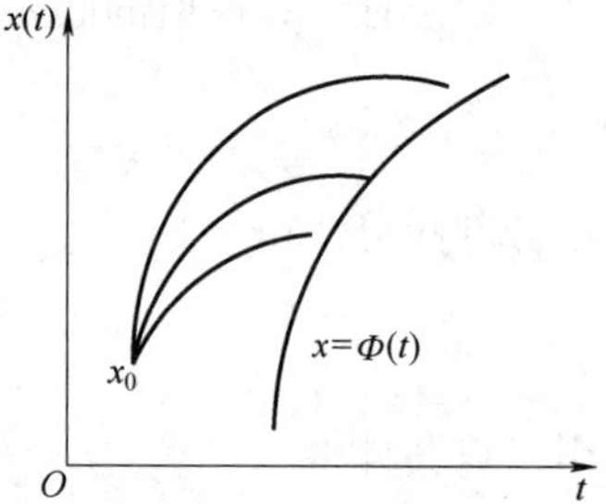

图 7.3　左端固定右端沿曲线变动时的情况

显然，这时的终点是不固定的，变分为

$$\begin{aligned}\delta J&=\frac{\partial}{\partial\varepsilon}\int_{t_0}^{t_f+\varepsilon\delta t_f}F(x+\varepsilon\delta x,\dot{x}+\varepsilon\delta\dot{x},t)\,\mathrm{d}t\bigg|_{\varepsilon=0}\\&=\int_{t_0}^{t_f}\left(\frac{\partial F}{\partial x}-\frac{\mathrm{d}}{\mathrm{d}t}\frac{\partial F}{\partial\dot{x}}\right)\delta x\,\mathrm{d}t+\frac{\partial F}{\partial\dot{x}}\delta x\bigg|_{t_0}^{t_f}+F\big|_{t_f}\delta t_f\end{aligned}$$

上式应满足欧拉方程。又因为右端受约束的函数类中的极值曲线，也必定是端点固定函数类中的极值曲线，由极值曲线的必要条件得

$$\delta J=\frac{\partial F}{\partial\dot{x}}\delta x\bigg|_{t_f}+F\big|_{t_f}\delta t_f=0\tag{7.17}$$

若 δx 与 δt_f 无关，则有

$$\frac{\partial F}{\partial\dot{x}}\bigg|_{t_f}=0,\quad F\big|_{t_f}=0\tag{7.18}$$

但与终端状态有关，端点应满足约束方程

$$x(t_f)=\Phi(t_f)$$

注意，在 t_f 可变情况下，变分在终点的值和终点变分是不一样的，如图 7.4 所示。变分在 t_f 点的值为 $\delta x\big|_{t_f}$，即图 7.4 中的虚线 BD，它表示在 t_f 时变分的值。当右端可动时，由于 t_f 的变动，终点的变分是终点函数值之差，记为 $\delta x(t_f)$，如图中虚线 FC。从图 7.4 中可以看出，$BD=FC-EC$。

若忽略高阶无穷小，则有

$$\delta x\big|_{t_f}=\delta x(t_f)-\dot{x}(t_f)\delta t_f$$

式中

$$EC=\dot{x}(t_f)\delta t_f,\quad \delta x(t_f)=\dot{\Phi}(t_f)\delta t_f$$

则 $\delta x\big|_{t_f}=(\dot{\Phi}-\dot{x})\big|_{t_f}\delta t_f$，代入式（7.17）得

$$F\dot{x}(\dot{\Phi}-\dot{x})\big|_{t_f}\delta t_f+F_{t_f}\delta t_f=\left[F+(\dot{\Phi}-\dot{x})\frac{\partial F}{\partial\dot{x}}\right]\bigg|_{t_f}\delta t_f=0$$

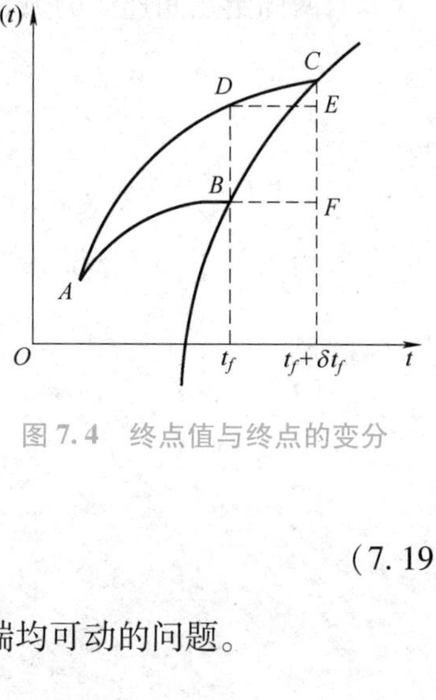

图 7.4　终点值与终点的变分

由 δt_f 的任意性可得

$$\left[F+(\dot{\Phi}-\dot{x})\frac{\partial F}{\partial\dot{x}}\right]\bigg|_{t_f}=0\tag{7.19}$$

此条件称为横截条件。用同样的方法，可分析左端可动和两端均可动的问题。

例 7.3　试求从一固定点到已知曲线有最小长度的曲线。

解：设 $x(t)$ 为曲线，则问题化为求泛函

$$J(x(\cdot))=\int_{t_0}^{t_f}\sqrt{1+\dot{x}^2(t)}\,\mathrm{d}t$$

的极值曲线，且满足相应的约束条件。为方便起见，设 A 点选在坐标原点。

由欧拉方程有

$$\frac{\mathrm{d}}{\mathrm{d}t}\frac{\partial F}{\partial \dot{x}}=0$$

得

$$\frac{\partial F}{\partial \dot{x}}=\frac{\dot{x}}{\sqrt{1+\dot{x}^2}}=C$$

或

$$\dot{x}=C_1$$

满足初始条件的解为

$$x(t)=C_1 t$$

上式表示过原点的一条直线。为确定任意常数 C_1，应用横截条件式（7.19），有

$$\left[\sqrt{1+\dot{x}^2(t)}+(\dot{\Phi}-\dot{x})\frac{\dot{x}}{\sqrt{1+\dot{x}^2}}\right]_{t_f}=\left.\frac{1+\dot{\Phi}\dot{x}}{\sqrt{1+\dot{x}^2}}\right|_{t_f}=0$$

因 $\sqrt{1+\dot{x}^2}\,\big|_{t_f}\neq 0$，于是，$\dot{\Phi}\dot{x}\,\big|_{t_f}=-1$，即所求的极值曲线与约束曲线相正交。因此，过原点向 $\Phi(t)$ 引一条直线，且在终点与 $\Phi(t)$ 相正交的线段即为所求的极值曲线。

4. 含有多个未知函数泛函的极值

前面讨论的泛函仅含一个未知函数，现讨论含多个未知函数的泛函的极值。设泛函为

$$J(x_1,\cdots,x_n)=\int_{t_0}^{t_f}F(\dot{x}_1,\cdots,\dot{x}_n;x_1,\cdots,x_n;t)\,\mathrm{d}t \tag{7.20}$$

式中，$x_i(t)\,(i=1,2,\cdots,n)$ 是具有二阶连续导数的函数，边界值为

$$\begin{cases}x_i(t)\,\big|_{t=0}=x_{i0}(i=1,2,\cdots,n)\\ x_i(t)\,\big|_{t=t_f}=x_{it_f}(i=1,2,\cdots,n)\end{cases} \tag{7.21}$$

为求泛函的极值曲线，可仿照多元函数求极值的方法，将其中一个函数如 $x_i(t)$ 改变，其余不变，此时泛函 J 仅依赖于 $x_i(t)$。若有极值，则必满足欧拉方程，即

$$\frac{\partial F}{\partial x_i}-\frac{\mathrm{d}}{\mathrm{d}t}\frac{\partial F}{\partial \dot{x}_i}=0 \tag{7.22}$$

对任意 i 都成立，便得一组微分方程，结合边界条件式（7.21），即可求解。对右端可动的问题可做类似处理。

为简单起见，写成向量形式，令

$$\boldsymbol{x}=\begin{bmatrix}x_1\\ \vdots\\ x_n\end{bmatrix},\quad \dot{\boldsymbol{x}}=\begin{bmatrix}\dot{x}_1\\ \vdots\\ \dot{x}_n\end{bmatrix},\quad \frac{\partial F}{\partial \dot{\boldsymbol{x}}}=\begin{bmatrix}\dfrac{\partial F}{\partial \dot{x}_1}\\ \vdots\\ \dfrac{\partial F}{\partial \dot{x}_n}\end{bmatrix}$$

则欧拉方程为

$$\frac{\partial F}{\partial \boldsymbol{x}}-\frac{\mathrm{d}}{\mathrm{d}t}\frac{\partial F}{\partial \dot{\boldsymbol{x}}}=0 \tag{7.23}$$

固定端的边界条件为

$$\boldsymbol{x}\mid_{t=t_0}=\boldsymbol{x}_0,\quad \boldsymbol{x}\mid_{t=t_f}=\boldsymbol{x}_{t_f} \tag{7.24}$$

对右端可动的约束问题，其横截条件为

$$\left[F+(\dot{\boldsymbol{\Phi}}-\dot{\boldsymbol{x}})^{\mathrm{T}}\frac{\partial F}{\partial \dot{\boldsymbol{x}}}\right]\Bigg|_{t_f}=0$$

式中 $\boldsymbol{\Phi}=[\Phi_1(t),\cdots,\Phi_n(t)]^{\mathrm{T}}$。

5. 条件极值

在控制理论中，所求的泛函极值曲线往往有一定的约束条件，最常见的就是状态方程了，其一般形式可以写为

$$\boldsymbol{f}(\dot{\boldsymbol{x}},\boldsymbol{x},t)=0 \tag{7.25}$$

式中，$\boldsymbol{x}$ 为 n 维向量；$\boldsymbol{f}(\dot{\boldsymbol{x}},\boldsymbol{x},t)$ 为 m 维向量函数，$m<n$。变分问题为求泛函

$$J=\int_{t_0}^{t_f}F(\dot{\boldsymbol{x}},\boldsymbol{x},t)\mathrm{d}t$$

在约束条件式（7.25）下的极值曲线，这类问题称为求解条件极值。其解法与函数的条件极值类似，可引进乘子 $\boldsymbol{\lambda}(t)=[\lambda_1(t),\cdots,\lambda_n(t)]^{\mathrm{T}}$，构造新的函数和泛函为

$$F^*=F+\boldsymbol{\lambda}^{\mathrm{T}}\boldsymbol{f} \tag{7.26}$$

$$\hat{J}=\int_{t_0}^{t_f}(F+\boldsymbol{\lambda}^{\mathrm{T}}\boldsymbol{f})\mathrm{d}t=\int_{t_0}^{t_f}F^*\mathrm{d}t \tag{7.27}$$

当约束条件得到满足时，有

$$J=\hat{J}$$

于是可解 $\hat{J}$ 的无条件极值，其欧拉方程为

$$\frac{\partial F^*}{\partial \boldsymbol{x}}-\frac{\mathrm{d}}{\mathrm{d}t}\frac{\partial F^*}{\partial \dot{\boldsymbol{x}}}=0$$

再加上约束方程

$$\frac{\partial F^*}{\partial \boldsymbol{\lambda}}-\frac{\mathrm{d}}{\mathrm{d}t}\frac{\partial F^*}{\partial \dot{\boldsymbol{\lambda}}}=\boldsymbol{f}=0$$

以及有关的边界条件就可以求解了。

例 7.4 给定泛函

$$J=\frac{1}{2}\int_0^2\ddot{Q}^2(t)\mathrm{d}t$$

约束方程为

$$\ddot{Q}(t)=u(t)$$

边界条件为

$$Q(0)=1,\quad \dot{Q}(0)=1,\quad Q(2)=0,\quad \dot{Q}(2)=0$$

试求 $u(t)$，使泛函 J 有极值。

解：此问题的物理意义是明显的，设 $Q(t)$ 是转角，$\ddot{Q}(t)$ 为角加速度，约束方程实际上是转动惯量为 1 的转动方程，其中 $u(t)$ 是力矩，泛函可化为

$$J=\frac{1}{2}\int_0^2 \ddot{Q}(t)\,\mathrm{d}t=\frac{1}{2}\int_0^2 u^2(t)\,\mathrm{d}t$$

它表示与力矩有关的指标。现在的问题是求力矩 $u(t)$，使刚体从角位置 $Q(0)=1$ 和角速度 $\dot{Q}(0)=1$，达到平衡状态 $Q(2)=0$ 和 $\dot{Q}(2)=0$，而指标 J 有最小值。

把问题化为标准形式，令

$$\begin{cases}x_1(t)=Q(t)\\x_2(t)=\dot{x}_1(t)=\dot{Q}(t)\end{cases}$$

约束方程可化为

$$\begin{cases}\dot{x}_1(t)-x_2(t)=0\\\dot{x}_2(t)-u(t)=0\end{cases}$$

边界条件为

$$x_1(0)=1,\quad x_2(0)=1,\quad x_1(2)=0,\quad x_2(2)=0$$

引进乘子

$$\boldsymbol{\lambda}(t)=[\lambda_1(t)\quad \lambda_2(t)]^{\mathrm{T}}$$

构造函数

$$F^*=F+\boldsymbol{\lambda}^{\mathrm{T}}\boldsymbol{f}=\frac{1}{2}u^2+\lambda_1(\dot{x}_1-x_2)+\lambda_2(\dot{x}_2-u)$$

欧拉方程为

$$\begin{cases}\dfrac{\partial F^*}{\partial x_1}-\dfrac{\mathrm{d}}{\mathrm{d}t}\dfrac{\partial F^*}{\partial \dot{x}_1}=\dot{\lambda}_1=0\\\dfrac{\partial F^*}{\partial x_2}-\dfrac{\mathrm{d}}{\mathrm{d}t}\dfrac{\partial F^*}{\partial \dot{x}_2}=-\dot{\lambda}_1-\dot{\lambda}_2=0\\\dfrac{\partial F^*}{\partial u}-\dfrac{\mathrm{d}}{\mathrm{d}t}\dfrac{\partial F^*}{\partial \dot{u}}=u+\lambda_2=0\end{cases}$$

由此可解出

$$\lambda_1=a_1,\quad \lambda_2=-a_1t+a_2,\quad u=a_1t-a_2$$

式中，a_1 和 a_2 为任意常数。

将 $u(t)$ 代入约束方程并求解，可得

$$\begin{cases}x_1(t)=\dfrac{1}{6}a_1t^3-\dfrac{1}{2}a_2t^2+a_3t+a_4\\x_2(t)=\dfrac{1}{2}a_1t^2-a_2t+a_3\end{cases}$$

利用边界条件，可得

$$a_1=3,\quad a_2=\frac{7}{2},\quad a_3=1,\quad a_4=1$$

于是，极值曲线和 $u(t)$ 为

$$\begin{cases} x_1(t)=\dfrac{1}{2}t^3-\dfrac{7}{4}t^2+t+1 \\ x_2(t)=\dfrac{3}{2}t^2-\dfrac{7}{2}t+1 \end{cases}$$

$$u(t)=3t-\frac{7}{2}$$

7.2.2 最优控制问题的变分解法

在本节中，若无特别说明，总假设控制函数的取值不受任何限制，也就是容许控制域为整个控制空间，同时还假定 $\boldsymbol{u}(t)$ 是连续函数。

为方便且不失一般性，假设曲线左端固定，即初始状态给定，如 $\boldsymbol{x}(t_0)=\boldsymbol{x}_0$，末端（曲线右端）可有不同情况，下面分别讨论。

1. 自由端问题

设区间 $[t_0,t_f]$ 给定，曲线右端 $\boldsymbol{x}(t_f)$ 自由，这样的最优控制问题称为自由端问题，为应用变分法，将状态方程写成约束方程形式为

$$\boldsymbol{f}(\boldsymbol{x},\boldsymbol{u},t)-\dot{\boldsymbol{x}}=\boldsymbol{0} \tag{7.28}$$

引进乘子 $\boldsymbol{\lambda}(t)$，它是与 $\boldsymbol{x}$ 同维数的待定向量函数，并构造新的泛函为

$$\hat{J}=\Phi(\boldsymbol{x}(t_f))+\int_{t_0}^{t_f}\{L(\boldsymbol{x},\boldsymbol{u},t)+\boldsymbol{\lambda}^{\mathrm{T}}[\boldsymbol{f}(\boldsymbol{x},\boldsymbol{u},t)-\dot{\boldsymbol{x}}]\}\,\mathrm{d}t \tag{7.29}$$

显然，当约束条件得到满足时有

$$\hat{J}=J$$

且二者一阶变分相同，极值也相同，求解无约束条件的泛函 $\hat{J}$ 的极值就等价于求 J 的极值。

为书写方便，将略去 $\hat{J}$ 上面的符号“^”。令

$$H=L(\boldsymbol{x},\boldsymbol{u},t)+\boldsymbol{\lambda}^{\mathrm{T}}\boldsymbol{f}(\boldsymbol{x},\boldsymbol{u},t) \tag{7.30}$$

则有

$$J=\Phi(\boldsymbol{x}(t_f))+\int_{t_0}^{t_f}[H(\boldsymbol{x},\boldsymbol{\lambda},\boldsymbol{u},t)-\boldsymbol{\lambda}^{\mathrm{T}}\dot{\boldsymbol{x}}]\,\mathrm{d}t$$

应用分部积分法，得到

$$J=\Phi(\boldsymbol{x}(t_f))+\int_{t_0}^{t_f}[H(\boldsymbol{x},\boldsymbol{\lambda},\boldsymbol{u},t)+\dot{\boldsymbol{\lambda}}^{\mathrm{T}}\boldsymbol{x}]\,\mathrm{d}t-\boldsymbol{\lambda}^{\mathrm{T}}\boldsymbol{x}\big|_{t_f}+\boldsymbol{\lambda}^{\mathrm{T}}\boldsymbol{x}\big|_{t_0}$$

对控制函数 $\boldsymbol{u}(t)$ 取变分，即给 $\boldsymbol{u}$ 一个变分 $\delta\boldsymbol{u}$。由状态方程可知，曲线 $\boldsymbol{x}(t)$ 将会改变，获得 $\delta\boldsymbol{x}(t)$。因为末端 $\boldsymbol{x}(t_f)$ 自由，所以也可获得 $\delta\boldsymbol{x}(t_f)$。又因 t_f 及 $\boldsymbol{x}(t_0)$ 固定，故不受影响，$\boldsymbol{\lambda}(t)$ 也不受影响。于是泛函 J 的变分为

$$\begin{aligned}\delta J&=\left[\frac{\partial\Phi(\boldsymbol{x}(t_f))}{\partial\boldsymbol{x}(t_f)}\right]^{\mathrm{T}}\delta\boldsymbol{x}(t_f)-\boldsymbol{\lambda}(t_f)^{\mathrm{T}}\delta\boldsymbol{x}(t_f)+\int_{t_0}^{t_f}\left[\left(\frac{\partial H}{\partial\boldsymbol{x}}\right)^{\mathrm{T}}\delta\boldsymbol{x}+\left(\frac{\partial H}{\partial\boldsymbol{u}}\right)^{\mathrm{T}}\delta\boldsymbol{u}+\dot{\boldsymbol{\lambda}}^{\mathrm{T}}\delta\boldsymbol{x}\right]\mathrm{d}t\\&=\left[\frac{\partial\Phi}{\partial\boldsymbol{x}}-\boldsymbol{\lambda}\right]^{\mathrm{T}}\Bigg|_{t_f}\delta\boldsymbol{x}(t_f)+\int_{t_0}^{t_f}\left[\left(\frac{\partial H}{\partial\boldsymbol{x}}+\dot{\boldsymbol{\lambda}}\right)^{\mathrm{T}}\delta\boldsymbol{x}+\left(\frac{\partial H}{\partial\boldsymbol{u}}\right)^{\mathrm{T}}\delta\boldsymbol{u}\right]\mathrm{d}t\end{aligned}$$

选取乘子 $\boldsymbol{\lambda}(t)$，使之满足微分方程及终点条件

$$\dot{\boldsymbol{\lambda}}(t)=-\frac{\partial H(\boldsymbol{x},\boldsymbol{\lambda},\boldsymbol{u},t)}{\partial\boldsymbol{x}} \tag{7.31}$$

$$\boldsymbol{\lambda}(t_f)=\frac{\partial\Phi(\boldsymbol{x}(t_f))}{\partial\boldsymbol{x}(t_f)} \tag{7.32}$$

由极值的必要条件可得

$$\delta J=\int_{t_0}^{t_f}\left(\frac{\partial H}{\partial\boldsymbol{u}}\right)^{\mathrm{T}}\delta\boldsymbol{u}\mathrm{d}t=0$$

由 $\delta\boldsymbol{u}$ 的任意性可得

$$\frac{\partial H}{\partial\boldsymbol{u}}=\boldsymbol{0} \tag{7.33}$$

这就是最优控制所满足的必要条件。为明确起见，可归纳出以下几点。

1）H 函数表达式（7.30）称为哈密顿函数。乘子 $\boldsymbol{\lambda}(t)$ 称为伴随变量，它所满足的方程式（7.31）即

$$\dot{\boldsymbol{\lambda}}(t)=-\frac{\partial H}{\partial\boldsymbol{x}}=-\frac{\partial L}{\partial\boldsymbol{x}}-\left(\frac{\partial\boldsymbol{f}}{\partial\boldsymbol{x}}\right)^{\mathrm{T}}\boldsymbol{\lambda}$$

称为伴随方程，式（7.32）称为横截条件或边界条件。

系统状态方程亦可写成与伴随方程相对称的形式，即

$$\dot{\boldsymbol{x}}=\boldsymbol{f}(\boldsymbol{x},\boldsymbol{u},t)=\frac{\partial H}{\partial\boldsymbol{\lambda}}$$

初始条件为

$$\boldsymbol{x}\big|_{t=t_0}=\boldsymbol{x}_0$$

以上关于 $\boldsymbol{\lambda}(t)=[\lambda_1(t),\cdots,\lambda_n(t)]^{\mathrm{T}}$ 及 $\boldsymbol{x}(t)=[x_1(t),\cdots,x_n(t)]^{\mathrm{T}}$ 的 $2n$ 个一阶微分方程通称为哈密顿正则方程，后 n 个具有初始条件，而前 n 个则有末值条件。此问题称为两点边值问题，对其求解一般来说是很困难的。

2）最优控制所满足的必要条件式（7.33），说明哈密顿函数 H 对最优控制 $\boldsymbol{u}$ 有极值或稳态值，通常称为极值条件。应注意，它只是必要条件，由它解出的 $\boldsymbol{u}(t)$ 是否真是最优控制，理论上可用二阶变分来判断，但在实际问题中，求二阶变分太复杂，一般只要根据实际问题的具体情况就可以判定解 $\boldsymbol{u}(t)$ 是否是最优控制。

3）最后分析函数 H 沿最优曲线的变化规律，将 H 对 t 求全导数为

$$\frac{\mathrm{d}H}{\mathrm{d}t}=\left(\frac{\partial H}{\partial\boldsymbol{x}}\right)^{\mathrm{T}}\dot{\boldsymbol{x}}+\left(\frac{\partial H}{\partial\boldsymbol{u}}\right)^{\mathrm{T}}\dot{\boldsymbol{u}}+\left(\frac{\partial H}{\partial\boldsymbol{\lambda}}\right)^{\mathrm{T}}\dot{\boldsymbol{\lambda}}+\frac{\partial H}{\partial t}$$

由极值的必要条件和正则方程，可得出

$$\frac{\mathrm{d}H}{\mathrm{d}t}=\frac{\partial H}{\partial t} \tag{7.34}$$

若函数 H 中不显含 t，则有

$$\frac{\mathrm{d}H}{\mathrm{d}t}=\frac{\partial H}{\partial t}=0$$

这时，H 沿最优曲线为常数，即 H 值与时间 t 无关，有

$$H(t)=\mathrm{const} \tag{7.35}$$

例 7.5　考虑状态方程和初始条件为

$$\dot{x}(t)=u(t),\quad x(t_0)=x_0$$

的简单一阶系统，其指标泛函为

$$J=\frac{1}{2}cx^2(t_f)+\frac{1}{2}\int_{t_0}^{t_f}u^2\mathrm{d}t$$

式中 $c>0$。t_0、t_f 给定，试求最优控制 $u(t)$，使 J 有极小值。

解：引进伴随变量 $\lambda(t)$，构造哈密顿函数为

$$H=L(x,u,t)+\lambda(t)f(x,u,t)=\frac{1}{2}u^2+\lambda u$$

伴随方程及边界条件为

$$\dot{\lambda}(t)=-\frac{\partial H}{\partial x}=0$$

$$\lambda(t_f)=\frac{\partial}{\partial x(t_f)}\frac{1}{2}cx^2(t_f)=cx(t_f)$$

故得 $\lambda(t)=cx(t_f)$。由必要条件知

$$\frac{\partial H}{\partial u}=u+\lambda=0$$

得

$$u=-\lambda=-cx(t_f)$$

将上式代入状态方程求解得

$$x(t)=-cx(t_f)(t-t_0)+x_0$$

令 $t=t_f$，则有

$$x(t_f)=\frac{x_0}{1+c(t_f-t_0)}$$

则最优控制为

$$u^*(t)=-cx(t_f)=-\frac{cx_0}{1+c(t_f-t_0)}$$

2. 固定端问题

终点时间和终点状态都是固定的问题称固定端问题。设系统的状态方程 $\dot{\boldsymbol{x}}=f(\boldsymbol{x},\boldsymbol{u},t)$ 的初始状态和终点状态已知，分别为

$$\boldsymbol{x}(t)\big|_{t=t_0}=\boldsymbol{x}_0,\quad \boldsymbol{x}(t)\big|_{t_f}=\boldsymbol{x}_{t_f} \tag{7.36}$$

性能指标为

$$J=\int_{t_0}^{t_f}L(\boldsymbol{x},\boldsymbol{u},t)\mathrm{d}t \tag{7.37}$$

因为 $\boldsymbol{x}_{t_f}$固定，所以在性能指标中没有必要加上终端项。

为求满足条件表达式（7.36）的最优控制，与自由端情况一样，引进乘子 $\boldsymbol{\lambda}(t)$，构造哈密顿函数 H，使用分部积分法，可得指标泛函为

$$J=\int_{t_0}^{t_f}(H+\dot{\boldsymbol{\lambda}}^{\mathrm{T}}\boldsymbol{x})\mathrm{d}t-\boldsymbol{\lambda}^{\mathrm{T}}\boldsymbol{x}\big|_{t_f}+\boldsymbol{\lambda}^{\mathrm{T}}\boldsymbol{x}\big|_{t_0}$$

取变分 $\delta\boldsymbol{u}$，因 $\boldsymbol{x}_0$ 和 $\boldsymbol{x}_{t_f}$固定，则 $\delta\boldsymbol{x}_0=\boldsymbol{0}$，$\delta\boldsymbol{x}_{t_f}=\boldsymbol{0}$，所以有

$$\delta J=\int_{t_0}^{t_f}\left[\left(\frac{\partial H}{\partial\boldsymbol{x}}+\dot{\boldsymbol{\lambda}}\right)^{\mathrm{T}}\delta\boldsymbol{x}+\left(\frac{\partial H}{\partial\boldsymbol{u}}\right)^{\mathrm{T}}\delta\boldsymbol{u}\right]\mathrm{d}t$$

令

$$\dot{\boldsymbol{\lambda}}(t)=-\frac{\partial H}{\partial \boldsymbol{x}} \tag{7.38}$$

得到

$$\int_{t_0}^{t_f}\left(\frac{\partial H}{\partial \boldsymbol{u}}\right)^{\mathrm{T}}\delta \boldsymbol{u}\mathrm{d}t=0 \tag{7.39}$$

若系统完全能控，则有

$$\frac{\partial H}{\partial \boldsymbol{u}}=\boldsymbol{0} \tag{7.40}$$

这样可得到如下结论：

为使 $\boldsymbol{u}^*(t)$ 为最优控制，$\boldsymbol{x}^*(t)$ 为最优曲线，必存在一个向量函数 $\boldsymbol{\lambda}^*(t)$，使得 $\boldsymbol{x}^*(t)$ 和 $\boldsymbol{\lambda}^*(t)$ 满足正则方程

$$\dot{\boldsymbol{x}}=\frac{\partial H}{\partial \boldsymbol{\lambda}},\quad \dot{\boldsymbol{\lambda}}=-\frac{\partial H}{\partial \boldsymbol{x}}$$

和边界条件

$$\boldsymbol{x}(t_0)=\boldsymbol{x}_0,\quad \boldsymbol{x}(t_f)=\boldsymbol{x}_{t_f}$$

式中，H 为哈密顿函数，它对最优控制 $\boldsymbol{u}^*$ 有稳态值，即

$$\frac{\partial H}{\partial \boldsymbol{u}}=\boldsymbol{0}$$

例 7.6　重新求解例 7.4，已知状态方程为

$$\dot{x}_1(t)=x_2(t),\quad \dot{x}_2(t)=u(t)$$

边界条件为

$$x_1(0)=1,\quad x_2(0)=1,\quad x_1(2)=0,\quad x_2(2)=0$$

指标泛函为

$$J=\frac{1}{2}\int_0^2 u^2\mathrm{d}t$$

解：引进乘子 $\boldsymbol{\lambda}(t)$，构造哈密顿函数为

$$H=\frac{1}{2}u^2+\lambda_1 x_2+\lambda_2 u$$

其伴随方程为

$$\begin{cases}\dot{\lambda}_1(t)=-\dfrac{\partial H}{\partial x_1}=0\\[2ex]\dot{\lambda}_2(t)=-\dfrac{\partial H}{\partial x_2}=-\lambda_1(t)\end{cases}$$

其解为 $\lambda_1(t)=a_1$，$\lambda_2(t)=-a_1t+a_2$，其中 a_1、a_2 为任意常数。由必要条件

$$\frac{\partial H}{\partial u}=u+\lambda_2=0$$

得

$$u=-\lambda_2=a_1t-a_2$$

带入状态方程得

$$\dot{x}_1=x_2,\ \dot{x}_2=u=a_1t-a_2$$

其解为

$$x_1=\frac{1}{6}a_1t^3-\frac{1}{2}a_2t^2+a_3t+a_4$$

$$x_2=\frac{1}{2}a_1t^2-a_2t+a_3$$

利用边界条件可求得 $a_1=3$，$a_2=\frac{7}{2}$，$a_3=1$，$a_4=1$，代入最优控制表达式，则有

$$u^*(t)=3t-\frac{7}{2}$$

最优曲线为

$$\begin{cases} x_1(t)=\frac{1}{2}t^3-\frac{7}{4}t^2+t+1 \\ x_2(t)=\frac{3}{2}t^2-\frac{7}{2}t+1 \end{cases}$$

3. 末端受限问题

如果末端状态 $\boldsymbol{x}(t_f)$ 既不完全固定，也不完全自由，而受一定的约束，其约束方程为

$$g_j(\boldsymbol{x}(t_f))=0\quad(j=1,2,\cdots,k<n)$$

其向量形式为

$$\boldsymbol{G}(\boldsymbol{x}(t_f))=\boldsymbol{0} \tag{7.41}$$

这时 $\boldsymbol{x}(t_f)$ 的取值集合为 $\boldsymbol{S}=\{\boldsymbol{x}(t_f)\mid\boldsymbol{G}(\boldsymbol{x}(t_f))=0\}$，这样的最优控制问题称为末端受限问题。

为解除约束，相应地引入乘子 $\boldsymbol{\lambda}(t)$ 和 $\boldsymbol{v}$，构造新的泛函为

$$\hat{J}=\boldsymbol{\Phi}(\boldsymbol{x}(t_f))+\boldsymbol{v}^{\mathrm{T}}\boldsymbol{G}(\boldsymbol{x}(t_f))+\int_{t_0}^{t_f}(H-\boldsymbol{\lambda}^{\mathrm{T}}\dot{\boldsymbol{x}})\mathrm{d}t$$

式中，$H=L(\boldsymbol{x},\boldsymbol{u},t)+\lambda^{\mathrm{T}}\boldsymbol{f}(\boldsymbol{x},\boldsymbol{u},t)$。当约束得到满足时，$J=\hat{J}$，同前面一样，它们有相同的变分和极值，故可略去“^”。经过分部积分，则有

$$J=\psi(\boldsymbol{x}(t_f))-\boldsymbol{\lambda}^{\mathrm{T}}(t_f)\boldsymbol{x}(t_f)+\boldsymbol{\lambda}^{\mathrm{T}}(t_f)\boldsymbol{x}_0+\int_{t_0}^{t_f}[H+\dot{\boldsymbol{\lambda}}^{\mathrm{T}}(t)\boldsymbol{x}(t)]\mathrm{d}t$$

式中

$$\psi(\boldsymbol{x}(t_f))=\boldsymbol{\Phi}(\boldsymbol{x}(t_f))+\boldsymbol{v}^{\mathrm{T}}\boldsymbol{G}(\boldsymbol{x}(t_f)) \tag{7.42}$$

由于最优控制使 J 有极值，由必要条件有

$$\delta J=\left[\frac{\partial\psi}{\partial\boldsymbol{x}}-\boldsymbol{\lambda}(t_f)\right]^{\mathrm{T}}\delta\boldsymbol{x}(t_f)+\int_{t_0}^{t_f}\left[\left(\frac{\partial H}{\partial\boldsymbol{x}}+\dot{\boldsymbol{\lambda}}\right)^{\mathrm{T}}\delta\boldsymbol{x}+\left(\frac{\partial H}{\partial\boldsymbol{u}}\right)^{\mathrm{T}}\delta\boldsymbol{u}\right]\mathrm{d}t$$

令

$$\dot{\boldsymbol{\lambda}}=-\frac{\partial H}{\partial\boldsymbol{x}} \tag{7.43}$$

$$\boldsymbol{\lambda}(t)\big|_{t_f}=\frac{\partial\psi}{\partial\boldsymbol{x}(t_f)}=\frac{\partial\boldsymbol{\Phi}(\boldsymbol{x}(t_f))}{\partial\boldsymbol{x}(t_f)}+\sum_{j=1}^{k}v_j\frac{\partial g_j}{\partial\boldsymbol{x}(t_f)} \tag{7.44}$$

于是有

$$\int_{t_0}^{t_f}\left(\frac{\partial H}{\partial \boldsymbol{u}}\right)^{\mathrm{T}}\delta \boldsymbol{u}\mathrm{d}t=0$$

同末端固定情况一样，虽然 $\delta \boldsymbol{u}$ 并非完全任意，但在系统完全能控的情况下，由上式仍可得到极值的必要条件为

$$\frac{\partial H}{\partial \boldsymbol{u}}=\boldsymbol{0} \tag{7.45}$$

需要指出的是，现在已有表示边界条件的 $2n$ 个方程，其中有 n 个状态变量 $\boldsymbol{x}(t)$ 的初始条件、n 个伴随变量 $\boldsymbol{\lambda}(t)$ 的末值条件，以及约束条件的 k 个方程，这 $2n+k$ 个方程除了决定 k 个待定常数 v_j 外，还给出关于 $\boldsymbol{x}(t)$ 和 $\boldsymbol{\lambda}(t)$ 的 $2n$ 个正则方程和边界条件。于是得出如下结论：

为使 $\boldsymbol{u}(t)$ 为最优控制，$\boldsymbol{x}(t)$ 为最优曲线，必存在一个向量函数 $\boldsymbol{\lambda}(t)$ 和一个常向量 $\boldsymbol{v}$，使得 $\boldsymbol{x}(t)$ 和 $\boldsymbol{\lambda}(t)$ 满足正则方程及相应的边界条件，即

$$\dot{\boldsymbol{x}}(t)=\frac{\partial H}{\partial \boldsymbol{\lambda}},\ \boldsymbol{x}(t)\big|_{t_0}=\boldsymbol{x}_0$$

$$\dot{\boldsymbol{\lambda}}(t)=-\frac{\partial H}{\partial \boldsymbol{x}},\ \boldsymbol{\lambda}(t)\big|_{t_f}=\frac{\partial \psi(\boldsymbol{x}(t_f))}{\partial \boldsymbol{x}(t_f)}$$

式中，哈密顿函数 $H(\boldsymbol{x},\boldsymbol{\lambda},\boldsymbol{u},t)=L(\boldsymbol{x},\boldsymbol{u},t)+\boldsymbol{\lambda}(t)^{\mathrm{T}}\boldsymbol{f}(\boldsymbol{x},\boldsymbol{u},t)$ 满足极值条件式（7.45）。

4. 终值时间 t_f 自由的问题

前面所讨论的问题，都是假定时间间隔 $[t_0,t_f]$ 是不变的，即终点时间是固定的。可是在实际问题中，t_f 有时是可变的。如时间控制问题，t_f 是指标泛函，控制 $\boldsymbol{u}(t)$ 使 t_f 有极小值。终点时间 t_f 可变的最优控制问题称为终点时间自由的问题。

求最优控制所满足的必要条件的方法同前面一样，引进乘子，构造哈密顿函数，为解除约束，建立新的泛函 $\hat{J}$（也可写成 J）。但应特别注意的是，对最优控制取变分时，除了 $\boldsymbol{x}(t)$ 获得变分 $\delta\boldsymbol{x}(t)$ 外，t_f 也获得变分 δt_f，于是泛函 J 的变分为

$$\begin{aligned}\delta J=&\left[\frac{\partial \boldsymbol{\Phi}(\boldsymbol{x}(t_f),t_f)}{\partial \boldsymbol{x}(t_f)}\right]^{\mathrm{T}}\delta\boldsymbol{x}(t_f)+\frac{\partial \boldsymbol{\Phi}(\boldsymbol{x}(t_f),t_f)}{\partial t_f}\delta t_f+(H-\boldsymbol{\lambda}^{\mathrm{T}}\dot{\boldsymbol{x}})\big|_{t_f}\delta t_f+\\&\int_{t_0}^{t_f}\left[\left(\frac{\partial H}{\partial \boldsymbol{x}}\right)^{\mathrm{T}}\delta\boldsymbol{x}+\left(\frac{\partial H}{\partial \boldsymbol{u}}\right)^{\mathrm{T}}\delta\boldsymbol{u}-\boldsymbol{\lambda}^{\mathrm{T}}\delta\dot{\boldsymbol{x}}\right]\mathrm{d}t\\=&\left[\frac{\partial \boldsymbol{\Phi}(\boldsymbol{x}(t_f),t_f)}{\partial \boldsymbol{x}(t_f)}\right]^{\mathrm{T}}\delta\boldsymbol{x}(t_f)+\frac{\partial \boldsymbol{\Phi}(\boldsymbol{x}(t_f),t_f)}{\partial t_f}\delta t_f+(H-\boldsymbol{\lambda}^{\mathrm{T}}\dot{\boldsymbol{x}})\big|_{t_f}\delta t_f-(\boldsymbol{\lambda}^{\mathrm{T}}\delta\dot{\boldsymbol{x}})\big|_{t_f}+\\&\int_{t_0}^{t_f}\left[\left(\frac{\partial H}{\partial \boldsymbol{x}}+\dot{\boldsymbol{\lambda}}\right)^{\mathrm{T}}\delta\boldsymbol{x}+\left(\frac{\partial H}{\partial \boldsymbol{u}}\right)^{\mathrm{T}}\delta\boldsymbol{u}\right]\mathrm{d}t\end{aligned} \tag{7.46}$$

由终点的变分和变分在终点的值之间关系有

$$\begin{cases}\delta\boldsymbol{x}(t_f)=\delta\boldsymbol{x}\big|_{t_f}+\dot{\boldsymbol{x}}\big|_{t_f}\delta t_f\\\delta\boldsymbol{x}\big|_{t_f}=\delta\boldsymbol{x}(t_f)-\dot{\boldsymbol{x}}\big|_{t_f}\delta t_f\end{cases} \tag{7.47}$$

将式（7.47）代入式（7.46），再应用极值的必要条件得

$$\begin{aligned}\delta J=&\left[\frac{\partial \boldsymbol{\Phi}(\boldsymbol{x}(t_f),t_f)}{\partial \boldsymbol{x}(t_f)}-\boldsymbol{\lambda}(t_f)\right]^{\mathrm{T}}\delta\boldsymbol{x}(t_f)+\left[\frac{\partial \boldsymbol{\Phi}(\boldsymbol{x}(t_f),t_f)}{\partial t_f}\delta t_f+H(t_f)\right]\delta t_f+\\&\int_{t_0}^{t_f}\left[\left(\frac{\partial H}{\partial \boldsymbol{x}}+\boldsymbol{\lambda}\right)^{\mathrm{T}}\delta\boldsymbol{x}+\left(\frac{\partial H}{\partial \boldsymbol{u}}\right)^{\mathrm{T}}\delta\boldsymbol{u}\right]\mathrm{d}t=0\end{aligned}$$

令

$$\dot{\boldsymbol{\lambda}}=-\frac{\partial H}{\partial \boldsymbol{x}},\ \boldsymbol{\lambda}(t_f)=\frac{\partial \boldsymbol{\Phi}(\boldsymbol{x}(t_f),t_f)}{\partial \boldsymbol{x}(t_f)}$$

由 $\delta \boldsymbol{u}$ 和 δt_f 的任意性可得

$$\begin{cases}\dfrac{\partial H}{\partial \boldsymbol{u}}=\boldsymbol{0}\\ H(t_f)=-\dfrac{\partial \boldsymbol{\Phi}(\boldsymbol{x}(t_f),t_f)}{\partial t_f}\end{cases}\tag{7.48}$$

与 t_f 固定的情况相比较，上式只多了一个方程，由此方程可确定最优控制时间 t_f^*。于是有如下结论：

为使 $\boldsymbol{u}(t)$ 为最优控制，$\boldsymbol{x}(t)$ 为最优轨迹，必存在一个向量函数 $\boldsymbol{\lambda}(t)$，满足正则方程和相应的边界条件，即

$$\dot{\boldsymbol{x}}=\frac{\partial H}{\partial \boldsymbol{\lambda}},\boldsymbol{x}\big|_{t_0}=\boldsymbol{x}_0$$

$$\dot{\boldsymbol{\lambda}}=-\frac{\partial H}{\partial \boldsymbol{x}},\boldsymbol{\lambda}\big|_{t_f}=\frac{\partial \boldsymbol{\Phi}(\boldsymbol{x}(t_f),t_f)}{\partial \boldsymbol{x}(t_f)}$$

式中，H 为哈密顿函数，且对最优控制有稳定值 $\dfrac{\partial H}{\partial \boldsymbol{u}}=\boldsymbol{0}$，并在终点时间有

$$H\big|_{t_f}=-\frac{\partial \boldsymbol{\Phi}(x(t_f),t_f)}{\partial t_f}$$

例 7.7　设一阶系统为

$$\dot{x}(t)=u(t),\ x(0)=1$$

指标泛函为

$$J=sx^2(t_f)+\int_0^{t_f}(1+u^2)\,\mathrm{d}t$$

式中，s 为常数，$s>1$。试求当 t_f 为自由时，使 J 有极小值的最优控制、最优曲线和最优时间。

解：引进乘子 $\lambda(t)$，构造哈密顿函数为

$$H=1+u^2+\lambda u$$

伴随方程及边界条件为

$$\dot{\lambda}=-\frac{\partial H}{\partial x}=0,\ \lambda(t_f)=\frac{\partial \boldsymbol{\Phi}(x(t_f),t_f)}{\partial x(t_f)}=2sx(t_f)$$

由必要条件 $\dfrac{\partial H}{\partial u}=2u+\lambda=0$，得 $u=-\dfrac{\lambda}{2}$，再由条件式（7.48）得

$$H(t_f)=1+u^2\big|_{t_f}+(\lambda u)\big|_{t_f}=0\tag{7.49}$$

解伴随方程得 $\lambda(t)=c$，于是 $\lambda(t_f)=2sx(t_f)$，$u(t)=-\dfrac{1}{2}\lambda(t_f)=$ 常数，故得 $u(t)=-sx(t_f)$，代入状态方程求解，再利用初始条件，则有

$$x(t)=-sx(t_f)t+1$$

最后由式（7.49）得 $x(t_f)=\frac{1}{s}$。于是，最优控制为

$$u^*(t)=-s\frac{1}{s}=-1$$

最优时间为

$$t_f^*=1-\frac{1}{s}$$

需要指出的是，当函数 f、L 和 Φ 均不显含时间 t 和 t_f 时，函数 H 也不显含 t，这样，由式（7.34）知$\frac{\mathrm{d}H}{\mathrm{d}t}=\frac{\partial H}{\partial t}=0$，沿最优控制曲线有

$$H^*(t)=H^*(t_f)=\text{常数} \tag{7.50}$$

因 Φ 不显含 t_f，故$\frac{\partial\Phi}{\partial t_f}=0$，由式（7.48）知函数 H 沿最优曲线保持零值，即

$$H^*(t)=H^*(t_f)=0$$

最后再讨论以下各种终点的情况。由前面可知，终点情况不同，$\boldsymbol{\lambda}(t)$ 的末值条件也不同。例如，若终点为固定点，则 $\boldsymbol{\lambda}(t)|_{t_f}$为未知；若终点为自由端点，则 $\boldsymbol{\lambda}(t_f)=\frac{\partial\Phi}{\partial\boldsymbol{x}(t_f)}$。特别地，当性能指标中 Φ 不显含 $\boldsymbol{x}(t_f)$ 时，$\boldsymbol{\lambda}(t_f)=0$；若 $\Phi\neq0$，则 $\boldsymbol{\lambda}(t_f)$ 等于 Φ 的梯度，因此向量在 $\boldsymbol{\lambda}(t)$ 最优曲线末端 $t=t_f$ 时与等值面 $\Phi(\boldsymbol{x}(t_f),t_f)=C$ 相正交。

若末端受约束，则由式（7.44）得

$$\boldsymbol{\lambda}(t_f)=\frac{\partial\Phi}{\partial\boldsymbol{x}(t_f)}+\sum_{j=1}^{k}v_j\frac{\partial g_j}{\partial\boldsymbol{x}(t_f)}$$

当 $\Phi=0$ 时，上式表示向量 $\boldsymbol{\lambda}(t)$ 在最优曲线端 $t=t_f$ 时与曲面 $\boldsymbol{G}(\boldsymbol{x}(t_f),t_f)=\boldsymbol{C}$ 相正交，即 $\boldsymbol{\lambda}(t_f)=\sum_{j=1}^{k}v_j\frac{\partial g_j}{\partial\boldsymbol{x}(t_f)}$，故称为横截条件。当 $\Phi\neq0$ 时，二者不相正交，称为斜截条件。

若某些状态变量的终值固定，如设其前 r 个固定，其余 $n-r$ 个自由，这时约束条件为

$$g_k(\boldsymbol{x}(t_f))=x_k(t_f)-x_k=0 \quad (k=1,2,\cdots,r,r<n)$$

式中，x_k 为已知常数。将其代入式（7.44），则得

$$\lambda_k(t_f)=\frac{\partial\Phi}{\partial x_k(t_f)}+\lambda_k \quad (k=1,2,\cdots,r)$$

$$\lambda_k|_{t_f}=\frac{\partial\Phi}{\partial x_k(t_f)} \quad (k=r+1,\cdots,n)$$

式中，λ_k 为待定常数。

应注意到，既然前 r 个状态变量的终值固定，它们在性能指标中自然不会再出现，这就意味着对于这些状态变量终值 $x_k(t_f)$ 来说，Φ 的偏导数为零，即

$$\frac{\partial\Phi}{\partial x_k(t_f)}=0 \quad (k=1,2,\cdots,r)$$

这样就有

$$\lambda_k(t)\big|_{t_f}=\lambda_k \quad (k=1,2,\cdots,r) \tag{7.51}$$

$$\lambda_k(t)\big|_{t_f}=\frac{\partial \Phi}{\partial x_k(t_f)} \quad (k=r+1,\cdots,n) \tag{7.52}$$

于是得到，若状态变量的末值固定，则与之对应的伴随变量的末值是未知的，若状态变量的末值自由，则与之对应的伴随变量的末值由式（7.52）求得。

7.3 极小值原理

极小值原理是苏联学者庞特里亚金（Pontryagin）在1956年提出的。它从变分法引申而来，与变分法极为相似。因为极大值与极小值相差一个符号，若把性能指标的符号反过来，极大值原理就成为极小值原理。极小值原理是解决最优控制，特别是求解容许控制问题的得力工具。

用古典变分法求解最优控制问题，都是假定控制变量 $\boldsymbol{u}(t)$ 的取值范围不受任何限制，控制变分 $\delta\boldsymbol{u}$ 是任意的，从而得到最优控制 $\boldsymbol{u}^*(t)$ 所应满足的控制方程 $\partial H/\partial \boldsymbol{u}=0$。但是，在大多数情况下，控制变量总是要受到一定限制的。例如，动力装置发出的转矩不能无穷大，当系统中存在饱和元件时，控制变量 $\boldsymbol{u}(t)$ 必然受到限制等。此时，若不能任意取值，则控制变量被限制在某一闭集内，即 $\boldsymbol{u}(t)$ 满足不等式约束条件

$$\boldsymbol{g}(\boldsymbol{x}(t),\boldsymbol{u}(t),t)\geqslant 0 \tag{7.53}$$

在这种情况下，控制方程 $\dfrac{\partial H}{\partial \boldsymbol{u}}=0$ 已不成立，因此，不能再用变分法来处理最优控制问题。

下面介绍连续系统的极小值原理。

设系统状态方程为

$$\dot{\boldsymbol{x}}(t)=\boldsymbol{f}(\boldsymbol{x}(t),\boldsymbol{u}(t),t) \tag{7.54}$$

初始条件为 $\boldsymbol{x}(t_0)=\boldsymbol{x}_0$，终态 $\boldsymbol{x}(t_f)$ 满足终端约束方程，即

$$\boldsymbol{N}(\boldsymbol{x}(t_f),t_f)=0 \tag{7.55}$$

式中，$\boldsymbol{N}$ 为 m 维连续可微的矢量函数，$m\leqslant n$，n 为系统的维数。

控制 $\boldsymbol{u}(t)\in\boldsymbol{R}^r$ 受不等式约束，即

$$\boldsymbol{g}(\boldsymbol{x}(t),\boldsymbol{u}(t),t)\geqslant 0 \tag{7.56}$$

式中，$\boldsymbol{g}$ 为 l 维连续可微的矢量函数，$l\leqslant r$。

性能泛函为

$$J=\Phi(\boldsymbol{x}(t_f),t_f)+\int_{t_0}^{t_f}L(\boldsymbol{x}(t),\boldsymbol{u}(t),t)\,\mathrm{d}t \tag{7.57}$$

式中，Φ、L 为连续可微的数量函数；t_f 为待定终端时刻。

最优控制问题就是要寻求最优容许控制 $\boldsymbol{u}(t)$，在满足上述条件下使 J 有极小值。

与前面讨论过的等式约束条件最优控制问题作一比较，可知它们之间的主要差别在于：这里的控制 $\boldsymbol{u}(t)$ 是属于有界闭集 $\boldsymbol{U}$，受到 $\boldsymbol{g}(\boldsymbol{x}(t),\boldsymbol{u}(t),t)\geqslant 0$ 不等式约束。为了把这样的不等式约束问题转化为等式约束问题，采取以下两个措施。

1）引入一个新的 r 维控制变量 $\boldsymbol{w}(t)$，令

$$\dot{\boldsymbol{w}}(t)=\boldsymbol{u}(t),\quad \boldsymbol{w}(t_0)=0 \tag{7.58}$$

虽然 $\boldsymbol{u}(t)$ 不连续，但 $\boldsymbol{w}(t)$ 是连续的。若 $\boldsymbol{u}(t)$ 分段连续，则 $\boldsymbol{w}(t)$ 是分段光滑连续函数。

2）引入另一个新的 l 维变量 $\boldsymbol{z}(t)$，令

$$(\dot{z})^2=\boldsymbol{g}(\boldsymbol{x}(t),\boldsymbol{u}(t),t),\ z(t_0)=0 \tag{7.59}$$

无论 $\dot{z}$ 是正是负，$(\dot{z})^2$ 恒非负，故满足 $\boldsymbol{g}$ 非负的要求。

通过以上变换，便将上述有不等式约束的最优控制问题转化为具有等式约束的波尔札问题。再应用拉格朗日乘法，引入乘子 $\boldsymbol{\lambda}$、$\boldsymbol{\gamma}$ 和 $\boldsymbol{\mu}$，问题便进一步化为求下列增广性能泛函

$$J_1=\boldsymbol{\Phi}(\boldsymbol{x}(t_f),t_f)+\boldsymbol{\mu}^{\mathrm{T}}\boldsymbol{N}(\boldsymbol{x}(t_f),t_f)+\int_{t_0}^{t_f}\{H(\boldsymbol{x},\dot{\boldsymbol{w}},\boldsymbol{\lambda},t)-\boldsymbol{\lambda}^{\mathrm{T}}\dot{\boldsymbol{x}}+\boldsymbol{\gamma}^{\mathrm{T}}[\boldsymbol{g}(\boldsymbol{x},\dot{\boldsymbol{w}},t)-(\dot{z})^2]\}\mathrm{d}t \tag{7.60}$$

的极值问题。

哈密顿函数为

$$H(\boldsymbol{x},\dot{\boldsymbol{w}},\boldsymbol{\lambda},t)=L(\boldsymbol{x},\dot{\boldsymbol{w}},t)+\boldsymbol{\lambda}^{\mathrm{T}}\boldsymbol{f}(\boldsymbol{x},\dot{\boldsymbol{w}},t) \tag{7.61}$$

为简便计，令

$$\psi(\boldsymbol{x},\dot{\boldsymbol{x}},\dot{\boldsymbol{w}},\boldsymbol{\lambda},\boldsymbol{\gamma},\dot{z},t)=H(\boldsymbol{x},\dot{\boldsymbol{w}},\boldsymbol{\lambda},t)-\boldsymbol{\lambda}^{\mathrm{T}}\dot{\boldsymbol{x}}+\boldsymbol{\gamma}^{\mathrm{T}}[\boldsymbol{g}(\boldsymbol{x},\dot{\boldsymbol{w}},t)-(\dot{z})^2] \tag{7.62}$$

于是 J_1 可写为

$$J_1=\boldsymbol{\Phi}(\boldsymbol{x}(t_f),t_f)+\boldsymbol{\mu}^{\mathrm{T}}\boldsymbol{N}(\boldsymbol{x}(t_f),t)+\int_{t_0}^{t_f}\boldsymbol{\psi}(\boldsymbol{x},\dot{\boldsymbol{x}},\dot{\boldsymbol{w}},\boldsymbol{\lambda},\boldsymbol{\gamma},\dot{z},t)\mathrm{d}t \tag{7.63}$$

现在求增广性能泛函 J_1 的一次变分，为

$$\delta J_1=\delta J_{t_f}+\delta J_x+\delta J_w+\delta J_z \tag{7.64}$$

式中，δJ_{t_f}、δJ_x、δJ_w、δJ_z 分别是由于 t_f、$\boldsymbol{x}$、$\boldsymbol{w}$ 和 z 作微小变化所引起的 J_1 的一次变分。

$$\delta J_{t_f}=\frac{\partial}{\partial t_f}\left(\boldsymbol{\Phi}+\boldsymbol{\mu}^{\mathrm{T}}\boldsymbol{N}+\int_{t_0}^{t_f+\delta t_f}\boldsymbol{\psi}\mathrm{d}t\right)\bigg|_{t=t_f}\delta J_{t_f}=\left(\frac{\partial\boldsymbol{\Phi}}{\partial t_f}+\frac{\partial\boldsymbol{N}^{\mathrm{T}}}{\partial t_f}u+\boldsymbol{\psi}\right)\bigg|_{t=t_f}\delta t_f \tag{7.65}$$

$$\begin{aligned}\delta J_x&=\mathrm{d}\boldsymbol{x}^{\mathrm{T}}(t_f)\frac{\partial}{\partial\boldsymbol{x}}(\boldsymbol{\Phi}+\boldsymbol{\mu}^{\mathrm{T}}\boldsymbol{N})\big|_{t=t_f}+\int_{t_0}^{t_f}\left(\delta\boldsymbol{x}^{\mathrm{T}}\frac{\partial\boldsymbol{\psi}}{\partial\boldsymbol{x}}+\delta\dot{\boldsymbol{x}}^{\mathrm{T}}\frac{\partial\dot{\boldsymbol{\psi}}}{\partial\dot{\boldsymbol{x}}}\right)\mathrm{d}t\\&=\mathrm{d}\boldsymbol{x}^{\mathrm{T}}(t_f)\left(\frac{\partial\boldsymbol{\Phi}}{\partial\boldsymbol{x}}+\frac{\partial\boldsymbol{N}^{\mathrm{T}}}{\partial\boldsymbol{x}}\boldsymbol{\mu}\right)\bigg|_{t=t_f}+\delta\boldsymbol{x}^{\mathrm{T}}\frac{\partial\boldsymbol{\psi}}{\partial\dot{\boldsymbol{x}}}\bigg|_{t=t_f}+\int_{t_0}^{t_f}\delta\boldsymbol{x}^{\mathrm{T}}\left(\frac{\partial\boldsymbol{\psi}}{\partial\boldsymbol{x}}-\frac{\mathrm{d}}{\mathrm{d}t}\frac{\partial\boldsymbol{\psi}}{\partial\dot{\boldsymbol{x}}}\right)\mathrm{d}t\end{aligned}$$

注意到 $\mathrm{d}\boldsymbol{x}(t_f)=\delta\boldsymbol{x}(t_f)+\dot{\boldsymbol{x}}(t_f)\delta t_f$，故有

$$\delta J_x=\mathrm{d}\boldsymbol{x}^{\mathrm{T}}(t_f)\left(\frac{\partial\boldsymbol{\Phi}}{\partial\boldsymbol{x}}+\frac{\partial\boldsymbol{N}^{\mathrm{T}}}{\partial\boldsymbol{x}}\boldsymbol{\mu}+\frac{\partial\boldsymbol{\psi}}{\partial\dot{\boldsymbol{x}}}\right)\bigg|_{t=t_f}-\dot{\boldsymbol{x}}^{\mathrm{T}}\frac{\partial\boldsymbol{\psi}}{\partial\dot{\boldsymbol{x}}}\bigg|_{t=t_f}\delta t_f+\int_{t_0}^{t_f}\delta\boldsymbol{x}^{\mathrm{T}}\left(\frac{\partial\boldsymbol{\psi}}{\partial\boldsymbol{x}}-\frac{\mathrm{d}}{\mathrm{d}t}\frac{\partial\boldsymbol{\psi}}{\partial\dot{\boldsymbol{x}}}\right)\mathrm{d}t \tag{7.66}$$

$$\delta J_w=\delta\boldsymbol{w}^{\mathrm{T}}(t_f)\frac{\partial\boldsymbol{\psi}}{\partial\dot{\boldsymbol{w}}}\bigg|_{t=t_f}-\int_{t_0}^{t_f}\delta\boldsymbol{w}^{\mathrm{T}}\frac{\mathrm{d}}{\mathrm{d}t}\frac{\partial\boldsymbol{\psi}}{\partial\dot{\boldsymbol{w}}}\mathrm{d}t \tag{7.67}$$

$$\delta J_z=\delta z^{\mathrm{T}}(t_f)\frac{\partial\boldsymbol{\psi}}{\partial\dot{z}}\bigg|_{t=t_f}-\int_{t_0}^{t_f}\delta z^{\mathrm{T}}\frac{\mathrm{d}}{\mathrm{d}t}\frac{\partial\boldsymbol{\psi}}{\partial\dot{z}}\mathrm{d}t \tag{7.68}$$

把式（7.65）~式（7.68）代入式（7.64），最后得

$$\begin{aligned}\delta J_1=&\left(\boldsymbol{\psi}-\dot{\boldsymbol{x}}^{\mathrm{T}}\frac{\partial\boldsymbol{\psi}}{\partial\dot{\boldsymbol{x}}}+\frac{\partial\boldsymbol{\Phi}}{\partial t_f}+\frac{\partial\boldsymbol{N}^{\mathrm{T}}}{\partial t_f}\boldsymbol{\mu}\right)\bigg|_{t=t_f}\delta t_f+\mathrm{d}\boldsymbol{x}^{\mathrm{T}}(t_f)\left(\frac{\partial\boldsymbol{\Phi}}{\partial\boldsymbol{x}}+\frac{\partial\boldsymbol{N}^{\mathrm{T}}}{\partial\boldsymbol{x}}\boldsymbol{\mu}+\frac{\partial\boldsymbol{\psi}}{\partial\dot{\boldsymbol{x}}}\right)\bigg|_{t=t_f}+\delta\boldsymbol{w}^{\mathrm{T}}(t_f)\frac{\partial\boldsymbol{\psi}}{\partial\dot{\boldsymbol{w}}}\bigg|_{t=t_f}+\\&\delta z^{\mathrm{T}}(t_f)\frac{\partial\boldsymbol{\psi}}{\partial\dot{z}}\bigg|_{t=t_f}+\int_{t_0}^{t_f}\left[\delta\boldsymbol{x}^{\mathrm{T}}\left(\frac{\partial\boldsymbol{\psi}}{\partial\boldsymbol{x}}-\frac{\mathrm{d}}{\mathrm{d}t}\frac{\partial\boldsymbol{\psi}}{\partial\dot{\boldsymbol{x}}}\right)-\delta\boldsymbol{w}^{\mathrm{T}}\frac{\mathrm{d}}{\mathrm{d}t}\frac{\partial\boldsymbol{\psi}}{\partial\dot{\boldsymbol{w}}}-\delta z^{\mathrm{T}}\frac{\mathrm{d}}{\mathrm{d}t}\frac{\partial\boldsymbol{\psi}}{\partial\dot{z}}\right]\mathrm{d}t\end{aligned} \tag{7.69}$$

由于 δt_f、$\delta\boldsymbol{x}(t_f)$、$\delta\boldsymbol{x}$、$\delta\boldsymbol{w}$ 及 δz 都是任意的，于是由 $\delta J_1=0$ 可得增广性能泛函取极值的

必要条件，使下列各关系式成立。

欧拉方程为

$$\frac{\partial \boldsymbol{\psi}}{\partial \boldsymbol{x}}-\frac{\mathrm{d}}{\mathrm{d}t}\frac{\partial \boldsymbol{\psi}}{\partial \dot{\boldsymbol{x}}}=0 \tag{7.70}$$

$$\frac{\partial \boldsymbol{\psi}}{\partial \boldsymbol{w}}-\frac{\mathrm{d}}{\mathrm{d}t}\frac{\partial \boldsymbol{\psi}}{\partial \dot{\boldsymbol{w}}}=0，\text{即}\frac{\mathrm{d}}{\mathrm{d}t}\frac{\partial \boldsymbol{\psi}}{\partial \dot{\boldsymbol{w}}}=0 \tag{7.71}$$

$$\frac{\partial \boldsymbol{\psi}}{\partial z}-\frac{\mathrm{d}}{\mathrm{d}t}\frac{\partial \boldsymbol{\psi}}{\partial \dot{z}}=0，\text{即}\frac{\mathrm{d}}{\mathrm{d}t}\frac{\partial \boldsymbol{\psi}}{\partial \dot{z}}=0 \tag{7.72}$$

横截条件为

$$\left(\boldsymbol{\psi}-\dot{\boldsymbol{x}}^{\mathrm{T}}\frac{\partial \boldsymbol{\psi}}{\partial \dot{\boldsymbol{x}}}+\frac{\partial \Phi}{\partial t_f}+\frac{\partial \boldsymbol{N}^{\mathrm{T}}}{\partial t_f}\boldsymbol{\mu}\right)\bigg|_{t=t_f}=0 \tag{7.73}$$

$$\left(\frac{\partial \Phi}{\partial \boldsymbol{x}}+\frac{\partial \boldsymbol{N}^{\mathrm{T}}}{\partial \boldsymbol{x}}\boldsymbol{\mu}+\frac{\partial \boldsymbol{\psi}}{\partial \dot{\boldsymbol{x}}}\right)\bigg|_{t=t_f}=0 \tag{7.74}$$

$$\frac{\partial \boldsymbol{\psi}}{\partial \dot{\boldsymbol{w}}}\bigg|_{t=t_f}=0 \tag{7.75}$$

$$\frac{\partial \boldsymbol{\psi}}{\partial \dot{z}}\bigg|_{t=t_f}=0 \tag{7.76}$$

将 $\boldsymbol{\psi}$ 代入式（7.70），并注意到$\frac{\partial \boldsymbol{\psi}}{\partial \dot{\boldsymbol{x}}}=-\boldsymbol{\lambda}$，便得到如下关系式：

欧拉方程为

$$\dot{\boldsymbol{\lambda}}=-\frac{\partial H}{\partial \boldsymbol{x}}-\frac{\partial \boldsymbol{g}^{\mathrm{T}}}{\partial \boldsymbol{x}}\boldsymbol{\gamma} \tag{7.77}$$

$$\frac{\mathrm{d}}{\mathrm{d}t}\left(\frac{\partial H}{\partial \dot{\boldsymbol{w}}}+\frac{\partial \boldsymbol{g}^{\mathrm{T}}}{\partial \dot{\boldsymbol{w}}}\boldsymbol{\gamma}\right)=0 \tag{7.78}$$

$$\frac{\mathrm{d}}{\mathrm{d}t}(\boldsymbol{\gamma}^{\mathrm{T}}\dot{z})=0 \tag{7.79}$$

横截条件为

$$\left(\frac{\partial \Phi}{\partial t_f}+\frac{\partial \boldsymbol{N}^{\mathrm{T}}}{\partial t_f}\boldsymbol{\mu}+H\right)\bigg|_{t=t_f}=0 \tag{7.80}$$

$$\left(\frac{\partial \Phi}{\partial \boldsymbol{x}}+\frac{\partial \boldsymbol{N}^{\mathrm{T}}}{\partial \boldsymbol{x}}\boldsymbol{\mu}-\boldsymbol{\lambda}\right)\bigg|_{t=t_f}=0 \tag{7.81}$$

$$\left(\frac{\partial H}{\partial \dot{\boldsymbol{w}}}+\frac{\partial \boldsymbol{g}^{\mathrm{T}}}{\partial \dot{\boldsymbol{w}}}\boldsymbol{\gamma}\right)\bigg|_{t=t_f}=0 \tag{7.82}$$

$$(\boldsymbol{\gamma}^{\mathrm{T}}\dot{z})\big|_{t=t_f}=0 \tag{7.83}$$

对上述方程稍作分析可知：

1）由式（7.77）看出，只有当 $\boldsymbol{g}$ 不含 $\boldsymbol{x}$ 时，才有

$$\dot{\boldsymbol{\lambda}}=-\frac{\partial H}{\partial \boldsymbol{x}} \tag{7.84}$$

这与协态方程一致，其中，$\boldsymbol{\lambda}$ 又称为协态矢量。

2）式（7.71）和式（7.72）说明$\frac{\partial \boldsymbol{\psi}}{\partial \dot{\boldsymbol{w}}}$和$\frac{\partial \boldsymbol{\psi}}{\partial \dot{\boldsymbol{z}}}$均为常数，又由式（7.75）和式（7.76）可知，它们在终端处为零，故沿最优曲线，恒有

$$\frac{\partial \boldsymbol{\psi}}{\partial \dot{\boldsymbol{w}}}=\frac{\partial \boldsymbol{\psi}}{\partial \dot{\boldsymbol{z}}}\equiv 0 \tag{7.85}$$

3）若将$\boldsymbol{\psi}$代入$\frac{\partial \boldsymbol{\psi}}{\partial \dot{\boldsymbol{w}}}\equiv 0$，则得$\frac{\partial H}{\partial \dot{\boldsymbol{w}}}+\frac{\partial \boldsymbol{g}^{\mathrm{T}}}{\partial \dot{\boldsymbol{w}}}\boldsymbol{\gamma}=0$，即$\frac{\partial H}{\partial \boldsymbol{u}}=-\frac{\partial \boldsymbol{g}^{\mathrm{T}}}{\partial \boldsymbol{u}}\boldsymbol{\gamma}$。这表明在有不等式约束情况下，沿最优曲线，$\frac{\partial H}{\partial \boldsymbol{u}}=0$这个条件已不成立。

值得指出的是，式（7.77）~式（7.83）只给出了最优解的必要条件。为使最优解为极小值，还必须满足维尔斯特拉斯E函数沿最优曲线为非负的条件，即

$$\begin{aligned}E=&\boldsymbol{\psi}(\boldsymbol{x}^*,\boldsymbol{w}^*,\boldsymbol{z}^*,\dot{\boldsymbol{x}},\dot{\boldsymbol{w}},\dot{\boldsymbol{z}})-\boldsymbol{\psi}(\boldsymbol{x}^*,\boldsymbol{w}^*,\boldsymbol{z}^*,\dot{\boldsymbol{x}}^*,\dot{\boldsymbol{w}}^*,\dot{\boldsymbol{z}}^*)-\\&(\dot{\boldsymbol{x}}-\dot{\boldsymbol{x}}^*)^{\mathrm{T}}\frac{\partial \boldsymbol{\psi}}{\partial \dot{\boldsymbol{x}}}-(\dot{\boldsymbol{w}}-\dot{\boldsymbol{w}}^*)^{\mathrm{T}}\frac{\partial \boldsymbol{\psi}}{\partial \dot{\boldsymbol{w}}}-(\dot{\boldsymbol{z}}-\boldsymbol{z}^*)^{\mathrm{T}}\frac{\partial \boldsymbol{\psi}}{\partial \dot{\boldsymbol{z}}}\geqslant 0\end{aligned} \tag{7.86}$$

由于沿最优曲线有$\frac{\partial \boldsymbol{\psi}}{\partial \dot{\boldsymbol{x}}}=-\boldsymbol{\lambda}$，$\frac{\partial \boldsymbol{\psi}}{\partial \dot{\boldsymbol{w}}}\equiv 0$，$\frac{\partial \boldsymbol{\psi}}{\partial \dot{\boldsymbol{z}}}\equiv 0$，并且$\dot{\boldsymbol{z}}^2=\boldsymbol{g}(\boldsymbol{x},\dot{\boldsymbol{w}},t)$，所以式（7.86）可写成

$$\begin{aligned}&\boldsymbol{\psi}(\boldsymbol{x}^*,\boldsymbol{\lambda}^*,\boldsymbol{\gamma}^*,\dot{\boldsymbol{x}},\dot{\boldsymbol{w}},\dot{\boldsymbol{z}})-\boldsymbol{\psi}(\boldsymbol{x}^*,\boldsymbol{\lambda}^*,\boldsymbol{\gamma}^*,\dot{\boldsymbol{x}}^*,\dot{\boldsymbol{w}}^*,\dot{\boldsymbol{z}}^*)-(\dot{\boldsymbol{x}}-\dot{\boldsymbol{x}}^*)^{\mathrm{T}}\frac{\partial \boldsymbol{\psi}}{\partial \dot{\boldsymbol{x}}}\\=&\boldsymbol{\psi}(\boldsymbol{x}^*,\boldsymbol{\lambda}^*,\boldsymbol{\gamma}^*,\dot{\boldsymbol{x}},\dot{\boldsymbol{w}},\dot{\boldsymbol{z}})+\boldsymbol{\lambda}^{*\mathrm{T}}\dot{\boldsymbol{x}}-[\boldsymbol{\psi}(\boldsymbol{x}^*,\boldsymbol{\lambda}^*,\boldsymbol{\gamma}^*,\dot{\boldsymbol{x}}^*,\dot{\boldsymbol{w}}^*,\dot{\boldsymbol{z}}^*)+\boldsymbol{\lambda}^{*\mathrm{T}}\dot{\boldsymbol{x}}^*]\geqslant 0\end{aligned} \tag{7.87}$$

即

$$E=H(\boldsymbol{x}^*,\boldsymbol{\lambda}^*,\dot{\boldsymbol{w}},t)-H(\boldsymbol{x}^*,\boldsymbol{\lambda}^*,\dot{\boldsymbol{w}}^*,t)\geqslant 0 \tag{7.88}$$

以$\dot{\boldsymbol{w}}=\boldsymbol{u}$，$\dot{\boldsymbol{w}}^*=\boldsymbol{u}^*$带入式（7.88），便得

$$H(\boldsymbol{x}^*,\boldsymbol{\lambda}^*,\boldsymbol{u},t)\geqslant H(\boldsymbol{x}^*,\boldsymbol{\lambda}^*,\boldsymbol{u}^*,t) \tag{7.89}$$

式（7.89）表明，如果把哈密顿函数H看成$\boldsymbol{u}(t)\in\boldsymbol{U}$的函数，那么最优曲线上与最优控制$\boldsymbol{u}^*(t)$相对应的$H$将取绝对极小值（即最小值）。这是极小值原理的一个重要结论。

综上所述，可归纳出下列定理。

定理7.3 设系统状态方程为

$$\dot{\boldsymbol{x}}=\boldsymbol{f}(\boldsymbol{x},\boldsymbol{u},t) \tag{7.90}$$

始端条件为

$$\boldsymbol{x}(t_0)=\boldsymbol{x}_0$$

控制约束为

$$\boldsymbol{u}\in\boldsymbol{U},\boldsymbol{g}(\boldsymbol{x},\boldsymbol{u},t)\geqslant 0 \tag{7.91}$$

终端约束为

$$\boldsymbol{N}(\boldsymbol{x}(t_f),t_f)=0,\ t_f\text{待定} \tag{7.92}$$

性能泛函为

$$J=\boldsymbol{\Phi}(\boldsymbol{x}(t_f),t_f)+\int_{t_0}^{t_f}L(\boldsymbol{x}(t),\boldsymbol{u}(t),t)\mathrm{d}t \tag{7.93}$$

取哈密顿函数为

$$H = L(\boldsymbol{x}(t), \boldsymbol{u}(t), t) + \boldsymbol{\lambda}^{\mathrm{T}} \boldsymbol{f}(\boldsymbol{x}, \boldsymbol{u}, t) \tag{7.94}$$

则实现最优控制的必要条件是，最优控制 $\boldsymbol{u}^*$、最优曲线 $\boldsymbol{x}^*$ 和最优协态矢量 $\boldsymbol{\lambda}^*$ 满足下列关系式：

1）沿最优曲线满足正则方程

$$\dot{\boldsymbol{x}} = \frac{\partial H}{\partial \boldsymbol{\lambda}} \tag{7.95}$$

$$\dot{\boldsymbol{\lambda}} = -\frac{\partial H}{\partial \boldsymbol{x}} - \frac{\partial \boldsymbol{g}^{\mathrm{T}}}{\partial \boldsymbol{u}} \boldsymbol{\gamma} \tag{7.96}$$

若 $\boldsymbol{g}$ 不包含 $\boldsymbol{x}$，则为

$$\dot{\boldsymbol{\lambda}} = -\frac{\partial H}{\partial \boldsymbol{x}} \tag{7.97}$$

2）在最优曲线上，与最优控制 $\boldsymbol{u}^*$ 相应的 H 函数取绝对极小值，即

$$\min_{\boldsymbol{u} \in \boldsymbol{U}} H(\boldsymbol{x}^*, \boldsymbol{\lambda}^*, \boldsymbol{u}, t) = H(\boldsymbol{x}^*, \boldsymbol{\lambda}^*, \boldsymbol{u}^*, t)$$

或

$$H(\boldsymbol{x}^*, \boldsymbol{\lambda}^*, \boldsymbol{u}^*, t) \leqslant H(\boldsymbol{x}^*, \boldsymbol{\lambda}^*, \boldsymbol{u}, t) \tag{7.98}$$

沿最优曲线，有

$$\frac{\partial H}{\partial \boldsymbol{u}} = -\frac{\partial \boldsymbol{g}^{\mathrm{T}}}{\partial \boldsymbol{u}} \boldsymbol{\gamma} \tag{7.99}$$

3）H 函数在最优曲线终点处的值决定于

$$\left[H + \frac{\partial \boldsymbol{\Phi}}{\partial t_f} + \boldsymbol{\mu}^{\mathrm{T}} \frac{\partial \boldsymbol{N}}{\partial x(t_f)} \right] \bigg|_{t=t_f} = 0 \tag{7.100}$$

4）协态终值（即协态矢量在终值 t_f 处的取值）满足横截条件

$$\boldsymbol{\lambda}(t_f) = \left[\frac{\partial \boldsymbol{\Phi}}{\partial \boldsymbol{x}(t_f)} + \frac{\partial \boldsymbol{N}^{\mathrm{T}}}{\partial \boldsymbol{x}(t_f)} \mu \right] \bigg|_{t=t_f} \tag{7.101}$$

5）满足边界条件

$$\begin{aligned} &\boldsymbol{x}(t_0) = \boldsymbol{x}_0 \\ &\boldsymbol{N}(\boldsymbol{x}(t_f), t_f) = 0 \end{aligned} \tag{7.102}$$

这就是著名的极小值原理。

将上述条件与等式约束下最优控制的必要条件作一比较，可以发现，横截条件和端点边界条件没有改变，只是 $\frac{\partial H}{\partial \boldsymbol{u}} = 0$ 这一条件不再成立，代之以条件 $\min\limits_{\boldsymbol{u} \in \boldsymbol{U}} H(\boldsymbol{x}^*, \boldsymbol{\lambda}^*, \boldsymbol{u}, t) = H(\boldsymbol{x}^*, \boldsymbol{\lambda}^*, \boldsymbol{u}^*, t)$。此外，协态方程也略有改变，仅当 $\boldsymbol{g}$ 函数中不包含 $\boldsymbol{x}$ 时，方程与前面的一致。

下面对定理 7.3 做些说明：

1）定理的第一、二个条件，即式（7.95）~式（7.99），普遍适用于求解各种类型的最优控制问题，且与边界条件形式或终端时刻是否自由无关。其中第二个条件：

$$\min_{\boldsymbol{u} \in \boldsymbol{U}} H(\boldsymbol{x}^*, \boldsymbol{\lambda}^*, \boldsymbol{u}, t) = H(\boldsymbol{x}^*, \boldsymbol{\lambda}^*, \boldsymbol{u}^*, t)$$

说明，当 $\boldsymbol{u}(t)$ 与 $\boldsymbol{u}^*(t)$ 都从容许的有界闭集 $\boldsymbol{U}$ 中取值时，只有 $\boldsymbol{u}^*(t)$ 能使 H 函数沿着最优曲线 $\boldsymbol{x}^*(t)$ 取全局最小值。这一性质与闭集 $\boldsymbol{U}$ 的特性无关。

第三个条件，即式（7.100），描述了 H 函数终值 $H|_{t=t_f}$ 与 t_f 的关系，可用于确定 t_f 的

值。在定理推导的过程中可看出，该条件是由于 t_f 变动而产生的，因此当终端时刻固定时，该条件将不复存在。

第四、五个条件，即式（7.101）和式（7.102），将为正则方程式（7.95）~式（7.97）提供数量足够的 $2n$ 个边值条件。例如，若初态固定，其一半由 $\boldsymbol{x}(t_0)=\boldsymbol{x}_0$ 提供，另一半则由状态终值约束方程式（7.102）和协态终值方程式（7.101）共同提供；若终态固定，则一半由状态终值 $\boldsymbol{x}(t_f)=\boldsymbol{x}_f$ 提供，而无须再对协态终值附加任何约束条件；若 $\boldsymbol{x}(t_f)\in\boldsymbol{R}^n$ 中的 k 维光滑流形，则状态终值仅提供 $n-k$ 个条件，其余 k 个条件由协态终值来补足。这意味着在终端时刻，状态自由度的扩大是以协态自由度缩小为代价的，但在任何情况下，由状态终值和协态终值提供条件的总和都是 n 个。

2）当控制矢量无界时，控制方程 $\partial H/\partial\boldsymbol{u}=0$ 成立。但当控制矢量有界时，正如同一个定义在闭区间上的函数不能用导数等于零去判定它在两个端点处取值一样，这时 $\partial H/\partial\boldsymbol{u}=0$ 不再成立，而取代为 H 全局最小。从 $\partial H/\partial\boldsymbol{u}=0$ 的形式可以发现，虽然也是寻求 H 为极小（或极大）的必要条件，但在变分法中，由于 $\boldsymbol{u}^*(t)$ 只和“接近”的 $\boldsymbol{u}(t)$ 作比较，所以 $\boldsymbol{u}^*(t)$ 只能使 H 取得相对极小（或极大）值，甚至只能得到好的驻点条件。不难理解，当满足变分法应用条件时，用 $\partial H/\partial\boldsymbol{u}=0$ 求解控制矢量无界时的泛函极值问题只是最小值原理应用的一个特例。

3）最优控制 $\boldsymbol{u}^*(t)$ 保证哈密顿函数取全局最小值，所谓“极小值原理”一词正源于此。在证明这一原理过程中，如果定义 $\boldsymbol{\lambda}$ 与 H 的符号正负与上面相反，即 $\overline{H}=-H$，可得结论

$$\max_{\boldsymbol{u}\in U}\overline{H}(\boldsymbol{x}^*,\boldsymbol{\lambda}^*,\boldsymbol{u},t)=\overline{H}(\boldsymbol{x}^*,\boldsymbol{\lambda}^*,\boldsymbol{u}^*,t)$$

因此在有些文献中亦称为“极大值原理”。

4）极小值原理只给出最优控制的必要条件而非充要条件。可以这样说，凡是不符合极小值原理的控制必不是最优控制；凡是符合极小值原理求得的每个控制，只是最优控制的候选函数，至于到底哪个是最优控制，还得根据问题的性质加以判定，或进一步从数学上予以证明。但是能够证明，对于线性系统，极小值原理既是泛函取最小值的必要条件，也是充分条件。此外，极小值原理没有涉及最优控制的存在性和唯一性问题。

5）极小值原理的实际意义在于放宽了控制条件，解决了当控制为有界闭集时，容许控制的求解问题。它不要求 H 对 $\boldsymbol{u}$ 有可微性。例如，当 $H(\boldsymbol{u})$ 为线性函数，或者在容许控制范围内，$H(\boldsymbol{u})$ 是单调上升（或下降）时，由极小值原理求得的最优控制在边界上，但用变分法却求不出来，因为 $\partial H/\partial\boldsymbol{u}=0$ 已不适用。

例 7.8 设系统的状态方程为

$$\dot{x}=x-u,x(0)=5$$

控制约束 $\frac{1}{2}\leqslant u\leqslant 1$，求 $u(t)$ 使 J 有极小值，即

$$\min J=\int_0^1(x+u)\mathrm{d}t$$

解：这是个终端自由的容许控制问题。

（1）哈密顿函数

$$\begin{aligned}H&=L+\lambda f=x+u+\lambda(x-u)\\&=x(1+\lambda)+u(1-\lambda)\end{aligned}$$

由上式可知，H 是 u 的线性函数，$\frac{\partial H}{\partial u}=1-\lambda$ 与 u 无关。根据极小值原理，求 H 极小值等效于求泛函极小值，只要使 $u(1-\lambda)$ 为极小值即可。u 的上界为 1，下界为 $\frac{1}{2}$，因此有：当 $\lambda>1$ 时，应取 $u^*(t)=1$（上界）；当 $\lambda<1$ 时，应取 $u^*(t)=\frac{1}{2}$（下界）。

(2) 求 $\lambda(t)$ 以确定 u 的切换点

由协态方程式 $\dot{\lambda}=-\frac{\partial H}{\partial x}=-(1+\lambda)$，得

$$\dot{\lambda}+\lambda=-1$$

其解为

$$\lambda=-1+Ce^{-t}$$

当 $t_f=1$ 时

$$\lambda(t_f)=\lambda(1)=0, C=e$$

故

$$\lambda=e^{1-t}-1$$

令 $\lambda=1$，得 $t=1-\ln 2\approx 0.307$。$\lambda>1$ 时，对应 $t<0.307$，$u^*=1$。$\lambda<1$ 时，对应 $t>0.307$，$u^*=\frac{1}{2}$。

(3) 求状态曲线 $x(t)$

解状态方程 $\dot{x}=x-u$：

当 $0\leqslant t<0.307$ 时，$u^*=1$，得 $x=1+C_1e^t$，考虑 $x(0)=5$，故 $x^*(t)=4e^t+1$。当 $0.307\leqslant t\leqslant 1$ 时，$u^*=\frac{1}{2}$，得 $x=\frac{1}{2}+C_2e^t$，考虑第一段的终值 $x(0.307)=6.438$ 为第二段初值，故 $x^*(t)=4.368e^t+0.5$。

(4) 求 $J^*=J(u^*)$

$$J^*=\int_0^{0.307}(x+1)\,dt+\int_{0.307}^1\left(x+\frac{1}{2}\right)dt$$

$$=\int_0^{0.307}(4e^t+2)\,dt+\int_{0.307}^1(4.368e^t+1)\,dt=8.68$$

各有关曲线如图 7.5 所示。

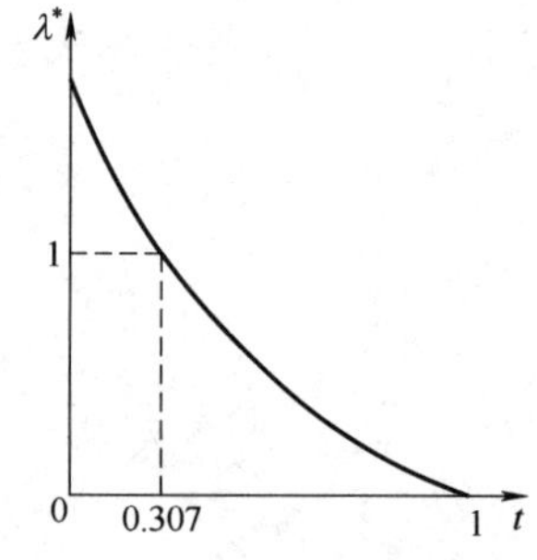

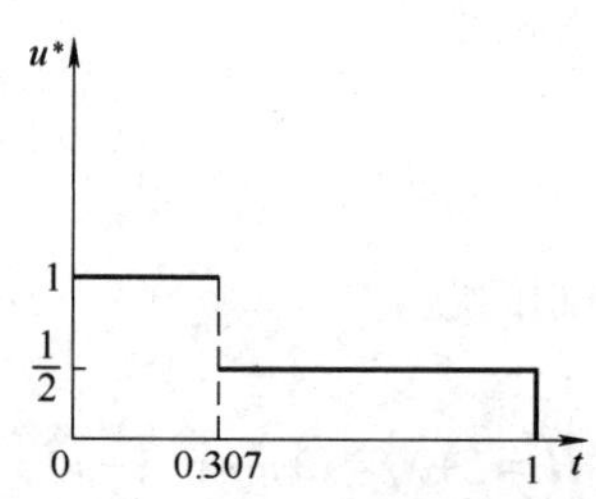

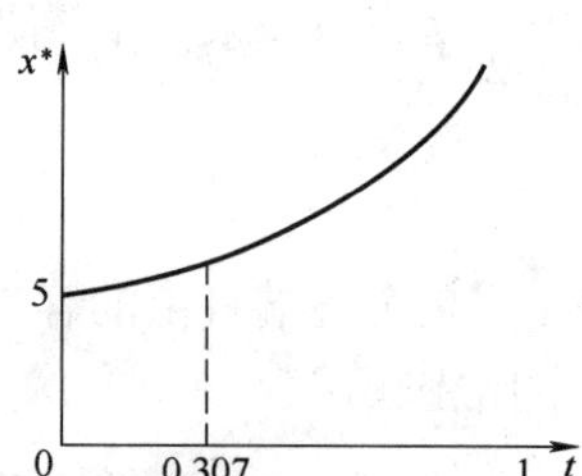

图 7.5　例 7.8 的最优解曲线

7.4 动态规划法

动态规划是贝尔曼（Bellman）在20世纪50年代作为多段（步）决策过程研究出来的，现已被广泛应用于许多技术领域。动态规划法是一种分段（步）最优化方法，它既可以用来求解约束条件下的函数极值问题，也可以用于求解约束条件下的泛函极值间题。它与极小值原理一样，是处理控制矢量被限制在一定闭集内，求解最优控制问题的有效数学方法之一。

7.4.1 多段决策问题

动态规划是解决多段决策过程优化问题的一种强有力的工具。所谓多段决策过程，是指把一个过程按时间或空间顺序分为若干段（步），然后给每一段（步）作出“决策”，以便整个过程取得最优的效果。如图7.6所示，对于中间的任意一段，如第$k+1$段作出相应的“决策”（或控制）u_k后，才能确定该段输入状态与输出状态间的关系，即从x_k变化到x_{k+1}的状态转移规律。在选择好每一段的“决策”（或控制）u_k后，整个过程的状态转移规律从x_0经x_k一直到$x_N(k=1,2,\cdots,N-1)$也就被完全确定。全部“决策”的总体，称为“策略”。

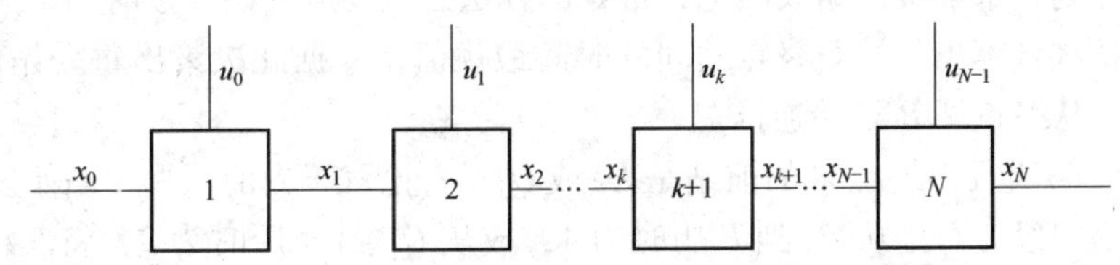

图7.6　多段决策过程示意图

当然，如果对每一段的决策都是按照使某种性能指标为最优的原则作出的，那么这就是一个多段最优决策过程。显然，离散型最优控制系统的动态过程是一个多段最优决策过程的典型例子。

容易理解，在多段决策过程中，每一段（如第$k+1$段）的输出状态（x_{k+1}）都仅仅与该段的决策（u_k）及该段的初始状态（x_k）有关，而与其前面各段的决策及状态的转移规律无关。这种性质，称为无后效性。

下面以最优路线问题为例，来讨论动态规划法如何求解多段决策问题。

设汽车从A城出发到B城，途中需穿越三条河流，它们各有两座桥P、Q可供选择通过，如图7.7所示。各段间的行车时间（或里程，或费用等）已标注在相应段旁。问题是要确定一条最优行驶路线，使从A城到B城的行车时间最短（或里程最少，或费用最省等）。

现将A到B分成四段，每一段都要作出最优决策，使总过程时间为最短。所以这是一个多段最优决策问题。

由图7.7可知，所有可能的行车路线共有8条。如果将各条路线所需的时间都一一计算出来，并作一比较，便可求得最优路线是$AQ_1P_2Q_3B$，历时12。这种一一计算的方法称为穷举算法。这种方法计算量大，如本例就要做3×2^3次加法和7次比较。如果决策一个n段过程，则共需做$(n-1)\times2^{n-1}$次加法和$(2^{n-1}-1)$次比较。可见随着段数的增多，计算量将急剧增加。

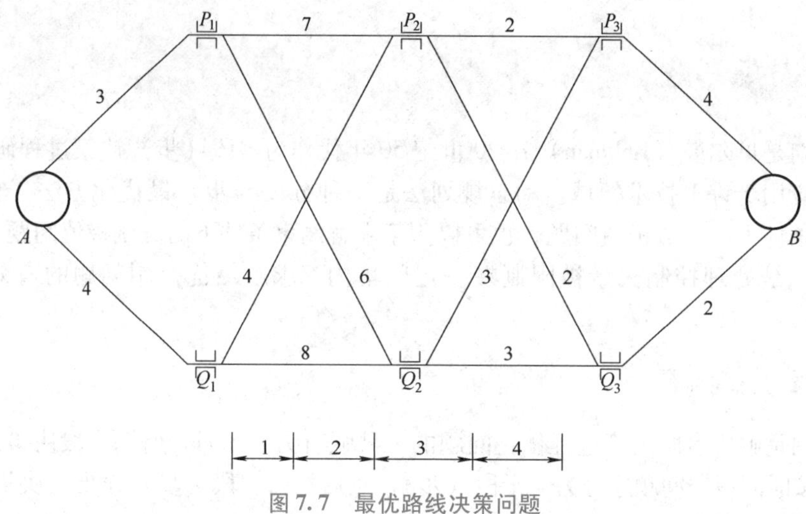

图 7.7　最优路线决策问题

应用动态规划法可使计算量减少许多。动态规划法遵循一个最优化原则，即所选择的最优路线必须保证其后部子路线是最优的。如在图 7.7 中，如果 $AQ_1P_2Q_3B$ 是最优路线，那么从这条路线上任一中间点至终点之间的一段路线必定也是最优的，否则 $AQ_1P_2Q_3B$ 就不能是最优路线了。

根据这一原则，求解最优路线问题，最好的办法是从终点开始，按时间最短为目标，逐段向前逆推，依次计算出各站至终点站间的时间最优值，并据此决策出每一站的最优路线。如在图 7.7 中，从终点站 B 开始逆推。

最后一段（第四段）终点 B 的前站是 P_3 或 Q_3，不论汽车先前从哪一站始发，行驶路线如何，在这最后一段，总是从 P_3 到 B 历时为 4，或从 Q_3 到 B 历时为 2，将其标明在图 7.8 中相应的圆圈内。比较 P_3 与 Q_3，最后一段最优决策为 Q_3B。

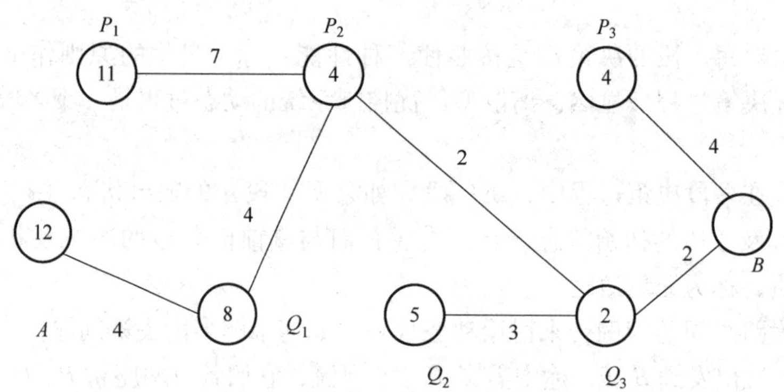

图 7.8　各站至终点站的最优路线

第三段 P_3、Q_3 的前站是 P_2、Q_2，在这一段，不论其先前的情况如何，只需对从 P_2 或 Q_2 到 B 进行最优决策。从 P_2 到 B 有两条路线，P_2P_3B 历时为 6，P_2Q_3B 历时为 4，取最短历时 4，标注在 P_2 旁。从 Q_2 到 B 也有两条路线，Q_2P_3B 历时为 7，Q_2Q_3B 历时为 5，取最短历时 5，标注在 Q_2 旁。比较 P_2 与 Q_2 的最优值，可知这一段的最优路线是 P_2Q_3B。

第二段 P_2、Q_2 的前站是 P_1、Q_1。同样不管汽车是如何到达 P_1、Q_1 的，重要的是保证从 P_1 或 Q_1 到 B 要构成最优路线。从 P_1 到 B 的两条路线中，$P_1P_2Q_3B$ 历时为 11，$P_1Q_2Q_3B$ 历时为 11，取最短历时 11，标注在 P_1 旁。从 Q_1 到 B 也有两条路线，$Q_1P_2Q_3B$ 历时为 8，

$Q_1Q_2Q_3B$ 历时为 13，取最短历时 8，标注在 Q_1 旁。比较 P_1 与 Q_1 的最优值，可知这一段的最优路线是 $Q_1P_2Q_3B$。

第一段 P_1、Q_1 的前站是始发站 A。显见从 A 到 B 的最优值为 12，故得最优路线为 $AQ_1P_2Q_3B$。

综上可见，动态规划法的特点是：

1）与穷举算法相比，可使计算量大大减少。如上述最优路线问题，用动态规划法只需做 10 次加法和 6 次比较。如果过程为 n 段，则需做 $4\times(n-2)+2$ 次加法。以 $n=10$ 为例，用穷举法需做 4608 次加法，而后者只需做 34 次加法。

2）最优路线的整体决策是从终点开始，采用逆推方法，通过计算、比较各段性能指标，逐段决策、逐步延伸完成的。全部最优路线的形成过程已充分表达在图 7.8 中。从最后一段（第四段）开始，通过比较 P_3、Q_3 得到 Q_3B；第三段，通过比较 P_2、Q_2，得到 P_2Q_3B；第二段，比较 P_1、Q_1，得最优决策为 $Q_1P_2Q_3B$；直至最后形成最优路线 $AQ_1P_2Q_3B$。像这样将一个多段决策问题转化成多个单段决策的简单问题来处理，正是动态规划法的重要特点之一。

3）动态规划法体现了多段最优决策的一个重要规律，即最优性原理，它是动态规划的理论基础。

对于图 7.9 所示的 N 段决策过程，如果在第 $k+1$ 段处把全过程看成前 k 段子过程和后 $N-k$ 段子过程两部分，对于后部子过程来说，x_k 可看作是由 x_0 及前 k 段初始决策（或控制）u_0，u_1，…，u_k 所形成的初始状态。那么，多段决策过程的最优策略具有这样的性质：不论初始状态和初始决策如何，其余（后段）决策（或控制）对于由初始决策所形成的状态来说，必定也是一个最优策略。这个性质称为最优性原理。

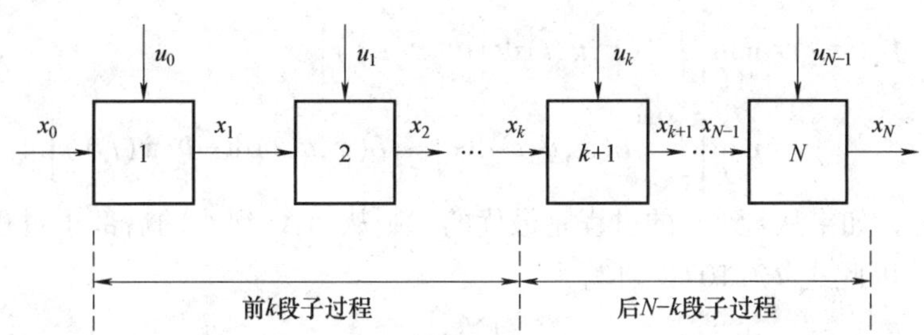

图 7.9　离散系统的状态转移过程

最优性原理同样适用于连续系统。设图 7.10 中 $x^*(t)$ 是连续系统的一条最优曲线。$x(t_1)$ 是最优曲线上的一点，那么由最优性原理知，当 $t=t_1$、$t_0<t_1<t_f$ 时，不论系统是怎样转移到状态 $x(t_1)$ 的，但从 $x(t_1)$ 到 $x(t_f)$ 这段曲线必定是最优的。因为如果最优曲线的后一段从 $x(t_1)$ 到 $x(t_f)$ 还有另一条最优曲线，那么原来从 $x(t_1)$ 到 $x(t_f)$ 的曲线就不是最优的，这与假设矛盾。因此，最优性原理成立。

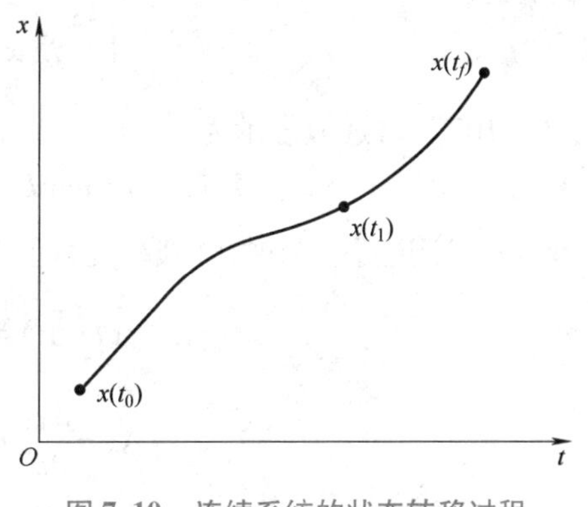

图 7.10　连续系统的状态转移过程

应用最优性原理可以将一个 N 段最优决策问题

转化为 N 个一段最优决策问题，从而大大减少求解最优决策问题的计算量。

7.4.2 动态规划法在连续系统中的应用

利用动态规划最优性原理，可以推导出性能泛函为极小值应满足的条件——哈密顿-雅可比方程。它是动态规划的连续形式，解此方程可求得最优控 $\boldsymbol{u}^*(t)$。现在来推导这一方程。

设连续系统方程为

$$\dot{\boldsymbol{x}}=\boldsymbol{f}(\boldsymbol{x},\boldsymbol{u},t) \tag{7.103}$$

初始状态为

$$\boldsymbol{x}(t_0)=\boldsymbol{x}_0 \tag{7.104}$$

终端约束为

$$\boldsymbol{N}(\boldsymbol{x}(t_f),t_f)=0 \tag{7.105}$$

使性能指标泛函为

$$J(\boldsymbol{x},t)=\min\left[\int_{t_0}^{t_f}L(\boldsymbol{x},\boldsymbol{u},t)\,\mathrm{d}t+\boldsymbol{\Phi}(\boldsymbol{x}(t_f))\right] \tag{7.106}$$

求最优控制 $\boldsymbol{u}^*(t)$，$\boldsymbol{u}\in\boldsymbol{U}$ 或 $\boldsymbol{u}$ 任意。

根据最优性原理，如果 $\boldsymbol{x}^*(t)$ 是以 $\boldsymbol{x}(t_0)$ 为初始状态的最优曲线，设 $t=t'$（$t_0<t'<t_f$）时，状态为 $\boldsymbol{x}(t')$，它将曲线分成前后两半段，那么以 $\boldsymbol{x}(t')$ 为初始状态的后半段也必是最优曲线，而与系统先前如何到达 $\boldsymbol{x}(t')$ 无关。

若取 $t_0=t$，$t'=t+\Delta t$，则式（7.106）可写成

$$\begin{aligned}J^*(\boldsymbol{x},t)&=\min_{\boldsymbol{u}\in\boldsymbol{U}}\left[\int_{t}^{t_f}L(\boldsymbol{x},\boldsymbol{u},t)\,\mathrm{d}t+\boldsymbol{\Phi}(\boldsymbol{x}(t_f))\right]\\&=\min_{\boldsymbol{u}\in\boldsymbol{U}}\left[\int_{t}^{t+\Delta t}L(\boldsymbol{x},\boldsymbol{u},t)\,\mathrm{d}t+\int_{t+\Delta t}^{t_f}L(\boldsymbol{x},\boldsymbol{u},t)\,\mathrm{d}t+\boldsymbol{\Phi}(\boldsymbol{x}(t_f))\right]\end{aligned} \tag{7.107}$$

由最优性原理知，如果从 t 到 t_f 的过程是最优的，则从 $t+\Delta t$ 到 t_f 的后部子过程也是最优的，其中 $t<t+\Delta t<t_f$。因此式（7.107）可写为

$$J^*(\boldsymbol{x}(t+\Delta t),t+\Delta t)=\min_{\boldsymbol{u}\in\boldsymbol{U}}\left\{\int_{t+\Delta t}^{t_f}L(\boldsymbol{x},\boldsymbol{u},t)\,\mathrm{d}t+\boldsymbol{\Phi}(\boldsymbol{x}(t_f))\right\} \tag{7.108}$$

当 Δt 很小时，有

$$\int_{t}^{t+\Delta t}L(\boldsymbol{x},\boldsymbol{u},t)\,\mathrm{d}t\approx L(\boldsymbol{x},\boldsymbol{u},t)\Delta t \tag{7.109}$$

式（7.107）可近似表示为

$$J^*(\boldsymbol{x},t)=\min_{\boldsymbol{u}\in\boldsymbol{U}}L(\boldsymbol{x},\boldsymbol{u},t)\Delta t+J^*(\boldsymbol{x}(t+\Delta t),t+\Delta t) \tag{7.110}$$

将 $\boldsymbol{x}(t+\Delta t)$ 进行泰勒展开，取一次近似，有

$$\boldsymbol{x}(t+\Delta t)=\boldsymbol{x}+\frac{\mathrm{d}\boldsymbol{x}}{\mathrm{d}t}\Delta t+\cdots=\boldsymbol{x}+\Delta\boldsymbol{x}+\cdots$$

$$\Delta\boldsymbol{x}=\frac{\mathrm{d}\boldsymbol{x}}{\mathrm{d}t}\Delta t=\boldsymbol{f}(\boldsymbol{x},\boldsymbol{u},t)\Delta t$$

$$J^*(\boldsymbol{x}(t+\Delta t),t+\Delta t)=J^*(\boldsymbol{x}+\Delta\boldsymbol{x},t+\Delta t) \tag{7.111}$$

将上式在 $[t,t+\Delta t]$ 邻域展成泰勒级数，考虑到 $J^*(\boldsymbol{x}(t+\Delta t),t+\Delta t)$ 既是 $\boldsymbol{x}$ 的函数，也与 t 有关，所以有

$$J^*(\boldsymbol{x}(t+\Delta t),t+\Delta t)\approx J^*(\boldsymbol{x},t)+\left[\frac{\partial J^*(\boldsymbol{x},t)}{\partial \boldsymbol{x}}\right]^{\mathrm{T}}\Delta \boldsymbol{x}+\frac{\partial J^*(\boldsymbol{x},t)}{\partial t}\Delta t \tag{7.112}$$

代入式（7.110）得

$$\begin{aligned}J^*(\boldsymbol{x},t)&=\min_{\boldsymbol{u}\in U}\left\{L(\boldsymbol{x},\boldsymbol{u},t)\Delta t+J^*(\boldsymbol{x},t)+\left[\frac{\partial J^*(\boldsymbol{x},t)}{\partial \boldsymbol{x}}\right]^{\mathrm{T}}\Delta \boldsymbol{x}+\frac{\partial J^*(\boldsymbol{x},t)}{\partial t}\Delta t\right\}\\&=J^*(\boldsymbol{x},t)+\frac{\partial J^*(\boldsymbol{x},t)}{\partial t}\Delta t+\min_{\boldsymbol{u}\in U}\left\{L(\boldsymbol{x},\boldsymbol{u},t)\Delta t+\left[\frac{\partial J^*(\boldsymbol{x},t)}{\partial \boldsymbol{x}}\right]^{\mathrm{T}}\boldsymbol{f}(\boldsymbol{x},\boldsymbol{u},t)\Delta t\right\}\end{aligned} \tag{7.113}$$

考察式（7.113），因为 $J^*(\boldsymbol{x},t)$ 与 $\boldsymbol{u}$ 无关，故 $J^*(\boldsymbol{x},t)$ 与 $\frac{\partial J^*(\boldsymbol{x},t)}{\partial t}\Delta t$ 可提到 min 号外面。经整理可得

$$-\frac{\partial J^*(\boldsymbol{x},t)}{\partial t}=\min_{\boldsymbol{u}\in U}\left\{L(\boldsymbol{x},\boldsymbol{u},t)+\left[\frac{\partial J^*(\boldsymbol{x},t)}{\partial \boldsymbol{x}}\right]^{\mathrm{T}}f(\boldsymbol{x},\boldsymbol{u},t)\right\} \tag{7.114}$$

式（7.114）称为**连续系统动态规划基本方程或贝尔曼方程**。它是一个关于 $J^*(\boldsymbol{x},t)$ 的偏微分方程。解此方程可求得最优控制使 J 为极小值。它的边界条件为

$$J^*(\boldsymbol{x}(t_f),t_f)=\boldsymbol{\Phi}(\boldsymbol{x}(t_f),t_f) \tag{7.115}$$

如果令哈密顿函数为

$$\begin{aligned}H(\boldsymbol{x},\boldsymbol{u},\boldsymbol{\lambda},t)&=L(\boldsymbol{x},\boldsymbol{u},t)+\left[\frac{\partial J^*(\boldsymbol{x},t)}{\partial \boldsymbol{x}}\right]^{\mathrm{T}}f(\boldsymbol{x},\boldsymbol{u},t)\\&=L(\boldsymbol{x},\boldsymbol{u},t)+\boldsymbol{\lambda}^{\mathrm{T}}f(\boldsymbol{x},\boldsymbol{u},t)\end{aligned} \tag{7.116}$$

式中

$$\boldsymbol{\lambda}=\frac{\partial J^*(\boldsymbol{x},t)}{\partial \boldsymbol{x}} \tag{7.117}$$

则式（7.114）可写成

$$-\frac{\partial J^*(\boldsymbol{x},t)}{\partial t}=\min_{\boldsymbol{u}\in U}H(\boldsymbol{x},\boldsymbol{u},\boldsymbol{\lambda},t) \tag{7.118}$$

当控制矢量 $\boldsymbol{u}(t)$ 不受限制时，则有

$$-\frac{\partial J^*(\boldsymbol{x},t)}{\partial t}=\min_{\boldsymbol{u}}H(\boldsymbol{x},\boldsymbol{u},\boldsymbol{\lambda},t) \tag{7.119}$$

式（7.118）和式（7.119）称为哈密顿-雅可比-贝尔曼方程。上式说明，在最优曲线上，最优控制必须使 H 达到全局最小，实际上这就是极小值原理的另一形式。由贝尔曼方程可推导出协态方程和横截条件。式（7.114）可写成

$$\frac{\partial J^*(\boldsymbol{x},t)}{\partial t}+L(\boldsymbol{x},\boldsymbol{u},t)+\left[\frac{\partial J^*(\boldsymbol{x},t)}{\partial \boldsymbol{x}}\right]^{\mathrm{T}}f(\boldsymbol{x},\boldsymbol{u},t)=0 \tag{7.120}$$

对 $\boldsymbol{x}$ 求偏导数，得

$$\frac{\partial^2 J^*(\boldsymbol{x},t)}{\partial \boldsymbol{x}\,\partial t}+\frac{\partial L(\boldsymbol{x},\boldsymbol{u},t)}{\partial \boldsymbol{x}}+\left[\frac{\partial J^*(\boldsymbol{x},t)}{\partial \boldsymbol{x}}\right]^{\mathrm{T}}\frac{\partial f(\boldsymbol{x},\boldsymbol{u},t)}{\partial \boldsymbol{x}}+\frac{\partial J^*(\boldsymbol{x},t)}{\partial \boldsymbol{x}^2}f(\boldsymbol{x},\boldsymbol{u},t)=0 \tag{7.121}$$

由于 $\frac{\partial J^*}{\partial \boldsymbol{x}}$ 对 t 的全导数为

$$\frac{\mathrm{d}}{\mathrm{d}t}\frac{\partial J^*(\boldsymbol{x},t)}{\partial \boldsymbol{x}}=\frac{\partial^2 J^*(\boldsymbol{x},t)}{\partial \boldsymbol{x}\,\partial t}+\frac{\partial^2 J^*(\boldsymbol{x},t)}{\partial \boldsymbol{x}^2}\frac{\mathrm{d}\boldsymbol{x}}{\mathrm{d}t} \tag{7.122}$$

代入式（7.121）可写成

$$\frac{\mathrm{d}}{\mathrm{d}t}\frac{\partial J^*(\boldsymbol{x},t)}{\partial \boldsymbol{x}}+\frac{\partial L(\boldsymbol{x},\boldsymbol{u},t)}{\partial \boldsymbol{x}}+\left[\frac{\partial J^*(\boldsymbol{x},t)}{\partial \boldsymbol{x}}\right]^{\mathrm{T}}\frac{\partial f(\boldsymbol{x},\boldsymbol{u},t)}{\partial \boldsymbol{x}}=0 \tag{7.123}$$

令 $\boldsymbol{\lambda}(t)=\dfrac{\partial J^*(\boldsymbol{x},t)}{\partial \boldsymbol{x}}$，则式（7.123）可写成

$$\frac{\mathrm{d}}{\mathrm{d}t}\boldsymbol{\lambda}(t)=-\left[\frac{\partial L(\boldsymbol{x},\boldsymbol{u},t)}{\partial \boldsymbol{x}}+\boldsymbol{\lambda}^{\mathrm{T}}(t)\frac{\partial f(\boldsymbol{x},\boldsymbol{u},t)}{\partial \boldsymbol{x}}\right]=-\frac{\partial H}{\partial \boldsymbol{x}} \tag{7.124}$$

这就是所求的协态方程 $\dot{\boldsymbol{\lambda}}=-\dfrac{\partial H}{\partial \boldsymbol{x}}$，与以前结果完全一致。

当 $t=t_f$ 时，在终端处性能泛函为

$$J^*(\boldsymbol{x}(t_f),t_f)=\boldsymbol{\Phi}(\boldsymbol{x}(t_f),t_f)+\boldsymbol{\mu}^{\mathrm{T}}\boldsymbol{N}(\boldsymbol{x}(t_f),t_f) \tag{7.125}$$

式中，$\boldsymbol{\mu}$ 为与 $\boldsymbol{N}$ 同维的乘子矢量。

对 $\boldsymbol{x}(t_f)$ 求偏导数，得

$$\frac{\partial J^*(\boldsymbol{x}(t_f),t_f)}{\partial \boldsymbol{x}(t_f)}=\left\{\frac{\partial \boldsymbol{\Phi}(\boldsymbol{x}(t_f),t_f)}{\partial \boldsymbol{x}(t_f)}+\left[\frac{\partial \boldsymbol{N}(\boldsymbol{x}(t_f),t_f)}{\partial \boldsymbol{x}(t_f)}\right]^{\mathrm{T}}\boldsymbol{\mu}\right\} \tag{7.126}$$

即

$$\boldsymbol{\lambda}(t_f)=\left[\frac{\partial \boldsymbol{\Phi}}{\partial \boldsymbol{x}(t_f)}+\frac{\partial N^{\mathrm{T}}}{\partial \boldsymbol{x}(t_f)}\boldsymbol{\mu}\right] \tag{7.127}$$

将式（7.125）对 t_f 求偏导数，得

$$\frac{\partial J^*(\boldsymbol{x}(t_f),t_f)}{\partial t_f}=\left[\frac{\partial \boldsymbol{\Phi}(\boldsymbol{x}(t_f),t_f)}{\partial t_f}+\boldsymbol{\mu}^{\mathrm{T}}\frac{\partial \boldsymbol{N}(\boldsymbol{x}(t_f),t_f)}{\partial t_f}\right] \tag{7.128}$$

考虑式（7.118）、式（7.121）得

$$\left(H+\frac{\partial \boldsymbol{\Phi}}{\partial t_f}+\boldsymbol{\mu}^{\mathrm{T}}\frac{\partial \boldsymbol{N}}{\partial t_f}\right)\Bigg|_{t=t_f}=0 \tag{7.129}$$

上述结果与极小值原理中推导的结果完全一致。上述推导过程实际上等于用动态规划方法间接证明了极小值原理。

应当指出，与极小值原理相比较，动态规划法需要解偏微分方程，它要求 $J(\boldsymbol{x},t)$ 具有连续的偏导数，但在实际工程中，这一点常常不能满足，因而限制了动态规划法的使用范围。

7.4.3 动态规划法在离散系统中的应用

设有 n 阶离散系统

$$\boldsymbol{x}_{k+1}=f(\boldsymbol{x}_k,\boldsymbol{u}_k)\quad (k=0,\cdots,N-1) \tag{7.130}$$

式中，状态向量 $\boldsymbol{x}_k$ 是 n 维向量；决策向量 $\boldsymbol{u}_k$ 是 m 维向量。其性能指标泛函为

$$J=\sum_{k=0}^{N-1}L(\boldsymbol{x}_k,\boldsymbol{u}_k) \tag{7.131}$$

问题是求决策向量 $\boldsymbol{u}_0$，$\boldsymbol{u}_1$，…，$\boldsymbol{u}_{N-1}$，使 $\boldsymbol{u}_k$ 有最小值（或最大值），其终点可自由，也可固

定或受约束。

为方便，引进记号

$$V(\boldsymbol{x}_k)=J^*(\boldsymbol{u}_k)=\min_{\boldsymbol{u}_k,\cdots,\boldsymbol{u}_{N-1}}\sum_{i=k}^{N-1}L(\boldsymbol{x}_i,\boldsymbol{u}_i)$$

应用最优性原理，可得

$$V(\boldsymbol{x}_0)=\min_{\boldsymbol{u}_0}[L(\boldsymbol{x}_0,\boldsymbol{u}_0)+V(\boldsymbol{x}_1)] \tag{7.132}$$

由此可建立如下递推公式：

$$\begin{aligned}&V(\boldsymbol{x}_k)=\min_{\boldsymbol{u}_k}[L(\boldsymbol{x}_k,\boldsymbol{u}_k)+V(\boldsymbol{x}_{k+1})]=\min_{\boldsymbol{u}_k}[L(\boldsymbol{x}_k,\boldsymbol{u}_k)+V(f(\boldsymbol{x}_k,\boldsymbol{u}_k))]\\&V(\boldsymbol{x}_{N-1})=\min_{\boldsymbol{u}_{N-1}}L(\boldsymbol{x}_{N-1},\boldsymbol{u}_{N-1})\end{aligned} \tag{7.133}$$

式（7.133）是一个递推公式，称为贝尔曼动态规划方程。

动态规划的实质是逆向分级计算，且在每一步中都会对所有可能的状态，计算出其对应的最优决策和最优指标值。当用计算机计算时，需将这些结果储存起来，最后找最优决策时，从初始状态 x_0 开始，由前向后，把各状态的指标值进行比较，逐步得出最优决策序列。显然，当级数越多，特别是向量的维数越大时，在每一状态处的比较也越困难，当维数大到一定程度时，即使是容量较大、速度较快的计算机也很难计算，贝尔曼称其为“维数的灾难”。

例 7.9　设一阶离散系统，其状态方程和初始条件为

$$\boldsymbol{x}_{k+1}=\boldsymbol{x}_k+\boldsymbol{u}_k,\boldsymbol{x}_k\big|_{k=0}=\boldsymbol{x}_0$$

性能指标泛函为

$$J=\boldsymbol{x}_N^2+\sum_{k=0}^{N-1}(\boldsymbol{x}_k^2+\boldsymbol{u}_k^2)$$

试求当 $N=2$ 时使性能指标 J 有最小值的最优决策序列和最优曲线序列。

解：除了 N 段指标之和外，性能指标还有与终点有关的项 $\boldsymbol{x}_N^2$，应用状态方程，当 $N=2$ 时，性能指标可写为

$$J=\boldsymbol{x}_0^2+\boldsymbol{u}_0^2+\boldsymbol{x}_1^2+\boldsymbol{u}_1^2+(\boldsymbol{x}_1+\boldsymbol{u}_1)^2$$

选 $\boldsymbol{u}_1$ 使 $J(\boldsymbol{x}_1)$ 最小，因 $\boldsymbol{u}_1$ 不受限，可令

$$\frac{\partial J(\boldsymbol{x}_1)}{\partial \boldsymbol{u}_1}=2\boldsymbol{u}_1+2(\boldsymbol{x}_1+\boldsymbol{u}_1)=0$$

于是有

$$\boldsymbol{u}_1=-\frac{1}{2}\boldsymbol{x}_1$$

实际上，这是最优决策，并表示成状态的函数。代入 $J(\boldsymbol{x}_1)$ 则有

$$J^*(\boldsymbol{x}_1)=\boldsymbol{x}_1^2+\left(-\frac{1}{2}\boldsymbol{x}_1\right)^2+\left(\boldsymbol{x}_1-\frac{1}{2}\boldsymbol{x}_1\right)^2=\frac{3}{2}\boldsymbol{x}_1^2$$

进一步求上一级的决策为

$$\begin{aligned}J(\boldsymbol{x}_0)&=\boldsymbol{x}_0^2+\boldsymbol{u}_0^2+J^*(\boldsymbol{x}_1)=\boldsymbol{x}_0^2+\boldsymbol{u}_0^2+\frac{3}{2}\boldsymbol{x}_1^2\\&=\boldsymbol{x}_0^2+\boldsymbol{u}_0^2+\frac{3}{2}(\boldsymbol{x}_0+\boldsymbol{u}_0)^2\end{aligned}$$

选 $\boldsymbol{u}_0$ 使 $J(\boldsymbol{x}_0)$ 最小，令

$$\frac{\partial J(\boldsymbol{x}_0)}{\partial \boldsymbol{u}_0}=2\boldsymbol{u}_0+3(\boldsymbol{x}_0+\boldsymbol{u}_0)=0$$

则有

$$\boldsymbol{u}_0=-\frac{3}{5}\boldsymbol{x}_0$$

代入指标函数，则有 $J^*(\boldsymbol{x}_0)=\frac{8}{5}\boldsymbol{x}_0^2$。将 $\boldsymbol{u}_0$ 代入状态方程，有 $\boldsymbol{x}_1=\boldsymbol{x}_0+\boldsymbol{u}_0=\boldsymbol{x}_0-\frac{3}{5}\boldsymbol{x}_0=\frac{2}{5}\boldsymbol{x}_0$，于是有

$$\boldsymbol{u}_1^*=-\frac{1}{2}\boldsymbol{x}_1=-\frac{1}{5}\boldsymbol{x}_0$$

$$\boldsymbol{x}_2=\boldsymbol{x}_1+\boldsymbol{u}_1=\frac{1}{5}\boldsymbol{x}_0$$

这样，最优决策序列为

$$\boldsymbol{u}_0^*=-\frac{3}{5}\boldsymbol{x}_0$$

$$\boldsymbol{u}_1^*=-\frac{1}{5}\boldsymbol{x}_0$$

最优曲线为

$$\boldsymbol{x}_0,\boldsymbol{x}_1=\frac{2}{5}\boldsymbol{x}_0,\boldsymbol{x}_2=\frac{1}{5}\boldsymbol{x}_0$$

7.5 线性二次型性能指标的最优控制

用最小值原理求最优控制时，求出的最优控制通常是时间的函数，工程上称这样的控制为开环控制。当用开环控制时，在控制过程中不允许有任何干扰，这样才能使系统以最优状态运行。可是在实际问题中，干扰不可能没有，因此工程上总是希望应用闭环控制，即控制函数表示成时间和状态的函数。可是求解这样的问题一般来说是很困难的，但对一类线性且指标是二次型的动态系统，却得到了完全的解决，不但理论比较完善，数学处理简单，而且在工程实际中又容易实现，因而在工程中有着广泛的应用。

7.5.1 问题提出

设系统的动态方程为

$$\dot{\boldsymbol{x}}(t)=\boldsymbol{A}(t)\boldsymbol{x}(t)+\boldsymbol{B}(t)\boldsymbol{u}(t) \tag{7.134}$$

$$\boldsymbol{y}(t)=\boldsymbol{C}(t)\boldsymbol{x}(t) \tag{7.135}$$

式中，$\boldsymbol{x}(t)$ 为 n 维状态向量；$\boldsymbol{u}(t)$ 为 r 维控制向量；$\boldsymbol{y}(t)$ 为 m 维输出向量；$\boldsymbol{A}(t)$、$\boldsymbol{B}(t)$ 和 $\boldsymbol{C}(t)$ 分别为 $n\times n$、$n\times r$ 和 $n\times m$ 阶矩阵。指标泛函为

$$J=\frac{1}{2}\boldsymbol{x}^{\mathrm{T}}(t_f)\boldsymbol{S}\boldsymbol{x}(t_f)+\frac{1}{2}\int_{t_0}^{t_f}[\boldsymbol{x}^{\mathrm{T}}(t)\boldsymbol{Q}(t)\boldsymbol{x}(t)+\boldsymbol{u}^{\mathrm{T}}(t)\boldsymbol{R}(t)\boldsymbol{u}(t)]\mathrm{d}t \tag{7.136}$$

式中，矩阵 $\boldsymbol{S}$ 为半正定对称常数阵；$\boldsymbol{Q}(t)$ 为半正定对称时变矩阵；$\boldsymbol{R}(t)$ 为正定对称时变矩阵；时间间隔 $[t_0,t_f]$ 是固定的。求 $\boldsymbol{u}(\boldsymbol{x},t)$ 使 J 有最小值，通常称 $\boldsymbol{u}(\boldsymbol{x},t)$ 为综合控制函数，这样的问题称为线性二次型性能指标的最优控制问题。

为了弄清问题的实际背景，分析以下指标泛函的物理意义是有必要的。首先看指标中的第二项即积分项，被积函数由两项组成，都是二次型。其中第一项是对过程的要求，由于 $\boldsymbol{Q}(t)$ 是半正定的，在控制过程中，实际上是要求每个分量越小越好。但每一个分量不一定同等重要，所以用加权 $\boldsymbol{Q}(t)$ 来调整。权越大，要求越严，权小相对来说要求较低，当权为零时，对该项无要求。积分第二项表示对控制能力的要求，即在整个控制过程中，使能量消耗最小。同样对每个分量要求也不一样，因而也进行了加权。为什么要求加权 $\boldsymbol{R}(t)$ 正定呢？可做两方面解释：一方面对每个分量都应有要求，否则 $\boldsymbol{u}(t)$ 会出现很大幅值，在实际工程中实现不了；另一方面，在以后的计算中需要 $\boldsymbol{R}(t)$ 有逆存在。然后看指标中的第一项，是对终点状态的要求，由于对每个分量要求不同，因此用加权矩阵 $\boldsymbol{S}$ 来调整。

这样，在性能指标中，既反映了对状态 $\boldsymbol{x}(t)$ 的要求，也反映了对控制变量 $\boldsymbol{u}(t)$ 的要求，因而在许多实际问题中就取消了对控制变量和状态变量的约束条件，使求解变得简单。如果在求解过程中发现某个分量超出约束条件，则可以通过加权调整。

在工程中，$\boldsymbol{S}$、$\boldsymbol{Q}(t)$ 和 $\boldsymbol{R}(t)$ 通常使用对角阵，如何确定对角线上的元素，应由设计者根据实际要求和设计经验来确定，并无统一原则。

下面将讨论状态调节器、输出调节器和跟踪问题。

7.5.2 状态调节器

考虑系统式（7.134）和式（7.135），所谓状态调节器，就是选择 $\boldsymbol{u}(t)$ 或 $\boldsymbol{u}(\boldsymbol{x},t)$，使式（7.136）有最小值。

（1）末端自由问题

应用极小值原理，构造哈密顿函数

$$H=\frac{1}{2}\boldsymbol{x}^{\mathrm{T}}(t)\boldsymbol{Q}(t)\boldsymbol{x}(t)+\frac{1}{2}\boldsymbol{u}^{\mathrm{T}}(t)\boldsymbol{R}(t)\boldsymbol{u}(t)+\boldsymbol{\lambda}^{\mathrm{T}}\boldsymbol{A}(t)\boldsymbol{x}(t)+\boldsymbol{\lambda}^{\mathrm{T}}\boldsymbol{B}(t)\boldsymbol{u}(t) \tag{7.137}$$

得到伴随方程及其边界条件为

$$\dot{\boldsymbol{\lambda}}(t)=-\frac{\partial H}{\partial \boldsymbol{x}}=-\boldsymbol{A}^{\mathrm{T}}(t)\boldsymbol{\lambda}(t)-\boldsymbol{Q}(t)\boldsymbol{x}(t) \tag{7.138}$$

$$\boldsymbol{\lambda}(t_f)=\boldsymbol{S}\boldsymbol{x}(t_f) \tag{7.139}$$

由于 $\boldsymbol{u}(t)$ 不受限，最优控制应满足

$$\frac{\partial H}{\partial \boldsymbol{u}}=\boldsymbol{R}^{\mathrm{T}}(t)\boldsymbol{u}(t)+\boldsymbol{B}^{\mathrm{T}}(t)\boldsymbol{\lambda}(t)=0 \tag{7.140}$$

又由于 $\boldsymbol{R}(t)$ 正定，且其逆存在，于是有

$$\boldsymbol{u}^{*}(t)=-\boldsymbol{R}^{-1}(t)\boldsymbol{B}^{\mathrm{T}}(t)\boldsymbol{\lambda}(t) \tag{7.141}$$

又因 $\dfrac{\partial^2 H}{\partial \boldsymbol{u}^2}=\boldsymbol{R}(t)>0$，所以由式（7.141）表示的 $\boldsymbol{u}^{*}(t)$ 确实使 H 有极小值。

将 $\boldsymbol{u}^{*}(t)$ 代入状态方程和正则方程，则得

$$\dot{\boldsymbol{x}}(t)=\boldsymbol{A}(t)\boldsymbol{x}(t)-\boldsymbol{B}(t)\boldsymbol{R}^{-1}(t)\boldsymbol{B}^{\mathrm{T}}(t)\boldsymbol{\lambda}(t),\ \boldsymbol{x}(t_0)=\boldsymbol{x}_0 \tag{7.142}$$

$$\dot{\boldsymbol{\lambda}}(t)=-\boldsymbol{A}^{\mathrm{T}}(t)\boldsymbol{\lambda}(t)-\boldsymbol{Q}(t)\boldsymbol{x}(t),\ \boldsymbol{\lambda}(t_f)=\boldsymbol{S}\boldsymbol{x}(t_f) \tag{7.143}$$

注意到这是关于 $\boldsymbol{x}(t)$ 和 $\boldsymbol{\lambda}(t)$ 的线性齐次方程，且 $\boldsymbol{x}(t)$ 和 $\boldsymbol{\lambda}(t)$ 在终点时刻呈线性关系，可以想象在任意时刻均有线性关系，即

$$\boldsymbol{\lambda}(t)=\boldsymbol{P}(t)\boldsymbol{x}(t) \tag{7.144}$$

式中，$\boldsymbol{P}(t)$ 为一矩阵。

将式（7.144）对 t 求导，得

$$\begin{aligned}\dot{\boldsymbol{\lambda}}(t)&=\dot{\boldsymbol{P}}(t)\boldsymbol{x}(t)+\boldsymbol{P}(t)\dot{\boldsymbol{x}}(t)\\&=\dot{\boldsymbol{P}}(t)\boldsymbol{x}(t)+\boldsymbol{P}(t)[\boldsymbol{A}(t)\boldsymbol{x}(t)-\boldsymbol{B}(t)\boldsymbol{R}^{-1}(t)\boldsymbol{B}^{\mathrm{T}}(t)\boldsymbol{\lambda}(t)]\\&=[\dot{\boldsymbol{P}}(t)+\boldsymbol{P}(t)\boldsymbol{A}(t)-\boldsymbol{P}(t)\boldsymbol{B}(t)\boldsymbol{R}^{-1}(t)\boldsymbol{B}^{\mathrm{T}}(t)\boldsymbol{P}(t)]\boldsymbol{x}(t)\end{aligned}$$

由式（7.143），有

$$\dot{\boldsymbol{\lambda}}(t)=-\boldsymbol{Q}(t)\boldsymbol{x}(t)-\boldsymbol{A}^{\mathrm{T}}(t)\boldsymbol{\lambda}(t)=[-\boldsymbol{Q}(t)-\boldsymbol{A}^{\mathrm{T}}(t)\boldsymbol{P}(t)]\boldsymbol{x}(t)$$

于是有

$$[-\boldsymbol{Q}(t)-\boldsymbol{A}^{\mathrm{T}}(t)\boldsymbol{P}(t)]\boldsymbol{x}(t)=[\dot{\boldsymbol{P}}(t)+\boldsymbol{P}(t)\boldsymbol{A}(t)-\boldsymbol{P}(t)\boldsymbol{B}(t)\boldsymbol{R}^{-1}(t)\boldsymbol{B}^{\mathrm{T}}(t)\boldsymbol{P}(t)]\boldsymbol{x}(t)$$

由于上式对 $\boldsymbol{x}(t)$ 的任意值均成立，故有

$$\dot{\boldsymbol{P}}(t)+\boldsymbol{P}(t)\boldsymbol{A}(t)+\boldsymbol{A}^{\mathrm{T}}(t)\boldsymbol{P}(t)-\boldsymbol{P}(t)\boldsymbol{B}(t)\boldsymbol{R}^{-1}(t)\boldsymbol{B}^{\mathrm{T}}(t)\boldsymbol{P}(t)+\boldsymbol{Q}(t)=0 \tag{7.145}$$

这是关于矩阵 $\boldsymbol{P}(t)$ 的一阶非线性常微分方程，通常称为矩阵黎卡提微分方程（简称黎卡提方程）。为求其边界条件，可将式（7.144）与式（7.139）比较，则得

$$\boldsymbol{P}(t_f)=\boldsymbol{S} \tag{7.146}$$

能够证明，当矩阵 $\boldsymbol{A}(t)$、$\boldsymbol{B}(t)$、$\boldsymbol{Q}(t)$ 和 $\boldsymbol{R}(t)$ 的元素在 $[t_0,t_f]$ 上都是时间 t 的分段连续函数时，式（7.145）存在满足边界条件表达式（7.146）的唯一解。这时，最优控制可表示为

$$\boldsymbol{u}^*(\boldsymbol{x},t)=-\boldsymbol{R}^{-1}(t)\boldsymbol{B}^{\mathrm{T}}(t)\boldsymbol{P}(t)\boldsymbol{x}$$

令

$$\boldsymbol{K}(t)=\boldsymbol{R}^{-1}(t)\boldsymbol{B}^{\mathrm{T}}(t)\boldsymbol{P}(t)$$

则有

$$\boldsymbol{u}^*(\boldsymbol{x},t)=-\boldsymbol{K}(t)\boldsymbol{x} \tag{7.147}$$

式（7.147）说明最优控制是状态变量的线性函数，借助于状态变量的线性反馈就能实现闭环最优控制。

这样，求最优控制的问题，就转化为求矩阵黎卡提微分方程解的问题。矩阵黎卡提微分方程的解是对称的。事实上，将式（7.145）转置，有

$$\dot{\boldsymbol{P}}^{\mathrm{T}}(t)+\boldsymbol{A}^{\mathrm{T}}(t)\boldsymbol{P}^{\mathrm{T}}(t)+\boldsymbol{P}^{\mathrm{T}}(t)\boldsymbol{A}(t)-\boldsymbol{P}^{\mathrm{T}}(t)\boldsymbol{B}(t)(\boldsymbol{R}^{-1}(t))^{\mathrm{T}}\boldsymbol{B}^{\mathrm{T}}(t)\boldsymbol{P}^{\mathrm{T}}(t)+\boldsymbol{Q}^{\mathrm{T}}(t)=0$$

因为 $\boldsymbol{R}(t)$ 和 $\boldsymbol{Q}(t)$ 均为对称矩阵，即 $\boldsymbol{R}^{\mathrm{T}}(t)=\boldsymbol{R}(t)$，$\boldsymbol{Q}^{\mathrm{T}}(t)=\boldsymbol{Q}(t)$，而边界条件为

$$\boldsymbol{P}^{\mathrm{T}}(t_f)=\boldsymbol{S}^{\mathrm{T}}=\boldsymbol{S}$$

由此得到 $\boldsymbol{P}^{\mathrm{T}}(t_f)$ 也满足矩阵黎卡提方程及边界条件，由解的唯一性可得

$$\boldsymbol{P}^{\mathrm{T}}(t)=\boldsymbol{P}(t) \tag{7.148}$$

说明 $\boldsymbol{P}(t)$ 是对称的，因此式（7.145）仅包含$\dfrac{n(n+1)}{2}$个未知数。

式（7.145）也可以用动态规划方法得到，同时还可以求得最优性能指标值为

$$J^* = \frac{1}{2}\boldsymbol{x}^{\mathrm{T}}(t_0)\boldsymbol{P}(t_0)\boldsymbol{x}(t_0) \tag{7.149}$$

下面进一步说明 $\boldsymbol{P}(t)$ 是半正定的。事实上，由式（7.149）可得

$$J^* = \frac{1}{2}\boldsymbol{x}^{\mathrm{T}}(t_0)\boldsymbol{P}(t_0)\boldsymbol{x}(t_0) = \frac{1}{2}\boldsymbol{x}^{\mathrm{T}}(t_f)\boldsymbol{S}\boldsymbol{x}(t_f) + \frac{1}{2}\int_{t_0}^{t_f}(\boldsymbol{x}^{\mathrm{T}}\boldsymbol{Q}\boldsymbol{x}+\boldsymbol{u}^{\mathrm{T}}\boldsymbol{R}\boldsymbol{u})\,\mathrm{d}t$$

由 $\boldsymbol{S}$、$\boldsymbol{Q}(t)$ 及 $\boldsymbol{R}(t)$ 的半正定和正定性质，有

$$J^* = \frac{1}{2}\boldsymbol{x}^{\mathrm{T}}(t_0)\boldsymbol{P}(t_0)\boldsymbol{x}(t_0) \geqslant 0$$

式中，t_0 和 $\boldsymbol{x}(t_0)$ 可任意选取，于是 $\boldsymbol{x}^{\mathrm{T}}(t)\boldsymbol{P}(t)\boldsymbol{x}(t) \geqslant 0$，说明 $\boldsymbol{P}(t)$ 是半正定的。

例 7.10 设一阶动态系统状态方程和初始条件分别为

$$\dot{x} = ax+u,\quad x(0)=1$$

其性能指标泛函为

$$J = \frac{1}{2}sx^2(t_f) + \frac{1}{2}\int_{t_0}^{t_f}[qx^2(t)+ru^2(t)]\,\mathrm{d}t$$

式中，$s\geqslant 0$，$q>0$，$r>0$，且与 a 均为常数。试求 u 使 J 有最小值。

解：由式（7.141）、式（7.144）和式（7.148）知最优控制为 $u^* = -\frac{1}{r}p(t)x$，且 $p(t)$ 满足黎卡提微分方程及边界条件

$$\dot{p}(t) = -2ap(t) + \frac{1}{r}p^2(t) - q,\quad p(t_f) = s$$

此黎卡提方程的解可由下式求得

$$\int_{p(t)}^{p(t_f)} \frac{\mathrm{d}p(t)}{\frac{1}{r}p^2(t) - 2ap(t) - q} = \int_t^{t_f}\mathrm{d}t$$

于是有

$$p(t) = r\,\frac{(\beta+a)+(\beta-a)\dfrac{s/r-a-\beta}{s/r-a+\beta}\mathrm{e}^{2\beta(t-t_f)}}{1-\dfrac{s/r-a-\beta}{s/r-a+\beta}\mathrm{e}^{2\beta(t-t_f)}}$$

式中，$\beta = \sqrt{\frac{q}{r}+a^2}$。

最优曲线的微分方程为

$$\dot{x}(t) = \left[a - \frac{1}{r}p(t)\right]x(t),\quad x(0)=1$$

其解为 $x(t) = \mathrm{e}^{\int_0^t[a-p(t)/r]\mathrm{d}\tau}$，当 $a=-1$，$s=0$，$t_f=1$，$q=1$ 时，以 r 为采纳数的最优曲线 $x^*(t)$ 如图 7.11 所示，最优控制 $u^*(t)$ 如图 7.12 所示，黎卡提方程的解 $p(t)$ 如图 7.13 所示。

从图 7.11~图 7.13 中可以看出，当 r 很小时，即指标积分中 $u(t)$ 的加权很小，表示对 $u(t)$ 限制不大，因此控制函数的幅值很大，消耗能量多，状态将迅速回到零点（如 $r=0.02$

时)；当 r 很大时，对 $u(t)$ 加权增大，表示限制加强，这时控制函数的幅值很小，状态衰减很慢（如 $r=1$ 时）。

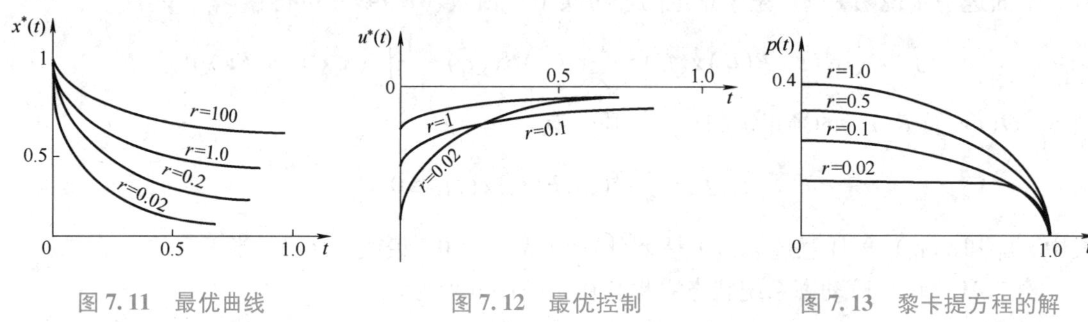

图 7.11　最优曲线　　图 7.12　最优控制　　图 7.13　黎卡提方程的解

从黎卡提方程解的曲线看，当 r 减小时，$p(t)$ 在控制区间的起始部分几乎是一个常数，仅在最后部分才是时变的；当 r 增大时，$p(t)$ 成为变化的了。

下面再分析 $p(t)$ 和终点时间的关系，设 $a=-1$，$q=r=1$，$s=0$ 或 1，而 t_f 取不同值。此时 $p(t)$ 的图形如图 7.14 所示。这些曲线表明，随着 t_f 的增大，函数 $p(t)$ 的“稳态时间”加大，而与终点条件无关。可以想象，当 $t_f\to\infty$ 时，$p(t)$ 趋于常数。事实上，

$$\lim_{t_f\to\infty} p(t,t_f)=ar+r\sqrt{\frac{q}{r}+a^2}$$

代入具体数值，则得

$$\lim_{t_f\to\infty} p(t,t_f)=-1+\sqrt{2}=0.414$$

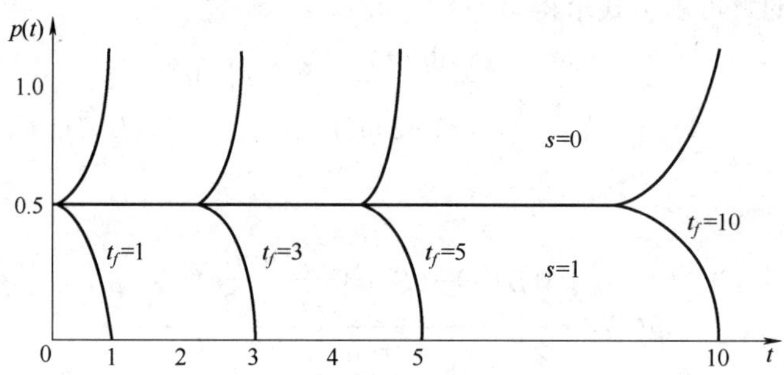

图 7.14　随终点时间变化的黎卡提方程的解

（2）固定端问题

设 $\boldsymbol{x}(t_f)=0$，指标泛函为

$$J=\int_{t_0}^{t_f}[\boldsymbol{x}^{\mathrm{T}}(t)\boldsymbol{Q}(t)\boldsymbol{x}(t)+\boldsymbol{u}^{\mathrm{T}}(t)\boldsymbol{R}(t)\boldsymbol{u}(t)]\mathrm{d}t$$

为此采用“补偿函数”法，即改用指标泛函为

$$J=\frac{1}{2}\boldsymbol{x}^{\mathrm{T}}(t_f)\boldsymbol{S}\boldsymbol{x}(t_f)+\frac{1}{2}\int_{t_0}^{t_f}[\boldsymbol{x}^{\mathrm{T}}(t)\boldsymbol{Q}(t)\boldsymbol{x}(t)+\boldsymbol{u}^{\mathrm{T}}(t)\boldsymbol{R}(t)\boldsymbol{u}(t)]\mathrm{d}t$$

式中，$\boldsymbol{S}=\sigma\boldsymbol{I}$。当 $\boldsymbol{S}\to\infty(\sigma\to\infty)$ 时，据前面分析，$\boldsymbol{x}(t_f)\to 0$，即可满足边界条件。应当指出，性能指标中原本不包含终点部分，加上这一项，通常称为“补偿函数”，在解题中可消除固定端的约束。当 $\boldsymbol{S}$ 不够大时，$\boldsymbol{x}(t_f)$ 不严格遵守 $\boldsymbol{x}(t_f)=0$ 的条件，且以性能指标增大作

为代价，所以也将$\frac{1}{2}\boldsymbol{x}^{\mathrm{T}}(t_f)\boldsymbol{S}\boldsymbol{x}(t_f)$ 称为惩罚函数。然而当 $\boldsymbol{S}$ 增大时，$\boldsymbol{x}(t_f)$ 会减小，特别当 $\boldsymbol{S}\to\infty$ 时，$\boldsymbol{x}(t_f)=0$，满足边界条件。

因为边界条件 $\boldsymbol{P}(t_f)=\boldsymbol{S}\to\infty$，所以将黎卡提方程改为逆黎卡提方程更便于求解。由于 $\boldsymbol{P}(t)\boldsymbol{P}^{-1}(t)=\boldsymbol{I}$，对 t 求导，得到 $\dot{\boldsymbol{P}}(t)\boldsymbol{P}^{-1}(t)+\boldsymbol{P}(t)\dot{\boldsymbol{P}}^{-1}(t)=0$。

将黎卡提方程式（7.145）左右均乘以 $\boldsymbol{P}^{-1}(t)$，则有

$$\boldsymbol{P}^{-1}(t)\dot{\boldsymbol{P}}(t)\boldsymbol{P}^{-1}(t)+\boldsymbol{A}(t)\boldsymbol{P}^{-1}(t)+\boldsymbol{P}^{-1}(t)\boldsymbol{A}^{\mathrm{T}}(t)-\boldsymbol{B}(t)\boldsymbol{R}^{-1}(t)\boldsymbol{B}^{\mathrm{T}}(t)+\boldsymbol{P}^{-1}(t)\boldsymbol{Q}(t)\boldsymbol{P}^{-1}(t)=0$$

再利用式 $\dot{\boldsymbol{P}}(t)\boldsymbol{P}^{-1}(t)+\boldsymbol{P}(t)\dot{\boldsymbol{P}}^{-1}(t)=0$，得

$$\dot{\boldsymbol{P}}^{-1}(t)-\boldsymbol{A}(t)\boldsymbol{P}^{-1}(t)-\boldsymbol{P}^{-1}(t)\boldsymbol{A}^{\mathrm{T}}(t)+\boldsymbol{B}(t)\boldsymbol{R}^{-1}(t)\boldsymbol{B}^{\mathrm{T}}(t)-\boldsymbol{P}^{-1}(t)\boldsymbol{Q}(t)\boldsymbol{P}^{-1}(t)=0 \tag{7.150}$$

式（7.150）称为逆黎卡提方程，其边界条件为 $\boldsymbol{P}^{-1}(t_f)=\boldsymbol{S}^{-1}\to 0$，由此可解出 $\boldsymbol{P}^{-1}(t)$，然后再求其逆，便得到 $\boldsymbol{P}(t_f)$。

（3）$t_f=\infty$ 的情况

当 $t_f=\infty$ 时，指标泛函可写为

$$J=\frac{1}{2}\int_{t_0}^{\infty}[\boldsymbol{x}^{\mathrm{T}}(t)\boldsymbol{Q}(t)\boldsymbol{x}(t)+\boldsymbol{u}^{\mathrm{T}}(t)\boldsymbol{R}(t)\boldsymbol{u}(t)]\mathrm{d}t \tag{7.151}$$

这样的问题称为无限长时间调节器问题。性能指标中不含末值项，这是因为 $t_f=\infty$ 时的状态无关紧要。

不难看出，除了指标泛函 J 的积分上限为无穷大外，其他同前述调节器一样。但由于积分区间为无限长，就产生了性能指标是否收敛的问题，当然只有收敛才有意义。为此，应加上系统是完全能控的条件，便可得到如下结论。

设 $\boldsymbol{P}(t,t_f)$ 是黎卡提方程式（7.145）满足边界条件

$$\boldsymbol{P}(t_f,t_f)=0 \tag{7.152}$$

的解，则有

$$\lim_{t_f\to\infty}\boldsymbol{P}(t,t_f)=\bar{\boldsymbol{P}}(t) \tag{7.153}$$

存在，且为黎卡提方程的解。其最优控制为

$$\boldsymbol{u}^*(x,t)=-\boldsymbol{R}^{-1}(t)\boldsymbol{B}^{\mathrm{T}}(t)\bar{\boldsymbol{P}}(t)\boldsymbol{x}$$

最优性能指标为

$$J^*=\frac{1}{2}\boldsymbol{x}^{\mathrm{T}}(t_0)\bar{\boldsymbol{P}}(t_0)\boldsymbol{x}(t_0)$$

（4）定常系统

从前面的讨论中可以看出，无论是有限时间最优调节器，还是无限长时间最优调节器，都是状态变量的线性反馈，但反馈的增益矩阵 $\boldsymbol{K}(t)$ 都是时变的，工程应用很不方便。在工程上总希望增益是定常的，那么在什么条件下，反馈增益是定常的呢？卡尔曼研究了黎卡提微分方程的解的各种性质后，得到下面的重要结果。

设线性定常系统 $\dot{\boldsymbol{x}}=\boldsymbol{A}\boldsymbol{x}+\boldsymbol{B}\boldsymbol{u}$ 是完全可控的，性能指标泛函为

$$J=\frac{1}{2}\int_{t_0}^{t_f}[\boldsymbol{x}^{\mathrm{T}}(t)\boldsymbol{Q}\boldsymbol{x}(t)+\boldsymbol{u}^{\mathrm{T}}(t)\boldsymbol{R}\boldsymbol{u}(t)]\mathrm{d}t$$

式中，$\boldsymbol{Q}$ 和 $\boldsymbol{R}$ 为正定常阵。则最优控制为

$$\boldsymbol{u}^*(\boldsymbol{x},t)=-\boldsymbol{R}^{-1}\boldsymbol{B}^{\mathrm{T}}(t)\bar{\boldsymbol{P}}\boldsymbol{x}$$

式中，矩阵 $\bar{\boldsymbol{P}}$ 满足矩阵代数方程

$$\bar{\boldsymbol{P}}\boldsymbol{A}=\boldsymbol{A}^{\mathrm{T}}\bar{\boldsymbol{P}}-\bar{\boldsymbol{P}}\boldsymbol{B}\boldsymbol{R}^{-1}\boldsymbol{B}^{\mathrm{T}}\bar{\boldsymbol{P}}+\boldsymbol{Q}=0$$

系统的最优指标为

$$J^{*}=\frac{1}{2}\boldsymbol{x}^{\mathrm{T}}(t_0)\bar{\boldsymbol{P}}\boldsymbol{x}(t_0)$$

这个结论从前面的讨论中很容易看出。事实上，当 $t_f<\infty$ 时，$\boldsymbol{P}(t,t_f)$ 应满足黎卡提微分方程

$$\dot{\boldsymbol{P}}(t)+\boldsymbol{P}(t)\boldsymbol{A}+\boldsymbol{A}^{\mathrm{T}}\boldsymbol{P}(t)-\boldsymbol{P}(t)\boldsymbol{B}\boldsymbol{R}^{-1}\boldsymbol{B}^{\mathrm{T}}\boldsymbol{P}(t)+\boldsymbol{Q}=0$$

及边界条件

$$\boldsymbol{P}(t_f,t_f)=0$$

可以逆转时间求解，以 t_f 作为初始时刻 $\boldsymbol{P}(t_f,t_f)=0$ 为初始值，则方程的解 $\boldsymbol{P}(t,t_f)$ 可以看成当 t 减少时，由初始条件 $\boldsymbol{P}(t_f,t_f)=0$ 引起的过渡过程。从例 7.10 中的图 7.14 可以看出，逆时间的过渡过程逐渐衰减而趋于稳态值，特别是当 $t_f\to\infty$ 时，$\boldsymbol{P}(t,t_f)\to$常数矩阵，即

$$\lim_{t_f\to\infty}\boldsymbol{P}(t,t_f)=\bar{\boldsymbol{P}}$$

$\bar{\boldsymbol{P}}$ 也应满足黎卡提微分方程，但 $\bar{\boldsymbol{P}}$ 为常数矩阵，$\dot{\bar{\boldsymbol{P}}}=0$，所以 $\bar{\boldsymbol{P}}$ 满足黎卡提矩阵方程。

最优曲线满足下面的微分方程及初始条件，即

$$\dot{\boldsymbol{x}}(t)=\boldsymbol{A}\boldsymbol{x}(t)+\boldsymbol{B}\boldsymbol{u}(t)=\boldsymbol{A}\boldsymbol{x}(t)-\boldsymbol{B}\boldsymbol{R}^{-1}\boldsymbol{B}^{\mathrm{T}}\bar{\boldsymbol{P}}\boldsymbol{x}(t)=(\boldsymbol{A}-\boldsymbol{B}\boldsymbol{R}^{-1}\boldsymbol{B}^{\mathrm{T}}\bar{\boldsymbol{P}})\boldsymbol{x}(t),\boldsymbol{x}\big|_{t=t_0}=\boldsymbol{x}_0$$

可以证明，闭环系统是渐近稳定的，即 $\lim\limits_{t\to\infty}\boldsymbol{x}(t)=0$，否则必有 $J\to\infty$，与最优控制的结论相矛盾。因此可知，尽管开环系统是不稳定的，但应用最优控制所得到的闭环系统一定是渐近稳定的。

例 7.11　设系统的状态方程、初始条件及性能指标泛函分别为

$$\dot{x}=\frac{1}{2}x+u,\quad x(0)=x_0$$

$$J=\frac{1}{2}sx^2(t_f)+\frac{1}{2}\int_0^{t_f}(2x^2+u^2)\mathrm{d}t,\quad s>0$$

求最优控制 u^*，使 J 有最小值。

解：因为 $A=-\frac{1}{2}$，$B=1$，$q=2$，$r=1$，故 $u^*=-BR^{-1}B^{\mathrm{T}}\bar{P}(t)x=-p(t)x$，其中 $p(t)$ 满足黎卡提微分方程及边界条件

$$\dot{p}(t)=p(t)+p^2(t)-2,p(t_f)=s$$

其解为

$$p(t)=-0.5+1.5\tanh(-1.5t+\xi_1)$$

或

$$p(t)=0.5+1.5\coth(-1.5t+\xi_2)$$

式中，积分常数 ξ_1 和 ξ_2 由边界条件确定。下面讨论几组算例，观察反馈增益 $K(t)=P(t)$ 的变化。

1）令 $s=0$，这时对终点状态无要求。边界条件 $p(t_f)=s=0$，显然反馈增益趋于 0。

当 $t_f=1$ 时，$\xi_1=1.845\mathrm{rad}$，则 $p(t)=-0.5+1.5\tanh(-1.5t+1.845)$。

当 $t_f=10$ 时，$\xi_1=15.35\text{rad}$，则 $p(t)=-0.5+1.5\tanh(-1.5t+15.35)$。

当 $t_f=\infty$ 时，黎卡提方程退化为代数方程 $\bar{p}+\bar{p}^2-2=0$，得 $\bar{p}=1$ 或 $\bar{p}=-2$（后者不满足正定条件，故略去），反馈增益 $K(t)=p(t)$ 的变化如图 7.15 所示。

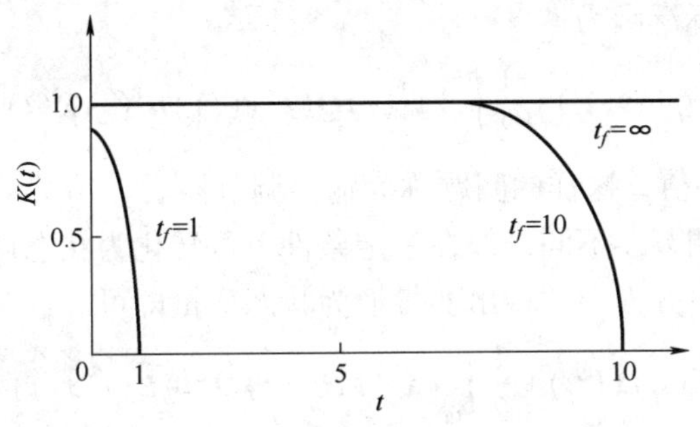

图 7.15 反馈增益变化（$s=0$）

2）令 $s=10$，这时对终值状态有一定要求，反馈增益的末值 $p(t_f)=10$。

当 $t_f=1$ 时，$\xi_2=1.643\text{rad}$，则 $p(t)=-0.5+1.5\coth(-1.5t+1.643)$。

当 $t_f=10$ 时，$\xi_2=15.143\text{rad}$，则 $p(t)=-0.5+1.5\coth(-1.5t+15.143)$。

当 $t_f=\infty$ 时，有 $\bar{p}=1$，反馈增益 $K(t)=p(t)$ 的变化如图 7.16 所示。

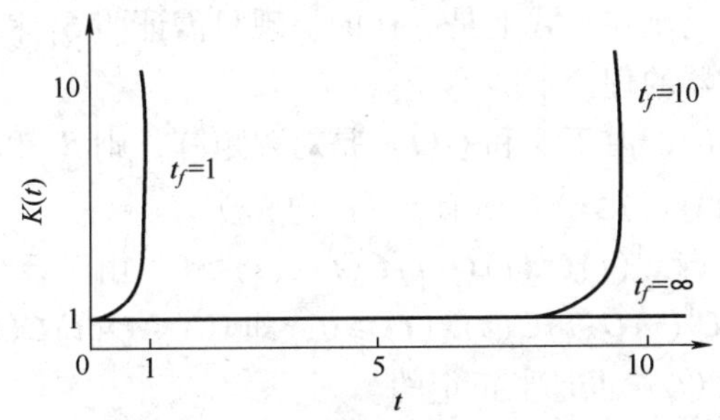

图 7.16 反馈增益变化（$s=10$）

3）令 $s=\infty$，这时限制末值状态 $x(t_f)=0$，边界条件 $p(t_f)=s\to\infty$。解逆黎卡提方程 $\dot{p}^{-1}(t)=-p^{-1}(t)+2(p^{-1}(t))^2-1$，初值 $p^{-1}(t)=0$，得其解为

$$p^{-1}(t)=0.25+0.75\tanh(-1.5t+1.5t_f-0.346)$$

当 $t_f=1$ 时，$p^{-1}(t)=0.25+0.75\tanh(-1.5t+1.134)$；

当 $t_f=10$ 时，$p^{-1}(t)=0.25+0.75\tanh(-1.5t+14.634)$；

当 $t_f=\infty$ 时，$\lim\limits_{t_f\to\infty}p^{-1}(t,t_f)=1=\bar{p}(t)$。反馈增益如图 7.17 所示。

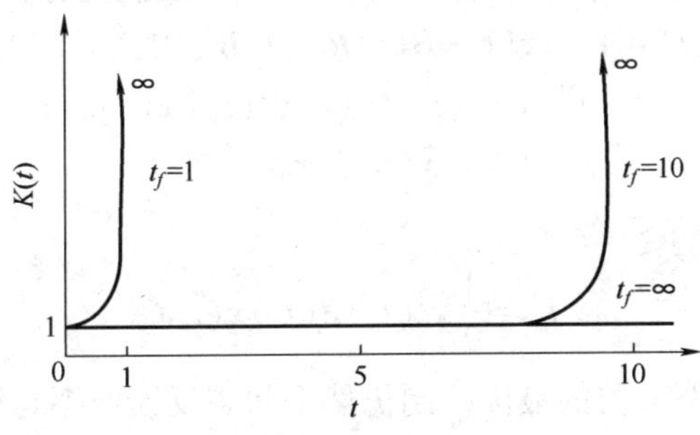

图 7.17 反馈增益变化（$s=\infty$）

7.5.3 输出调节器

系统的状态方程和输出方程为式（7.134）和式（7.135），如果将性能指标中的状态变量换为输出变量，则指标泛函为

$$J=\frac{1}{2}\boldsymbol{y}^{\mathrm{T}}(t_f)\boldsymbol{S}\boldsymbol{y}(t_f)+\frac{1}{2}\int_{t_0}^{t_f}[\boldsymbol{y}^{\mathrm{T}}(t)\boldsymbol{Q}(t)\boldsymbol{y}(t)+\boldsymbol{u}^{\mathrm{T}}(t)\boldsymbol{R}(t)\boldsymbol{u}(t)]\mathrm{d}t \tag{7.154}$$

求控制 $\boldsymbol{u}(t)$ 使 J 有极小值，这样的问题称为输出调节器。

输出调节器与状态调节器不同，但在一定条件下可转化为状态调节器。事实上，只要在指标泛函中，将系统输出方程中的输出变量换为状态变量即可，这时指标泛函为

$$J=\frac{1}{2}\boldsymbol{x}^{\mathrm{T}}(t_f)\boldsymbol{C}^{\mathrm{T}}(t_f)\boldsymbol{S}\boldsymbol{C}(t_f)\boldsymbol{x}(t_f)+\frac{1}{2}\int_{t_0}^{t_f}[\boldsymbol{x}^{\mathrm{T}}(t)\boldsymbol{C}^{\mathrm{T}}(t)\boldsymbol{Q}(t)\boldsymbol{C}(t)\boldsymbol{x}(t)+\boldsymbol{u}^{\mathrm{T}}(t)\boldsymbol{R}(t)\boldsymbol{u}(t)]\mathrm{d}t$$

令

$$\boldsymbol{S}_1=\boldsymbol{C}^{\mathrm{T}}(t_f)\boldsymbol{S}\boldsymbol{C}(t_f),\ \boldsymbol{Q}_1(t)=\boldsymbol{C}^{\mathrm{T}}(t)\boldsymbol{Q}(t)\boldsymbol{C}(t)$$

则有

$$J=\frac{1}{2}\boldsymbol{x}^{\mathrm{T}}(t_f)\boldsymbol{S}_1\boldsymbol{x}(t_f)+\frac{1}{2}\int_{t_0}^{t_f}[\boldsymbol{x}^{\mathrm{T}}(t)\boldsymbol{Q}_1(t)\boldsymbol{x}(t)+\boldsymbol{u}^{\mathrm{T}}(t)\boldsymbol{R}(t)\boldsymbol{u}(t)]\mathrm{d}t \tag{7.155}$$

可见与状态调节器的指标泛函在形式上是一样的，现只需证明 $\boldsymbol{S}_1$ 和 $\boldsymbol{Q}_1(t)$ 是对称半正定矩阵，就可以应用状态调节器的理论了。

设系统是完全能观测的，由于 $\boldsymbol{S}$ 和 $\boldsymbol{Q}(t)$ 是对称矩阵，则 $\boldsymbol{S}_1$ 和 $\boldsymbol{Q}_1(t)$ 也是对称的。因为 $\boldsymbol{Q}(t)\geqslant 0$，则 $\boldsymbol{y}^{\mathrm{T}}(t)\boldsymbol{Q}(t)\boldsymbol{y}(t)\geqslant 0$ 对所有 $\boldsymbol{y}(t)$ 均成立。

令 $\boldsymbol{y}(t)=\boldsymbol{C}(t)\boldsymbol{x}(t)$，有 $\boldsymbol{x}^{\mathrm{T}}(t)\boldsymbol{C}^{\mathrm{T}}(t)\boldsymbol{Q}(t)\boldsymbol{C}(t)\boldsymbol{x}(t)\geqslant 0$。由于系统完全能观测，对任一状态向量 $\boldsymbol{x}(t)$，均有 $\boldsymbol{x}^{\mathrm{T}}(t)\boldsymbol{C}^{\mathrm{T}}(t)\boldsymbol{Q}(t)\boldsymbol{C}(t)\boldsymbol{x}(t)\geqslant 0$，即 $\boldsymbol{C}^{\mathrm{T}}(t)\boldsymbol{Q}(t)\boldsymbol{C}(t)\geqslant 0$ 为半正定。

同理可证明 $\boldsymbol{C}^{\mathrm{T}}(t_f)\boldsymbol{S}\boldsymbol{C}(t_f)$ 也是半正定的。

应用状态调节器理论，可得出最优控制 $\boldsymbol{u}^*=-\boldsymbol{R}^{-1}(t)\boldsymbol{B}^{\mathrm{T}}(t)\boldsymbol{P}(t)\boldsymbol{x}(t)$，其中 $\boldsymbol{P}(t)$ 满足矩阵黎卡提微分方程及边界条件，即

$$\dot{\boldsymbol{P}}(t)+\boldsymbol{P}(t)\boldsymbol{A}(t)+\boldsymbol{A}^{\mathrm{T}}(t)\boldsymbol{P}(t)-\boldsymbol{P}(t)\boldsymbol{B}(t)\boldsymbol{R}^{-1}(t)\boldsymbol{B}^{\mathrm{T}}(t)\boldsymbol{P}(t)+\boldsymbol{C}^{\mathrm{T}}(t)\boldsymbol{Q}(t)\boldsymbol{C}(t)=\boldsymbol{0} \tag{7.156}$$

$$\boldsymbol{P}(t_f)=\boldsymbol{C}^{\mathrm{T}}(t_f)\boldsymbol{S}\boldsymbol{C}(t_f) \tag{7.157}$$

将最优控制代入状态方程和正则方程，则有

$$\dot{\boldsymbol{x}}(t)=\boldsymbol{A}(t)\boldsymbol{x}(t)-\boldsymbol{B}(t)\boldsymbol{R}^{-1}(t)\boldsymbol{B}^{\mathrm{T}}(t)\boldsymbol{\lambda}(t),\ \boldsymbol{x}(t_0)=\boldsymbol{x}_0$$

$$\dot{\boldsymbol{\lambda}}(t)=-\boldsymbol{C}^{\mathrm{T}}(t)\boldsymbol{Q}(t)\boldsymbol{C}(t)\boldsymbol{x}(t)-\boldsymbol{A}^{\mathrm{T}}(t)\boldsymbol{\lambda}(t),\ \boldsymbol{\lambda}(t_f)=\boldsymbol{C}^{\mathrm{T}}(t_f)\boldsymbol{S}\boldsymbol{C}(t_f)\boldsymbol{x}(t_f)$$

同分析状态调节器一样，由 $\boldsymbol{\lambda}(t)=\boldsymbol{P}(t)\boldsymbol{x}(t)$，得最优曲线满足方程

$$\begin{aligned}\dot{\boldsymbol{x}}(t)&=\boldsymbol{A}(t)\boldsymbol{x}(t)-\boldsymbol{B}(t)\boldsymbol{R}^{-1}(t)\boldsymbol{B}^{\mathrm{T}}(t)\boldsymbol{P}(t)\boldsymbol{x}(t)\\&=[\boldsymbol{A}(t)-\boldsymbol{B}(t)\boldsymbol{R}^{-1}(t)\boldsymbol{B}^{\mathrm{T}}(t)\boldsymbol{P}(t)]\boldsymbol{x}(t)\end{aligned} \tag{7.158}$$

$$\boldsymbol{x}(t_0)=\boldsymbol{x}_0$$

最优指标为

$$J^*=\frac{1}{2}\boldsymbol{x}^{\mathrm{T}}(t_0)\boldsymbol{P}(t_0)\boldsymbol{x}(t_0) \tag{7.159}$$

值得注意的是，输出调节器的最优控制仍然是状态反馈而不是输出反馈。状态反馈需要全部的状态信息，若系统是完全能观测的，则可由系统的输出求出全部状态；若系统不完全

能观测，就得不到全部状态信息，因而也就不可能由状态反馈求得最优控制。

在定常系统中，$\boldsymbol{A}$、$\boldsymbol{B}$、$\boldsymbol{C}$、$\boldsymbol{Q}$ 和 $\boldsymbol{R}$ 均为常数矩阵，$t_f=\infty$，系统完全能控和完全能观测，则最优控制为

$$\boldsymbol{u}^*=-\boldsymbol{R}^{-1}\boldsymbol{B}^{\mathrm{T}}\overline{\boldsymbol{P}}\boldsymbol{x} \tag{7.160}$$

式中，$\overline{\boldsymbol{P}}$ 满足黎卡提代数方程

$$\overline{\boldsymbol{P}}\boldsymbol{A}+\boldsymbol{A}^{\mathrm{T}}\overline{\boldsymbol{P}}-\overline{\boldsymbol{P}}\boldsymbol{B}\boldsymbol{R}^{-1}\boldsymbol{B}^{\mathrm{T}}\overline{\boldsymbol{P}}+\boldsymbol{C}^{\mathrm{T}}\boldsymbol{Q}\boldsymbol{C}=0$$

这时增益矩阵 $\boldsymbol{R}^{-1}\boldsymbol{B}^{\mathrm{T}}\overline{\boldsymbol{P}}$ 为常数矩阵。最优曲线为

$$\dot{\boldsymbol{x}}(t)=(\boldsymbol{A}-\boldsymbol{B}\boldsymbol{R}^{-1}\boldsymbol{B}^{\mathrm{T}}\overline{\boldsymbol{P}})\boldsymbol{x}(t),\ \boldsymbol{x}(t_0)=\boldsymbol{x}_0$$

最优指标为

$$J^*=\frac{1}{2}\boldsymbol{x}^{\mathrm{T}}(t_0)\overline{\boldsymbol{P}}\boldsymbol{x}(t_0)$$

7.5.4 跟踪问题

状态调节器和输出调节器是通过选择控制变量使状态或输出在控制过程中尽量小，同时也使消耗的能量尽量少。但在实际当中也常遇到这样的问题，即选择控制使系统的输出跟踪某一理想的已知输出，这样的问题称为跟踪问题。问题的描述为，系统的方程为式（7.134）和式（7.135），设 $\boldsymbol{\eta}(t)$ 是已知的理想输出，令 $\boldsymbol{e}(t)=\boldsymbol{y}(t)-\boldsymbol{\eta}(t)$，称为偏差量，设指标泛函为

$$J=\frac{1}{2}\boldsymbol{e}^{\mathrm{T}}(t_f)\boldsymbol{S}\boldsymbol{e}(t_f)+\frac{1}{2}\int_{t_0}^{t_f}[\boldsymbol{e}^{T}(t)\boldsymbol{Q}(t)\boldsymbol{e}(t)+\boldsymbol{u}^{\mathrm{T}}(t)\boldsymbol{R}(t)\boldsymbol{u}(t)]\mathrm{d}t \tag{7.161}$$

寻求控制规律使性能指标式（7.161）有极小值。其物理意义是在控制过程中，使系统输出尽量趋近理想输出，同时也使能量消耗最少。

可仿照调节器的求法，将指标泛函写成

$$\begin{aligned}J&=\frac{1}{2}[\boldsymbol{y}(t_f)-\boldsymbol{\eta}(t_f)]^{\mathrm{T}}\boldsymbol{S}[\boldsymbol{y}(t_f)-\boldsymbol{\eta}(t_f)]+\\&\quad\frac{1}{2}\int_{t_0}^{t_f}\{[\boldsymbol{y}(t)-\boldsymbol{\eta}(t)]^{\mathrm{T}}\boldsymbol{Q}(t)[\boldsymbol{y}(t)-\boldsymbol{\eta}(t)]+\boldsymbol{u}^{\mathrm{T}}(t)\boldsymbol{R}(t)\boldsymbol{u}(t)\}\mathrm{d}t\\&=\frac{1}{2}[\boldsymbol{C}(t_f)\boldsymbol{x}(t_f)-\boldsymbol{\eta}(t_f)]^{\mathrm{T}}\boldsymbol{S}[\boldsymbol{C}(t_f)\boldsymbol{x}(t_f)-\boldsymbol{\eta}(t_f)]+\\&\quad\frac{1}{2}\int_{t_0}^{t_f}\{[\boldsymbol{C}(t)\boldsymbol{x}(t)-\boldsymbol{\eta}(t)]^{\mathrm{T}}\boldsymbol{Q}(t)[\boldsymbol{C}(t)\boldsymbol{x}(t)-\boldsymbol{\eta}(t)]+\boldsymbol{u}^{\mathrm{T}}(t)\boldsymbol{R}(t)\boldsymbol{u}(t)\}\mathrm{d}t\end{aligned}$$

应用极大值原理求解，构造哈密顿函数为

$$\begin{aligned}H=&\frac{1}{2}[\boldsymbol{C}(t)\boldsymbol{x}(t)-\boldsymbol{\eta}(t)]^{\mathrm{T}}\boldsymbol{Q}(t)[\boldsymbol{C}(t)\boldsymbol{x}(t)-\boldsymbol{\eta}(t)]+\boldsymbol{u}^{\mathrm{T}}(t)\boldsymbol{R}(t)\boldsymbol{u}(t)+\\&\boldsymbol{\lambda}^{\mathrm{T}}(t)(\boldsymbol{A}(t)\boldsymbol{x}(t)+\boldsymbol{B}(t)\boldsymbol{u}(t))\end{aligned}$$

由必要条件

$$\frac{\partial H}{\partial \boldsymbol{u}}=\boldsymbol{R}(t)\boldsymbol{u}(t)+\boldsymbol{B}^{\mathrm{T}}(t)\boldsymbol{\lambda}(t)=0$$

得

$$\boldsymbol{u}^{*}=-\boldsymbol{R}^{-1}(t)\boldsymbol{B}^{\mathrm{T}}(t)\boldsymbol{\lambda}(t) \tag{7.162}$$

由于 $\boldsymbol{R}(t)$ 是正定的，应有$\frac{\partial^2 H}{\partial \boldsymbol{u}^2}=\boldsymbol{R}(t)>\boldsymbol{0}$，所以 $\boldsymbol{u}^*$ 能使 H 有极小值。将 $\boldsymbol{u}^*$ 代入状态方程和正则方程，则有

$$\dot{\boldsymbol{x}}(t)=\boldsymbol{A}(t)\boldsymbol{x}(t)-\boldsymbol{B}(t)\boldsymbol{R}^{-1}(t)\boldsymbol{B}^{\mathrm{T}}(t)\boldsymbol{\lambda}(t) \tag{7.163}$$

$$\dot{\boldsymbol{\lambda}}(t)=-\boldsymbol{C}^{\mathrm{T}}(t)\boldsymbol{Q}(t)\boldsymbol{C}(t)\boldsymbol{x}(t)-\boldsymbol{A}^{\mathrm{T}}(t)\boldsymbol{\lambda}(t)+\boldsymbol{C}^{\mathrm{T}}(t)\boldsymbol{Q}(t)\boldsymbol{\eta}(t) \tag{7.164}$$

边界条件为

$$\boldsymbol{x}(t_0)=\boldsymbol{x}_0 \tag{7.165}$$

$$\boldsymbol{\lambda}(t_f)=\boldsymbol{C}^{\mathrm{T}}(t_f)\boldsymbol{S}\boldsymbol{C}(t_f)\boldsymbol{x}(t_f)-\boldsymbol{C}^{\mathrm{T}}(t_f)\boldsymbol{S}\boldsymbol{\eta}(t_f) \tag{7.166}$$

同输出调节器的正则方程相比较，二者的齐次部分相同，仅差非齐次项，可设

$$\boldsymbol{\lambda}(t)=\boldsymbol{P}(t)\boldsymbol{x}(t)-\boldsymbol{\xi}(t) \tag{7.167}$$

将式（7.167）微分，由式（7.163）得

$$\begin{aligned}\dot{\boldsymbol{\lambda}}(t)&=\dot{\boldsymbol{P}}(t)\boldsymbol{x}(t)+\boldsymbol{P}(t)\dot{\boldsymbol{x}}(t)-\dot{\boldsymbol{\xi}}(t)\\&=\dot{\boldsymbol{P}}(t)\boldsymbol{x}(t)+\boldsymbol{P}(t)\boldsymbol{A}(t)-\boldsymbol{P}(t)\boldsymbol{B}(t)\boldsymbol{R}^{-1}(t)\boldsymbol{B}^{\mathrm{T}}(t)\boldsymbol{P}(t)+\\&\quad\boldsymbol{P}(t)\boldsymbol{B}(t)\boldsymbol{R}^{-1}(t)\boldsymbol{B}^{\mathrm{T}}(t)\boldsymbol{\xi}(t)-\dot{\boldsymbol{\xi}}(t)\end{aligned}$$

根据式（7.164），由 $\boldsymbol{x}(t)$ 的任意性可得

$$\dot{\boldsymbol{P}}(t)+\boldsymbol{P}(t)\boldsymbol{A}(t)+\boldsymbol{A}^{\mathrm{T}}(t)\boldsymbol{P}(t)-\boldsymbol{P}(t)\boldsymbol{B}(t)\boldsymbol{R}^{-1}(t)\boldsymbol{B}^{\mathrm{T}}(t)\boldsymbol{P}^{\mathrm{T}}+\boldsymbol{C}^{\mathrm{T}}(t)\boldsymbol{Q}(t)\boldsymbol{C}(t)=0 \tag{7.168}$$

和

$$\dot{\boldsymbol{\xi}}(t)+(\boldsymbol{A}^{\mathrm{T}}(t)-\boldsymbol{P}(t)\boldsymbol{B}(t)\boldsymbol{R}^{-1}(t)\boldsymbol{B}^{\mathrm{T}}(t))\boldsymbol{\xi}(t)+\boldsymbol{C}^{\mathrm{T}}(t)\boldsymbol{Q}(t)\boldsymbol{\eta}(t)=0 \tag{7.169}$$

边界条件为

$$\boldsymbol{P}(t_f)=\boldsymbol{C}^{\mathrm{T}}(t_f)\boldsymbol{S}(t_f) \tag{7.170}$$

$$\boldsymbol{\xi}(t_f)=\boldsymbol{C}^{\mathrm{T}}(t_f)\boldsymbol{S}\boldsymbol{\eta}(t_f) \tag{7.171}$$

设其解为 $\boldsymbol{P}(t)$ 和 $\boldsymbol{\xi}(t)$，则最优控制为

$$\boldsymbol{u}^{*}=-\boldsymbol{R}^{-1}(t)\boldsymbol{B}^{\mathrm{T}}(t)\boldsymbol{P}(t)\boldsymbol{x}+\boldsymbol{R}^{-1}(t)\boldsymbol{B}^{\mathrm{T}}(t)\boldsymbol{\xi}(t) \tag{7.172}$$

式（7.172）包括两项，其中第一项是 $\boldsymbol{x}(t)$ 的线性函数，而第二项中 $\boldsymbol{\xi}(t)$ 依赖于 $\boldsymbol{\eta}(t)$，表示由 $\boldsymbol{\eta}(t)$ 导致的驱动作用。

最优曲线方程为

$$\dot{\boldsymbol{x}}(t)=[\boldsymbol{A}(t)-\boldsymbol{B}(t)\boldsymbol{R}^{-1}(t)\boldsymbol{B}^{\mathrm{T}}(t)\boldsymbol{P}(t)]\boldsymbol{x}(t)+\boldsymbol{B}(t)\boldsymbol{R}^{-1}(t)\boldsymbol{B}^{\mathrm{T}}(t)\boldsymbol{\xi}(t),\ \boldsymbol{x}(t_0)=\boldsymbol{x}_0 \tag{7.173}$$

最优性能指标为

$$J^{*}=\frac{1}{2}\boldsymbol{x}^{\mathrm{T}}(t_0)\boldsymbol{P}(t_0)\boldsymbol{x}(t_0)-\boldsymbol{\xi}^{\mathrm{T}}(t_0)\boldsymbol{x}(t_0)+\boldsymbol{\Phi}(t_0) \tag{7.174}$$

式中，$\boldsymbol{\Phi}(t)$ 满足下面微分方程和边界条件

$$\dot{\boldsymbol{\Phi}}(t)=-\frac{1}{2}\boldsymbol{\eta}^{\mathrm{T}}(t)\boldsymbol{Q}(t)\boldsymbol{\eta}(t)-\boldsymbol{\xi}^{\mathrm{T}}(t)\boldsymbol{B}(t)\boldsymbol{R}^{-1}\boldsymbol{B}^{\mathrm{T}}(t)\boldsymbol{\eta}(t) \tag{7.175}$$

$$\boldsymbol{\Phi}(t_f)=\boldsymbol{\eta}^{\mathrm{T}}(t_f)\boldsymbol{P}(t_f)\boldsymbol{\eta}(t_f) \tag{7.176}$$

例 7.12 设二阶系统为

$$\begin{cases}\dot{\boldsymbol{x}}=\begin{bmatrix}0&1\\0&0\end{bmatrix}\boldsymbol{x}+\begin{bmatrix}0\\1\end{bmatrix}u\\ y=x_1=[1\quad 0]\begin{bmatrix}x_1\\x_2\end{bmatrix}\end{cases},\quad \boldsymbol{x}(0)=\begin{bmatrix}x_{10}\\x_{20}\end{bmatrix}$$

性能指标泛函为

$$J=\frac{1}{2}\int_{0}^{\infty}[(y-\eta)^{2}+u^{2}]\mathrm{d}t$$

试求最优控制 u^{*}。

解：由题设知 $\boldsymbol{A}=\begin{bmatrix}0&1\\0&0\end{bmatrix}$，$\boldsymbol{B}=\begin{bmatrix}0\\1\end{bmatrix}$，$Q=1$，$R=1$，$\boldsymbol{C}=[1\quad 0]$。首先设 $t_f<\infty$，则由式（7.168）和边界条件表达式（7.170）得

$$-\begin{bmatrix}\dot{p}_1&\dot{p}_2\\\dot{p}_2&\dot{p}_3\end{bmatrix}+\begin{bmatrix}p_1&p_2\\p_2&p_3\end{bmatrix}\begin{bmatrix}0&1\\0&0\end{bmatrix}+\begin{bmatrix}0&0\\1&0\end{bmatrix}\begin{bmatrix}p_1&p_2\\p_2&p_3\end{bmatrix}-$$

$$\begin{bmatrix}p_1&p_2\\p_2&p_3\end{bmatrix}\begin{bmatrix}0\\1\end{bmatrix}[0\quad 1]\begin{bmatrix}p_1&p_2\\p_2&p_3\end{bmatrix}+\begin{bmatrix}1\\0\end{bmatrix}[1\quad 0]=\begin{bmatrix}0&0\\0&0\end{bmatrix}$$

$$\begin{bmatrix}p_1(t_f)&p_2(t_f)\\p_2(t_f)&p_3(t_f)\end{bmatrix}=\begin{bmatrix}0&0\\0&0\end{bmatrix}$$

整理后得

$$\dot{p}_1=p_2^2-1,\ p_1(t_f)=0$$
$$\dot{p}_2=-p_1+p_2p_3,\ p_2(t_f)=0$$
$$\dot{p}_3=-2p_2+p_3^2,\ p_3(t_f)=0$$

当 $t_f\to\infty$ 时，稳态正定解为 $\bar{p}_1=\sqrt{2}$，$\bar{p}_2=1$，$\bar{p}_3=\sqrt{2}$。设 $\boldsymbol{\eta}=a$ 为常数，当 $t_f\to\infty$ 时，$\boldsymbol{\xi}(t)$ 趋于稳态值，即 $\dot{\boldsymbol{\xi}}(t)=0$。由式（7.169）得

$$\begin{bmatrix}0&-p_2\\1&-p_1\end{bmatrix}\begin{bmatrix}\xi_1\\\xi_2\end{bmatrix}+\begin{bmatrix}\eta\\0\end{bmatrix}=\begin{bmatrix}0\\0\end{bmatrix}$$

或

$$-\xi_2(t)p_2+\boldsymbol{\eta}(t)=0,\ \xi_1(t)-\xi_2(t)p_3=0$$

即

$$\xi_2(t)-\boldsymbol{\eta}(t)=0,\ \xi_1(t)-\sqrt{2}\xi_2(t)=0$$

于是有

$$\xi_2=\boldsymbol{\eta}=a$$

最优控制为 $u^{*}=-x_1-\sqrt{2}x_2+a$。

若设 $\boldsymbol{\eta}(t)=1-\mathrm{e}^{-t}$，方程组化为

$$\dot{\xi}_1(t)=\xi_2(t)-\boldsymbol{\eta},\ \xi_1(t_f)=0$$
$$\dot{\xi}_2(t)=-\xi_1(t)+\sqrt{2}\xi_2,\ \xi_2(t_f)=0$$

令 $t_f\to\infty$，极限解为

$$\xi_2(t)=1-\frac{1}{2+\sqrt{2}}\mathrm{e}^{-t}$$

最优控制为

$$u^{*}=-x_1-\sqrt{2}x_2+\left(1-\frac{1}{2+\sqrt{2}}\mathrm{e}^{-t}\right)$$

由于 $1-\frac{1}{2+\sqrt{2}}e^{-t}=(1-e^{-t})+\frac{1+\sqrt{2}}{2+\sqrt{2}}e^{-t}\approx\eta+0.7\dot{\eta}$，得闭环控制系统结构如图 7.18 所示。

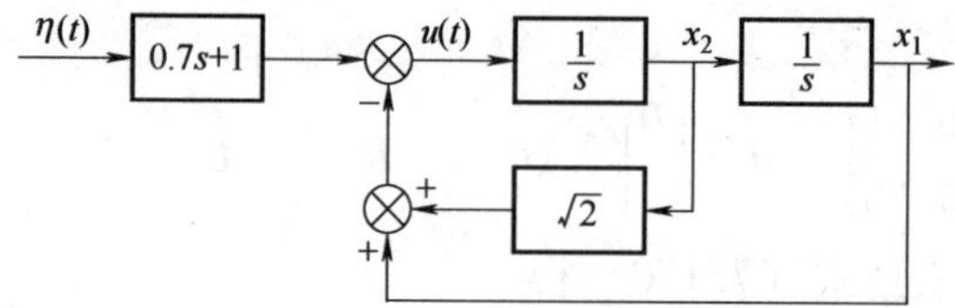

图 7.18　闭环控制系统结构

7.6　基于 MATLAB 的最优控制系统应用

在 MATLAB 中，命令

```
lqr(A,B,Q,R)
```
(7.177)

可解连续时间的线性二次型调节器问题，并可解与其有关的矩阵黎卡提方程。该命令计算最优反馈增益矩阵 $\boldsymbol{K}$，并且能产生使性能指标泛函

$$\boldsymbol{J}=\int_0^{\infty}(\boldsymbol{x}^{\mathrm{T}}\boldsymbol{Q}\boldsymbol{x}+\boldsymbol{u}^{\mathrm{T}}\boldsymbol{R}\boldsymbol{u})\mathrm{d}t$$

在约束方程为

$$\dot{\boldsymbol{x}}=\boldsymbol{A}\boldsymbol{x}+\boldsymbol{B}\boldsymbol{u} \tag{7.178}$$

条件下具有极小值的反馈控制律，即

$$\boldsymbol{u}=-\boldsymbol{K}\boldsymbol{x}$$

另一个命令

```
[K, P, E]=lqr(A,B,Q,R)
```

也可计算相关的矩阵黎卡提方程

$$0=\boldsymbol{P}\boldsymbol{A}+\boldsymbol{A}^{\mathrm{T}}\boldsymbol{P}-\boldsymbol{P}\boldsymbol{B}\boldsymbol{R}\boldsymbol{B}^{\mathrm{T}}\boldsymbol{P}+\boldsymbol{Q} \tag{7.179}$$

的唯一正定解 $\boldsymbol{P}$。如果 $\boldsymbol{A}-\boldsymbol{B}\boldsymbol{K}$ 为稳定矩阵，则总存在这样的正定矩阵。利用这个命令能求闭环极点或 $\boldsymbol{A}-\boldsymbol{B}\boldsymbol{K}$ 的特征值。

对于某些系统，无论选择什么样的矩阵 $\boldsymbol{K}$，都不能使 $\boldsymbol{A}-\boldsymbol{B}\boldsymbol{K}$ 为正定矩阵，在此情况下，这个矩阵黎卡提方程不存在正定矩阵，即命令

```
K=lqr(A,B,Q,R)
[K, P, E]=lqr(A,B,Q,R)
```

不能求解最优反馈增益矩阵。

例 7.13　考虑由下式确定的系统

$$\begin{bmatrix}\dot{x}_1\\ \dot{x}_2\end{bmatrix}=\begin{bmatrix}-1 & 1\\ 0 & 2\end{bmatrix}\begin{bmatrix}x_1\\ x_2\end{bmatrix}+\begin{bmatrix}1\\ 0\end{bmatrix}u$$

试证明无论选择什么样的矩阵 $\boldsymbol{K}$，该系统都不能通过状态反馈控制律

$$\boldsymbol{u}=-\boldsymbol{Kx}$$

来稳定（注意，该系统是状态不能控的）。

解：定义

$$\boldsymbol{K}=[k_1 \quad k_2]$$

则有

$$\boldsymbol{A}-\boldsymbol{BK}=\begin{bmatrix}-1 & 1\\ 0 & 2\end{bmatrix}-\begin{bmatrix}1\\0\end{bmatrix}[k_1 \quad k_2]=\begin{bmatrix}-1-k_1 & 1-k_2\\ 0 & 2\end{bmatrix}$$

因此特征方程为

$$|\lambda\boldsymbol{I}-\boldsymbol{A}+\boldsymbol{BK}|=\begin{bmatrix}\lambda+1+k_1 & -1+k_2\\ 0 & \lambda-2\end{bmatrix}=(\lambda+1+k_1)(\lambda-2)=0$$

闭环极点为

$$\lambda_1=-1-k_1,\ \lambda_2=2$$

由于极点 $\lambda_2=2$ 在 s 右半平面，所以无论选择什么样的矩阵 $\boldsymbol{K}$，该系统都是不稳定的。因此，二次型最优控制方法不能用于该系统。

假设在二次型性能指标中的 $\boldsymbol{Q}$ 和 $\boldsymbol{R}$ 分别为

$$\boldsymbol{Q}=\begin{bmatrix}1 & 0\\ 0 & 1\end{bmatrix},\boldsymbol{R}=[1]$$

并且写出以下 MATLAB 程序：

```
% ——Design of quadratic optimal regulator system——
% ***** Determination of feedback gain matrix K for quadratic
% optimal control *****
% ***** Enter state matrix A and control matrix B *****
A=[-1 1;  0 2]
B=[1;0];
% ***** Enter state matrix A and R of the quadratic performance
% index *****
Q= [1 0;  0 1]
R=[1];
% ***** To obtain optimal feedback gain matrix K,enter the
% following command*****
K=lqr(A,B,Q,R)
Warning:Matrix is singular to working precision.
K=
     NaN    NaN
```

所得的 MATLAB 解为

$$\boldsymbol{K}=[NaN \quad NaN]$$

式中，*NaN* 表示“不是一个数”。每当二次型最优控制问题的解不存在时，MATLAB 将显示矩阵 $\boldsymbol{K}$ 由 *NaN* 组成。若写出以下 MATLAB 程序，所得的 MATLAB 解为：

```
% ***** If we enter the command [K,P,E]=lqr(A,B,Q,R),then *****
[K,P,E]=lqr(A,B,Q,R)
Warning;Matrix is singular to working precision.
K=
    NaN    NaN
P=
    -lnf  -lnf
    -lnf  -lnf
E=
    -2.0000
    -1.4142
```

例 7.14 考虑下式定义的系统

$$\dot{\boldsymbol{x}}=\boldsymbol{A}\boldsymbol{x}+\boldsymbol{B}u$$

式中

$$\boldsymbol{A}=\begin{bmatrix}0 & 1\\1 & -1\end{bmatrix},\quad \boldsymbol{B}=\begin{bmatrix}0\\1\end{bmatrix}$$

性能指标泛函 J 为

$$J=\int_0^\infty(\boldsymbol{x}^{\mathrm{T}}\boldsymbol{Q}\boldsymbol{x}+u^{\mathrm{T}}\boldsymbol{R}u)\,\mathrm{d}t$$

式中

$$\boldsymbol{Q}=\begin{bmatrix}1 & 0\\0 & 1\end{bmatrix},\quad \boldsymbol{R}=[1]$$

假设采用下列控制律

$$u=-\boldsymbol{K}\boldsymbol{x}$$

试确定最优反馈增益矩阵。

解：最优反馈增益矩阵可通过求解下列关于正定矩阵的黎卡提方程

$$\boldsymbol{P}\boldsymbol{A}+\boldsymbol{A}^{\mathrm{T}}\boldsymbol{P}-\boldsymbol{P}\boldsymbol{B}\boldsymbol{R}\boldsymbol{B}^{\mathrm{T}}\boldsymbol{P}+\boldsymbol{Q}=0$$

得到，其结果为

$$\boldsymbol{P}=\begin{bmatrix}2 & 1\\1 & 1\end{bmatrix}$$

将该矩阵 $\boldsymbol{P}$ 带入下列方程，即可求得最优矩阵 $\boldsymbol{K}$ 为

$$\begin{aligned}\boldsymbol{K}&=\boldsymbol{R}^{-1}\boldsymbol{B}^{\mathrm{T}}\boldsymbol{P}\\&=[1][0\quad 1]\begin{bmatrix}2 & 1\\1 & 1\end{bmatrix}=[1\quad 1]\end{aligned}$$

因此，最优控制律为

$$u=-\boldsymbol{K}\boldsymbol{x}=-x_1-x_2$$

利用以下 MATLAB 程序也能解该问题：

```
% —Design of quadratic optimal regulator system
% ***** Determination of feedback gain matrix K for quadratic
% optimal control *****
% ***** Enter state matrix A and control matrix B *****
A=[0 1;0 -1];
B=[0;1];
% ***** Enter matrices Q and R of the quadratic performance
% index *****
Q=[1 0;0 1];
R=[1];
% The optimal feedback gain matrix K (if such matrix K
% exists) can be obtained by entering the following command *****
K=lqr(A,B,Q,R)
K=
    1.0000    1.0000
```

例 7.15　考虑下列定义的系统

$$\dot{x}=Ax+Bu$$

式中

$$A=\begin{bmatrix}0 & 1 & 0\\0 & 0 & 1\\-35 & -20 & -7\end{bmatrix},\ B=\begin{bmatrix}0\\0\\1\end{bmatrix}$$

性能指标泛函 J 为

$$J=\int_0^{\infty}(x^{\mathrm{T}}Qx+u^{\mathrm{T}}Ru)\,\mathrm{d}t$$

式中

$$Q=\begin{bmatrix}1 & 0 & 0\\0 & 1 & 0\\0 & 0 & 1\end{bmatrix},\ R=[1]$$

求黎卡提方程得正定矩阵 R、最优反馈增益矩阵 K 和矩阵 $A-BK$ 的特征值。

解：利用以下 MATLAB 程序，可求解该问题：

```
% --------Design of quadratic optimal regulator system -------
% ***** Determination of feedback gain matrix K for quadratic
% ***** Enter state matrix A and control matrix B *****
A=[0 1 0;0 0 1;-35 -20 -7 ];
B=[0;0;1];
% ****** Enter state matrices Q and R for quadratic performance
```

```
% index *****
Q=[1 0 0;0 1 0;0 0 1 ];
R=[1];
% ***** The optimal feedback gain matrix K £¬solution P for Riccati
% equation£¬and closed-loop poles£¨that is£¬the eigenvalues
% of A-BK £©can be obtained by entering the following
% command****
[K,P,E]=[lqr(A,B,Q,R)]
K=
    0.0143    0.2037    0.0998
P=
    7.4186    3.5951    0.0143
    3.5951    3.4285    0.2037
    0.0143    0.2037    0.0998
E=
  -4.2936+0.0000i
  -1.4031+2.4872i
  -1.4031-2.4872i
```

下面总结线性二次型最优控制问题的 MATLAB 解法：

1）给定任意初始条件 $\boldsymbol{x}(t_0)$，最优控制问题就是找到一个容许的控制向量 $\boldsymbol{u}(t)$，使状态转移到所期望的状态空间区域上，使性能指标的值达到极小。为了使最优控制向量 $\boldsymbol{u}(t)$ 存在，系统必须是状态完全能控的。

2）根据定义，使所选的性能指标值达到极小（或者根据情况达到极大）的系统是最优的。在多数实际应用中，虽然对于控制器的"最优性"方面不会再提出任何要求，但是在定义方面，还应特别指出，这就是基于二次型性能指标的设计，应能构成稳定的控制系统。

3）基于二次型性能指标的最优控制律具有如下特性，即它是状态变量的线性函数，这意味着，必须反馈所有的状态变量，要求所有的状态变量都能用于反馈。如果不是所有状态变量都能用于反馈，则需要使用状态观测器来估计不可测量的状态变量，并利用这些估值产生最优控制信号。

4）当按照时域法设计最优控制系统时，还需研究频率响应特性，并补偿噪声的影响。系统的频率响应特性必须具备这种特性，即在元件产生的噪声和谐振的频率范围内，系统应有较大的衰减效应（为了补偿噪声的影响，在某些情况下，必须修改最优方案而接受次最优性能或修改性能指标）。

5）如果在给定的性能指标中，积分上限是有限值，则可证明最优控制向量仍是状态变量的线性函数，只是系数随时间变化（因此，最优控制向量的确定包含最优时变矩阵的确定）。

习题

7.1　设目标函数 $J=f(\boldsymbol{x})=60-10x_1-4x_2+x_1^2+x_2^2-x_1x_2$ 的约束条件为 $g(\boldsymbol{x})=x_1+x_2-8=0$。求 $J=f(\boldsymbol{x})$ 的极值、极值点及其性质。

7.2　有电源 U_E，内阻 R_i=常数，供电给负载电阻 R_L，求输出功率为最大时的负载电阻 R_L 值。

7.3　在图7.19所示的 RC 网络中，求输入电压 $u(t)$，使电容器上的电压 u_C 从 $u_C(0)=0$ 开始充电，在 t_f 时刻到达 $u_C(t_f)=u_f$=常数，且平均电压 $J=\int_0^{t_f}\frac{u_C(t)}{t_f}\mathrm{d}t$ 为最大。其约束条件为电阻 R 的能量损耗为定值，即 $\int_0^{t_f}i^2R\mathrm{d}t=K$。

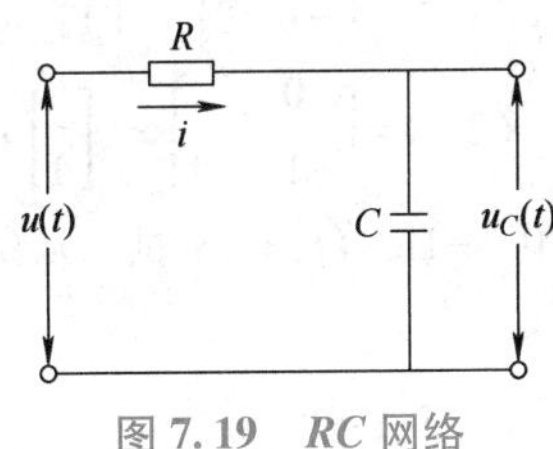

图7.19　RC网络

7.4　求性能指标泛函

$$J=\int_0^{\frac{\pi}{2}}(\dot{x}_1^2+\dot{x}_2^2+2x_1x_2)\mathrm{d}t$$

在边界条件 $x_1(0)=x_2(0)=0$，$x_1\left(\frac{\pi}{2}\right)=x_2\left(\frac{\pi}{2}\right)=1$ 下的极值曲线。

7.5　试确定最优控制，使性能泛函

$$J=\int_{t_0}^{t_f}|u(t)|\mathrm{d}t$$

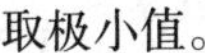

取极小值。

7.6　求性能指标泛函

$$J=\int_0^1(\dot{x}^2+1)\mathrm{d}t$$

在边界条件 $x(0)=0$，$x(1)$ 自由情况下的极值曲线。

7.7　已知性能指标泛函为

$$J=\int_0^1[x^2(t)+tx(t)]\mathrm{d}t$$

试求：(1) δJ 的表达式；

(2) 当 $x(t)=t^2$，$\delta x=0.1t$ 和 $\delta x=0.2t$ 时的变分 δJ 的值。

7.8　已知系统的状态方程为

$$\dot{\boldsymbol{x}}(t)=\begin{bmatrix}0&1\\0&0\end{bmatrix}\boldsymbol{x}(t)+\begin{bmatrix}0\\1\end{bmatrix}u(t)$$

边界条件为 $x(0)=1$，$x(2)=0$。试用矢量形式求下列性能指标泛函的极值。

$$J=\int_0^2\frac{1}{2}u^2(t)\mathrm{d}t$$

7.9　已知系统

$$\dot{x}_1=x_2$$

边界条件为 $\boldsymbol{x}(0)=1$，$\boldsymbol{x}(2)=0$，试求系统如下性能指标泛函的极小值。

$$J=\frac{1}{2}\int_0^2\dot{x}_2^2(t)\mathrm{d}t$$

7.10　给定系统

$$\dot{x}=u,x(0)=1$$

求最优控制，使性能指标泛函

$$J=t_f+\frac{1}{2}\int_0^{t_f}u^2\mathrm{d}t$$

具有极小值。终端时刻 t_f 未定，$x(t_f)=0$。

7.11 已知系统的状态方程为

$$\dot{\boldsymbol{x}}(t)=-\boldsymbol{A}\boldsymbol{x}(t)+\boldsymbol{B}\boldsymbol{u}(t),\boldsymbol{x}(0)=\boldsymbol{x}_0$$

求最优反馈控制律，使下列性能泛函取极小值。

$$J=\frac{1}{2}\boldsymbol{C}[\boldsymbol{x}(t_f)]^2+\frac{1}{2}\int_0^{t_f}[\boldsymbol{u}(t)]^2\mathrm{d}t,\boldsymbol{C}>0$$

7.12 有如下系统：

(1) $\dot{\boldsymbol{x}}=\begin{bmatrix}0 & 1\\ -1 & 0\end{bmatrix}\boldsymbol{x}+\begin{bmatrix}0\\ 1\end{bmatrix}u$

(2) $\dot{\boldsymbol{x}}=\begin{bmatrix}0 & 1\\ -1 & -1\end{bmatrix}\boldsymbol{x}+\begin{bmatrix}0\\ 1\end{bmatrix}u$

式中，$-1\leqslant u(t)\leqslant 1$。试求从给定的 $\boldsymbol{x}(0)$ 到 $\boldsymbol{x}(t_f)=0$ 的时间最优控制，并在状态平面上画出最优状态曲线。

参考文献

[1] CHEN C T. Linear System Theory and Design [M]. New York: Oxford University Press, 1984.

[2] DRIELS M R. Linear Control Systems Engineering [M]. California: McGraw-Hill, 2007.

[3] 郑大钟. 线性系统理论 [M]. 北京：清华大学出版社，2002.

[4] 于长官. 现代控制理论 [M]. 哈尔滨：哈尔滨工业大学出版社，1992.

[5] 胡寿松. 自动控制原理 [M]. 北京：科学出版社，2001.

[6] 刘豹，唐万生. 现代控制理论 [M]. 北京：机械工业出版社，2010.

[7] 李国勇. 现代控制理论习题集 [M]. 北京：清华大学出版社，2011.

[8] 龚乐年. 现代控制理论题解分析与指导 [M]. 南京：东南大学出版社，2005.

[9] 王青，陈宇，等. 最优控制：理论、方法与应用 [M]. 北京：高等教育出版社，2011.

[10] 吴受章. 最优控制理论与应用 [M]. 北京：机械工业出版社，2008.

[11] 王宏华. 现代控制理论 [M]. 2 版. 北京：电子工业出版社，2013.

[12] 赵光宙. 现代控制理论 [M]. 北京：机械工业出版社，2010.

[13] 王孝武. 现代控制理论基础 [M]. 北京：电子工业出版社，2006.

[14] 马植衡. 现代控制理论入门 [M]. 北京：国防工业出版社，1982.

[15] 丘兆福，胡永漠，等. 线性代数 [M]. 上海：同济大学出版社，2012.

[16] 张果. 现代控制理论 [M]. 西安：西安电子科技大学出版社，2018.

[17] 张嗣瀛，高立群. 现代控制理论 [M]. 北京：清华大学出版社，2006.

[18] 朱玉华，庄殿铮. 现代控制理论 [M]. 北京：机械工业出版社，2018.

[19] 王孝武. 现代控制理论基础 [M]. 3 版. 北京：机械工业出版社，2013.

[20] 王划一，杨西侠. 现代控制理论基础 [M]. 北京：国防工业出版社，2022.

[21] 汪纪锋. 现代控制理论及应用 [M]. 北京：科学出版社，2020.